CIPS 中国知识产权研究会◎编

各行业专利技术现状及其发展趋势报告（2012—2013）

GEHANGYE ZHUANLI JISHU XIANZHUANG JIQI FAZHAN QUSHI BAOGAO（2012—2013）

知识产权出版社
全国百佳图书出版单位

内容提要

本书以泡沫铝技术等十四个领域的专利数据分析为基础，通过对国内外专利数据库的检索和分析，对相关技术领域专利申请和保护状况，以及重点技术的竞争情况给出了明晰的结论，并对相关技术的发展趋势进行了预测。

本书紧扣国家发展规划涉及的重点领域和新兴产业，提出了我国相关产业技术创新和专利保护的战略方向和发展重点，研究成果对企业技术发展方向和政府部门政策决策具有一定的参考价值。

责任编辑：纪萍萍

图书在版编目（CIP）数据

各行业专利技术现状及其发展趋势报告：2012～2013 / 中国知识产权研究会编．—北京：知识产权出版社，2012.12

ISBN 978-7-5130-1761-9

Ⅰ.①各… Ⅱ.①中… Ⅲ.①专利-技术发展-研究报告-中国-2012～2013 Ⅳ.①G306.72

中国版本图书馆 CIP 数据核字（2012）第 295143 号

各行业专利技术现状及其发展趋势报告（2012—2013）

中国知识产权研究会 编

出版发行：知识产权出版社

社　址：北京市海淀区马甸南村 1 号	邮　编：100088
网　址：http://www.ipph.cn	邮　箱：bjb@cnipr.com
发行电话：010-82000860 转 8101/8102	传　真：010-82000860 转 8240
责编电话：010-82000860 转 8387	责编邮箱：jpp99@126.com
印　刷：北京富生印刷厂	经　销：新华书店及相关销售网点
开　本：787mm×1092mm 1/16	印　张：27.5
版　次：2013 年 1 月第 1 版	印　次：2013 年 1 月第 1 次印刷
字　数：567 千字	定　价：72.00 元

ISBN 978-7-5130-1761-9/G・544（4605）

编 委 会

序　言

当今社会，尊重和保护知识产权已经成为国际社会的一项共识，对知识产权的创造运用和保护水平也成了企业在市场中的核心竞争力之一。面对激烈而复杂的国际竞争环境，国内广大企业的知识产权自我保护水平和自主研发能力，以及对于技术发展趋势的预测能力都亟待加强，因此，对企业知识产权战略研究的需求越来越迫切。

为了适应形势发展的需要，自 2004 年起，中国知识产权研究会专利委员会秉承“服务社会，服务创新主体”的理念，组织开展与企业实施知识产权战略密切相关的各行业专利技术发展趋势分析和预测的研究工作，并在此基础上，每年编写一册《各行业专利技术现状及其发展趋势报告》。该系列丛书为各行业发展和企业实施知识产权战略、参与国际竞争提供了参考和借鉴。该丛书自推出以来，社会反响良好。今年，专利委员会继续紧扣国家发展规划涉及的重点领域和战略性新兴产业，精选了泡沫铝技术等十四个重点领域开展专利技术分析和发展趋势预测的研究工作，形成了内容翔实、分析深入、兼具现实意义和前瞻性的专利技术研究报告。

党的十八大报告中明确指出了要“深化科技体制改革，加快建设国家创新体系，着力构建以企业为主体、以市场为导向、产学研相结合的技术创新体系。完善知识创新体系，实施国家科技重大专项，实施知识产权战略，把全社会智慧和力量凝聚到创新发展上来”。这就要求我们在知识产权研究工作中，也要以企业需求、市场需求为导向，持续为企业提供高水平、高质量的知识产权研究成果。

作为一个延续项目，《各行业专利技术现状及其发展趋势报告（2012—2013）》一贯坚持以企业需求、市场需求为导向，秉承专业性与严谨性，又一次向读者奉献出高水平的研究成果。衷心希望从事相关知识产权研究的人员能够再接再厉，辛勤探索，持续开展系统、深入的研究，在加快经济发展方式转变、促进创新型国家建设的伟大事业中作出更大的贡献。

国家知识产权局局长

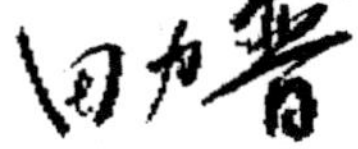

二〇一二年十二月

目　录

泡沫铝制备与应用的技术现状及其发展趋势

张　英　孙宏霞　杨　勇　曹翠华

（国家知识产权局机械发明审查部）

一、引言

在传统的工程材料中，微型孔洞常被认为是一种结构上的缺陷，因为它们往往是裂纹形成和扩展的中心，对材料力学性能产生不利影响。但是，当材料中的孔洞的数量增加到一定的程度且有规律地分布时，就有可能会因为这些孔洞的存在而具有一些特殊的性能，从而形成一个新的材料门类，这就是所谓的多孔或泡沫材料。目前的人造泡沫材料包括泡沫塑料、泡沫陶瓷、泡沫金属等。泡沫金属由于其良好的性能和广泛的用途越来越引起人们的关注。目前，研究制备出的泡沫金属有泡沫铝、泡沫镁、泡沫铜、泡沫镍、泡沫钢等。由于铝和铝合金的优良的铸性能和广泛用途，因此，泡沫铝的制备技术和应用研究成为泡沫金属的研究热点之一。

泡沫铝是一种在铝或铝合金骨架中含有大量结构及分布可控的孔洞、并以孔洞作为复合相的新型超轻铝基复合材料，其孔隙率一般为40%～98%。泡沫铝既具有泡沫材料所具有的轻质特性，又具有金属所具有的优良的力学性能和热、点等物理性能，而且还具有渗透、阻尼、能量吸收、电磁屏蔽、保温、耐火、吸音隔噪、比表面积大等多种特殊性能，因此，在建筑、交通运输、机械、电子、通信和航空军事等行业应用广泛。

泡沫铝的研究经历了六十余年的发展，至今已经形成了相对成熟的制备工艺。

（一）国外泡沫铝技术的研究历程

泡沫铝的制备最早由美国人 Sosnick B 提出。1948 年，Sosnick B 首次进行了金属发泡的尝试，并获得了有关泡沫铝的第一个发明专利——US2434775。他提出在加压的密封容器中将液态的汞和熔化的铝液混合在一起，然后减小容器内的压力，汞在铝液中汽化，冷却凝固得到泡沫铝。不过，由于汞蒸气的毒性对人体有害，该方法难以得到推广。1956 年，美国 Borksten 公司的 Elliot L C 在 Sosnick B 的基础上首次利用熔体直接发泡法成功地制备出泡沫铝，该方法将发泡剂 TiH_2 或 ZrH_2 粉末挤入铝合金熔体中，利用发泡剂受热分解放出的气体使金属发泡，冷却固化后形成闭孔泡沫铝。1959 年，Allen B C 发明了粉末压实发泡法生产泡沫铝，并不断完善了这一基本的生产技术，目前该技术已是制备泡沫金属的基本工艺技术之一。20 世纪 60 年代中期，美国的 Ethly 公司已发展成为研制泡沫铝的科研中心，在 20 世纪六七十年代全世界申请的二十余件泡沫铝方面的专利中，有半数以上来自美国的 Ethly 公司和 LOR 公司，内容主要涉及发泡剂的选择、熔体增黏和连续化的方法。但由于发泡工艺与泡孔的尺寸很难控制，泡沫金属的生产受到了限制，直至 20 世纪 80 年代中期以后，泡沫铝的研究才又在美国展开，主要的研究机构有马萨诸塞州科技学院、特拉华州大学、丹佛大学研究院、科罗拉多等多所大学。

20 世纪 70 年代初，日本开始进行泡沫铝材料的研究。1970 年，日本金属产业调查研究所的藤井清隆在《金属》杂志上发表了一篇题为“比木材还轻的气泡铝合金的开发”的文章，较全面地阐述了多孔金属的制造方法及性能用途，标志着日本全面进入泡沫铝研究领域。1978 年，日本九州工业研究所的上野英俊等人研究出利用火山灰作为发泡剂制备泡沫铝的方法。至 1982 年，以九州工业研究所、早稻田大学为代表的一批研究单位对泡沫铝的研究已经十分活跃。他们研究了多种制备泡沫铝的方法，得到了多种铝合金及铝基复合材料的多孔质泡沫材料。这些研究方法包括渗流铸造法、熔体直接发泡法、溶解度差法、粉末冶金法、无重力混合法等。1987 年，日本的泡沫铝研究取得突破性进展，其中最具代表性的研究机构是九州工业研究所和日本日立造船技术研究所。

进入 20 世纪 90 年代以后，很多国家都加大了在泡沫铝研究方面的投入。德国的布莱梅夫雷霍弗使用材料研究所（IFAM）在粉末冶金法生产泡沫铝上取得突破，加拿大阿尔坎国际有限公司开发出注气法生产泡沫铝，乌克兰冶金学家沙波瓦洛夫提出了一种具有规则孔洞分布的多孔金属制造方法——Gasars 法，英国的诺丁汉大学研究了氢化钛热处理对气体释放和铝—氢化钛前驱体发泡的影响，剑桥大学研究了碳酸盐的发泡过程，韩国釜山大学对泡沫铝中起泡的产生进行了物理模拟，中国台湾工业技术研究院材料研究实验室对生产泡沫铝合金过程中发泡性质的控制及黏度和冷却条件对铝合金发泡能力的影响等方面做了深入的研究。另外，奥地利维也纳科技大学材料技术研究院、挪威科技大学、新西兰奥克兰大学等研究机构也对泡沫铝的制备技术和应用进行了基础性的研究。

（二）我国泡沫铝技术的研究进展

我国对泡沫金属的研究始于 20 世纪 80 年代后期，当时贵州工学院和大连理工大学等院校较早地对熔体直接发泡法做了一些研究工作。20 世纪 90 年代，一批科研机构和院校先后进入泡沫铝材料研究领域，主要有北京有色金属研究总院、东南大学、山东工程大学、山东工程学院、哈尔滨工业大学、中国科学院固体物理研究所、东北大学等。

1992 年，大连理工大学的张国梁等对铝合金熔融发泡工艺进行了研究，通过试验证明火山灰作为发泡剂、用钙作为增黏剂制造泡沫金属是可行的。

东南大学在早期就进行了渗流铸造法方面的研究，包括渗流过程的模拟实验、影响制备过程的因素、通孔度的控制以及结构对吸声、传热性能的影响等。随后，东南大学开始了熔体直接发泡法的研究，他们以钙、镁作为增黏剂，制备出了孔隙率大于80%的泡沫铝产品，并在热、声、力学性能等方面做了大量的研究工作。

吉林工业大学在1994年以前就进行了泡沫铝的孔隙结构及渗流特性、吸声特性方面的研究。他们以ZL109和工业纯铝为原料，采用加压渗流法制备出泡沫铝材料。除此之外，他们还开展了消音器等实用产品的试验研究。

东北大学对渗流铸造法和熔体直接发泡法等进行了研究，尤其在熔体直接发泡法制备泡沫铝方面开发出实用的生产技术。东北大学先进材料制备中心以氢化钛作为发泡剂，采用熔体发泡法制备泡沫铝材，并申请了多项发明专利，在制备大规模闭孔泡沫铝板材方面进行了有益的尝试和探索。

上述研究单位对泡沫铝材料的研发工作，推动了我国在泡沫铝的工业化生产和应用上的进步，也能制备出部分产品，但还都不具备大规模工业化生产的条件，与国外先进水平还存在一定的差距。

本文将对国内外的泡沫铝技术专利申请进行统计分析，特别是对具体的泡沫铝制备工艺以及专利申请的应用情况进行分析，并对重点制备方法的研究改进情况进行介绍，以期给我国泡沫铝材研究人员和生产企业提供参考。

二、泡沫铝技术的专利现状

（一）统计方法和指标

1. 检索范围

本次研究分别在中国专利申请数据库（CNPAT）以及德温特世界专利索引数据库（WPI）与欧洲专利数据库集成的外文数据库VEN中进行了检索，检索的截止日期是2012年5月8日。

2. 检索策略

由于不同的泡沫铝制备方法及应用所属的领域存在很大的差别，因此，我们主要以关键词为入口进行检索，然后手工对检索结果进行筛选。

CNABS数据库中的关键词：泡沫铝、发泡铝、多孔铝、泡沫金属铝、泡沫化铝、泡沫合金铝、多孔金属铝、多孔合金铝、发泡合金铝、发泡金属铝、制备、生产。

VEN数据库中的关键词：Porosity、lacunaris、oporiferous、porous、spongy、froth、sparkle、epispastic、sparkling、vesicant、vesicant、bubble、foam+、froth、scum、spume、suds、spumy、spumescence、spumescent、spumous、aluminum、aluminium、aluminous、preparation、mak+、manufactur+、produc+。

3. 检索结果

CNABS 中检索到 508 篇泡沫铝技术相关专利文献。

VEN 中检索到 2144 篇泡沫铝技术相关专利文献。

（二）世界范围内泡沫铝技术的专利申请总体情况

1. 申请量概况

世界范围内泡沫铝专利申请量趋势如图 1 所示。

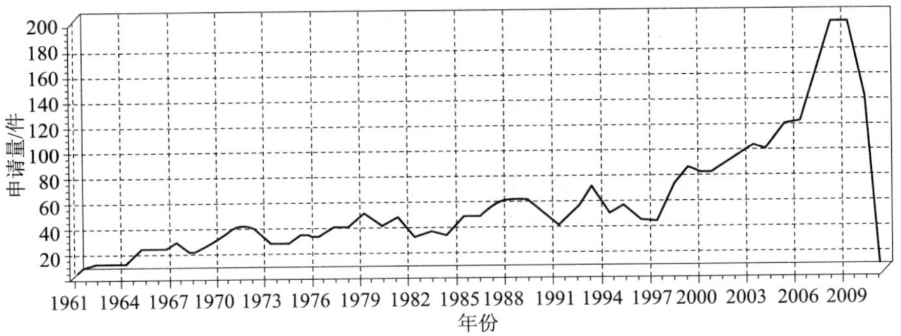

图 1　世界范围内泡沫铝申请量年份分布

从世界范围内的专利申请量来看，最近十年以来，泡沫铝领域的申请出现了较快速的增长，并且近几年呈现出猛增的趋势（2009 年后的数据的下降是由于专利的公开以及入库需要一定时间从而导致一部分专利申请未被统计在内）。

2. 申请人的国家和地区分布

世界范围内泡沫铝专利申请量按申请人所属国家的分布情况如图 2 所示。

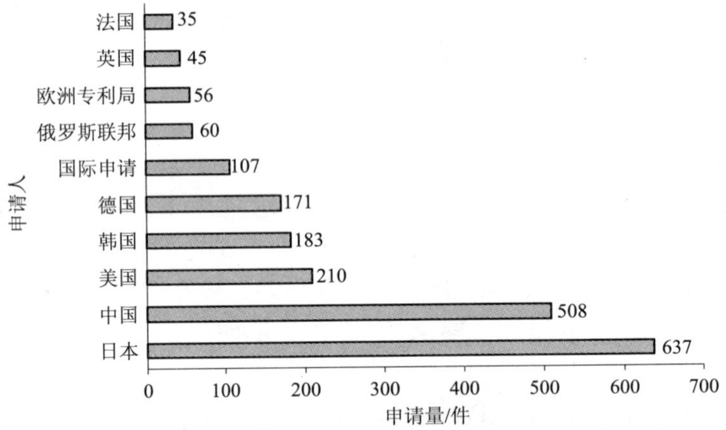

图 2　世界范围内泡沫铝专利申请量国家分布

从图 2 可以看出，在各国的申请人的专利申请数量上，我国的申请量在世界上排名第二，共有508件；排名第一的是日本，申请量为637件。我国的申请量超过了美国、德国等传统工业强国。日本由于其先天的资源劣势，使得该国一直致力于对泡沫铝这样的新材料的研究和知识产权的保护；而我国的这种状况与装备制造业的迅猛发展以及泡沫铝材料在装备制造业中的广阔应用前景是密不可分的。最近十年以来，我国逐渐发展成为世界制造业大国，然而可利用资源却远不能满足我国制造业发展的需求，为了解决这样的矛盾，像泡沫铝这样的新材料凭借其显而易见的多种优势，自然成为研究热点。

3. 国外申请的主要申请人分布

从图3可以看出，在总计2144篇国外文献中，前十位的国外申请人的申请量最少的只有10件，最多的也只有20件。由此可以看出，泡沫铝领域的专利分布情况在国外更为分散，还没有出现个别申请人独大的情况，而是处于百家争鸣的繁荣发展时期。

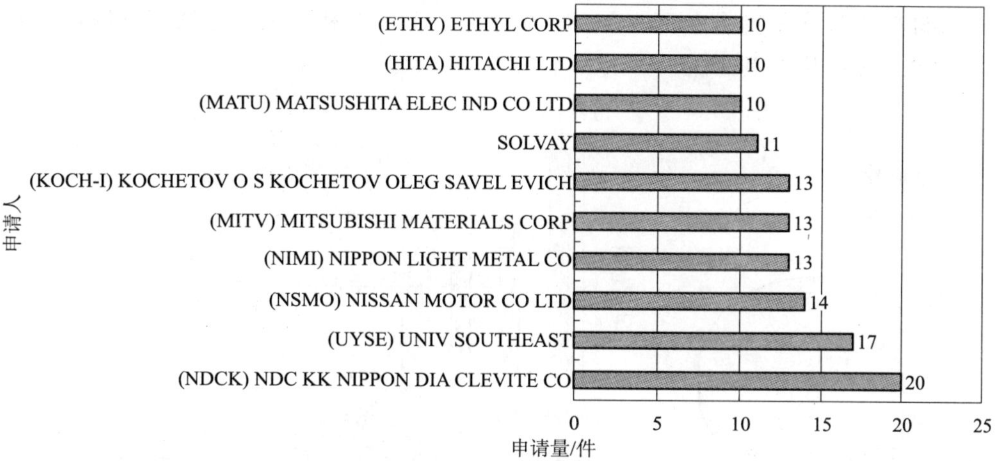

图3 国外申请量前十位的申请人分布

（三）我国泡沫铝技术的专利申请总体情况

1. 总体申请量概况

从图4可以看出，最近十年以来，国内泡沫铝领域的申请增长较快，特别是2008年以来，申请量增长到了一个较高的水平，每年的申请量都超过70件，而且呈平稳上升趋势。

2. 总体申请人分布

图5给出了在中国申请的申请人国家/地区的分布状况。经统计分析，在中国专利申请中，国内申请人提出的申请共计470件，占总申请量（508件）的92%，国外申请人申请共计38件，占总申请量的8%。

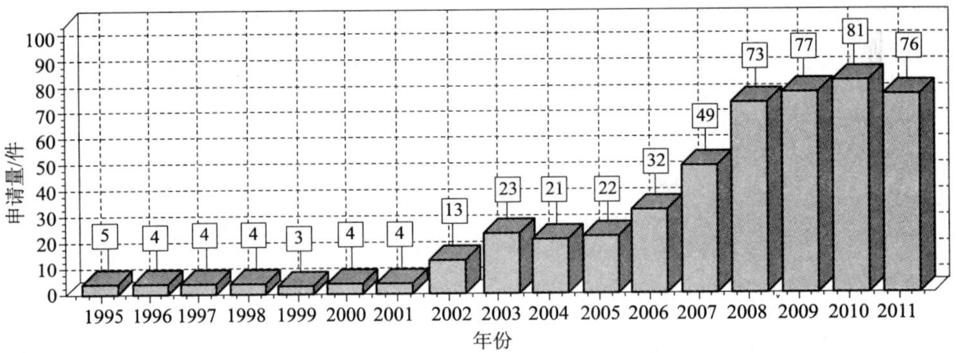

图 4　我国泡沫铝申请量年份分布

图 6 给出了外国申请人在华申请的国家、地区分布情况。国外在华申请中，主要集中于日本、美国、欧洲国家和韩国等专利强国，其中日本占据首位，这也显示了日本在新材料的开发和应用方面的实力。总体上，上述专利强国在泡沫铝领域在华申请还是比较少的，其中申请量最多的日本在华也仅有 9 件申请。

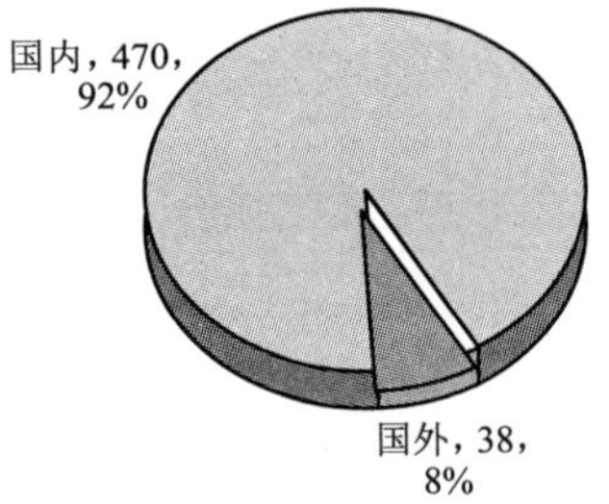

图 5　我国泡沫铝申请的国内外申请人分布

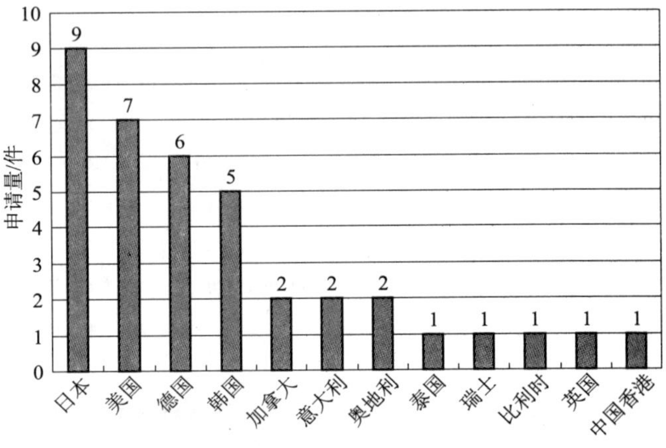

图 6　中国大陆以外申请人在华申请分布

从上述分析可以看出，国内申请人在中国申请的专利量远远高于国外申请人，在国内，我国申请人在该领域的申请量处于绝对优势地位。

图 7 为国内申请人的省市分布图。通过该图可以看出，江苏、浙江、北京的申请量位于前三甲位置，这一现象跟这些地区的经济、新兴制造业的发展情况密切相关。而江苏、浙江、北京都是新型制造业发达的省市，并且知识产权保护意识较强，因此，泡沫铝的申请量较多。

图 8 统计了国内主要申请人的申请量。从该图可以看出，国内重要申请人主要集

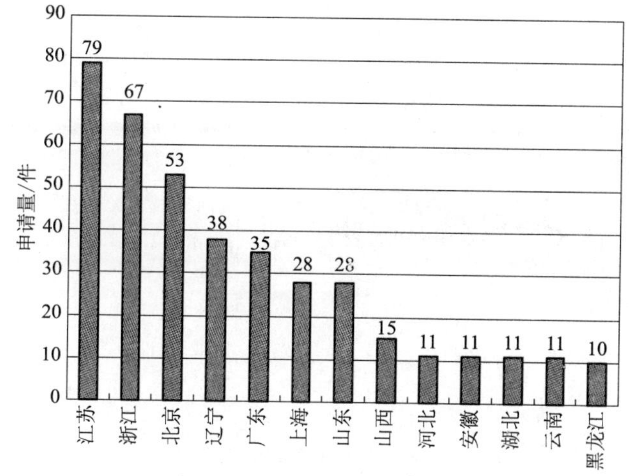

图 7　国内各省申请量分布

中在大专院校，排名前十位的申请人中有 8 位是大专院校。通过图 9 的申请人分类饼状图可以看出，大专院校、企业、个人申请的申请量形成了三足鼎立的形势，个人申请占据重要的角色。这也从侧面说明泡沫铝技术的研究门槛较低，涉及范围广泛。

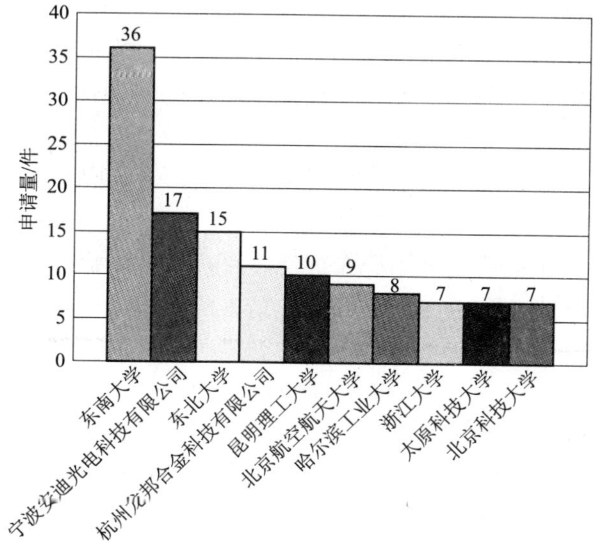

图 8　国内排名前十位的申请人分布

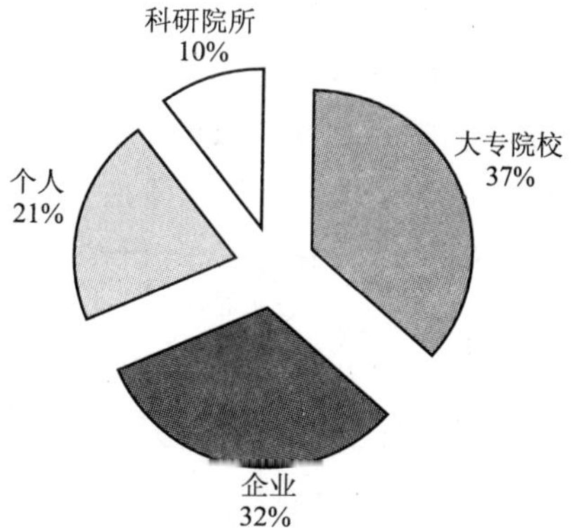

图 9　国内申请人主体类型分布

从图 10 可以看出，在国内，泡沫铝申请的申请人分布相对比较分散，前十位的申请人的申请总量占全部申请的不到四分之一，由此也可以看出，在国内该领域的技术竞争还比较激烈。

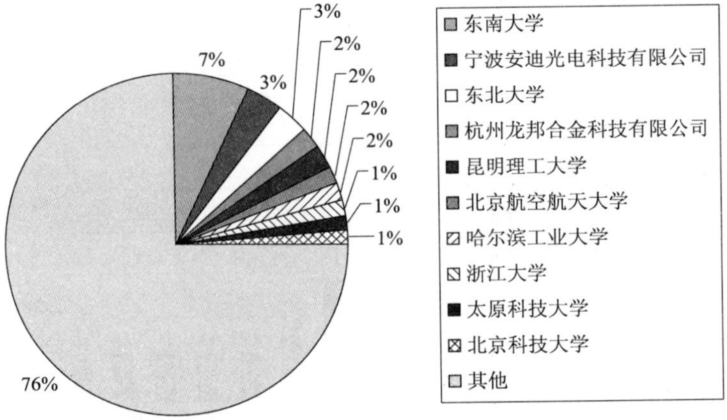

图 10　国内排名前十位的申请人份额分布

（四）泡沫铝技术的专利分布分析小结

从上述图表分析可以得出：不论是在国内还是在国外，泡沫铝专利文献的申请都呈现分散的分布。

首先，从一般申请人数量来看，国内 470 件国内申请人的专利申请分布在近 300 个申请人当中；国外 2144 件专利申请分布在近 600 个申请人当中。

其次，从重要申请人数量来看，在国内，申请量排在前十位的申请人的专利申请总量占到所有专利申请总量的近四分之一；而在国外，申请量排在前十位的申请人的专利申请总量仅仅占所有专利申请总量的不足一成。

上述分布状况说明了泡沫铝技术正处于一个快速发展时期，而又由于其应用非常广泛，因此在当前是一个热门研究领域，吸引了众多申请人的目光。

在国外，热门、处于发展阶段的技术往往表现出分布广泛、百家争鸣的状况，而当一项技术处于成熟阶段后，往往表现出集中分布于某几个申请人的局面。

在国内，由于大专院校较企业所独有的科研前沿的敏锐性和科研力量的优势，使得他们能够更加超前地发现有前景的热门领域，在热门领域的研究中处于领先地位，因此，在国内出现了申请量前十位的申请人中有八位是大专院校的局面。而对于除大专院校以外的其他申请人，专利分布则比较分散，没有出现过于集中的现象，这与国外的情况基本一致。

三、泡沫铝制备的关键技术分析

（一）泡沫铝的制备方法分类

经过六十多年的研究发展，目前已经形成了多种制备泡沫铝的方法。根据孔洞形成的原理，可以分为烧结法、铸造法、沉积法等；根据加工过程中基体铝的形态，可以分为分模法、熔体法等；根据起泡的获取方式，可以分为注气法、原位气体发泡法等；根据最终孔洞的开闭状态，可以分为闭孔法和开孔法。本文中，我们根据闭孔和开孔两种主要的结构特征来对制备方法进行分类。

1. 闭孔泡沫铝的制备方法

(1) 熔体发泡法

熔体发泡法是制备泡沫金属的常用方法之一。其主要工艺流程是将发泡剂加入铝液中，发泡剂受热分解而放出气体在铝液中产生气孔，冷却后就获得泡沫铝。TiH_2和ZrH_2是常用的发泡剂，由于其密度比铝高，在铝熔体中有下沉倾向，而分解产生的气泡则会产生上浮运动并在上浮过程中合并长大，因此应适当增加铝熔体的黏度以减缓上述运动和倾向，进而提高发泡剂在熔体中分布的均匀性，通常采用金属钙或类似物质作为铝熔体的增黏剂。熔体发泡法工艺简单、成本低，工业化应用前景广阔。

(2) 吹气法

吹气法是向具有一定黏度的熔融铝或铝合金中通入气体，使之在其中生成大量细小弥散的气泡，冷却凝固后在铝基体中形成气孔，从而得到泡沫铝。吹气法是一种外生气源的发泡方法，气泡具有生成快、易聚合长大和破灭等特点，因而其发泡过程不易控制。通过向纯的铝液中注入气体来获取泡沫铝几乎难以实现，因为纯液态金属的黏度普遍很低，气泡在其中的排液过程往往发生太快，因而很难存留。解决办法之一就是在吹气前向铝液中加入增黏介质，使其黏度增加，从而阻止气泡膜的排液，使气泡稳定地存留在铝熔体中。但用此方法制备泡沫铝，其结构中存在少量的大气泡，存在孔尺寸较大、孔形状不规则的不足。

(3) 粉末冶金法

粉末冶金法的制备原理是将发泡剂与金属粉末混合压实，然后加热升温使发泡剂分放出气体，气体在半固态或熔融状态的铝中膨胀形成气泡，冷却后即可得到闭孔的铝。首先，将发泡剂颗粒（典型的为TiH_2）和铝合金粉末混合，当各组分完全均匀后，通过冷压成形将粉末压实制成致密块体，然后通过挤压成形得到接近理论密度的棒材或板材，将此先驱坯料分割成许多小块，再将这些小块放置于密封对开的模具中，并将其加热到略高于合金固相线的温度。随后，TiH_2开始分解，产生高压气体，气体在半固态铝中膨胀产生的熔体泡沫充填模具型腔，最后可以得到近成品尺寸的泡沫零件。

(4) 固—气共晶凝固法

该方法是首先在高压饱和的氢气氛围中将铝合金熔化，然后逐渐减小压力，进行定向凝固。在凝固的过程中，通过气体共晶转变，同时生成固体铝和氢气，从而得到由铝金属骨架和氢气孔洞组成的泡沫铝，由该方法得到的多孔材料称为GASAR。

(5) 阴极溅镀沉积法

该方法通过在一定的惰性气体压力下对一基片进行溅射，从而得到被捕获惰性气体原子均匀分布的金属片，然后把它加热到高于其熔点的温度，并且一直加热到足以使那些被捕获的气体膨胀，并形成独立的气泡。冷却后，可得到具有封闭孔的蜂窝状的泡沫金属铝。

2. 开孔泡沫铝的制备方法

（1）渗流铸造法

在一定的压力作用下，将铝液浇入到装有载体颗粒的铸造模型中，使铝液体渗入到载体颗粒的间隙当中从而获得铝——载体复合体，铝液凝固后可以从复合体中去除载体从而获得具有连通孔隙的海绵状泡沫铝，其成品为通孔。载体颗粒可以是无机材料，也可以是有机材料。无机材料可用蛙石、泥球、可溶性盐等，有机材料可用高分子颗粒。采用这种方法时，造孔剂堆积密度要高，以保证颗粒之间互相接触，以便将来除去。为了防止铝液在铸入时过早凝固，要将造孔剂预热。由于铝液具有大的表面张力，使得铝液很难成功铸入颗粒间隙中，可以先将造孔剂块体抽真空，然后加压渗透。待铝液凝固后，可用水溶法或热解法除去造孔剂。该方法不仅适用于制造泡沫铝，也可用于锌、镁、铅、锡和铸铁等泡沫材料的制备，但其局限性在于所获得的泡沫金属的孔隙率不高。

（2）熔模铸造法

此方法制备过程中，模型的制备类似于熔模铸造的制模过程，故称为熔模铸造法。首先，选用具有一定孔隙的三维贯通的泡沫海绵材料做母体材料，然后用易于去除的流态耐火材料充入海绵状泡沫中，经干燥硬化形成预制型，再经焙烧后使耐火材料硬化并使泡沫海绵气化分解，然后将预制型置于金属模具中，浇入铝合金液，并对其施加一定的压力或进行真空吸铸，使铝液充填于铸型的孔隙中，冷却后清除掉成型块中的耐火材料，即获得三维网状通孔的泡沫金属。该制备方法可以灵活地制备不同孔隙率的泡沫铝，容易得到通孔结构。由于制备过程中所用泡沫海绵的生产工艺已很成熟，因此应用该工艺生产泡沫铝也具有生产重复性好、密度稳定的优点。

（3）电沉积法

泡沫塑料经粗化处理、敏化和活化处理、化学预镀和化学镀等多个步骤，将铝覆盖在泡沫塑料上，然后加热使泡沫塑料分解而得到泡沫铝。其中敏化与活化处理两道工序起着非常重要的作用。敏化处理是使粗化后的零件表面吸附一层具有还原性的金属离子，以便在离子活化处理时，使零件表面形成一层具有催化作用的贵金属层；活化是在敏化后的泡沫塑料表面吸附一层具有催化作用的金属粒子，作为化学沉积的催化活性中心，使化学反应集中在这个表面，进而促进电镀铝的顺利进行。这种方法制备出来的泡沫铝的孔洞连通性好、分布均匀、孔隙率大，但工序长，操作烦琐，成本较高。

（4）烧结法

烧结溶解法是近几年来发展起来的一种制造泡沫铝的新方法。该方法是将铝粉与氯化钠粉，以及少量促进烧结的添加剂（镁粉等）通过混合、加压、烧结、溶解等工序来制取通孔泡沫铝的一种方法。盐粉的颗粒形状和大小决定最终所得泡沫铝的孔洞形貌与尺寸，典型的颗粒直径为 100～3000μm。铝粉的颗粒形状与大小则无特殊的要求，但颗粒直径一般应小于盐粉的颗粒直径，一般在 200μm 以下。此法的优点是，通过选择盐粉的形状与颗粒直径，可以在一定范围内方便地控制孔洞的形貌和尺寸，是目前制造微孔泡沫铝的最佳方法；通过采用具有不同颗粒直径和体积比的铝粉与氯化钠粉混合物，可以调控孔洞的空间分布和孔隙率大小。其局限性是：只能获得孔隙率范围为 50%～85%的中密度泡沫铝；当孔隙率较低或溶解不充分时，成品内常会残留少量氯化钠，容易造成铝基的局部腐蚀，影响产品的性能和外观；且由于烧结和析盐阶段耗时较多，工艺周期较长。

(5) 添加球料法

添加球料法是在液态铝合金中加入颗粒或中空球，加以强化搅拌，对仍处在相对流动时的铝液进行铸造，而得到铝合金与颗粒复合体，然后溶解去除铝合金基体中的可溶性颗粒，从而得到具有连通孔结构的泡沫铝。

（二）泡沫铝主要制备方法的专利分布

在中国大陆地区以外，直接涉及泡沫铝制备方法改进的相关专利申请共有 229 件，占整个泡沫铝技术相关的专利申请的 11%。其中，日本的申请量最多，有 84 件，占总申请量的 37%；其次是美国，有 32 件，占总申请量的 14%；申请量排名第三位的是韩国，有 29 件，占总申请量的 13%；接下来分别是国际申请、俄罗斯联邦申请、欧洲专利局申请、德国申请、苏联申请、中国台湾申请以及法国申请，分别为 12 件、11 件、10 件、10 件、8 件、7 件和 3 件。

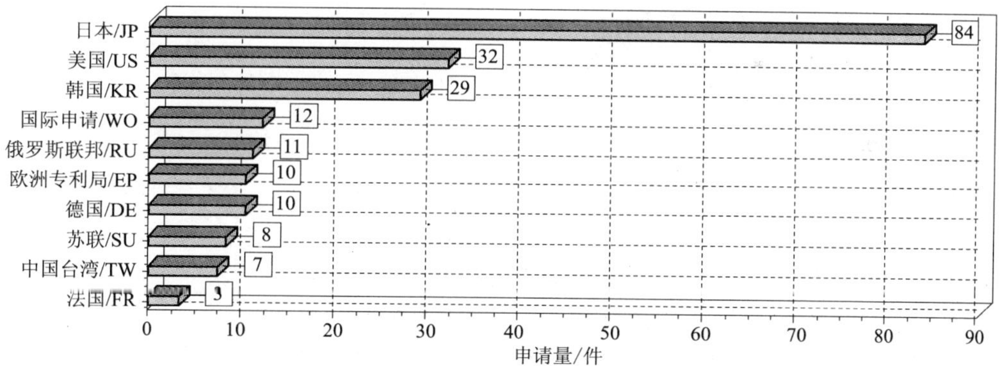

图 11 中国大陆地区以外泡沫铝制备方法的各主体申请量分布

在中国大陆地区以外这 229 件制备方法的专利申请中，有 72 件为熔体发泡法的改进申请，占所有制备方法的专利申请的近三分之一，可见，最为传统的熔体发泡法是研究最为广泛的泡沫铝制备方法。排在第二位和第三位的分别是电沉积法和烧结法，分别有 31 件和 30 件，分别占总量的 14%和 13%。余下的是 24 件渗流铸造法、10 件吹气法、8 件粉末冶金法，分别占总量的 10%、4%和 3%。

在国内，直接涉及泡沫铝制备方法改进的相关专利申请共有 62 件，占整个泡沫铝技术相关的专利申请的 12%，这与国外数据的比例基本持平。且这些制备方法的申请中，主要的申请人集中在高校，企业和个人的申请量非常少。具体地，在国内的这 62 件制备方法的专利申请中，有 43 件申请来自高校，占整个制备方法的申请量的 70%；8 件来自企业，占总申请量的 13%；7 件来自个人申请，4 件来自科研院所，分别占总申请量的 11%和 6%。

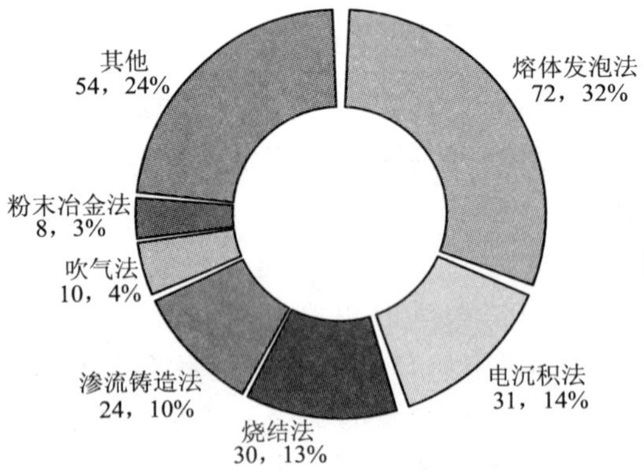

图 12 国外各主要制备方法的申请量分布

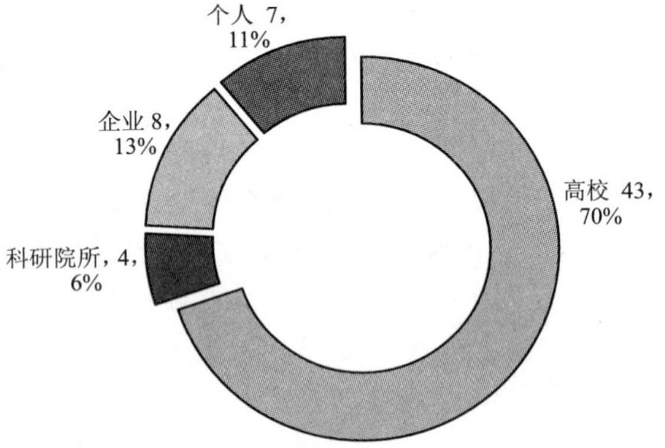

图 13 制备方法在国内的申请人类型分布

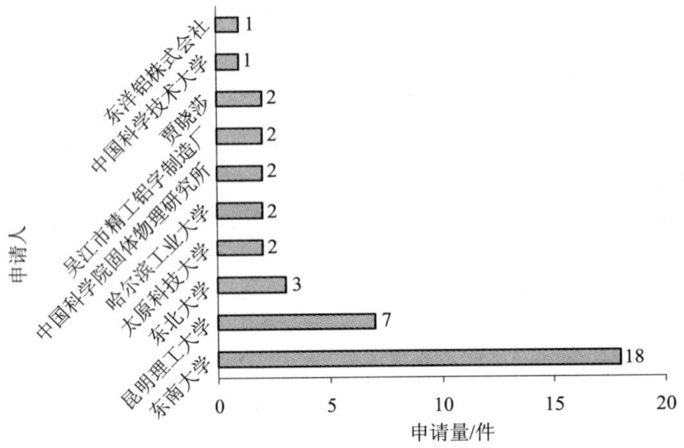

图 14 制备方法在国内排名前十位的申请人分布

涉及具体制备方法的 62 件专利申请中，有 36 件为熔体发泡法的改进申请，占所有制备方法专利申请的一半以上，且高于国外的数据比例水平。排在第二位的是渗流铸造法，有 16 件，占总量的 26%。剩下的有 5 件为烧结法，3 件为吹气法，2 件为电沉积法。

（三）主要制备方法专利申请的技术改进分析

1. 熔体发泡法

熔体发泡法是最早，也是最常用的制备泡沫铝的方法，因此，在专利申请中，涉及熔体发泡法的专利较多。在国内，目前已有 36 件熔体发泡法制备泡沫铝的发明专利申请。其中，80%为高校的申请，主要包括东南大学的 14 件，昆明理工大学的 5 件，东北大学的 3 件；企业申请有 4 件，占整个国内申请的 13%，其中，有 1 件为美国美铝公司的在华 PCT 申请；研究所和个人的申请分别为 2 件和 1 件。

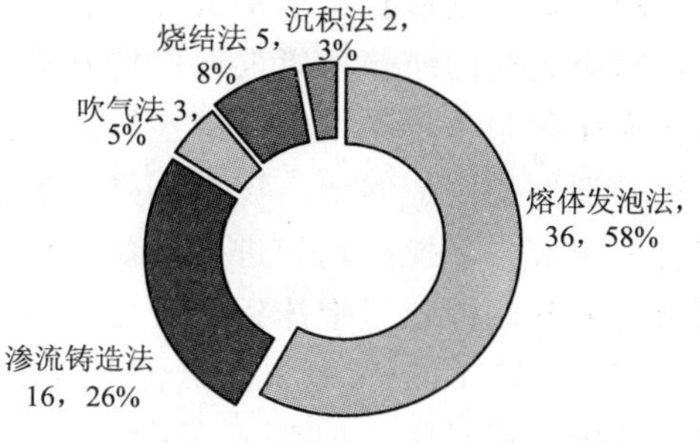

图 15　国内各主要制备方法的申请量分布

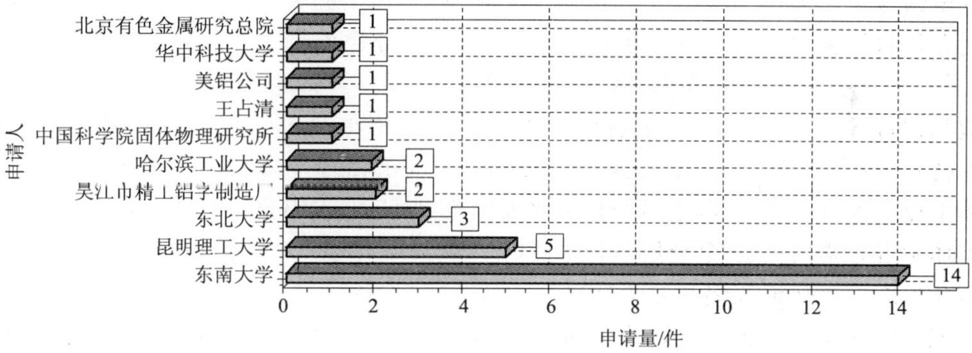

图 16　熔体发泡法在国内申请排名前十位的申请人分布

下面介绍几个熔体发泡法制备泡沫铝的主要改进的发明专利。

（1）采用钙、镁、稀土元素作为增黏剂

由于发泡剂的密度一般比铝高，在铝熔体中有下沉倾向，而分解产生的气泡则会产生上浮运动并在上浮过程中合并长大，因此，通常会加入增黏剂，以适当增加铝熔体的黏度，从而减缓气泡上浮的倾向，进而提高发泡剂在熔体中分布的均匀性。传统的方式是使用钙作为增黏剂，但这种方式增黏和发泡搅拌的时间较长，为此，东南大学的何德坪等人在申请号为 CN200610085404 的专利申请中，提出了一种添加钙、镁、稀土元素作为增黏剂的防锈闭孔泡沫铝合金及其制备方法，以提高增黏和发泡的效率。该方法具体包括：首先将纯铝加热至熔化，加入相当于纯铝质量的 1%～11%的镁、0.5%～5%的钙、0.10%～1.2%的稀土，静置 10～30 分钟；其次，使温度处于 650℃～690℃，搅拌，再向熔体中加入发泡剂，搅拌，再保温，使得铝合金熔体泡沫化；然后将泡沫铝合金熔体冷却，获得防锈闭孔泡沫铝合金。

（2）二次泡沫化

对于中空且形状复杂的异型件的制造，传统的泡沫金属成型方法难以实现。为此，东南大学的何德坪等人在申请号为 CN200710023491 的专利申请中，提出了一种二次泡沫化制备不可熔解型中空异型件泡沫铝合金的方法，从而解决了形状复杂的泡沫铝异型件的制造问题。该方法具体包括：将铝合金加热至熔化，加入一定量的钙至铝合金熔液中，搅拌均匀进行增黏；再加入一定量的氢化钛，搅拌混合均匀；将实心可溶解的预制件置于泡沫铝合金熔体中并完全浸入其中，形成闭合体，冷却获得孔隙率低于 65.5％的二次泡沫化铝合金预制件；然后加热至 300℃～650℃保温 10～50 分钟，放置于模具中，加热至 650℃～1200℃保温 5～50 分钟使得铝合金预制件泡沫化；迅速冷却，获得二次泡沫化铝合金异型件。

（3）添加 SiC 增强颗粒

为了增强泡沫铝的强度，并延长发泡剂分解的气泡的寿命，上海大学的程申涛等人在申请号为 CN200710047484 的专利申请中，提出了一种采用 SiC 颗粒增强泡沫铝基复合材料的制备方法，具体包括：① 按质量百分比配制如下原料：镁 1％～3％、硅6％～8％、SiC10％～20％、发泡剂 TiH_2 1％～3％，铝余量。② 将碳化硅颗粒与发泡剂进行预处理。③ 将上述称量好的镁、硅和铝加热至熔化，形成铝合金熔液，并保持在 650℃～700℃，电磁搅拌下将 SiC 加入至铝合金熔液中，使 SiC 在铝合金熔体中充分混合均匀。④ 电磁搅拌下将发泡剂 TiH_2 加入铝合金熔体中，并使发泡剂在熔体中混合均匀。⑤ 合金熔体在 600℃～700℃下保温 3～5 分钟后冷却，凝固后得到碳化硅颗粒增强泡沫铝基复合材料。

该方法在熔化的铝合金熔液中加入 SiC，一方面会使合金熔体的黏度增大，从而阻止发泡剂分解的气泡上浮并延长气泡的寿命；另一方面，SiC 还可以起到增强泡沫铝强度的作用。同时采用电磁搅拌，可以避免搅拌叶片的烧损，有利于控制合金的化学成分。

（4）真空发泡

为提高泡沫结构稳定性，解决 TiH_2 发泡剂分散困难、泡沫铝结构均匀性控制及发泡效率低的问题，昆明理工大学的左孝青等人在申请号为 CN201010286385 的专利申请中提出了一种泡沫铝的真空发泡制备方法，通过加入适量钙，使铝/铝合金熔体增黏；然后引入初始气体并搅拌使微小气孔均匀分散在增黏的熔体中，再进行真空发泡，从而实现了泡沫铝的真空发泡。

2. 渗流铸造法

渗流铸造法也是泡沫铝制备的主要方法，目前国内共有 16 件相关的专利申请，其研究也主要集中在高校，有 7 件高校的申请，占总量的 43％；与其他的制备方法不同的是，渗流铸造法中个人申请相对较多，共有 5 件，所占总量超过 30%；而研究所和企业分别只有 2 件申请。

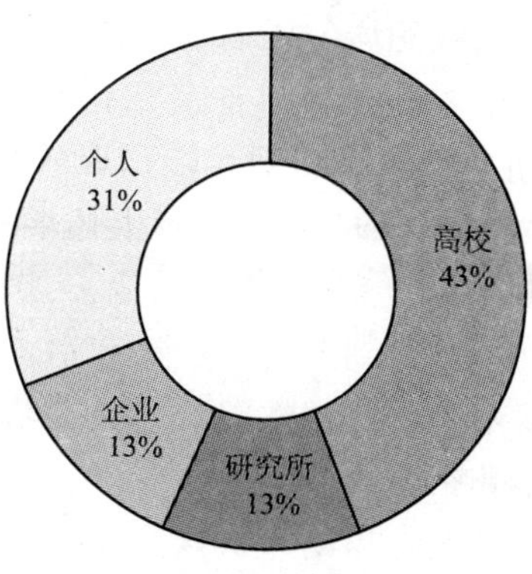

图 17 渗流铸造法在国内的申请人类型分布

下面介绍几个渗流铸造法制备泡沫铝的主要改进的发明专利。

(1) 可燃性塑料颗粒和黏结剂做骨架

东南大学的何德平在申请号为 CN89102473 的专利申请中，提出了一种特殊预制块法制造通孔泡沫铝合金的方法。该方法具体包括：① 用熔点及燃烧气化温度低于铝合金熔点的可燃性塑料颗粒和黏结剂制成预制块，其中可燃性塑料颗粒可为聚苯乙烯等，黏结剂可由环氧类树脂与固化剂按 10～5：1 的比例混合制得，其熔点及汽化温度应比可燃性颗粒低；② 将铝合金熔体于 9.8～46MPa 的压力下在 0.5～10 秒内渗流入预制块，待凝固得到由相连的金属骨架和可燃性颗粒构成的复合体；③ 在 200℃～500℃加热复合体内，使可燃性颗粒熔化并气化排出，形成通孔泡沫铝合金。

(2) 高孔隙

东南大学的何德坪等人在申请号为 CN200410013955 的专利申请中，提出了一种高孔隙率通孔多孔铝合金及其制备方法。该方法具体包括：① 将铝合金加热融化，熔体温度 660℃～750℃；将填料粒子装入模具，并在 500℃～660℃保温；其中：实际浇铸量＝理论量＋余量，理论量＝填料粒子堆积高度×填料粒子堆积横截面积×铝合金密度×（1－孔隙率)，余量为理论量的 5%～20%。② 将模具放到负压装置的吸盘底座上，将铝合金熔体浇铸到模具中，并连通－2～－40kPa 的负压，使熔体渗入填料粒子中，并有部分熔体流过上底板，停留在其与下底板间。③ 凝固后，取出铝合金复合体，除去填料粒子。

该方法通过控制铝合金熔体的温度、填料粒子的温度以及渗流负压力来控制铝合金熔体的渗流速度，使得铝合金熔体以一定的渗流速度流过填料粒子，使得填料粒子的间隙被铝合金熔体均匀地但是不充分地填充。由于填料粒子的间隙没有被充分地填充，但是均匀地填充，从而使得获得的多孔铝合金具有较高的孔隙率。

(3) 不用 NaCl 作填充颗粒

传统的渗流铸造法中，一般均是采用 NaCl 颗粒作为填充物。然而，NaCl 颗粒堆积体致密度差，且熔体与填充颗粒之间的润湿性不佳，导致多孔铝合金的孔隙率和通孔率低。

针对上述技术问题，东南大学的何德坪等人在申请号为 CN200610088245 的专利申请中，提出了一种利用塑料颗粒制造高孔隙率通孔多孔铝合金的方法，通过热塑性塑料颗粒的均匀压缩变形，提高了颗粒堆积致密度，增大了颗粒之间的接触面积，以解决熔体渗流法制备多孔铝合金受填充颗粒堆积体致密度的限制。具体方法包括：① 将热塑性塑料颗粒堆积形成堆积体；② 对上述堆积体施加压力，使其变形至致密度为 50%～90%；③ 将上述堆积体预热至 20℃与热塑性塑料颗粒的熔点之间，将温度为 700℃～1600℃的铝合金熔体在－10～－95kPa 的负压作用下渗入堆积体的空隙中，冷却得到热塑性塑料和铝合金的复合体；④ 将上述复合体置于 400℃～600℃的温度下，使热塑性塑料熔化并流出复合体，获得孔隙率为 74.5%～94.0%的高孔隙率多孔铝合金。

同时，申请人贾修实在申请号为 CN200710090012 的专利申请中，提出了一种泡沫铝材料，其采用混合稀土作为填充料，采用微粒渗透法制备。该方法具体包括：混合稀土以重量计包括 80%～92%的高岭土、3%～7%的白碳黑、4%～9%的膨胀土和 1%～4%的碳酸钙，用颗粒造粒机将混合稀土制造成稀土球，将稀土球自然风干或低温干燥；将模具与稀土球预热，预热温度为 550℃～650℃，接近待渗入铝液的温度；在8～45MPa 下将铝液渗入到稀土球间隙中；待冷却后，取出铸件，用 45℃～65℃的水溶液清洗稀土球，之后得到泡沫铝。

（4） 低压渗流

申请人贾晓莎在申请号为 CN200710147054 的专利申请中，提出了一种低压渗透法制备泡沫铝的工艺，以减少了高压设备和大型设备，并减少了能源和材料的消耗，且制备孔径、空隙率、密度、通孔率一致性好的泡沫铝。该方法具体包括：将 0.3～3mm 的工业 NaCl 颗粒放入烘箱内以 200℃烘 2 小时，升至 380℃烘 2 小时，烘干水分；装入模具放入加热炉在 540℃～580℃下加热 2 小时，然后将模具中的 NaCl 工业盐颗粒以 1～5T 的机械压力施压使之致密化；将事先用熔化的温度为 640℃～700℃的铝或铝合金熔液浇入模具，以 1～3kg/cm^2 的气压低压渗透 2～3 分钟，使铝液充满 NaCl 工业盐颗粒间的孔隙；冷却固化后取出根据用途切割成各种规格；用超声波清洗机、高压水枪清洗干净烘干完成。

3. 吹气法

吹气发泡法是一种外生气源的发泡方法，采用吹气法进行铝发泡，必须在发泡前向铝液中加入增黏介质，使其黏度增加，从而阻止气泡膜的排液，使气泡稳定地存留在铝熔体中。清华大学的许庆彦等人在申请号为 CN200710121177 的专利申请中，提出了一种利用气体直接喷吹发泡连续制备多孔铝材的方法，具体包括：在铝或铝合金熔体中加入金属 Ca 和 Al_2O_3颗粒制成含增黏颗粒的增黏熔体，对增黏熔体直接喷吹气体，形成液态或半固态的泡沫铝，凝固后即可得到多孔铝材。该工艺简单、可控、操作容易、成本低廉、适合大规模工业化生产的多孔铝材制备工艺，可实现多孔铝板材的连续或半连续生产，生产的多孔铝材不需要后续加工即可使用，多孔铝制品的孔隙率达 80%～96%。

4. 电沉积法

电沉积工艺方法生产的泡沫金属的孔结构主要取决于所选择的基底材料，所选用的基底材料的结构决定了泡沫铝的结构，而且基底材料的预处理也至关重要。为此，个人申请CN1487122A中，申请人孙伟成对基底材料及其预处理提出了改进，其方法具体包括：选用泡沫材料作为基底材料，经脱脂、去油、去除应力的预处理后，再经离子化处理，放在化学镀铜液或镀镍液中化学镀上一层铜导电表面层或镍导电表面层，或将基底材料进行预处理后，用涂覆导电胶的方法处理，通过导电化处理后的基底材料作为阴极放入无水有机烷基铝电解液的电镀槽中，再以工业纯铝板作为阳极，用脉冲电镀法，利用机械搅拌方法使电解液强制流动通过电流调节器控制铝离子移动方向，从而实现电沉积铝。

该申请中采用的电沉积法制备泡沫铝与熔体发泡法或渗流铸造法相比，气孔的结构更稳定、且容易控制，生产出的泡沫铝孔径细小、均匀、孔隙率高。

5. 烧结法

烧结法是生产均匀或梯度微细开孔中密度泡沫铝的有效方法。但不足之处是烧结过程中造孔剂如NaCl对铝基体的腐蚀比较严重，烧结后泡沫铝的强度不高。针对该技术问题，天津大学的赵乃勤等人在申请号为CN200410020384的专利申请中，提出了一种“冷压—溶解—真空烧结制备泡沫铝的方法”，具体包括：在铝粉中，加入平均粒径为0.45～1.00mm的NaCl造孔剂，并加入无水乙醇进行充分混合；将配好的混合铝粉在模具中压制成坯，然后将坯料置于水浴中浸渍致使NaCl溶解，再用去离子水反复洗涤去除残余NaCl；将去NaCl后的压坯置于真空炉烧结，保温后随炉冷却至室温。该方法的制备工艺简单，制备的泡沫铝强度较高，并且孔隙率、孔结构及孔分布比较容易控制。

同时，日本的东洋铝株式会社的在华申请CN201010271722提出了一种抗弯强度改善的多孔铝材料及其制造方法，通过在铝合金体中添加以重量计为100～3000ppm的Si（或者Fe、Cu、Mn、Mg、Cr、Ti等合金成分），以形成铝合金的烧结体，通过在保持每个颗粒间距离的同时将铝合金颗粒烧结而形成，烧结体是平均厚度不小于20μm且不大于1000μm的箔。该方法通过在保持每个颗粒间距离的同时烧结颗粒，其具有独特的结构，并形成三维通孔。其制备的多孔铝材料不仅能用作铝电解电容器用电极材料，还能用作催化剂载体。

（四）与制备相关的其他关键技术

1. 发泡剂的制备

由于铝的熔点为660℃，通常的低温发泡剂不适合金属铝的发泡。在泡沫铝的制备中，应用较多的是无机类热分解发泡剂。概括起来主要有两大类：氢化物型和碳酸盐型。众多氢化物中，TiH_2和ZrH_2被认为是最佳的发泡剂，因为它们在400℃～600℃时释放发泡气体——氢气，这与铝金属的熔点比较接近。碳酸盐中，$CaCO_3$是最为常规且经济实用的发泡剂，与 TiH_2 相比，$CaCO_3$ 更适合泡沫铝的制备，其原因在于 $CaCO_3$ 的分解温度较 TiH_2 明显滞后，从而推迟了发泡时间，使操作易于控制。

目前，专门涉及发泡剂的制备改进的专利申请量不大，国内有 6 件，国外有 17 件。下面，介绍几种典型的发泡剂改进的专利申请。

（1）氢化物型发泡剂的改进

为了延迟 TiH_2 发泡剂释放氢气，中南大学的李海普等人在申请号为 CN201110101792 的专利申请中，提出了一种包镍的 TiH_2 发泡剂的制备方法，其采用非均相成核技术，在 TiH_2 颗粒表面通过化学还原沉积包裹高熔点金属 Ni 层，达到延缓 TiH_2 分解的目的。该方法具体包括：首先对 TiH_2 颗粒进行亲水化、敏化和活化预处理，之后将颗粒分散于碱性镍盐溶液中，以次亚磷酸钠为还原剂，将溶液中的 Ni 离子还原为单质镍微粒并沉积于 TiH_2 颗粒表面。包裹完成后的颗粒经过滤、洗涤、干燥，即可作为泡沫铝生产用发泡剂。

使用该发泡剂不需要改变现有泡沫铝生产设备与工艺即可获得气孔分布均匀的多孔材料。该方法设计的包覆过程简单、工艺成熟，适宜工业化规模生产；还可以根据泡沫铝生产工艺的要求，通过调控包覆条件来控制包覆厚度，得到可以满足不同发泡时间要求的发泡剂。

（2）碳酸盐型发泡剂的改进

氢化物型发泡剂价格较贵，而廉价的碳酸盐型发泡剂的分解温度较低，在加入液态铝中时会迅速分解，影响发泡效果。为此，贵州大学的陈肖虎等人在申请号为 CN200510200512 的专利申请中，提出了一种由碳酸钙、碳酸氢钠粉、碳化硅、稀土、镁、钛和硅制备而成发泡剂的制备方法，具体包括：按重量组分计算，由碳酸钙 100 份、碳酸氢钠 20～80 份、碳化硅 1～10 份、稀土 0.01～0.1 份、镁 0.25～5 份、钛 0.1～5 份和硅 0.5～10 份制备而成。其制得的发泡剂原料价格低廉，配方简单，制作简便，操作方便，且发泡效果好，投资少，易于实现工业化生产。

2. 气泡孔径的控制

研究气泡的孔径对泡沫铝的发展有重要意义，当泡沫铝气孔细化到 1mm 左右时，可分散细化缺陷，使泡沫铝的结构均匀性提高，而泡沫铝孔结构的均匀化可使其形变的不均匀性降低，如在拉应力作用下，泡沫铝结构不均匀处（如大孔处）存在应力集中，这样形变首先会在结构不均匀处或其附近发生韧性或脆性断裂，导致较低的拉伸强度。减小泡沫铝的平均孔径，需要综合考虑发泡剂粒度、熔体黏度、发泡温度、发泡时间、发泡剂预处理方式等因素，结合黏度控制、发泡搅拌、提高形核率、减小表面张力等方法，实现减小泡沫铝平均孔径的目的，进而获得高性能泡沫铝。此外，研究表明，泡沫铝的弹性模量、屈服强度、能量吸收能力、吸音性能以及电磁屏蔽效能等各种性能都会随着其平均孔径的减小得到提高。因此，研究小孔径泡沫铝、全面提升泡沫铝性能是当今泡沫铝的重点研究方向之一。下面介绍几个减小泡沫铝中气泡的孔径的典型专利申请。

（1）小孔径

昆明理工大学的左孝青等人在申请号为CN200710066446的专利申请中，提出了一种熔体发泡法制备小孔径泡沫铝的方法，其在铝熔体中添加形核剂TiO_2颗粒，并搅拌发泡，以提供更多的气泡非均匀形核核心，来提高气泡的形核率，以有利于气泡结构的细化。该方法具体包括：在铝或铝合金熔化后加入增黏剂钙和形核剂TiO_2颗粒搅拌均匀，将经预氧化处理的发泡剂氢化钛加入熔体，搅拌分散，继续搅拌发泡，保温发泡，冷却得到小孔径泡沫铝；各组分重量比例为：增黏剂金属钙为1%～4%、形核剂TiO_2为0.2%～2%、发泡剂氢化钛为0.5%～2.5%，余量为铝或铝合金；形核剂TiO_2的粒度为－300目，发泡剂氢化钛的粒度为－500～－100目，发泡剂预氧化处理方法是，先在400℃下加热表面氧化5～20小时，接着升温至450℃～600℃保温1～3小时；铝或铝合金熔化温度高于金属熔点50℃～200℃，熔化保温时间为20～60分钟。

（2）微孔径

西北工业大学的于家康等人在申请号为CN200810017993的专利申请中，提出了一种烧结法制备微米尺度孔径的多孔铝合金方法，具体包括：① 将粒径50～100μm的NaCl粗粉、粒径小于10μm的NaCl微粉和粒径小于10μm的KCl微粉分别按照质量比60%～75%、15%～25%和10%～15%装入球磨机中混料，干混8～10小时；② 加入添加剂在30～50吨压力下成型；③ 将成型体进行干燥和烧结，冷却至室温；④ 将上述制成的微米尺度孔径的多孔NaCl预热到750℃，将挤压铸造机的模具预热到350℃，再将预热的多孔NaCl放入模具中，对模具中的多孔NaCl抽真空，10秒钟后将铝合金液浇注到多孔NaCl上方，并施加50MPa的压力，使铝液渗入多孔中，凝固后去除NaCl，即可形成微米孔径的多孔铝合金。

该方法制得的多孔铝合金孔径尺寸为5～100μm，平均孔径尺寸为40～50μm，孔隙率为50%～80%，开孔率为95%～98%。钙多孔铝合金孔隙率高，密度小，成本低，阻尼、隔音、透过、过滤、声吸收等综合性能优异。

3. 泡沫铝基体细晶化

泡沫铝合金的轻量化结构应用，要求泡沫铝合金在具有均匀多孔结构的同时，其基体材料具有高的强韧性。在孔结构一定的条件下，提高泡沫铝合金强韧性的有效方法是细化基体材料的晶粒。目前公知的泡沫铝制备技术对泡沫铝宏观孔结构及其均匀性已基本能实现调控，但获得的基体材料的晶粒尺寸较大，在10～100μm的范围内，未能充分利用金属基体的细晶强韧化作用，如孔隙率85%、致密化压应变大于或等于60%时的泡沫铝合金其屈服强度一般都不超过10MPa。

为了使泡沫铝合金的基体得到细化，并在不降低泡沫铝合金韧性的同时，提高泡沫铝合金的强度，昆明理工大学的左孝青等人在申请号为CN200710066442的专利申请中，提出了一种细晶泡沫铝合金的制备方法，具体包括：将铝基非晶粉末如 Al－Y－Nd－Co 非晶粉末与造孔剂如 NaCl 混合均匀，再压实致密化获得生坯，在氩气保护下在铝基非晶粉末的晶化温度进行等温退火晶化处理，同时实现金属粉末的烧结，空冷却至室温，用水将造孔剂溶除，获得基体组织细化的高强韧泡沫铝合金。

该方法制得的泡沫铝合金基体大幅度细化，基体晶粒可细化到 200～800nm，平均孔径为 0.1～1mm，孔隙率为 67%～85%，致密化应变大于等于 60%；同时，利用细晶强化作用，在不降低泡沫铝合金韧性的同时，提高了泡沫铝合金的强度。

四、泡沫铝技术的专利应用分析

泡沫铝作为一种新型材料，是金属铝骨架与气孔的复合材料，既具有金属的特性，又有泡沫材料的特性，兼顾了功能材料与结构材料的特点。作为结构材料，它具有轻质与高比强度的特点；作为功能材料，它具有吸声、散热、隔音、阻燃、阻尼、减震、吸收冲击能、电磁屏蔽等多种物理性能。因此它在电子、通信、化工、冶金、机械、建筑、交通运输中，甚至在航空航天和国防工业中有着广泛的应用前景。下面就泡沫铝的国内外应用情况的专利现状进行分析。

在国内泡沫铝的相关专利申请中，涉及应用的专利申请共有 293 件；而国外共有 405 件，是国内的 1.4 倍。无论在国内还是国外，按泡沫铝材的功能分，主要包括表 1 中所列的八种应用领域。

表 1　国内外泡沫铝应用领域的分布情况

应用领域		隔音降噪	散热	减震缓冲	电池电极	蓄冷蓄热	过滤	车厢地板	电磁屏蔽
数量（件）	国内：293	90	58	48	41	21	14	12	9
	国外：405	174	56	46	16	29	29	43	12

由表 1 可以看出，在国内和国外，应用领域最多的前三种是相同的，分别为隔音降噪材料、散热材料和减震缓冲材料；应用领域最少的均是电磁屏蔽材料。而在国内应用较多的电池电极材料，在国外的应用却不到国内的一半；国内应用较少的过滤材料和车厢地板材料，在国外相关领域却是国内的 2 倍和 3 倍。

下面，将分别对几个主要的应用领域进行具体的分析。

1. 隔音降噪

应用于隔音降噪的主要是开孔泡沫铝材料，其吸声性能非常好，尤其是对于中、低频率声波。当声音透过开孔泡沫铝材料时，发生振动的声波在材料内发生散射、干涉和漫反射从而将声音吸收在泡沫铝结构内的气孔内，即泡沫铝本身是允许声波进入的，声波使得内部骨架振动，泡沫介质在声波的振动下发生压缩伸张变形，引起介质与孔壁之间的摩擦，使得声能转化为热能被消耗，从而达到吸声、隔音的目的，且随着泡沫金属铝的孔径的减小、孔隙率的增大，吸声性能有规律地提高。

国内涉及隔音降噪的专利申请共有 90 件，占泡沫铝材应用相关的专利申请总量的 39%，排在应用领域专利申请量的首位；国外的泡沫铝材应用相关的专利申请中，用于隔音降噪的申请所占的比例更大，为 43%。这说明泡沫铝隔音功能材料在国内外的发展都比较活跃。

图 18 显示了国内申请 CN101914700A 中的隔音板的一般结构，其由依次叠加的发泡铝层 1、蜂窝铝层 2 和实心铝板层 3 之间采用黏合剂粘合而成；图 19 显示了国外申请 KR20050110769A 中的具有吸收噪声结构的隔音板，在该板的中间设置了一层泡沫铝结构来实现吸收墙体外部的噪声，避免进入墙体内部的空间。

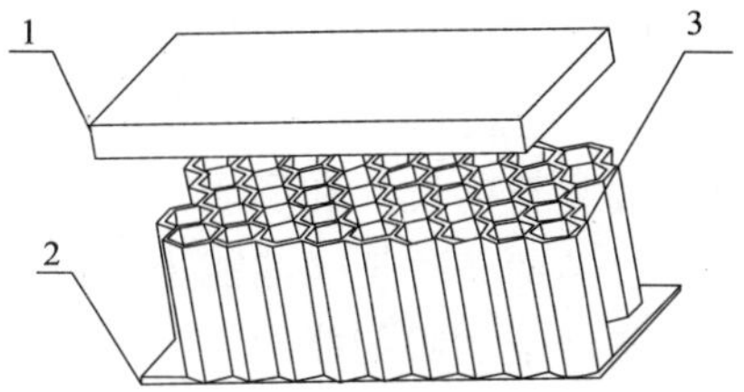

图 18 CN101914700A 中的隔音板结构

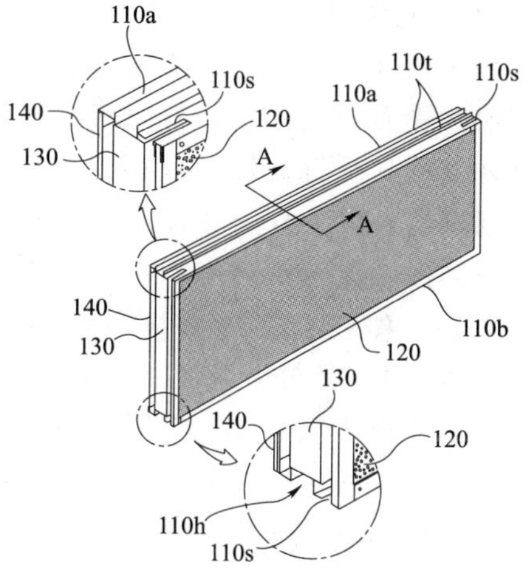

图 19 KR20050110769A 中的隔音结构板

2. 散热

大的比表面积使得泡沫铝表面与流体的接触面积增加进而提高了泡沫铝的表面交换能力，在流体通过时可以实现高的物质与能量的交换。因此，泡沫铝可用于制造加热器和换热器，以及催化剂载体、多孔电极等。

这类申请量在国内占总泡沫铝功能材料的 20%，而在国外，该比例为 14%。在国内的 58 件专利申请中，宁波安迪光电科技有限公司的申请有 16 件，是国内在采用泡沫铝材料制作散热器的代表企业，比如 CN101220934A 公开的 LED 照明装置中，采用泡沫金属层 21 和至少部分用于支撑 LED 的金属支撑层来构成 LED 支撑体（见图 20），解决了现有技术中 LED 灯散热效果不好的技术问题。

而国外申请中，采用泡沫铝来实现散热功能的申请人比较分散，没有特别具有代表性的申请人，图 21 显示了美国申请 US6142222A 公开的导热率高达 100W/mK 的泡沫铝散热器的结构，其中 4 为泡沫铝层。

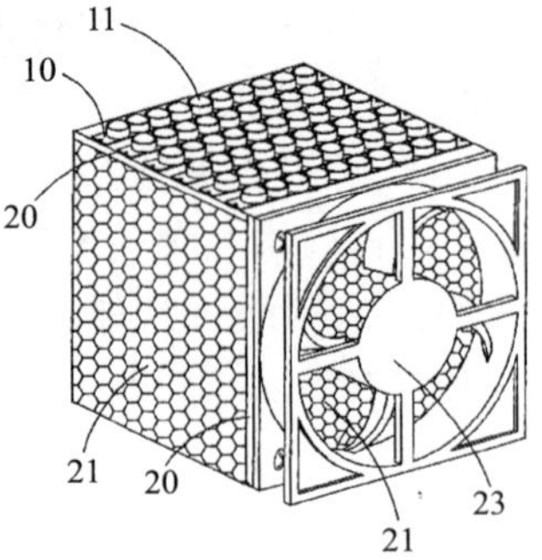

图 20　CN101220934A 中的散热器结构

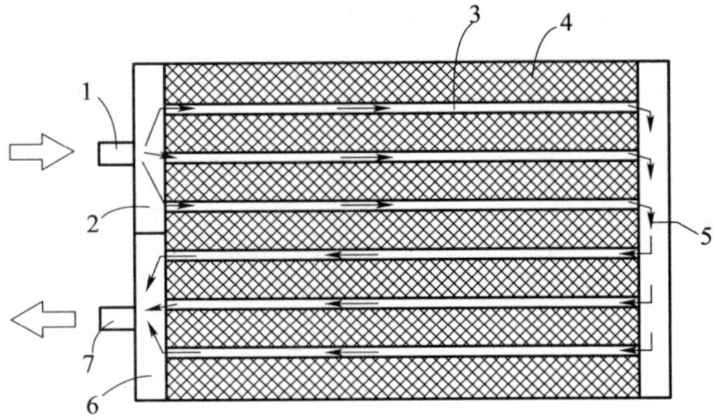

图 21　US6142222A 中的散热器结构

3．减震缓冲

泡沫铝既区别于普通的高分子泡沫材料的反弹性，又不同于蜂窝材料的方向性，泡沫铝在受力的过程中，其压缩应力应变曲线上有一段很长的平稳阶段，即应变滞后于应力，故其具有良好的吸收冲击能量的能力，能起到很好的减震作用，被广泛用于汽车刹车器、保险杠、缓冲器、夹紧装置和精密机床的底座等领域。

在国内，泡沫铝材用于减震缓冲的专利申请为 48 件，占总泡沫铝功能材料申请量的 16%，是应用较多的领域。在这类专利申请中，比较有代表性的是 CN1443952A，其公开了一种具有高能量吸收能力、高吸能效率、轻质、高抗弯能力的泡沫铝或泡沫铝合金中空层合圆管和层合柱能量吸收装置的设计和形成方法，该设计的泡沫铝或泡沫铝合金中空层合圆管和层合柱在不胶结的条件下吸能能力可以达到已有的面板为钢的泡沫铝合金中空层合方柱在胶结的条件下的吸能能力。

在国外的泡沫铝应用的申请中，用于缓冲减震的申请与国内相近，为 46 件。其中较具有代表性的申请是 FR2887210A，其公开了一种用于机动车的采用能量吸收材料泡沫铝来吸收能量的装置，该装置具有一个装有物质 2a 且以图 22 的方式排列的能量吸收盒 2，这样当有力被施加时，可以释放能量，从而达到减震缓冲的效果。

4．电池电极

泡沫铝因导电性能优异还可以用于电池以提高电池的比电量、充电性能和密封性能，从而使其被广泛用于镍锌电池、双电层电容器等新型电池的电极骨架材料。此外，泡沫铝作为电解回收含铝废水的电极材料使用也具有广阔的应用前景。在这类申请中，国内的申请量为 41 件，明显高于国外的专利申请量（16 件）。

作为电池电极应用的代表，国内申请 CN101098004A 公开了一种泡沫铝在制备化学电源中的应用，特别是将泡沫铝作为二次锂电池的集流体，以及由该集流体制成的电极和电池。由于泡沫铝的大比表面积性能和三维网络结构，当活性物质涂层较厚时，提高了二次锂离子电池或锂金属电池的充放电性能，尤其是大电流充放电性能以及低温充放电性能；还提高了电池在大电流充放电时的安全性。图 23 所示是该申请选择

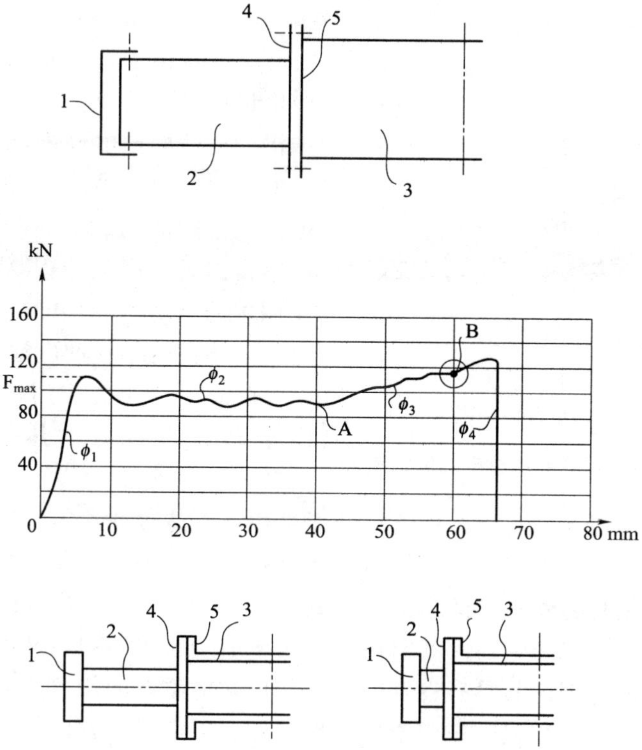

图 22　FR2887210A 中的泡沫铝吸收能量装置

泡沫铝和普通铝箔作为电池集流体制备出电池的低温放电性能的比较曲线图，从图中可以看出，使用泡沫铝材制备电池的放电性能明显优于使用铝箔的电池的放电性能。

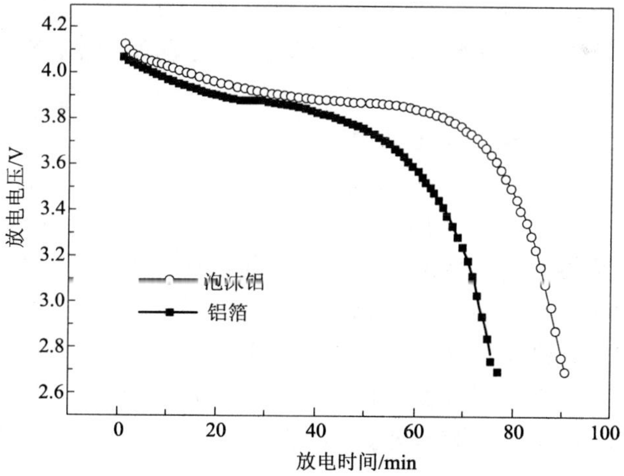

图 23　CN101098004A 中电池性能比较图

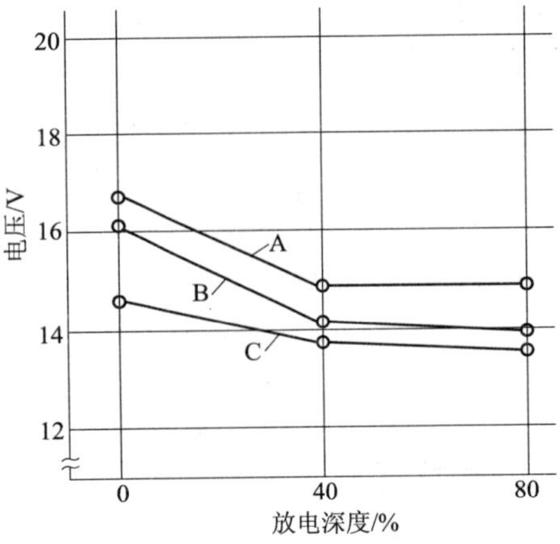

图 24　JP1－283765A 中电池放电性能比较图

同时，日本申请 JP1－283765A 中也公开了一种由泡沫铝构成的有机电池，在该申请所示的图 24 中，折线 A 是使用泡沫铝的电池的放电性能，折线 B 是使用铝箔的电池的放电性能，折线 C 为不使用铝箔的电池的放电性能曲线。从该图中同样可以得出，使用泡沫铝材的电池的放电性能明显优于使用铝箔的电池的放电性能，更优于不使用铝材的电池的放电性能。

除了上述主要应用领域外，泡沫铝还由于其具有极低的热导率，约为铝的 1/60，因此在蓄冷蓄热领域有一定的应用；而开孔泡沫铝因其具有流体可透过性而被用于制造过滤器等与流体流通性能相关的设备；同时，由于泡沫铝是一种轻质功能材料，密度通常为铝密度的 10%～40%，这对于汽车的轻量化有着重要的意义，因其可以在不降低汽车零件强度的条件下减轻零件的重量，同时，泡沫铝还因其密度小被用于航空航天业中；又由于泡沫铝的基体骨架是完全相通的，因此其具有良好的吸收和反射电磁波的能力，因而被广泛用于建造电子屏蔽室；此外泡沫铝还被用于催化剂载体、打字机等领域。

五、对泡沫铝制备与应用技术的发展趋势的展望和建议

（一）对泡沫铝技术领域专利技术今后发展趋势的展望

泡沫铝材从提出到现在已经经历了几十年的发展历程，主要的研究工作在近三十年来取得了较大进展。作为一种新型材料，需要与传统材料竞争，进行扩大化生产，因此在很多方面有待进一步研究。就目前泡沫铝技术的发展情况看，今后一段时期的研究方向呈现以下趋势。

1. 连续稳定的泡沫铝生产工艺的研究

由于泡沫铝制备工艺的稳定性不高，不同批次制得的材料性能差异大，从而导致泡沫铝的相关性能也不稳定，不能完全达到规模工业应用的要求。因此，研究连续稳定的制备工艺对泡沫铝的生产将至关重要。目前，国内致力于连续生产研究的重点专利申请有清华大学的申请号为 CN200710121177 的专利申请，该申请提出了一种利用气体直接喷吹发泡连续制备多孔铝材的方法，其适合大规模工业化生产的多孔铝材，可实现多孔铝板材的连续或半连续生产，生产的多孔铝材不需要后续加工即可使用。该方法在一定程度上解决了传统泡沫铝制备工艺再现性不高的技术问题，为泡沫铝材的生产与推广应用奠定了基础，可以预见，连续稳定的制备工艺将是未来泡沫铝技术的研究重点。

2. 气孔的均匀化研究

泡沫铝材内部的气泡分布越均匀，泡沫铝材基体的性能就越好。由于发泡剂的释气较迅速，释气过程的气泡不易控制，造成熔体内气泡分布不均匀，严重影响成品泡沫铝材的质量。因此，有必要对熔体内气泡的分布进行研究。目前，国内许多专利申请都在关注气泡的均匀分布问题，例如东南大学的申请号为 CN200410041668 的专利申请中，就提出了一种一致性控制泡沫铝或其合金的孔隙率及其均匀性的方法，其通过对熔体增黏，并加强对熔体的搅拌作用，使熔体的黏度均匀稳定，发泡剂分散均匀，从而使制备的产品孔结构均匀，成品率高。气泡的均匀化问题将持续为人们研究的重点。

3. 发泡剂的研究与开发

随着泡沫铝应用市场的扩大，对其性能的要求也更加严格规范，因此，对发泡剂的研究和开发面临新的机遇和挑战。以 TiH_2 为发泡剂制备的泡沫铝在国外已经商业化，而在国内发泡剂价格在一定程度上限制了泡沫铝的商业化应用，因此国内应积极开展发泡剂方面的研究。目前，发泡剂的研究重点包括：采用包覆方法延缓发泡剂的分解（申请号 CN201110101792），进一步改变分解温度和释气速率；采用易分解的天然矿石，进一步降低泡沫铝生产成本，如白云石等（申请号 CN200680020557）；对于发泡效果良好的碳酸盐发泡剂，采用可控制泡沫铝使用条件的方法（如隔绝空气使用、真空发泡等），使其应用于工业生产。

4. 发泡过程模拟系统的开发和应用

由于在泡沫铝的制备过程中，气泡的控制难度较大，使得在实际测试过程中，制得的泡沫铝材的再现性差，泡沫铝材基体中的结构参数与性能之间的关系难以进行表征。因此，有必要创建一种熔体发泡过程模拟系统，来表征泡沫铝成形过程以及基体结构与力学性能的关系。目前，还没有一个可应用的理论或数学模型来预测各种工艺参数的改变对发泡过程的影响，但是，随着人们对泡沫铝制备过程的深入研究，创建一个表征发泡过程的模拟系统是指日可待的。

5. 探寻多元基体合金

通过在纯铝基体中添加合金元素，然后对铝合金进行发泡，可以制得性能更好的泡沫铝材。例如，东南大学的申请 CN02112600 中，通过在纯铝基体中添加适量的锰、钛、铜、铬元素，使得基体晶粒更加细化，制备的胞状铝较纯铝基体制备的胞状铝的强度提高了 40%以上；同时平台阶段较胞状纯铝更平，这就使得胞状铝合金的吸能效率更高，吸能能力更大，完全解决了泡沫铝合金在高孔隙条件下强度低的缺点，从而提高了泡沫铝合金的强度。可以预见，研究人员未来还会继续探寻添加其他合金元素的多元基体合金，以获得性能更加优越的泡沫铝材。

（二）对我国泡沫铝技术领域专利技术发展的建议

我国的泡沫铝技术研究虽然起步晚于国外，但是，自从 20 世纪 80 年代后期以来，许多高校和科研院所的研究人员都投身到泡沫铝技术的研究中，研究成果不断扩大。从现有的国内外泡沫铝技术的专利申请内容来看，我国现有的泡沫铝研究与国外的研究水平基本持平，特别是发泡过程控制和发泡剂研制方面，已经走在较为先进的行列。目前，在技术层面上，国外并没有明显领先于我国的研究趋势，因此国外的泡沫铝研究机构很少在中国进行专利申请；同时，在泡沫铝材的产业生产层面上，国外与国内同样面临难以连续、稳定地发泡的技术问题，在设备上，国外也鲜有具备大规模生产实力的企业，因此，国外也不具备占领我国泡沫铝材市场的绝对实力优势，这也导致很少有国外的专利申请进入我国。

尽管我国现有的泡沫铝技术研究力度较大，研究进展也较快，但是，大部分的性能研究还局限于实验室阶段，在产业上的应用程度并不高，尚不能满足规模工业应用的需求。要充分利用好泡沫铝材，发挥泡沫铝材的优势，需要相关研究人员朝以下几个方面努力。

1．加快研究可稳定生产的制备工艺

泡沫铝制备工艺还在不断地发展完善之中，到目前为止，尚没有很成熟的制备工艺出现，各种制备工艺的稳定性和再现性都不高，孔隙结构的不均匀问题也还没有得到彻底解决，因而导致泡沫铝的相关性能也不稳定。由此，研究出一种可稳定生产的制备工艺，将是实现泡沫铝材工业化应用的重要举措。

2．加强泡沫铝专利技术的科研产业化

从上述专利申请现状分析可以看出，泡沫铝技术的研究在国内还是较为踊跃的，特别是高校的科研人员，他们掌握了很多尖端成熟的制备技术，同时也及时地进行了专利申请。然而，这些专利技术绝大部分还停留在实验室阶段，能够实际生产泡沫铝材的企业屈指可数，泡沫铝技术的产业转化率极低。在仅有的能实际生产泡沫铝材的企业中，所掌握的泡沫铝制备技术也很有限，从而很大程度上限制了泡沫铝材的推广应用。因此，若能加强高校与企业的科研产合作，将高校的研究成果应用于企业的制造，加快这些专利技术的产业化，将极大地推动泡沫铝材的生产和应用。

3．扩展泡沫铝的应用领域

泡沫铝具有优异的物理性能、化学性能和力学性能，以及可回收性。这些优异性能使其在当今的材料领域具有广阔的应用前景，是很有开发前途的工程材料，特别是在交通运输工业，航天事业和建筑结构工业等方面。

在交通运输工业领域，泡沫铝材被认为是一种大有前途的材料。在汽车制造业，泡沫铝材较多地应用为三明治式夹芯板，即其芯层为泡沫铝或泡沫铝合金、上下层为铝板或其他金属薄板。使用三明治式复合泡沫铝材制造的汽车顶盖板的刚度，是原来钢构件的 7 倍左右，而其质量却比钢构件轻 1/4。此外，三明治式复合泡沫铝材还有更高的吸收冲击和噪声的效果。据测算，汽车车身构件约有 20％可用泡沫铝材制造，一辆中型轿车如采用泡沫铝材制造，某些零件可减重 27kg 左右，既可节约能源，又能减轻对环境的污染。我国是汽车生产和消费的大国，若能在汽车产业中大量引入泡沫铝材，将是十分有利的。

在航天领域，由于泡沫铝的防振减振性能可以用于航天器的防振座椅、抗冲击舱底、陀螺支架；同时，由于泡沫铝密度小、质量轻，从而在同等有效载荷的条件下，可以大大减轻航天产品的重量。目前，我国在航天工业上取得了举世瞩目的成绩，航天工业也是支撑军事、国防和民用的支柱型产业，若能将泡沫铝广泛应用在航天器上，其社会效应和经济效益将是显而易见的。

在建筑结构工业方面，很多建筑结构都可以采用重量轻、刚度好的泡沫夹心板制成；泡沫铝材还可以用于电梯构件，以减轻电梯重量，从而减少了电梯的能量消耗；而泡沫铝材较高的比强度及吸收能量的能力，将非常适合隔音降噪型的建筑构件。

除了上述几种较为显著的应用，泡沫铝材还在环保、能源、机械、化工等领域都有着广泛的应用前景，需要我们在未来的研究过程中进一步地开发。

六、结束语

泡沫铝材属于新型工程材料范畴，其制备方法涉及铸造、粉末冶金、电镀等多个技术领域，应用范围非常广泛。本文从泡沫铝材的制备与应用着手，对国内外涉及泡沫铝技术的专利进行了统计分析，特别对涉及制备方法和应用领域的国内外专利进行了重点分析；同时，还对典型的制备工艺的改进专利进行了介绍。在此基础上，预测了泡沫铝技术的未来研究趋势，并对我国泡沫铝材的制备工艺与产业化提出了建议，为泡沫铝材的研究与应用推广提供参考。

参考文献

[1] H.P. 蒂吉斯切，B. 克雷兹特．多孔泡沫金属 [M]. 北京：化学工业出版社，2005：7～12.

[2] 董汉伟．泡沫铝制备工艺及其压缩性能研究 [D]. 大连：大连理工大学，2010.

[3] 蒲怀强．泡沫铝材料的工程应用研究 [D]. 重庆：重庆大学，2005.

[4] 张立春．多孔泡沫铝制备工艺及其应用 [J]. 数字技术与机械加工工艺装备，2009 (12).

[5] 程慧静．泡沫铝的研究现状与应用展望 [J]. 鞍山科技大学学报，2005 (6).

[6] 李大武．泡沫铝发泡剂研究进展 [J]. 材料导报，2008 (9).

[7] 王祝堂．泡沫铝性能及制备技术 [J]. 轻合金加工技术，2011 (10).

防伪专利技术现状及其发展趋势

史　冉　孔政荣　许炎炎[1]

（国家知识产权局专利局机械发明审查部）

一、引言

普通消费者对于“防伪”一词早已不再陌生，因为作为抑制作伪之术的防伪技术已渗透到社会生活的多个层面。目前，无论是国内还是国外发达国家，防伪技术的发展都很快，已经成为一个独特的产业。从技术层面来讲，国内防伪技术与国外发达国家防伪技术各有千秋，多年来国外防伪领域富有科研开发的积淀与先进的技术装备，而近些年来国内防伪技术发展与应用也收获甚多，这一方面得益于国家的大力支持和引导，另一方面得益于日益完善的市场机制。尽管在某些方面我们还落后于国际先进水平，但从技术的全面性而言，在某些方面我国已经取得了长足的进展，诸如光学全息防伪技术、光学可变薄膜防伪技术、生物学防伪技术、化学防伪技术、电子学防伪技术、核物理防伪技术、安全印刷防伪技术、密码防伪技术、信息防伪技术、自动识别防伪技术等，特别是其中如编码防伪查询技术、核径迹微孔膜防伪技术等已处于世界领先水平。

从 1893 年首次出现第一件防伪专利申请（GB189312307A）开始，防伪专利技术追随着作伪之术也已历经一百多年的发展，已形成渗透各行业各领域的一门综合了多学科知识的技术，它涉及光学、化学、物理学、电磁学、光谱学、计算机技术、印刷技术、包装技术等诸多领域。随着市场经济的日渐成熟，我国各防伪企业也逐渐从过去采取技术秘密保护自己的防伪技术逐步发展到今天的技术秘密与知识产权保护并重的阶段，从仅关注非法伪造者作伪之术的发展逐步发展到既关注非法伪造者作伪之术的发展也重视同行业竞争对手技术发展的阶段。

基于此，笔者以 B32B、B41M、B41K、B42D、B60R、B65D、C09D、D21H、G03G、G03H、G06F、G06K、G06Q、G07D、G09C、G09F 等分类号下的所有专利申请为样本，对防伪领域的专利技术进行全面的统计分析，拟在纵向上尽可能全面系

---

[1] 后两位作者所作贡献与第一作者等同。

统地反映出防伪技术的历史、现状和发展趋势；在横向上力争能全面系统地反映出拥有该专利技术的主要国家、主要研究机构或公司、产业界的实际水平，以期能够为我国防伪技术的发展提供所需要的支撑。

二、防伪技术领域的专利技术现状

（一）专利技术分析样本构成

1. 选择数据库

为了能全面、准确地反映出防伪专利技术的现状及其发展趋势，笔者在对现有专利数据库进行分析比较的基础上，选择了S系统中的VEN数据库、CNABS数据库和CPRSABS数据库。VEN数据库收录全面，使用该数据库进行专利分析，除可保证使用分类号进行检索的准确性外，还可避免在专利分析过程中出现大量重复专利记录的弊端，并且该数据库检索结果可关联出各单库文献内容。而CNABS和CPRSABS数据库是中国专利局自行开发的中国专利数据库，这两个数据库数据覆盖全面、数据项丰富、格式规范，且更新周期快，选择其以便于进行全面统计分析。

2. 检索策略和检索统计年限

防伪技术最早出现在1893年，但由于防伪技术是依附于作伪之术所涉及的其他专业技术而产生的，其在《国际专利分类表》分类体系中没有单一的分类位置，因此，需使用关键词来统计相关领域，一般来说，涉及防伪的分类号主要有B32B（涉及材料防伪、货币防伪）、B41M（涉及印刷防伪、票据防伪、安全纸、纸币防伪）、B41K（涉及印章防伪）、B42D（涉及证件、卡片、安全元件防伪）、B60R（涉及车牌及汽车配件防伪）、B65D（涉及包装防伪产品如瓶子、箱、容器等）、C09D（涂料组合物等）、D21H（材料防伪、防伪纸）、G03G（激光印刷防伪）、G03H（全息防伪）、G06F（加密算法防伪）、G06K（光学识别防伪）、G06Q（文档防伪、票据防伪、货币防伪）、G07D（光学防伪、防伪鉴别等）、G09C（密码防伪）、G09F（标签防伪、核径迹微孔膜防伪）等。为了能全面、准确地反映出防伪专利技术的现状及发展趋势，笔者所选择的防伪技术的检索样本主要由上述分类号及其下位组的数据库最早收录日期至目前（2012年4月13日）为止的全部专利文献构成。

需要说明的是，由于发明专利申请通常是自其申请日起18个月后被公开，在笔者检索时，还有部分2010、2011年的专利申请未被公开而不能被统计在内；而且，在CNABS、CPRSABS数据库中，实用新型只有在被授权后才被收录，因此，部分2010、2011年的实用新型也未能被统计在内。为保证分析结果的客观和准确，仅对2010年以前的数据进行了统计分析，但2011年的专利样本作为较新颖的专利样本仍然具有一定的参考价值。

（二）专利技术发展特点

1. 防伪技术发展的历程及其特点

防伪技术的使用和发展在我国已有数千年历史，从夏商朝代起，就以印章来证明书信文件的真伪，保证政令的畅通和尊严。在世界范围内，防伪技术作为专利申请的提出，则是从 1893 年由 Negretti Henry Paul Joseph 首次申请第一件防伪专利（GB189312307A）开始的。

就世界范围而言，图 1 示出了 VEN 数据库中防伪专利技术从 1893 年起专利申请的时间分布状态。从图 1 可以看出，从 1893 年至 1965 年的 70 多年内，专利申请量始终较低，而随着社会经济的发展，制假、造假逐步渗透到社会的各行各业，无论是个人，还是政府、企业，都开始对防伪技术重视起来，经过 1965 年至 1992 年近 30 年的发展期，防伪技术从 1993 年开始进入了高速发展时期，申请量于 2007 年达到峰值。

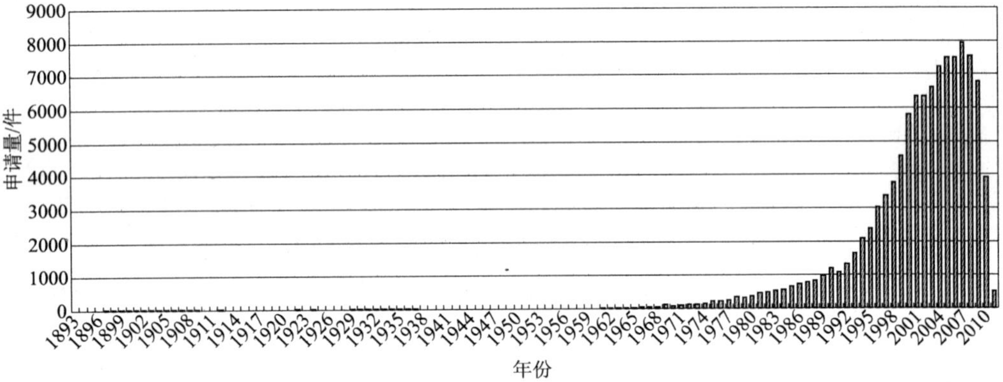

图 1　防伪专利技术年申请量分布图

表 1 和图 2 示出的是 VEN 数据库中防伪技术各分类领域在世界范围内于三个不同时期的申请量变化情况。从表 1 可以看出，在防伪技术发展的初期，即 1965 年（含）以前的时间段，防伪专利申请主要集中于 D21H、G07D、B42D、B41M、B65D、G06K 和 B41K 下。而且，经笔者针对这一时期的专利所进行的抽样分析发现，早期防伪专利申请主要涉及安全纸的制造或者采用安全纸制造的货币、有价证券等票据防伪技术，此时可以认为是防伪专利技术的萌芽期。例如，向纸浆中加入荧光物质或者水印以制造荧光安全纸（GB190908577A）、水印安全纸（GB190919963A）等；向纸浆中加入纸或其他物质（纤维素、蚕丝或人造丝等）的规则或不规则颗粒以生产用于证券、支票或安全文件（GB237828A，该技术可视为安全线防伪技术的早期技术）等；此外，还有一些涉及防伪瓶子（GB191102391A）的专利申请等。

表 1 各防伪分类技术领域不同时期的申请量变化情况
(1965 年以前、1965—1993 年、1993 年之后)

序号	分类号	1965 年以前 申请量/件	1965—1993 年 申请量/件	1993 年之后 申请量/件
1	D21H	65	684	2287
2	G07D	55	1791	15 987
3	B42D	48	2145	9061
4	B41M	46	1073	4312
5	B65D	37	458	5903
6	G06K	33	2842	6054
7	B41K	18	67	337
8	G03G	6	2088	2787
9	G06F	6	1900	29 734
10	C09D	5	410	1792
11	G09F	5	559	4002
12	G09C	2	228	2678
13	G06Q	0	610	12 156
14	B32B	0	451	2720
15	G03H	0	223	1411
16	B60R	0	135	1091

在防伪专利技术的中期发展阶段，即 1965—1993 年近 30 年的时间段，防伪专利申请相比初期阶段有了长足的进步，其中，不仅在于各分类领域下的申请量有了较大的变化，而且所涉猎的范围广度也大大地增加，防伪专利技术的施用对象也从传统的有价证券、信用卡、货币和瓶盖包装防伪扩展到印章防伪（JP1961880A），箔片防伪材料（EP0031521A2），防伪薄膜（JP60098643U），防伪片材（JP61118241A），防伪全息带（JP63106780A），针对磁带、书籍或唱片等的包装防伪（US4165002A），标签防伪（DE2429499A1）等，从纸张防伪技术发展到全息图像防伪技术（GB8105161A），指纹防伪技术（EP0010611A1），加密防伪技术（DE3442794A1），光学防伪技术（US4184700A），油墨防伪技术（FR2314835A1），芯片防伪技术（CN1063372A）等。

在防伪专利技术发展的后期，即 1993 年之后的时间，属于防伪专利技术的高速

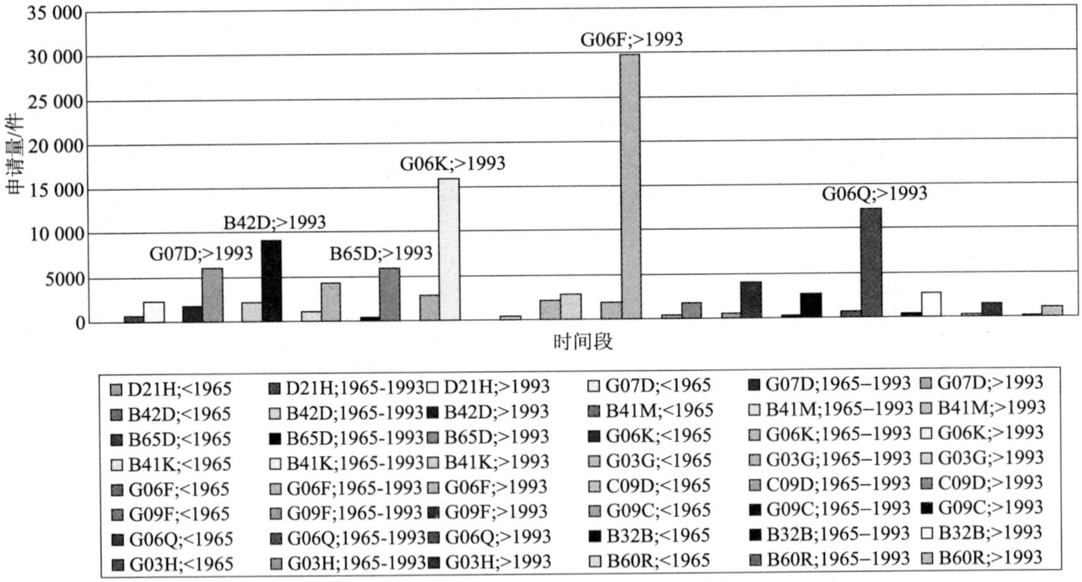

图 2　各防伪分类技术领域不同时期的申请量变化情况

（1965 年以前、1965—1993 年、1993 年之后）

发展期。其中，各防伪专利分类领域和各项专利技术的申请量增加迅速。值得一提的是，近年来，出现了一种核径迹微孔膜防伪技术，该技术将原子能科学与其他学科应用技术相结合生产出一种高科技产品——重离子核微孔防伪标识。由于这项技术采用国家专控的重离子辐射设备，技术源头得到了良好的控制，因此即使是技术专家也不能复制。这一技术的最大特点是识别方法极其容易，而且，这项技术在世界上也只有少数国家能掌握。目前，我国有中山国安火炬科技发展有限公司、北京清华试金石新技术有限公司申请了核径迹微孔膜防伪技术专利。

2. 防伪涉及的技术和应用领域较多

图 3 反映了 VEN 数据库中世界范围内防伪领域各技术主题的申请量分布。初期的防伪技术在应用上仅限于纸张、证券和票据、印章等，而技术方面则采用较为简单的水印、荧光（属光学防伪技术）等防伪技术，随着科技的发展，作伪之术也逐渐渗入到食品、医药、化妆品、玩具、服装、零配件等各应用领域，因而，防伪技术也就向着多元化、综合化、精密化等多领域交叉应用的方向逐步发展，如油墨与纸张防伪技术和/或光学防伪技术的结合等。关于防伪技术的分类，因技术领域涉及多学科且应用广泛，其类别的划分比较复杂，可以从各个不同层面对防伪技术进行分类，例如，从防伪产品（应用对象）层面来分，可以分为纸张防伪技术、证券和票据防伪技术、印章防伪技术、证件防伪技术、包装防伪技术、油墨防伪技术、印刷防伪技术

等；从防伪技术层面来分，可以分为水印防伪技术、核径迹微孔膜防伪技术、光学防伪技术、加密算法防伪技术、综合防伪技术、生物学防伪技术等。而光学防伪技术主要包括光学信息处理防伪检测技术、光学全息防伪检测技术、光学频率转换防伪检测技术、光学图像防伪技术、光扫描防伪检测技术等；加密算法防伪技术又主要包括密码防伪、芯片防伪、算法防伪等。考虑到主要技术在《国际专利分类表》（第 8 版）（IPC）中的位置，结合分类号和相应关键词可以看出各相关防伪技术所对应的技术发展情况。目前，热点防伪技术主要集中于以下几个分类号下，其分别是：G06F、G06K、G06Q、B42D、G07D、B65D。但是，同样由于防伪技术自身的特点，各分类技术会根据侧重点不同而被分到不同的分类号下，也就是说，上述分类号涵盖了各种防伪专利技术。举例来说，如果从技术层面上分类，光学防伪专利技术可被分到 G06K、G03H 下；而如果从应用层面来分类，光学防伪专利技术可被分到 B41M、G09F、B42D 和 G07D 下。但是，无论防伪专利技术如何分类，综合各防伪技术所涉及的分类号以及各个分类号的文献量，笔者可以确定的是，目前光学防伪技术、加密算法防伪技术、票据防伪技术、纸张防伪技术、包装防伪技术以及综合防伪技术仍是防伪技术的主流发展方向，生物学防伪技术和核径迹微孔膜防伪技术因其自身的优势和特殊用途，目前也是防伪专利技术的热点。

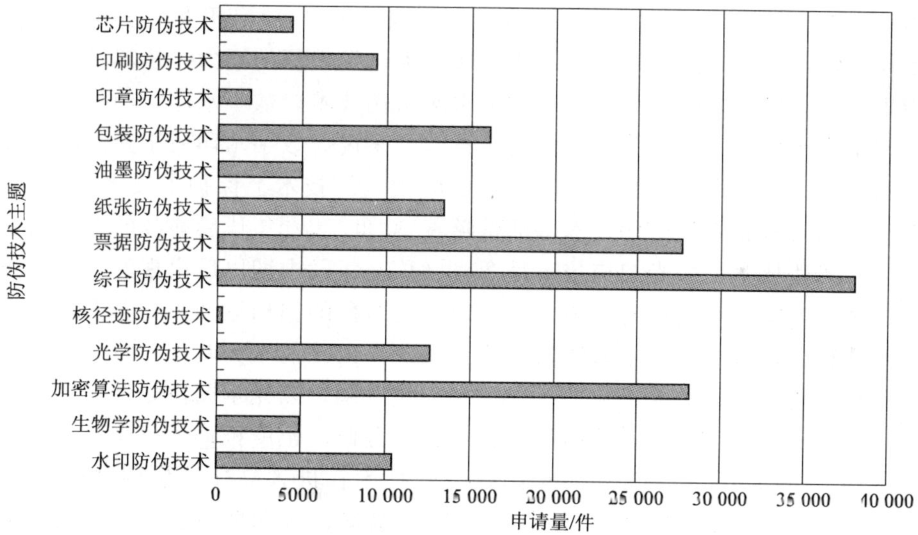

图 3 防伪领域各技术主题申请量分布图

3. *热点防伪技术发展趋势*

图 4 反映了 VEN 数据库中世界范围内各防伪热点技术的年度申请量分布情况，从中可以看出，水印防伪技术、加密算法防伪技术、票据防伪技术、光学防伪技术和

综合防伪技术较之于纸张防伪技术、油墨防伪技术、包装防伪技术和印刷防伪技术稍显活跃一些，而且，票据防伪技术因其在社会生活中的特殊地位仍占据着防伪专利技术申请的重要地位。

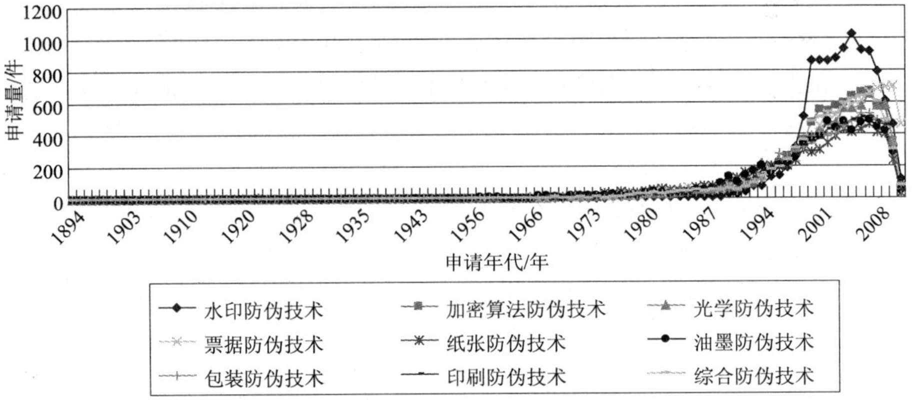

图 4　防伪技术领域各技术主题年申请量分布图

通过图 4 所反映的各热点技术的年度申请量走势可知，几种热点防伪技术的发展情况与整个防伪技术领域的发展趋势大致趋同。以水印防伪技术为例，其作为专利申请提出，是在 1909 年，而后经过近几十年的沉淀，从 1974 年开始，其申请量有所递增，不仅如此，随着科技的发展，水印防伪技术迸发出新的活力，超越了传统水印技术，衍生出了一种新的防伪技术——数字水印防伪技术。数字水印防伪技术从命名上看属于传统水印技术的一个分支，但是从技术上来说，数字水印属于光学防伪技术的一种，其作为信息隐藏在多媒体领域的重要应用，从技术上保护了数字作品的版权。加密算法防伪技术和光学防伪技术也都是随着 20 世纪 70 年代后科技的发展而逐步发展并壮大的防伪技术，如光扫描技术是 20 世纪 70 年代中期以后出现的一种新的动态检测测试技术，主要利用白光或激光形成对被测对象的扫描运动，配合光电器件、电子技术与计算机，构成各种精密测试方法，因此，以该技术为基础的条码防伪技术也就得到了较快的发展。另外，从 20 世纪 90 年代以来，以光学图像处理为基础的生物认证技术已经成为国内外十分热门的研究对象，因此，也就推动了以光学防伪技术为基础的生物学防伪技术的发展。各种防伪专利技术在进入高速发展期之后（即 1993 年之后的时间段），大都在 2007 年进入峰值（票据、水印防伪技术除外），而后于 2008 年后有少许下滑，衰退显现并不明显。显然，全球金融危机并未导致对防伪技术专利的研发投入显著缩减，而且，随着作伪之术的不断提高，单一防伪技术已经优势不大，且防伪成效减小，对各项防伪技术交叉应用实现综合化、高效化、经济化仍是防伪技术行业的一个永久课题。

（三）防伪技术与相关领域的联系

防伪作为一个行业迅速发展是在进入 20 世纪之后。目前，我国国家标准（GB/T 17004—1997）中将防伪技术定义为“为了达到防伪的目的而采取的，在一定范围内能准确鉴别真伪并不易被仿制和复制的技术”。而且，如前所述，防伪技术涉及光学、化学、物理学、电磁学、光谱学、计算机技术、印刷技术、包装技术等诸多领域，如今防伪专利技术已经成为渗透各行业各领域的一门综合了多学科知识的综合防伪专利技术。与此同时，防伪专利技术渗透于各专利技术分类领域，形成该专利技术分类领域的一部分。下面对防伪技术的主要应用领域加以分析统计，从中可以看出防伪技术的交叉应用情况。

1. CNABS 和 CPRSABS 库中各防伪相关领域分析

在 CNABS 和 CPRSABS 数据库中，笔者对防伪领域的相关申请所交叉涉及的技术和领域进行了统计，如表 2 所示。

表 2　CNABS/CPRSABS 数据库中的相应防伪领域分类号

序号	分类号	申请量/件	占总量比例/%	分类号含义	防伪技术种类
1	B32B/IC	1310	5.41	层状产品	材料防伪，货币防伪
2	B41K/IC	468	1.93	模印机；模印或印号设备或装置	印章防伪
3	B41M/IC	1187	4.91	印刷、复制、标记或拷贝工艺；彩色印刷	印刷防伪，票据防伪，安全纸，货币防伪（采用光学防伪技术和防伪印刷工艺的纸币）
4	B42D/IC	1731	7.15	书；书籍封皮；活页；不包含在其他类目中的特殊开本或形式的印刷品；与上述物品使用相关的装置；可动条带的记录或读出设备	证件、卡片、安全元件防伪（涉及光学防伪技术）
5	B60R/IC	325	1.34	不包含在其他类目中的车辆、车辆配件或车辆部件	车牌及汽车配件防伪

续表

序号	分类号	申请量/件	占总量比例/%	分类号含义	防伪技术种类
6	B65D/IC	7734	31.96	用于物件或物料贮存或运输的容器，如袋、桶、瓶子、箱盒、罐头、纸板箱、板条箱、圆桶、罐、槽、料仓、运输容器；所用的附件、封口或配件；包装元件；包装件	包装防伪产品如瓶子、箱、容器等
7	C09D/IC	665	2.75	涂料组合物，例如色漆、清漆、天然漆；填充浆料；化学涂料或油墨的去除剂；油墨；改正液；木材着色剂；用于着色或印刷的浆料或固体；原料为此的应用	油墨防伪，货币防伪
8	D21H/IC	1052	4.35	浆料或纸浆组合物；不包括在小类D21C、D21D中的纸浆组合物的制备；纸的浸渍或涂布；不包括在大类B31或小类D21G中的成品纸的加工；其他类不包括的纸	材料防伪，防伪纸
9	G03G/IC	185	7.64	电记录术；电照相；磁记录	（激光）印刷防伪
10	G03H/IC	339	1.41	全息摄影的工艺过程或设备	全息防伪技术
11	G06F/IC	2233	9.23	电数字数据处理	加密算法防伪
12	G06K/IC	4173	17.25	数据识别；数据表示；记录载体；记录载体的处理	光学识别（信用卡、纸币等的光学防伪技术）

续表

序号	分类号	申请量/件	占总量比例/%	分类号含义	防伪技术种类
13	G06Q/IC	1563	6.46	专门适用于行政、商业、金融、管理、监督或预测目的的数据处理系统或方法；其他类目不包含的专门适用于行政、商业、金融、管理、角度或预测目的的处理系统或方法	文档防伪（行政、金融类），票据防伪，货币防伪
14	G07D/IC	2225	9.19	硬币的分类、检验、兑换、交付或其他处理；检验或兑换纸币；检验证券、债券或类似的有价纸币	钱币等防伪（涉及光学防伪技术）、防伪鉴别装置及方法
15	G09C/IC	380	1.57	用于密码或涉及保密需要的其他用途的编码或译码装置	密码防伪（属加密算法防伪）
16	G09F/IC	3383	13.98	显示；广告；标记；标签或铭牌；印鉴	标签，核径迹微孔膜防伪

注：总量指的是按照上述分类号和关键词在CNABS和CPRSABS数据库中所检索到的自最早收录日期至目前（2012年4月13日）的所有防伪专利文献的数量（表3含义相同）。

从表2中所示的分类号来看，防伪技术专利申请主要集中于包装防伪（B65D）、标签防伪（G09F）、光学识别防伪（G06K）、钱币防伪（G07D）、加密算法防伪（G06K、G09C）、防伪材料（D21H、B32B）。其中，货币防伪几乎与大部分的分类号都有关联，这说明：其一，货币防伪是一项历经各个时代发展且一直不断革新改进的防伪技术，所谓魔高一尺，道高一丈，随着货币造假技术的发展，货币防伪技术也会不断创新进步；其二，货币防伪技术已经发展为综合化防伪技术（例如WO2011051712A1专利申请中，向油墨中添加活性物质，使得形成的安全文件的图像对0.01～10MPa的触觉压力以及复合辐照如紫外线产生反应，从而使图像的外观发生改变，达到防伪目的），综合采用了光变油墨防伪技术、水印防伪技术、纸张防伪技术（制造专用印钞纸）、安全线防伪技术、印刷防伪技术（采用雕刻凹版印刷、多色接线印刷、隔色印刷、对印印刷、对接印刷、缩微印刷等技术）、全息防伪技术等。

2. VEN 库中各防伪相关领域分析

在 VEN 库中，笔者同样对防伪领域的相关申请所交叉涉及的技术和领域进行了统计，如表 3 所示。

表 3 VEN 库中各防伪相关领域分类号

序号	分类号	申请量/件	占总量比例/%	分类号含义	防伪技术种类
1	B32B/IC	3139	3.63	层状产品	材料防伪，货币防伪
2	B41K/IC	422	0.49	模印机；模印或印号设备或装置	印章防伪
3	B41M/IC	5400	6.25	印刷、复制、标记或拷贝工艺；彩色印刷	印刷防伪，票据防伪，安全纸，货币防伪（采用光学防伪技术和防伪印刷工艺的纸币）
4	B42D/IC	11 227	12.997	书；书籍封皮；活页；不包含在其他类目中的特殊开本或形式的印刷品；与上述物品使用相关的装置；可动条带的记录或读出设备	证件、卡片、安全元件防伪（涉及光学防伪技术）
5	B60R/IC	1230	1.42	不包含在其他类目中的车辆、车辆配件或车辆部件	车牌及汽车配件防伪
6	B65D/IC	6421	7.43	用于物件或物料贮存或运输的容器，如袋、桶、瓶子、箱盒、罐头、纸板箱、板条箱、圆桶、罐、槽、料仓、运输容器；所用的附件、封口或配件；包装元件；包装件	包装防伪产品如瓶子、箱、容器等

续表

序号	分类号	申请量/件	占总量比例/%	分类号含义	防伪技术种类
7	C09D/IC	2197	2.54	涂料组合物，例如色漆、清漆、天然漆；填充浆料；化学涂料或油墨的去除剂；油墨；改正液；木材着色剂；用于着色或印刷的浆料或固体；原料为此的应用	油墨防伪，货币防伪
8	D21H/IC	3020	3.496	浆料或纸浆组合物；不包括在小类D21C、D21D中的纸浆组合物的制备；纸的浸渍或涂布；不包括在大类B31或小类D21G中的成品纸的加工；其他类不包括的纸	材料防伪，货币防伪
9	G03G/IC	4838	5.60	电记录术；电照相；磁记录	（激光）印刷防伪
10	G03H/IC	1629	1.89	全息摄影的工艺过程或设备	全息防伪技术，货币防伪
11	G06F/IC	31 819	36.84	电数字数据处理	加密算法防伪
12	G06K/IC	18 928	21.91	数据识别；数据表示；记录载体；记录载体的处理	光学识别（信用卡、纸币等的光学防伪技术）
13	G06Q/IC	12 908	14.94	专门适用于行政、商业、金融、管理、监督或预测目的的数据处理系统或方法；其他类目不包含的专门适用于行政、商业、金融、管理、角度或预测目的的处理系统或方法	文档防伪（行政、金融类），票据防伪，货币防伪

续表

序号	分类号	申请量/件	占总量比例/%	分类号含义	防伪技术种类
14	G07D/IC	7812	9.04	硬币的分类、检验、兑换、交付或其他处理；检验或兑换纸币；检验证券、债券或类似的有价纸币	钱币等防伪（涉及光学防伪技术）、防伪鉴别装置及方法
15	G09C/IC	2889	3.34	用于密码或涉及保密需要的其他用途的编码或译码装置	密码防伪（属加密算法防伪）
16	G09F/IC	4605	5.33	显示；广告；标记；标签或铭牌；印鉴	标签，核径迹微孔膜防伪

VEN 数据库中收录了 97 个国家或地区的专利数据，笔者根据各个国家或地区使用的不同分类体系所导致 IPC 分类号发生的不准确的情况，对上述文献进行了甄别。通过大量阅读文献，笔者发现，防伪技术领域涉及的技术类别的划分比较复杂。专利分类多样化也在该表格中得到了充分的体现，对于专利技术分类来说，通常可以按照应用和功能来分类，也可以从技术主题的整体上来分，或者采用多重分类方法，因此，也就出现了同一件专利申请具有多个分类号的情况。就防伪技术来说，其专利技术的分类显然出现了多领域交叉分类的情况，如油墨防伪技术，既可以按照功能分类在 C09D（油墨）、B41M（印刷工艺）、G06K（光学防伪油墨）下，也可以按照应用分类在 B42D（利用防伪油墨技术的证件或安全元件）、G07D（采用光变油墨防伪技术的货币防伪）、G09F（标签防伪）、B32B（防伪材料）以及 D21H（防伪纸张）下，另外，对于包装防伪领域（B65D），其下也包括了采用光学防伪技术、标签防伪技术、加密算法防伪技术、油墨防伪技术和/或水印防伪技术的包装防伪产品/方法。

（四）防伪技术在国内外各地区的发展状况

防伪对于任何一个国家或地区来说都是一项必须面对的课题，因此，相对来说，防伪专利技术在全球各个国家或地区的发展都比较活跃。

1. 防伪专利技术在中国的分布情况

图 5 示出了防伪技术领域各国在华申请的情况，其中，不难发现，中国本土的申请人占据了其中的大多数，申请量接近 18 000 件，而日本、美国等申请人的申请量则不足 1000 件，由此可见，防伪技术在我国的发展还是相当活跃的，这种情况也与防伪技术的特殊性有关。毕竟防伪技术作为一项与人们日常生活息息相关的技术，已逐步从护照、证件、货币以及有价证券等方面发展到社会生活的各个方面，如商标和

标识的防伪印刷、商品包装的防伪等。

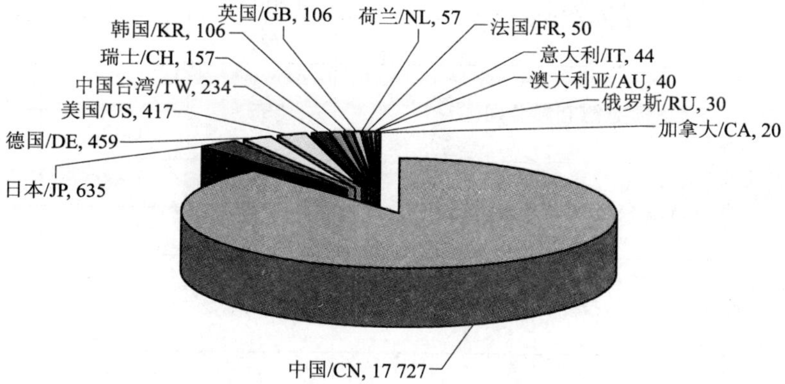

图 5　防伪技术领域各国和地区在华申请的比例图

参见表 4，在 CPRSABS 库所检索到的总文献量为 11 364 篇，申请量最多的为中国印钞造币总公司，但其总申请量也不到 200 件，并且，从该表中也可以分析出：其一，个人或者中小公司的申请占据了主要地位；其二，对于专利申请量在 10 件以上的公司和/或个人申请，其主要申请领域较为集中，如中国印钞造币总公司，其主要申请就集中于与货币防伪相关的纸张、防伪墨、印刷工艺、钱币等方面。值得一提的是，清华大学和中山国安火炬科技发展有限公司在核径迹防伪（G09F）方面具有一定的实力。上述第一种情况由于没有形成一定规模，科研开发的投入以及技术装备方面也就相对落后，导致只是针对某些现有防伪技术进行改进，而不能有更高层次的研发和创新，不利于我国防伪技术整体水平的提高。不过，如前所述，申请量在 30 件以上的申请人大都集中于某一防伪技术领域，且有的在该技术领域也具有世界领先水平，如中国印钞造币总公司所印制的第五套人民币，其中就包括对印、雕刻凹印、水印、安全线、全息、胶印缩微文字、胶印接线印刷、变色荧光纤维等多种防伪技术和材料，这也说明，我国在这一领域也形成了自己独特的纸币防伪技术。

表 4　CPRSABS 库下主要公司的申请量以及主要分类号下的申请量

序号	公司/个人	申请总量/件	分类号	各分类号下的申请量/件
1	中国印钞造币总公司	176	D21H	43
			C09D	20
			B41M	19
			G07D	18

续表

序号	公司/个人	申请总量/件	分类号	各分类号下的申请量/件
2	德国捷德有限公司	85	B42D	35
			G07D	15
3	北京派瑞根科技开发有限公司	74	G06Q	39
			G07D	28
4	淄博泰宝防伪技术产品有限公司	60	G09F	28
			B32B	11
5	清华大学	47	G09F	16
			G06K	10
6	株式会社半导体能源研究所	45	G06K	15
5	郑阿奇	41	G06K	29
7	孙显林	40	D21H	25
8	四川省宜宾五粮液集团有限公司	39	B65D	31
			G06K	4
			G09F	3
9	上海复旦天臣新技术有限公司	32	B65D	13
			G06K	9
10	山东泰宝防伪技术产品有限公司	31	B32B	21
			G06K	5
			G09F	3
11	中山国安火炬科技发展有限公司	30	B32B	13
			G09F	13

而且，为了明确防伪专利技术领域中的各技术在我国的发展情况，针对目前的防伪技术领域所涉及的分类号，笔者在CNABS和CPRSABS中结合分类号和与各主要防伪技术相关的关键词统计了各主要防伪专利技术在中国的申请量。图6示出了各防伪技术在我国的申请情况。

从图6可以看出，从技术层面来说，综合防伪技术高居首位，加密算法防伪技术紧跟其后；而从应用层面来讲，包装防伪技术占据目前我国防伪专利技术领域的首位，其次为票据防伪技术。这也与防伪技术总的趋势大致相同，首先，综合防伪技术

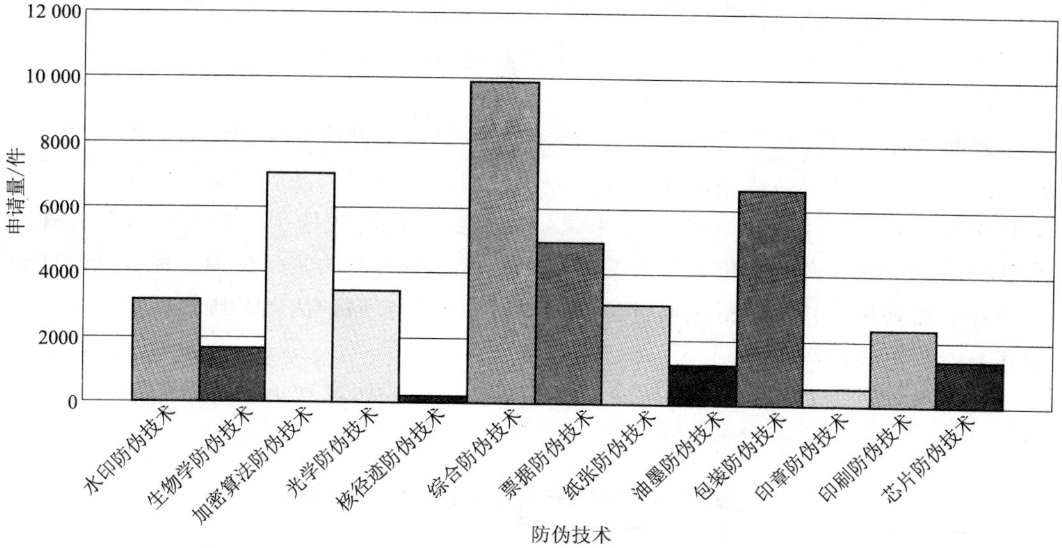

图 6　各主要防伪专利技术在中国的申请量

位居首位显示了防伪技术日趋综合化的走向，包装防伪技术在应用层面上位于高位，也说明随着现代科技的高速发展和假冒伪造活动的日益猖獗，防伪技术得到普及性的发展；其次，因货币、有价证券以及信用卡等在社会经济中所占据的地位以及社会生活中所扮演的重要角色，防伪技术的应用就显得尤为重要，因此，票据防伪成为除了包装防伪之外的又一主要防伪应用领域，而且纸币、钞票的防伪综合采用了尖端复杂的各防伪技术，以保障人民群众的财产安全。

此外，笔者在 CNABS 库中通过地区代码对中国各地区的防伪专利申请进行了检索，图 7 给出了中国各地区专利申请量的情况。

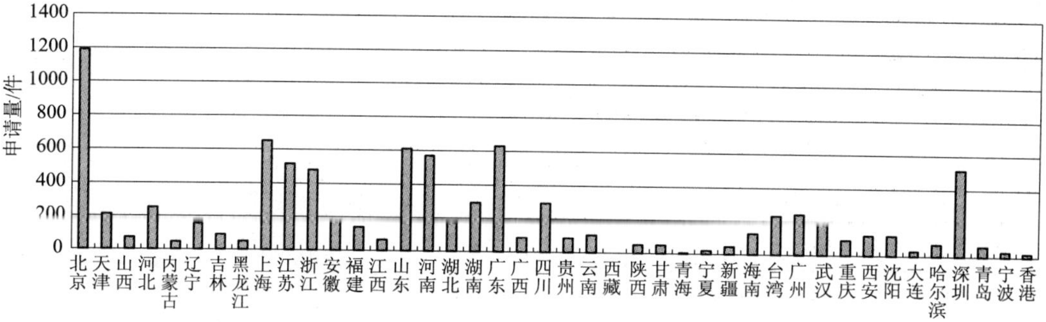

图 7　CNABS 库中中国各地区申请分布图

从图 7 中可以看出，北京高居首位，其后超过 500 件的地区依次是上海、广东、山东、河南、江苏、深圳，而青海、西藏分别只有 6 件和 2 件，远远低于其他地区。

由此可以看出，经济越发达的地区，技术发展越先进，相应的作伪与防伪间的技术攻防战斗也越剧烈，主要防伪申请人都集中在东部沿海发达地区。

2. 全球分布情况（VEN 数据库）

如前所述，防伪是一项全球各个国家和地区都需要同样面临的课题，随着全球化时代的来临，全球贸易体系逐步形成，各种日用品、电子产品等在全球的流通日益容易和频繁，因此，针对出口国/企业来说，就需要一定的防伪手段来确保占领并守护自身产品的市场和销售地位，就需要售出方提供一些必要的防伪标识、标签能够使得消费者识别真伪，并且使得能够打击一方的制假贩假售假的活动，维护消费者和商家的利益，从而获得双赢。

笔者在 VEN 库中总结了防伪专利申请在各个主要国家和地区的分布情况，参见表 5。

表 5 防伪专利申请在各主要国家和地区的分布情况

国家和地区	申请量/件
日本/JP	32 170
美国/US	30 181
中国/CN	19 981
欧洲/EP	13 631
德国/DE	8562
韩国/KR	8127
澳大利亚/AU	6608
加拿大/CA	3926
英国/GB	3646
法国/FR	2667
中国台湾/TW	2441
西班牙/ES	1626
巴西/BR	1660
墨西哥/MX	1527
俄罗斯/RU	1365
南非/ZA	784
奥地利/AT	849

续表

国家和地区	申请量/件
挪威/NO	616
意大利/IT	596
瑞典/SE	483
荷兰/NL	445
新西兰/NZ	388
以色列/IL	386
芬兰/FI	331
丹麦/DK	351
瑞士/CH	298
新加坡/SG	298
比利时/BE	233

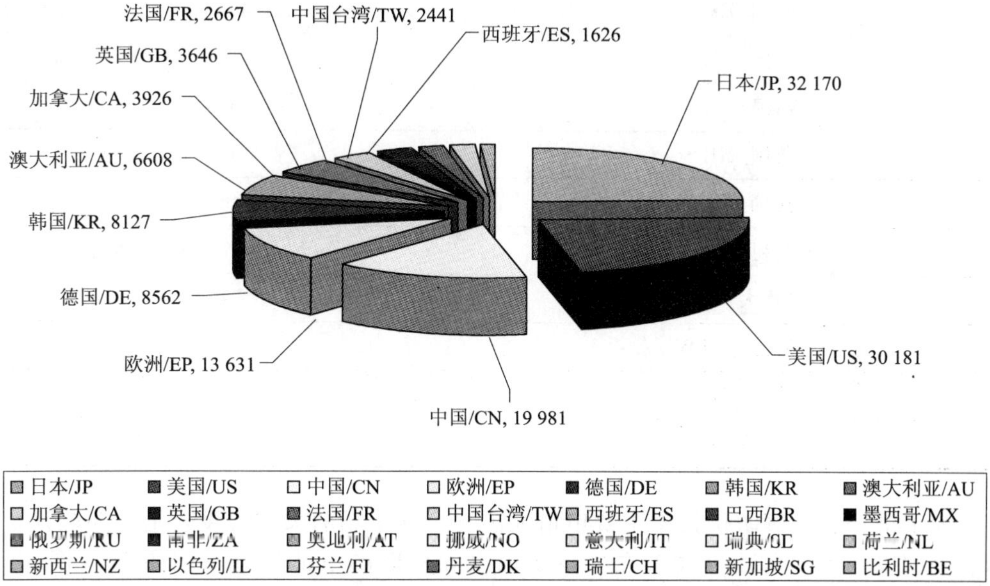

图 8 防伪专利申请在各主要国家和地区的分布图

从表 5 和图 8 反映出的申请量分布状况可以看出，防伪专利的专利申请量的地域分布相对来说不太集中，这恰恰契合了防伪技术本身的特点：单一防伪技术技术含量并不是很高，且不需要大量的技术积累，而且防伪为全球各个国家和地区所必需。其中，日本和美国的申请量不相上下，与位居第三的中国相比，其申请的数量超出了一大截，可见，二者的市场竞争相对要激烈一些。申请量超过 1000 件的国家和地区就达到 15 个之多，申请量超 10 000 件的有日本、美国、中国和欧洲。由此可见，防伪专利技术的相对活跃区域主要集中在日本、美国、中国和欧洲。

为了进一步了解防伪专利技术在全球主要国家和地区的技术水平和实力，需要分析各主要国家和地区的原创申请情况。一般而言，从优先权角度来说，优先权文献的国家能够体现专利申请的首次申请地，据此以优先权为入口，可以在 VEN 库中检索得到主要申请国/地区在本国/地区提出首次申请的申请量（下面称其为原创申请量）。因此，笔者在 VEN 库中对原创申请量进行了统计，表 6 和图 9 列出了原创申请量超过 500 件的国家和地区。

表 6 防伪专利技术原创地分布表

国家和地区	原创申请量/件
日本/JP	27 565
美国/US	24 342
中国/CN	13 645
欧洲/EP	4704
德国/DE	4915
韩国/KR	5127
英国/GB	3765
法国/FR	2560
澳大利亚/AU	774
加拿大/CA	744
中国台湾/TW	667
瑞士/CH	544
意大利/IT	511

为了进一步了解防伪技术主要申请大国对全球市场的关注程度，笔者还统计了日本、美国以及中国大陆申请人在各主要国家和地区的申请情况（如图 10～图 12 所示）。从中可以看出，日本和美国申请人除了对本国市场最为关注之外，还注重在美国、日本、中国、欧洲、德国、韩国、澳大利亚和加拿大等国家申请专利，且申请量都在近 2000 件以上，由此可见，在防伪领域，日本和美国也是高居霸主地位的。而针对中国申请人的调查，情况则相对严峻一些，中国申请人只是大陆申请量较大，目前尚不能占领国际市场，这方面的研发能力和实力都需要进一步提高。

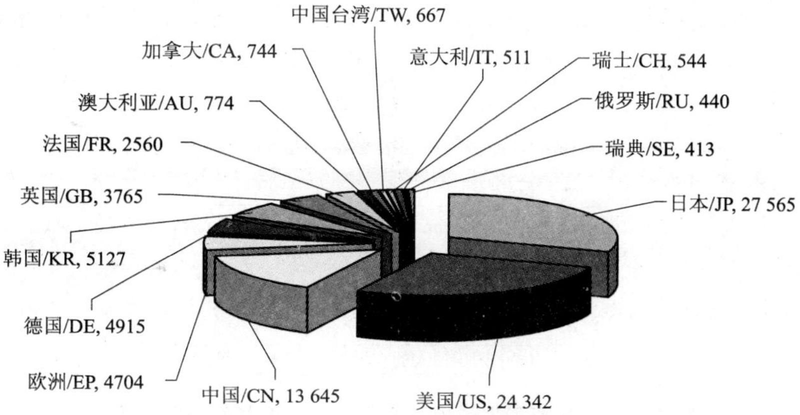

图 9　防伪专利技术原创地分布图

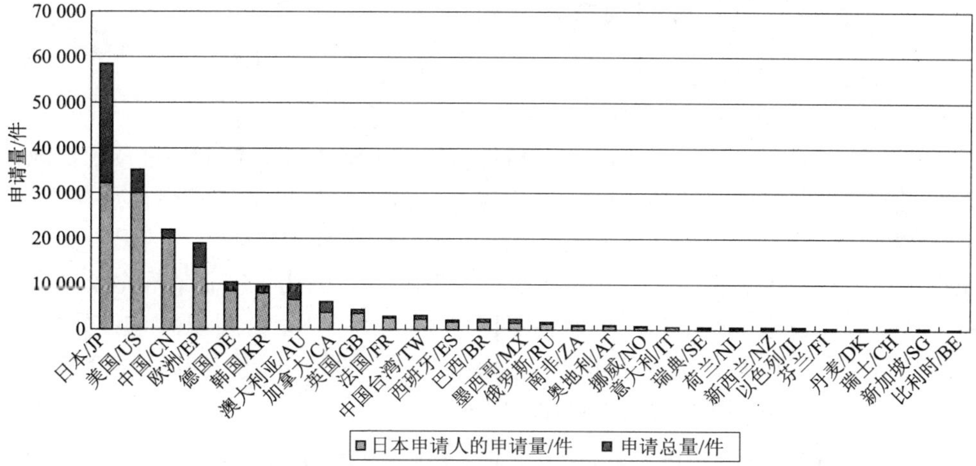

图 10　在各主要国家和地区日本申请人所占申请量的比例

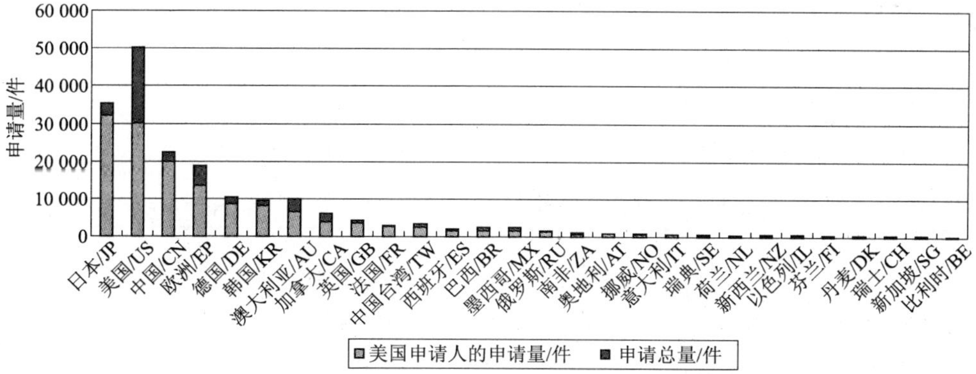

图 11　在各主要国家和地区美国申请人所占申请量的比例

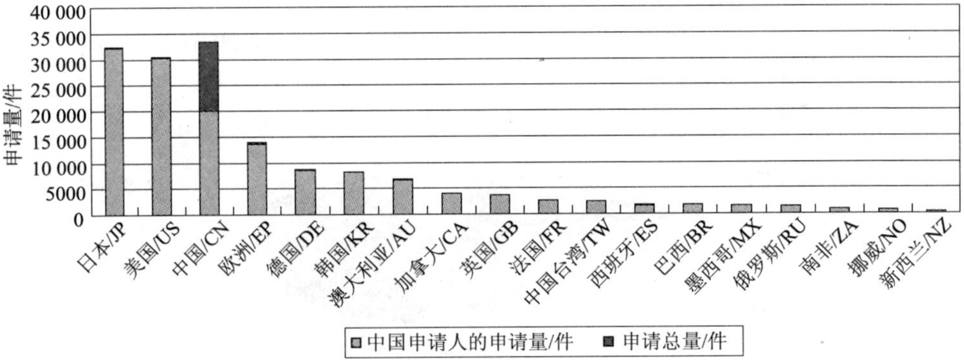

图 12　在各主要国家和地区中国申请人所占申请量的比例

三、重点企业和关键防伪技术分析

（一）主要申请人概况

1. CNABS 和 CPRSABS 数据库的统计分析

首先，笔者对所述数据库中防伪专利技术领域申请人及其申请量进行了统计，其中，有些申请人在申请时所使用的名称不完全一致，如柯尼卡株式会社，在 2003 年 8 月与美能达合并之后，采用“柯尼卡美能达商用科技株式会社”、“柯尼卡美能达精密光学株式会社”等名称，而“法国亚宙公司”和“法国亚宙维金斯安全公司”实为同一申请人。通过将这些申请人的名称不同但实际属同一家公司或属于母公司/子公司关系的申请进行合并，统计了申请量位于前 30 位的公司/个人申请（检索日截至 2012 年 4 月 13 日），得到如表 7 所示的结果。

表 7　CNABS/CPRSABS 数据库防伪专利技术领域主要申请人的申请量排名情况

序号	申请人	国家/地区	申请量/件	占总申请量的比例/%
1	中国印钞造币总公司	中国	362	1.49
2	德国捷德有限公司	德国	206	0.85
3	淄博泰宝防伪技术产品有限公司/淄博泰宝包装制品有限公司	中国	183	0.76
4	北京派瑞根科技开发有限公司	中国	148	0.61
5	海南亚元防伪纸业有限公司/海南亚元防伪技术研究所	中国	105	0.43
6	清华大学	中国	98	0.40
7	山东泰宝防伪技术产品有限公司	中国	93	0.38

续表

序号	申请人	国家/地区	申请量/件	占总申请量比例/%
8	郑阿奇	中国	83	0.34
9	孙显林	中国	82	0.338
10	四川省宜宾五粮液集团有限公司	中国	78	0.32
11	佳能株式会社	日本	71	0.29
12	上海复旦天臣新技术有限公司	中国	66	0.27
13	JDS 尤尼弗思公司	美国	61	0.252
14	中山国安火炬科技发展有限公司	中国	60	0.247
15	华中科技大学	中国	59	0.24
16	上虞中瑞塑胶有限公司	中国	55	0.23
17	欧阳宣	中国	50	0.21
18	蔡灵明	中国	47	0.19
19	上海中策工贸有限公司	中国	45	0.186
20	林明耀	中国	45	0.186
21	上海百易防伪科技有限公司	中国	42	0.17
22	吴建明	中国	42	0.17
23	天津环球磁卡股份有限公司	中国	40	0.165
24	湖北中烟工业有限责任公司	中国	40	0.165
25	闵波	中国	38	0.157
26	冯宪宝	中国	37	0.153
27	叶彪	中国	37	0.153
28	北京中科金财科技股份有限公司	中国	36	0.15
29	陈毕峰	中国	36	0.15
30	中国人民银行印制科学技术研究所	中国	32	0.13

注：截至 2012 年 4 月 13 日，CNABS 和 CPRSABS 库所检索到的总申请量为 24 231 件。

从表 7 可以看出，上述 30 位申请人当中，除了仅仅一位德国申请人、一位日本申请人、一位美国申请人之外，其余全部为中国大陆申请人，这说明了中国大陆申请人在数量上持有的地位，但是，从上述各申请人的申请量占据总申请量的比例来说，仅仅申请量最高的中国印钞造币总公司的比例超过了 1%，占总申请量比例超过 0.5%的依次为德国捷德有限公司、淄博泰宝防伪技术产品有限公司/淄博泰宝包装制品有限公司和北京派瑞根科技开发有限公司，具体分别为 0.85%、0.76%和 0.61%。这一数据显示，防伪技术领域没有绝对的申请数量优势。但是，通过阅读文献发现，对于申请量相对较高的申请人来说，其防伪技术一般会集中于某一行业或技术领域，如中国印钞造币总公司着重于纸币防伪技术；北京派瑞根科技开发有限公司主要涉及采用了加密算法防伪技术的电子防伪产品（如电子防伪印章，CN101699472A，G06K）及电子产品防伪方法（CN101763613A，G06Q）；德国捷德有限公司主要侧重于票据防伪技术，其中涉及有价证券、安全元件及其所用的防伪纸；日本佳能株式会社主要涉及防伪印刷技术（隐藏图像或潜影图像，CN101290495A，G03G）和数字水印防伪技术（CN1305175A，G06K）；美国的JDS尤尼弗思公司主要涉及光学防伪技术（CN1423598A，B42D）。

2. VEN数据库的统计分析

笔者在VEN数据库中利用MEMS命令对申请人字段“/PA”进行了首次检索，初步确定了申请人的大致排序，由于基础文献量较大，为83 678件，命令检索式因抽取的文献量有限，且同一申请人只能将其作为第一申请人的申请进行统计，而不能同时统计其作为第二/第三申请人的申请，即作为第一/第二/第三申请人不能在一个命令检索式内全部被统计出来，此外，如果申请人有不同的拼写方法，如IBM公司有两种拼写方法，即IBM和INT BUSINESS MACHINES CORP，命令检索式会对二者分别进行统计排序，且如果仅仅将上述所得的两个结果进行叠加，则会导致大量的文献重复统计。因此，笔者充分考虑了命令检索式的优点和便利之处，在利用命令检索式进行初步检索的基础上，对不同公司的拼写方式和公司代码进行了统计甄别，并进行“或”运算，从而得到更全面的统计数据。如大日本印刷株式会社，可分别以NIPQ公司代码、公司名称DAINIPPON PRINTING CO LTD与DAINIPPON TORYO KK进行检索，并对上述检索结果进行“或”运算，从而得到更准确的反映该公司实际申请量的数据。由此得到的检索结果如表8所示。

表8　VEN数据库中防伪专利技术领域主要申请人的申请量排名情况

序号	申请人	国家/地区	申请量/件	占总申请量的比例/%
1	佳能株式会社（CANON）	日本	1636	1.88
2	大日本印刷株式会社（NIPQ）	日本	1617	1.87
3	凸版印刷株式会社， 凸版资讯股份有限公司（TOPP）	日本	1605	1.86
4	株式会社理光（RICO）	日本	1432	1.65
5	国际商业机器公司（IBMC）	美国	1288	1.48
6	株式会社东芝（TOKE）	日本	1195	1.38
7	微软公司（MICT）	美国	1123	1.29
8	松下（MATU）	日本	928	1.07
9	株式会社日立制作所（HITA）	日本	922	1.06
10	索尼公司（SONY）	日本	810	0.93

续表

序号	申请人	国家/地区	申请量/件	占总申请量的比例/%
11	德国捷德有限公司（GIES）	德国	757	0.87
12	富士通株式会社（FUTE）	日本	743	0.85
13	富士施乐株式会社（XERF）	日本	691	0.80
14	日本电器株式会社（NIDE）	日本	556	0.64
15	三星电子株式会社（SMSU）	韩国	487	0.56
16	日本电信电话株式会社（NITE）	日本	479	0.55
17	欧姆龙株式会社， 日立欧姆龙金融系统有限公司（OMRO）	日本	467	0.54
18	夏普株式会社（SHAF）	日本	447	0.51
19	冲电气工业株式会社（OKID）	日本	378	0.43
20	柯尼卡株式会社，美能达株式会社（SHAF）	日本	370	0.43
21	英特尔公司（ITLC）	美国	324	0.375
22	西门子公司（SIEI）	德国	322	0.373
23	精工（包括精工爱普生等） （SHIH，DASE，SEIK－N）	日本	313	0.36
24	联邦印刷有限公司（BDRK）	德国	289	0.335
25	惠普公司（HEWP）	美国	288	0.334
26	皇家飞利浦电子股份有限公司（PHIG）	荷兰	287	0.332
27	德拉鲁国际公司（DELR）	英国	285	0.33
28	三菱电机株式会社（MITQ）	日本	278	0.32
29	施乐公司（XERO）	美国	275	0.32
30	GAO有限公司（GESA）	德国	227	0.26
31	格姆普拉斯公司（GEMP）	法国	204	0.23
32	美国快递旅游服务股份有限公司（AMXA）	美国	192	0.22
33	日本财政部	日本	181	0.21
34	太阳微系统有限公司（SUNM）	美国	179	0.21
35	韩国电子通信研究院（KETR）	韩国	181	0.21
36	BIZMODELINE CO LTD（BIZM）	韩国	169	0.19
37	东金株式会社（TOHM）	日本	168	0.19

续表

序号	申请人	国家/地区	申请量/件	占总申请量的比例/%
38	日本胜利株式会社（VICO）	日本	162	0.19
39	蒂萨股份公司（TESA）	德国	161	0.19
40	株式会社半导体能源研究所（SEME）	日本	160	0.18
41	三洋电机株式会社（SAOL）	日本	159	0.18
42	株式会社新韩银行（SHIN-N）	韩国	158	0.18
43	LG 电子株式会社（GLDS）	韩国	153	0.18
44	维萨国际服务协会， 维萨美国股份有限公司（VISS）	美国	142	0.16
45	波特尔斯有限公司（PORT-N）	英国	131	0.15
46	诺基亚公司（OYNO）	芬兰	124	0.14
47	美国电话及电报公司（AMTT）	美国	109	0.13
48	株式会社东芝（TOKE）	日本	107	0.12
49	三田工业株式会社（SAND-N）	日本	105	0.12

由表 8 可知，上述申请量超过 100 件的 49 位申请人中，申请量超过 1000 件的申请人有 7 位，日本申请人占据了其中的 5 位（前四位均为日本申请人），其余两位为美国申请人。如同前表 7 一样，排位靠前的申请人的申请量占总申请量的比例最高仅为 1.88%，超过 1%的仅仅为排在前九位的申请人，而且，对比这两个表格，可以发现，除了德国捷德有限公司和日本佳能株式会社之外，排在前 30 位的其他申请人完全不同。这也说明，如之前所分析的，防伪技术领域没有绝对的龙头老大，而是各个申请人根据自己的技术实力在某一/几种防伪技术上具有优势地位。

（二）重点企业及其关键技术

通过笔者在所选数据库（CNABS、CPRSABS、VEN）中的检索，并且参考主要申请人的统计结果，结合防伪技术的技术和应用分类情况以及市场状况，针对主要国家/地区的重点企业，笔者从中选取了佳能公司、大日本印刷株式会社、德国捷德公司以及中国印钞造币总公司等申请人进行分析。

1. 佳能公司

佳能公司成立于 1937 年，是全球领先的生产影像与信息产品的综合集团。虽然佳能的专利申请主要集中于喷液打印领域，但是，与同期其他活跃在喷液打印领域的其他知名企业进行横向比较，佳能在防伪技术方面也处于领先地位，根据笔者在 VEN 库检索的申请人的申请量排名，佳能在防伪专利技术领域的申请量位于第一位。

下面对其年申请量变化、技术分布状况等方面进行详细分析。

(1) 年申请量变化

图 13 示出了佳能在 1969—2011 年申请的防伪方面的专利的申请量变化，其中，2011 年有部分申请目前尚未概括，表中所统计的 2011 年申请量并非 2011 年全年的申请量，以下关于其他申请人的统计也存在同样的情况。

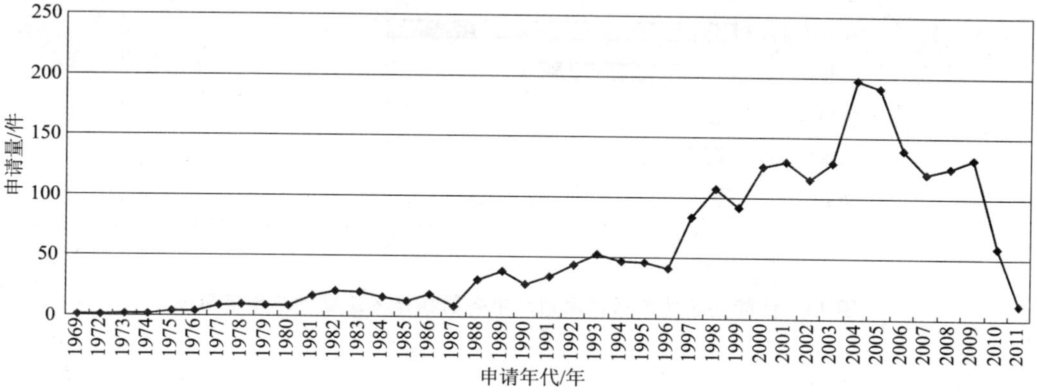

图 13 佳能在防伪技术领域中的年申请量状况图

从图 13 中可以看出，对于佳能来讲，从 1969 年的申请量为 1 件直到 1986 年申请量达到 19 件，防伪技术专利申请处于从无到有的初始发展阶段。而在 1987—1995 年近十年间，申请量大体呈逐年增加趋势，从之前徘徊在 20 件上下/年的申请量一跃上升到 47 件/年，该阶段为佳能防伪专利技术的积累发展期，其中，1988 年申请量从 1987 年的 9 件一举跃升至 31 件，为该时期技术发展最快的一年。1996—2004 年，防伪技术专利申请量增长显著，从之前的 41 件一跃增长到 197 件，该时期为佳能防伪专利申请的高速发展期，其中，1997 年申请量从 1996 年的 41 件一举跃升至 84 件，为该时期技术发展最快的一年。而且，除了在 1999 年受当时亚洲金融危机的影响年申请量出现显著下滑之外，该阶段申请量逐步增加。自从 2005 年后，申请量逐年呈下降趋势，但在 2005—2009 年申请量都保持在 100 件以上，说明佳能在防伪技术方面趋于成熟饱和，这一趋势在 2010 年表现最为明显，从前一年的 132 件急剧下降至 59 件。佳能从 1969 年开始才涉足防伪技术领域，这也与佳能公司自身的发展阶段相适应，防伪技术随着佳能在其主要研发领域的技术开发而被顺带研发，如佳能在防伪技术方面主要集中于防复制（复印）(JP1292355A)、图像数据防伪 (US5038222A)、数字水印防伪、票据防伪等。

(2) 技术分布状况

图 14、图 15 和图 16 分别示出了佳能在防伪技术领域各技术主题下的总申请量状况、各技术主题的年申请量状况、在防伪技术领域所涉及的主要专利分类号在不同

时间段的申请量变化情况。

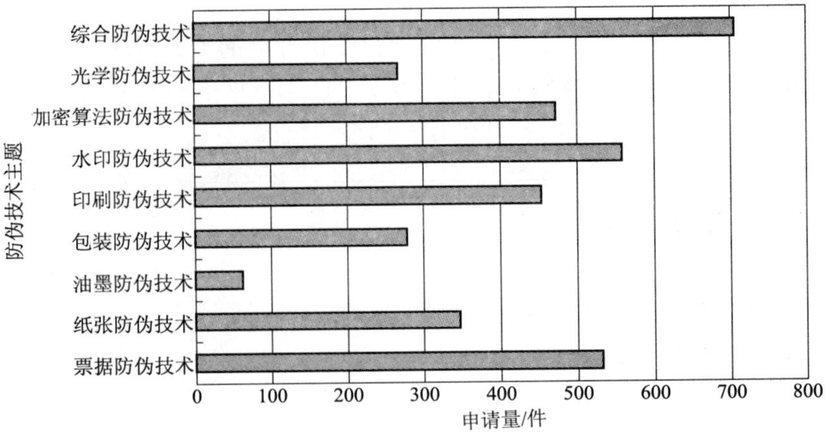

图 14 佳能在防伪专利技术领域中各防伪技术主题的总申请量图

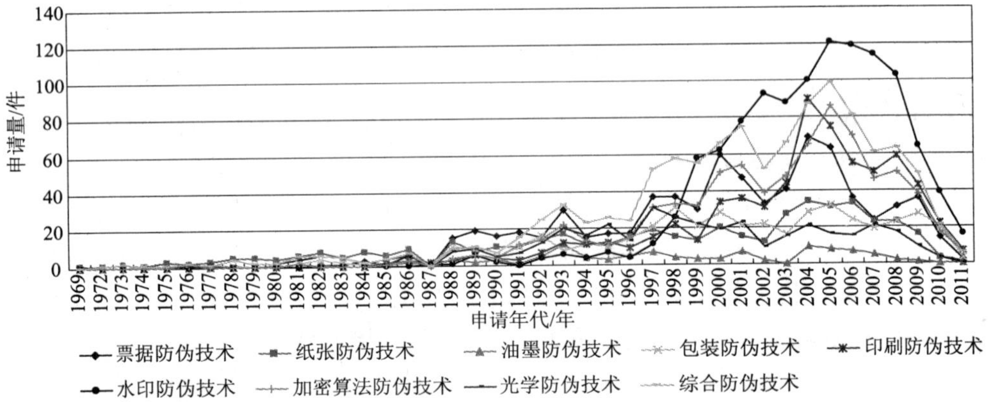

图 15 佳能在防伪专利技术领域中各防伪技术主题的年申请量状况图

从图 14 可看出，佳能在防伪技术领域的专利申请主要集中于票据防伪技术、水印防伪技术、印刷防伪技术、加密算法防伪技术和综合防伪技术，而且，根据笔者对佳能的防伪专利文献的检索和阅读发现，其水印防伪技术主要涉及数字水印防伪技术，而印刷防伪技术主要涉及激光色粉印刷的图像数据防伪以及防止图像复制方面。除了综合防伪技术之外，申请量超过 500 件的防伪技术只有票据防伪技术和水印防伪技术。从图 15 可知，票据防伪技术自 1977 年开始第一件专利申请之日起到 2000 年达到 60 件，其间申请量一直处于起伏增长状态，在 2004 年达到最高年申请量 69 件，且 2000 年和 2004 年为比较明显的两个峰值拐点，自 2004 年之后，票据防伪技术的申请量开始下降，自 2006 年之后又回复到了 20 世纪 90 年代后期的水平。票据防伪

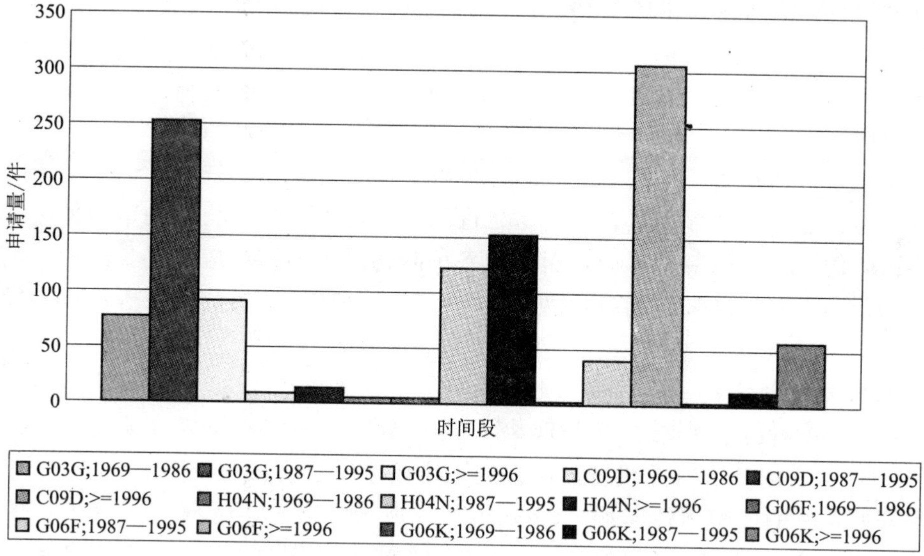

图 16 佳能在防伪技术领域所涉及的主要专利分类号在不同时间段的申请量变化情况

技术目前主要涉及利用图像记录装置来比对包含潜影图像的原件和复制（印）件的技术（CN101207681A）、计算机防伪技术（通过记录并存储鉴别信息特征以防止伪造，AU2009203182A）等防伪方法和装置。

印刷防伪技术自 1985 年开始有了相关专利申请，此后一直呈持续缓慢增长状态，直至 2001 年达到 36 件，此后，申请量快速增加，至 2004 年达到峰值（90 件），之后呈缓慢下降态势。在印刷防伪技术方面，佳能主要涉及激光防伪印刷（G03G），而关于传统印刷防伪技术，如制版防伪、印刷工艺防伪（凹版、凸版等技术）等方面则较少涉及，这也可通过图 16 看出。

水印防伪技术则始于 1987 年，但直至 1997 年之前，关于水印技术的申请量比较少，这也与佳能公司主要致力于相机和打印复印等领域有关，传统的水印技术则涉及较少，自 1998 年至 2005 年，申请量由之前的 10 件以内一举提高到 121 件。通过阅读相关专利文献，佳能关于水印防伪技术方面的专利申请恰恰集中于数字水印方面，佳能关于数字水印防伪技术的专利申请则是始于 1998 年（JP2001 - 151978A），因而，可以说明的是，数字水印技术的发展显然是该时期申请量提高的一个重要因素。自 2006 年之后，该方面的申请量呈逐年下降趋势，其中尤以 2009 年最为突出，从 2008 年的 103 件急剧下降至 64 件。虽然佳能的主要技术优势在于激光打印，但水印防伪技术尤其是数字水印防伪技术仍旧占据防伪技术的重要地位。

佳能关于加密算法防伪技术的申请始于 1984 年，在之后的几年里，申请量始终处于 6 件以内，而随着计算机信息处理技术以及网络技术的发展，佳能也开始关注并申请有关加密算法防伪技术的专利。自1991年后，申请量逐年增加，直到2001年达到峰值，经过两年的低迷状态之后，在2005年再创新高，年申请量达到86件，此后，逐年呈下滑趋势。佳能关于加密算法防伪技术方面的专利申请主要在图像信息数据处理方面。

关于综合防伪技术，从图14和图15可以看出，综合防伪技术无论在申请量和年申请量的增长趋势方面都高居首位，这也说明，佳能关于防伪技术的申请虽然主要集中于票据防伪以及图像鉴别方面，但是，各种防伪技术的综合应用仍是其主要关注的方向，综合利用印刷（磁性物质，潜影图像）以及加密算法等防伪技术也成为以后发展的重点。

2. 大日本印刷株式会社

大日本印刷株式会社成立于1876年，是日本最大的印刷及媒介公司。该公司在1881年引进日文的活字铸造机铸模，开创了铅板印刷日文的先河；并于1928年率先在日本开始正式的凹版相片印刷；1946年公司被指定为日本大藏省管理工厂的一百日元券印刷企业。商业印刷、包装服务为其主要业务范围之一。下面对其年申请量变化、技术分布状况等方面进行详细分析。

（1）年申请量变化

图17示出了大日本印刷株式会社于1972—2011年期间专利申请量的变化。从该图可以看出，1972—2002年期间年申请量总体呈上升趋势，1972—1986年期间年申请量较少，为防伪专利技术的初期起步阶段；从1997年至2002年申请量逐年有较快增长，为防伪技术的发展阶段；2003—2009年申请量大致保持平稳态势，年申请量始终处于90～120件，而在2010年出现了急剧下降，由2009年的92件降至19件，这说明该公司对防伪技术方面的研发投入出现了下降，但是由于防伪技术专利技术分类众多，也不能由此来断定其专利技术处于衰退阶段。

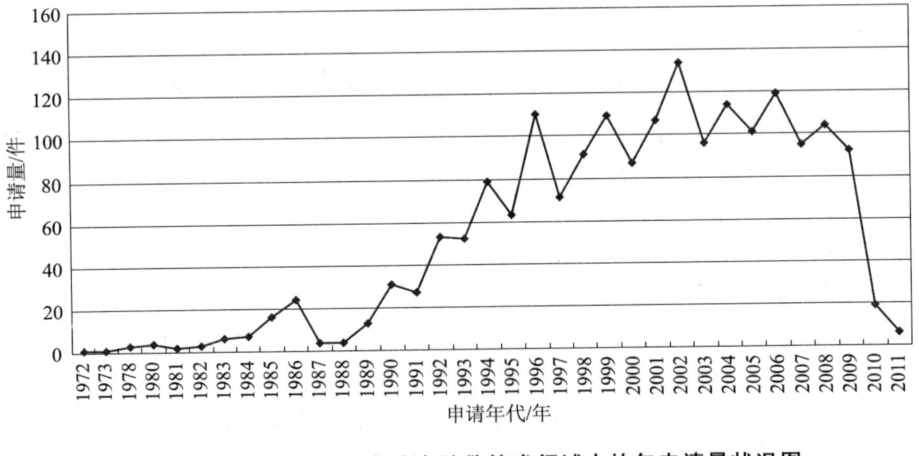

图17 大日本印刷株式会社在防伪技术领域中的年申请量状况图

（2）技术分布状况

图 18 和图 19 分别为大日本印刷株式会社在防伪技术领域中各技术主题的总申请量状况、各技术主题的专利年申请量变化图。

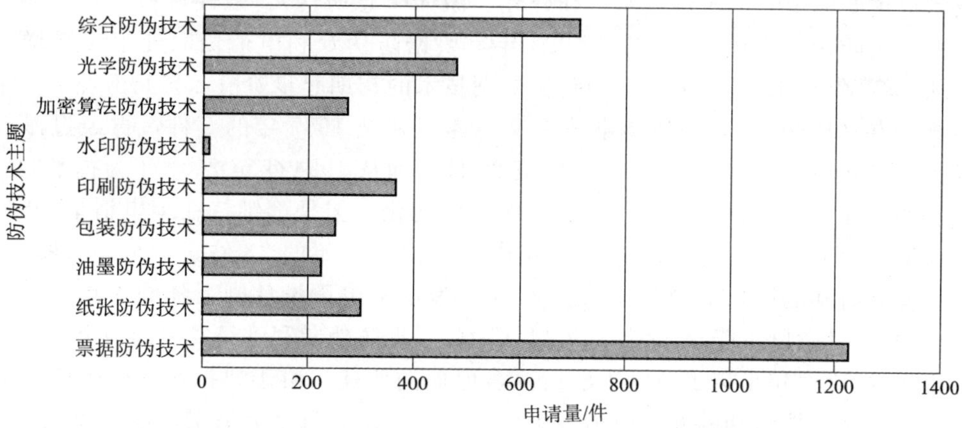

图 18 大日本印刷株式会社在防伪专利技术领域中各防伪技术主题的总申请量图

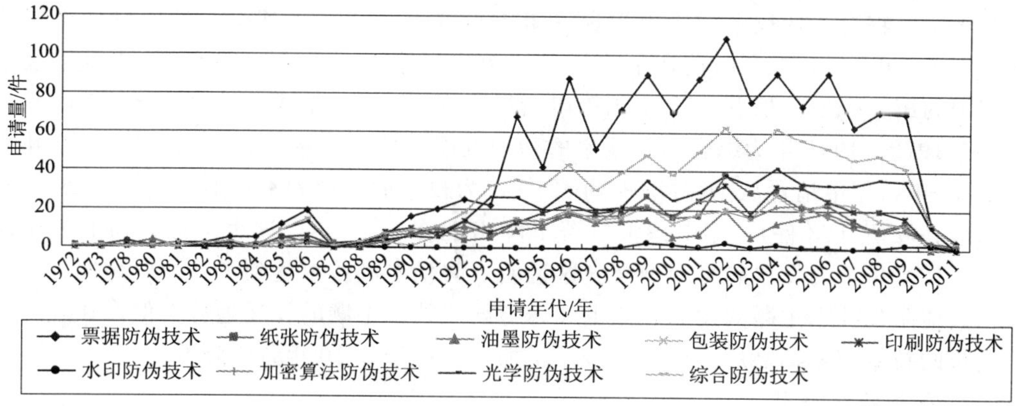

图 19 大日本印刷株式会社在防伪专利技术领域中各防伪技术主题的年申请量状况图

根据图 18 所示的申请量情况，结合大日本印刷株式会社所涉足的主要防伪业务，可知票据防伪尤其是钱币防伪技术为其主要的防伪技术领域，而综合防伪技术紧随其后，位居第二，其后依次为光学防伪技术、印刷防伪技术、纸张防伪技术、加密算法防伪技术、包装防伪技术和水印防伪技术，而申请量最低的水印防伪技术仅仅为 11 件。

大日本印刷株式会社在 1972 年首次申请了票据防伪专利（US3897964A，涉及身份证），其通过雕刻机将雕刻图像复制到卡面上，并涂覆染色剂，从视觉上看颜色随着雕刻深度的不同而改变，从而达到防伪目的。之后一直到1986年出现首个峰值，年申请量达到19件，而此间的申请也一直延续着该公司的主要业务进行，即专利申请主要涉及身份证、纸币及其所用的原料如防伪纸等，早期票据防伪专利所应用的防伪技术也主要涉及光学防伪技术（红外光、激光全息防伪）、磁性材料、防伪油墨以及印刷工艺防伪等，从1987年到1993年，票据防伪专利申请仍旧处于缓慢增长态势，从1972年至1993年可定义为防伪专利技术的初期起步阶段，其间出现了一个技术增长拐点（1986年），而后年申请量又急速下降至1987年的2件，再经过漫长的技术积累，年申请量才于1993年增加至22件。而从1994年至2009年为技术的发展和平稳期，在此期间，防伪专利技术出现起伏变化，但是都维持在年申请量80件左右的水平，值得一提的是，1994年的年申请量由前一年的22件猛增至68件，为防伪专利发展时期的第二个增长拐点。2010年为技术申请量急剧下降的一年，申请量由之前的70件急剧下降至13件。可以认为，票据防伪专利已经发展到一个较成熟的水平，尽管2010年出现了急剧下滑情况，但如前所述，由于票据在社会生活中的重要地位，关于票据防伪的专利申请不会出现技术衰退，只是会呈现多种防伪技术相互融合、交互使用的繁荣景象。

综合防伪技术始于1972年，应用了光学防伪技术和雕刻印刷防伪技术，在其后的几年中，综合防伪技术的年申请量一直徘徊在3件以内，甚至有的年份申请量为零，直至1986年，综合防伪技术的年申请量达到第一个峰值（15件），出现了发展历程中的第一个增长拐点，1987年年申请量又降至1件，而后逐步增加到1991年的11件，1972—1991年为综合防伪技术的初期发展阶段，为技术积累期；从1992年直到2009年，年申请量从18件增加到42件，为技术的发展和平稳期，其中在2002年达到最高峰值（63件）。年申请量显著下降出现在2010年，这也与该公司的整个防伪专利技术申请的发展趋势相吻合。这说明，防伪专利技术达到了一个瓶颈期。

其他防伪技术主题的发展趋势也大体与前述技术主题的发展趋势类似，在经历一个漫长的技术积累期之后，申请量缓慢增加，最后于2010年急剧降低。

3. 德国捷德公司

德国捷德公司创立于1852年，是世界著名的高科技跨国集团公司，主要业务涉及卡与卡系统业务、钞票和证券印刷、安全用纸、钞票清分设备以及完整的身份系统等。捷德作为全球领先的钞票印刷厂，为全球80多个国家和地区印制钞票和有价证券，并提供专业防伪用纸，而且，捷德的钞票清分和现金自动化设备雄居全球领先地位。下面对其年申请量变化、技术分布状况等方面进行详细分析。

（1）年申请量变化

图20示出了捷德公司在1989年至2011年专利申请量的变化。从图20可以看出，1989—2004年近15年期间申请量总体呈上升趋势，该时期为防伪技术的初期起步阶段，每年的年申请量都在10件以内；1995—2002年年申请量快速上升，该时期

为防伪技术的快速发展期；2003—2009 年申请量都维持在较高的水平，并于 2009 年达到峰值（2009 年申请量为 142 件）；2010 年申请量出现急速下降，但仍保持在 88 件的年申请量水平。这也说明，虽然票据及相关检测设备的技术发展进入成熟期，发展速度放缓，但是申请量仍维持在较高的水平，且因票据防伪领域在社会生活中的特殊地位，技术发展仍然存在空间，没有出现技术衰退的现象。

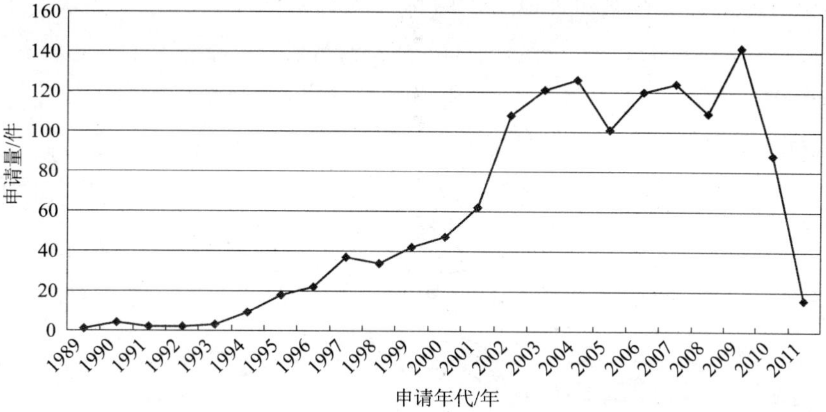

图 20　捷德公司在防伪技术领域中的年申请量状况图

（2）技术分布状况

图 21 和图 22 分别为捷德公司在防伪技术领域各技术主题的总申请量状况、各技术主题的专利年申请量变化图。

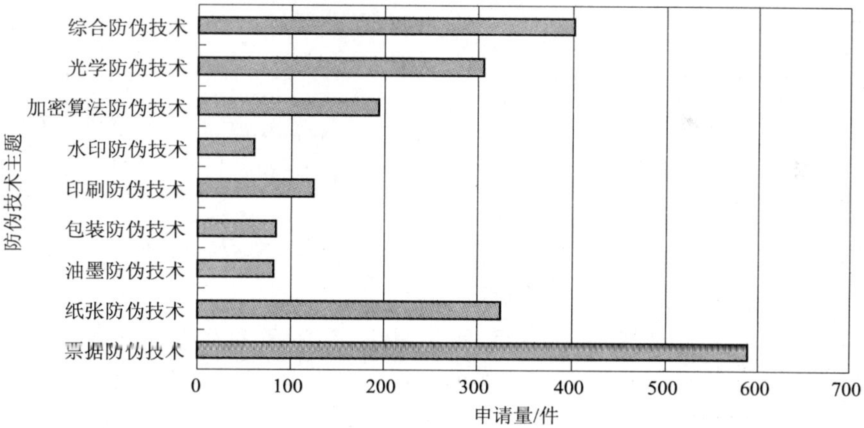

图 21　捷德公司在防伪技术领域各技术主题的总申请量图

捷德公司因其主要业务在于印钞、钞票和证券印刷以及安全纸等方面，因此，捷德公司的防伪技术专利申请的重点就在于票据防伪以及纸张防伪方面，这也可从图

21 可以看出，票据防伪以 589 件的总申请量高居首位，而由于捷德公司关于防伪技术专利的总申请量为 757 件，由此也可以看出捷德公司在防伪技术领域的发展重点所在。而且，根据笔者对捷德公司的防伪专利文献的检索和阅读发现，纸张防伪技术方面的申请也大多是用于制造纸币、卡、证券等票据，也就是说，各种防伪技术主题是相互渗透且相互依存的，如光学防伪技术、综合防伪技术都可用于票据防伪，而综合防伪技术则是包含了两种或两种以上的防伪技术的综合。

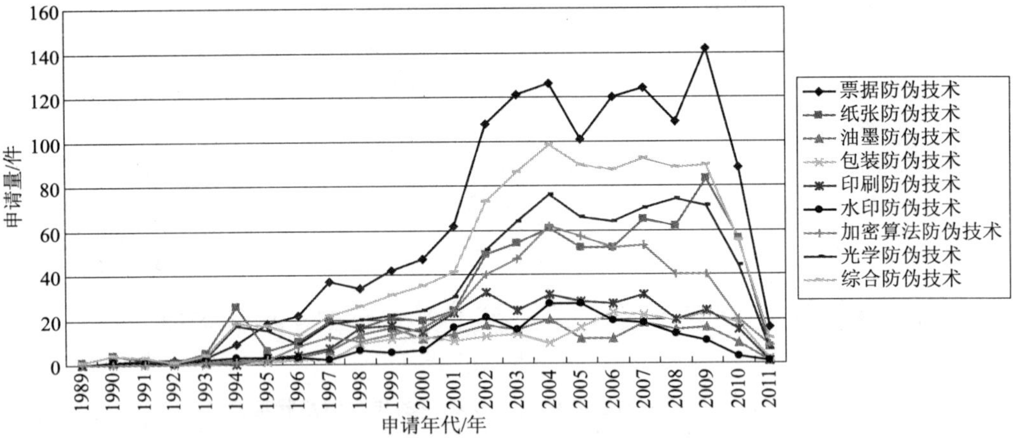

图 22　捷德公司在防伪专利技术领域中各防伪技术主题的年申请量状况图

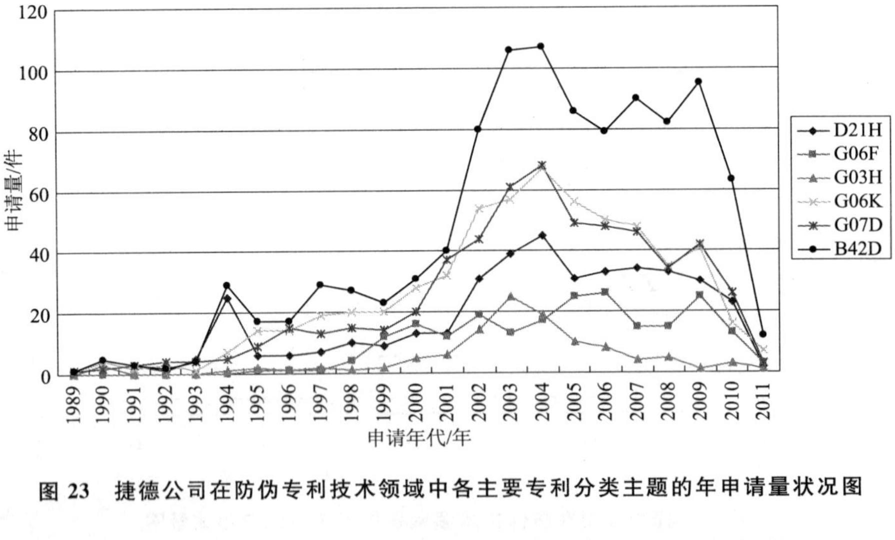

图 23　捷德公司在防伪专利技术领域中各主要专利分类主题的年申请量状况图

捷德公司的票据防伪技术专利申请始于 1989 年，只有一件专利 DE3915638A，申请日为 1989 年 5 月 12 日，其集光学防伪和纸张防伪技术于一体。在其后的 5 年（1989—1994 年）申请量都一直保持低位，不超过 10 件，属票据防伪技术的起步萌芽期，这是由于从1856年哥哈银行将印制10元泰勒纸钞的业务订单交付于捷德公司至1970年捷德公司建立了自己的研发机构——钞票自动管理有限公司，其间经历了两次世界大战，从各国普遍接受纸钞为支付工具而带来的业务兴起到“二战”之后的百废待兴，捷德公司在纸钞印制和安全支付方面一直进行着不懈的努力，而自1970年之后，捷德公司几乎参与了印钞和安全支付领域所取得的所有重大突破，而捷德公司真正将防伪技术转化为专利进行保护则是在19年之后（1989年）。此后捷德公司逐步在防伪专利技术领域，特别是票据防伪专利领域占据了一席之地。从1995年开始，票据防伪专利申请量持续上升，直到2004年达到峰值（2004年申请量为124件），2005—2009年票据防伪专利年申请量保持平稳态势，直到2009年达到另一个增长拐点，该年申请量为142件。通过将票据防伪技术的发展趋势与捷德公司的年总申请量发展趋势进行对比发现，二者极度吻合，这也说明，捷德公司的发展重点就在于票据防伪专利技术方面。

从图23可以看出，捷德公司在防伪专利发展的初期，各分类号下的申请量都不大，从1994年开始，各分类号下的申请量都开始平稳增长，进入2000年以后，各分类号下的申请量更是增长迅速，除G03H外，其他分类号下的申请量在2000—2009年期间处于平稳发展的阶段，并且大都于2004年左右达到了峰值，说明这一时期为各种专利技术发展的繁荣时期。而关于G03H（激光全息防伪），从图中可以看出，其也在2003年达到申请量的峰值（申请量为25件），且其申请量的高峰集中于2002—2005年这个时间段，2005年后申请量逐年下降。这也与激光全息防伪技术的发展历史息息相关：众所周知，全息技术于1948年由盖伯（Gabor）提出，1962年随着激光的问世，利思（Leith）和乌帕特尼克斯（ Upatnieks）发明了离轴全息术，1969年本顿（Benton）发明了彩虹全息术，掀起以白光显示为特征的全息三维显示新高潮，至此，第一代激光全息防伪技术出现，其主要应用于制作激光模压全息图像防伪标贴。激光模压全息防伪技术产生于20世纪80年代末，从图23可以看出，捷德公司也在早期加入了采用该技术防伪的行列，并且在随后的10年内申请量逐步提高。根据笔者提取的专利文献，从1989年到20世纪90年代初期，其主要防伪技术主要集中于全息防伪技术、安全纸（安全元件、安全特征、安全线）防伪技术等方面，如EP1229492A1，其申请日为1990年9月27日，公开了一种制造光学可变元件如全息图的方法，并将其用于数据、文档、身份证等防伪；CN1102865A，其申请日为1994年5月1日，公开了一种防伪纸及其制造方法，通过将防伪安全线嵌入防伪纸并且设计成可以被直接看到，从而制成用于钞票、有价证券或身份证等的防伪纸。近几年来，捷德公司在加密全息图像防伪技术方面也有不少专利申请，如DE102008060294A1主要涉及具有加密全息图信息的安全元件，EP2362275A1致力于对三维全息图防伪技术进行改进。防伪膜的使用也贯穿了捷德公司防伪专利申请的整个历程，如EP1520929A1和DE102009041583A1，其都涉及用于安全纸的安全薄膜或薄膜元件。

4. 中国印钞造币总公司

中国印钞造币总公司的前身是中华民国的官方机构中央印制厂，之后仍旧是中国法定货币制造企业，主要从事印钞、造币，钞票纸、银行信用卡的研制生产，印钞造币专用机械和银行机具制造等，此外，还负责印制增值税专用发票、有价证券等。根据该公司的业务，也不难看出其主要防伪技术领域所在。下面对其年申请量变化、技术分布状况等方面进行详细分析。

(1) 年申请量变化

图 24 示出了中国印钞造币总公司在 1996 年至 2010 年间的防伪专利申请量的变化。从图中可以看出，1996—2009 年申请量总体呈上升趋势，其中 1996—2003 年为起步阶段，申请量为 10 件以下，但年申请量增长较快，2004—2007 年，申请量曲折上升，2007—2009 年这三年间申请量保持均衡态势，变化不大，于 2010 年出现显著下降。这与 2010 年申请目前尚未公开入库有关，不代表整体发展趋势。

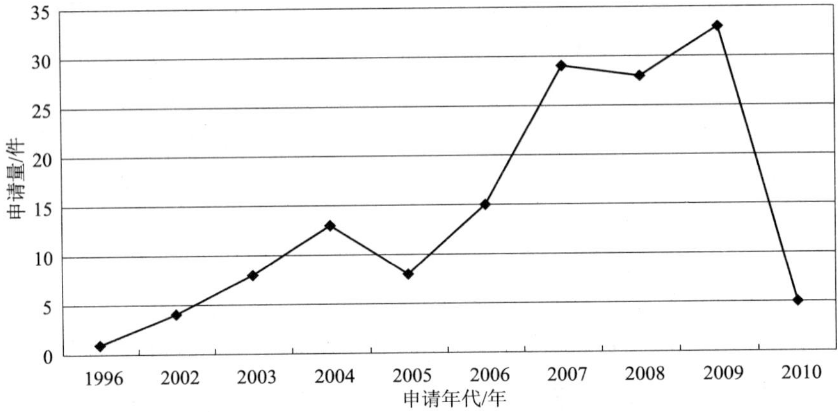

图 24　中国印钞造币总公司在防伪技术领域中的年申请量状况图

(2) 技术分布状况

图 25 和图 26 分别为中国印钞造币总公司在防伪专利技术领域各技术主题的总申请量状况、各技术主题的专利年申请量变化图，从中可以看出，由于中国印钞造币总公司的主营业务就在于货币及货币用纸，因此，其在票据、纸张、油墨、印刷、光学、水印等方面的申请较为平均，较为突出的为综合防伪技术，以 88 件的总申请量高居首位。

从图 26 可以看出，各防伪技术主题都呈曲折上升的发展状态，并且，申请量都在 2007—2009 年达到顶峰。近年来，其主要申请量集中在各种防伪纸的制造方面，但是，这些技术都是针对目前的防伪纸的改进，例如，通过改变或增加防涂改剂/防伪物质，以能够防止涂改伪造（CN200910176476）；通过对树脂纤维进行改性再加入

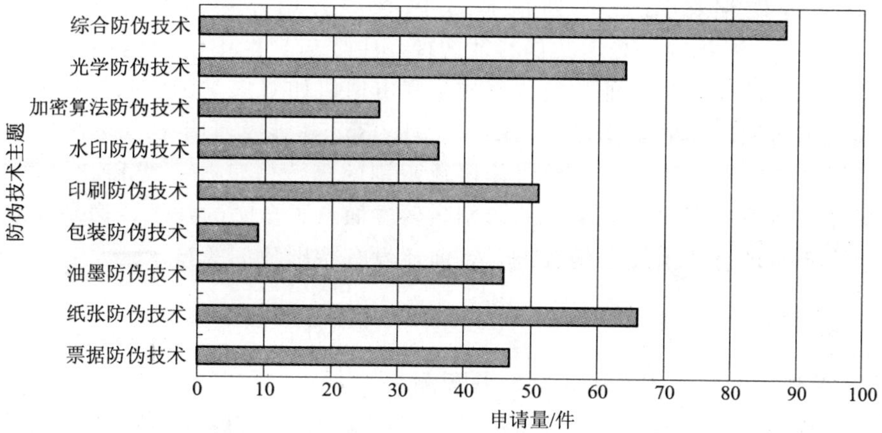

图 25 中国印钞造币总公司在防伪技术领域各防伪技术主题的总申请量图

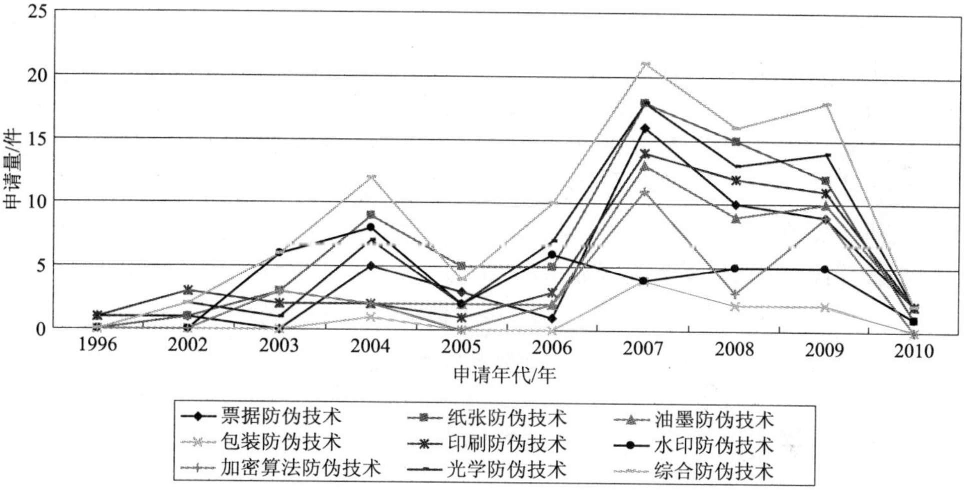

图 26 中国印钞造币总公司在防伪技术领域各防伪技术主题的年申请量变化图

纸浆抄纸以制得改性树脂纤维防伪纸（CN201110092252）；通过将载有一种或多种防伪信息（如荧光、颜色、温变、光致发光、磁性等）的防伪纤维通过定位施放装置施放在造纸机网前，从而与纸页复合以制得具有多重防伪功能的防伪纸（CN201110093434）；通过带状基材的溶解/熔融于纸张内部而实现片状防伪材料在纸张中的有序施放，制得这种具有有序且非连续分布的片状防伪材料的防伪纸（CN201110255745）；等等。此外，其申请还涉及防伪油墨技术的改进专利，如CN200810201296S 涉及可辐射固化的光学防伪油墨，CN200910058123 涉及可逆温致变色雕刻凹印油墨等；还有一些涉及光学防伪技术，如 CN200810186575 涉及光学防伪元件，可再现缩微图案阵列的放大图像，适用于钞票中的开窗安全线，CN200910047095涉及液晶光学防伪特征图像，主要表现在不同颜色的交接处具有明显接线效果；以及综合了多种防伪技术的专利申请，如CN200910077533涉及具有磁性和光学双重防伪特征的防伪材料，CN200910085852涉及具有多重防伪功能的光变防伪元件，包括镂空金属图文和通过偏振片识别的隐藏信息等一线和二线防伪特征。虽然中国印钞造币总公司在人民币的印刷防伪方面有了自己的技术，但其主要专利申请还是集中于对现有防伪技术的改进，目前还没有特别独创的技术。

四、发展趋势预测

（一）防伪专利技术本身的发展趋势预测

现代科技的高速发展和假冒伪造活动的日益猖獗，促进了各种防伪技术的发展。防伪技术在融入了先进的技术成果的同时，也成为多学科科技成果的组合和综合应用的结晶。根据防伪技术的发展历程，结合对该项技术的专利现状分析，笔者预测防伪技术在未来的主要发展趋势如下。

1. 防伪日趋综合化

综合防伪技术的使用将成为防伪产品的必由之路。为了准确说明综合防伪技术今后的发展趋势，笔者运用与专利生命周期有很好对应关系的冈珀兹曲线模型针对CNPAT数据库下所检索到的综合防伪技术专利文献进行了定量分析，如图27所示。从冈珀兹曲线反映出的数据可知，综合防伪技术的申请量自1988年到1997年一直处于缓慢增长阶段，从1998年起开始有了较大的增长，在2000—2008年间申请量呈平稳态势，申请量起伏不大，而后在2009年申请量再次呈现急剧上升态势，在2010年出现小幅下降。然而，根据该曲线的预测情况来看，综合防伪技术的申请量在今后两年仍将呈现小幅上升的增长态势，这也说明，综合化防伪技术仍然处于技术增长期，随着防伪技术的深入发展，综合防伪技术显然是今后防伪技术发展的趋势所在。

2. 单项技术纵深化

在防伪技术走向更加全面的同时，单项防伪技术如光学防伪技术、加密防伪技术以及印刷防伪技术等也将以更快的速度向深度发展，以下分别对其作出说明。

（1）光学防伪技术

光学防伪技术利用光与物质相互作用时产生的散射、反射、透射、吸收、衍射等基本规律获得某种特殊的视觉效果，从而形成某种防伪技术和防伪产品。目前，先进的光学防伪技术主要在应用材料方面，其中，防伪油墨在光学防伪技术中扮演了重要角色，随着技术的发展，特别是纳米材料和纳米技术等高科技产品的兴起，将特殊性能的纳米防伪材料加入油墨中而开发出纳米油墨，其将纳米技术与防伪技术结合，开辟出防伪油墨的另一个广阔天地。而对于广泛应用的激光全息防伪技术而言，其从最初的第1代激光全息防伪技术逐步升级发展到第3代甚至第4代激光防伪技术。而第

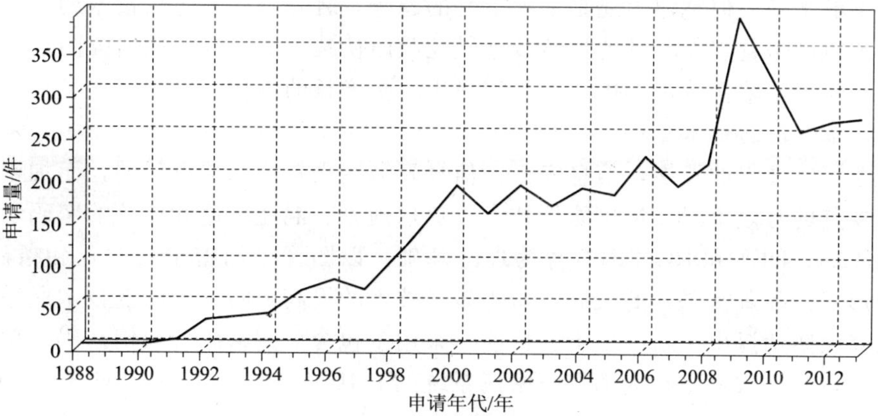

图 27 使用冈珀兹曲线模型预测综合防伪技术专利申请数量趋势

4 代 BOPP 激光全息防伪收缩膜包装防伪技术是综合了前三代激光防伪技术而发展形成的新型防伪技术，激光全息防伪收缩膜在生产中首创采用宽幅全息透明模压技术与加密全息图像防伪技术相结合，且由于 BOPP 生产线价格高昂、热封型热收缩膜加工工艺复杂以及透明全息防伪图像和隐秘的微缩密码，使得其防伪效果和防伪寿命远远好于激光全息图像防伪标识，为透明防伪技术的发展作出了贡献。

如图 28 所示，从光学防伪技术的冈珀兹曲线模型中可以看出，自 1991 年以来，光学防伪技术的发展起伏较大，但整体上呈增长趋势。其中，申请量在 1998 年增幅较大，然而在 1999 年又急剧下降，而后在 2002 年、2004 年出现了较大的增长幅度，之后略有下降，直至 2009—2010 年再次上升至一个新的台阶，这也说明，光学防伪技术作为较早出现的防伪技术，由于申请分布较为零散、不稳定等因素，申请量不多

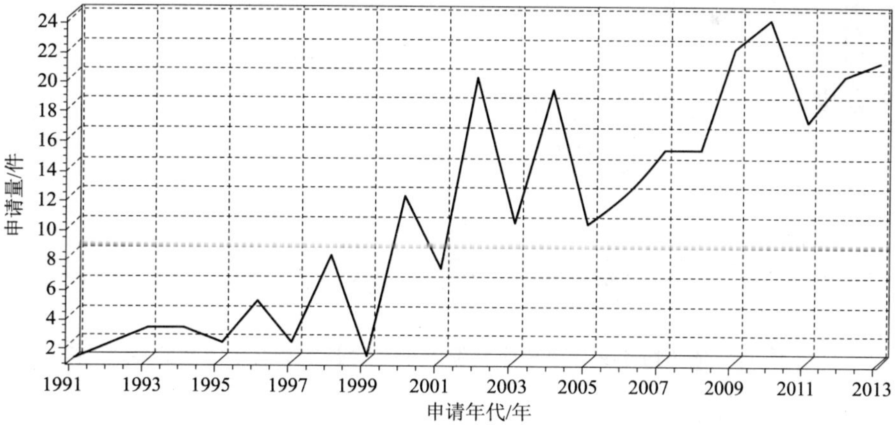

图 28 使用冈珀兹曲线模型预测光学防伪技术专利申请数量趋势

且发展不够平稳，但整体上还是呈现上升的趋势，且随着综合防伪技术的发展，光学防伪技术也越来越多地与其他如核径迹微孔膜防伪技术等结合，以增强防伪力度，预测未来两年光学防伪技术的申请量仍将呈现小幅增长的态势。

（2）加密防伪技术

随着网络技术的发展，信息安全、信息隐藏越来越成为热点问题，而加密防伪技术是实现其的有效手段，加密防伪技术以莫尔理论、混沌理论和传统的密码学算法如AES、RSA、DES和RC4/RC5等为理论基础，以图像（加密全息图）和条码/数码为表现形式。随着密码学的发展及密码破译技术的提高，对加密防伪技术所采用的各种图像算法防伪提出了新的要求，目前，采用了包含单钥密码、双钥密码、单向杂凑算法和随机数生成算法在内的混合密码系统的PGP（“Pretty Good Privacy”的缩写）加密技术（CN101009548A）和以混沌理论为基础的随机加密防伪技术（CN102073979A）成为加密防伪技术发展的趋势之一。

如图29所示，从加密防伪技术的冈珀兹曲线模型中可以看出，加密防伪技术自1988年以来呈现平稳增长的趋势，且增长速度较快，申请量较大。其中，在1995年和2001年左右出现了两次较大幅度的增长，之后至2009年左右又出现了一次较大幅度的增长，且发展非常平稳，这是由于以佳能公司、大日本印刷株式会社以及德国捷德公司为主的几个申请量较大且技术实力较强的申请人在加密防伪技术方面都涉及较多。根据该冈珀兹曲线的预测情况来看，预计未来两年，加密防伪技术仍将稳步发展，增幅不大，申请量较2009年略有回落。

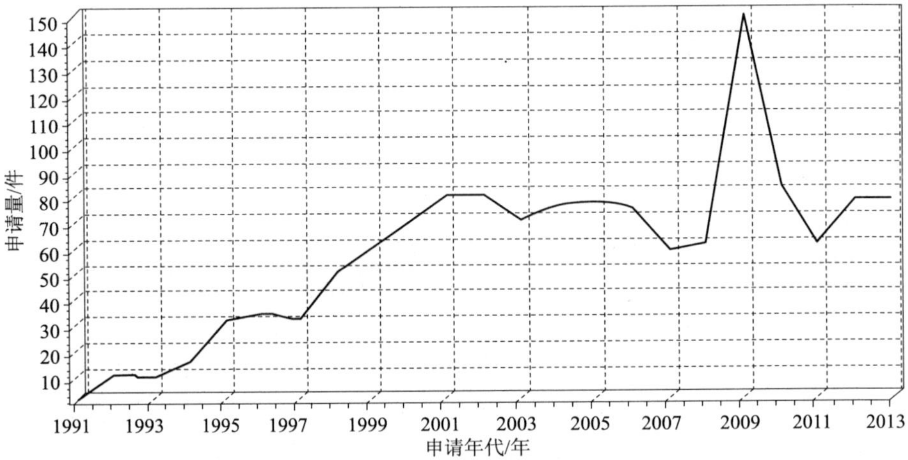

图29 使用冈珀兹曲线模型预测加密防伪技术专利申请数量趋势

（3）印刷防伪技术

印刷防伪技术是防伪领域的重要组成部分，其通过使用限定的材料和供货来源、采用特殊的加工技术和设备并应用多种印刷工艺来防止假冒伪劣。从防伪形式上可分为：包含激光全息防伪、干涉与衍射光学防伪在内的物理信息防伪技术；包含特种防伪油墨、防伪材料在内的印刷材料防伪技术；包含底纹纹理、组合印刷等在内的制版与印刷防伪技术；包含数字水印、随机编码在内的数字式防伪；等等。货币防伪技术往往占据了印刷防伪技术的制高点，集合各种尖端防伪技术于一身。当前，印刷防伪技术发展的前沿主要表现在安全线印刷（CN101942782A）、珠光油墨（CN101362871A）、缩微图像或文字（CN1775564A）、雕刻凹版印刷（CN1904951A）、双面对印（CN101374676A）等方面。

如图 30 所示，从印刷防伪技术的冈珀兹曲线模型中可以看出，自 1987 年以来，印刷防伪技术的专利申请整体上呈稳步增长的趋势，其中在 2010 年左右出现了较大幅度的增长，申请量达到近百件。根据该冈珀兹曲线的预测情况来看，预计未来两年，印刷防伪技术的申请量将呈现小幅度的平稳增长。

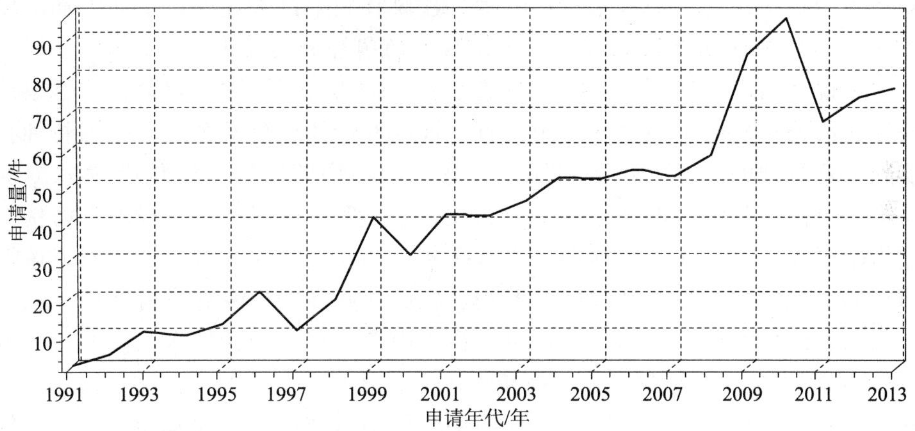

图 30　使用冈珀兹曲线模型预测印刷防伪技术专利申请数量趋势

3. *应用领域广泛化*

随着市场经济和商品生产的迅速发展，商标和标识的印刷、商品包装日趋高档化、精美化和安全化，特别是烟酒、饮料、食品、加碘盐、调味品、药品、保健品、化妆品、洗涤用品、服装以及光盘制品等商品的标识和包装也越来越多地采用了防伪技术，防伪技术已经渗透到我们生活中的方方面面。例如用于食品、药品、保健品、化妆品等商品的商标和标签的纸张防伪，用于票证、商标、标识和包装上的油墨防伪，用于税务、财政、交通运输、宾馆等行业的票据防伪，又如我们熟悉的知名商标“酒鬼”、“昂立 1 号”等也都采用了以防伪纸为主的综合防伪技术，未来随着商品经济的快速发展，防伪技术将被更多地应用于工作生活的各个方面，使更多更好的高安全防伪技术从防伪集成度极高的钞票领域等走向民用市场，以在防止仿造的同时使消费者和使用者可根据防伪痕迹或标识进行辨别。

4. 成本和识别容易性

“价位适中，识别简单，极难仿造”将成为未来防伪技术产品的共同特点。例如，一些企业研发出价格昂贵的防伪装置（如激光防伪中的激光器），从而使得一般的制假者难以投巨资购买此设备，但也导致中小企业难以采用，无法得到较好的普及。因此，防伪技术产品应尽可能地降低成本，薄利多销，才有可能提高自身的竞争力和市场的生命力。此外，任何防伪技术产品都应做到“识别简单”与“极难仿造”，只有两者之间的有效结合，才能称得上是有效的防伪技术产品。在日常生活中，一些高新技术的专用鉴别仪器逐渐替代过去常用的验钞机、激光笔等鉴别仪器，不仅操作方便，还能准确快速地显示出是或非的答案，不仅方便大众识别和普及，更有利于防伪技术的推广和应用。

（二）对我国防伪技术发展提出的若干建议

鉴于我国在防伪领域的技术有优有劣，建议我国申请人注重以下几方面的发展。

1. 挖掘具有市场前景的未在中国申请保护的国外专利技术

总的来说，国内作伪主要集中于日用商品的防伪标识、防伪包装以及钞票、有价证券等，而国外作伪已从原来的货币、有价证券及可能会危及公共安全的特种行业逐步发展到各种类型的商品，因此，国内外作伪的不同就导致其防伪技术的侧重点不同，这也使得国外侧重于高技术含量、高成本、高安全防伪的防伪材料和防伪技术等专利进入中国少，基于此，国内申请人有必要在全球范围内进行专利检索，挖掘具有市场前景的未在中国申报专利的国外专利，在确认此类国外专利没有在中国申请保护且不会造成后续侵权诉讼的前提下，可以在国内免费实施相关技术。

2. 预期国内市场作伪趋势，提早研发改进型技术

随着国内外市场的融合，国内作伪的手段越来越多样化，并有参考国外作伪的趋势。这其中比如对知名品牌产品的仿造就愈演愈烈。例如，在苹果公司尚未推出iphone5产品之前，就有大量的造假者已经抢先生产销售，就连专用于苹果产品的应用程序也被大量仿造。对此，我们应该密切关注国内市场作伪趋势的发展，对有可能被用于作伪的产品市场提高警惕，有预期地拓展防伪技术的深度和综合程度，提早研发改进型技术。学习并应用目前国外较为先进的防伪技术如DNA技术、RFID智能标签技术、OVD技术等，加大综合防伪的研发力度，充分结合物理、多媒体、计算机、信息网络等防伪技术，使防伪技术向更多元化的方向发展，力求行之有效地达到防伪目的。

3. 调整防伪思路，推进整体防伪解决方案

鉴于作伪屡禁不止，而国内防伪市场产品又存在防伪手段单一、包装材料品种单一、科技含量低等问题，一方面，我国企业应注意调整防伪思路，要从仅仅正面防卫防范造假产品转换成将正面防卫防范与主体防止产品被变造或伪造相结合，从根本上

防止作伪的可能；另一方面，我们应推进整体化的防伪解决方案，有效地将防伪包装、防伪材料、防伪方法等融为一体，以提高防伪效果和力度，整体防伪解决方案可从很大程度上降低仿造、篡改、非法转移、非法置换、模仿产品外观、替代、剽窃等行为的负面影响，进而有效进行品牌保护、遏制作伪。

4. 通过“产学研”的形式，积极开发防伪技术，生产防伪材料

我国的防伪企业良莠不齐，既有实力雄厚、装备精良、技术专业全面的大中型企业，也有具备一定技术实力、专业特点突出的中小型企业，还有几个人搞成的小作坊。鉴于此情形，我国的企业尤其是中小型企业必须注重科研，在国外同类产品的基础上，更应进一步开发研究拥有自主知识产权的防伪产品，才能使企业在竞争中立于不败之地。企业若要在市场适应和技术互动上取得主动和领先地位，就应在借鉴国外申请人现有技术成果和发展模式的同时，注重与国内外科研机构、高等院校、科技人员开展通力合作，加大科研投入，通过“产学研”的形式，研制、开发和生产各种防伪技术和设备材料。

5. 稳定国内市场，提高国际竞争力

相比较而言，日本和美国等发达国家在我国提交的申请量很大，而我国的企业在国外的申请量非常少。但是，随着国家技术改进能力的增加，我国在国际贸易中扮演着越来越重要的角色。而如前所述，我国目前在编码防伪查询技术和核径迹微孔膜防伪技术等方面居于世界领先水平，且在综合防伪技术方面发展得很快，可以说，防伪技术申请国外保护的时间已经到来。因此，我们应该在稳定国内市场的同时，积极将我国先进的防伪技术推出国门，通过提交国外和国际申请的方式来争取提高在国外市场上的份额，这样才能更好地保护我国的防伪专利技术，并提高在国际上的竞争力。

6. 密切关注作伪技术领域的发展，未雨绸缪作好预防

毋庸置疑，作伪与防伪作为攻防的矛盾双方，其技术必然相互依存且在此基础上各有改进，从而促进防伪技术的向前发展，在作伪与防伪的较量中，技术领先始终是决定性因素。在此形势下，需要我们密切关注可能被用于作伪的各个技术领域的发展，未雨绸缪作好预防，才能减少打击假冒产品的反应时间，使防伪跟上甚至先于作伪的发展，进而才能使防伪技术更好地适应市场经济发展的需要，为打击假冒伪劣、保护名优产品起到更好的作用。

五、结束语

我国防伪技术的发展和防伪行业的形成，是发展社会主义市场经济的需要，是当前打假治劣、净化市场、保护名优、维护国家与企业和消费者利益的需要。当前国内假冒活动极为猖獗，已经由手工制假、低科技制假，发展到高科技制假。21 世纪的防伪形势异常严峻，怎样将防伪做到真正的防伪是防伪研究者的最终夙愿。为此，必须大力加强防伪技术的研究，应用现代科学技术最新方法发展我国独特的、难以攻破

的防伪技术，并应大力发展仪器识别。本文对防伪专利技术在国内外的发展历史和研究现状作了全面的介绍，列出了现阶段国内外主要申请人和关键专利技术，分析了防伪技术今后的发展趋势，同时对我国企业今后的发展给出了建议，以期能为该领域的研究、开发与利用提供一定的借鉴和帮助。

参考文献

[1] 包昌火，谢新洲．专利信息采集与分析［M］．北京：清华大学出版社，2006：77～80，234.

[2] 唐田田，刘平，张鹏，葛富斌，李明．冈珀兹曲线模型在专利发展趋势预测中的应用［J］．现代图书情报技术，2009（11）.

[3] 骆云中，陈蔚杰，徐晓琳．专利情报分析与利用［M］．上海：华东理工大学出版社，2007：267.

[4] 刘铁根．光学防伪检测技术［M］．北京：电子工业出版社，2008：1～10.

[5] 谭俊峤．国内外防伪技术的市场应用及其发展前景［J］．今日印刷，2006（7）～（9）.

[6] 梁莎．防伪行业专利申请状况分析［J］．中国防伪报道，2007（7）.

数控齿轮加工机床专利技术现状及其发展趋势

孙迎椿　李春亮　徐晓明

（国家知识产权局专利局机械发明审查部）

一、引言

齿轮是机械行业量大而面广的基础件，具有非常古老的历史和极广的应用范围。而用于制造齿轮的齿轮加工机床是机床工具行业公认的工作母机中技术含量最高、零部件最为繁多、结构最为复杂的产品之一，也是装备制造业中的重要基础装备。

为满足齿轮加工中对精度、效率和柔性等越来越高的要求，齿轮加工机床逐渐向数控化的方向发展。与其他数控机床相比，数控齿轮加工机床因复杂度大而起步较晚，20 世纪 60 年代国外开始尝试把数控技术（Computer Numerical Control，CNC）应用于齿轮加工上，20 世纪 80 年代以后齿轮加工数控技术才在国际上得到广泛应用，但那时还多是 2～3 轴的普通数控系统，20 世纪 90 年代，数控齿轮加工机床已是全功能数控齿轮加工系统（即实现了展成和差动运动数控化的系统）。近年来，随着微电子技术的迅速发展和以现代控制理论为基础的高精度、高速响应交流伺服系统的出现，数控齿轮加工系统获得了强劲的发展动力。数控齿轮加工机床已广泛应用于航天航空设备、国防工业设备、石油机械、工程机械、风电设备、船舶机械、矿山机械、汽摩农机和冶金工业设备等多个领域。高水平的全数控齿轮加工机床已成为国际市场上齿轮加工机床的主流。

近几年在汽车制造、风力发电、高铁装备和基础设施等行业快速发展的拉动下，我国齿轮制造行业呈快速发展之势。2005 年，我国的齿轮市场规模为 730 亿元，而到了 2009 年，我国齿轮市场总规模超过 1600 亿元，也就是 2005—2009 年，我国的齿轮产品的市场规模 5 年翻了一番，可见我国已经成为名副其实的世界齿轮制造大国。但是我国由于起步晚、底子薄，目前数控齿轮加工机床行业还处于初级阶段。虽然国内数控齿轮加工机床从产品种类、技术水平、质量和产量上都取得了一定的发展，在一些关键技术方面也取得了突破，但在整机集成能力以及成套产品研发能力方面与国外先进技术还存在较大差距。我国从 1995 年以来大量进口数控齿轮加工机床，尤其是大型、高档的数控齿轮加工机床多依赖于进口。国内生产的为数不多的高端数控齿轮机床也主要依靠国外的数控系统进行配套，高端数控齿轮加工机床市场主要被国外巨头企业占据。

目前世界范围内的重要机床公司和研究机构均将数控齿轮加工机床作为研发的重要方向，投入了大量资金和技术力量解决数控齿轮加工机床领域的难题，而每一个技术难题的解决，都会有一系列专利申请产生，也会伴随着技术的进步、经济利益的产生以及市场格局的变化。因此，通过对数控齿轮加工机床领域专利技术的分析，可以了解其技术发展历程、技术发展趋势以及市场前景。

本文对数控齿轮加工机床领域的专利申请总量、申请年代分布、所申请国家分布、技术领域分布和申请人分布等进行统计分析。通过统计分析，在纵向上尽可能全面系统地反映出数控齿轮加工机床领域的专利技术发展过程及发展趋势；在横向上，力争能全面系统地反映出拥有该领域专利技术的主要国家、主要研究机构或公司及不同国家或地区在数控齿轮加工机床领域的研发实力。

二、数控齿轮加工机床专利技术的现状

（一）样本构成

本文中所分析的数控齿轮加工机床的分析样本来自于S系统中的中国专利文摘数据库（CNABS）以及德温特世界专利索引数据库（WPI）。根据《国际专利分类表》（第8版）（IPC）分类体系，将数控齿轮加工机床的检索领域和关键词确定如下。

主要分类号：齿轮、蜗轮、蜗杆、齿条等的加工制造：B23F；齿轮的测量检测：G01M13/02、G01B7/28；机床结构及零部件：B23Q；数字控制技术：G05B11/＋、G05B19/＋；用于齿轮、蜗轮、蜗杆、齿条、砂轮等的磨削或抛光加工的装置：B24B53/＋、B24B45/＋、B24B1/＋、B24B3/34、B24B49/＋。

主要关键词：齿轮、蜗轮、蜗杆、齿条、轮齿、带齿、加工、制造、切削、刮削、倒棱、倒角、研磨、滚、插、剃、珩磨、磨削、铣、刨、研磨、剐、拉、滚切、切齿、珩齿、磨齿、研齿。

检索截止日期为2012年4月20日，通过以上检索领域和关键词检索到的样本总量为：在S系统中的CNABS数据库中得到了1707篇专利文献；在S系统中的DWPI数据库中得到了5996篇专利文献。

需要说明的是，检索得到的2010—2011年的专利申请量少于实际申请量，原因是依照各国专利法的规定，专利申请文献的公开日通常会晚于其实际申请日，从而截止到2012年4月20日，还有部分2010—2011年申请的专利申请文献没有收录到上述专利数据库中。以中国专利数据库为例，发明专利申请通常自申请日（有优先权的，自优先权日）起满18个月才能公布（要求提前公布的除外）；PCT专利申请可能自申请日起30个月甚至更长时间之后才能进入国家阶段，导致与之相对应的国家公布日期更晚；实用新型专利申请在授权后才能获得公开，其公开日的滞后程度取决

于审查周期的长短。

（二）全球专利技术情况及走向趋势分析

1. 全球专利申请的年度分布情况

图 1 直观显示了世界范围内齿轮加工机床领域专利申请量的逐年变化情况。

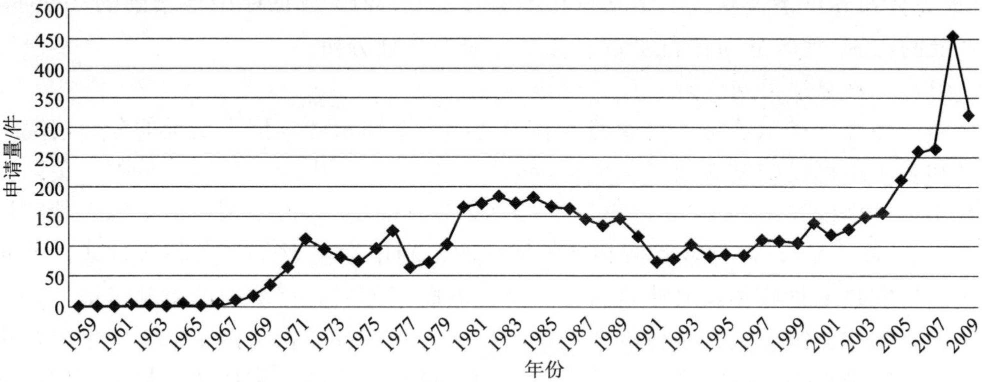

图 1　全球专利申请年度分布情况

从图 1 中可以看到，早在 20 世纪 50 年代就已经出现了关于齿轮加工机床的专利申请，而 20 世纪 50—70 年代，齿轮加工机床的发展比较缓慢。到了 20 世纪 70 年代，世界汽车工业快速发展，由于汽车工业对齿轮的巨大需求，带动了齿轮加工行业的发展，因此齿轮加工机床的专利申请数量得以提高。但是在此期间齿轮加工机床领域的专利申请数量出现了很大的波动，这主要是受 1973—1974 年世界石油危机的影响，在危机发生一年之后的 1974 年 12 月，美国汽车工业下降幅度高达 32%，而且危机之后，经济回升极其缓慢，因此 20 世纪 70 年代齿轮加工机床处于不稳定发展期。进入 20 世纪 80 年代，齿轮加工机床的专利申请进入稳定发展期，该期间的年申请量较为稳定且数量较大，专利申请量连续 7 年在 150 件以上。90 年代初期，由于 1990—1992 年的海湾战争以及苏联解体，全球经济的发展也受到了一定的影响，在此期间齿轮加工机床领域的年申请量有了一定程度的下降，不过年申请量总体也都稳定在 100 件左右。进入 21 世纪后，该领域的专利年申请量呈逐年上升趋势，齿轮加工机床技术进入蓬勃发展期。尤其是进入 2005 年以后，该领域的年申请量有了快速增长，2006、2007 年的年增长率分别达到了 35.4%和 22.0%。2008 年由于金融危机的影响，该领域的专利年申请量没能延续前两年的快速增长势头，但是该年的年申请量较 2007 年也没有下降，而 2009 年的年申请量更是高速增长，达到了 457 件。由此我们也可以看出 2008 年金融危机对数控齿轮机床产业有一定影响，但是影响不是很大。这主要是由于数控齿轮加工机床领域的重要申请人为了在市场上争得有利的地位，更加强了该领域的技术研发和专利申请，所以金融危机期间的技术研究成果也在

2009 年及之后得到了释放。可以预计 2010、2011 年专利申请量相比 2009 年将是增长的。

2. 全球专利申请国家和地区分布情况

为了更全面地反映出数控齿轮加工机床技术领域的专利申请在世界范围内的国别/地区分布和申请人状况，本文对在 S 系统中的 WPI 数据库中检索到的 5996 篇专利文献的国别/地区分布进行了以下几个方面的统计分析。

（1）专利申请国别和地区统计分析

图 2 和表 1 显示了统计得到的专利申请的主要国家和地区申请量的分布情况。从图 2 和表 1 中可以明显看出，从申请量来看，俄罗斯、中国、德国、日本、美国占据前五位，其中俄罗斯的 1649 件申请中，包括苏联的 1443 件专利申请（约占俄罗斯总申请量的 87.5％），可见俄罗斯在该领域中的专利申请主要集中在苏联时期，因此其代表的专利技术整体相对有些落后，而且在苏联解体后，俄罗斯的专利申请量大幅下降。而中国作为第三大经济体的典型代表，装备制造行业作为衡量一个国家工业化阶段的重要标准得到了迅猛发展，其在齿轮加工机床领域的专利申请总量占该领域全球专利申请总量的 19.47％，这也正符合我国现如今的齿轮制造大国的地位。德国、日本和美国这些发达国家在数控机床等领域一直处于领先地位，在齿轮制造机床领域中它们的专利申请量分别占全球专利申请总量的 17.37％、17.07％和 7.46％。

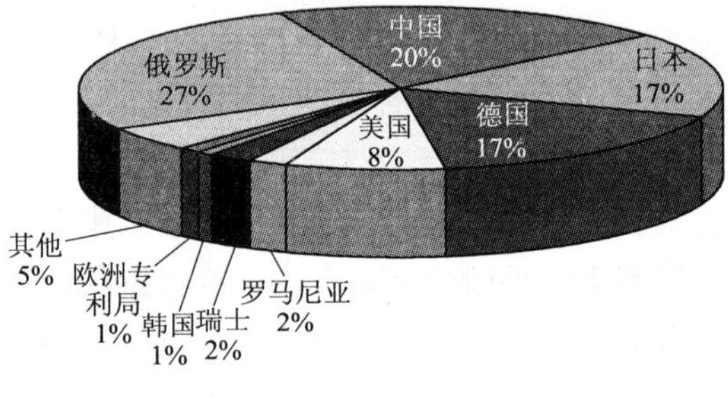

图 2 全球齿轮加工机床专利申请主要国家分布情况

表 1 齿轮加工机床领域专利申请主要国家数量排序

排序	国家或地区	申请量/件	占全球比例/％
1	俄罗斯	1649	27.51
2	中国	1167	19.47
3	德国	1041	17.37
4	日本	1023	17.07
5	美国	447	7.46

续表

排序	国家或地区	申请量/件	占全球比例/%
6	罗马尼亚	128	2.14
7	瑞士	111	1.85
8	欧洲专利局（除德国、意大利和瑞士之外的欧洲国家和地区）	71	1.18
9	韩国	66	1.10
10	英国	51	0.85
11	意大利	40	0.67
12	法国	34	0.57
13	国际申请	25	0.42
14	捷克共和国	20	0.33
15	瑞典	18	0.30
16	巴西	18	0.30
17	荷兰	17	0.28
18	中国台湾	15	0.25
19	澳大利亚	10	0.17

（2）各国 3/5 局专利申请统计分析

为了反映各国在齿轮加工机床领域的专利技术实力，本文统计了该领域内 3/5 局专利申请。其中 3/5 局专利申请是指同一项专利申请同时向美国专利商标局、欧洲专利局、中国国家知识产权局、日本特许厅、韩国知识产权局中的任意 3 个局提交了专利申请。可见统计 3/5 局专利申请能够进一步反映出技术含量高的专利申请、技术实力强的申请人以及在该领域内技术先进的国家。

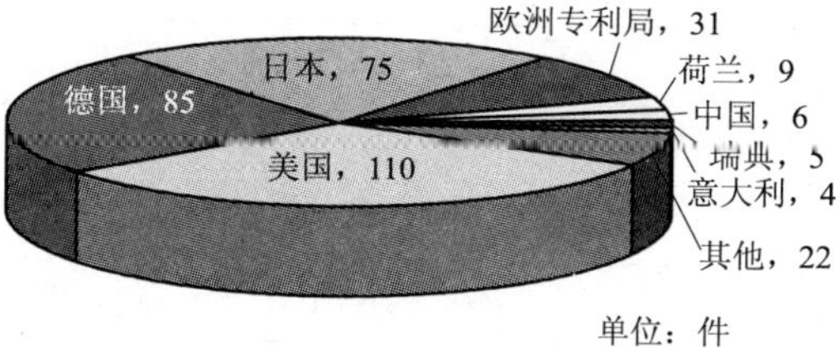

图 3　全球齿轮加工机床 3/5 局专利申请国家分布

表 2 和图 3 显示了全球范围内该领域内 3/5 局专利申请国别的分布情况。由表 2

可以看出，美国、德国、日本和欧洲专利局在本领域的专利技术实力排在前四位。结合表1中的统计可以看出，虽然在该领域中俄罗斯和中国专利申请在总体数量上占据一定优势，但是就专利申请的技术含量以及市场竞争力而言还是远远落后于美国、德国和日本等发达国家。而且对于美国而言，虽然其专利申请的总体数量不大，但是专利申请的技术含量很高，其中24.6%的美国申请是3/5局申请，而且美国的3/5局专利申请占了全球3/5局专利申请的30.81%，可见美国的专利申请能为他们提供很强的市场竞争力。因此，就世界范围来看，美国、德国、日本等发达国家依然是本领域中先进专利技术的主要来源，而我国虽然专利申请量较大，但是对外专利申请较少，尤其是对美国、欧洲、日本和韩国的专利申请还不够多，因此我国是齿轮加工机床的制造大国，但还不是齿轮加工机床的制造强国。

表2　齿轮加工机床领域3/5局专利申请国家数量排序

排序	国家或地区	申请量/件	占全球比例/%
1	美国	110	30.81
2	德国	85	23.81
3	日本	75	21.01
4	欧洲专利局	31	8.68
5	国际申请	11	3.08
6	荷兰	9	2.52
7	中国	6	1.68
8	瑞典	5	1.40
9	意大利	4	1.12
10	奥地利	3	0.84
11	法国	3	0.84
12	瑞士	3	0.84
13	英国	3	0.84
14	澳大利亚	2	0.56
15	韩国	2	0.56
16	中国台湾	2	0.56
17	巴西	1	0.28
18	比利时	1	0.28
19	俄罗斯	1	0.28

3. 全球专利申请主要申请人分析

图 4 和表 3 显示了全球范围齿轮加工机床领域专利申请人排名前十一位的申请人以及相应的专利申请数量。排名第一的是美国 Gleason/Pfauter/Hurth 集团（一般简称 Gleason 集团），美国 Gleason 集团是世界著名的齿轮制造商，该集团公司先后收购和兼并了德国著名的圆柱齿轮制造商 Pfauter、Hurth，组建了 Gleason/Pfauter/Hurth 集团，可以提供包括圆柱齿轮和锥齿轮在内的全面的齿轮解决方案，目前该集团在齿轮加工机床领域的专利申请数量遥遥领先于其他申请人。从上述排名可以看出，排在前 11 位的申请人中有 5 位申请人的所属国是日本，可见日本在齿轮加工机床领域中技术实力雄厚，而且日本的三菱、本田、日产和丰田作为历史悠久的重工企业在齿轮加工机床领域也处于全球领先地位。排在前十一位的德国公司有两个，分别是排在第五位的 SigmaΣPool 集团以及排在第九位的 KAPP/Niles 集团。SigmaΣPool 集团是由德国著名的 Liebherr、Lorenz、Klinglnberg 公司及瑞士的 Oerlikon - MAAG 公司结成战略伙伴关系组成的，该集团能向用户提供除剃齿机外的所有圆柱及圆锥齿轮机床、齿轮检测中心及齿轮刀具，并拥有自己的数控系统及应用软件等。KAPP/Niles 集团是由德国著名的锥面砂轮磨齿机生产商 Niles 公司与成形砂轮磨齿机生产的王牌企业 Kaap 公司组成的，该集团可向市场提供高精度的（内、外齿）磨齿机、强力内齿珩齿机和系列 CBN 砂轮及金刚石修整工具。对于国内相关企业而言，由于经济发展的迫切要求，尤其是迅猛发展的汽车工业对高质量齿轮的需求，在中国政府相关产业政策的大力扶持下，中国齿轮加工机床领域的专利技术水平也得到了很大的提高。其中天津第一机床总厂在全球范围内的专利申请量排在了第十一位。而且从上述排名也可以看出，该领域的重要申请人都是公司或企业，有些已经形成了跨国集团，可见该领域的产业化程度很高，企业间通过兼并、重组、结成战略合作伙伴等加强自身竞争力，产业竞争激烈。

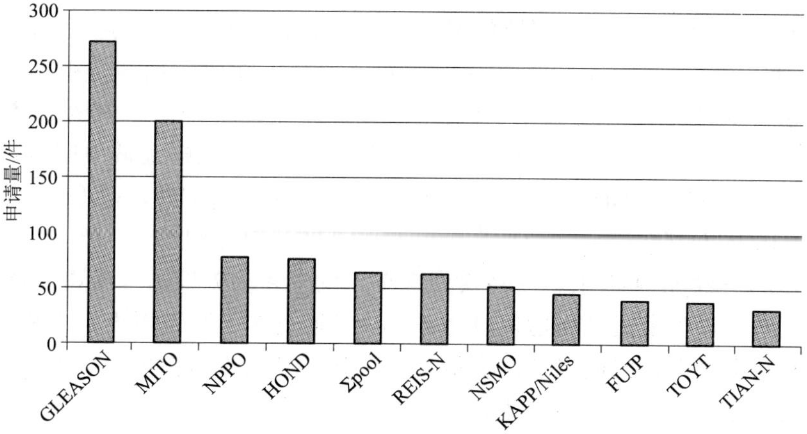

图 4　全球范围齿轮加工机床领域专利主要申请人排名分布情况

表 3　全球齿轮加工机床领域主要申请人申请量排序

排序	国家	公司名称	对应代码	申请量/件
1	美国	Gleason 集团	GLEASON	272
2	日本	三菱集团	MITO	200
3	俄罗斯	NOVOPOLOTSK POLY	NPPO	78
4	日本	本田集团	HOND	78
5	德国/瑞士	SigmaΣPool 集团	ΣPool	64
6	瑞士	Reishauer 公司	REIS - N	63
7	日本	日产集团	NSMO	52
8	日本	丰田集团	TOYT	47
9	德国	KAPP/Niles 集团	KAPP/Niles	46
10	日本	Nachi 集团	FUJP	45
11	中国	天津第一机床总厂	TIAN - N	31

（三）中国专利申请情况及走向趋势分析

本文基于 S 系统 CNABS 数据库中检索到的专利申请文件，对数控齿轮加工机床领域在中国的专利申请状况进行了统计分析。本文该部分的研究对象为向中国国家知识产权局提交并公开的、涉及齿轮加工机床技术的专利申请，此部分数据统称为中国专利申请。其中中国大陆及港澳台地区的申请人提交的申请称为国内申请，国外申请人通过不同方式进入中国的申请称为国外来华申请。

1. 中国专利申请年度分布分析

图 5 显示了齿轮加工机床领域中国专利申请年度分布情况，分别给出了国内申请（包括港、澳、台）、国外来华申请以及总申请量的年度变化曲线。由图 5 可知，在 2003 年之前，齿轮加工机床领域的年专利申请发展缓慢，每年的申请量都在 30 件以下，而且总体趋势比较平缓；而从 2003 年起，齿轮加工机床领域中国专利申请总量呈现快速增长，申请量大幅增加，2003 年的申请总量为 34 件，而 2004 年的申请总量达到 82 件，2006 年达到 129 件，2008、2009 年分别达到 190、322 件。可见 2003 年以来，尤其是 2005 年以来，在高铁、汽车、风电和基础设施等快速发展的拉动下，齿轮加工机床行业在中国呈快速发展之势。而且通过图 5 可以看出，齿轮加工机床领域的中国专利申请中，国内申请占了很大一部分，可见我国在齿轮加工机床领域已经获得了很大的进步，而且国内申请人的知识产权意识在逐步增强，并通过申请专利来对研发成果进行保护。

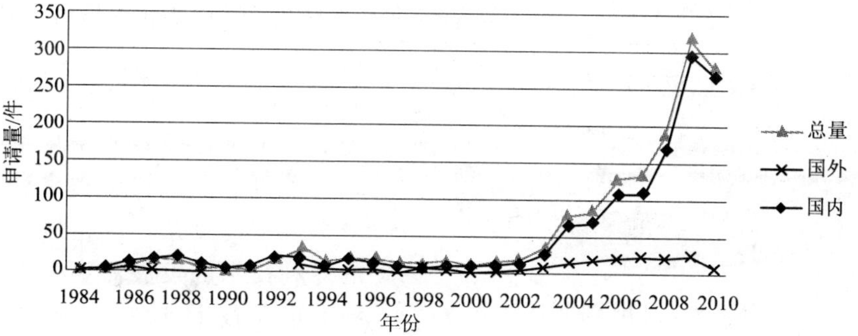

图 5 齿轮加工机床领域中国专利申请年度分布情况

2. 中国专利申请的区域分布分析

(1) 中国专利申请的申请人国别或地区分布

图 6 显示了数控齿轮加工机床领域中国专利申请的申请人国别或地区分布情况。经过统计分析，在 1707 件中国专利申请中，国内申请人的专利申请为 1515 件，占总申请量的 88.75%。图 7 显示了国外来华专利申请中申请人的国家或地区份额。在国外来华专利申请中，美国申请人的申请量最大，占国外来华总申请量的 35%，其次是德国和日本，他们在华申请量分别占总申请量的 29%、23%。美国、日本和德国在数控齿轮加工技术领域中技术实力、研发水平以及市场占有率在国际上一直处于领先地位，从以上分析中可以看出，他们比较注重中国市场，已经开始在中国进行专利布局。虽然这些国家目前在我国提出的专利申请数量还远远低于国内申请人，但是鉴于该领域的行业技术壁垒较高，如果该领域的关键技术被国外申请人占据，那么对我国在该领域的技术进步、市场发展以及行业转型升级将带来很大威胁。

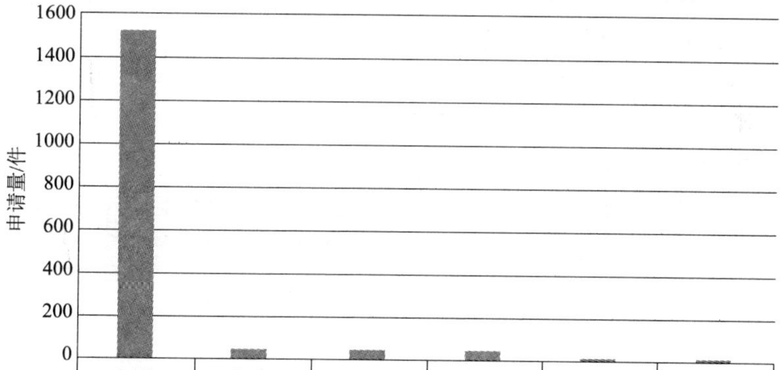

	中国	美国	德国	日本	瑞士	其他
申请量/件	1515	67	55	45	16	9
比例/%	88.75	3.93	3.22	2.64	0.94	0.53

图 6 中国专利申请申请人国别或地区分布

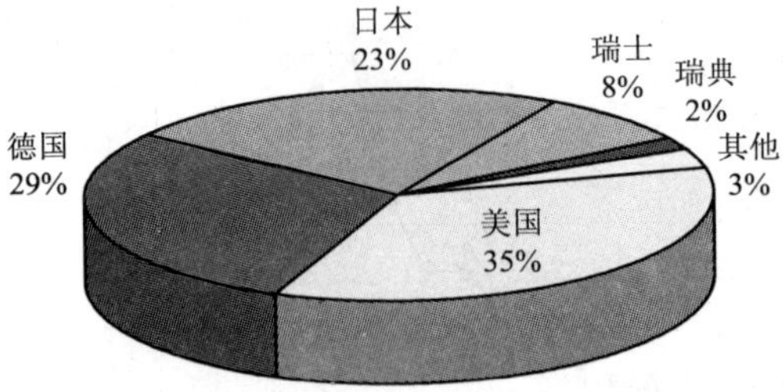

图 7 国外申请人的国家/地区份额

(2) 国内专利申请的区域分布

图 8 所示是国内专利申请的区域分布情况。由于齿轮加工机床行业是投资密集型以及技术密集型产业，齿轮加工机床的规格种类多样、零部件繁多、结构复杂，齿轮加工机床领域的专利技术的发展需要强有力的资金投入以及技术支持，因此齿轮加工机床领域的专利申请的申请人多分布在沿海经济发达地区或者有着一定工业基础的老工业基地，如江苏、天津、浙江、湖北、重庆、辽宁和陕西等地。而且从图 9 中可以看出沿海地区占据齿轮加工机床行业专利申请量的半壁江山。由此可以看出沿海地区是我国经济发达地区，是生产齿轮加工机床企业集中的地区，同时也是齿轮加工机床的专利技术的主要来源地。尤其是江、津、浙两省一市，齿轮加工机床企业数量多、发展快，它们在该领域的专利申请量远远领先于其他省市。而且从图 8 中可以看出，该领域的专利申请并没有集中在京、沪等高校、科研院所比较密集的地区，而是多集中在沿海经济发达地区或者老工业基地，可见齿轮加工机床行业在我国已经处于产业化阶段，该领域的专利技术也多出自企业或公司，科研与产出已经结合在一起。

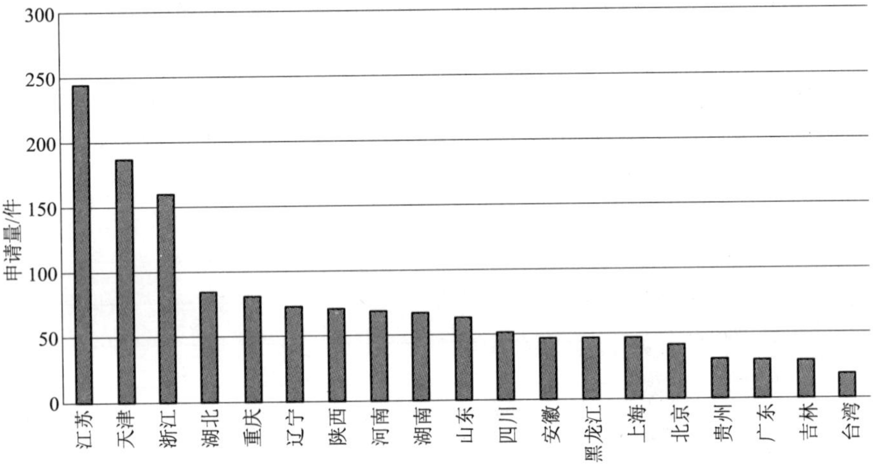

图 8 国内专利申请的区域分布

3. 中国专利申请的主要申请人分布情况

从图 10 和表 4 可以看出齿轮加工机床领域的中国专利申请中，申请量排名前十五位的申请人中仅有两位是个人申请人，其他都是拥有强大技术实力的公司/企业。

而这两位个人申请人陈立新、许晓华分别是嘉力宝控股集团、横店集团英洛华电气有限公司的董事长。可见申请量排在前十五位的申请人都拥有强有力的资金以及技术支持，因此齿轮加工机床行业的门槛较高。另外从表4中可以看出，世界著名的数控齿轮加工机床的生产商格里森（Gleason）、三菱重工（Mitsubishi Heavy Industries）以及克林格恩贝格（Klingelnberg，属于SigmaΣPool集团）等都在中国进行了专利布局，而且他们的中国专利申请量排名也比较靠前，可见国内企业在技术研发以及市场布局时面临国外企业在中国强有力的竞争，并且也面临着专利侵权风险。而另一方面，也可以看出我国企业在齿轮加工机床领域已经取得了很多研发成果，并且将这些研发成果申请了专利保护，可见我国企业在该领域也具有一定的技术优势，尤其是天津精诚以及天津第一机床总厂，他们的中国专利申请量已经处于遥遥领先的位置。

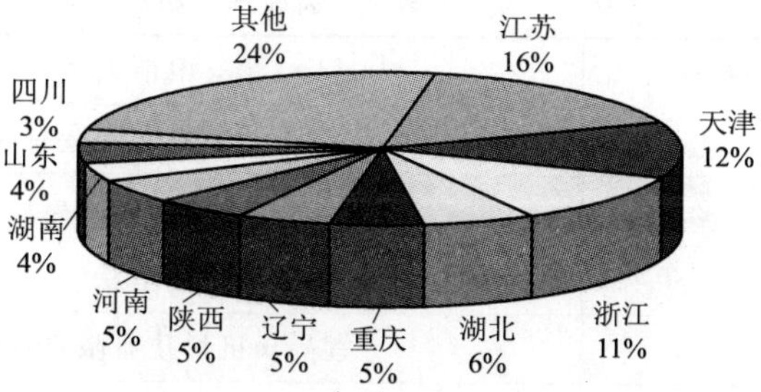

图9　国内专利申请量的区域分布比例

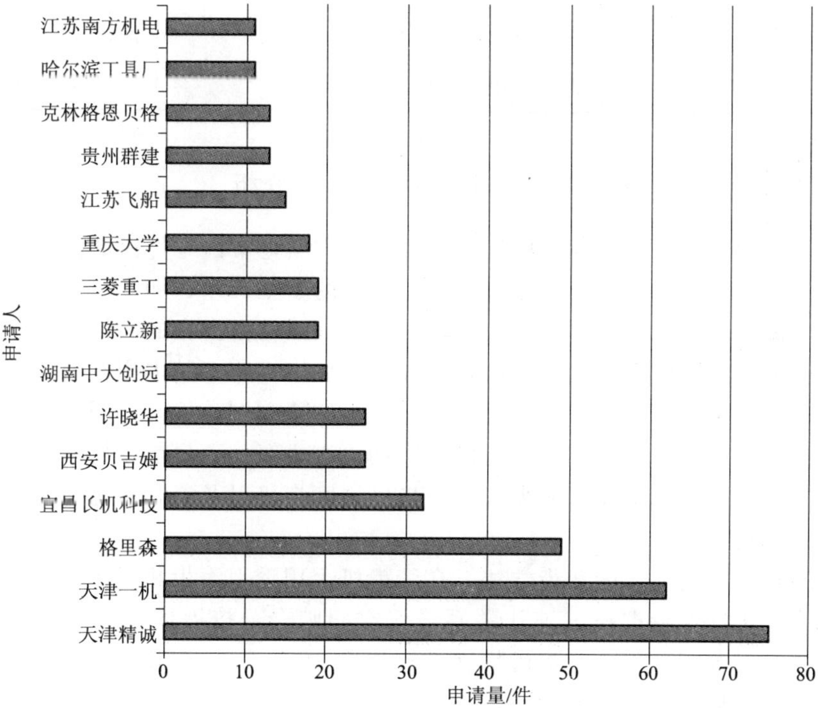

图10　齿轮加工机床领域在华专利申请量排名前十五位分布情况

表 4 齿轮加工机床领域在华专利申请量排序

排序	申请人	申请量/件
1	天津市精诚机床制造有限公司	75
2	天津第一机床总厂	62
3	格里森	49
4	宜昌长机科技有限责任公司	32
5	西安贝吉姆机床股份有限公司	25
6	许晓华	25
7	湖南中大创远数控装备有限公司	20
8	陈立新	19
9	三菱重工业株式会社	19
10	重庆大学	18
11	江苏飞船股份有限公司	15
12	贵州群建齿轮有限公司	13
13	克林格恩贝格股份公司	13
14	哈尔滨工具厂	11
15	江苏南方机电股份有限公司	11

三、在华专利申请的重点企业和关键技术分析

齿轮加工机床是加工各种圆柱齿轮、锥齿轮和其他带齿零件齿部的机床。齿轮加工机床的品种规格繁多，有加工几毫米直径齿轮的小型机床、加工十几米直径齿轮的大型机床，还有大批量生产用的高效齿轮机床和加工精密齿轮的高精度机床。常见的齿轮加工机床分为圆柱齿轮加工机床和圆锥齿轮加工机床，其中圆柱齿轮加工机床包括滚齿机、插齿机、剃齿机、磨齿机、珩齿机、倒棱和倒角机等，圆锥齿轮加工机床包括铣齿机、刨齿机、磨齿机、研齿机、滚动检查机等。而目前市场上竞争激烈以及技术含量比较高的机床主要有滚齿机、铣齿机、磨齿机以及复合齿轮加工机床等。

（一）滚齿机

滚齿是目前应用最广的切齿方法，在滚齿机上用滚刀滚齿相当于一对螺旋齿轮的啮合，滚刀与工件保持严格的速比关系，作空间啮合，按展成运动完成渐开线、摆线、圆弧、矩形等各种齿形。滚齿精度一般为 7～9 级，当采用高精度滚刀和高精度滚齿机时，可滚切 5 级精度的齿轮。

关于滚齿机的关键技术如下。

1. 硬齿面滚齿技术

通过提高滚齿机刚性，采用高性能高速钢、硬质合金和先进的刀具涂层技术，硬齿面滚齿工艺已广泛用于模数为2～40、齿面硬度为HRC40～64的硬齿面圆柱齿轮的半精滚和精滚加工，可作为磨前预加工，可以去掉淬火变形量，加工费用仅为磨齿的1/3，效率较普通的磨齿高1～5倍，缩短磨齿工时，降低磨齿加工成本，且无磨削烧伤或裂纹，还可硬化齿面，提高齿轮的疲劳强度。国外硬齿面滚齿精度可达6级，国内可达7～8级，硬齿面滚齿表面粗糙度可达Ra0.63～1.25μm，甚至更低，且无磨削烧伤或裂纹。其中中国专利申请中具有代表性的专利申请如表5所示。

表5　硬齿面滚齿技术中国专利申请中具有代表性的专利申请

申请人	申请号	发明名称	解决的技术问题
岑益南	CN201010124357	一种硬齿面齿轮滚齿加工装置	提供一种硬齿面齿轮滚齿加工装置，消除齿轮淬火后的变形，降低噪声，提供齿轮淬火后加工的经济技术，消除齿轮淬火后齿面的微裂纹，提高齿轮抗疲劳性能和工作寿命
冶金工业部北京冶金设备研究所	CN90103209	一种圆弧齿轮滚刀	提供一种圆弧齿轮滚刀，具有能加工出轮齿跑合量为零的齿轮，可直接进行齿面硬化处理的优点
南京高特齿轮箱制造有限公司	CN200920047725	用于加工硬齿面齿轮的磨前滚刀	解决现有磨前滚刀在加工少齿数齿轮时磨齿后齿轮的渐开线展长，加工薄壁齿轮圈时热处理后变形齿根涨大，易出现过度曲线位置上移，易出现磨齿台阶，产生应力集中，加工的齿轮齿根圆弧曲率半径小，磨后齿根弯曲应力大，留磨量大、磨齿时间长的问题

2. 干式滚切技术

干切滚齿技术泛指滚齿时不使用切削液冷却，而采用压缩空气代替切削液冷却的一种滚齿技术。与切削液冷却相比，空气冷却无须消耗切削液，也不产生工业废液，同时由于切削过程不产生蒸汽或油雾，操作者不会因为长时间吸入蒸汽或油雾而损害健康，所以干切有健康、环保、经济的优点。但是由于压缩空气本身不能将切削热全部带走，容易在刀具、工件及切屑上残留切削热，所以对刀具、机床、夹具等整个工艺系统都有特殊要求。由于干切滚齿在环保方面独特的优势，符合环境保护的国际潮流，各个滚齿机床厂家纷纷研制出了自己的干切滚齿机床。例如，利勃海尔（Liebherr，属于 SigmaΣPool 集团）在 LC82 滚齿机上及格里森（Gleason）公司在 Phoenix 系列滚齿机，采用硬质合金滚刀，具有较高的生产率，提高了刀具使用寿命，降低了加工成本，能加工出高精度和高质量的产品，加工过程中无切削液，是绿色环保无污染的新工艺。其中具有代表性的中国专利申请如表 6 所示。

表 6　干式滚切技术专利申请中具有代表性的中国专利申请

申请人	申请号	发明名称	解决的技术问题
格里森	CN96193638	机床排屑系统	提供一种可湿滚削和干滚削加工正齿轮和螺旋齿轮等的滚齿机，其排屑装置可将湿加工过程和干加工过程产生的切屑分别运送到两个侧表面的出口处并排出
三菱重工业株式会社	CN200410071635	高耐磨硬质薄膜	提供一种在 1000℃或更高温度下也具有优异的抗氧化性的硬质薄膜，黏附力和黏接性能好，薄膜具有优异的耐磨性，可以延长涂有该薄膜的部件或产品的使用寿命，刀具可进行干切削加工
重庆机床	CN200610095110	数控高速自动干切滚齿机	与普通滚齿机相比，加工效率是湿式切削的 2～3 倍，单件成本仅为传统滚齿加工的 60%，加工过程中无切削液的飞溅和油雾的产生，对环境和人没有污染和危害

（二）铣齿机

铣齿机是用成形铣刀按分度法加工，加工时铣完一个齿槽后，分度机构将工件转过一个齿再铣另一个齿槽，一般用于特殊齿形的加工，是加工弧齿锥齿轮的主要方法。

关于铣齿机的关键技术如下。

1. 弧形锥齿轮铣齿机

数控弧形锥齿铣齿机是一种涉及多学科（自动控制、计算机技术、数学、齿轮啮合理论、机械设计与制造）的高科技产品，行业技术壁垒强，市场集中度高，美国的格里森和德国的克林贝格掌握该类齿轮机床的技术，产品在国际市场上的占有率较高。国内除精诚机床外，只有天津第一机床总厂掌握该类铣齿机的核心生产技术。

数控弧形锥齿轮机床生产企业情况如表 7 所示。其中数控弧形锥齿轮机床具有代表性的中国专利申请如表 8 所示。

表 7　数控弧形锥齿轮机床生产企业情况

企业名称	企业概况	产品情况	产品市场定位	整体评价
格里森	1865 年成立，弧齿锥齿轮加工技术的创始者，国际市场占有率 70%	铣齿机最大加工直径 1000mm，磨齿机最大加工直径 800mm 价格：250mm 铣齿机 65 万美金/台	汽车行业用齿轮的批量生产，高端市场，在国内汽车齿轮机床市场的占有率较高	采用干削法加工，加工效率极高，适用于汽车等行业用齿轮的大批量生产，技术领先，环保性能强，产品高端，价格昂贵
天津第一机床总厂	国内弧齿锥齿轮机床龙头企业，国内市场占有率高	铣齿机最大加工直径 800mm 价格：500mm 铣齿机 125 万/台	国内缝纫机、电动工具、汽车、工程机械等用小模数齿轮的批量生产，中端市场，正向重载大直径齿轮方向发展	老国有企业，包袱沉重，企业发展和新产品开发速度慢
湖南中大创远	与中南大学合作的初创企业，加工直径 1m 的磨齿机床，填补国际空白	磨齿机最大加工直径 1000mm	产品定位于需用高精度齿轮的大型机械行业市场如航空航天，高端市场	依托高校背景，技术开发实力强，发展潜力大，但产品单一，市场覆盖面窄
天津市精诚机床制造有限公司	小模数铣齿机床国内市场占第一，大直径铣齿机床填补国内空白	铣齿机最大加工直径 1600mm	市场覆盖缝纫机、电动工具、汽车和风电、石油开采等，大型重载机械设备用齿轮行业，重点发展需用大直径齿轮的机械行业，中端市场	民营企业，机制灵活，自主开发能力强，缺少磨齿产品

表 8 数控弧形锥齿轮机床专利申请中具有代表性的中国专利申请

申请人	申请号	发明名称	解决的技术问题
天津第一机床总厂	CN03258565	数控弧齿锥齿轮铣齿机布局	减少了目前铣齿机的零件类别和传动机构，减少了调整时间、减轻了操作人员的劳动强度，提高传动效率和传动精度，在一台铣齿机上可以切削弧齿锥齿轮和延伸外摆线齿轮两种不同齿制的齿轮
天津市精诚机床制造有限公司	CN200610015708	智能化弧齿锥齿轮装配式铣刀盘测量调整仪	通过对装配式铣刀盘的高精度测量和精密调整，获得高精度铣刀盘，对延长铣齿机的寿命及提高弧齿锥齿轮的齿面加工质量具有重要意义
吉林大学	CN200810051354	球面渐开线齿形弧齿锥齿轮切齿法与机床	提供一种球面渐开线齿形弧齿锥齿轮切齿法与机床，通过三轴、四轴联动数控切齿机床实施切齿法

2. 螺旋锥齿轮铣齿机

螺旋锥齿轮是汽车底盘结构中广泛应用的关键传动构件。随着我国汽车工业的飞速发展，螺旋锥齿轮的需求量也在成倍增长，但螺旋锥齿轮的制造具有较高的难度。其中数控螺旋锥齿轮铣齿机具有代表性的中国专利申请如表 9 所示。

表 9 数控螺旋锥齿轮铣齿机专利申请中具有代表性的中国专利申请

申请人	申请号	发明名称	解决的技术问题
株洲齿轮有限责任公司	CN200910310074	螺旋锥齿轮干切齿工艺	螺旋锥齿轮干切齿方法，其不需要切削油、热处理前表面无须清洗、加工精度高、工艺流程短
天津市精诚机床制造有限公司	CN201010573773	螺旋锥齿轮铣齿机工件箱驱动装置	工件和刀具拆卸方便，具有结构简单、精度高、维护方便、安全可靠等优点
吉林大学	CN200810051355	球面渐开线齿形阿基米德螺线齿锥齿轮切齿法与机床	提供一种球面渐开线齿形阿基米德螺线齿锥齿轮切齿法，可改善连续分齿，减少刀盘数量，瞬时速比恒定，可精确控制，调整齿面接触区，提高锥齿轮啮合质量，机床运动、控制简单，切齿效率高

续表

申请人	申请号	发明名称	解决的技术问题
长沙哈量凯帅精密机械有限公司	CN201110084278	一种加工摆线—渐开线螺旋锥齿轮的方法与整体刀盘	刀盘结构简单，制造容易，而且可以在通用的数控机床上加工，不需要增加任何附件和特殊的设计，这样可以使摆线—渐开线齿制的锥齿轮很容易地在工业界推广

（三）磨齿机

随着动力机械向高速、重载、大功率和高效率方向的发展，其传动所需的各种减速箱、增速箱和变速箱中的齿轮也向着硬齿面、低噪声和高精度方向发展。为满足要求，近十年来齿轮磨床得到快速发展，并根据需要形成了具有各种特色的机床类型和技术。其中磨齿机的关键技术主要在数控蜗杆砂轮磨齿机和数控成型砂轮磨齿机两个方面。

1. 数控蜗杆砂轮磨齿机

数控蜗杆砂轮磨齿机由于其工作原理为连续展成法磨削，整个加工过程几乎没有间歇时间，所以具有极高的加工效率。并且由于磨削的齿轮具有高的齿距精度，可获得好的传动平稳性，传动噪声低，所以被广泛用于中小规格齿轮磨削，尤其是批量齿轮的磨削。目前世界上生产蜗杆砂轮磨齿机的主要制造商有中国的秦川机床工具集团有限公司、瑞士的 Reishauer 公司、美国的 Gleason 公司、德国的 KAPP/Niles 集团和 Liebherr 公司等几家公司。其中数控蜗杆砂轮磨齿机具有代表性的中国专利申请如表 10 所示。

表 10　数控蜗杆砂轮磨齿机专利申请中具有代表性的中国专利申请

申请人	申请号	发明名称	技术效果
雷肖尔（Reishauer）股份公司	CN200510065684	成型齿轮以及蜗杆砂轮的成型方法	涉及用于成型蜗杆砂轮的成型齿轮，还涉及利用成型齿轮按斜向磨齿成型方法成型蜗杆砂轮的方法
利勃海尔（Liebherr）齿轮技术有限责任公司	CN200910007684	用于操作磨齿机的方法	能在短时间内灵活且低成本地生产出具有不同几何形状和拓扑的齿轮；能快速地再次加工成形工具；可确保较高的最终精度；需修整的体积小，节省成形工具和修整工具

续表

申请人	申请号	发明名称	技术效果
西安贝吉姆机床股份有限公司	CN200910218408	数控蜗杆砂轮磨齿机	提供一种工作稳定、性能可靠、传动链短、刚性好、精度高的数控蜗杆砂轮磨齿机
无锡星月科技有限公司	CN201110201570	蜗杆砂轮磨齿机数控系统	该系统控制下的磨齿机能达到同类型机床无法达到的磨削精度。平均精度比同类型产品高一至二级

2. 数控成型砂轮磨齿机

数控成型砂轮磨齿机具有较高磨削效率和能磨削各种形状齿形的优势。随着数控技术及其软件技术的发展，这种优点得到了充分的发挥。成型砂轮磨齿机还具有机床结构简单，被加工件运动速度低的特点，所以可加工大规格的齿轮，目前最大规格的成型砂轮磨齿机可磨削 5 米直径的齿轮。目前世界上生产成型砂轮磨齿机的主要制造商有中国的秦川机床工具集团有限公司、德国的 KAPP/Niles 集团、Höfler 公司、美国的 Gleason 集团等。其中数控成型砂轮磨齿机具有代表性的中国专利申请如表 11 所示。

表 11　数控成型砂轮磨齿机专利申请中具有代表性的中国专利申请

申请人	申请号	发明名称	技术效果
陕西秦川机械发展股份有限公司	CN201010153688	成型砂轮磨齿机内外齿通用砂轮架	提供一种砂轮架，可加工内、外齿轮，减轻装配工作量，刚性好；磨斜齿轮时砂轮与工件不发生干涉；砂轮修整方便，精度高
西安理工大学	CN201010264201	成型砂轮磨齿机变位模拟加载装置及刚度分布检测方法	实现了成型砂轮磨齿机静刚度分布的检测
西安贝吉姆机床股份有限公司	CN200910218407	数控成型砂轮磨齿机	提供一种数控成型砂轮磨齿机，具有工作稳定、性能可靠、传动链短、刚性好、精度高的优点

（四）复合齿轮加工机床

复合齿轮加工机床是指在一台齿轮加工机床上，在工件一次装夹中能进行多道工序的加工，从而提高工件的加工效率甚至精度。例如德国胡尔特（Hurth）公司的WF3500滚齿机，将滚齿、插齿、磨齿和齿轮检测集于一体，只需要更换切削头，就可实现相应的齿轮加工功能。同时还可以对加工过程中的齿轮进行检测，以决定加工用量。Reishauer公司的RZF磨—珩复合磨齿机、KAPP/Niles集团的KX300磨齿中心、Samputensili公司的S400GT以及Liebherr公司的LCS280蜗杆—成形磨齿机，可先用CBN蜗杆大砂轮进行粗磨，再用CBN小成形砂轮精磨齿轮。Gleason集团的P60滚—磨齿复合机床，先用铣刀加工双头蜗杆，再用CBN砂轮磨削蜗杆，并具有去除蜗杆端面毛刺的功能。另外机床还可配备自动对刀机构和工件自动上下料、料仓等。具有代表性的复合齿轮加工机床的中国专利申请如表12所示。

表12 具有代表性的复合齿轮加工机床的中国专利申请

申请人	申请号	发明名称	技术效果
株式会社森精机高科	CN03159880	复合加工机床和复合加工机床中的加工方法	解决专用机床加工复杂形状螺旋槽的成本大，难以任意设定槽宽、槽半径、槽截面形状，运动路径计算复杂的问题
宜昌长机科技有限责任公司	CN200610018459	数控铣插复合机床	解决插削加工齿轮时大于模数10mm的齿轮效率较低；铣削加工齿轮精度较低，一般低于9级精度，且在进行内、外齿转换时，必须更换铣头，操作不便，费时，降低工作效率的问题
南京工业大学	CN200910212441	大型龙门极坐标数控铣滚磨齿复合机床	提供一种大型龙门极坐标数控铣滚磨齿复合机床，其有互换性，装配难度小，并提高了齿轮的加工精度及效率，不同主轴模块间经Y向进给补偿保证刀具中心经过工件中心
南京高速齿轮制造有限公司	CN201110166979	加工大模数齿轮的数控复合铣齿滚齿机及其应用	在数控计算机控制下，可以一次性完成对模数大于或等于15mm的齿轮的铣齿滚齿加工，大大地提高了工作效率

四、数控齿轮加工机床今后的发展趋势及对我国数控齿轮加工机床发展的建议

用户行业的产品调整转型升级及以风电为代表的新能源行业的快速发展，使齿轮加工机床行业面临挑战的同时，也迎来了极大的发展机遇。其中可以预见高档、大型数控齿轮加工机床是未来企业以及商家竞争的热点，也是技术创新的集中地。现如今，齿轮加工机床的发展已经不仅仅是在追求加工精度的提高以及加工速度的提高，同时在环保、智能化等方面也提出了更高的要求。

（一）数控齿轮加工机床行业今后的发展趋势

1. 高速度、高精度、高效率

高速、超高速加工是现代机床工业的发展趋势，齿轮加工机床也不例外。随着电力电子技术、控制技术、计算机技术及齿轮加工工艺的发展，齿轮加工机床的高速化和高精度得以实现。高级数控系统采用精简指令集运算的 RISC 芯片作为主 CPU 进一步提高了运算速度。伺服系统采用交流数字伺服、位置环、速度环和电流环都实现了数字化控制，因而可获得不受机械载荷变动影响的高速响应的伺服性能。机床结构设计的优化，使机床刚度大大提高，减小了机床受载荷或热变形引起的加工误差。此外，采用前馈控制策略以减少伺服系统的跟踪滞后误差；采用高分辨率的位置编码器以及位置环和速度环的软件控制，还可实现各种补偿功能。可见数控齿轮加工机床正朝着高速度、高精度和高效率的方向发展。

2. 开放式、全数控化

数控加工是齿轮加工的发展趋势，齿轮加工机床的数控化是关键，随着高性能、低价格的 PC 机硬件的普及，基于软件的控制技术和伺服技术得以充分发展。采用 PC 机总线和模块功能板，可以为软件开发和功能扩展提供优良平台。开发开放型的数控系统，符合国际数控技术发展的最新潮流，将大大缩短 CNC 系统开发周期，更易满足用户的不同需要，可使之获得功能强大、价格便宜的 CNC 系统。

为了提高机床的加工效率，除了缩短加工时间以外，还应缩短非加工时间，机床的调整和刀具、工件的安装也应实现数控化，即机床的全数控化。数控化齿轮加工机床的发展趋势就是控制轴数越来越多，除了控制刀具与工件的同步展成运动外，还控制插齿刀冲程长度、冲程位置和让刀等。

3. 柔性化、复合化

在全数控齿轮加工机床的基础上发展刀具和工夹具自动更换系统，再加上有关外围设施组成柔性齿轮加工中心，实现多品种齿轮、多制造工艺的混流生产自动化。柔性齿轮加工中心可以自动识别进入的工件、自动调整加工程序、自动更换夹具和刀具、自动加工齿轮。如果进一步扩展到齿轮加工过程的其他加工工序，如齿坯的车与钻、齿部倒角、清洗和测量，就组成柔性齿轮制造系统，实现齿轮制造的柔性自动化

过程。目前，大型齿轮加工机床正朝着这方面发展，力求工件一次装夹能完成所有加工。齿轮加工机床，特别是大型齿轮加工机床有集多种加工工艺于一体的趋势。另外，随着主机制造技术的成熟以及为适应用户大批量高效生产的需要，未来会有更多的自动化装备出现在齿轮加工机床上。

4. 绿色化、环保化

绿色化制造的齿轮加工机床有利于减少齿轮加工的油雾污染、清洁生产环境和保护操作者的安全与健康，同时通过减少切削液的使用可以降低加工成本，目前受到国内外切齿机床生产厂家和用户的青睐。

绿色化制造的切齿机主要包括带有全密封护罩和油雾分离器的湿式切齿机、低温冷风切削切齿机、高速干式切齿机床等类别。其中高速干式切齿机床以其高速、高效、不使用切削液、单件生产成本低、环保等优势，将成为绿色齿轮加工机床今后发展的主要方向。

5. “全套解决方案”是企业未来发展的重要形态

为用户提供“全套解决方案”，体现了技术和管理的集成，是时代技术进步的必然要求。全套解决方案是当今制造业服务的高级形态。未来，齿轮机床加工企业仅仅为使用企业提供主机将无法满足客户的全部要求，只有立足于提供一站式的“全套解决方案”，成为用户的“工艺师”并提供“长期服务和约”，才能在激烈的市场竞争中赢得订单。

（二）结合市场需求对我国未来数控齿轮加工机床发展提出建议

1. 积极进行技术创新，突破核心技术制约

近十年来，我国数控齿轮加工机床技术领域专利申请快速增长，研发活跃，已经进入较为快速的发展期。但是国内申请总体上技术含量较低，相当数量的专利申请为实用新型（实用新型占中国专利申请总量的57%），基本处于初级阶段。尤其是在高档齿轮加工机床以及数控系统等核心技术方面，与国外存在较大差距，我国面临着攻克数控机床核心技术的挑战。同时，国内经济快速发展，广阔的市场对数控齿轮加工机床产品需求巨大，为产业发展提供了难得的机遇。而且通过对该领域的专利申请的分析可以看出，国外大企业对于该领域的在华专利布局还没有完全成型，国内相关企业、行业应当抓住这一有利时机，加大研发投入力度，力争突破日、德、美等技术领先国家对数控齿轮加工机床核心技术的垄断局面，以尽快解决产业发展面临的重大共性技术问题，才能为未来数控机床产业发展注入强大驱动力，进而提升我国数控机床行业的国际竞争力。

2. 加大对国内优势企业的支持力度，培育创新型龙头企业

政府部门应该加大对我国自主创新型企业的支持力度，重点扶持那些有望突破国外知识产权壁垒的国内企业。虽然我国数控齿轮加工机床的整体技术水平相对落后，但也不是完全依赖国外技术。其中我国的天津市精诚机床制造有限公司、天津第一机

床总厂、湖南中大创远及重庆机床厂等是具有一定研发和生产能力的创新企业。但是，总体来说，国内企业专利申请数量较少，尤其是国内企业向其他国家提出的专利申请偏少，研发能力较弱，制约了企业市场竞争力。缺少创新实力强的龙头企业，已经成为影响产业发展壮大的重要因素。提升我国数控技术国际竞争力，亟待培育若干创新型的龙头企业。为此，应加大对创新型企业的扶持力度，促进具有研发生产基础的企业快速发展。

3. 加强对企业知识产权的指导和服务，鼓励企业向国外申请专利

相关行业以及政府部门应进一步加强对企业在知识产权方面的指导，提高企业运用专利文献信息的能力，帮助企业提高研发起点，加快研发步伐，避免重复研发，提高研发产出效率。要积极帮助相关企业有效应对可能的知识产权风险。同时，对于国内数控齿轮加工机床技术专利申请给予重点关注，加快审批速度，保护合理的授权范围，确保授权专利的权利稳定性，指导企业结合自身实际情况，认真分析国外竞争对手的专利布局，采取有效的应对措施。对可能对我国数控技术发展产生重要影响的技术，相关行业以及政府部门应当建立发布渠道，使数控齿轮加工机床相关企业及时掌握这些重要的竞争信息，及早采取规避措施，将风险降到最低程度。相关行业及政府部门应加大国内申请人对外申请专利的资助力度，鼓励企业利用 PCT 国际申请的方式对外申请专利保护，尤其是向日本、美国、欧洲等的专利申请，增加企业国外专利的拥有量。

4. 整合现有技术资源，加强数控齿轮加工技术领域产学研合作，实现优势互补

高校或科研院所研究出的成果从试制到投产过程长、资金和设备较缺、困难多。与高校和科研院所相比，国内企业研发数控齿轮加工机床起步较晚，研发的深度不如高校或科研院所，但企业在设备和资金方面有一定优势。为了尽快提高我国数控齿轮加工机床的整体研发水平，为了使高校、科研院所的研究成果产业化，为了使企业能在较高技术水平的基础上研发，应加强国内企业与高校、科研院所的合作，有效利用高校、科研院所的创新研究成果，提高企业的研发效率，及时将研究成果产业化，从而充分利用各自的优势，促进创新成果向企业转移，实现双赢。

五、结束语

本文对数控齿轮加工机床领域的专利申请进行了多方位的统计分析，重点分析了中国、美国、德国及日本等主要国家和地区的专利申请情况，并且突出了该领域中的主要申请人以及他们的技术优势，以数控齿轮加工机床的关键技术为主线，突出了数控齿轮加工机床关键的核心技术。基于以上分析，建议国内企业提高自主开发能力，以满足重点关键领域用户需求、解决国防建设和经济建设的急需为导向，以创新求发展，结合跟踪世界先进水平，研制开发具有自主知识产权的高性能数控齿轮加工机床产品。

参考文献

[1] 吴焱明，陶小杰．齿轮数控加工技术的研究［M］．合肥：合肥工业大学出版社，2006.

[2] 中国齿轮专业协会．中国齿轮工业年鉴［M］．北京：北京理工大学出版社，2010.

[3] http：//wiki. mbalib. com/wiki/%E4%B8%96%E7%95%8C%E7%BB%8F%E6%B5%8E%E5%8D%B1%E6%9C%BA.

[4] 齿轮手册编委会．齿轮手册（上、下）［M］．北京：机械工业出版社，1990.

[5] 齿轮制造手册编委会．齿轮制造手册［M］．北京：机械工业出版社，1998.

[6] 中国机械工业年鉴编委会，中国机床工具工业协会．中国机床工具工业年鉴［M］．北京：机械工业出版社，2009.

[7] 马云．齿轮加工机床的发展趋势［J］．精密制造与自动化，2007（5）：4～8.

[8] 李先广，刘飞，曹华军．齿轮加工机床的绿色设计与制造技术［J］．机械工程学报，2009，45（11）：140～145.

人造板领域专利技术现状及其发展趋势

王艳艳　朱振宇　尚玉沛　陈　彦　马玉青　李　梁　国　帅

（国家知识产权局专利局机械发明审查部）

一、前言

木材是一种天然生长的生物材料，具有重量轻、强重比高、弹性好、耐冲击、纹理色调丰富美观、容易加工等诸多优点，与钢筋、水泥、塑料并列为四大材料，且是四大材料中唯一可再生、再循环利用和可自然降解的绿色材料和生物资源。随着近年来全球石化燃料资源的短缺和环境意识的增强，木材工业在世界可持续发展中的地位不断提高。

木材加工业在我国国民生产中也占据重要位置，目前，我国已是世界上最大的木业加工、木制品生产基地和最主要的木制品加工出口国。根据中央银行的统计，近年来，木产品和木材加工及木制产品生产约占国民生产总值的1.7％～2.1％。

人类对木材的利用主要有两类：一类是直接使用实木；一类是对木材进行机械加工，分离成各种单元材料，然后施加或者不施加胶黏剂和其他添加剂胶合制成板材或模压制品，即制成人造板使用。

直接使用实木主要是将木材加工成原木或锯材，原木可用作房屋建筑，或者用作电杆、巷木，锯材可用作地板、枕木，或者制作家具。直接使用实木对木材的径级、品质都有较高的要求，同时，在加工过程中会产生剩余物，对木材的利用率较低。

随着原始森林资源的减少，为了充分利用有限的资源，提高木材利用率，人类发明了人造板。人造板的诞生标志木材加工现代化时期的开始，人类对木材的利用从单纯改变木材形状发展到改善木材材质，同时，这也极大地提高了木材的综合利用率。

我国人造板虽然起步较晚，但发展迅猛。目前，全国人造板产量持续上升，在木材加工业总产量中的比值也持续上升。2011年我国人造板产量达2.35亿立方米，同比增长40.36％，其中胶合板的产量为1.18亿立方米，占总产量的50.42％，纤维板的产量为4954万立方米，占总产量的21.08％，刨花板的产量为1269.8万立方米，占总产量的5.40％。

人造板的生产和使用有效地提高了木材利用率，缓解了我国木材供需矛盾，是节约木材资源的重要途径。近年来，人造板的产值在木材工业中所占比重日益增长，而且在可以预见的未来，仍然将继续增长下去，成为木材利用的主要形式。分析木材领域人造板专利技术现状及其发展趋势对我国木材工业的发展具有重要的指导意义。本文以人造板为研究对象，从其原料选择、制备设备以及制备工艺入手，对人造板的专利技术进行一次统计分析，尽可能系统地反映木材领域的专利的历史、现状和发展趋势。

二、人造板领域专利技术的现状

（一）人造板领域专利技术分析样本构成

1. 数据库的选择

为了能全面、准确地反映出木材行业专利的现状及其发展趋势，本文将以中国专利申请数据库（CNPAT）、德温特世界专利索引数据库（WPI）和欧洲专利局专利文献数据库（EPODOC）为专利文献数据来源，进行全面的统计分析。

2. 检索范围及检索时间

本文对CNPAT、EPODOC、WPI三大数据库中涉及人造板的申请进行统计分析，其中在CNPAT数据库中检索到2428件专利，在EPODOC、WPI数据库中检索到9084件专利，检索时间截至2012年4月15日。（注：同族专利计为一项）

（二）中国专利申请状况分析

本文首先对CNPAT数据库中检索到的涉及人造板的专利申请文件进行统计分析，对人造板领域在我国的专利申请状况进行纵向和横向分析。研究对象为向中国国家知识产权局提交并公开的、涉及人造板技术的专利申请，此部分数据统称为中国专利申请，其中，中国大陆及港澳台地区申请人提交的称为国内申请，国外企业或个人通过不同方式进入中国的申请称为国外来华申请。本文对该领域中专利申请的年代分布、地区分布、申请量排名靠前的申请人进行了统计分析。

1. 专利年申请量趋势分析

截止到2012年4月15日检索终止日，我国人造板领域的专利申请总量为2428件，其年度分布如图1所示。从该图中可以看出，从1985年至1999年，我国人造板领域专利申请量较少，增长非常缓慢，年申请量均低于50件；从2000年至2004年，申请量增速较之前有所增大，但增速仍较缓慢，年申请量低于100件；到2005年，申请量超过100件，之后开始迅速增长，2009年，年申请量达299件。近年来，人造板领域专利申请量增长迅猛，这一方面是因为随着我国人造板行业日益发展，其技术更新越来越快，有更多的技术可以申报专利；另一方面也是因为随着我国专利的发展，我国人造板行业从业人员的专利意识日益增强，申请专利的意愿日益强烈所致。而2010年的申请量有小幅下滑，这一方面是因为截止到检索终止日，2010年部分申请尚未公开，另一方面是受国际金融危机的影响，申请人受经费的影响，而减小了申请量。

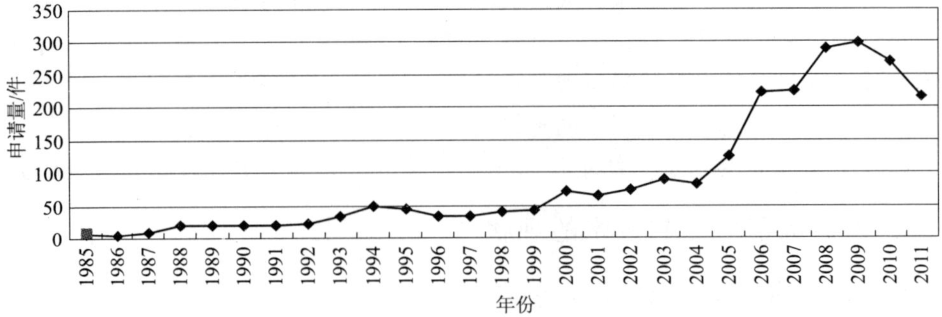

图 1　人造板领域专利技术申请量的年度分布

2. 中国专利申请量对比分析

对人造板领域相关申请的申请人按照国家或地区进行分布统计后，得出如图 2 和图 3 所示的总体分布状况。从图 2 和图 3 中可以看出，在国内全部 2428 件专利申请中，来自中国的申请为 2227 件，占总申请量的 89%；其次是德国，为 89 件，占总申请量的 3%；日本位居第三，为 49 件，占总申请量的 2%；排名第四位至第六位的分别是美国、芬兰和瑞典。

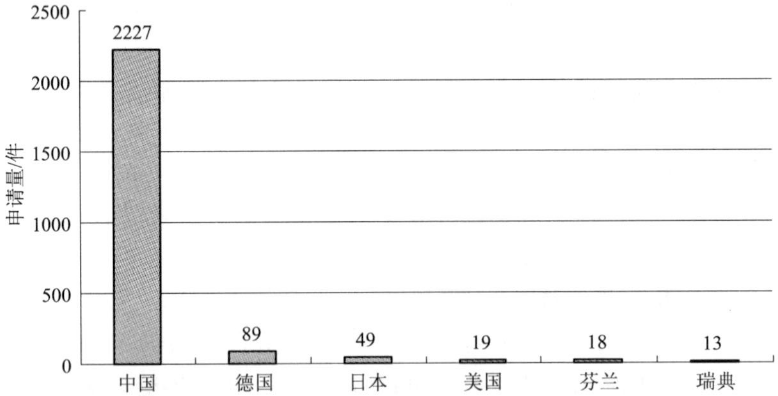

图 2　人造板技术专利申请人国别/地区分布

从图 2 和图 3 中可以看出，中国专利申请中关于人造板的专利申请，来自中国的申请占了绝大多数，这反映出我国人造板行业从业人员专利意识较强，申报专利的意愿比较强烈；同时也反映出人造板领域国外申请人不重视在中国的专利布局。

图 4 显示了国外来华申请专利的年度变化，从图中可以看出，国外来华申请专利的申请量虽然有波动，但总体呈上升态势，尤其是 2005 年以来，增长比较迅速，这与我国国内专利申请的增长态势相一致。这一方面反映出国际人造板行业和我国人造板行业一样，发展比较快；另一方面也反映出国外人造板行业对中国市场的重视，注

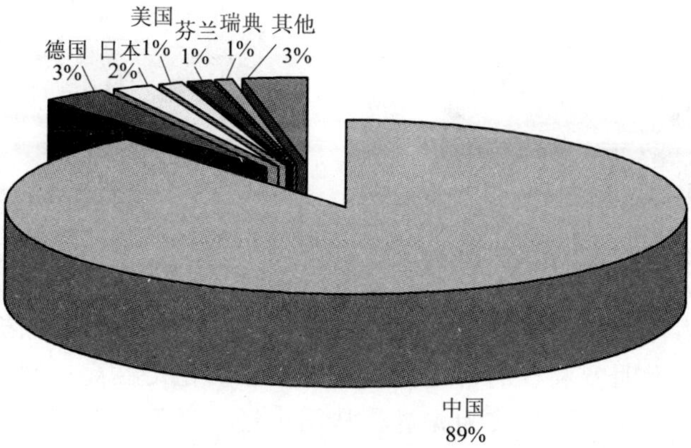

图 3　人造板技术专利申请人国别/地区比例

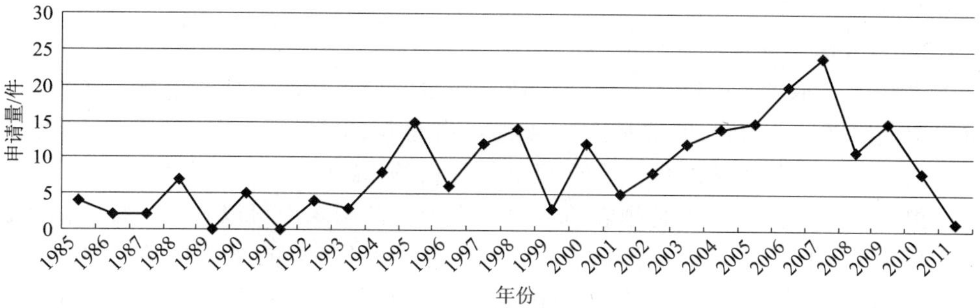

图 4　国外来华申请量的年度分布

重在中国的专利布局。

3. 专利类型分析

图 5 和图 6 是人造板领域国内专利申请类型分布情况，其中图 5 反映出人造板领域国内申请专利类型分布，图 6 反映出国外来华申请专利类型分布。

从图 5 可以看出，国内申请人的专利申请中，发明申请为 991 件，占总量的 45%，而实用新型为 1206 件，占总量的 55%；从图 6 可以看出，国外来华的专利申请中，非 PCT 申请的发明为 151 件，占总量的 65%，PCT 发明申请 75 件，占总量的 33%，而实用新型专利申请仅 5 件，占总量的 2%。

通过比较图 5 和图 6，可以看出，与国外来华的专利申请类型相比，国内申请的实用新型所占比例较高，而发明所占比例较低，究其原因，一方面是因为国内申请多就一项技术同时申请实用新型与发明专利，另一方面是因为国内的研发多为较小的改进。

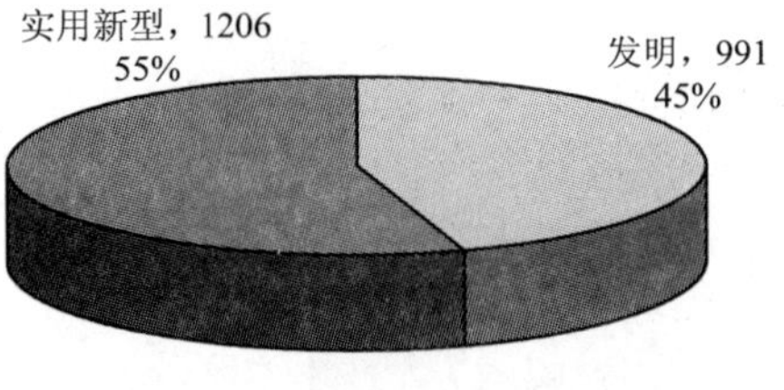

图 5　人造板领域国内专利申请类型分布

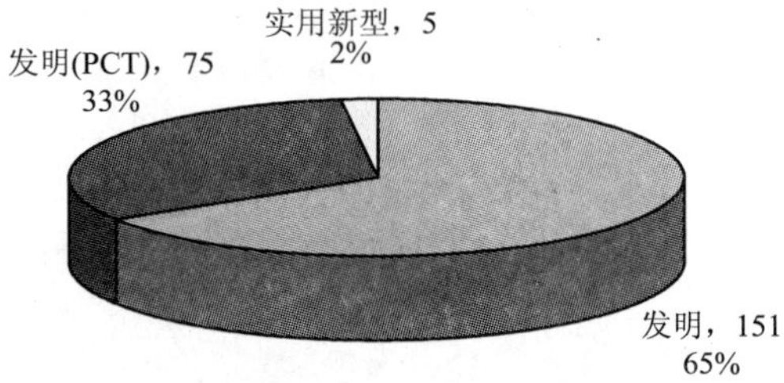

图 6　人造板领域国外来华专利申请类型

国外申请人多注重发明专利申请，这是因为发明专利申请的保护期限较实用新型的保护期限长，且发明专利权的稳定性较实用新型的稳定性高；同时，也是因为国外木材工业发展较早，技术水平较为先进。从图中还可以看出，国外申请人在华专利申请中，PCT 专利申请占据了总量的 33%，这说明国外申请人非常善于利用 PCT 国际申请的方式进行专利布局。而国内申请人在通过利用 PCT 国际申请的方式进行专利布局方面的意识不强。

4. 中国大陆申请人地区分析

图 7 和图 8 示出了中国大陆地区申请人的地区分布情况。从图中可以看出，江苏省位居申请量的第一位，申请量为 354 件，占总量的 16%，遥遥领先于其他省市；第二是浙江，申请量为 222 件，占全国申请总量的 10%；随后是广东、山东、北京、上海、黑龙江及湖南，以上是排名前八位的省份。从图 8 中可以看出，排名前八位的申请量总和占全国申请量的比例为 66%，而其余 23 个省/市/地区申请总量仅占全部总量的 34%，这说明我国国内各省市申请量差距比较大，专利申请相对集中。分析其原因可知，排名前八位的省份均是我国推进知识产权制度较早，经济比较发达，木材加工业发展较为成熟，且大专院校较多的地区。以江苏为例，该省拥有的木材加工企业超过 3000 家，申请量较大的南京林业大学也位于该省；同时，该省还是我国最早推行知识产权制度的省份之一。

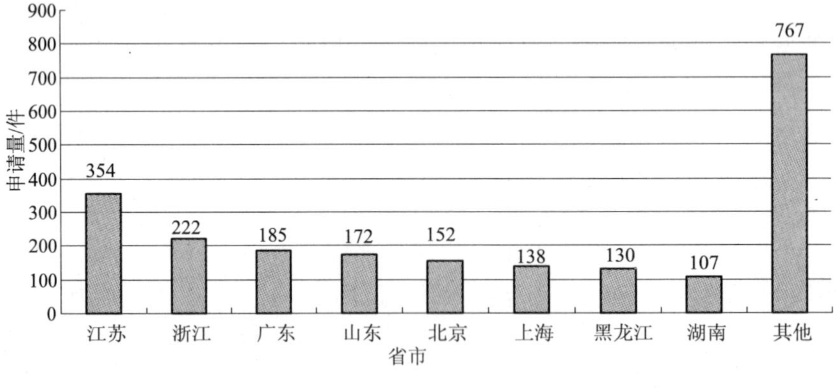

图 7　中国大陆申请人地区分布

5. 国内主要申请人分析

表1显示的是人造板领域国内前十位申请人的排序。排名前十位的申请人中有三位来自江苏，两位来自浙江，北京、上海、湖南、黑龙江各有一位。这与我国人造板领域专利申请量地区分布基本相符，再次从主要申请人排名这一侧面反映出这几个地区人造板领域的科研能力和经济实力及对知识产权的重视程度。同时，通过该表可以发现以下特点：国内申请人排名靠前的均是高校/科研院所和公司，反映出我国木材领域的研发活动较为活跃，同时，产业化程度也较高。但就科研和产业化两者比较，又可发现前十位主要申请人中有五位是高校/科研院所，总体而言，其排名较公司也较为靠前，申请量也多于公司，这说明我国人造板领域科研实力高于产业化能力。

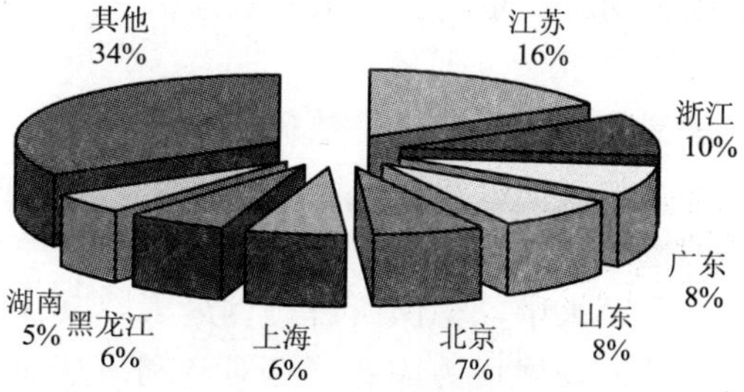

图8 国内申请申请量地区分布比例

表1 人造板领域主要国内申请人排序

排序	申请人	申请量/件	所属地区
1	南京林业大学	90	江苏
2	中国林业科学研究院木材工业研究所	44	北京
3	上海人造板机器厂有限公司	37	上海
4	中国国际海运集装箱（集团）股份有限公司	27	广东
5	中南林业科技大学	25	湖南
6	东北林业大学	19	黑龙江
7	浙江林学院	17	浙江
8	镇江中福马机械有限公司	17	江苏
9	江苏胜阳实业股份有限公司	16	江苏
10	德华兔宝宝装饰新材股份有限公司	14	浙江

前十位申请人中，南京林业大学位居第一，且其申请量远远高于其他申请人。这一方面也是因为南京林业大学重视专利申请，其在2004年就通过《南京林业大学专利工作管理方法》，另一方面也反映出该校的科研能力。该申请人的申请分布较广，覆盖了胶合板、纤维板和刨花板三大板材。近年来，其申请一方面集中在对各种板材性能的提高上，如防水性能、阻燃性能以及环保性能；另一方面则集中在提高木材利用率上。而在前十位的申请人中，特点最为鲜明的是中国国际海运集装箱（集团）股

份有限公司，其申请主要集中在集装箱底板的结构和生产工艺上。

6. 国外主要申请人分析

表 2 显示了 CNPAT 数据库中国外来华申请中前十位的申请人。前十位申请人中，来自德国的公司有两家，分居第一位和第二位，来自日本的公司有三家，其余有瑞典两家、加拿大一家、奥地利一家、荷兰一家。同时参考其申请量可以看出，在所有国外申请人中，德国所占比例最大，其次是日本，这是因为德国和日本的人造板加工业的技术发展最为成熟，且对专利申请非常重视。另外还有一个特点，排名前十位的外国申请人全是公司，这说明人造板加工业在国外的市场化程度很高。

表 2　CNPAT 数据库中人造板领域主要国外申请人排序

排序	申请人	数量/件	所属国家
1	迪芬巴赫有限两合公司	43	德国
2	西姆佩尔坎普机械设备制造有限责任公司和两合公司	17	德国
3	株式会社名南制作所	16	日本
4	瑞典商顺智公司	4	瑞典
5	瓦勒梅纤维技术 AB	4	瑞典
6	艾伯塔研究委员会公司	3	加拿大
7	安德里特斯公司	3	奥地利
8	大日本印刷株式会社	3	日本
9	帝斯曼知识产权资产管理有限公司	3	荷兰
10	松下电工株式会社	3	日本

在中国外来华申请人排序的前十位中，迪芬巴赫有限两合公司位居第一，其申请主要集中在纤维板、刨花板的压制设备上，尤其是连续压机。西姆佩尔坎普机械设备制造有限责任公司和两合公司位居第二，其申请主要有纤维板的施胶设备、铺装设备以及压制设备。

（三）世界范围内人造板领域专利申请的统计分析

为了更全面地反映出木材领域人造板专利技术在世界范围内的国别/地区分布和申请人状况，本文在 WPI 和 EPODOC 数据库中继续就有关人造板的专利申请进行检索。图 9 是 WPI 和 EPODOC 数据库中的申请量趋势分析图。

从图 9 中可以看出，在世界范围内，人造板领域从 1959 年到 1971 年之前的专利申请量较少，年度申请量均少于 100 件；1972 年到 1973 年有较大增长，1972 年的申

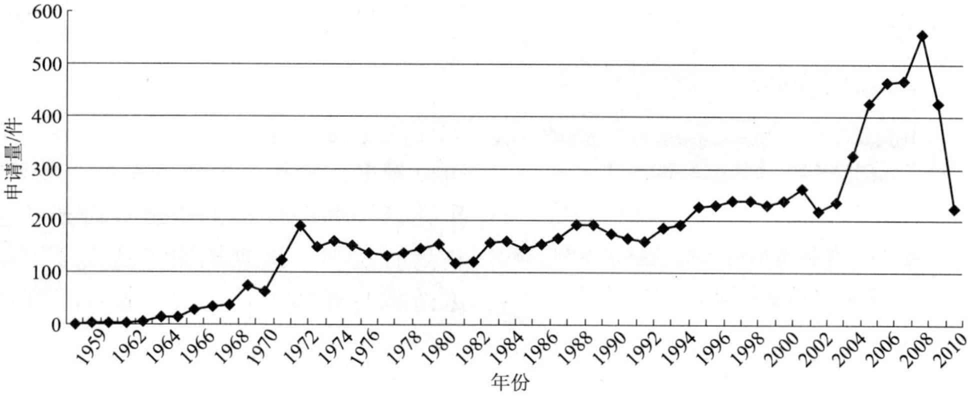

图 9　世界范围内人造板领域专利申请量的年度分布

请量突破了 100 件，1973 年申请量达 190 件；从 1974 年到 2005 年，申请量呈缓慢上升态势，从 2005 年开始，又进入了迅猛增长阶段，到 2009 年，年申请量超过了 550 件，而 2010 年的申请量有一定程度的下滑，这主要是受国际金融危机的影响，申请量的申请受经费限制所致。

下面对 WPI 和 EPODOC 数据库中，人造板领域专利申请的地区分布状况、申请人（专利权人）分布状况进行统计分析。

1. 申请人国别/地区分布

图 10 和图 11 所示为 WPI 数据库和 EPODOC 数据库中统计得到的主要国家和地区申请量的分布情况。从图 10 中可以看出，日本在本领域的申请量超过了 3000 件，位于第一位，且申请量遥遥领先于其他国家，占总量的 35%。这与日本在木材领域人造板技术领域起步较早且率先进入产业化有关。中国排在第二位，申请量为 1850

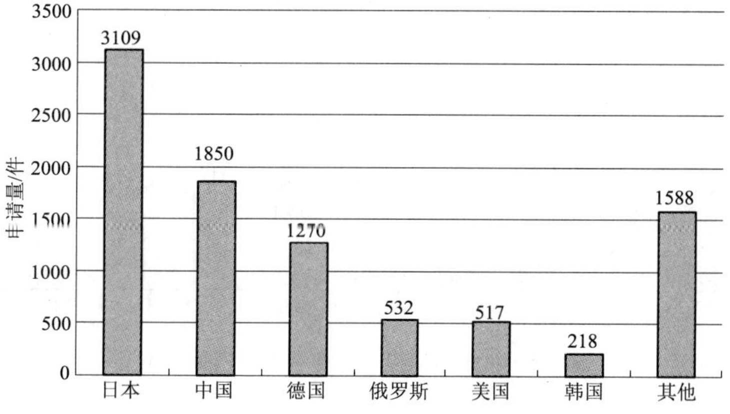

图 10　世界范围内人造板技术专利申请人申请量国别地区分布

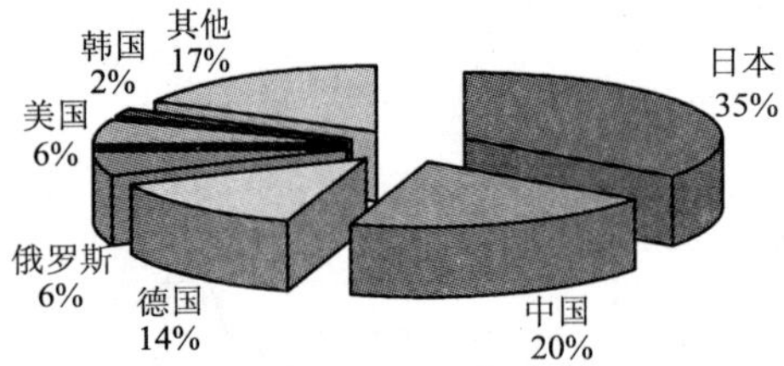

图 11　世界范围内人造板技术专利申请人申请量国别地区分布比例

件，占总量的 20%。德国紧随中国之后，申请量也超过了 1000 件，占总量的 14%；俄罗斯、美国以及韩国在人造板方面的专利申请量紧随其后。从图 11 中可以看出，日本、中国、德国、俄罗斯、美国以及韩国 6 国的申请量占到了总申请量的 83%，这也说明了这几个国家在人造板行业的整体实力远远高于其他国家和地区。

2. 申请人类别分析

图 12 和表 3 所示是 WPI 和 EPODOC 数据库中，排名前十位的申请人、所属国及其申请量。在图 12 中，申请人以公司代码作为标注。表 3 则列出了各个申请人公司代码、公司名称以及所在国家之间的对应关系。从图 12 和表 3 的统计结果可以看出，排名前十位的公司有九位来自德国和日本，且全部是公司或企业。再次证明了日本和德国在木材领域的技术实力。而排名前十位的申请人中没有一个中国申请人，可见，虽然我国申请总量排名较为靠前，排在第三位，但与木材领域技术产业化程度已经很高的日本和德国相比，差距还是挺大的。近年来，虽然我国在木材领域的专利申请数量有了大幅度的提高，但是，专利申请中，科研性较强，产业化弱，而且缺少能够进入国际行列的重点申请人，也就是说，我国在技术上尚不具备领头力量，自主性较差。

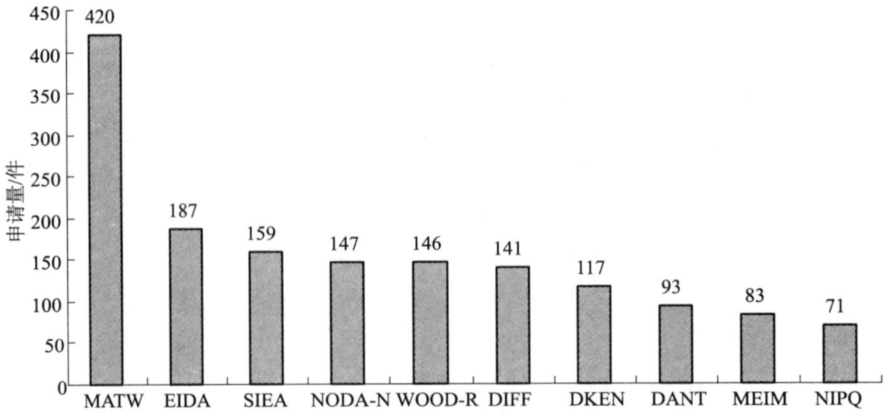

图 12　世界范围内主要申请人申请量分布

表 3 世界范围内主要申请人国别分布

排序	国别	公司代码	公司名称	申请量/件
1	日本	MATW	松下电工株式会社	420
2	日本	EIDA	出光兴产株式会社	187
3	德国	SIEA	西姆佩尔坎普机械设备制造有限责任公司和两合公司	159
4	日本	NODA－N	馨乐丽康野田株式会社	147
5	美国	WOOD－R	霍尼韦尔国际公司	146
6	德国	DIFF	迪芬巴赫有限两合公司	141
7	日本	DKEN	大建工业株式会社	117
8	日本	DANT	株式会社神户制钢所	93
9	日本	MEIM	株式会社名南制作所	83
10	日本	NIPQ	大日本印刷株式会社	71

三、人造板领域专利技术分析

我国人造板行业保持了强劲的增长势头。然而，在蓬勃发展的同时，也存在种种问题和挑战。目前，我国人造板行业面临的主要问题有两个：一个是原材料的问题，一个是环保问题。

我国是世界上森林资源比较贫乏的国家之一，同时，为了保护日趋脆弱的生态环境，我国于 1998 年启动了天然林保护工程，全面禁止砍伐长江、黄河中上游的天然林。而与此同时，随着经济的发展，我国对木材的需求大大增加，调减和控制木材采伐量加剧了木材供需矛盾。目前，我国的木材供需严重不平衡，如何在资源有限的情况下发展是人造板行业面临的一大问题。

另外，胶合板、刨花板、纤维板多用于家具、建材以及室内装修中。这些板材在制造过程中需要用胶黏剂胶合，所使用的主要胶黏剂为脲醛胶、酚醛胶和三聚氰胺甲醛胶。这些胶种以甲醛为原料之一，甲醛在合成反应中反应不完全，或者由于胶体本身不稳定，易产生游离甲醛，游离甲醛在板材的制造和使用过程中会释放到大气环境中。甲醛是一种不稳定的、极易挥发的、具有强烈刺激性气味的气体，其能与蛋白质结合，人吸入高浓度甲醛后，会出现呼吸道严重刺激和水肿、眼刺痛、头痛，也可发生支气管哮喘。皮肤直接接触甲醛，可引起皮炎、色斑、坏死，经常吸入少量甲醛，能引起慢性中毒，出现黏膜充血、皮肤刺激症、过敏性皮炎、指甲角化和脆弱、甲床指端疼痛等，全身症状有乏力、胃纳差、心悸、失眠、体重减轻以及植物神经紊乱等，同时，甲醛还可致癌、致畸变，是一种具有较高毒性的物质，在我国有毒化学品优先控制名单上甲醛高居第二位。随着人民生活水平的日益提高，人们对健康越来越重视，因此，家具、建筑和室内装修中甲醛的释放问题也备受瞩目。人造板的甲醛释放量已经成了评价木制品质量的一个重要参数。

综上所述，目前，人造板领域主要面临原料缺乏以及甲醛释放的问题，因此，木材领域专利技术主要围绕解决这两方面问题的途径展开。其中，解决原料缺乏的方法主要有三种：第一是提高木材利用率；第二是开发替代资源；第三是延长板材使用寿命。而解决甲醛释放问题则主要从胶黏剂、原材料处理以及对制成的板材进行后处理三方面入手。

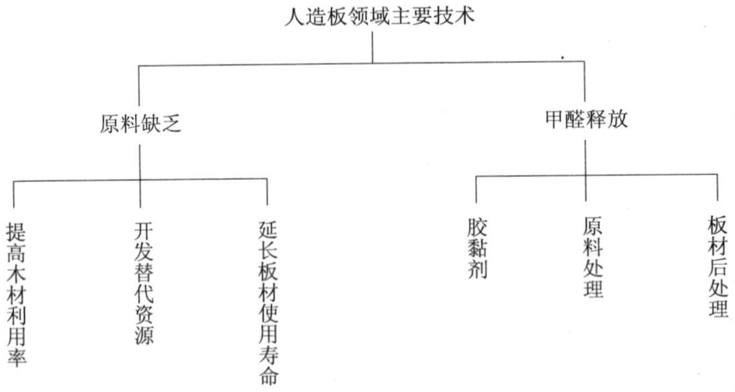

图 13 人造板领域主要技术分布图

下面从提高木材利用率、开发替代资源、延长木材使用寿命、胶黏剂、原料处理以及板材后处理六个方面对木材领域人造板主要技术进行阐述。

（一）提高木材利用率

木材综合利用率每提高一个百分点，全国每年可节约的木材量为 40 万立方米，因此，提高木材利用率是节约木材资源的一个重要且行之有效的方法。在人造板加工过程中，提高木材利用率的一个重要方面是在原料制备过程中提高木材利用率，这主要体现在原料制备设备的改进上。根据所制成板材种类的不同，原料制备分为单板制备、刨花制备以及纤维制备。下面就三种原料制备过程中所使用的主要设备以及它们在提高木材利用率方面的主要技术进行分析。

1. 单板制备

单板加工是胶合板生产的重要工序，目前国内外单板加工的两种主要方法是旋切和刨切，相应加工而成的单板称为旋切单板和刨切单板。单板旋切使用的主要机器为单板旋切机，单板刨切使用的主要机器为单板刨切机，在 CNPAT 数据库中有关单板旋切机的专利文献为 103 篇，而有关单板刨切机的专利文献有 24 篇，由此可见，在木材领域，旋切设备为单板制作的主要设备。

（1）单板旋切

单板旋切是指将木段作定轴回转，旋刀刀刃平行于木段轴线作直线进给运动，沿木材年轮方向进行切削，制备出连续的单板带。在单板旋切中主要使用的设备是单板旋切机，根据其是否有卡轴，旋切机可分为有卡轴旋切机和无卡轴旋切机。

单板旋切生产中决定材料利用率的因素主要有两方面：一方面是制成的单板的质量，如其厚度是否均匀等；另一方面则是加工后剩余木芯的直径。制成的单板质量好，加工后剩余木芯的直径小，则木材利用率高；反之，木材利用率则低。因此，单板旋切所采用的旋切机（包括有卡轴旋切机和无卡轴旋切机）的主要技术均是围绕这两方面进行的。

① 有卡轴旋切机。

有卡轴旋切机主要由机座，左、右卡轴，刀床，进给机构，主传动系统及操纵控制系统等部分组成。左、右卡轴箱夹持木段，并带动木段旋转。刀床上装有旋刀和压尺，通过进给机构相对于旋转的木段作进给运动，以旋出连续的单板带。在单板旋切过程中，微调刀门间隙及调节进给机构中进给箱的传动比，就可改变单板的旋切厚度。现有先进的数控旋切机取消了机械的进给机构和旋刀后角调整机构，采用了伺服液压机控制刀床的进给和旋刀的后角，可根据木材树种和单板厚度随意选择后角曲线，提高单板质量。有卡轴旋切机的典型专利是山东百圣源集团有限公司提出的200810139582.6号申请。该申请公开了一种数控液压双卡轴旋切机刀门调整装置，其在刀架体上设置轨道，导轨上设置滑座，滑座上设置压尺架，机体上设置伺服电机，伺服电机通过丝杠驱动滑座，使用伺服电机控制刀床的进给和旋刀的后角，同时其能够在旋切机工作状态下调整刀门，进而调节单板厚度变化，提高了单板的质量和旋切机的工作效率。

② 无卡轴旋切机。

有卡轴旋切机由于卡轴的存在，加工后剩余木芯的直径较大。而无卡轴旋切机因采用辊轴外圆夹紧并驱动原木旋转，可以大大减小加工后剩余木芯的直径，提高木材利用率，因而受到了重视。本文在CNPAT数据库中检索到关于旋切机的专利103件，其中关于有卡轴旋切机的专利30件，无卡轴旋切机60件，而有卡无卡联合的旋切机11件，由此可见，在旋切机领域，无卡轴旋切机占了大多数。

无卡轴旋切机采用摩擦辊驱动木段旋转，并带动其向旋刀进给，实现旋切。在无卡轴旋切机领域，主要技术也是围绕提高单板的质量和减小旋切后木芯的直径展开。典型的专利申请为201010549781.1号申请，该申请公开了一种旋板机，其对原木的支撑部件进行了改进，采用了两个支撑部件，两个支撑部件沿原木的轴中心线方向隔开设置，两个支撑部件中的一个在两个支撑部件相接的内向形成凹部，使得随着原木直径的减小，另一个支撑部件可进入该凹部，继续与原木保持接触状态，从而使旋切可继续进行。该专利，由于两个支撑部件可随着旋切的进程彼此靠近，保持对原木的支撑，使得旋切可继续进行，进一步减小了旋切后木芯的直径，提高了木材利用率。

③ 有卡无卡联合旋切机。

对于大径级木材而言，需要用有卡轴和无卡轴两台旋切机才能充分利用木材，这使木材加工厂的投资增加，而且加工不方便。针对这种情况，有卡无卡联合旋切机应运而生。有卡无卡联合旋切机针对有卡轴旋切机和无卡轴旋切机的缺点进行改进，将有卡轴旋切和无卡轴旋切联合起来，当原木直径较大时，采用有卡轴旋切，当原木被旋切到一定小的直径后，撤除夹具，进行无卡轴旋切。

（2）单板刨切

单板刨切也是生产单板的一种重要手段，在单板刨切生产中所使用的主要设备是木材刨切机。根据刨刀相对于水平面的运动方向来分类，木材刨切机可分为立式刨切机和卧式刨切机两大类；根据刨切方向相对于木纤维长度方向垂直还是平行来分，刨切机可分为横向刨切机和纵向刨切机。刨切单板一般较薄，可覆贴在刨花板、中密度纤维板和胶合板等板材的表面上使用，是高档家具、乐器及建筑装饰的主要材料，也是木质人造板二次加工表面的主要材料。厚度是单板刨切生产中的一个重要指标，因此，单板刨切机的主要技术即围绕单板厚度的调整而展开。这方面的典型专利为201110172003.X号专利申请。该申请公开了一种纵向单板刨切机，其用于承载木材的工作台可上下升降运动，从而使得单板的刨切厚度可根据需要进行调节。

2. 纤维制备

纤维制备是纤维板加工中的重要工序，该工序的重要工序包括削片和纤维分离。

（1）削片

削片中使用的主要设备是削片机，目前，削片有盘式、鼓式、劈木式以及侧切式等几种形式，其中，盘式削片机和鼓式削片机是两种主要的削片机形式。与鼓式削片机相比，盘式削片机切出的木片质量较好，生产效率高。因此，在CNPAT数据库中检索到的关于削片机的专利申请中，关于盘式削片机的比重较大。

削片生产中，生产出的木片的厚度是主要的生产指标。因此，削片机的主要技术也就是围绕木片厚度的调整而展开。这方面的典型专利是201010272379.3号专利，该专利公开了一种微米长纤维盘式削片机，其刀盘为盘式盘面，刀片位置和角度可通过刀盘中的楔块和旋向不同的螺杆进行调节，通过控制刀盘的转速以及电主轴的进给速度，可获得最佳的切削厚度，实现最佳的切削工艺，提高木片的质量。

（2）纤维分离

根据制备材料的不同，纤维分离可分为木材纤维制备、竹纤维制备以及秸秆纤维制备。其中木材的纤维分离技术发展较早，其所使用的主要设备热磨机技术发展较为成熟，因此，专利领域中关于该项技术的申请较少。而秸秆是制备纤维板的一种新型材料，因此，其纤维分离设备方面的申请也较少。CNPAT数据库中关于纤维分离设备的申请主要集中在竹纤维分离设备上。

竹纤维是天然资源，且具有优良的黏结性和强度，是纤维板制造的主要原料之一。在CNPAT数据库中检索到的关于纤维分离设备的专利申请中，关于竹纤维分离设备的申请占总量的一半以上。竹纤维分离生产中，如果竹纤维的长度、粗细一致，则制成产品性能较好；否则，制成的产品性能较差。而竹纤维分离设备的主要技术也围绕所制成纤维的尺寸而展开，其中典型专利是200710148370.X号申请，该申请公开了一种竹纤维的制造装置，该装置包括按压装置、纤维分离装置以及解纤装置。按压装置在表面以规定间隔设置具有凸部的按压辊，将所述竹片的纤维侧朝上使其通过运送台，通过该凸部的按压在所述规定间隔的部位部分地拉长竹纤维；纤维分离装置具有设置在运送台上的纤维分离辊和向该运送台传递振动的振动供给装置，将竹片的纤维侧朝上使其通过运送台，此时，使用纤维分离辊的重量从该竹片的竹纤维侧向所述竹片传递振动而弱化竹纤维和竹肉的结合；解纤装置使用表面具有多个刀刃的解纤滚筒在该规定间隔的位置，将从运送台送来的竹片的竹纤维割裂，从而制备竹纤维，由此制得的纤维长度一致。

3. 刨花制备

刨花制备是刨花板生产中的重要工序，刨花的几何形状在很大程度上影响了板的质量。刨花的长、宽、厚对其表面积都有影响，其中影响最大的是厚度。一般而言，刨花越薄，则板的强度越高，但是过薄的刨花容易碎裂，很难保证刨花板的表面质量和强度要求。生产刨花的主要设备是刨片机，刨片机的技术发展也较早，较为成熟，CNPAT数据库中关于刨片机的申请较少。

（二）替代品的开发

为了在资源有限的情况下满足工业需求，人类开始寻求能够代替木材的材料，代替木材用来生产人造板。目前所寻求到的主要替代材料有竹材和秸秆。

1. 竹材

竹材体轻质坚，收缩量小，弹性和韧性强，强度高，顺纹抗压强度每平方厘米为800千克左右，顺纹抗拉强度每平方厘米可承载1800千克，其中刚竹的顺纹抗拉强度每平方厘米达2833千克。同时，竹材是世界上生长速度最快的植物之一，而我国也是全球最大的竹乡，竹资源非常丰富，竹材的优良品质和我国竹材资源的丰富使得竹材成为木材的最佳替代品。

竹材的使用方式有多种，其可旋切或刨切制作成单板用作胶合板的原料，也可制成刨花以制作刨花板；可单独使用，也可与木材混合使用；另外竹材还可制成篾片，编成竹席、竹帘，作为增强材料使用。其中，制作成竹单板、竹席或竹帘，与木单板混合使用，制作胶合板是最广泛的用途。这方面的典型专利为200910104903.3号申请，该申请公开了一种集装箱底板用胶合板，该集装箱底板用胶合板由木单板和竹单板交叉组坯，热压而成。

另外，竹材还可旋切或刨切成竹单板，作为面层材料使用，如201120061739.5

号专利申请即公开了一种黑竹贴面纤维板，其在纤维本体的上表面和下表面分别设有黑竹单板，利用黑竹的装饰性和耐磨性，美化了板材的外观，延长了其使用寿命。

2. 农作物秸秆

在竹材之外，农业生产剩余物也是木材的一个重要替代品。我国是一个农业大国，在收获和加工农作物时，会产生许多收割剩余物（如稻草、麦草、棉秆等）和加工剩余物（如稻壳、花生壳、蔗渣等）。其中大部分剩余物的纤维素含量接近于阔叶树材，少数接近于针叶材。利用这些农作物剩余物做原料，完全可以生产人造板，使我国人造板工业中木质原料的用量减少，从而有效地缓解木材资源的供需矛盾。在众多的秸秆人造板产品中，秸秆刨花板和秸秆纤维板是主要开发的两大类产品。

在秸秆人造板生产过程中存在一个问题，即秸秆原料不易被胶合。这主要是因为秸秆原料的表面有一层致密的组织，即表皮，它包括几乎充满 SiO_2 的硅细胞和栓质细胞，而 SiO_2 在纤维中形成了非极性表层，影响了对胶黏剂的吸附和氢键的形成，降低了板材的强度；同时，秸秆表面有一层明显的蜡质层，秸秆之间摩擦力小，胶黏剂难以通过该表面进入秸秆内部，与羟基产生化学反应的能力降低。因此，秸秆碎料如果不经过改性处理，难以用普通胶黏剂胶合。通常使用异氰酸酯作为胶黏剂，然而异氰酸酯比脲醛树脂等胶黏剂而言，成本较大，因此，制成的板材价格较高。

目前，秸秆人造板的一个技术重点就是对秸秆碎料进行处理，以使其能够利用普通胶黏剂进行胶合。这方面的典型专利是 201110316623.4 号申请，该申请公开了一种秸秆的处理方法及秸秆纤维板的制造方法。该申请对秸秆进行微波处理，部分或完全破坏秸秆表层的硅细胞和栓质细胞，然后使用氢氟酸进行酸化处理，在酸处理步骤中，氢氟酸侵入细胞，溶解 SiO_2，减少秸秆纤维中 SiO_2 的含量，提高秸秆纤维的胶合性能，从而提高了所制成板材的强度。

（三）延长板材使用寿命

延长板材的使用寿命是节约资源的重要手段之一。用于制作板材的木材、竹材以及秸秆均是生物材料，由于材质本身的特点，易腐、易燃、易干缩湿胀，这些缺点均缩短了木材的使用寿命。因此，为了延长板材的使用寿命，人造板领域的几个重要技术就是防腐处理、阻燃处理以及防水处理。

1. 防腐处理

木材、竹材以及秸秆材料中含有单糖、低聚糖和少量的单宁、氨基酸、矿物营养物质，这些物质都为腐朽菌的生长提供充足的营养，而各种腐朽菌会降解细胞壁中的纤维素和半纤维素，降低板材的强度，从而缩短板材的使用寿命。

为了抑制腐朽菌的生产，人造板领域常对板材进行防腐处理，防腐技术可分为化学防腐和物理防腐。化学防腐是向木材施加对腐朽菌有毒害作用的药剂，从而杀死有机生物达到防腐的目的。物理防腐则是通过除去木材中可作为腐朽菌营养的物质，从而达到防腐的效果。

（1）化学防腐

化学防腐是使用防腐剂处理木材，国际上通行的主要方法是：采用一种不宜溶解的水性防腐剂，在密闭的真空罐内对木材施压的同时，将防腐剂打入木材纤维。防腐剂可以有效地防止霉菌、白蚁和昆虫对木材的侵害，从而使经过处理的木材具有在户外恶劣环境下长期使用的卓越的防腐性能。这种方法通常用于胶合板。申请号为201120321786.9的专利申请公开了一种防腐胶合板，其使用真空加压工艺将防腐剂浸入制造胶合板所使用的单板中，从而使得所制成的胶合板具有防腐功能，不受霉菌、白蚁和昆虫的侵害，延长了胶合板的使用寿命。

对于纤维板和刨花板，则常在其制备过程中将防腐剂加入原料中，从而使最终制成的产品具有防腐性能。这方面的典型专利有200910235390.X号专利申请，该申请公开了一种具有防腐功能刨花板的制备方法，该申请先对刨花进行施胶，然后向施胶后的木刨花添加了防腐剂五硼酸铵，使制成的板材具有良好的防白蚁和抗微生物侵蚀的功能，延长所制成板材的使用寿命。

（2）物理防腐

由于药剂的使用会对环境和人体造成危害，因此，近年来兴起了物理防腐技术，即高温热处理。板材高温热处理是将板材或其制备原料放入高温、无氧或者低氧的环境中进行一段时间热处理的物理改性技术。这种技术俗称炭化。通过炭化，可将原料中的有效营养成分炭化，通过切断腐朽菌生存的营养来达到防腐的目的。根据炭化处理介质的不同，炭化工艺主要分为蒸汽处理工艺、惰性气体处理工艺、热油处理工艺。

物理防腐方面的典型专利是201110169193.X号专利申请。该申请公开了一种竹材纤维复合型材的制造方法，该申请将木材制成竹丝片材后放入高温炉内，在蒸气或氮气的保护下，进行热处理，使竹丝片材炭化，其中的营养成分分解，从而使得制成的板材具有良好的防腐功能。

2. 阻燃处理

木材是由碳、氢、氧元素组成的有机化合物，受热会分解，是一种容易燃烧且具有较大危险性的材料。木材遇100℃高温时，木材中的水分开始蒸发；温度达180℃时木材热解急剧进行，可燃气体如一氧化碳、甲烷、甲醇以及高燃点的焦油成分等开始分解产生；250℃以上时木材热解急剧进行，可燃气体大量放出就能在空气中氧的作用下燃烧；400℃～500℃时，燃烧更为炽烈。燃烧产生的温度最高可达900℃～1100℃。如果将木材从助燃变成阻燃，则全国的火灾则减少一半，由此带来的木材损失也会大大降低。因此，对木材进行阻燃处理是当今国内外都在研究的问题。木材燃烧时，表层逐渐炭化形成导热性比木材低的炭化层。当炭化层达到足够的厚度并保持完整时，即成为绝热层，能有效地限制热量向内部传递的速度，使木材具有良好的耐燃烧性。木材阻燃就是在木材表面形成绝热层。木材阻燃的要求是降低木材燃烧速率，减少或阻滞火焰传播速度或加速燃烧表面的炭化过程。

使木材具有“阻燃性”的处理方法是使用各种阻燃剂浸润木材。这些物质或者在受热时容易熔化而紧密地包围着木材的表面，阻止氧气透入木材；或者在受热时分解，放出大量不燃烧气体，阻止氧气透入木材。

阻燃处理方法一般有涂刷法和浸渍法。所谓的涂刷法是将含有阻燃剂的防火涂料涂刷在木材表面，形成一层阻燃保护层。浸渍法则是将木材或板材原料泡在阻燃剂溶液中，或者在木材原料中加入阻燃剂，达到阻燃剂进入木材内部的目的。

涂刷法进行阻燃处理的典型专利是200820026176.4号专利申请。该申请公开了一种新型胶合板，该胶合板的面层外表面涂刷有紫外光固化阻燃涂料层，该阻燃层赋予板材阻燃性能。

浸渍法进行阻燃处理的典型专利是201010598674.8号专利申请。该申请公开了一种阻燃胶合板的制造方法，该方法将木单板浸渍磷氮系阻燃剂、硼系阻燃剂，然后再进行胶合压制。磷氮系阻燃剂是磷酸、磷酸二氢铵、磷酸氢二铵、磷酸三铵、聚磷酸铵，磷酸磷酸胍、磷酸眯基脲、磷酸酯、三聚氰胺磷酸盐、三聚氰胺焦磷酸盐、磷酸二氢铝、红磷中的一种或两种以上任意比例的混合物。硼系阻燃剂是硼酸、硼砂中的一种或两种任意比例的混合物。在遇火燃烧时，阻燃剂先吸热分解释放出水蒸气和氨气，降低阻燃胶合板燃烧区的温度和可燃气体的浓度，延缓木材的燃烧；阻燃剂分解后熔融产生的玻璃态物质覆盖在木材表面，隔绝热量和氧气的传导，改变了木材的燃烧状态；焦磷酸促使木材主成分纤维素和半纤维素的热分解路径发生改变，变为非活性炭，大幅度减少了可燃气体——一氧化碳和甲烷等高发热量气体的产生量。

3. 防水处理

以植物纤维为原料制作的人造板，其结合点多孔隙，在大气中容易吸收和蒸发水分，且其中含有许多亲水基团，使得水分很容易渗透到板材内部，水分与纤维材料中某些成分以化学键形式结合，引起纤丝的润胀，从而使板材尺寸发生变化，即干缩湿胀。板材一经干缩湿胀，就会引起变形，并导致强度减弱，从而影响其应用范围和使用寿命。为了降低人造板的吸湿、吸水性，提高防水效果，就必须在人造板生产过程中对其进行防水处理。

人造板防水处理主要有以下几种方式：一是在混合原料时加入防水剂；二是使用防水胶黏剂；三是在板材表面设置防水层，该防水层可为涂料，如聚氨酯防水涂料层，也可为防水漆，或蜡层。

其中，第一种方法在混合原料时加入防水剂是目前国内最常使用的人造板防水处理方法。实际生产中使用最早的防水剂是石蜡，其使用历史可追溯到20世纪70年代，而直到现在，石蜡仍是实际生产中最常用的防水剂。石蜡的使用形式有多种，可以直接使用固态石蜡，也可使石蜡熔融，使用熔融状态的石蜡，或者将石蜡乳化，使用石蜡乳液防水剂。使用石蜡做防水剂提高板材防水性能的典型专利是

200910078074.6号专利申请。该申请公开了一种沙生灌木复合纤维板的制造方法，其在制作沙生灌木复合纤维板时，在原料中加入了石蜡作防水剂，从而赋予所制得的板材防水性能。

第二种方法，所使用的防水胶黏剂主要是酚醛树脂。酚醛树脂是酚类与醛类在催化剂作用下形成的树脂的统称，是工业化最早的合成高分子材料，也是木材加工领域中使用广泛的主要胶种之一。这方面的典型专利是201110031020.1号专利申请。该申请公开了一种表面润胀木质纤维板的生产方法，其在原料中添加酚醛树脂作为防水剂，使所制得的板材具备防水性能。

第三种方法板材表面设置防水层的典型专利是201110188229.9号专利申请。该申请公开了一种木质材料表面镀膜防潮方法，其先将木质材料表面做清洁处理，使其表面不带油污，然后将经过清洁处理的板材放入真空镀膜机中，在真空镀膜机的蒸发室内通入固态二氯聚对二甲苯防水镀料，固态二氯聚对二甲苯防水镀料在蒸发室内蒸发呈气态，气态的二氯聚对二甲苯防水镀料进入裂解室，在真空度为1.33×10^{-5}，温度为680℃状态下裂解成具有反应特性的活性单体，活性单体进入沉积室内逐步沉积于木质材料表面聚集并结晶，沉积3～4小时后，形成厚度为1～5μm的聚合物防水磨层，使防水材料沉积在木质材料表面形成高度交联的无针孔聚合物薄膜涂层。

（四）胶黏剂

目前人造板生产过程中所使用的胶黏剂中所含有的游离甲醛是甲醛释放的根源，因此，从源头上控制甲醛释放是降低甲醛释放量的主要途径之一。从胶黏剂入手，控制甲醛释放量的方法主要有三种：一是胶黏剂的合成，从胶黏剂所用原料的配比以及合成反应的工艺入手，控制胶黏剂中游离甲醛的含量；二是在调胶时，在胶黏剂中加入甲醛捕捉剂，除去甲醛；三是使用不含有甲醛的胶黏剂。

1. 胶黏剂的合成

目前人造板所使用的三大胶黏剂为脲醛胶、酚醛胶和三聚氰胺甲醛树脂胶，这三种胶黏剂都以甲醛为原料，制备过程中甲醛反应不完全会导致游离甲醛的存在。这些游离甲醛在板材制备过程和使用过程中会释放出来，影响人体健康。在胶黏剂合成方面减少游离甲醛的含量是从根源上减少游离甲醛释放量的一种方法。木材领域，在胶黏剂合成方面降低游离甲醛含量的工艺主要是针对脲醛树脂进行的。

在制备方面影响游离甲醛释放量的主要因素是甲醛和尿素的摩尔比以及尿素的投料次数。甲醛与尿素的摩尔比大，则树脂中的游离甲醛和树脂使用过程中的甲醛释放量均增加，但若摩尔比低又易造成树脂固化时间长、树脂耐水性下降、胶合强度下降、初黏性降低、储存稳定性差、储存期短等诸多问题。因此，需要合理设置甲醛与尿素的摩尔比。同时，在摩尔比一定的情况下，两次或多次投料，以使发生两次或多次缩聚反应，生成一定数量的二羟甲基脲，该官能团能为后期的固化打下基础，同时，多次投料也可使甲醛反应更加彻底，从而在降低摩尔比的情况下，降低树脂中的游离甲醛含量，同时保证黏结强度、固化速度和储存稳定性。

通过增加投料次数降低这种工艺的典型专利为201010517060.2号专利申请，该申请公开了一种胶合板用环保型树脂胶，在该胶的制备方法中，尿素分四次投入，通过改变尿素的投料次数降低了胶黏剂中的游离甲醛含量，使生产出来的脲醛树脂胶的甲醛释放量符合国家标准的规定。

2. 调胶

在调胶过程中加入甲醛捕捉剂，吸附游离甲醛，或与甲醛发生不可逆的化学反应，也是控制甲醛释放量的主要方式之一。甲醛捕捉剂的种类有以下几种：氨或含氨基化合物，如尿素、三聚氰胺、双氰胺等；含蛋白质的天然化合物，如淀粉、大豆粉、小麦粉、木粉等；无机化合物，如硅石、膨润土等。在实际生产中，将上述集中甲醛捕捉剂混合使用是常见做法。

这方面的典型专利是200810124369.8号专利申请。该申请公开了一种低甲醛释放量高密度纤维板的制造方法，其在调胶过程中加入了甲醛捕捉剂，该申请中的甲醛捕捉剂的配方为4.0%～6.0%氨化钠、0.5%～1.5%氨水、0.10%～0.30%六亚甲基四胺、0.02%～0.10%硼砂、0.02%～0.10%三乙醇胺和40.0%～50.0%尿素，余量为水。该方法生产的纤维板游离甲醛释放量低，可达E1级或E0级。

3. 使用不带醛的胶黏剂

目前，环境中的甲醛释放量大多来自人造板生产过程中所使用的胶黏剂，因此，使用不带醛的胶黏剂是一种控制甲醛释放量的有效方法。不带醛的胶黏剂可分为天然胶黏剂和人工合成胶黏剂。

（1）天然胶黏剂

天然胶黏剂的主要成分是天然高分子，价格低廉，使用方便，初黏性好，但胶结强度差。大部分的天然树脂都是水溶性的，可用水做溶剂，可生物降解，长期在高湿度下会引起劣化造成强度下降。与甲醛相比，其不含对人体有害的物质，是高安全性的胶黏剂。

天然胶黏剂按其化学成分可分为三大类：蛋白质胶、碳水化合物胶（如淀粉胶、纤维素胶）和其他天然胶（如木素、单宁、虫胶、松香、生漆等）。

碳水化合物胶方面的典型专利是南京林业大学申请的200810020378.2号专利申请，该申请公开了一种闪蒸解纤无胶轻质农作物秸秆纤维复合材料的制造方法，其采用富含水溶性的游离糖分或者碳水化合物的农作物秸秆（如甘蔗渣、玉米秆和棉秆等）为原料，经粉碎、闪蒸解纤、干燥、铺装和封闭喷蒸热压制造不含胶黏剂和任何活化剂或者催化剂的轻质秸秆纤维复合材料。这种方法利用高温高压水蒸气蒸煮爆破解离秸秆纤维，使其天然可胶接物质分离活化，在温度、压力和水分作用下利用天然可胶粘物质的自然转换，不添加助剂即可实现秸秆纤维的自胶合，使产品在生产和使用过程中都不存在环境污染问题。

蛋白质胶黏剂是以各种动植物蛋白质，例如豆粉、骨胶、血胶等生物材料制成的胶黏剂。这方面的典型专利是武汉双龙木业发展有限责任公司申请的201010603142.9号专利申请，该申请公开了一种植物蛋白胶黏剂，并公开了一种用该蛋白胶生产的胶合板，该胶黏剂以脱脂大豆粉为原料，用碱和阴离子表面活性剂改性，粘接强度可达到脲醛树脂的技术指标要求，但不含甲醛，其所生产的板材在使用过程中也不会产生甲醛释放问题。

另外常使用的天然胶黏剂有木素、单宁和纤维素。木素是木材的主要成分之一，其含量约占木材的20%～40%，仅次于纤维。未改性的木素活性集团少，不能发生充分的交联反应，木材主要是对其进行化学改性，提高其活性，使其成为胶黏剂主链的一部分，再用于胶接。单宁主要是具有酚类特性的化合物，包括水解类单宁和凝缩类单宁。单宁胶类似酚醛树脂胶黏剂，主要用于木材等的胶接。纤维素不溶于一般溶剂，故不能直接作为胶黏剂使用。经化学改性后的纤维素衍生物可作为胶黏剂使用。

（2）聚氨酯胶黏剂

聚氨酯胶黏剂是指在分子链中含有氨基甲酸酯基团或异氰酸酯基的胶黏剂，具有无甲醛、施胶量小、胶接强度高等优点。含有异氰酸酯基的胶黏剂的一个重要用途是用于人造板生产。

异氰酸酯胶因其胶接强度高，主要用于难胶合的、以稻麦秸等农业秸秆为原料的刨花板生产。但由于异氰酸酯的价格比其他常用胶黏剂高，为脲醛树脂胶黏剂的10～12倍，这导致采用异氰酸酯作为胶黏剂的人造板造价高，成本大。因此，尽管异氰酸酯人造板具有不含甲醛的优势，却面临着成本大、市场小的压力。

目前，在异氰酸酯应用方面的主要技术是对异氰酸酯进行改性，在满足胶合强度要求的基础上，降低成本。这方面的典型专利是200810050827.8号专利申请。该申请公开了一种水性高分子——异氰酸酯秸秆人造板的制备方法，该制备方法使用玉米淀粉和无机酸溶液制成的水性高分子复合溶液对异氰酸酯进行改性，使用经过改性的异氰酸酯作为胶黏剂制作秸秆人造板，使得板材的成本显著降低。

（五）原料处理和板材后处理

原料处理和板材后处理也是降低甲醛释放量的重要手段，因为两者手段可通用，因此，此处将两者合为一处进行阐述。

原料处理和板材后处理的主要手段有氨处理、臭氧处理、尿素处理以及封闭处理。

1. 氨处理

用氨处理板材可减少游离甲醛释放量，其原理是氨与板材中的游离甲醛反应生成六次甲基四胺，从而减少甲醛释放量。使用氨处理以减少甲醛释放量可在原料制备阶段进行，也可在板材制成后对其进行后期处理。

在原料制备阶段，用氨水处理原料，使原料中含有氨，在人造板制造和使用过程中，原料中含有的氨能够与胶黏剂中的游离甲醛发生反应，从而减少甲醛释放量。这种工艺典型的申请为201110386141.8号专利申请，该申请公开了一种甲醛含量低的纤维板的制备方法，在制备该纤维板时，将原料中的桑叶、桂枝、秸秆和棉秆采用氨水进行处理，随后将上述原料添加到木纤维中进行压制成型，制成的板材的甲醛释放量明显降低。

在板材压制完成后，也可使用氨对板材进行后期处理以减少甲醛释放量。通常的做法是将板材放置在一个密闭的空间中，通入氨气，使氨气与板材中所含有的游离甲醛进行反应，从而减少甲醛释放量。这方面的典型专利为201110058844.8号专利申请，该申请公开了一种甲醛近零释放浸渍纸层压木质地板的制造方法，该方法将制成的板材隔开放置，向其通氨气，氨气与甲醛发生反应，制得甲醛释放量低于1.5mg/100g的环保板材。

2. 臭氧处理

在板材制成后，使用臭氧进行处理也是降低甲醛释放量的有效方法。该处理方法的原理是臭氧与水分子在紫外光作用下发生反应，生成羟基自由基，羟基自由基在真空条件下被板材吸收可氧化和置换甲醛。这方面的典型专利是200910071394.9号专利申请。该申请公开了一种板材的防变环保再净化处理方法，其将待处理的板材放置在密闭处理箱内，分层码好，开启真空泵，抽真空3小时以上，然后开启臭氧净化装置，使臭氧在紫外光照射下与水分子反应生成羟基自由基，该羟基自由基被真空板材吸收，可氧化和置换板材中的游离甲醛。

3. 尿素处理

用尿素处理板材以减少甲醛释放的原理与脲醛树脂的制备原理相同，均是使尿素与甲醛反应，消耗板材中含有的游离甲醛，从而降低其释放量。用尿素处理板材通常是在人造板堆放前，用热的尿素溶液喷洒板材表面，这种方法能将甲醛释放量降低30％～50％。

4. 封闭处理

封闭处理是对人造板的一种传统处理方式，包括封边和贴面处理。封闭处理的材料可采用纸、薄木或PVC薄膜，其中纸以三聚氰胺浸渍纸使用最多，胶膜纸上的三聚氰胺固化后，形成了一层完全的胶膜，这层胶膜封闭了人造板中的游离甲醛的释放通道，从而阻止人造板中的残存甲醛释放到大气环境中。

四、人造板领域技术发展趋势的预测和建议

（一）人造板领域技术发展趋势的预测

经过以上分析可知，木材加工技术在我国已经发展了几十年，生产技术已经较为成熟，随着原材料的日趋紧张以及人们环保意识的增强，可以预测，木材技术领域的发展会集中在以下几个方面。

1. 进一步开发替代资源

受自然资源的限制，人造板行业一直处于供不应求的状态，且在可预见的未来，这种状态将一直持续。因此，继续开发替代资源将是木材领域技术发展趋势的一个方面。

目前，所开发的替代资源主要有竹材和秸秆，但是利用率都较低，其中秸秆的利用率仅为33%。因此，对竹材和秸秆进行进一步开发，提高其利用率是木材替代资源开发的一个重要方面。

在竹材人造板产品中，竹材胶合板所占比重较大，竹纤维板和竹刨花板所占比重较小。而与胶合板相比，纤维板和刨花板对原料的要求较低，且利用率较高，因此，调整竹材人造板产品结构，提高竹材刨花板和竹材纤维板产量是今后竹材人造板的发展趋势之一。

另外，虽然竹材的基本化学成分与木材的基本化学成分相同，但是，竹材的组织结构与木材有着较大的差别，这种组织差别导致竹材的表面性质，如湿润性、渗透性、表面粗糙度等与木材有着较大的差异，而这些差异对竹材的表面胶合性能有着较大的影响，进而影响竹制胶合板的强度。因此，研究竹材的加工工艺，改进其胶合性能，增强其胶合强度，是竹材人造板技术发展的一大趋势。

由于秸秆表面多数有不利于胶合的物质，采用传统的脲醛树脂或酚醛树脂胶，难以得到满意的胶合强度（尤其是内结合强度）。到目前为止，国内外已建成的碎料板厂几乎都以异氰酸酯为胶黏剂。因而引起以下两个问题：① 成本问题，异氰酸酯价格为脲醛树脂的8～10倍，尽管前者施胶量比后者低，但绝对成本还是比后者高；② 粘板问题，如直接采用异氰酸酯胶黏剂，将会在热压过程中产生严重的粘板现象。

在竹材和秸秆之外，可替代木材的资源还有很多，例如藤、麻等，开发这些资源以进一步弥补人造板行业原料的缺口是人造板行业技术发展的一个趋势。

2. 人造板机械大型化、高速化、自动化

人造板生产装备将继续向大型化、高速化、自动化和多样化发展，扩大原材料范围，提高其利用率和产品质量成为发展的必然趋势。为集中信息、利于新技术采用，实现生产连续化、自动化，提高劳动生产率和降低生产成本，增强市场竞争力，人造板厂的生产规模越来越大，所使用的机械设备也将越来越大。同时，提高了设备的生产效率，使机械的主轴转速、进料速度等普遍提高，设备的加工速度和运输传送速度也将大大加快。同时，电子计算机的普遍应用，实现了设备的自动检测、自动调节和控制、自动信号连锁、刨花和自动化管理，从而提高劳动生产率和人造板产品质量。为了扩大原材料利用范围、提高木材利用率和人造板产品质量，适应木材资源不足和产品结构不断变化的要求，将不断开发研制新型人造板机械，从而满足市场对人造板机械产品品种不断增加的多样化需要。

3. 产品环保化

随着人类生活水平的提高，我们对人造板产品的环保性能要求也越来越高，因此，人造板产品环保化是一大发展趋势。人造板产品环保化的途径有多种，今后的发展趋势之一是在生产人造板时不使用胶黏剂，仅对木质纤维本身进行活化处理等，引发其胶粘性能；另一趋势是降低无醛胶，如异氰酸酯的成本，以最终降低人造板的生产成本，第三种趋势是研制开发新的捕醛剂，吸收游离甲醛。

（二）对我国木材人造板行业发展的建议

面对21世纪全球经济一体化，我国必须建成有竞争力的创新型、知识型的人造板工业，才能真正由生产大国转变为生产强国，引导全球人造板工业发展。为此，提出如下几点建议。

第一，结合我国国情，制定好人造板工业中长期发展规划，从宏观上制定政策，优化人造板的产品结构，着力提高全国人造板的平均生产能力和技术水平，使我国人造板工业由单纯扩大产量步入依靠科技进步提高产品质量和降低能源及材料消耗的良性发展轨道。

第二，利用制造业和信息产业的先进技术，提高人造板成套设备的制造水平，搭建推广国产连续平压生产线，加大行业技术改造步伐，快速淘汰技术落后产能，实现人造板生产过程的自动化和各工序半成品、成品质量的自动检测、自动显示和自动控制。

第三，大力开发有自主知识产权的创新技术和产品，体现我国人造板工业的优势与特色，同时不断拓宽人造板的应用范围。

五、结论

通过对木材领域人造板的专利申请现状分析，得到以下结论。

第一，我国的人造板技术正处于飞速发展阶段，专利申请量持续增加。自2005年开始，我国人造板行业专利申请量开始迅速增长，2009年的年申请量达299件。近年来，人造板领域专利申请量增长迅猛，这一方面是因为随着我国人造板行业日益发展，其技术更新越来越快，有更多的技术可以申报专利；另一方面也是因为随着我国专利的发展，我国人造板行业从业人员的专利意识日益增强，申请专利的意愿日益强烈所致。

第二，就专利申请类型而言，国内申请人的申请发明所占比例略低。在所检索到的国内申请人的专利申请中，发明申请为991件，占总量的45%，而实用新型为1206件，占总量的55%；而国外来华的专利申请中，发明为226件，占总量的98%，而实用新型专利申请仅5件，占总量的2%。究其原因，一方面是因为国内申请多就一项技术同时申请实用新型与发明专利，另一方面是因为与国外人造板行业从业人员的专利意识相比，国内从业人员的专利意识仍有一定差距。

第三，国内省市地区在人造板领域的发展差异较大。按地区分布进行统计分析，江苏、浙江、广东、山东、北京、上海、黑龙江以及湖南排名前八位的省市的申请量总和占全国申请量的比例为 66%，而其余 23 个省/市/地区专利申请总量仅占全部总量的 34%。分析其原因可知，排名前八位的省份均是我国推进知识产权制度较早，经济比较发达，木材加工业发展较为成熟，且大专院校较多的地区。以江苏为例，该省拥有的木材加工企业超过 3000 家，申请量较大的南京林业大学也位于该省，同时，该省还是我国最早推行知识产权制度的省份之一。

MEMS（微机电系统）领域专利技术现状及其发展趋势

赵　端　杨子芳　王　琳　唐俊峰　韩　冰　王晓峰　王兴妍

（国家知识产权局专利局电学发明专利审查部）

一、引言

MEMS是微机电系统（Micro-Electro-Mechanical System）的英文缩写，指的是使用微加工技术制造的包括机械结构与电子电路的微型系统。通常，微机电系统的典型尺寸在微米量级，如1微米至100微米[1]。微机电系统在不同地区或偏重不同研究领域时会有不同的称谓，例如微系统（Micro Systems Technology）、微机械（Micromachines）等。微机电系统的本质可以理解为换能装置，即将一种能量形式，如力、热、光、电磁等，转换为另一种能量形式，因而也被统称为换能器（Transducer），具体包括微传感器和微执行器。例如，惯性MEMS器件（包括加速度计、陀螺仪等）能够将运动量（包括加速度、角加速度等）转换为电信号，并交由系统中集成了的电子电路进行处理。由于以上的本质特征，微机电系统是一个典型的多学科交叉的研究领域，其器件及制造工艺主要涉及微电子、机械、材料、物理、化学、生物、力学等学科。目前，常见的微机电系统器件包括压力传感器、加速度计、陀螺仪、射频MEMS、数字微镜等。

微机电系统的较早创想可以追溯至美国物理学家费曼于1959年发表的著名演讲《底部存在广阔空间》（*There's plenty room at the bottom*）[2]，意指随着尺寸的不断缩小，器件会展现出新的特性。为了制造尺寸缩小、微型化了的微机电系统，人们在采用微电子领域的常规工艺的同时，也开发了一系列的针对微机电系统特点的微加工工艺。在微电子领域，特别是集成电路制造方面，加工工艺基本上属于平面工艺，即为二维加工，而微机电系统则更多地涉及三维立体加工，例如，最常见的是要形成可动的机械结构。20世纪60～70年代，人们最早开发出的微加工工艺是体微加工工艺，即在体硅衬底上通过化学腐蚀形成微机械结构[3]。同时期，人们制造出了早期的微机电系统器件，例如，硅微压力传感器。20世纪80年代后，人们开发出了表面微加工工艺，即在衬底表面依次沉积牺牲层和各薄膜层，并在薄膜层中形成微结构，最后去除牺牲层，将微结构释放以形成可动部件，例如，1987 年，美国加利福尼亚州伯克利大学开发了利用表面微加工工艺制造的微齿轮等 MEMS 器件，其中采用了多晶硅薄膜作为微结构形成材料[4]。进入 20 世纪 90 年代，研究人员开发出了目前广泛使用的深反应离子蚀刻（DRIE）技术，通过高密度的等离子蚀刻，在硅衬底材料中形成具有极高深宽比的沟槽，并且形成结构的侧壁接近垂直[5]。另外，常用的微机电系统加工工艺还包括晶圆键合，即将不同晶圆上层叠并结合在一起形成多层的晶圆结构，以获得所需的微结构。与器件设计和制造工艺相比，微机电系统的封装以及测试，是微机电系统另外一个重要环节。与集成电路不同，微机电系统涉及包括电信号在内的多种物理信号，这对封装和测试的要求提出了更高的要求，目前，封装和测试的费用占到了整个微机电系统生产成本的三分之二以上[6]。

与传统系统相比，微机电系统具有两个明显的特点：微型化和集成化。基于此，微机电系统具有了很多优势。首先，微机电系统的体积和重量与实现同样功能的传统系统相比大幅度减小，节省了所占用的空间，节约能耗。其次，微机电系统有能力在同一个封装体内集成不同功能的器件，从而实现多功能。再次，微机电系统采用了与集成电路制造技术相近的生产方式，可以进行大规模批量化生产，能够迅速降低单个 MEMS 器件的成本。还有，由于尺度效应，在微米尺度上物理量所体现的实际效果与传统宏观尺度上存在差异，利用这一特点，微机电系统可以具备更高的性能，如传感器测量精度的提高、测量范围的扩大等；同样，由于尺度缩小，微机电系统中的信号传输的距离也大幅减小，这也有利于提高系统性能。另外，由于高度的集成化和微型化，微机电系统中的可动部件的可靠性也获得提高，并且，整个微机电系统的使用、维护及更换会更加方便。

微机电系统的应用范围非常广泛。1993 年，美国 ADI 公司采用 MEMS 技术将微加速度计成功商业化[7]，这是微机电系统商业化的开端。现在，汽车行业是目前 MEMS 最大市场。其中，微加速度传感器，普遍应用在汽车安全气囊之中；微陀螺仪，用于车身稳定控制系统及 GPS 导航装置；微压力传感器，用于检测和控制汽车轮胎胎压；还包括用于发动机进气及刹车系统的压力检测。除了汽车行业，消费电子领域也有大量微机电系统的应用，并且在 2000 年以后发展迅速，例如用于智能手机中的各种惯性传感器（包括加速度计）、硅微麦克风等，个人游戏设备中的加速度计与陀螺仪等。在办公设备领域，喷墨打印机中控制喷墨打印的喷墨头也采用了 MEMS 技术。在医学诊疗方面，微机电系统的应用包括用于分析样本的微流体 MEMS 器件，测量血压的 MEMS 传感器，以及用于心脏起搏器的微加速度计等。在通信领域，MEMS 的主要应用包括 RF MEMS 开关和滤波器、光开关等。还有，投影设备的数字微镜器件（DMD）中也用到了采用 MEMS 技术的微镜阵列，而军事领域的应用则包括武器制导、雷达等。另外，微机电系统在工业控制、航天航空等领域都有着独特的应用[8]。当然，随着研发的不断深入，微机电系统更多更有利的应用会被不断发掘出来，微机电系统对人们生活、生产的影响也会不断加深。

二、MEMS领域专利技术现状

（一）分析样本构成

1. 检索数据库及策略

本文的中国专利检索范围为中国专利申请数据库（CNPAT）中截止到2012年5月7日已被收录的公开专利申请数据，采用关键词和分类号相结合的方法，同时对重要申请人进行跟踪检索，检索时尽量查全，之后对得到的专利申请数据逐篇进行筛选，并对上述专利申请进行必要的技术标引，最终确定涉及MEMS领域的4529件专利申请作为分析基础。全球专利检索范围为德温特世界专利索引数据库（WPI）中截止到2012年5月18日已被收录的公开专利申请数据，采用英文关键词和IC（国际专利分类号）、MC（德温特手工代码）两种分类体系的分类号相结合的方法，检索得到涉及MEMS领域的30 846件专利申请作为分析基础。

主要关键词：一部分是关于MEMS的各种统称，如微机械、微电子机械、微型电子机械、微机电、MEMS、悬臂梁、质量块、微加工、微细加工、体硅加工、表面微加工、微结构、微系统、micro electromechanical、micro mechanism等；另一部分是几种主要器件的具体名称，如传感器、制动器、执行器、感应器、微陀螺、微型陀螺、微麦克风、微型麦克风、微透镜、微型透镜、微机电系统、加速度、角速度、开关、谐振器、马达、gyroscope、accelerometer、sensor、transducer、motor、microphone、micro mirror、switch、resonator、varactor等。

主要分类号：

IC分类号：

B81B（微观结构的装置或系统，例如微观机械装置）；

B81C（专门适用于制造或处理微观结构的装置或系统的方法或设备）；

G01P（线速度或角速度、加速度、减速度或冲击的测量；运动的存在、不存在或方向的指示）；

G01C19（陀螺仪；使用振动部件的转动敏感装置；不带有运动部件的转动敏感装置）；

H01P（波导；谐振器、传输线或其他波导型器件）；

H01L21（专门适用于制造或处理半导体或固体器件或其部件的方法或设备）；

G01D、G01L、G01R（测量装置）、G02B、G02F（光学仪器）、H02N（电机）、G09G（控制装置）、H01H（开关、继电器）、H03H（谐振器）等。

MC分类号：

V06（涵盖了各种MEMS器件，如传感器、谐振器、马达、麦克风、发电机、继电器等）；

U12-B03F（微结构系统、器件、封装）；

V03、V04、U11（包括制造工艺，几种 MEMS 器件，以及 MEMS 曾经使用的分类号）。

2. 相关说明

（1）数据完整性说明

本文检索的最后截止日分别为 2012 年 5 月 7 日（中文专利数据库）和 2012 年 5 月 18 日（全球专利数据库），根据发明专利申请自申请日（有优先权的自优先权日）起 18 个月（主动要求提前公开的除外）才能被公布，实用新型专利申请在授权后才能获得公布，而 PCT 专利申请可能自申请日起 30 个月甚至更长时间之后才进入到国家阶段（导致其相对应的国家公布时间更晚），并且在专利申请公布后再经过编辑而进入数据库也需要一定的时间，因此在实际数据中会出现 2010 年之后的专利申请量比实际申请量少的情况，反映到本文中的各技术申请量年度变化的趋势图中，一般自 2010 年之后出现较为明显的下降，原因即在此。

（2）报告中对专利"项"数的约定

本文中检索的全球专利数据是通过对 S 系统的外文专利数据库 WPI 检索而得出的。WPI 数据库中的一条记录可包含多个同族专利的申请号、公开号和优先权号，该同族专利指的是扩展同族专利，即指一个专利族中的每个专利与该族中的至少一个其他专利具有至少一个共同的优先权。在本文的专利数量统计中，将这样的一条记录视为一项专利申请。

（二）全球专利申请现状

1. 申请趋势分析

通过统计 WPI 数据库中 1992—2011 年 MEMS 领域的专利，共检索到 30 846 件相关专利，其申请量随年代分布情况如图 1 所示。

从图 1 中可以看出，自 1992 年到 1998 年，MEMS 技术的年申请量处于较低水平，一直低于 600 件；自 1999 年到 2005 年，专利申请量呈现出大幅上升趋势，于 2005 年申请量达到顶峰（2900 多件），较 1999 年增长了 3 倍之多，显示出对于 MEMS 领域的技术研发已经进入了快速发展阶段；自 2006 年到 2009 年，年申请量出现波动变化，但波动幅度不大；自 2009 年到 2011 年年申请量呈现出大幅下滑趋势，这是由于专利申请的公开有一定的滞后性，因此 2010 年和 2011 年的数据均少于实际的申请量。

2. 申请人国家/地区分布

通过对专利最先申请国的统计，得出了 MEMS 专利申请在全球各原创区域的分布，如图 2 所示。

从图 2 中可以看出，美国和日本在该领域的研发程度远远高于其他国家和地区；美国排在各国的首位，占到整体的 42.8%；日本位居第二，占到整体的 26.7%；中

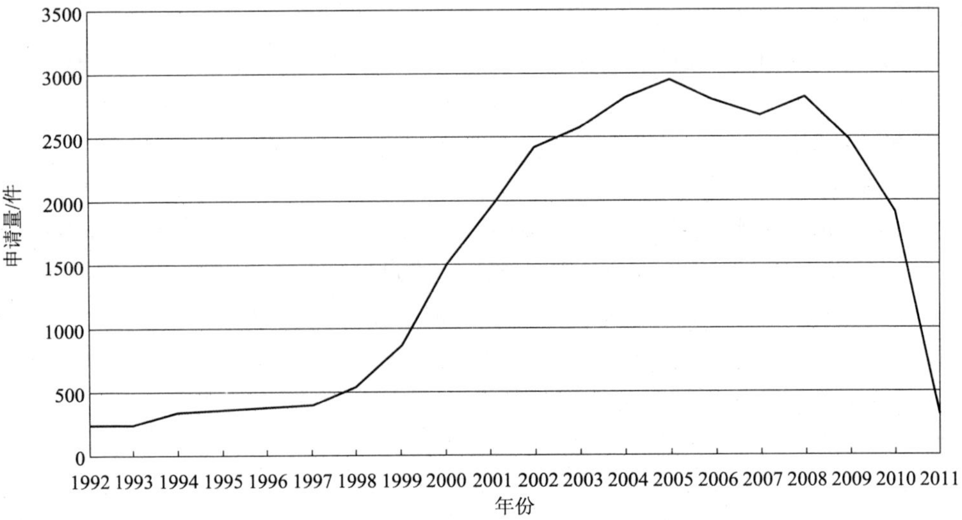

图1　MEMS全球专利年申请量变化趋势图

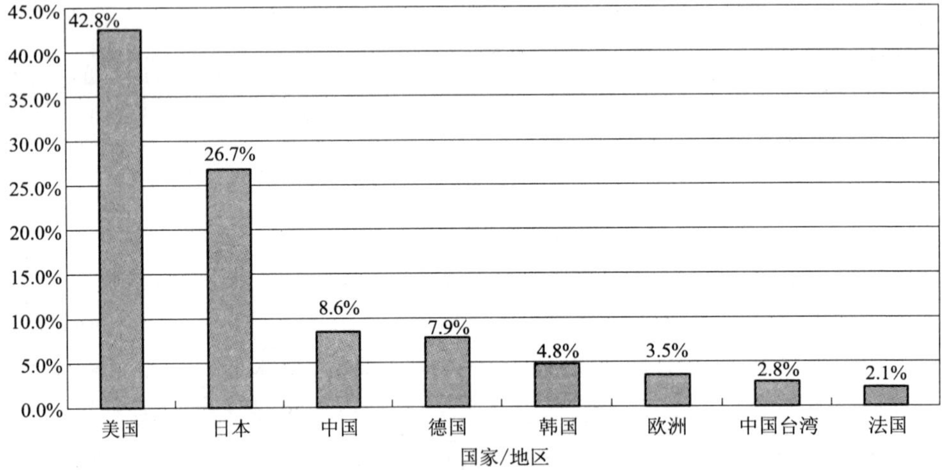

图2　MEMS全球专利申请原创区域分布图

国位居第三，占到整体的8.6%；德国位居第四，占到整体的7.9%；韩国位居第五，占到整体的4.8%。美国比中国（8.6%）的4倍还多，比德国（7.9%）的5倍还多，比韩国（4.8%）的8倍还多；日本比中国（8.6%）的3倍还多，比德国（7.9%）的3倍还多，比韩国（4.8%）的5倍还多，这显示出美国和日本对MEMS领域的重视程度非常高，并且也反映出美国和日本申请人对于其研发成果的保护意识非常强烈；另外，也显示出中国对MEMS领域的重视程度比较高，这与后文提到的中国专利申请中中国企业、院校及科研院所对MEMS领域的研发成果的保护意识比较强烈相吻合。

3. 申请人分布状况

从表1中可以看出，在众多国家和地区中，日本申请人的专利申请量在排名上占据前十位中的5位（占据前二十位中的11位），美国申请人的专利申请量在排名上占据前十位中的3位（占据前二十位中的4位），德国申请人的专利申请量在排名上仅占据前十位中的1位（占据前二十位中的2位），在前二十位的申请人中没有中国申请人。这反映出日本、美国申请人在科研力量、资金和设备上占有优势，并且它们在MEMS技术的布局、实施和产业化上有较强的竞争意识。然而，有些欧洲申请人虽然申请量相对少一些，但是它们的专利申请涉及MEMS领域的重要技术，并且它们也非常注重全球的专利布局。

表1　MEMS全球主要申请人排名

排名	申请人	国家/地区	申请量/件	比例
1	博世	德国	993	3.22%
2	松下	日本	674	2.19%
3	精工爱普生	日本	615	1.99%
4	三星	韩国	531	1.72%
5	尼康	日本	410	1.33%
6	富士	日本	408	1.32%
7	德州仪器	美国	405	1.31%
8	索尼	日本	367	1.19%
9	霍尼韦尔	美国	366	1.19%
10	加利福尼亚大学	美国	359	1.16%
11	法国原子能委员会	法国	332	1.08%
12	电装	日本	328	1.06%
13	佳能	日本	320	1.04%
14	西尔弗布鲁克	澳大利亚	304	0.99%
15	三菱	日本	290	0.94%
16	日立	日本	286	0.93%
17	东芝	日本	282	0.91%
18	IBM	美国	262	0.85%
19	西门子	德国	259	0.84%
20	富士通	日本	250	0.81%

（三）中国专利申请技术现状

根据中国专利数据库（CPRS）中截至2012年5月7日所收录的数据进行统计，涉及MEMS的中国专利申请量达到4529件。由于数据库中所收录的数据有时间滞后性，并且专利申请从提出申请到被公开具有一定的时间间隔，因此2010年和2011年的数据有所偏差，均少于实际的申请量。

经过检索统计，在CPRS数据库中收录的4529件涉及MEMS领域的专利申请中，由国内申请人提出的专利申请为3122件（发明2575件、实用新型547件），国外申请人的专利申请为1407件（发明1391件、实用新型16件）。下面将从MEMS的申请量年度变化、申请类型、法律状态、申请人区域分布、申请人/专利权人分布等多个方面进行分析。

1. 申请量年度变化

图3是MEMS中国专利申请年申请量变化趋势图，分别示出了国内申请人、国外在华申请人以及总申请量的年度变化趋势。由图可见，通过对中国专利申请量（总申请量）的年度变化统计发现，1998—1999年在中国与MEMS相关的专利申请的申请量增长较为缓慢，年申请量不足20件；从2001年开始，申请量呈阶梯式增长，2006年相比2005年申请量稍有回落，但之后申请量增长迅速，至2010年达到高峰，年申请量为694件。另外，通过对中国专利申请量（国内申请量、国外在华申请量）的年度变化统计发现，在1998—2001年期间，国内申请量与国外在华申请量交替上升。从2002年起，国内申请量呈现阶梯式增长，2006年申请量稍有回落，之后申请量增长迅速，2010年达到高峰，与总申请量变化趋势基本保持一致；而国外在华申请量增长缓慢，在这期间国内申请量一直多于国外来华申请量，表明在中国专利申请

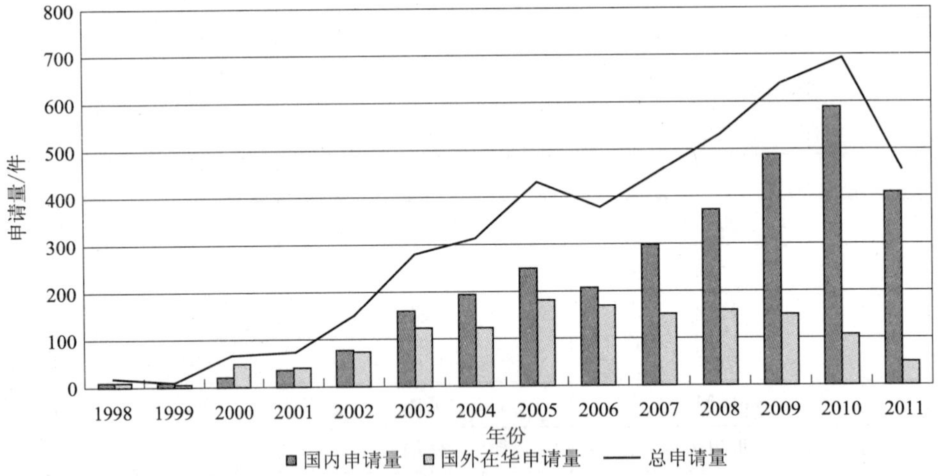

图3 MEMS中国专利申请年申请量变化趋势图

中，国内申请人的申请量占据较大部分，国外在华申请人的申请量占据较小部分，同时也表明在 MEMS 领域，国内申请人的知识产权保护意识在逐步增强，这也给国内申请人提供了占领国内市场的机会。

2. 专利申请类型以及法律状态

图 4 是 MEMS 领域的中国专利申请类型分布图，分别示出了国内申请人、国外在华申请人所申请专利的类型分布情况。其中国内申请人的专利申请中，发明专利申请为 2575 件（包括 PCT 发明申请 6 件，仅占国内申请发明总量的 0.2%），占国内申请总量的 82.5%，实用新型为 547 件，占国内申请总量的 17.5%；国外申请人在华专利申请中，98.8%为发明专利申请，其中发明（PCT）专利申请量占 58.0%，占国外申请人在华发明专利申请总量的 58.7%，实用新型专利申请仅占国外申请人在华专利申请总量的 1.2%。可见，国外申请人在中国非常注重发明专利申请，并且也非常注重利用 PCT 国际专利申请的方式进行专利布局，而国内申请人申请的 PCT 国际申请比例较低，这也表明国内申请人应加强利用 PCT 国际专利申请的方式进行专利布局。

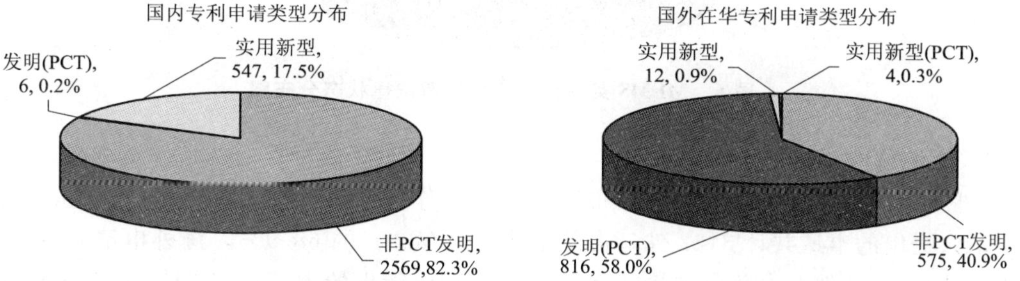

图 4　MEMS 中国专利申请类型分布图

图 5 为国内专利申请和国外在华专利申请中发明专利申请的法律状态，图 6 为国内专利申请中实用新型专利申请的法律状态。

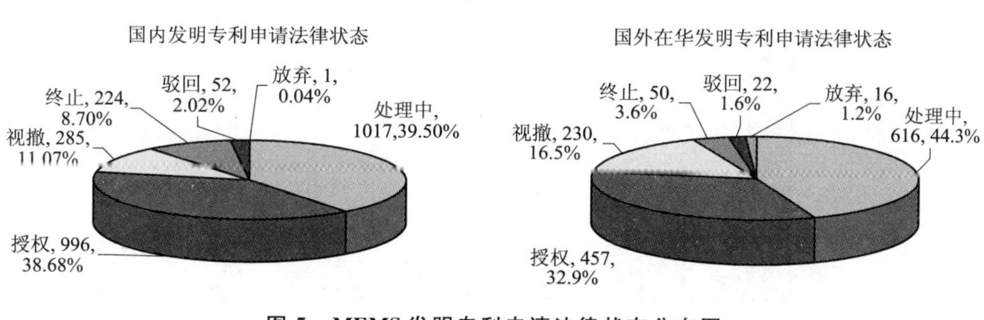

图 5　MEMS 发明专利申请法律状态分布图

从图 5 中可以看出，国内申请人的发明专利申请中，有 38.68%的申请处于授权有效状态，39.5%的申请仍处于审查处理中，这主要是由于国内申请人在该领域的专利申请主要集中在近几年，目前还有较大一部分申请还未完成审查。国外在华发明专利申请中，有32.9%的专利申请处于授权有效状态，44.3%的专利申请处于审查处理中，与国内申请人的发明专利申请的法律状态的比率基本保持一致。另外，国内申请和国外在华专利申请的驳回比率分别为2.02%和1.6%。

从图6中可以看出，国内申请人的实用新型专利申请中，有70%的申请处于授权有效状态，0.2%的申请仍处于审查处理中，这主要是因为实用新型专利申请的审查周期一般要比发明专利申请的审查周期短。另外，国外在华申请的实用新型专利申请为16件，均处于授权状态，故不再用图示出。

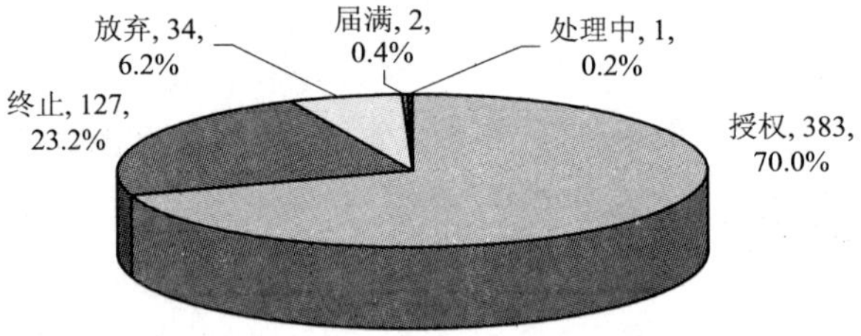

图6　MEMS实用新型专利申请法律状态分布图

3. 申请人区域分布

图7是申请人国家/地区的分布图。经统计分析可知，在中国专利申请中，国内申请人提出的申请共计3122件，占总申请量（4529）的68.9%，国外申请人提出的申请共计1407件，占总申请量的31.1%。中国申请人的申请量以3122件高居榜首，遥遥领先于随后的美国、日本、德国、韩国和荷兰。

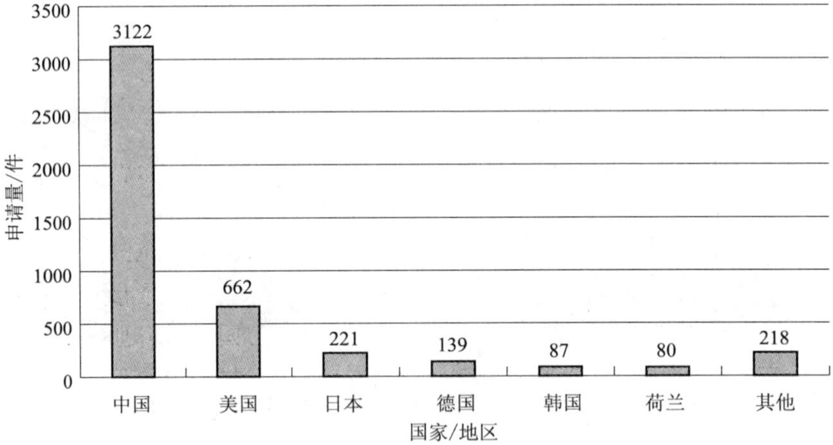

图7　MEMS申请人国家/地区分布图

图 8 示出了国外申请人的国家/地区份额。在国外在华申请中，美国申请人提出的申请量最大，占国外在华总申请量的 47.1%；其次是日本和德国申请人，它们的在华申请量分别占在华总申请量的 15.7%和 9.9%；其余国家和地区的申请量则相对较少。美国、日本和德国在 MEMS 领域起步较早，研发实力雄厚，技术发展较快，并且它们比较重视中国市场，已经开始在中国进行专利布局。

图 9 示出了国内申请人的省市分布份额。从该图中可知，国内各省市中，申请量位居前列的省市依次为北京、上海、江苏。经过统计分析，该 3 省市的总申请量占国内申请人申请总量的 53.2%，可见，国内在 MEMS 领域的研发分布区域比较集中，这些省市也是 MEMS 领域发展较快的地区。

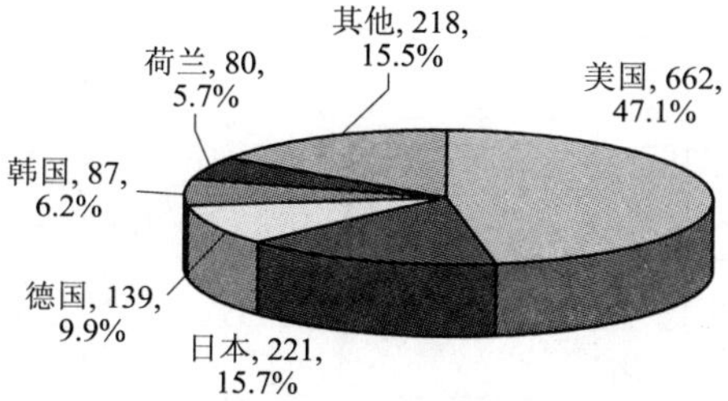

图 8　MEMS 国外申请人区域分布图

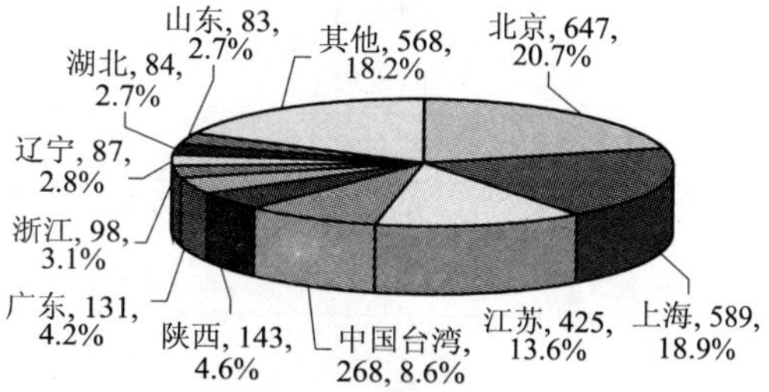

图 9　MEMS 国内申请人省市分布图

4．申请人/专利权人分布状况

表 2 列出了中国 MEMS 领域的主要专利申请人的排名情状况。由专利申请量前二十一位排名情况可以看出，中国院校、科研院所及企业占据着绝对优势地位。专利申请量前十位排名中，中国院校、科研院所及企业占了 8 位，只有德国博世、美国高通 MEMS 两个国外企业位于前十位之中，分别位居第七位、第八位。中国院校及科研院所中上海交大、东南大学、清华大学、中科院上海微系统所以及北京大学的申请量均不低于 100 件，尤其是上海交大的申请量达到 239 件，位居首位。可见，在中国专利申请中，国内申请人在 MEMS 领域非常重视对研究成果的保护。虽然国外申请人如德国博世、美国高通 MEMS 在中国申请的专利申请量不是很多，分别为 76 件、70 件，但他们掌握了 MEMS 领域的很多核心技术。

表 2　MEMS 领域中国专利申请主要申请人排名

排名	申请人	申请量/件	占总申请量比例/%	国家/地区
1	上海交大	239	5.28	中国
2	东南大学	187	4.13	中国
3	中科院上海微系统所	143	3.16	中国
4	清华大学	126	2.78	中国

续表

排名	申请人	申请量/件	占总申请量比例/%	国家/地区
5	北京大学	118	2.60	中国
6	瑞声	81	1.79	中国
7	博世	76	1.68	德国
8	高通 MEMS	70	1.55	美国
9	西安交大	60	1.32	中国
10	北航	57	1.26	中国
11	中科院微电子所	56	1.24	中国
12	中北大学	55	1.21	中国
13	西北工大	54	1.19	中国
14	歌尔声学	53	1.17	中国
14	华中科大	53	1.17	中国
16	NXP	47	1.04	荷兰
17	北工大	44	0.97	中国
18	IDC	43	0.95	美国
19	通用	42	0.93	美国
20	哈工大	40	0.88	中国
20	大连理工	40	0.88	中国

表 3 列出了中国 MEMS 领域的主要专利权人排名情况。由前二十位排名专利权人情况可以看出，中国院校、科研院所及企业占据着绝对优势地位。前十位排名专利权人中，全部为中国院校、科研院所及企业；在前二十位排名中，只有美国 IBM、美国高通 MEMS 和韩国三星 3 个国外企业位于前二十位之中，分别位居第十一位、第十三位和第二十位。中国院校及科研院所中上海交大、东南大学、清华大学、中科院上海微系统所以及北京大学的授权量均不低于 50 件，尤其是上海交大的授权量达到 133 件，位居首位。同时，也表明中国 MEMS 领域的国内主要专利权人分布状况与中国 MEMS 领域的国内主要申请人分布状况基本保持一致。

另外，从表 3 中可以看出，国外一些公司例如博世、NXP、通用未位于中国 MEMS 领域主要专利权人分布中的前二十位之中，目前获得的专利授权量比较少，与这些公司在中国申请该领域的专利申请时间有关系。这些公司都是近些年才在中国开始进行专利布局，多数申请都在审查处理之中。这也正表明随着中国应用市场的扩大，一些国际型大企业也逐步加大了对中国的重视程度，并且开始积极进行专利布局，申请了大量的专利申请。

表 3 MEMS 领域中国专利申请主要专利权人排名

排名	专利权人	授权量/件	占总授权量比例/%	国家/地区
1	上海交大	133	7.18	中国
2	东南大学	86	4.64	中国
3	中科院上海微系统所	70	3.78	中国
4	清华大学	59	3.19	中国
5	北京大学	51	2.75	中国
6	瑞声	49	2.65	中国
7	北航	42	2.27	中国
8	歌尔声学	39	2.11	中国
9	西北工大	31	1.67	中国
10	中科院微电所	26	1.40	中国
11	IBM	25	1.35	美国
12	中北大学	23	1.24	中国
13	西安交大	22	1.19	中国
13	高通 MEMS	22	1.19	美国
15	北工大	19	1.03	中国
15	一品光学	19	1.03	中国
15	浙大	19	1.03	中国
15	中电集团十三所	19	1.03	中国
19	杭州电子科技大学	17	0.92	中国
20	三星	16	0.86	韩国

（四）MEMS 领域重点技术专利状况

根据目前产业的技术现状以及专利申请数据的技术分布，选取 MEMS 领域中的 4 个重点技术——微压力传感器、微陀螺仪、加速度计以及射频 MEMS 来进行具体分析。其中各部分的分析样本，均为通过检索以及人工筛选得出的、与各重点技术密切相关的中国专利申请。

1. 微压力传感器

MEMS 压力传感器是 MEMS 系统中最早的产品之一。MEMS 压力传感器按照原理分为压阻式压力传感器、电容式压力传感器、谐振式压力传感器。由于压力传感器还没有在原理上的进一步重大突破，在我国申请的专利主要方向为：对上述传感器的进一步改进，包括多种途径的应用结构等。此外，还有一些专利申请的技术方向为采用碳纳米管制作的压力传感器。

早期的 MEMS 压力传感器一般采用谐振式硅平膜片，在制作低量程传感器芯片时需要厚度很薄的膜片。随着膜片厚度的减小，灵敏度提高，膜片中心的“气球效应”使非线性误差变大。另外，由于原始硅片厚度的不均匀性和背面腐蚀时各点腐蚀速度的差异，很难保证超薄膜片各点厚度的均匀性。因此，单纯谐振式压力传感器的可靠性不如压阻式压力传感器。此外，电容式微压力传感器在一定量程的线性度不如压阻式压力传感器。

MEMS 技术的硅体微机械加工技术用于压阻式压力传感器的制作始于 20 世纪 70 年代后期，利用硅的压阻效应，用平面集成电路工艺在硅片上一定晶向、一定位置用氧化扩散或离子注入掺杂、光刻等方法制作成的应变检测压敏电阻，并互联构成测试惠斯顿应变电桥。用双面对准光刻、硅的各向异性腐蚀等硅三维加工工艺，把衬底硅片制作成周边固支的力敏薄膜结构。

当今，随着 MEMS 压力传感器技术更加小型化，逐步出现了采用纳米技术的 MEMS 压力传感器，而且 MEMS 压力传感器也更加紧密地嵌入各种应用领域中，例如，汽车、柔性触觉、石油钻井、生物、医疗器械、玩具等。

（1）申请趋势分析

图 10 是 MEMS 压力传感器领域中国专利年申请量变化趋势图，分别示出了国内申请人、国外在华申请人以及总申请量的年度变化趋势。由图可见，通过对中国专利申请量（总申请量）的年度变化统计发现，1993—2002 年在中国与 MEMS 压力传感器领域相关的专利申请的申请量增长较为缓慢，年申请量在 5 件以下；从 2003 年开始，申请量呈加速增长态势，2006 年相比 2005 年申请量稍有回落，但之后申请量增长迅速，至 2010 年达到高峰，年申请量为 92 件。另外，通过对中国专利申请量（国内申请量、国外在华申请量）的年度变化统计发现，在 1993—1996 年期间，美国、日本等国家已经在中国率先提出申请，而国内申请人尚未在这一领域提出专利申请，但国外在华专利申请也不是很活跃。在 1997—2002 年期间，国内申请人开始提出专利申请，与国外在华申请量相当；从 2003 年起，国内申请量一举超过国外在华申请量，呈现加速增长态势，在 2003—2011 年期间，国内申请量一直保持领先优势，与总申请量变化趋势基本保持一致。国内申请量一直多于国外在华申请量，表明在中国专利申请中，国内申请人的申请量占据较大部分，国外在华申请人的申请量占据较小部分。

（2）申请人区域分布

图 11 为 MEMS 压力传感器领域中国专利申请的申请人的国家/地区分布图。经

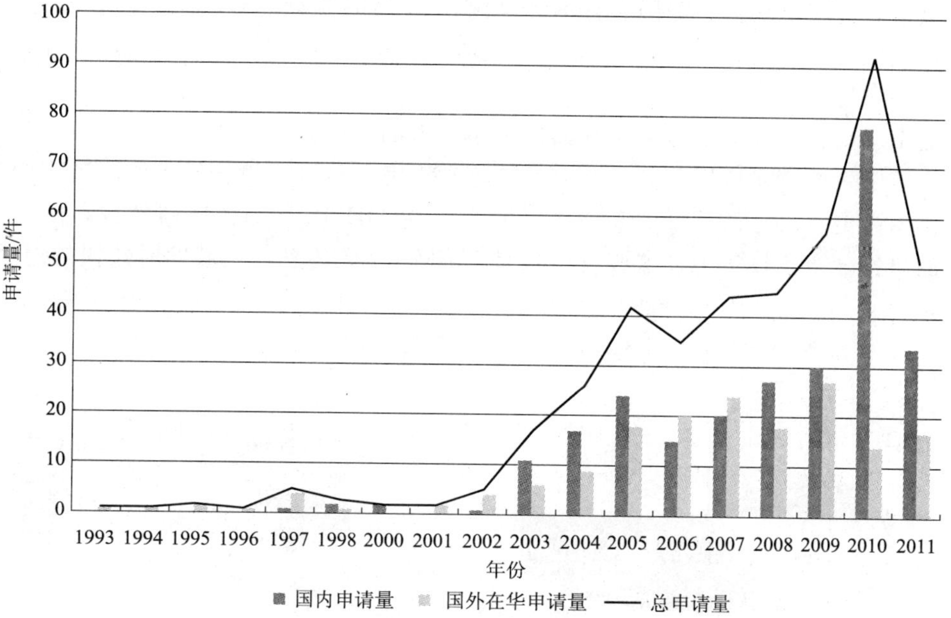

图 10 MEMS 压力传感器领域中国专利年申请量变化趋势图

统计分析可知，在中国专利申请中，国内申请人提出的申请共计 262 件，占总申请量（431 件）的 60.8%；国外申请人提出的申请共计 169 件，占总申请量的 39.2%。国内申请人的申请量高居榜首，遥遥领先于随后的美国、日本、德国、荷兰和韩国。

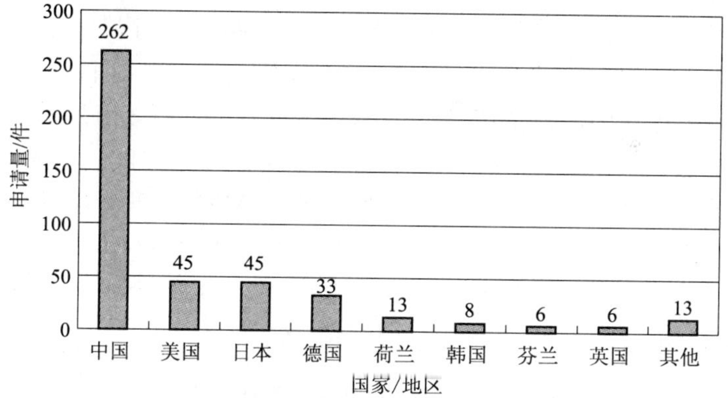

图 11 MEMS 压力传感器领域中国专利申请的申请人国家/地区分布图

图 12 示出了 MEMS 压力传感器领域国外申请人的国家/地区份额。在国外在华申请中，美国和日本申请人提出的申请量均为 45 件，两国占国外在华总申请量的 53.2%；德国申请人在华申请量为 33 件，占在华总申请量的 19.5%；其余国家和地

区的申请量则相对较少。美国、日本和德国在MEMS领域起步较早，研发实力雄厚，技术发展较快，并且它们比较重视中国市场，1993—1997年期间，已经开始在中国进行专利布局。

图13示出了MEMS压力传感器国内申请人的省市分布份额。从该图中可知，国内各省市中，申请量位居前列是北京、江苏、上海。经过统计分析，该3省市的总申请量占国内申请人申请总量的54.6%，可见，在MEMS压力传感器领域，国内在各省市的研发分布比较集中，这些省市也是MEMS压力传感器领域发展较快的地区。

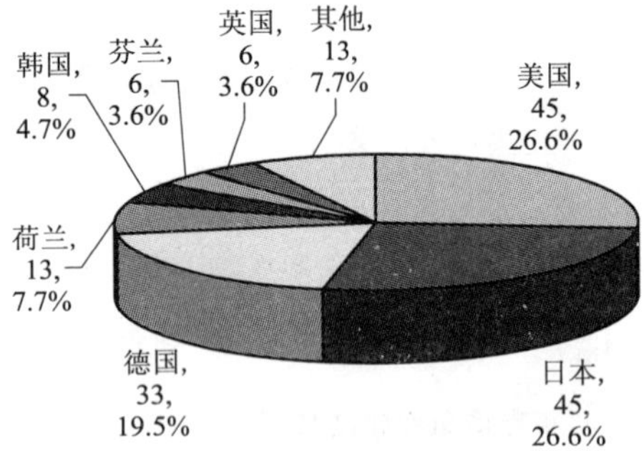

图12 MEMS压力传感器的国外申请人分布图

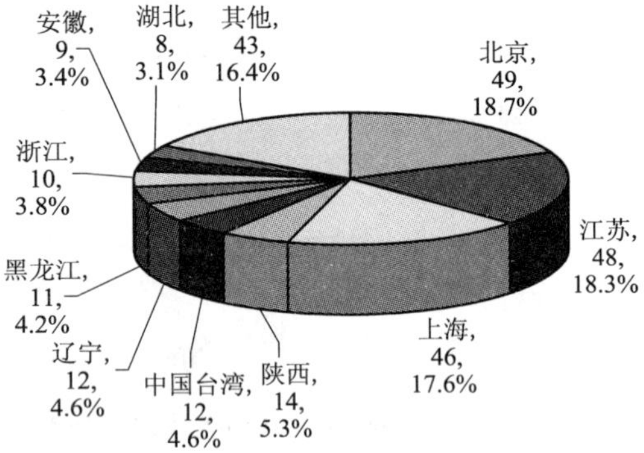

图13 MEMS压力传感器国内申请人分布图

（3）申请人/专利权人分布

表4所示为MEMS压力传感器领域在中国的主要申请人排名情况，可以看到德国的博世位居第一，共申请了20件该领域的专利申请。不过就整体而言，在排名前十七位的申请人中，来自中国的申请人占据较大比例，尤其是科研院所占据绝对优势，可以看出目前国内的科研院所较为重视在微压力传感器方面的研究，同时也具有较强的专利保护意识。而国外申请人进入前十七位的只有博世、霍尼韦尔、雅马哈、松下、NXP 5家外国申请人。虽然目前外国企业对MEMS压力传感器领域在中国的专利申请总量并不多，但是近年来这些公司在中国的专利布局也在逐渐加强，以博世为例，在MEMS领域的申请量为20件，其中属于2009年至2011年间的在中国的专利申请为17件，相比之前的年份已经有大幅提高。

表4 MEMS压力传感器领域在中国的主要申请人排名

排名	申请人	申请量/件	占总申请量比例/%	国家/地区
1	博世	20	4.64	德国
2	清华大学	15	3.48	中国
3	西安交大	12	2.78	中国

续表

排名	申请人	申请量/件	占总申请量比例/%	国家/地区
4	上海交大	11	2.55	中国
5	北京大学	10	2.32	中国
6	东南大学	9	2.09	中国
6	霍尼韦尔	9	2.09	美国
6	中科院上海微系统所	9	2.09	中国
9	北航	7	1.62	中国
9	雅马哈	7	1.62	日本
9	华虹 NEC	7	1.62	中国
9	松下电器	7	1.62	日本
13	NXP	6	1.39	荷兰
13	大连理工	6	1.39	中国
13	哈工大	6	1.39	中国
13	鸿富锦	6	1.39	中国
13	中科院电子所	6	1.39	中国

表 5 列出了中国 MEMS 压力传感器领域的主要专利权人排名情况。由前十九位排名专利权人情况可以看出，中国院校、科研院所及企业占据着绝对优势地位。前十位排名专利权人中，全部为中国院校；前十九位中只有荷兰的 NXP 是外国申请人。

从整体上看 MEMS 压力传感器领域在中国的申请，获得授权的总数为 196 件，其中中国国内申请人获得 147 件授权，日本以 16 件授权处于第二位，其他国家总共获得授权 33 件。对比主要申请人的分布可以发现，博世、霍尼韦尔等外国申请人由于其在中国提出专利申请时间大都集中在 2009 年以后，其大部分专利申请还未获得授权。同时，也从另一方面看出，博世、霍尼韦尔等外国申请人在近年来逐渐提升对在中国进行专利布局的重视程度。

从技术内容看，国内申请人中各个院校和科研院所集中在压力传感器本身微结构的改进；国外申请人既有压力传感器本身的改进，更兼顾压力传感器集成应用。由此可见，国内申请人在压力传感器的工程化应用方面，还需要做很多工作。

从申请人本身的性质来看，排名领先的国内申请人主要是院校和科研院所，排名领先的国外申请人都是企业。由此可见，国内的 MEMS 压力传感器技术主要掌握在院校和科研院所手中，国内企业拥有的 MEMS 压力传感器的技术储备不多，国内 MEMS 压力传感器领域产学研深入联合还有很长的路需要走。

表5 MEMS压力传感器的主要专利权人排名

排名	专利权人	授权量/件	占总授权量比例/%	国家/地区
1	清华大学	9	4.59	中国
2	东南大学	7	3.57	中国
2	西安交大	7	3.57	中国
4	北航	6	3.06	中国
5	北京大学	5	2.55	中国
5	哈工大	5	2.55	中国
7	大连理工	4	2.04	中国
7	南京师大	4	2.04	中国
7	上海交大	4	2.04	中国
7	中北大学	4	2.04	中国
7	中科院上海微系统所	4	2.04	中国
12	NXP	3	1.53	荷兰
12	河南理工	3	1.53	中国
12	南京理工	3	1.53	中国
12	厦门大学	3	1.53	中国
12	浙江大学	3	1.53	中国
12	中国电子集团二十四所	3	1.53	中国
12	中科院电子所	3	1.53	中国
12	中科院微电子所	3	1.53	中国

（4）重要专利技术介绍

如前所述，MEMS压力传感器按照原理分为压阻式压力传感器、电容式压力传感器、谐振式压力传感器。关于压力传感器的专利申请，主要是上述三种压力传感器的结构、工艺、外围配套电路以及在相关各个领域的应用。

下面结合MEMS压力传感器在中国专利申请情况对上述三种传感器进行介绍。

压阻式压力传感器：压阻式传感器以其输出信号大、后续处理简单、可以大批量生产等优点得到广泛的应用，在目前中国专利申请的MEMS压力传感器领域以压阻式为主要结构的申请达到82件。压阻式传感器的结构依然是典型的感压膜、压敏电阻和惠斯通电桥的模式，但是北京大学在2003年提出的申请（CN1432801A）中，采用离子注入工艺制作压敏电阻和可监控感压膜膜厚的对准标记，从而大大提高了压敏电阻的精度和一致性，超越了传统的用扩散方法制作压敏电阻带来的温度漂移等问题。该申请的保护范围，基本覆盖近年来压力传感器的基本生产工艺技术。直到2009年中芯国际提出的专利申请（CN101450786A）中明确沿袭引用了北京大学在2003年的申请（CN1432801A）中所提出基于离子注入工艺制作压敏电阻的技术路线，进一步改进蚀刻、键合等工艺方法。

电容式压力传感器：电容式压力传感器具有接近于零的温度系数，这与压阻式压力传感器常有的温度漂移等问题相比，具有优势。电容式压力传感器大量采用空气作为电容的介质，这样结构中电容的相对电极板和隔膜被设置为经空气空间直接彼此面对。这样的结构适合感测空气中传递的声音所产生的声压，因此，电容式传感器在麦克风领域得到了极为深入的应用，例如，雅马哈的7件有关MEMS的申请都与麦克风相关。但是常用电容式压力传感器采用电容间距随压力变化的传感方式，致使电容式器件的非线性难以消除（电容反比于间距大小）。基于电容式压力传感器的本身结构改进，主要是为了降低非线性的对测量范围和精度的影响。在这方面，东南大学在2003年提出的专利申请（CN1484008A）中提出了多层膜结构的电容式压力传感器，利用压力与电容面积变化呈线性关系，提高了电容随压力的变化量，提高了灵敏度。

谐振式压力传感器：谐振式压力传感器是通过压力膜间接地改变谐振器的刚度，从而改变梁的谐振频率，因此可以通过检测梁的谐振频率的变化来达到检测外加压力的目的，外加的待测压力并不是直接作用于谐振器，因此，属于间接测量压力。由于其精度主要受结构机械特性的影响，因此其抗干扰能力强，性能稳定。MEMS谐振式压力传感器的制作工艺和版图均比较复杂，国际上已经处于实用阶段的MEMS谐振式压力传感器，有一个共同的特点，就是必须保证稳定的高真空封装环境，谐振器工作于高真空环境中，制作工艺要求太高。国内主要的专利申请的技术方向是简化谐振式压力传感器的结构，在此基础上提高其精度。国内申请人以北航为首，北航的6件申请都涉及谐振式压力传感器。其2006年提出的申请（CN1986385A）提供了简化为“中”字形的谐振结构，其2006年提出的（CN1987364A）又以压阻网络作为谐振式压力传感器的辅助单元，提高了谐振式压力传感器对微弱信号动态响应和可靠性。在2008年提出的申请（CN101281071A）中采用双谐振梁的形式进行差分，从而提高测量精度和稳定性。类似的，对谐振器做出结构改进的还有西安交大2008年提出的申请（CN101348233A），西北工大2009年提出的申请（CN101614604A），此外中国电子集团二十四所2010年提出的申请（CN101819076A）在真空封装方面提高了真空封装的成品率。

涉及纳米技术的压力传感器：在上述三种MEMS压力传感器的基础上，随着对MEMS压力传感器微型化的需求越来越大，已经出现将纳米技术引入到MEMS压力传感器的技术趋势。目前，在MEMS压力传感器领域涉及采用纳米级的材料的专利申请已经达到28件。这其中清华大学尤为突出。

清华大学从2004年提出涉及碳纳米管压力传感器的申请（CN1667386A），开发出碳纳米管压力传感器的基本结构。碳纳米管压力传感器包括单个碳纳米管、碳纳米管束或不同管径/类型的碳纳米管阵列，该碳纳米管通过导电元件与测量电路电性连接，该测量电路可用传统的测量电路，碳纳米管承受转换压力时，基于流经碳纳米管的电流即可测出压力值。该压力传感器的压力感测范围可通过使用不同数量的不同尺寸和/或不同形态的碳纳米管来调节。

在此申请之后，在碳纳米管压力传感器领域，清华大学提出了一系列的申请，在2007年提出单个碳纳米管结构的压力传感器（CN101344447A），到2012年提出应用碳纳米管阵列柔性压阻流场传感器（CN102313818 A），一直持续进行研发。清华大学在MEMS压力传感器领域的15件申请中，有6件是关于碳纳米管压力传感器。清华大学在碳纳米管压力传感器领域已经率先起跑，初步形成了独有的技术路线。

此外，浙江大学另辟蹊径，于2010年提出的专利申请（CN101776495A），利用具有压电特性微纳米级纤维，制备出具有敏感特性的纳米级直立悬空纤维结构的触觉传感器，将纳米纤维构成的压力传感器引入了应用领域。

2. 微陀螺仪

微陀螺仪（Microgyroscope）是一种在硅微结构的微米技术基础上发展起来的一类MEMS产品。各类微陀螺仪都根据相同的工作原理设计：质量块在激励模式下振动，沿垂直于振动方向的对称轴施加角速度，在科里奥利力的作用下，质量块将在三维空间的另一个方向上以敏感模态的固有频率振动，幅度与角速度大小成正比，相位与角速度方向有关。

微陀螺仪根据振动方式可分为线性振动式微陀螺仪和旋转振动式微陀螺仪；根据驱动方式可分为静电式驱动微陀螺仪、电磁式驱动微陀螺仪和压电式驱动微陀螺仪；根据检测方式可以分为电容性检测微陀螺仪、压阻性检测微陀螺仪、压电性检测微陀螺仪、光学检测微陀螺仪和隧道效应检测微陀螺仪。

微陀螺仪在军事和民用方面均具有广泛的应用，例如短时工作的战术导弹、智能弹药的制导系统、轻小型飞机的自动控制系统、雷达天线的稳定系统、与GPS全球定位系统组合构成的高精度导航定位系统、微型卫星、汽车、工业机器人、油井钻探、摄影、录放设备、生物医学器械、儿童玩具以及消费类产品等。

(1) 申请趋势分析

图14是微陀螺仪的年度申请量变化趋势图。可以看出，关于微陀螺仪的国内申请，始于1997年，在2003年以前相关申请的数量非常少，总申请量不超过25件，从2004年开始，年申请量开始有所提高，并且在2006年以后申请量呈现明显增长的趋势，2010年年申请量超过70件。

国外在华申请的专利数量虽然在2003年以后有一定的增加，但是截止到2011

年，国外在华的年申请量仍处于较低的水平，在 2010 年，年申请量也仅达到 15 件。

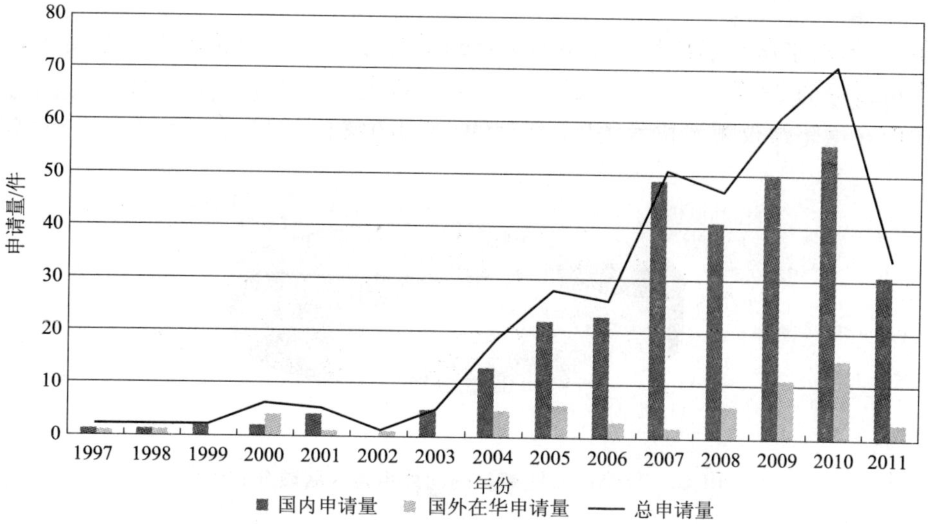

图 14 MEMS 微陀螺仪的年度申请量变化趋势图

（2）申请人区域分布

图 15 是微陀螺仪的申请人国家/地区分布图。经统计分析，在中国专利申请中，国内申请人提出的申请共计 300 件，占总申请量（359 件）的 83.6%；国外申请人提出的申请共计 59 件，占总申请量的 16.4%。从中国专利申请的申请人的国家分布来看，中国申请人的申请量以 300 件高居榜首，在数量上远远大于随后的美国、芬兰、德国、日本和意大利。虽然单从绝对数量上看中国申请人领先于外国申请人，但是通过对这 300 件申请进行具体分析可以看到，这样的数量比例并不能完全准确地反映中外申请人之间差距，原因在于：第一，在这 300 件申请中包含 50 件实用新型专利申请，且这些实用新型专利申请大多具有与其要求保护的技术方案相同的发明专利申

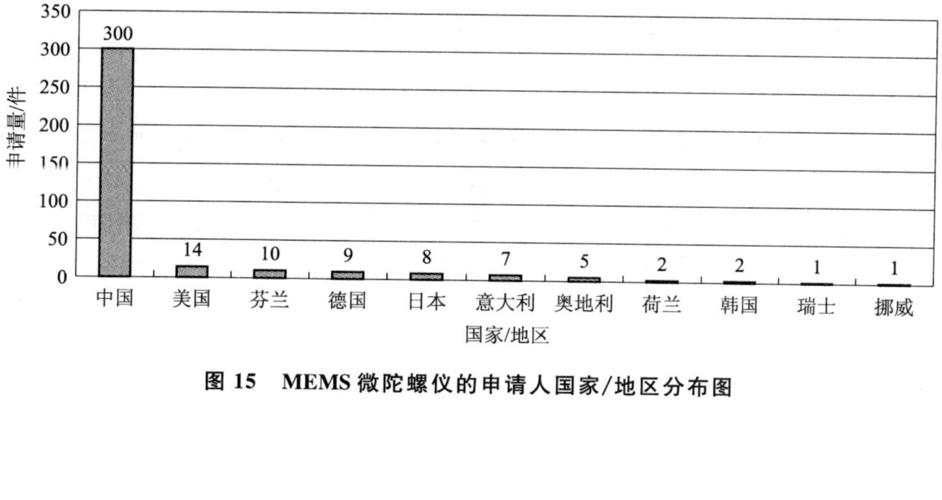

图 15 MEMS 微陀螺仪的申请人国家/地区分布图

请；第二，中国申请人更倾向于对某个技术改进提交若干系列申请的方式进行专利布局。

图 16 示出了微陀螺仪的国外申请人区域分布情况，其中美国申请量最多，占外国在华申请量的 23.7%，芬兰、德国、日本、意大利紧随其后，而以上 5 国均是世界范围内在微陀螺仪领域技术领先、实力雄厚的国家。

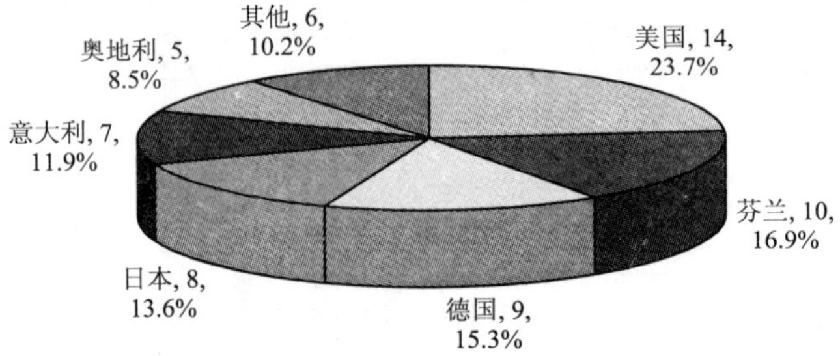

图 16　MEMS 微陀螺仪的国外申请人区域分布图

图 17 示出了微陀螺仪的国内申请人省市分布情况。国内各省市中，申请量占据前列的省市依次为上海、北京、陕西、江苏，经过统计分析，该 4 省市的总申请量占国内申请人申请总量的 71.5%，可见，在微陀螺仪领域，国内在上述 4 省市的研发分布比较集中，特别是上海市和北京市的申请量分别占到了总申请量的 28.3% 和 28.0%，可见在上海和北京地区，微陀螺仪的研发显得相当活跃。

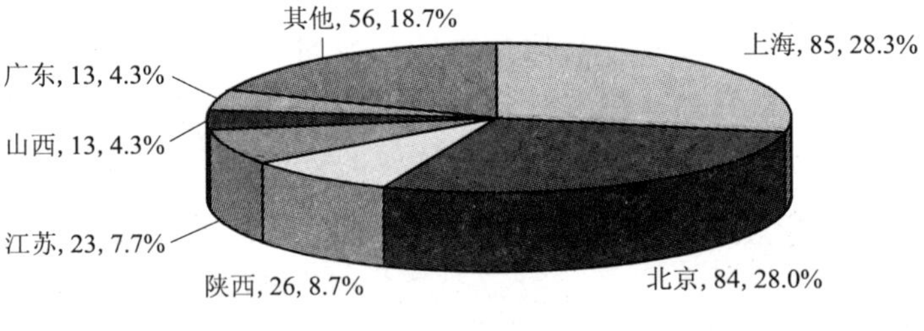

图 17　MEMS 微陀螺仪的国内申请人省市分布图

（3）申请人/专利权人分布

表 6 列出了微陀螺仪领域的主要申请人排名情况。由专利申请量前十五位排名情况可以看出，中国院校、科研院所及企业占据着绝对优势地位。专利申请量前十位排名中，中国院校、科研院所及企业占了 8 位，只有芬兰的 VTI 和意大利的意法半导体两个国外企业位于前十位之中，分别位居第五位、第七位。中国院校及科研院所中上海交大、北航、北京大学的申请量均不低于 10 件，尤其是上海交大的申请量达到 60 件，位居首位。可见，在中国专利申请中，国内申请人在微陀螺仪领域的研发创新以及专利申请方面做出了很大的努力。而在国外申请人方面 VTI、意法半导体以

及博世作为世界范围内的微陀螺仪领域的主要技术公司，也已经在中国进行了相关技术的专利申请。

表 6 MEMS 微陀螺仪的主要申请人排名

排名	申请人	申请量/件	占总申请量比例/%	国家/地区
1	上海交大	60	28.4	中国
2	北航	16	7.6	中国
3	北京大学	12	5.7	中国
4	西北工大	9	4.3	中国
5	VTI	7	3.3	芬兰
6	深迪半导体	6	2.8	中国
6	意法半导体	6	2.8	意大利
6	紫光	6	2.8	中国
9	中北大学	5	2.4	中国
9	国防科大	5	2.4	中国
11	东南大学	4	1.9	中国
11	博世	4	1.9	德国
13	南京理工	4	1.9	中国
14	孙博华	4	1.9	中国
15	中星测控	4	1.9	中国

表 7 列出了微陀螺仪领域主要专利权人的排名情况。由前十五位排名情况可以看到，中国院校、科研院所及企业占据着绝对优势地位，仅有芬兰的 VTI 一个国外专利权人位列第十四位。中国院校以及科研院所中，上海交大以 52 项专利位于榜首，占总授权量的 37.4%。同时，比较表 6 和表 7 的数据可以看出，在微陀螺仪领域中，专利权人的分布与申请人的分布情况基本保持一致。

表 7 MEMS 微陀螺仪的主要专利权人排名

排名	申请人	授权量/件	占总授权量比例/%	国家/地区
1	上海交大	52	37.4	中国
2	北航	13	9.4	中国
3	北京大学	9	6.5	中国
4	紫光	6	4.3	中国

续表

排名	申请人	授权量/件	占总授权量比例/%	国家/地区
5	国防科大	5	3.6	中国
6	中星测控	4	2.9	中国
7	西北工大	3	2.2	中国
8	深迪半导体	3	2.2	中国
9	中北大学	3	2.2	中国
10	东南大学	3	2.2	中国
11	南京理工	3	2.2	中国
12	浙江大学	3	2.2	中国
13	中科院上海微系统所	3	2.2	中国
14	VTI	2	1.4	芬兰
15	丁衡高、朱荣、郝一龙	2	1.4	中国

(4) 重要专利技术介绍

下面将结合中国专利情况对微陀螺仪领域的部分重点专利技术进行介绍。关于微陀螺仪的专利申请，主要包括结构、信号检测及补偿电路等方面。

微陀螺仪按照结构可以分为微振动陀螺仪、流体微陀螺仪、悬浮转子式微陀螺仪、微集成光学式陀螺仪和微原子陀螺仪。

微振动陀螺仪：主要是利用科里奥利力的作用原理，将角速度量转化为一种位移，然后通过电容或压电等方式将其检测出来。例如中科院上海微系统与信息技术研究所的音叉式微机械陀螺仪（CN1278922C）、微梁直拉直压结构压阻微机械陀螺仪（CN100397041C），西北工大的电容式微机械陀螺仪（CN100480629C），以及芬兰VTI的振荡微机械角速度传感器（CN101151507B）等。

流体微陀螺仪：主要是利用流体作为敏感载体，省去了活动质量块，从而使结构更加简单、工艺上可以采用与IC工艺兼容的表面工艺和正面体硅工艺，易于与驱动电路实现单片集成。例如丁衡高、朱荣、郝一龙的微型射流陀螺仪（CN1165746C），清华大学的微槽道流体角速率传感器（CN100371716C），中科院上海微系统与信息技术研究所的挠性静电补偿式线圈加矩流体微陀螺仪（CN100526800C）和流体与旋转驱动一体化挠性静电补偿式线圈加矩微陀螺仪（CN100526805A），以及上海交大的可测量任意方向角速度的气体陀螺仪（CN101556290B）等。

悬浮转子式微陀螺仪：主要包括上海交大的磁悬浮转子方位微陀螺仪（CN1238694C）、高温超导稳悬永磁转子微陀螺仪（CN100434866C）、双定子静电稳定电磁悬浮微转动陀螺仪（CN100510629C）、反磁悬浮转子静电驱动微型陀螺仪（CN100487375C）等。

微集成光学式陀螺仪：主要是以萨格纳特（Sagnac）效应光学陀螺原理和光学检测技术为基础，利用微机械制造技术和集成光学技术而得到的一种微陀螺仪。例如重庆大学的双路光干涉的精密光微机电陀螺仪（CN101576383B），以及中北大学的基于光学微腔的集成光波导陀螺仪（CN101793520A）。

微原子陀螺仪：例如北航的一种 MEMS 原子腔芯片及其制备方法（CN101774529A）。

微陀螺仪的信号检测以及误差补偿是另一类需要重点关注的技术，由于微陀螺仪产生的信号非常弱小，如何将有用信号从强噪声背景下提取出来变得十分重要。其中有代表性的专利申请包括北航的 MEMS 陀螺仪的差分测量方法（CN100559123C）和基于小波阈值去噪和 FAR 模型的 MEMS 陀螺数据处理方法（CN101876546B），北京大学的 MEMS 陀螺电容读出电路中失调电容的补偿方法及电路（CN101424533B），以及西北工大的一种多表头陀螺数字化驱动及检测方法（CN101900554A）等。

3. 加速度计

加速度计是用来测量加速度的惯性器件，应用于倾斜角、惯性力、冲击及振动等惯性参数的测量。相比于通常的加速度计，MEMS 加速度计具有体积小、重量轻、成本低、功耗低、可靠性好等优点，是惯性测量和导航系统的关键元件之一，在航空航天、惯性导航、汽车安全等领域具有重要的应用。其在目前主要应用的压力传感器、陀螺仪、加速度计三类 MEMS 器件市场中占 25.6%的比例，具有重大的产业应用价值。

加速度计在结构上是由检测质量（也称悬挂质量或振动质量）、支撑基体（基座）和检测电路三部分组成。工作原理是根据牛顿第二定律，当有加速度输入时，质量块由于惯性力作用而发生位移，位移变化量与输入加速度的大小有确定关系，可以描述为一个单自由度二阶弹簧阻尼振动系统。系统的数学模型为：

$$ma = kx + c\dot{x} + m\ddot{x}$$

式中：m 为等效惯性质量，a 为输入加速度，k 为等效弹性系数，x 为位移，c 为等效阻尼系数。

MEMS 加速度计的类型主要包括：压阻式加速计、压电式加速计、电容式加速度计、谐振式加速度计、热对流式加速度计、隧穿式加速度计。

根据对 CPRS 数据库中截止到 2012 年 5 月 7 日所收录的数据进行统计，涉及 MEMS 加速度计的中国专利申请量达 498 件。其中由国内申请人提出的专利申请为 382 件，国外申请人的专利申请为 116 件，下面将从申请趋势、申请人区域分布、申请人/专利权人分布等多个方面进行分析。

（1）申请趋势分析

图 18 是 MEMS 加速度计领域中国专利年申请量变化趋势图，分别示出了国内申请人、国外在华申请人以及总申请量的年度变化趋势。由图可知，1990—2002 年期间，MEMS 加速计总申请量增加缓慢，年申请量不足 10 件。2002 年之后，MEMS 加速度计专利申请量迅速增长，2010 年申请量达到 90 件，整体看来，MEMS 加速度计专利申请量呈现稳定增加的趋势。这也充分说明，近年来，国内外申请人对微加速计专利布局的逐渐重视。由数据也可看出，国外在华申请增长缓慢，且国内申请量一直高于国外在华申请量。

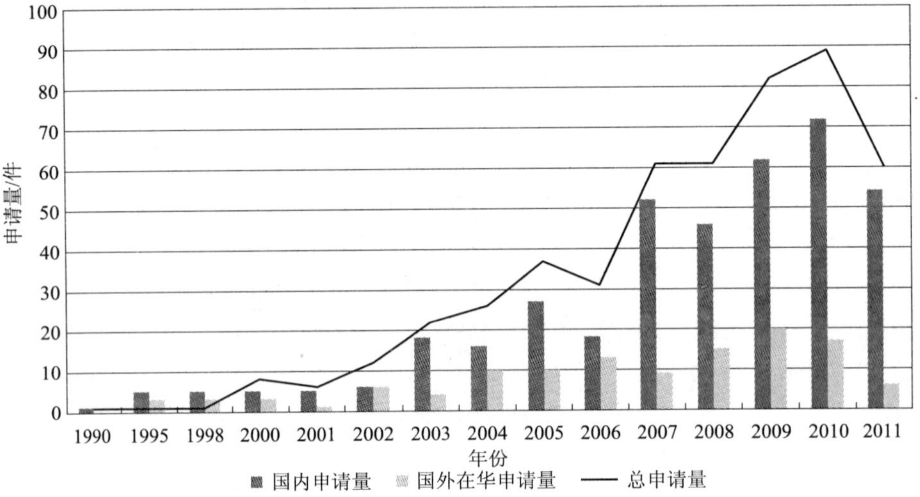

图 18 MEMS 加速度计中国专利年申请量变化趋势图

（2）申请人区域分布

图 19 是 MEMS 加速度计的申请人国家/地区的分布图。涉及 MEMS 加速度计的中国专利申请共有 498 件，其中由国内申请人提出的申请共计 382 件，占总申请量（498）的 77.3%，由国外申请人提出的申请共计 116 件，占总申请量的 22.7%。由此可见，国内申请量远大于国外在华申请量，国内申请人较之国外申请人在国内市场占有明显优势。

图 20 示出了 MEMS 加速度计国外申请人区域分布情况，其中美国、日本和德国申请人在华申请量最多，分别占在华总申请量的 29.1%、24.8%、19.7%；其次是芬兰、荷兰和奥地利。美国、德国和日本是 MEMS 技术的发源国，其在加速度计技术上占有先发优势，且研发实力雄厚，因此在国外申请人中所占比例较高。

图 21 示出了 MEMS 加速度计的国内申请人的省市分布情况。从该图中可知，国内各省市中，申请量位居前列的省市依次为北京、上海、江苏、浙江、山西、陕西，这 6 省市的总申请量占国内申请人申请总量的 72.3%。由于北京、上海集中了全国

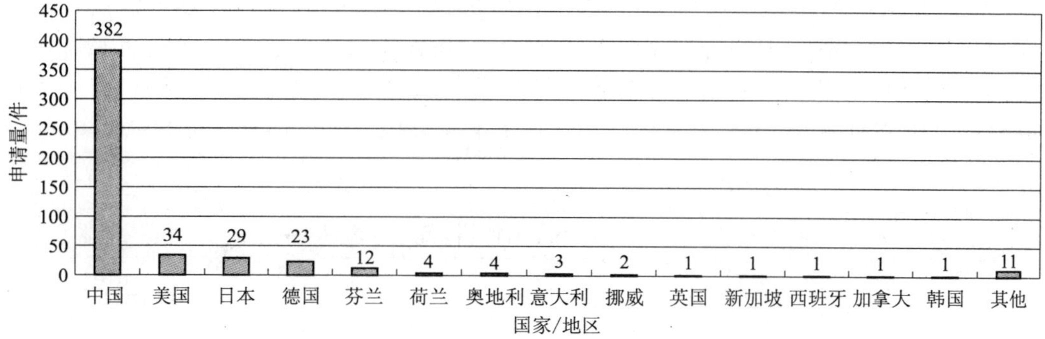

图 19　MEMS 加速度计的申请人国家/地区分布图

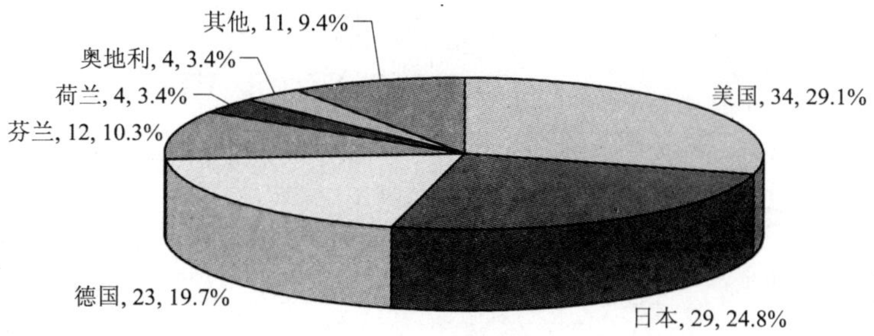

图 20　MEMS 加速度计的国外申请人区域分布图

最多的高校和科研院所，且北京、上海一直是国内半导体技术研发的中心，因而其在 MEMS 加速度计研究领域的专利申请占据主要位置。

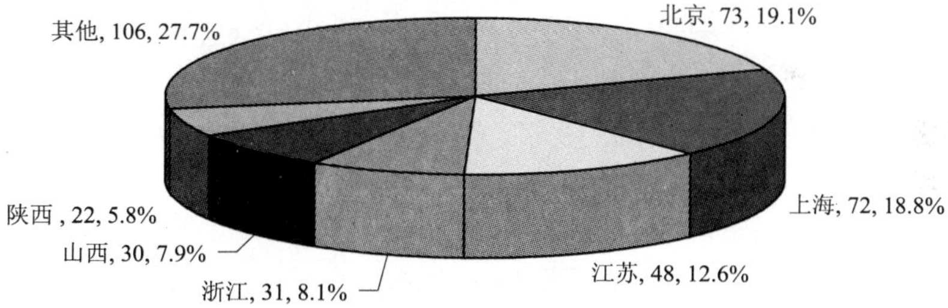

图 21　MEMS 加速度计的国内申请人省市分布图

(3) 申请人/专利权人分布

表 8 列出了 MEMS 加速度计专利申请量排名前二十位的申请人。由该表可以看出，涉及 MEMS 加速度计的中国专利申请主要集中于中国高校和科研院所，其中上海交大申请量最大（31 件），占 6.22%；其次是中北大学和中科院微系统所，各占 5.02%和 4.62%。而公司的申请量较小，且其中大部分集中在国外公司，德国博世

作为全球最大的汽车技术供应商，其在加速度计方面的申请为所有公司申请中最多（20件），国内仅有瑞声和美新半岛体两家公司申请量在3件以上。由此可见，由于MEMS加速度计技术的前沿性，目前其研发主要集中于高校和科研院所；另一方面说明，国内公司在MEMS加速度计专利技术上较之国外公司仍有一定差距。

表8 MEMS加速度计的主要申请人排名

排名	申请人	申请量/件	占总申请量比例/%	国家/地区
1	上海交大	31	6.22	中国
2	中北大学	25	5.02	中国
3	中科院微系统所	23	4.62	中国
4	北航	22	4.42	中国
5	博世	20	4.02	德国
6	杭州电子科技大学	18	3.61	中国
7	中电十三所	17	3.41	中国
8	东南大学	13	2.61	中国
8	北京大学	13	2.61	中国
10	清华大学	12	2.41	中国
11	浙江大学	10	2.01	中国
11	南京理工	10	2.01	中国
11	VTI	10	2.01	芬兰
14	霍尼韦尔	9	1.81	美国
15	飞思卡尔	7	1.41	美国
16	北京控制工程所	6	1.20	中国
17	西北工大	5	1.00	中国
17	西安交大	5	1.00	中国
17	瑞声	5	1.00	中国
20	美新半导体	3	0.6	中国

表9列出了中国MEMS加速度计领域的主要专利权人排名情况。可以看到前二十位排名专利权人中，全部为中国高校和科研院所；其中中科院上海微系统所、中北大学、中电集团十三研究所位居授权量的前三位。对比表8和表9，可以发现，专利申请人与专利权人的分布存在一定差异，不是一一对应，主要是由于专利申请存在审

查周期，专利申请从进入审查到最后授权需经过一定时间，因而存在某些申请量较大的申请人，由于其申请时间集中在最近两年，会出现授权量较小的情况。典型的例子就是表 8 中的德国博世公司，其申请量为 20 件，在所有申请人中排名第五，而其目前得到授权的申请仅有 2 件，出现这种情况的主要原因就在于其申请时间较近，仍处于审查阶段。总的来说，专利权人的分布与专利申请人的分布大体一致。

表 9　MEMS 加速度计的主要专利权人排名

排名	申请人	授权量/件	占总授权量比例/%	国家/地区
1	中科院上海微系统所	13	10.16	中国
2	中北大学	10	7.81	中国
2	中电集团十三研究所	10	7.81	中国
4	东南大学	7	5.47	中国
5	上海交大	6	4.69	中国
6	北京大学	5	3.91	中国
6	北航	5	3.91	中国
6	北京控制工程研究所	5	3.91	中国
6	清华大学	5	3.91	中国
10	南京理工	4	3.13	中国
11	美新半导体	3	2.34	中国
11	浙江大学	3	2.34	中国
11	中科院半导体所	3	2.34	中国
11	中科院上海冶金所	3	2.34	中国
15	华北工学院微米纳米技术研究中心	2	1.56	中国
15	吉林大学	2	1.56	中国
15	瑞声	2	1.56	中国
15	沈阳工业学院	2	1.56	中国
15	威海双丰	2	1.56	中国
15	威海双丰物探	2	1.56	中国

（4）重要专利技术介绍

高量程加速度计：在高冲击环境下进行高 g 量程下测量的传感器在军、民两方面都有广泛且重要的应用。常见的该类传感器为硅微加速计，检测核心部件为硅悬臂梁力学敏感结构和构造其上的压阻等电敏感器件。由于高加速度所引起的过载会对悬臂梁产生损伤，因此如何防止损害是关键技术。

中科院冶金所申请的公开号为 CN1337581A 的专利申请公开了一种曲面贴合过载保护的硅微加速度传感器及制造方法，采用位于悬臂梁两侧的两个曲面，该曲面是按悬臂梁的挠曲函数设计的，对悬梁臂进行保护。

温漂效应：由于压敏电阻受温度的影响变化较大，零点漂移温度随着温度的变化在变化。因而硅微压阻式加速度计在温度范围较大的环境中会产生更大的测量误差。因此对硅微加速度计温度特性的改善方法非常重要。中北大学申请的公开号为 CN101430340A 的专利申请公开了一种能降低温漂的硅微压阻式加速度计，采用外围调零电阻作为惠斯通电桥的一个桥臂，另外外围调零电阻的制作工艺与悬梁臂上压敏电阻的制作工艺一样，采用离子注入工艺形成，使得构成加速度计惠斯通电桥的各电阻温度特性相同，进而降低加速度计的温度漂移。

微加速计制作工艺：由于硅微加速度计的核心部件为悬臂梁，因此目前微加速计制作工艺主要集中于悬臂梁的制作。在悬臂梁的制作工艺中，深反应离子蚀刻和湿法腐蚀工艺是核心关键工艺。浙江大学的申请 CN1402001A 公开了一种湿法腐蚀制造微机械电容式加速度传感器的方法，利用补偿条结构牺牲方法和（110）单晶硅在各向异性腐蚀液中选择性腐蚀特性，采用各向异性湿法腐蚀在（110）单晶硅上制造出所需的电容式加速度传感器结构。中科院微系统所的申请 CN1376925A 公开了一种深沟侧壁扩散和电绝缘薄膜填充制造压阻加速度传感器及其制造方法，利用深反应离子蚀刻形成悬臂梁，在悬臂梁的两侧形成压敏电阻，利用深反应离子蚀刻同时形成的电隔离窄沟槽用二氧化硅等薄膜的沉积来填充形成不同电阻间的电绝缘。

另外，悬臂梁结构的具体设计对于其制作具有重要影响，不同的悬臂梁形状会影响到最终的器件性能。浙江大学申请的公开号为 CN102128953A 的专利申请公开了一种对称倾斜折叠梁结构电容式微加速度传感器，其采用对称倾斜折叠梁结构，同时具有一定的对称性，有效地抑制了传感器的交叉轴灵敏度，提高了器件的性能。

单片集成工艺：单片集成技术就是将 MEMS 微结构与另外的 MEMS 微结构或信号处理电路集成在同一个芯片上，在一次工艺流程中同时完成两者的制作。其优点是大大减小了体积，降低了成本，具有更好的性能。其难点在于制作信号处理电路的 CMOS 工艺与 MEMS 制作工艺的兼容问题。例如博世公司申请的公开号为 CN101087999A 的微机械的电容式传感元件，采用单片可集成的结构形式产生。中电集团二十四所申请的公开号为 CN102086019A 的专利申请公开了一种多晶硅悬梁结构的单片制造方法，在常规的 BiCMOS 工艺中，加入多晶硅悬梁结构的加工步骤，在金属化工艺之前完成了多晶硅的淀积和退火，避免了 MEMS 高温工艺对金属化工艺的影响；在多晶硅悬梁结构的释放过程中，采用特制腐蚀液和利用负性光刻胶作为多晶硅悬梁结构的支柱，有效地避免了湿法释放悬梁结构过程中的衬底黏附问题，且避免了对信号处理电路造成影响。

4. 射频 MEMS

射频 MEMS 技术（RF MEMS），就是用 MEMS 工艺来加工制造射频器件与电路，应用于通信领域。RF MEMS 是一个相对广泛的概念，具体的器件包括开关、电容、电感、滤波器、谐振器等，种类众多。由于 MEMS 器件的微型化更胜于传统半导体元件，因此自然而然地顺应了通信设备越来越轻便、小型化的大趋势，还具有功耗低等优点。然而存在三个主要的问题：首先，就单个器件来说，是否能达到甚至超越传统器件的性能。在 RF MEMS 技术发展之初，某些元件在一些性能上表现并不理想，比如需要的驱动电压更高。其次，是否增加了工艺复杂度，从而增加整体成本。第三，能否与其他电路集成在一起，并且封装也是一个问题。因此我们可以看出，在 RF MEMS 方面，有许多可改进的技术，存在很大的专利申请空间。

该部分的数据样本共包括 122 件中国专利公开文献，绝大部分是关于具体的 RF MEMS 器件结构或制造方法，其中的器件结构主要涉及开关；同时还包括少数涉及周边技术专利，如特别针对 RF MEMS 器件而设计的封装方法、测试方法等。

（1）申请趋势分析

从图 22 中可以看出，RF MEMS 这门技术很新，从 2000 年才逐渐有专利申请，总体申请量一直缓慢上升，虽然在 2007、2008 年有所下降，这与整个 MEMS 领域的国际大趋势是相吻合的。但与国际趋势不同的是，2009 年之后国内申请开始进入飞速增长期。由于这里统计的仅限于已经公开的专利申请，因此 2011 年的数量较少，是因为一部分 2011 年递交的专利申请还未公开。

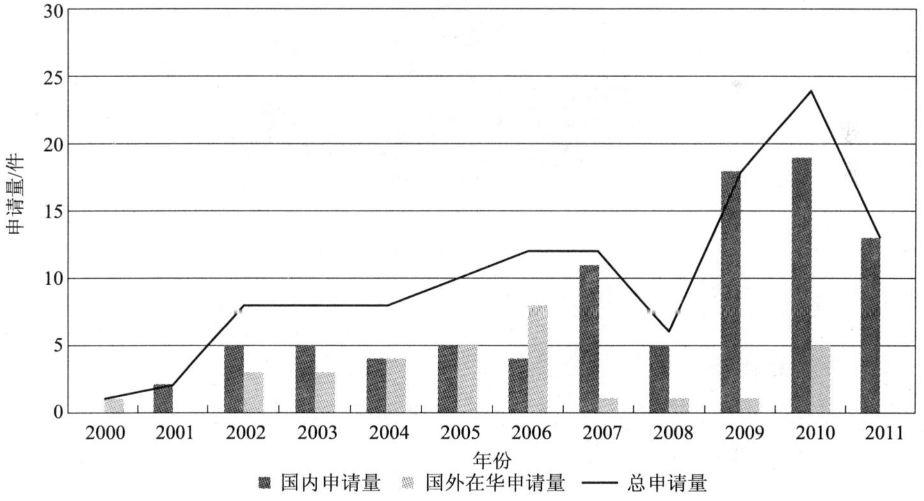

图 22　RF MEMS 的年申请量变化趋势图

（2）申请人区域分布

在 RF MEMS 领域，国外专利数量其实并不少，而这一全新技术目前还处于萌芽初期，过去 10 年中，国外大公司几乎还没有开始对中国进行专利布局。而且很多新器件的技术还处于实验室阶段，因此目前呈现出国内申请很多、国外专利非常少的现象，这从图 23 中可以看出。

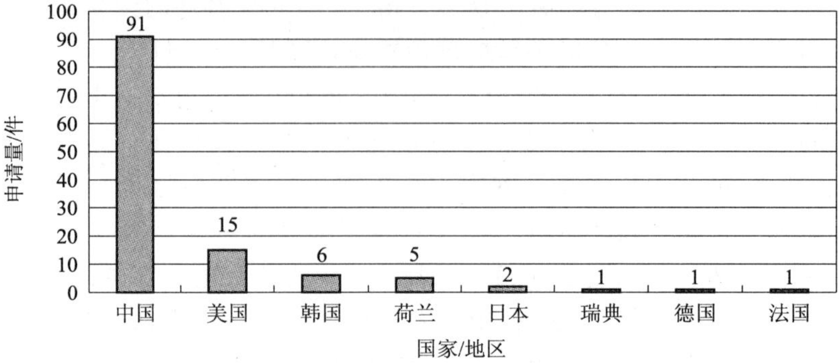

图 23　RF MEMS 的申请人国家/地区分布图

图 24 示出了 RF MEMS 的国外申请人分布情况。从图中可以看出，国外申请人当中，美国占第一位，其次韩国，再次是荷兰。然而韩国的专利申请仅出现在 2006 年之前，之后完全没有新的申请。

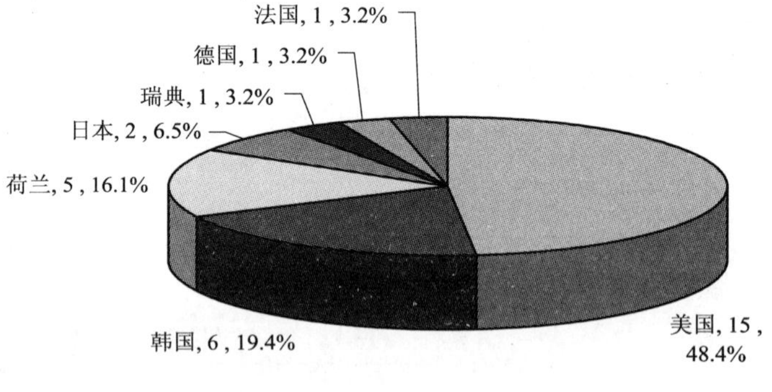

图 24　RF MEMS 的国外申请人区域分布图

图 25 示出了 RF MEMS 的国内申请人省市分布情况。由于东南大学的申请量非常大，使江苏省在国内省市当中也位居第一。其次北京、上海、四川，也是高校与科研院所集中的地区。值得一提的是，与其他微电子、半导体技术领域不同，在 RF MEMS 领域，目前还没有发现中国台湾地区的申请人。

（3）申请人/专利权人分布

表 10、表 11 分别示出了 RF MEMS 的主要申请人和主要专利权人排名情况。东

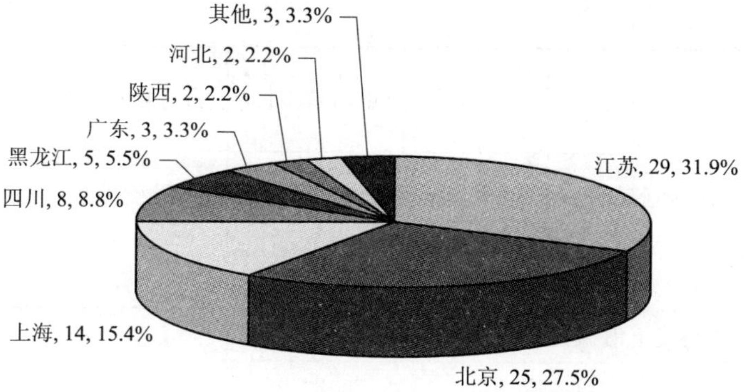

图 25 RF MEMS 的国内申请人省市分布图

南大学是 RF MEMS 领域在国内专利申请量最大的申请人，以 22 件申请量遥遥领先。其中已授权的有 13 件，虽然在专利权人排名当中也是第一，但从自身递交申请的比率来算，授权率不到 60%，并不算高，不如排在其后的清华大学（80%）和中科院微电子所（80%）。

从东南大学的专利申请来看，研究主题全都集中在 RF 开关这一具体器件。2002 年的头两件专利申请（公告号 CN1231993C 和 CN1231991C）就是关于射频微机械开关，然而当时并没有提出一种全新的开关结构，只是在现有的传统开关结构基础上进行一些很小的改进，如在衬底上设置凸起，或在固支梁上增加一段纹膜，起到延长寿命的作用。到了 2004 年以后，逐渐形成了具有创新结构的几种开关结构，其中包括适应国际主流技术的电容式开关，其特点在于，大多是基于砷化镓衬底，而不是硅衬底。到了 2010 年之后，除了继续研究不同结构的开关之外，又提出了一些相关技术的专利申请，如测试方法。而且关于 RF 开关的性能目标，从 2011 年开始，研究方向转为降低驱动电压，这也更加适应于商业应用的潮流。

表 10 RF MEMS 的主要申请人排名

排名	申请人	申请量/件	占总申请量比例/%	国家/地区
1	东南大学	22	18.03	中国
2	电子科技大学	7	5.74	中国
3	上海交大	6	4.92	中国
4	中科院微电子所	5	4.10	中国
4	三星	5	4.10	韩国
4	清华大学	5	4.10	中国

续表

排名	申请人	申请量/件	占总申请量比例/%	国家/地区
4	北京大学	5	4.10	中国
8	哈工大	4	3.28	中国
8	NXP	4	3.28	荷兰
10	中科院上海微系统所	3	2.46	中国
10	中科院半导体所	3	2.46	中国
10	中国电子科技集团公司第五十五研究所	3	2.46	中国
10	英特尔	3	2.46	美国
10	博通	3	2.46	美国
15	中国电子科技集团公司第十三研究所	2	1.64	中国
15	信息产业部电子第五十五研究所	2	1.64	中国
15	王国安	2	1.64	中国

表 11　RF MEMS 的主要专利权人排名

排名	专利权人	授权量/件	占总授权量比例/%	国家/地区
1	东南大学	13	19.40	中国
2	清华大学	4	5.97	中国
2	中科院微电子所	4	5.97	中国
4	北京大学	3	4.48	中国
4	电子科技大学	3	4.48	中国
4	三星	3	4.48	韩国
4	中科院上海微系统所	3	4.48	中国
8	党兵	2	2.99	中国
8	哈工大	2	2.99	中国
8	上海交大	2	2.99	中国

续表

排名	专利权人	授权量/件	占总授权量比例/%	国家/地区
8	王国安	2	2.99	中国
8	信息产业部电子第五十五研究所	2	2.99	中国
8	英特尔	2	2.99	美国
8	中国电子科技集团公司第五十五研究所	2	2.99	中国
15	NXP	1	1.49	荷兰

（4）重要专利技术介绍

RF MEMS 这个领域的申请人，几乎都是高校与科研院所，少有企业和个人。其中申请人为大学或科研院所的，发明主要集中在单独元件上，例如一种电容式开关。而申请人为公司的，也有很多针对具体一种器件的结构和制造工艺上的创新。除此之外，还侧重于集成的系统，提供整体的解决方案，与 MEMS 微加速度计、微陀螺等元件共同构成列车弯道预警系统、环境检测网络、车库报警系统等。在这些系统中，RF MEMS 元件并不是其中最重要的核心元件，直到近三四年，智能手机的飞速发展，让 RF MEMS 技术迎来了前所未有的机遇和挑战。

2010 年，苹果公司的 iPhone4 面临无比尴尬的天线问题。之后，人们开始寻找解决天线问题的各种方案，相比其他技术，RF MEMS 是最佳的解决方案。RF MEMS 开关和可变电容器，有助于提高智能手机性能，于是这个契机让 RF MEMS 得到了制造商的更多关注。2011 年 11 月，韩国三星公司上市的智能手机当中首次集成了 RF MEMS 器件。据预测，到了 2014 年，超过 50%的出货手机中，都将含有 RF MEMS 技术的模块，应用于手机前端的调谐部分（如用来改善天线的性能），当然，逐渐还会有其他类型的模块，起到其他的作用。目前已经有美国 WiSpry 公司、日本 TDK-EPCOS 公司等几家专业的 RF MEMS 器件供货商。

从国外一些大公司在华的申请状况可以明显看出，早些年关于 RF MEMS 这一领域，其普遍对中国专利布局并不是十分重视，这在申请人国家/地区分布图上反映得非常明显。然而这少数的国外申请人在华专利申请当中也有数件非常值得关注的专利申请。首先是美国的英特尔和欧洲的以飞利浦为代表的几家公司。英特尔公司在 RF MEMS 方面的在华申请数量并不多，但少而精，有几件非常重要的基础性专利，递交 PCT 申请时也指定了中国。英特尔申请的特点在于，并不是针对某一种具体 RF 器件，如开关或滤波器等，而是提供一种基础技术的革新，可以非常良好地适应 RF MEMS 器件的加工制造。如申请号为 02812634 的 PCT 申请，提供了一种快速形成密封微通道的方法，由于不用光刻掩膜，对 RF 器件和微流体器件来说，是一个很大的革新。传统的光刻掩膜工艺，形成这种微通道是非常复杂的，不能实现快速成型。另一件与 RF 器件更直接相关的专利申请（公告号 CN1764595B），提出了一种简便的器件结构，由都不具备实质性的支撑衬底的两个封装部分粘接组合而成，可以用于 FBAR 滤波器，使之降低损耗。还有一件专利申请（公开号 CN1950290A）涉及很多 MEMS 器件（尤其 RF 开关）当中最基础的结构——悬臂梁，使用了低应力梯度的多晶硅与金属接触，不过该申请最终视撤，并没有获得专利权。

欧洲国家当中，制造 MEMS 器件历史最悠久、产品最全的，当属德国，然而具体在射频领域来看，来华申请专利的德国公司很少。来华申请专利最多的是荷兰公司，主要是皇家飞利浦及 NXP。从 2003 年开始，陆续提交过数件专利申请，除了公开号为 CN1875447A 的基础性专利，是关于自支撑薄膜的合金材料之外，其余几件发明都是关于移动通信设备中的重要元件、天线开关等，研究方向直接指向了智能手机的天线模块。

目前从亚洲国家来华申请专利的情况来看，日本的申请量非常小，在射频领域对中国的专利布局并不像其他技术领域那么重视。

相比之下，韩国申请人很早就开始了在中国进行专利布局，三星公司在 2002—2006 年间曾在中国递交了 5 件关于 RF MEMS 的专利申请，主要也是集中在开关这一器件上，但获得授权的不多，而且 2006 年之后未见新的专利申请。虽然之前提到过，三星 2011 年年底上市的智能手机是率先采用 RF MEMS 器件的，可以说在智能手机的应用和市场方面，三星已经走在了前面，但其产品中集成的 RF MEMS 器件是由美国 WiSpry 公司供货，因此三星在 RF MEMS 领域的专利申请量并不多。

智能手机中应用的 RF 模块，毫无疑问，将成为 RF MEMS 领域未来十年最集中的研究重点。无论在市场上还是专利上，都具有很大的潜力和发展空间。从前面提到的几个重点申请人，无论是以东南大学为代表的国内高校与科研院所，还是英特尔、飞利浦、NXP、三星这几家国外大公司，专利申请当中数量最多的一块都是 RF 开关。在全部 122 件中国专利样本当中，涉及一种开关的，达到 70 件之多，占一半以上。还有可变电容、滤波器，尤其是手机中的天线模块，也是近几年专利申请的热门方向。

随着制造分工的细化，专利申请的发明点也会更加向两个趋势分化。专门提供零部件的厂商，会更重视基础研究，如 RF 开关等单个元件本身的结构改进与制造工艺的优化；而另一些提供整体产品的公司，会对整合的系统进行知识产权保护，RF 单元与其他 MEMS 元件或传统电子元件集成在一起，实现更多具体功能的系统将会越来越多，可以广泛应用于汽车、家用电器、各种电子产品中。目前关于封装和测试的相关技术的专利申请数量还较少，在数据样本中仅占 10%左右，存在大量的申请空间。

除了汽车、消费电子这两个MEMS应用份额最大的市场之外，RF MEMS中的振荡器，在钟表领域也有非常好的发展前景。基于硅工艺的MEMS振荡器在诸多方面的性能已经逐渐超过了传统的石英晶体，并且更适应大规模制造，封装体积更小，今后会广泛应用在电子产品的计时电路和钟表当中。如NXP公司的专利CN101875480A提供了一种前端微腔，便能用于形成高品质因子的振荡器，可以取代大体积的石英晶体。MEMS技术给传统的钟表制造业带来了新的发展。因此，振荡器在RF MEMS元件当中有望成为仅次于开关和可变电容之后的第三大研究热点。

三、结论

通过对MEMS领域的专利申请现状分析，得出以下结论。

1. 我国的MEMS技术正处于快速发展阶段，专利申请量持续增加，且发明比例也比较高；中国发明专利申请中，国内申请人的有效发明数量高于同时期国外申请人

在CPRS数据库中收录的4529件涉及MEMS领域的专利申请中，由国内申请人提出的专利申请为3122件，国外申请人的专利申请为1407件；2002年之后，国内申请人的年申请量一直高于同时期国外申请人在中国的专利年申请量；另外，在国内申请人的专利申请中，有82.5%的申请为发明专利申请。值得一提的是，在MEMS领域的1453件有效发明专利中，国内申请人的有效发明专利为996件，占有效发明专利总量的68.5%；国外申请人的有效发明专利为457件，占有效发明专利总量的31.5%。

2. 国内申请人的专利申请集中于微结构的制备方法，而国外申请人更注重微观结构和产品的专利保护

在国内申请人的发明专利申请中，14.80%都涉及微结构的制备方法，其次为微结构装置和系统（占7.65%）、微陀螺仪（7.11%）、检测分析（6.99%）；而国外申请人的发明专利申请中，则是涉及微结构装置和系统的申请占17.54%，同时还较为重视光学器件（占10.93%）和微电开关（6.69%）。

3. 国内在MEMS领域的省市分布中，北京、上海、江苏3省市申请量占总申请量的一半以上

国内在MEMS领域的省市分布中，北京、上海、江苏3省市的总申请量占国内申请人申请总量的53.2%。这主要是由于这些省市中拥有研究MEMS技术的许多高校和科研院所。

4. 国外申请人中，美国、日本和德国在华专利申请量位列前三

在国外申请人中，美国、日本和德国提出的申请量位列前三位，分别占国外在华总申请量的47.1%、15.7%和9.9%，其余国家和地区的申请量则相对较少。虽然这些国家目前在我国提出的专利申请量低于国内申请人，但他们掌握了MEMS领域的很多核心技术。

5. 主要申请人集中于中国的院校和科研院所

主要申请人排名中，中国的院校和科研院所占绝对优势地位，前五位全部为中国院校及科研院所，分别为上海交大、东南大学、中科院上海微系统所、清华大学和北京大学；在前十位中，中国企业只有瑞声一家企业位列第六位。可见在 MEMS 领域，中国的院校和科研院所发势力比较雄厚，而中国企业研发力量比较薄弱，中国需要将产学研联合起来，加强产学研的实际转化；另外，在前十位中，国外申请人只有博世、高通 MEMS 分别位列第七位、第八位，可见在 MEMS 领域，国外申请人对中国的专利布局还并未全面展开，但博世、高通 MEMS 等欧美国家的申请人掌握了很多核心技术。

参考文献

[1] 维基百科 MEMS 词条：http：//en. wikipedia. org/wiki/Microelectromechanical _ systems.

[2] R. P. Feynman. There's Plenty Room at the Bottom，美国物理学会年会，1959 - 12 - 29.

[3] Gregory T. A. Kovacs et al. Bulk Micromachining of Silicon，Proceedings of IEEE，Vol. 86，No. 8，1998.

[4] L. S. Fan et al. Pin Joints，gears，springs，cranks，and other novel micromechanical structures，Transducer'87，1987.

[5] F. Larmar et al. DE4241045C1，1994 - 5 - 26.

[6] ITRS 2011 MEMS：http：//www. itrs. net/Links/2011ITRS/2011Chapters/2011MEMS. pdf.

[7] N. Yazdi et al. Micromachined Inertial Sensors，Proceedings of IEEE，Vol. 86，No. 8，1998.

[8] [美] Hwaiyu Geng. 半导体集成电路制造手册 [M]. 北京：电子工业出版社，2006.

新型非易失性存储器专利技术现状及其发展趋势

王京霞　王少锋　陈丽娜　俞　晨　苏　丹
康　健　陈学元　曾　威　徐　波

（国家知识产权局专利局电学发明审查部）

一、引言

大规模集成电路的发展促进了半导体存储器技术的不断革新，高密度、大带宽、低功耗、短延迟、低成本和高可靠性始终是存储器设计和制造的目标，其中非易失性存储器磁性随机存储器（MRAM）、铁电随机存储器（FeRAM）、电阻随机存储器（ReRAM）和相变随机存储器（PCM）成为存储技术领域具有较强竞争力和发展潜力的新型存储器类型。尽管目前国内外尚未形成以新型非易失性存储器为核心的产业链，也未形成明显的竞争格局，但是全球的主要半导体制造商和科研机构都开始逐步转向该领域的研发和制造方面，并且个别新型非易失性存储器产品出现了量产，已逐步开始商业化应用，同时众多企业也逐渐加强在该技术领域的专利布局。本文通过对新型非易失性存储器的专利技术现状，包括重点技术及主要申请人等方面进行分析，以期获得对该技术领域的专利发展现状及发展趋势的认识，从而对该行业提出相关建议。

（一）新型非易失性存储器的主要原理及特点

1. 磁性随机存储器（MRAM）

MRAM 中每个存储元件采用磁隧道结（MTJ）设备来进行数据存储。MRAM 运作的基本原理与硬盘驱动器相同，数据以磁性的方向为依据，它存储的数据具有永久性，直到被外界的磁场影响之后，才会改变这个磁性数据。

MRAM 的主要特点在于：MRAM 利用存储介质的磁化特征来存储数据，只要外在的磁场不发生改变，存储介质的磁化特征就不会变更，因此 MRAM 在失去电流供应的时候依然能够永久保存数据。在运行过程中，MRAM 不需要像 DRAM 一样，需要不间断的电流刷新动作，因此它的功耗也大大低于各种 DRAM。因为磁化过程极为短暂，MRAM 的写入/读取动作就相当迅速，甚至可达到目前 CPU 的高速缓存存取速度的水准。在存储密度方面，MRAM 也令人满意，它的芯片存储密度与 DDR、RDRAM 等各类型 DRAM 相当，作为内存模组完全可行。在使用寿命方面，MRAM 重复读写次数近乎无限。MRAM 芯片以便宜的铁、铝金属材料为主要原料，制造成本较低，而且抗辐射能力远高于硅基半导体原料。MRAM 允许将多种存储器功能集成到一个芯片上，从而削减对多个存储器的需求、相应的成本和设备的大小，降低系统的复杂性，提高成本效益并延长电池寿命。

2. 铁电随机存储器（FeRAM）

铁电随机存储器（FeRAM）以铁电物质为原材料，将微小的铁电晶体集成进电容内，通过施加电场，铁电晶体的电极在两个稳定的状态之间转换，实现数据的写入与读取，且每个方向都是稳定的，即使在电场撤除后仍然保持不变，因此能将数据保存在存储扇区而无须定期更新。

在重写某个存储单元之前，FeRAM 不必擦拭整个扇区，因此数据读写速度也略胜一筹。此外，FeRAM 的低工作电压能够降低功耗，这对移动设备来说具有非常大的吸引力。FeRAM 在信息读取过程中伴随着大量的擦除/重写的操作，也就是不断地极化反转，这让 FeRAM 会产生疲劳失效等问题。FeRAM 技术优势明显，它也是下一代存储技术中走在商用化最前端的技术，但是依然摆脱不了来自 FLASH 的压力。因为 FLASH 在制造工艺上还有一定的提高空间，有人甚至认为“NAND FLASH 至少还能发展三代”。FeRAM 的发展之道应该是扬长补短，利用快速读写、低功耗的特性，将其应用到对数据读写速度要求更高的领域。

3. 电阻随机存储器（ReRAM）

（1）ReRAM 存储单元结构

ReRAM 采用 MIM 结构的存储器件，在上下电极之间设置能够发生电阻转变的阻变层材料（忆阻材料），当在两个电极之间加一定幅度和一定宽度的脉冲电压时，就会使忆阻材料在两个稳定的电阻态之间转换（见图 1）。

ReRAM 存储单元可以采用以下三种基本结构：① 0T1R 单元：只用一个存储电阻构成一个单元，电阻的上电极接字线，电阻的下电极接位线，这是一种无源结构。② 1T1R 单元：将晶体管和电阻串联起来形成 1T1R 结构，其中晶体管起选择和隔离的作用。③ 1D1R 单元：将二极管和电阻串联起来形成 1D1R 结构，其采用二极管来选择所需操作的存储单元。

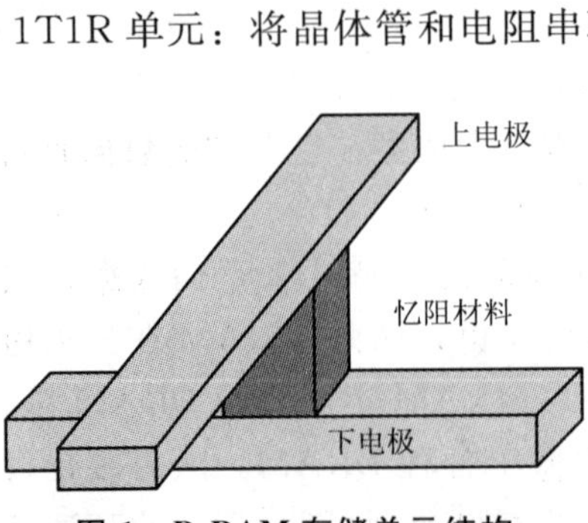

图 1　ReRAM 存储单元结构

基于不同类型的 ReRAM 单元可分别实现三维立体集成的 ReRAM 结构。

（2）ReRAM 材料及工艺

阻变层材料是 ReRAM 器件的核心，选用不同的电极材料会改变电极和阻变材料之间的接触和界面状态，从而影响 ReRAM 器件的性能。目前研究较多的阻变材料包括以下四类：① 钙钛矿氧化物；② 过渡金属二元氧化物；③ 固态电解质材料；④ 有机材料。

电极材料也对 ReRAM 器件的性能有着至关重要的影响。选择电极材料的主要考虑因素包括材料稳定性、电导率、功函数、电极和功能层材料的接触界面等。目前，使用较多的电极材料主要有：① 贵重金属 Pt、Ag、Pd 等；② CMOS 工艺中常用的金属 W、Ti、Al、Cu 等；③ 金属氧化物 ITO、IZO、YBCO、$LaAlO_3$、$SrRuO_3$；④ 多晶硅材料。

与其他存储器相比，ReRAM 器件制备工艺很简单，可以采用溅射、化学气相淀积、脉冲激光淀积以及电子束蒸发等工艺形成电阻层，不需要增加专门的设备。

4. 相变随机存储器（PCM）

相变存储器是一种新型的电阻式非易失性半导体存储器，它以相变材料为主要的存储介质，利用加工到纳米尺寸的相变材料在晶态（材料呈低阻状态）与非晶态（材料呈高阻状态）时不同的电阻状态来实现数据存储。目前常用的相变材料以硫系化合物为主，主要有 GeSbTe、GeTe、SbTe、InTe、SeSbTe 等。相变材料在较小的 Set 脉冲电流作用下从非晶态转变为晶态，在较大的 Reset 脉冲电流作用下，则从转变后的晶态材料迅速转变为非晶态，通过这种依次循环操作来实现信息记录过程，而 PCM 的写、擦操作（Reset 和 Set）是通过施加电压或电流脉冲信号在相变存储单元上进行的，数据的读出（Read）则靠测量相变电阻在不同状态时的电阻值来实现。

二、新型非易失性存储器专利技术现状分析

（一）专利分析的样本构成

1. 数据库的选择

本文研究的新型非易失性存储器包括磁性随机存储器（MRAM）、铁电随机存储器（FeRAM）、电阻随机存储器（ReRAM）、相变随机存储器（PCM）四种类型的存储器。分析的样本来源于德温特世界专利数据库（WPI）和中国专利申请数据库（CNPAT）。

2. 检索策略

首先，全球专利数据选择 WPI。在该数据库中，分成四种存储器类型分别进行关键词、分类号的检索，关键词选择了四种存储器类型通用的关键词、分类号，进行充分的扩展，从而确保数据检索的全面性和准确性。具体来说，磁性随机存储器（MRAM）选择的关键词有 MRAM、MTJ、Magnet Memory、Magnet Random Access Memory 等；铁电随机存储器（FeRAM）选择的关键词有 FRAM、FERAM、Ferroelectric Random Access Memory 等；电阻随机存储器（ReRAM）选择的关键词有 RRAM、RERAM、Resistive Random Access Memory、Resistive RAM 等；相变随机存储器（PCM）选择的关键词有 PCM、PCRAM、PRAM、CRAM、OUM、

Phase Change、Phase Transit 等；分类号选择《国际专利分类表》（第 8 版）（IPC）的分类号 G11C、H01L、H04N、H04L、G06F 等。将四种存储器类型专利检索数据综合后，新型非易失性存储器的全球专利数据量为 19 802 篇。

其次，国内专利数据选择 CNPAT。在该数据库中，考虑关键词、分类号的扩展，分成四种存储器类型分别检索。具体来说，磁性随机存储器（MRAM）选择的关键词有磁、磁性、磁体等；铁电随机存储器（FeRAM）选择的关键词有铁电、铁、铁电体、铁电性等；电阻随机存储器（ReRAM）选择的关键词有阻变、阻值变化、忆阻、电阻转变等；相变随机存储器（PCM）选择的关键词有相变、相位变化、相位转变等；上述四种存储器类型涉及的共性的关键词包括存储器、随机存储器、非易失性存储器等；分类号涉及 IPC 分类号 G11C、H01L、H04N、H04L、G06F 等。最终获得新型非易失性存储器的国内专利数据检索结果为 2927 篇。

数据库的检索完成时间为 2012 年 3 月 9 日。

（二）全球专利申请数据分析

1. 申请量年度趋势分析

如图 2 所示，全球新型非易失性存储器最早专利申请始于 1966 年，在 20 世纪六七十年代专利申请量始终在 100 件以内，从 80 年代开始专利申请量突破 100 件。从图中可以明显看出，从 1996 年开始专利申请量显著增长，从 200 余件迅速增加，尤其是 2000 年之后年专利申请量超过 1000 件，并且在 2009 年专利申请量达到历史的最高值，即 1675 件，这说明，2000 年之后的十年间，新型非易失性存储器的研发和创新变得越来越显著，并且全球存储器厂商也逐渐重视在该领域的专利布局。

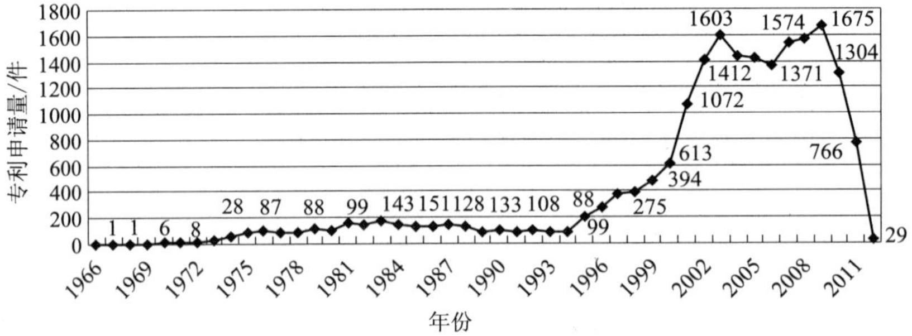

图 2　全球专利申请量年度趋势图

2. 国家或地区分布

如图 3 所示，目前全球新型非易失性存储器的申请主要集中在美国、日本、韩国等国家，如 MRAM 的美国申请人飞思卡尔，FeRAM 的美国申请人 Ramtron、日本申请人富士通、韩国申请人三星，PCM 的日本申请人东芝、韩国申请人海力士等。值得注意的是，中国大陆在新型非易失性存储器技术的专利申请量位居第六位，说明中国大陆成为新型非易失性存储器的主要专利布局区域。

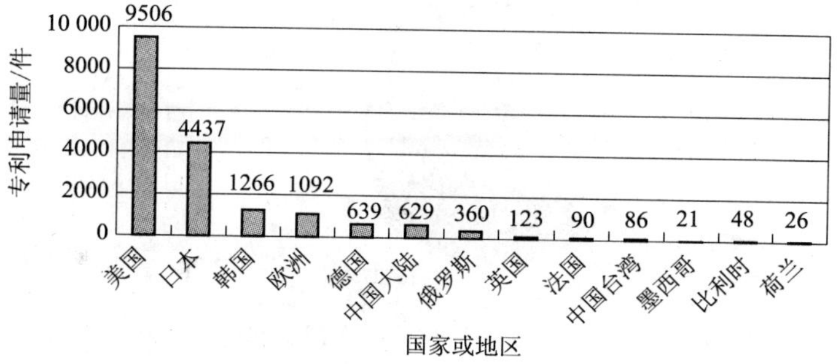

图 3　全球专利申请国家或地区分布图

3. 主要申请人申请量分析

总体来看，如图 4 所示，在该技术领域，三星电子以 1568 件的专利申请排名第一，其次是东芝、海力士、IND、INT、富士通等公司。值得注意的是，国内企业和研发机构在该技术领域的总体专利申请量还很低，与国外的企业存在较大差距。

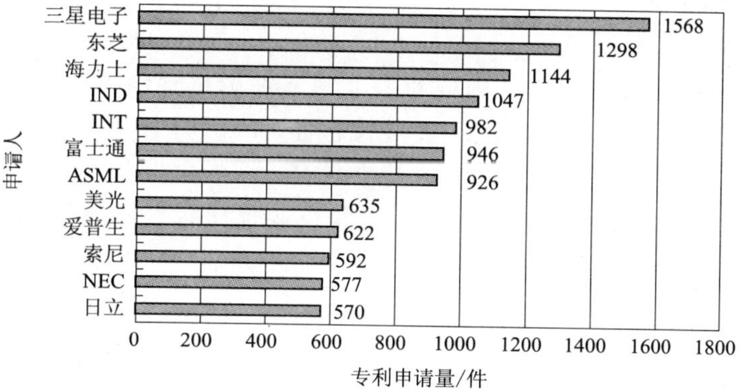

图 4　全球新型非易失性存储器专利申请主要申请人申请量分布图

4. 四种存储器类型专利申请量对比分析

图 5 显示了四种存储器类型的全球专利申请量对比情况，其中 MRAM 的全球专利申请量为 7326 件，占四种存储器申请总量的 37%，其次是 PCM，其申请量为 6102 件，占四种存储器申请总量的 31%，上述两种存储器是新型非易失性存储器的主要申请类型，总共占到 68%的比例。ReRAM 的专利申请量只有 1244 件，占四种存储器类型申请总量的 6%。

（三）中国专利申请数据分析

本部分在对中国专利申请总体数据进行分析的基础上，进一步对四种存储器各自的情况进行了分析，尤其是增加了对各存储器主要技术分支的专利申请量分析。分析

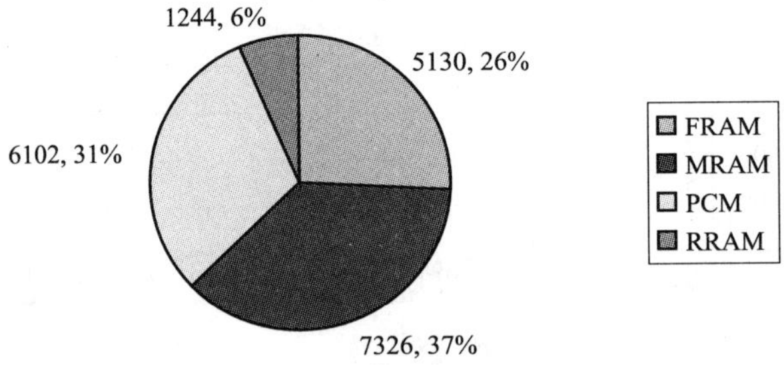

图 5　全球新型非易失性存储器类型专利申请量对比图

时首先参考了 IPC、FT、FI 等各分类体系对相关存储器的分类标准，其次对相关申请分类号涉及的技术点进行分析统计，最后在对技术文档等非专利文献阅读的基础上，结合专利申请的分布以及主要申请人重点关注的技术内容，总结出相关存储器的改进侧重点，最终得到相关的技术分支。这里，对因检索等因素得到的噪声数据不予划分。

1. 总体数据分析

(1) 申请量年度趋势分析

如图 6 所示，2001 年之前，国内新型非易失性随机存储器的年专利申请在 100 件以下，之后专利申请量开始呈现明显增长趋势，2004 年略有回落，2007 年达到了最高值 357 件，之后专利申请量一直维持在较高水平。2005 年之后的发展趋势与全球数据基本一致，这说明近年来全球存储器企业也比较注重该领域在中国的专利布局。

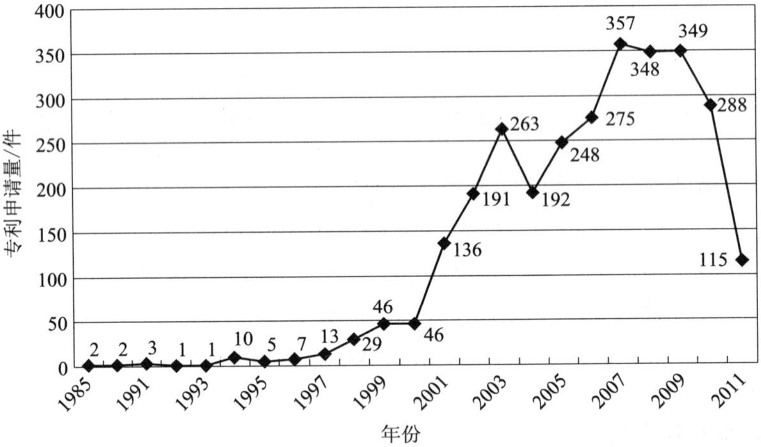

图 6　中国专利申请量年度趋势图

(2) 国家或地区分布

目前国内新型非易失性存储器的申请主要集中在中国大陆、日本、美国、韩国、中国台湾等国家或地区。其中，中国大陆申请量位居第一位，为858件，其中尤以各大高校、科研院所申请量居多。这说明国内在该技术领域具有较强的研发实力和创新能力，而日本、美国和韩国则无论是在国内还是国外都占据了领先地位。

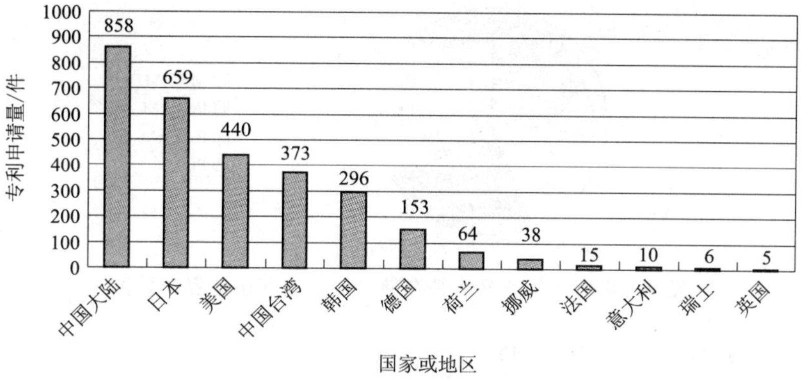

图7　中国专利申请国家或地区分布图

(3) 主要申请人申请量分析

总体来看，与全球该技术领域一样，国内申请也是三星电子排名第一位，为247件；其次是中科院上海微系统所、旺宏电子、复旦大学、株式会社东芝等公司。值得注意的是，排名前五位的申请人中有两位都是国内高校，国内申请数据反映出国内高校与国外企业的差距大大缩小。

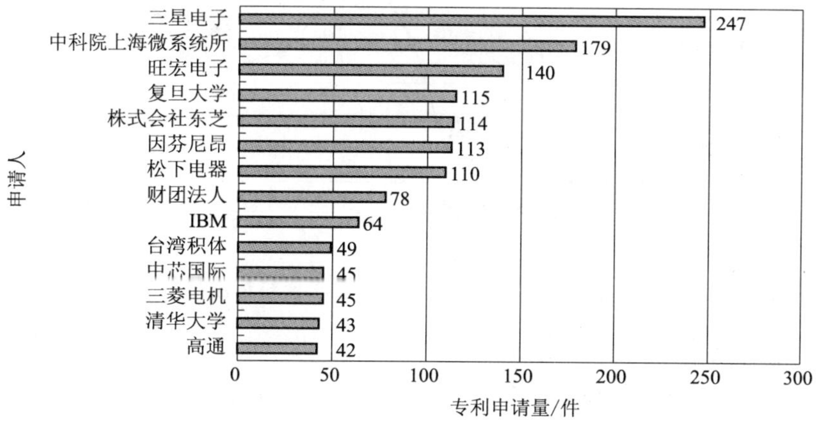

图8　中国专利申请主要申请人申请量分布图

（4）四种存储器类型专利申请量对比分析

图 9 显示了四种存储器类型的中国专利申请量对比情况，其中 MRAM 的中国专利申请量为 974 件，占四种存储器申请总量的 33%，其次是 PCM，其申请量为 793 件，占四种存储器申请总量的 27%，上述两种存储器是新型非易失性存储器的主要申请类型，总共占到 60%的比例。这与全球数据反映出的结果是一致的。

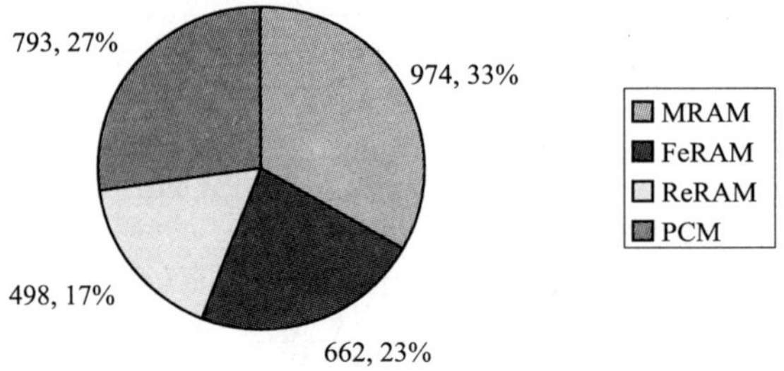

图 9　中国新型非易失性存储器类型专利申请量对比图

2. 磁性随机存储器（MRAM）

（1）申请量年度趋势分析

从图 10 中可以看出，MRAM 技术在国内申请量的增长期分为两个阶段：第一阶段是从 1998—2003 年，在 2003 年达到第一个高峰，申请量达到 146 件，尤其从 2000 年开始数量激增；之后在 2004—2006 年的申请量有所下降；从 2007—2009 年迎来了第二个增长期，增长相对较缓，在 2009 年之后申请量有所下降。

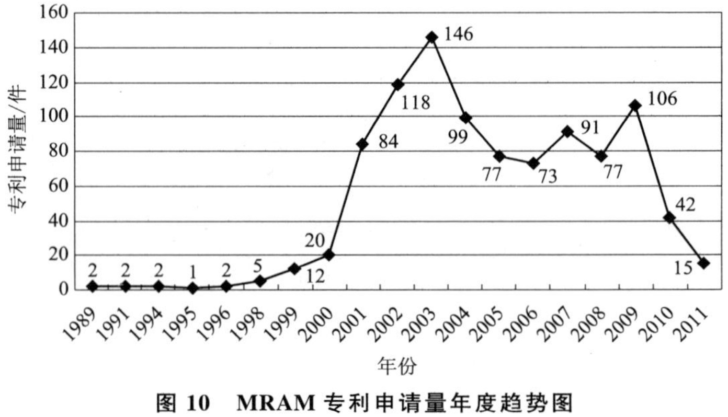

图 10　MRAM 专利申请量年度趋势图

（2）国家或地区分布

从图 11 中可以看出，MRAM 相关专利申请主要集中在日本、美国、中国大陆、韩国、中国台湾、德国等国家或地区。其中日本申请量最大，达到了 312 件，占申请总量的近乎 30%，这一方面反映出日本申请人在磁存储器领域具有较强的技术实力，另一方面表明了日本对中国市场的重视。美国、中国、韩国、德国紧随其后，尤其是国内申请人的申请量也相当多，表现出国内申请人较强的研发实力。

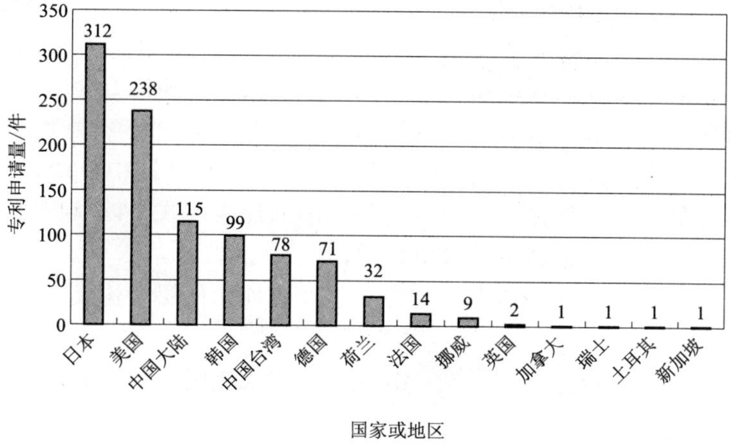

图 11　MRAM 专利申请国家或地区分布图

(3) 主要申请人申请量分析

从图 12 中可以看出，申请量居前三位的分别是株式会社东芝（100 件）、三星电子株式会社（92 件）和因芬尼昂技术股份公司（66 件）。其中日本和美国的公司在前十位中都分别占了三席，这反映出日本和美国公司在磁存储器领域具有绝对的竞争优势。国内申请人主要是科研院所、高校等，从申请量上看，与国外先进企业相比还有一定的差距。

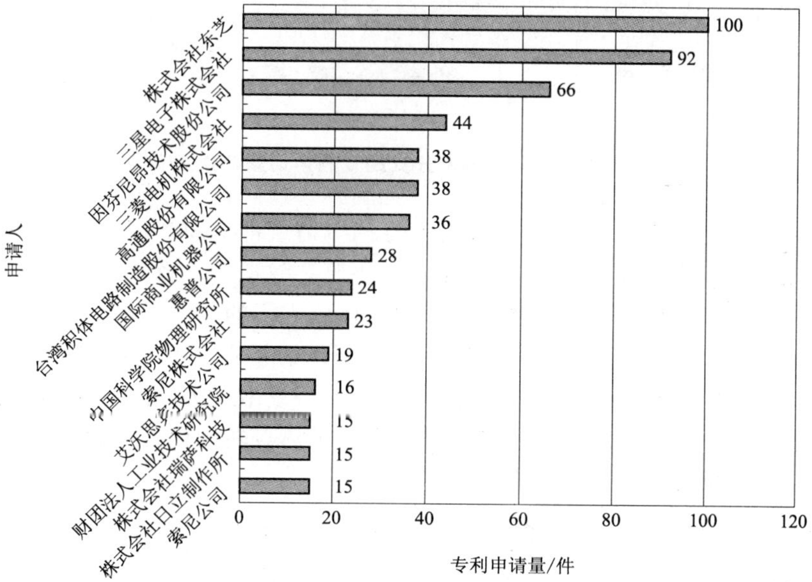

图 12　MRAM 专利申请主要申请人申请量分布图

（4）主要技术分支的专利申请量分析

MRAM 存储器领域中由于存储器件侧重于产品的改进，而工艺侧重于方法步骤和制造参数的改进，因此将二者划分为两个分支。另外，由于磁存储装置和磁存储单元分别属于产品的宏观和微观结构且分别侧重于外围电路和核心存储单元的改进，所以将二者划分为不同的分支，最终得到以下三个技术分支。

第一分支：磁存储装置/系统。这一分支主要涉及存储器中位线、字线、位线与字线交叉点位置处布置的隧道磁阻效应元件之间的连接方式，以及特定功能电路连接方式，如读写电路、检测电路、放大电路等.

第二分支：磁存储单元。这一分支主要涉及磁性元件层状构成，各层上的金属布线或磁阻属性配置。

第三分支：磁存储制造工艺。这一分支主要涉及磁阻元件的制造工艺，包括所选材料、沉积蚀刻工艺参数以及形状、面积、厚度等参数。

每个分支所涉及的申请量分别为：第一分支，328 件；第二分支，284 件；第三分支，213 件。以下将逐年统计三个技术分支下的专利申请量情况（见图 13）。

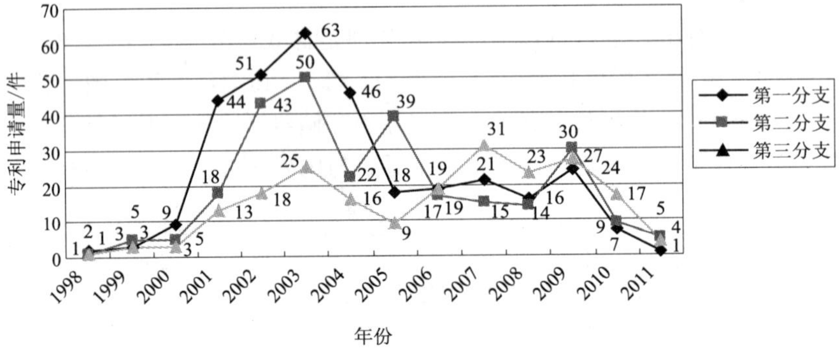

图 13　MRAM 主要技术分支的专利申请量年度趋势图

从图 13 中可以看出，关于三个分支的专利申请量都从 2000 年开始呈现出增长的趋势，并都在 2003 年达到了高峰，之后有所下降，这表明三个分支的发展存在一定的依存关系，其中一项技术的发展可能带动其他分支下的技术发展，以配合或适应该项技术的实际应用。具体地，第一分支下的专利申请量在 2003 年之前一直多于第二和第三分支下的专利申请量，这表明磁存储装置/系统在磁存储器发展早期发展得比较快，而在宏观系统结构发展较为成熟之后，技术热点转向内部磁存储单元结构、甚至是更加细节上的制造工艺上的改进。

3. 铁电随机存储器（FeRAM）

（1）申请量年度趋势分析

如图 14 所示，国内最早的铁电专利申请在 1985 年，当年的申请量仅有 1 件。1985 年之后的近十年间，国内铁电存储器专利申请量始终处于个位数的状况，甚至

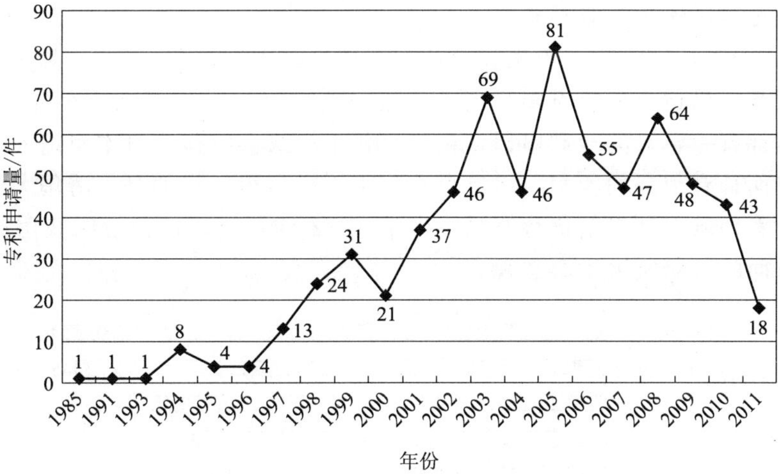

图 14 FeRAM 专利申请量年度趋势图

有些年份没有专利申请。直到 1997 年，专利申请量开始逐渐增多，2005 年专利申请量达到历史性的最高值，即年申请量 81 件，这说明国内的铁电存储技术的活跃程度在 21 世纪初的前 5 年达到最高。2005 年之后，国内铁电存储专利申请量开始逐年下降，仅 2008 年略有回升，这显示出竞争和活跃程度的衰减。

(2) 国家或地区分布

如图 15 所示，FeRAM 专利申请中国大陆的原创申请最多，中国台湾居第 3，两者申请量一共达到 310 件，占国内铁电存储器专利申请量的 46.8%，这说明国内申请人是铁电存储器的主要申请人。国外申请人在中国的专利申请中，日本的申请量最多，其次是德国、韩国、美国等，这反映了这些国家的专利申请人比较重视在中国进行铁电存储器方面的专利申请。

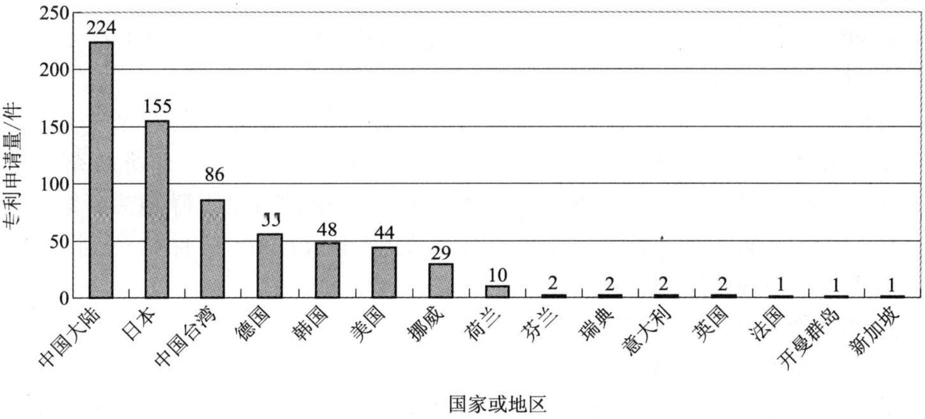

图 15 FeRAM 专利申请国家或地区分布图

（3）主要申请人申请量分析

如图 16 所示，精工爱普生株式会社的申请量最多，达到 46 件，其次松下电器株式会社、因芬尼昂技术股份有限公司申请量与之接近，富士通株式会社、清华大学、三星电子等都有一定量的专利申请。精工爱普生株式会社作为日本申请人，在开发铁电新材料方面具有很强的实力，居世界领先水平。值得一提的是，清华大学在国内的铁电存储技术领域专利申请优势明显，申请了 32 件专利，这正说明我国高校在铁电存储技术方面的科研实力不容忽视。

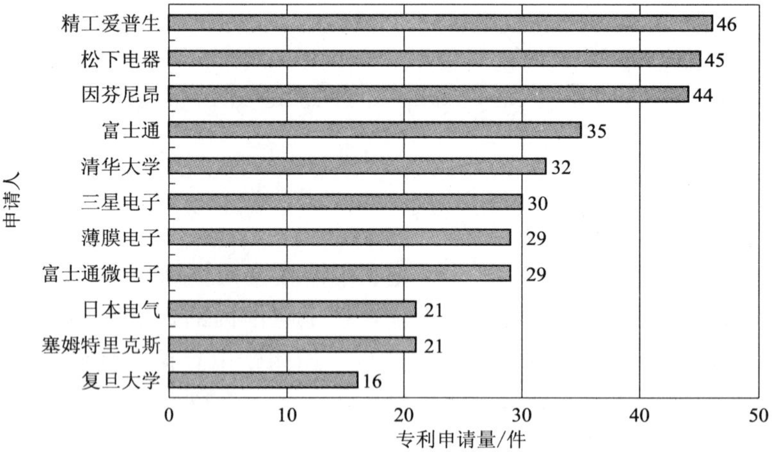

图 16　FeRAM 主要申请人申请量分布图

（4）主要技术分支的专利申请量分析

对 FeRAM 相关的专利申请进行技术分解，最终得到两个主要技术分支，即第一分支：铁电材料及器件制造工艺；第二分支：FRAM 存储电路及器件结构。每个分支所涉及的申请量分别为：第一分支，187 件；第二分支，202 件。

下面对主要技术分支专利申请量趋势进行分析，图 17 所示为两个技术分支逐年统计的专利申请量及发展趋势。

通过图 17 可以看出，第一分支在 1997 年之前专利申请量保持在个位数，之后专利申请量有所增长，到 1999 年达到 16 件专利申请，随后几年有所回落，之后在 2005 年达到 31 件的最高年申请量，2005 年之后专利申请量呈下降趋势。第二技术分支到 2001 年开始增加到 24 件，并且在随后的三年保持在 25 件的专利申请水平；2005 年之后，专利申请量呈下降趋势。

4. 电阻随机存储器（ReRAM）

（1）申请量年度趋势分析

ReRAM 领域的专利申请量自 1996 年以来整体呈现逐年上升的趋势。1996 年，松下电器产业株式会社首先提出了一件关于 ReRAM 存储单元结构及其制造方法的申

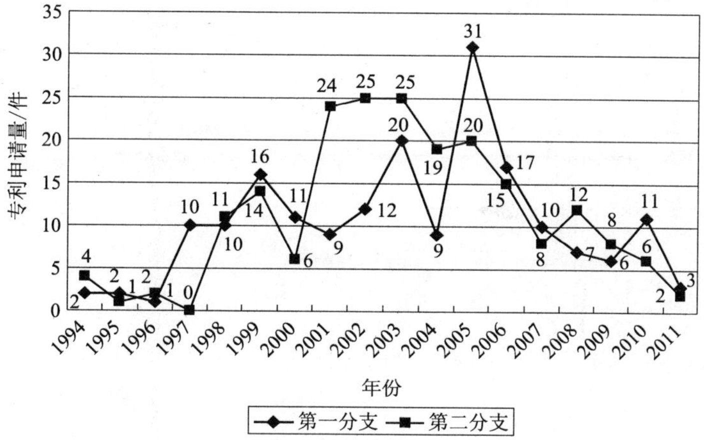

图 17　FeRAM 主要技术分支的专利申请量年度趋势图

请（申请号 96102504.2）。2000 年，业界正式提出 ReRAM 这种新型非易失性存储器。随后，更多的公司和科研机构投入到 ReRAM 的研究中，ReRAM 领域的专利申请也由最初的每年不到十件逐年增加到几十件。2000 年至 2006 年的申请量增幅较缓，自 2007 年开始 ReRAM 领域的申请量增幅加剧，2010 年的申请量达到峰值。截至 2011 年年底，ReRAM 领域的专利申请总量累计达到 500 件。

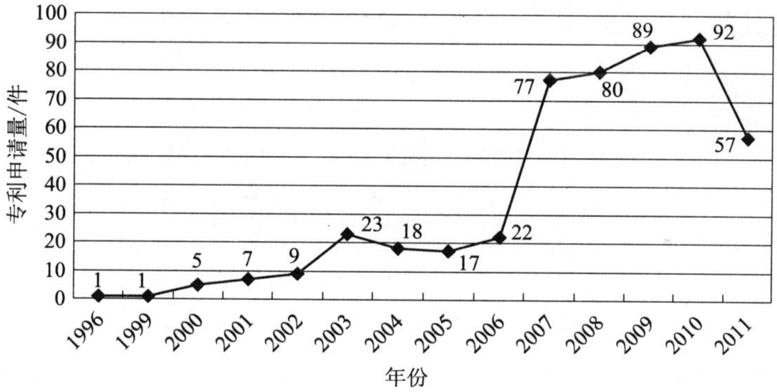

图 18　ReRAM 专利申请量年度趋势图

（2）国家或地区分布

从图 19 可以看出，ReRAM 专利申请集中在中国、日本、美国、韩国等几个国家或地区，其中中国大陆的专利申请量为 230 件，占申请总量的 46%；日本的专利申请量为 126 件，占申请总量的 25.2%；美国的专利申请量为 44 件，占申请总量的 8.8%；韩国的专利申请量为 41 件，占申请总量的 8.2%。可见，中国和日本致力于 ReRAM 这种新型存储器的研发，在专利布局方面也非常重视，此外，韩国和美国也具有一定的代表性。

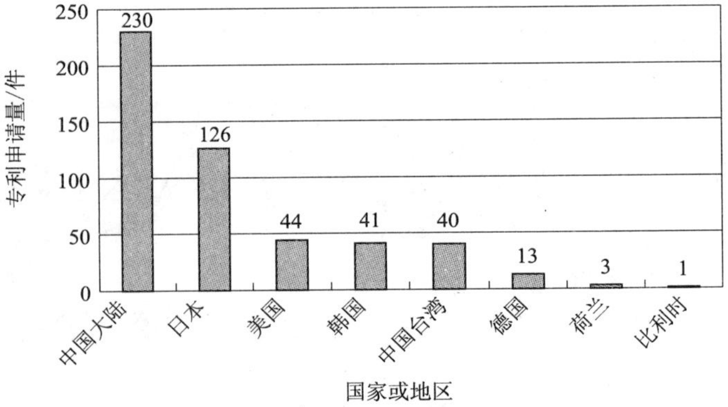

图 19 ReRAM 专利申请国家或地区分布图

（3）主要申请人申请量分析

从图 20 中可知，ReRAM 的国外申请人主要是大型公司，国内申请人主要是高校和科研机构。其中，松下电器产业株式会社既是专利申请量最大的公司，又是 ReRAM 领域最早申请专利的公司，可谓是 ReRAM 领域的领军企业。此外，三星电子株式会社、旺宏电子股份有限公司、夏普株式会社、索尼公司的申请量也位居前列。复旦大学以 59 件的申请量位居国内申请人的首位，中科院下属各研究所也在国内申请人中位居前列。此外，北京大学、清华大学、天津理工大学等高校的申请量也较大，处于国内研究机构的领先地位。

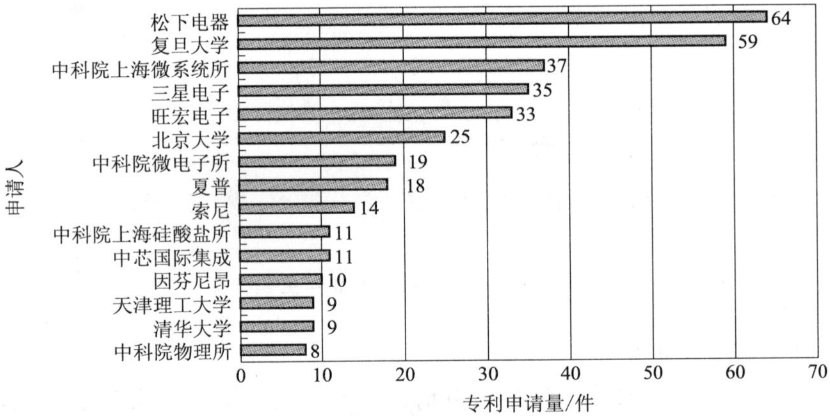

图 20 ReRAM 主要申请人申请量分析

（4）主要技术分支的专利申请量分析

对 ReRAM 相关的专利申请进行技术分解，最终提炼出以下两个主要技术分支：

第一分支：ReRAM 存储结构，包括单个 ReRAM 存储单元结构、ReRAM 存储器结构、ReRAM 三维存储阵列、ReRAM 的读写/控制/测试电路等。

第二分支：阻变材料及制造工艺，包括阻变材料/电极材料/衬底材料的选择、材料的制备工艺、存储装置的制造工艺等。

每个分支所涉及的申请量分别为：第一分支，295 件；第二分支，186 件。

图 21 为逐年统计的两个技术分支的专利申请量，更加直观、清晰地展现了 ReRAM 领域的专利申请情况。

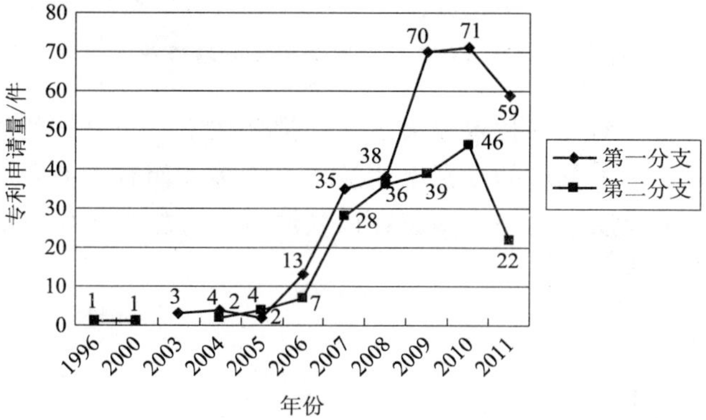

图 21 ReRAM 主要技术分支的专利申请量年度变化

由图 21 可知，ReRAM 领域的专利申请始于对阻变材料的研究，1996 年松下公司首先提出了一件关于阻变存储器的申请，其重点在于阻变材料的选择。1996 年至 2006 年间，关于阻变材料和 ReRAM 存储器件的专利申请都非常少，处于研发的准备阶段；自 2007 年开始，业界出现了大量关于 ReRAM 的专利申请，无论是存储结构方面、还是材料的选择以及制造工艺方面，专利申请量都有了重大突破，ReRAM 受到越来越多的关注。

5. 相变随机存储器（PCM）

（1）申请量年度趋势分析

从图 22 中可以看出，在 2004 年之前，有关相变随机存储器的专利申请量较少，2005 年之后，相变随机存储器的专利申请量开始逐年递增，在 2007 年左右达到峰值，之后的申请量稍有减少，但是仍然维持在较高的水平。这说明 2005 年之后该项技术进入到了一个相对平稳发展的阶段，各企业及科研机构对其进行了持续的深入研究。

（2）国家或地区分布

从图 23 中可以看出，中国的 PCM 专利申请量处于较高的水平，远远高于排名第三位的美国，这从一定程度上反映了中国企业和科研机构在相变随机存储器领域投

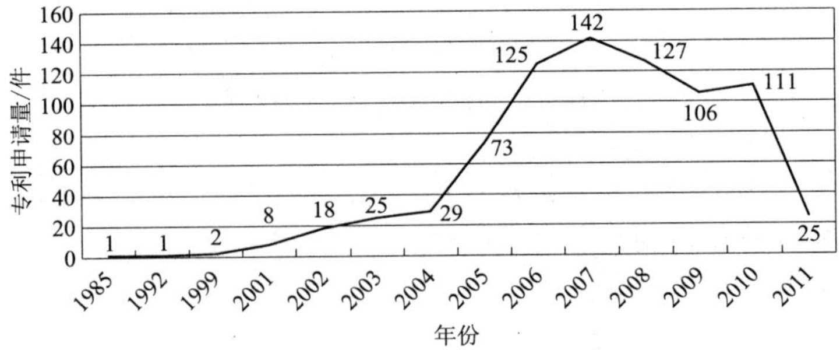

图 22　PCM 专利申请量年度趋势图

入了较大的研发力量，对该项技术较为重视。排名在第三至第五位的依次为美国、韩国、日本，其中，美国和韩国的专利申请量相差不多，而日本的专利申请量相对少一些，这从一定程度上反映了这三个国家在该领域也具有较强的研发能力，且对中国专利市场的布局较为重视。

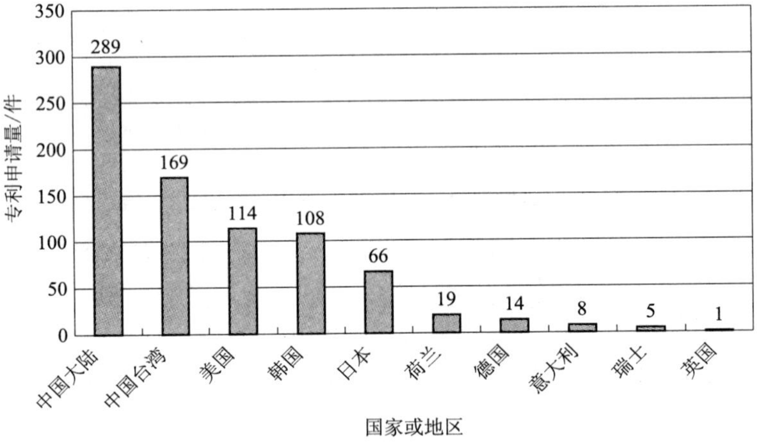

图 23　PCM 专利申请国家或地区分布图

（3）主要申请人申请量分析

从图 24 中可以看出，中科院上海微系统所相变随机存储器领域的专利申请量最多，远高出排名第二位的旺宏电子的专利申请量，这反映出中科院上海微系统所在该领域具有较强的研发能力，也反映了该申请人具有较强的专利保护意识。专利申请量排名在第二至第四位的分别是旺宏电子、三星电子以及财团法人，其中，旺宏电子和三星电子的申请量基本相同，财团法人的申请量相对少一些，可见这三位申请人在相变随机存储器领域进行了较为深入的研究，并对中国大陆市场的专利布局有较高的重视程度。同时，中国大陆的科研院校对相变随机存储器技术的相关研发也较为重视。

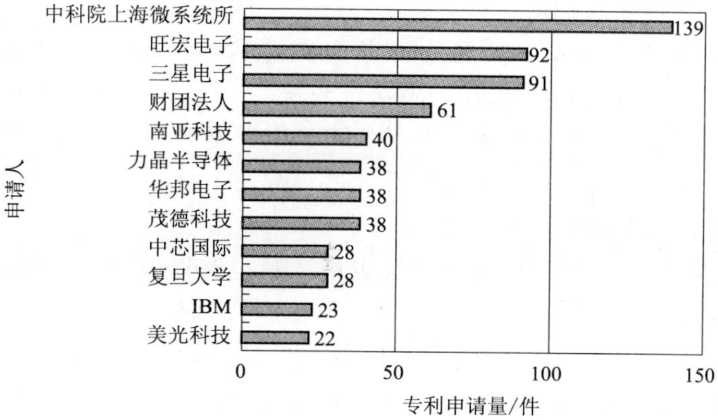

图 24 PCM 主要申请人申请量分布图

(4) 主要技术分支的专利申请量分析

对 PCM 相关的发明专利申请进行技术分解，最终得到第一分支“器件结构及外围电路”和第二分支“相变材料及器件制备”。每个分支所涉及的申请量分别为：第一分支，451 件；第二分支，233 件。

以上两个分支按年代申请量的折线图如图 25 所示。

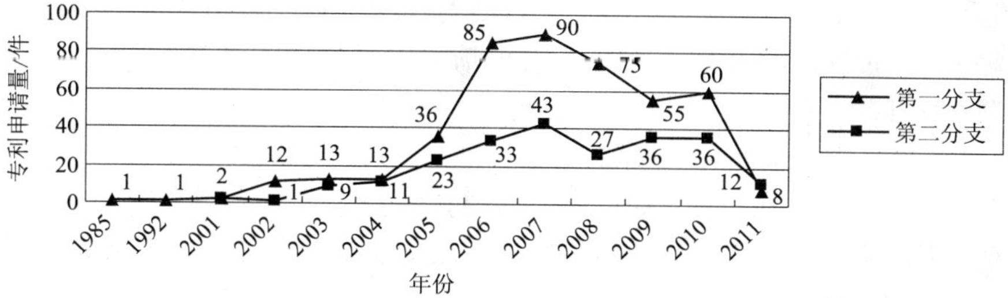

图 25 PCM 主要技术分支的专利申请量年度趋势图

从图 25 中可以看出，在 PCM 专利申请中，第一分支和第二分支申请量的趋势基本一致，均从 20 世纪八九十年代开始有了申请，然后数量逐年增加，直到 2007 年达到峰值后，至今一直呈下降趋势。其中器件结构及外围电路比相变材料及器件制备有申请的时间早，且其年申请量均多于相变材料及器件制备。

三、重点技术及主要申请人分析

(一) 重点技术专利分析

本部分是在四种存储器主要技术分支的基础上，对其技术内容进一步进行技术分解，获得二级技术分支，从而挖掘出各个存储器所涉及的重点技术。

1. 磁性随机存储器（MRAM）

MRAM领域的专利申请主要分为磁存储装置/系统、磁存储单元、磁存储制造工艺三大技术分支，其中磁存储装置/系统又细化分为读写电路改进和其他结构改进两个技术点，磁存储单元细化分为层状结构改进以及材料改进和选型两个技术点，而磁存储制造工艺细化分为制造工艺和磁性元件参数两个技术点。

（1）磁存储装置的读写电路改进

该技术点主要涉及系统级的磁存储装置中读写电路以及读写和阵列连接的改进，解决的主要问题是提高读写速度、保证稳定性等。在该技术领域，飞思卡尔半导体公司和从其分离出来的艾沃思宾技术公司（Everspin）、TDK株式会社、财团法人工业技术研究院、高通股份有限公司、国际商业机器公司、惠普公司、三菱电机株式会社、三星电子株式会社都有专利布局，值得一提的是，三星电子株式会社在该领域上占有较强的技术优势。

代表性的重点专利为三星电子株式会社的授权公告号为CN100490004C、名称为“用于存储阵列中温度变化的写电流补偿”的专利。该专利提供一种存储器件，包括存储阵列，其具有一个基片、一个被安置在该基片上的一些存储单元的阵列、连接到这些存储单元的行导线和连接到这些存储单元的列导线、响应存储阵列中温度改变而产生可变写电流的电流源。该专利具有补偿作为存储阵列中温度变化结果出现的矫顽磁力变化而改变写电流的写电路，保证了器件稳定性；此外写电流能够用模拟操作产生，也减少了写过程的复杂性。该专利及申请文本和其同族曾被其他专利文献引用51次（截至2012年4月27日，下同），专利权稳定。

（2）磁存储装置的其他结构改进

该技术点主要涉及系统级层面的磁存储装置中其他结构的改进，目的是提高系统存储密度、提高装置集成度、降低器件功耗、改善系统其他性能。申请人主要是索尼公司、台湾积体电路制造股份有限公司。

有代表性的重点专利为三菱电机株式会社的授权公告号为CN1210718C、名称为“具备高集成化的存储器阵列的薄膜磁性体存储器”的专利。其具备高集成化的存储器阵列的薄膜磁性体存储器，与MTJ存储单元的行对应地配置读出字线和写入字线，与MTJ存储单元的列对应地配置位线和基准电压布线。邻接的MTJ存储单元共有这些信号布线中的至少1条。由于可缓和在存储器阵列的整体中配置的信号布线间距，可有效地配置MTJ存储单元，削减在存储器阵列的整体中配置的布线数，故可使存储器阵列实现高集成化。该专利和申请文本及其同族曾被其他专利文献引用37次，专利权稳定。

（3）磁存储单元的层状结构改进

该技术点主要涉及磁存储单元中层状结构的改进，包括在自由层、隧道结、固定层基础上的改进，目的是精确控制存储单元状态的改变、减小器件面积、提高操作可靠性、增强热稳定性等。该技术领域申请量较大，申请人分布广，主要有因芬尼昂技术股份公司、夏普公司、希捷科技有限公司、旺宏电子股份有限公司、三星电子株式会社等。

本技术领域的重点专利为株式会社东芝的授权公告号为CN100449814C、名称为"磁致电阻效应元件、磁存储器以及磁头"的专利。磁阻效应元件具有：隧道阻挡层；夹着该隧道阻挡层设置在一侧的成为磁化固定层的第一强磁性层；以及磁化自由层，该磁化自由层有夹着隧道阻挡层设置在另一侧的第二强磁性层，在第二强磁性层与隧道阻挡层相反的一侧形成、膜面面积比第二强磁性层大、且能利用外部磁场进行磁化方向反转的第三强磁性层，以及设置在第二强磁性层和第三强磁性层之间、将第三强磁性层的磁化的反转传递给第二强磁性层的中间层。磁存储器使用了功耗低、热稳定性好的特殊结构的磁致电阻效应元件。该专利和申请文本及其同族曾被其他专利文献引用31次，专利权稳定。

(4) 磁存储单元材料的改进和选型

该技术点主要涉及磁存储单元中材料的改进和选型，包括材料选型、磁阻配置属性和金属布线等，使得数据保持稳定、提高写入效率等。申请人分布中，国外申请人主要是因芬尼昂技术股份公司，国内申请人众多，包括中国科学院物理研究所、中国科学院上海微系统与信息技术研究所、复旦大学、中国科学院微电子研究所、清华大学、中国电子科技集团公司第四十五研究所等。

本技术领域的重点专利为国际商业机器公司的授权公告号为CN100479056C、名称为"具有加热元件的存储器件"的专利。其中存储器件包括存储单元和接近存储单元的加热元件，存储单元包括一个磁隧道结，隧道结包括的可变磁区域含有一种矫顽力对其温度变化发生响应的材料；加热元件选择性地改变存储单元的可变磁区域的温度。通过包含矫顽力对温度变化响应的材料，提高了存储单元的写选择性，减少了错误。该专利和申请文本及其同族曾被其他专利文献引用36次，专利权稳定。

但值得注意的是，STT（自旋转移力矩）- MRAM因其电写入操作可消除MRAM中磁写入操作带来的按比例缩放的问题，成为高通股份有限公司的研究热点，海力士和东芝也在联合开发该技术。

(5) 磁存储元件的制造工艺和器件布局

该技术点主要涉及磁存储元件的制造工艺和器件布局特点，涉及磁存储单元的制造和布局特点、诸如位线/字线的相关电路以及半导体切换和存取器件的制造和布局特点。申请人主要有：株式会社东芝、国际商业机器公司、高通股份有限公司、中国科学院物理研究所等。

本技术领域的重点专利为自由度半导体公司的授权公告号为CN1262000C、名称为"自对齐磁性包层位线及其制造方法"的专利。其包括用于磁阻存储单元的自对齐磁性包层位线结构及其形成方法，自对齐磁性包层位线结构在一个沟槽内延伸，并且包括导电材料、磁性包层侧壁以及磁性包层盖。磁性包层侧壁至少部分地包围导电材料，并且磁性包层盖至少在该沟槽内相对于该沟槽的顶部凹陷。本专利有利于在沟槽中形成磁性包覆顶层结构，消除了对其和抑制磁场的目的而增加磁性包覆顶层结构的尺寸的必要性。存储单元尺寸和伸缩性不受磁性包覆顶层尺寸要求的限制。该专利和申请文本及其同族曾被其他专利文献引用 92 次，专利权稳定。

（6）磁存储制造中磁元件的参数配置

该技术点主要涉及磁存储制造中磁元件的参数配置，比如磁阻元件的元素、厚度、形状等，通过参数配置获得期望性能参数和技术效果。申请人主要为株式会社东芝。

本技术领域的重点专利为三星电子株式会社的授权公告号为 CN100399474C、名称为“具有不对称包覆导体的磁随机存取存储器”的专利。其中包括磁场敏感型存储单元的磁存储器件的不对称覆层结构含有：沿长度方向跨过存储单元的第一导体，包括顶面、两个侧面以及面对存储单元放置的底面；第一不对称覆层与所述顶面和两个侧面仅仅一部分相连，并且包括沿两个侧面凹进且与存储单元偏离第一距离的第一对极端；沿宽度方向跨过存储单元的第二导体包括顶面、两个侧面以及面对存储单元放置的底面。不对称覆层增加了闭合磁路的磁阻 Rg，导致与数据层的磁耦合减小。存储单元的纵横比 AR 可减小，从而增加面密度。凹进的不对称覆层提供反转磁场增强的同时将对数据层反转特性的不良影响降到最低。该专利和申请文本及其同族曾被其他专利文献引用 32 次，专利权稳定。

2. 铁电随机存储器（FeRAM）

FeRAM 领域的专利申请主要分为铁电材料及器件制造工艺和 FRAM 存储电路及器件结构两大技术分支，其中铁电材料及器件制造工艺又细化分为铁电材料的选择和制备以及铁电器件的半导体制造工艺两个技术点，FRAM 存储电路及器件结构细化分为 FRAM 存储电路和存储单元，铁电电容、场效应管、晶体管以及 FRAM 集成、电路设计、优化及外围读写电路三个技术点。

（1）铁电材料的选择和制备

当前应用于 FRAM 的铁电材料主要是锆钛酸铅（PZT）和钽酸锶铋（SBT），其中 PZT 铁电薄膜以介电常数高、绝缘性好、剩余极化强度高而成为主流的铁电薄膜材料，但是 PZT 存在矫顽电场高、抗疲劳特性差等缺点；SBT 铁电薄膜的铁电特性和抗疲劳性较好，但是薄膜沉积温度高，不利于和 CMOS 工艺相兼容；磁控溅射和 Sol－Gel 技术已用于铁电薄膜存储器的制造，但在薄膜的组分控制、均匀性及台阶覆盖性等方面，存在一些问题；脉冲激光沉积技术可以较好地控制薄膜的组分，但薄膜表面存在的小颗粒问题及大面积均匀薄膜的制备，是专利申请中努力解决的问题之一。

该技术点下的重点专利为清华大学的公告号为 CN100527420C 的专利，该专利涉及铁酸铋/钛酸铋叠层结构电容及其制备方法，其电容包括：以硅为衬底，在该衬底上依次结合有氧化层、下电极金属层、铁酸铋薄膜，以及上电极金属层；在所述下电极金属层与铁酸铋薄膜之间还结合有钛酸铋诱导层薄膜。该方法由铁酸铋 BFO 和钛酸铋 BXT 前驱体溶胶的制备，以及铁酸铋 BFO/钛酸铋 BXT 叠层结构电容的制备三部分组成。该发明利用该方法制备出来的铁电电容具有优异的抗疲劳特性、较高的剩余极化强度（Pr），较低的操作电压（Vc），较好的介电特性，并能与 CMOS 工艺技术相兼容的特点，且在室温下能够正常工作，适用于新型高密度存储器以及集成铁电器件。目前专利权维持。

（2）铁电器件的半导体制造工艺

目前的专利申请在半导体元器件的制造领域具有一定的数量布局。元器件的制造工艺是大规模集成存储电路、存储单元设计和布局的基础，它决定了铁电存储元件的电容面积、薄膜尺寸等电路参数。目前，铁电体存储器采用在下部电极层和上部电极层之间形成铁电体的结构，基本采用 MFS（金属-铁电-半导体衬底）的层叠结构。在铁电体存储器中使用 PZT 和 SBT 等铁电体材料，主要工艺包括“脉冲激光沉积”、“化学气相淀积”、“溶胶”、“凝溶”、“溅射”。近年来，国内外主要专利申请人着力于对关键工艺的改进。铁电元件的高集成度、低功耗、低工艺复杂性是当前技术主要集中的发展方向。

该技术点下的重点专利为 NXP 股份有限公司的公告号为 CN100421254C 的专利。该发明涉及铁电器件，这种器件形成有吸引力的非易失性存储器件。根据该发明，在衬底和铁电层之间存在导电层，该导电层形成铁电层的另外的连接导体，且作为该铁电层与连接导体中的至少一个形成肖特基结这一事实的结果，形成有源电元件。实践中已经发现这种器件包括性能优越的存储元件，该存储元件可以容易地形成在优选单晶硅衬底上。目前专利权维持。

（3）FRAM 存储电路和存储单元

铁电存储器的存储单元、存储阵列、存储电路相关的专利申请占有相当的比重。按照具体的电路实现，破坏性读出（DRO）和非破坏性读出（NDRO）模式下的存储单元所包含的铁电电容、读出放大器、场效应管、字线与位线和其他电路的位置关系和电路控制时序各不相同，铁电存储器相对于传统的非易失性存储器，其优点就在于铁电存储单元的低电压驱动、耗电量低和擦写次数高，因而存储单元的设计也成为该技术领域的发明重点。铁电存储单元的发展面向以下亟待解决的问题：① 铁电薄膜的疲劳和漏电流问题；② 铁电极化的保持力；③ 存储内容的稳定性。

该技术点下的重点专利为精工爱普生株式会社的公告号为 CN100524511C 的专利。该发明提供一种位线方向短的铁电存储装置。该铁电存储装置包括：第一字线 WL，在第一方向上延伸；多个元件区域，在第一字线 WL 的两侧沿第一方向排列；以及多个第一铁电电容器，分别连接于多个元件区域，由第一字线 WL 驱动。其中，优选多个元件区域在俯视图中形成阶梯状，第一字线 WL 在多个元件区域之间弯曲配置。目前专利权维持。

(4) 铁电电容、场效应管、晶体管

作为基本的存储元件，铁电电容、场效应管、铁电晶体管被广泛地应用于铁电存储器中。铁电电容模型已成为制约基于铁电电容电路设计和优化的瓶颈。传统的电容模型有基于“有效场”的假定的理论公式模型、半经验公式模型和使用两个线性电容或非线性压控电容描述的模型。基于具有稳态特性的新型铁电电容的非破坏性读出 FeRAM 也正在研究和开发中，这在专利数量上有明显的体现。对于铁电场效应管，一般包括铁电薄膜、多晶硅、绝缘层、阱和硅基片等，铁电薄膜取代了传统晶体管中的栅介质层。其发展趋势是使场效应管能够在极化前后输出的增大漏极电流差有利于信号的分辨。本技术分支下的专利申请主要集中在铁电电容的底电极、铁电体层的设计、基于铁电电容的电路优化、铁电场效应管层叠结构的制造工艺等方面。

该技术点下的重点专利为富士通株式会社的公告号为 CN1204625C 的专利。该发明涉及一种铁电电容器和半导体器件，所述铁电电容器包括：下电极；在下电极上形成并具有钙钛矿型结构的铁电膜；以及在铁电膜上形成的上电极。铁电膜包括：具有第一晶系的第一铁电膜部分，它沿与下电极和上电极中至少一个的至少一个界面上形成；以及具有第二晶系的第二铁电膜部分，第二晶系不同于第一晶系。目前专利权维持。

(5) FRAM 集成、电路设计、优化及外围读写电路

通过分析专利文献可知，改进电路结构、时序来提高 FRAM 性能的专利申请占一定比重，同时 FRAM 的电路设计和优化集中在存储阵列部分，目前存储单元结构主要有 2T2C 和 1T1C 两种，2T2C 存储单元读出信号差大、抗干扰能力强，但是占用面积大，不利于大规模制造 FRAM，1T1C 存储单元面积小、集成度高，但是读出信号差。因此，目前专利申请中在存储单元结构的改进方面有一定数量的布局。除此以外，在消除铁电材料的缺点方面，提高电路可靠性、降低功耗、提高读写速度等方面都有一定量的专利申请。

该技术点下的重点专利为海力士半导体有限公司的公告号为 CN100359598C 的专利。该发明涉及一种应用非易失性铁电存储器的交错控制装置，该装置包括：一包括多个的单存储体的单芯片 FeRAM 阵列；一存储器交错控制器，配置用于为控制存储器交错而编码，并且基于所述编码而改变单芯片 FeRAM 阵列的地址路径；以及，一总线，用于在单芯片 FeRAM 阵列和存储器交错控制器之间传送数据。目前专利权维持。

3. 电阻随机存储器（ReRAM）

如前所述，ReRAM 领域的专利申请可分为存储结构（A）和材料及制造工艺（B）两个主要技术分支，每个技术分支均涉及多项技术内容。以下将分支 A 和 B 细

化为 5 个技术点进行详细分析，其中，技术分支 A 包括技术点（1）～（3），技术分支 B 包括技术点（4）～（5）。

（1）阻变单元结构

该技术点包括单个 ReRAM 存储单元的内部结构，如电阻变化层的类型或结构；电极层的数量；电极层与其他层如薄膜层、缓冲层等的布局等。改善存储单元器件结构是改善 ReRAM 器件电阻转变特性的重要手段之一。改善存储单元器件结构，从器件组成来看，包括 0T1R、1T1R、1D1R 等单元结构；从空间结构来看通常包括交叉结构、通孔结构等；此外，还可以通过在电极之间增加薄层来改善转变特性。

该技术点下的重点专利为三星电子株式会社提出的公告号为 CN100502010C 的专利，目前该项专利权处于授权维持状态。该专利提出了一种利用具有分级电阻变化的多层的存储器件，其数据存储层是形成于上下电极之间的具有分级的电阻变化的多层，所述的多层可以是三层，其中的中间层是具有过渡金属的电阻层，具有与第一、第三电阻层不同的电阻；第一、第三电阻层可以选择与中间的第二电阻层相同的过渡金属氧化物形成，但可以控制氧的含量，依据氧的含量分布。作为 ReRAM 领域较早申请的一篇专利，该专利提供了具有 1T－1R 的新结构的非易失半导体器件，既提高集成度，同时实现高速运行特性和低能驱动。

（2）存储阵列及三维存储结构

该技术点主要涉及 ReRAM 存储单元间的结构，包括二维存储结构和三维存储结构；对于二维存储结构，涉及位线/字线以及控制线的分配或共享来缩减电路面积，对于三维存储结构，涉及空间上材料的堆叠，从而实现单位面积上存储容量的增加，实现集成度的提高。

该技术点下的重点专利为中国科学院上海微系统与信息技术研究所申请的公告号为 CN101350360B 的专利，目前该项专利权处于授权维持状态。该专利提供了一种三维堆叠非相变所致电阻转换存储装置及其制造方法。该三维堆叠非相变所致电阻转换存储装置包括衬底、逻辑电路、底层字线阵列（WL1，…，WLn）及存储层。衬底上方依次设有逻辑电路、底层字线阵列，存储层依次堆叠于底层字线阵列中的同一字线上方。该存储器的特点是在衬底的上方进行电路叠加，充分利用空间，提升存储芯片单位面积上单元数量，从而实现高密度的存储方案。

（3）读写/控制/测试电路

该技术点主要涉及读写控制、电压控制、二极管的改进、多级存储的读写控制、ReRAM 存储器件性能测试等，以及相关电路部分。通过相关的改进，提高存储单元读写速度、准确度；提高存储器件稳定性与可靠性；降低功耗。

该技术点下的重点专利为复旦大学的公告号为 CN101325084B 的专利，目前该项专利权处于授权维持状态。该项专利提出一种对交叉型存储阵列提供动态电压偏置的方法及其实现电路。该方法能够对交叉型存储阵列提供动态的偏置电压，电压偏置可以根据阵列中各个电阻所处的状态和外加的操作信号来进行调节，使偏置电压 Veq 取得最优值。这样的动态偏置方案可以保证交叉型存储阵列可靠地工作。

（4）材料的选择及制备工艺

该技术点主要涉及阻变材料的选择，电极、衬底等的材料选择，以及相应的制备工艺。根据不同的电阻转变机制，选择不同的材料和工艺，对于阻变存储器的特性参数如操作速度、电阻比率、耐受性、保持特性、器件良率等有着重要的影响。目前研究较多的阻变材料有钙钛矿氧化物、过渡金属二元氧化物、固态电解质材料及有机材料等。电极材料有：① 贵重金属 Pt、Ag、Pd 等；② CMOS 工艺中常用的金属 W、Ti、Al、Cu 等；③ 金属氧化物 ITO、IZO、YBCO、$LaAlO_3$、$SrRuO_3$；④ 多晶硅材料等。

该技术点下的重点专利为国际商业机器公司的公告号为 CN1191635C 的专利，目前该项专利权处于授权维持状态。该项专利提出一种用于存储信息的微电子器件及其方法。微电子器件包括：位于电极之间的具有可转换的欧姆电阻的区，通过施加可产生不同态的不同电压脉冲，区中的欧姆电阻在不同态之间进行可逆转换。其方法的基础在于应用多种氧化物物质，特别是结合了电阻转换现象和内建存储器的半导体芯片。通过不同的电阻值，即通过将高阻态与逻辑“0”相结合，将低阻态与逻辑“1”相结合，能够存储数字信息。这样存储的信息通过测量漏电流可以被读出，甚至可以实现多值转换。

从申请时间来看，该项专利是 ReRAM 存储器领域的第二篇专利申请，首次提出了 ReRAM 存储单元材料选择方案，并具体地提出了存储单元结构及工作原理。该项专利有相当高的施引次数，在 ReRAM 发展历史上有着极其重要的作用。

（5）存储装置的制造工艺

该技术点主要涉及单个存储单元、存储阵列的制造工艺。ReRAM 器件可以采用溅射、化学气相淀积、脉冲激光淀积以及电子束蒸发等传统工艺制造，不需要增加专门的设备。有些制备工艺还可以在室温下进行，不需要高温工序。制造工艺的改进主要专注于由于 ReRAM 的特殊器件结构导致的工艺变化，或进一步地改善存储性能、降低制造成本等。

该技术点下的重点专利为三星电子株式会社的公告号为 CN100530595C 的专利，目前该项专利权处于授权维持状态。该项专利提供了一种制造存储器件的方法，包括：在底层上依次堆叠导电材料层、二极管层和数据存储层；在所述数据存储层上形成第一材料层；在所述第一材料层中形成暴露所述数据存储层的第一孔；在所述第一孔的侧壁上用第二材料层形成第一间隙壁；用第三材料层填充所述第一孔并覆盖所述第一间隙壁；除去所述第一材料层；在所述第一间隙壁的侧壁上用第四材料层形成第二间隙壁；除去所述第三材料层；以及使用所述第一和第二间隙壁作为掩模在第一堆叠结构中形成暴露底层的第二孔。采用该方法能够将包括电阻变化层作为存储节点的单位单元的尺寸按比例缩小至 $4F^2$ 以下。

4. 相变随机存储器（PCM）

相变随机存储器相关的专利申请，主要涉及“器件结构及外围电路”和“相变材料及器件制备”两个一级技术分支，其中，“器件结构及外围电路”涉及三个二级技术分支：存储单元结构、存储阵列结构、外围电路设计；“相变材料及器件制备”也涉及三个二级技术分支：相变材料的选取及制备、加热电极制备、器件制备。

（1）存储单元结构

国内外大公司以及研究机构对相变随机存储器的存储单元结构进行了大量研究，产生了一系列的专利，代表性的重点专利为中国科学院上海微系统与信息技术研究所申请、公告号为 CN101615655A 的专利申请。该申请提供一种导电氧化物过渡层及含该过渡层的相变存储器单元，该相变存储器单元包括位于底电极与硫系化合物薄膜层之间的导电氧化物过渡层，其厚度控制在 2～10nm。所述导电氧化物过渡层具有良好的热稳定性。通过植入新型的导电氧化物过渡层材料，可有效地提高器件的加热效率，从而降低操作的电压，并且能有效抑制相变材料中的 Sb 与 Te 两种元素向底电极方向的扩散，且过渡层不会与底电极以及相变材料发生化学反应，从而保证了器件循环使用时操作的一致性，提高了器件寿命。

（2）存储阵列结构

对相变存储器的研究，不仅在于对存储单元的研究，还包括对存储阵列的研究，主要包括存储阵列的布局与优化等，代表性的专利为旺宏电子股份有限公司申请的公告号为 CN101345251B 的专利。该专利涉及存储单元阵列装置及其制造方法，公开了一种 $4F^2$ 自对准鳍底电极场效应晶体管驱动相变化存储器。所述的存储单元包含存储元件，而该存储元件包含可编程电阻材料及自对准底电极。存储单元的面积为 $4F^2$，而 F 为用以制造此存储单元的光刻工艺的特征尺寸，F 等于最小特征尺寸。所述的存储单元阵列包含以交叉点阵列排列的存储单元，此阵列具有多条字线与源极线各自沿着第一方向平行排列，并具有多条位线沿着第二方向平行排列，其中第二方向垂直于第一方向。

（3）外围电路设计

在相变随机存储器的研发中，外围电路的设计研发也是重要的一方面。外围电路对于存储单元和存储阵列功能的实现，有着十分重要的作用。代表性的重点专利为旺宏电子股份有限公司、国际商务机器公司和英飞凌科技北美公司共同申请的公告号为 CN102044292A 的专利，该项专利通过改变重置振幅的 PCM 多层单元存储编程，为一种将一相变化存储装置中的目标存储单元编程为一目标电阻的方法。该方法包括确定用于该相变化存储装置的特征最低 Set 电流以及相对应 Set 电阻，确定用于该相变化存储装置的一特征 Reset 电流斜率，以该特征最低 Set 电流以及该特征 Reset 电流斜率作为基础来计算用于 Reset 脉冲的第一电流振幅。

（4）相变材料的选取及制备

在相变随机存储器的研发中，作为存储媒介的相变材料的开发是其中较为核心的研发内容，是提升存储器器件性能的关键手段之一。正是由于相变材料能够随着电流焦耳热的变化在晶态（低电阻）与非晶态（高电阻）之间相互转换，相变随机存储器才能实现其写入与擦除操作。相变材料在较小的 Set 脉冲电流的作用下从非晶态转变为晶态，在较大的 Reset 脉冲电流的作用下，则使转变后的晶态材料迅速转变为非晶态，通过这种依次循环操作来实现信息记录过程。目前使用较多的相变材料为硫系半导体化合物，例如 GeSbTe、GeTe、GeSb、AsSbTe、AgInSbTe 和 AuInTe 等，其中 GeSbTe 三元系合金是其中研究最多也最为成熟的相变材料，其已经被成功地应用于商业化可擦写相变光盘中。

代表性的重点专利有中国科学院上海微系统与信息技术研究所的公告号为 CN101299453B 的专利，目前该项专利权处于授权维持状态。该篇重点专利主要涉及纳米复合材料及其制备，其通过制备工艺的优化，实现了相变材料与功能材料的复合，在保持材料的相变特性的前提下，使相变材料被功能材料可控地均匀地分散成纳米尺度区域，使相变材料的相变行为被限制在纳米量级的小区域内，有效地抑制了相变材料晶粒的长大，从而使得高密度下大的相变材料颗粒与小的加热电极更为匹配，进而达到提升器件的可靠性的目的。该篇重点专利中所提出的改进相变材料的选取与制备的方案，对于相变材料的相关研发工作有着较为重要的参考意义。

（5）加热电极制备

一个典型的相变随机存储器单元需要包括两个导电电极以及处于这两个电极之间的相变材料层。而衡量一个相变随机存储器是否良好主要是围绕以下几点来进行的：该器件的功耗、尺寸、集成密度等。其中器件的功耗是非常关键和重要的，而降低器件功耗的方法通常有：减小电极与相变材料的接触面积；提高相变材料的电阻；在电极与相变材料之间或相变材料内部添加热阻层；等等。目前公认的较为简单易行的方法就是在电极与相变材料之间添加加热电极，通过这种方式，相变随机存储器的器件的加热效率得到有效提高，从而降低了器件的功耗。通常采用的加热电极材料有 W、TiN、TiON 和 TiAlN 等。

代表性的重点专利有 IBM 公司的公告号为 CN100536189C 的专利，目前该项专利权处于授权维持状态。该篇重点专利主要涉及相变随机存储器的电极选取及制备方法，其主要技术方案的内容为：相变随机存储器的电极包括：第一层，黏结到与二极管电极相反的硫族化物存储材料的表面，该第一层包括氮化物 ANx，其中 A 为钛或钨，而 x 小于 1.0；以及第二层，黏结到第一层，该第二层包括氮化物 ANy，其中 y 大于或等于 1.0。通过上述新的加热电极材料，使得其与相变材料的黏结性远远高于 TiN 或 WN 与相变材料的黏结性，从而有效减少了分层现象，提高器件的加热效率，降低功耗。

(6) 器件制备

器件的制备工艺的发展对于存储器技术的发展来说，起到了至关重要的作用。就如相变随机存储器的发展历程，相变随机存储器在早期发展得并不顺利，只有较少的企业和科研人员在其中投入了研发力量，而导致这种现象的原因就是其受到了制备工艺的发展的限制。对于相变随机存储器，其各项制备工艺直接影响其尺寸、写入擦出速度、集成度等性能指标。

代表性的重点专利有旺宏电子股份有限公司的公告号为CN100483768C的专利，目前该项专利权处于授权维持状态。该篇重点专利主要涉及相变随机存储器单元的制备方法，其主要技术方案的内容为：一种存储单元的制造方法，其包括：在基板上形成下电极，该下电极具有平行于基板的第一尺寸；在下电极上覆盖绝缘材料；移除部分绝缘材料，以使部分下电极裸露出来，其裸露出来的部分具有垂直于基板的第二尺寸；以及在下电极裸露出来的部分的周围沉积相变材料层，以在相变材料层和下电极之间形成接触窗，该接触窗的截面积等于第一尺寸和第二尺寸之积。通过这样的方法，有效地减小了截面积，从而使得电极可以以较小的截面积与相变材料接触，并保证存储器件的可靠性。

(二) 主要申请人技术分析

1. 磁性随机存储器(MRAM)

(1) 国内主要申请人——中国科学院物理研究所

国内主要申请人在中国科学院的物理研究所、微电子研究所等多个部门，总申请量达到36件，基本上都涉及磁存储单元中材料的改进和选型。其中中国科学院物理研究所在2006年研制成功了一种新型的MRAM原理型器件，该项研究于2006年9月25日通过973课题验收，2006年11月7日通过中科院成果鉴定。该成果支持了一系列专利申请：CN1992104A、CN101000821A、CN1901087A、CN101034729A等，主要涉及的技术在于：采用磁矩闭合型纳米环状磁性隧道结作为存储单元，并采取正负脉冲极化电流直接驱动比特层磁矩顺时针或逆时针翻转的工作原理，可以克服常规MRAM所面临的相对功耗高、存储密度低等瓶颈问题。从2002年到2005年，日本的三菱电机株式会社、TDK株式会社也都对环状结构的磁存储单元有所研究，并都在中国申请了相关专利，仅结构相关的申请数量就超过5件，除此之外，还申请了制造工艺等相关的边缘技术专利。

(2) 国外主要申请人

本领域的国外申请人主要有日本株式会社东芝、韩国三星电子株式会社、德国因芬尼昂技术股份公司、日本三菱电机株式会社等。

① 株式会社东芝

株式会社东芝的专利申请量达100件，在2001—2011年均有稳定申请量，技术分支主要集中于磁存储制造工艺——反映了其在微电子器件和工艺方面的优势，具体涵盖了制造工艺和器件布局以及磁元件的参数配置两个方面，侧重点在于各层位置关系、工艺顺序、参数配置等，并且在这些技术点上的申请量相当。

其工艺专利技术中 CN1283006C 极具代表性，该专利公开了一种磁存储装置的制造方法，由此制造的装置能够降低信息误写入的可能性。该制造方法包括：在半导体衬底的上方沿第一方向形成第一布线，第一布线具有面对半导体衬底的第一面和在第一面的相反侧的第二面，且第二面的宽度比上述第一面的小；在第一布线的上方形成记录信息的 MTJ 元件；在 MTJ 元件的上方沿与上述第一方向不同的第二方向形成第二布线。该专利和其同族曾被其他专利文献引用 11 次。其磁元件参数配置技术中，重点专利技术 CN1252841C 公开了一种磁存储器，磁阻效应元件作为存储元件，磁阻效应元件包含隔着非磁性层层叠多个铁磁性层的存储层、具有至少一层铁磁性层的磁性膜、设置在存储层和磁性膜之间的隧道势垒层；存储层的铁磁性层由 Ni－Fe－Co 三元合金构成；在 Ni－Fe－Co 三元状态图中，由直线包围的内侧组成区域中的任意一方的组成区域组成；存储层和隧道势垒层的界面以及所述磁性膜和所述隧道势垒层的界面的最大表面粗糙度为 0.4nm 以下。该专利和其同族曾被其他专利文献引用 20 次。

② 三星电子株式会社

三星电子株式会社在该领域的专利申请量达 92 件，从 2000—2011 年均有申请，其中在 2003 年、2007 年分别达到 19 件、16 件的较高申请量，其他年份申请量维持在 9 件左右。其技术分支主要集中在磁存储装置/系统——反映了其较强的技术应用能力，具体涵盖了读写电路和其他结构改进，此外，在磁存储单元和磁存储制造工艺方面也有专利相关申请——反映了其全面的专利布局。除了上述技术点中所述代表性专利外，CN101026000B 也具有代表性和技术前瞻性，该专利公开了一种磁存储装置，包括记录层、参考层、第一输入部分以及第二输入部分。记录层具有垂直磁化方向和多个磁畴，且参考层对应于记录层的一部分并具有被钉扎磁化方向。该技术能够提高 MRAM 的信息存储容量。该专利和其同族曾被其他专利文献引用 7 次。

③ 其他申请人

此外，因芬尼昂技术股份公司也在中国申请了相关技术的专利，从 1998 年开始总申请量达 66 件，在 2001 年达到 28 件的峰值，之后研究活跃度明显下降，其专利技术集中于磁存储装置/系统。三菱电机株式会社也在中国申请了相关技术专利，总申请量达到 44 件，并主要集中在 2002 年。作为 MRAM 和集成磁产品领导厂商的艾沃思宾（也做爱沃斯宾，即 Everspin）技术公司在该领域尽管只有 19 件专利申请，但从 2001—2010 年均有专利申请并开发出了 16MB 的 MRAM 产品，强化了该公司在 MRAM 市场和产品领域的地位。高通股份有限公司从 2008 年开始加大专利布局，三年内提交专利达 38 件，主要涉及自旋转移力矩磁阻随机存取存储器（STT－MRAM）和磁存储单元中的磁隧道结。

2. 铁电随机存储器（FeRAM）

通过分析 FeRAM 领域的专利数据分布可以看出，日本、欧美等领先企业在铁电存储器领域具有相对先进性，而国内基本以高校的学术研究工作为主，处于向生产力转化的过程中，企业的自主研发能力急需加强。以下详细介绍国内主要申请人（清华大学）和国外主要申请人（精工爱普生株式会社、因芬尼昂技术股份公司）的具体情况。

（1）国内主要申请人——清华大学

清华大学从 2000 年开始涉及 FeRAM 领域的专利申请，随后申请量逐年增加，2010 年达到 9 件。清华大学在各个分支下的申请数量较为平均，涵盖了所有技术点，包括铁电薄膜、半导体工艺、铁电存储单元、铁电电容以及读写外围电路，可见其研究范围广泛。尽管涉及所有技术分支，然而通过分析它的技术方案可以看出，涉及铁电元器件的研发也是侧重于基础材料的研究。

公告号为 CN100527420C 的清华大学的专利（专利权维持）涉及铁酸铋/钛酸铋叠层结构电容及其制备方法，利用该方法制备出来的铁电电容具有优异的抗疲劳特性、较高的剩余极化强度（Pr），较低的操作电压（Vc），较好的介电特性，并能与 CMOS 工艺技术相兼容的特点，且在室温下能够正常工作，适用于新型高密度存储器以及集成铁电器件。

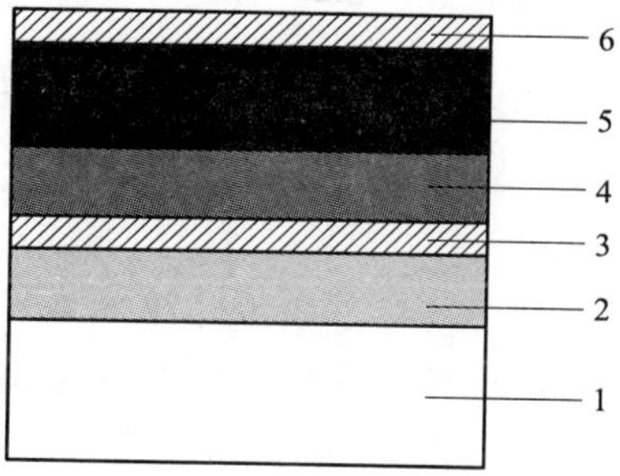

图 26　CN100527420C

与欧美业界的主要公司相比，清华大学更注重元器件材料和制造工艺的研究与开发，而建立在材料和元件之上的存储单元、集成电路设计等方面相关的内容所占份额较少。

（2）国外主要申请人

① 因芬尼昂技术股份公司

因芬尼昂技术股份公司（INFINEON，也称因芬奈昂、印芬龙）在中国的申请始于 1999 年，然而 2001 年后其申请量显著回落，2002 年后没有关于铁电存储器领域的申请。作为本领域的技术先驱之一，因芬尼昂技术股份公司的申请同样覆盖了各个技术分支。然而其中有 12 件涉及铁电器件半导体制造工艺，17 件涉及铁电存储单元，是该公司的技术发展重心。

公告号为 CN1157736C、名称为“用于生成参考电压来读出铁电存储器的电路装置”的专利主要涉及一种用于生成参考电压来读出和分析从铁电存储器的存储单元（C1、C2）中用恒定极板电压（VP）经位线读出的读出信号的电路装置，其中，参考电压装置由可施加有互补信号的两个参考单元（DC1、DC0）组成，而该参考单元可以同时读出到选择和分析装置中以便生成所述的参考电压。

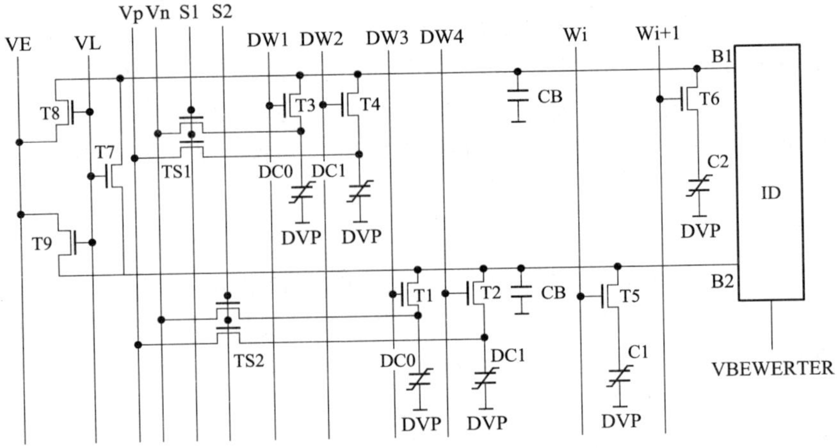

图 27　CN1157736C

该申请至今仍然处于授权后维持的状态，也证明了它对该公司的战略意义。而当年，在中国只有 31 件铁电存储器领域的申请，其中接近半数来自因芬尼昂技术股份公司。

② 精工爱普生株式会社

精工爱普生株式会社在 2004 年至 2006 年的申请量占其总申请量最多。精工爱普生株式会社在中国的申请涉及铁电薄膜、半导体工艺、铁电存储单元、铁电电容和晶体管等技术点。从数据量还可以看出，该公司更偏重于铁电存储电路及器件结构的研究，其中最多的是存储单元相关的申请，占其申请总量的 40%。

公告号为 CN101714579A、名称为“铁电膜、铁电膜的制造方法、铁电电容器以及铁电存储器”的专利（专利权维持）主要包括一种铁电膜，由用通式（$Pb_{1-d}Bi_d$）（$B_{1-a}X_a$）O_3表示的铁电膜构成，其中：B 由 Zr 和 Ti 中的至少一方构成，X 由 Nb 和 Ta 中的至少一方构成，a 的范围为 $0.05 \leqslant a \leqslant 0.4$，d 的范围为 $0 < d < 1$。根据本发明可以提供具有良好的滞后特性的铁电电容器及铁电存储器，此外还可以提供适用于铁电存储器和上述铁电电容器的铁电膜。

在铁电存储迅速发展的 2000—2009 年间，精工爱普生株式会社申请的与铁电存储有关的专利 70 件。稳定的年代分布也反映出其技术研发的稳定性和持续性。从领域内专利申请趋势来看，2004 年之后，存储单元结构设计成为技术发展的新热点，而精工爱普生株式会社更加注重存储器产品的应用开发。

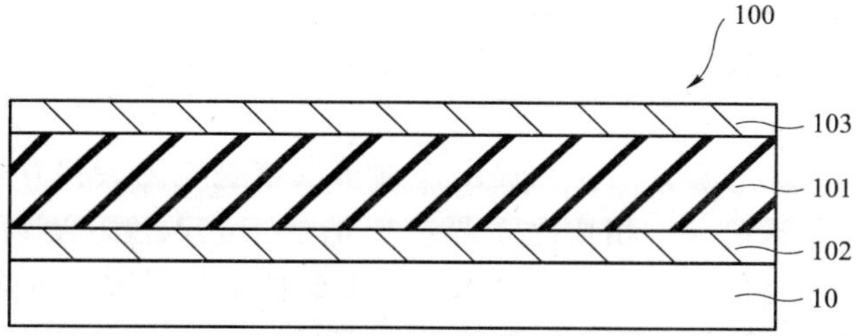

图 28 CN101714579A

3. 电阻随机存储器（ReRAM）

（1）国内主要申请人

① 复旦大学

复旦大学作为国内最主要的研究机构之一，自 2006 年开始至 2011 年年底，其在 ReRAM 领域的专利申请量累计达到 58 件。复旦大学的研究主要集中在 ReRAM 存储单元的结构及其制造方法（对应前述技术点 1 和 5），相关申请量为 28 件，占申请总量的 48%；复旦大学关注的另一个主要方面是 ReRAM 存储装置及其读写控制电路（对应前述技术点 2 和 3），相关申请量为 27 件，占申请总量的 46%；此外，复旦大学的申请还涉及阻变材料及其制备工艺等方面。

公告号为 CN101231970B 的专利提出一种 Cu［x］O 电阻存储器与金属氧化物二极管集成的制造方法。该方法利用了 Cu_2O 层或 CuO 层为 p 型半导体的特性，在 Cu［x］O 存储介质层上自对准 p 型金属氧化物半导体层，无需进一步增加掩模板和光刻构图步骤；同时金属氧化物二极管集成形成与铜互连工艺中，其上电极可以自由选择；该集成制造方法具有工艺过程简单，并能保证 Cu［x］O 电阻存储器和二极管的可靠性等特点。

公告号为 CN101325084B 的专利提出一种对交叉型存储阵列提供动态电压偏置的方法。该方法包括采用动态偏置的交叉型存储阵列和产生动态偏置电压的算法两个部分，能够根据阵列电阻分布的情况以及外加操作信号的不同来动态产生对其他非操作的金属线对上施加的电压偏置，使高低两个阻态有较大比值的电阻转换型存储单元的交叉型阵列能够可靠工作，抑止漏电流，提高交叉型存储阵列工作的可靠性。

② 中国科学院上海微系统与信息技术研究所

中国科学院下属的多个研究所均致力于 ReRAM 领域的研究工作，中国科学院上海微系统与信息技术研究所作为其中的代表之一，其专利申请数量和有效专利数量均位于前列，自 2007 年始至 2011 年年底，其在 ReRAM 领域的专利申请量累计达到 33 件。中国科学院上海微系统与信息技术研究所主要关注 ReRAM 存储装置及其制造工艺的研究，尤其是三维立体结构的高密度 ReRAM 存储装置（对应前述技术点 2

和 5），相关申请量有 23 件，占申请总量的 70%；另外，该申请人也对 ReRAM 存储单元结构（对应于前述技术点 1）以及阻变材料的选择和制备（对应前述技术点 4）等方面进行了研究。

公告号为 CN101894771B 的专利提出一种多层堆叠电阻转换存储器的制造方法。该申请采用金属—金属键合，相比之下具有更低的工艺温度，更易键合且结合力更强。利用金属—金属键合工艺，可与电阻转换存储器工艺兼容，可降低多层堆叠存储器的制造成本，实现存储器密度和性能提升。

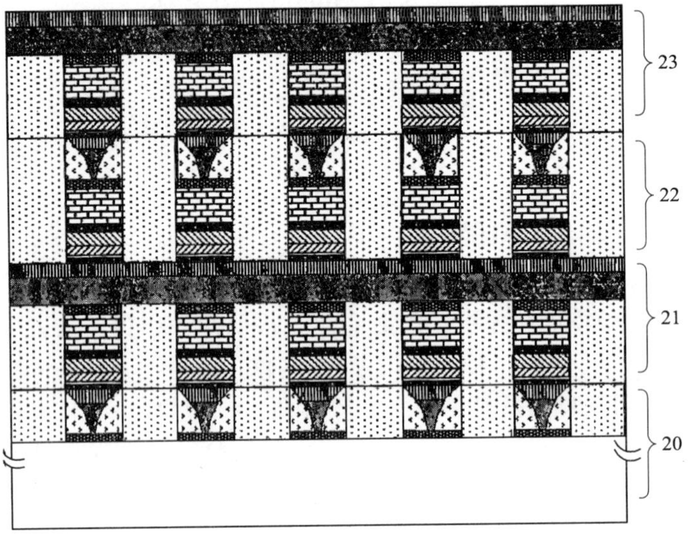

图 29　CN101894771B

公告号为 CN101882617B 的专利提供了一种基于双浅沟槽隔离肖特基二极管的半导体存储器，其采用基于双浅沟槽隔离结构的肖特基二极管作为电阻转换存储器中的选通管，制造工艺更简单，存储器器件成本可大幅降低。

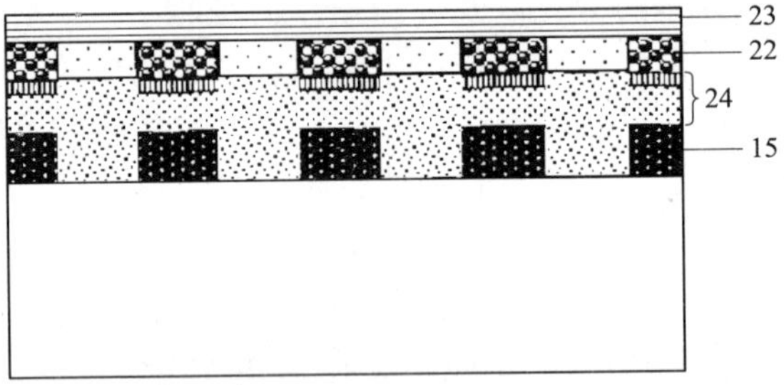

图 30　CN101882617B

（2）国外主要申请人——松下电器产业株式会社

松下电器产业株式会社是ReRAM领域较为重要的国外申请人，在本领域具有较强的研发能力，早在1996年就首次提出利用电阻变化特性存储数据的专利申请，大大领先于业界中的竞争对手。之后的几年在专利申请上有所停滞。但从2007年起，其研发再度活跃，专利申请无论从量上还是质上都领先于竞争对手。

松下电器共在中国申请了62项涉及ReRAM存储器技术的专利申请（不包含至今尚未公开的专利申请），其中1996、2003、2004、2005年各一项，从2007年至今已公开的专利申请总共58项。62项申请中已授权的总共16项，其中3项因费用终止公告，其他13项仍属于授权有效状态。由于大部分的申请集中于2007年之后，因此相当一部分仍处于未决申请的法律状态。

62项申请覆盖ReRAM领域的5个二级分支，其中大多数申请集中于①存储单元结构、③读写/控制/测试电路、④材料的选择和制备工艺；较少涉及②存储阵列及三位存储结构、⑤存储装置的制造工艺。这从一定程度上反映了该申请人在本领域的研发重点。然而对于二级分支②与⑤申请比例较低的状况也符合该领域的整体发展趋势。通过以上分析可见，松下电器在ReRAM领域的专利布局的全面性也领先于其他申请人。

公告号为CN101542730B的专利提供一种非易失性存储元件及其制造方法以及包括其的非易失性半导体装置。其中的非易失性存储元件，其电阻变化层在厚度方向上包括具有由TaOx表示组成的第 缺氧型钽氧化物的第 区域及具有由TaOy表示组成的第二缺氧型钽氧化物的第二区域，$0<x<2.5$，$x<y<2.5$。该存储元件无须成型工序，可进行高速动作，具有高速、可逆且稳定的改写特性及良好的电阻值保持特性；与半导体制造工艺的亲和性高。

公告号为CN101501850B的专利提供一种非易失性存储元件，绝缘层或半导体层与第一电极接触的部分的面积大于可变电阻膜与上部电极接触的部分的面积和/或与下部电极接触的部分的面积。该装置及方法抑制可变电阻元件之间的串扰；实现小型化和薄型化。

4. 相变随机存储器（PCM）

在相变随机存储器领域中，多家国内外企业及科研院校都在中国提交了相关的专利申请，下面分别挑选出部分国内、外主要申请人，对其专利申请情况进行进一步的分析与解读。

（1）国内主要申请人

① 中国科学院上海微系统与信息技术研究所

中国科学院上海微系统与信息技术研究所原名中国科学院上海冶金研究所，是我国著名的技术学科综合性研究所之一。自2004年至今，共申请专利134余件，涉及器件结构及外围电路（包括存储单元结构、存储阵列结构、外围电路设计）和相变材料及器件制备（包括相变材料的选取及制备、加热电极制备、器件制备）等各个技术领域。

其主要改进在于：在新型相变材料和相变存储器方面，创立与发展了快速发现新型相变材料的理论，研制出多种具有自主知识产权的新材料，包括 SiSb、GeTi 等新型存储材料和 TiO_2、GeN 等过渡层材料；纳米加工与组装技术实现了重大突破，制备出高密度、海量存储单元，建立了扣除累积效应存储单元、阵列与原形芯片的测试与数据分析系统，研制出具有存储功能的 PCRAM 单元阵列，其擦写次数达到 10^9 以上；研制出 1Mbit 的 PCRAM 芯片，实现存储功能，为自主开发奠定坚实基础；开辟了我国 PCRAM 研究领域，研究水平处于国内领先，达到国际先进水平。

② 旺宏电子股份有限公司

旺宏电子股份有限公司是提供非挥发性内存解决方案的 IDM 厂商，其总部设于台湾新竹，在美国、日本、苏州设有子公司。自 2003 年至今，共申请专利 92 余件，涉及器件结构及外围电路（包括存储单元结构、存储阵列结构、外围电路设计）和相变材料及器件制备（包括相变材料的选取及制备、加热电极制备、器件制备）等各个技术领域。

其主要改进在于：在新型相变材料和相变存储器方面，如何形成电极层，电极材料选取，以及其在存储器结构中的位置，例如，在公告号为 CN100440486B 的专利中其公开了一种制造相变存储装置的方法包含形成电极层。使用导体填充技术在所述电极层中制造电极，所述技术还使用层间导体以用于金属化层，从而改进以金属化层的缩短的临界尺寸来定标的制程。在公告号为 CN101504967B 的专利中其公开了一种中心加热相变化存储器结构及其制造方法。一种存储装置，包含底电极，以及在该底电极之上包含第一相变化材料的第一相变化层。在该第一相变化层之上包含加热材料的电阻加热器。在该电阻加热层之上包含第二相变化材料的第二相变化层，以及在该第二相变化层之上的一顶电极。该加热材料具有电阻率大于该第一及第二相变化材料的该最高电阻率。

(2) 国外主要申请人——三星电子株式会社

三星电子株式会社是相变随机存储器领域中较为重要的国外申请人，其在本领域具有较强的研发能力，且研发活跃度较高。2009 年 10 月，三星电子与恒忆公司（Numonyx）宣布将共同开发制定相变随机存储器；而在 2010 年下半年，三星电子宣布其已经开始了 512M 相变随机存储器的量产工作，目标是应用于手机等电池驱动产品；之后，三星电子宣布，将于 2012 年 ISSCC 会议（IEEE International Solid-State Circuits Conference，国际固态电路会议）上发表采用 20nm 工艺制程的 8G 相变随机存储器元件。可见，三星电子为相变随机存储器的商业化做出了不可忽视的贡献。

从 2004 年至 2009 年期间，三星电子共在中国申请了 91 件涉及相变随机存储器技术的专利申请（不包含至今尚未公开的专利申请），在存储单元结构、存储阵列结构、外围电路设计、相变材料选取及制备、加热电极制备、器件制备这6个二级技术分支均有涉及，其中，在相变材料选取及制备方面提出的专利申请相较于其他技术分支来说，申请数量较少，而在存储单元结构、存储阵列结构、器件制备方面的申请量相对较多，这从一定程度上反映出了三星电子在本领域的研发重点。

公告号为CN100514664C的专利，提供一种相变存储器件，提出在存储单元内部，在上电极和下电极之间形成垂直的相变材料膜，并通过淀积工艺形成宽度为30nm或更小的相变材料膜，从而减小了上下电极与相变材料膜之间的接触面积，降低了器件的功耗。

公告号为CN1897156B的专利提供一种具有可变驱动电压的相变随机存储器器件及其驱动方法，其在写操作模式中向写驱动器、列译码器和行译码器提供足够的写电压，并且在读操作模式和等待操作模式中向列译码器和行译码器施加比写操作模式中施加的电压低的电压，从而降低电流损耗并且增强操作可靠性。

四、新型非易失性存储器专利发展趋势预测及相关建议

（一）新型非易失性存储器专利发展趋势

1. 磁性随机存储器（MRAM）

从目前的产品规格及开发状况判断，MRAM的用途仍被局限在一些特定的市场上。目前正在开拓要求可进行无限次读写操作、且需要使用可在高温下工作的非易失性存储器的市场。MRAM的研究热点在于磁存储装置/系统、磁存储单元和磁存储制造工艺三个方面的改进。

在2003年之前，磁存储器发展初期，技术热点主要偏重于磁存储装置/系统上的改进，从2003年开始，磁存储单元及其相关制造工艺越来越被重视，不但专利申请量超过了磁存储装置/系统的相关专利申请量，主要申请人研究的热点也随之转移。磁存储单元的热点技术主要是提高低电阻面积乘积值MTJ的隧穿磁电阻比，其中也包括制备一些可变势垒结和自旋过滤势垒结。由于磁性多层膜加工工艺的限制，不同的存储元，薄膜的大小、形貌都不完全相同，而形貌上的微小差异和制备过程中出现的缺陷都会导致反转场的很大差异，因此如何精确控制存储元状态的改变成为技术热点之一。

对于目前的磁存储元，反转磁场较大，产生反转磁场所需的外加电流也较大。外加电流过大就会增加存储器的功耗，使存储元工作温度过高，可能引起磁性薄膜的磁化状态发生改变，导致存储数据丢失。因此对存储元的热稳定性进行控制也是申请人主要研究热点之一。

制造工艺的热点技术主要是研制具有更高隧穿磁电阻比的材料以及减弱隧穿磁电阻比对电压变化量的依赖性。按照目前的发展需要，必须在整个硅片上制备出重复性

以及均匀性都很好的磁隧穿结。因此加工工艺对 MTJ 的性能影响很大，也因此成为较多申请人研究的重点。

2. 铁电随机存储器（FeRAM）

铁电随机存储器作为新型的非易失性存储器，近十年来逐渐受到各研发机构的重视，在专利方面，专利申请量在 21 世纪初的前五年达到最高，虽然近几年有所减少，但是该存储器类型仍是全球各大存储器厂商重视的领域之一。

国内铁电随机存储器的专利申请主要集中在铁电材料及器件制造工艺、FRAM 存储电路及器件结构方面。由于铁电薄膜是制造存储器的关键部分，所以目前国外企业，尤其是 Ramtron、三星、英飞凌等企业技术上较为领先。目前铁电存储器已经有相应的产品面世，但是还没有大规模的量产出现。

铁电随机存储器与传统的半导体存储器相比，其读写速度更快，系统可在瞬间完成对整个芯片的写操作，擦写次数高达 100 亿次，且其功耗要远低于其他非易失性存储器。铁电随机存储器可作为独立式存储器应用在各种仪器仪表上，也可作为嵌入式存储器应用在智能卡中，因此铁电随机存储器在航空、交通、金融、电信、办公系统等领域具有广阔的市场前景，因此，铁电随机存储器成为最具潜力的新一代非挥发存储器，应用范围广阔。

3. 电阻随机存储器（ReRAM）

ReRAM 器件是一种全新的存储技术，目前已经取得了一定的研究成果，但仍然存在许多问题，未能投入生产，这些问题成为现今行业内的研究热点。

首先，作为一种新兴的非易失性存储器器件，导致电阻转变的物理机制尚不明确，这成为制约 ReRAM 存储器实用化的主要障碍。进一步研究电阻转变机理对 ReRAM 的发展至关重要。另外，ReRAM 器件电阻转变参数的离散型较大，可以通过选取合适的电极材料、采用不同的工艺条件、运用掺杂技术、制备新的器件结构等方法来改善 ReRAM 器件电阻转变的一致性。同时在众多材料中寻找性能、制备、可缩小性都满足要求的材料也仍然是 ReRAM 发展的关键。

从专利布局情况来看，目前该行业的重点申请人都在各热点领域进行了全面布局。但相对来说，国内申请人更侧重于技术点 4（阻变材料的选择和制备），例如中科研硅酸盐研究所、中科院宁波材料技术与工程研究所等；以及技术点 2 和 5（阻变存储装置结构特别是三维存储结构和存储装置的制造工艺），例如复旦大学、中科院上海微系统所、中科院微电子所等。而国外申请人更为侧重技术点 1（存储单元结构的改进），例如松下电器产业株式会社、三星电子株式会社等；以及技术点 3（外围电路/读写控制/电压电流控制），例如松下电器产业株式会社、索尼公司、夏普株式会社等。

从市场竞争情况来看，ReRAM 基础研究尚未成熟，尚未形成如 DRAM、SRAM 和闪存等存储器的垄断优势。

ReRAM 有可能取代硬盘成为另一种存储媒体，ReRAM 未来的发展方向一是 Memory（高速取向，取代传统内存），二是 Storage（海量取向，取代传统硬盘和光盘）。

4. 相变随机存储器（PCM）

相变随机存储器在经历了发展飞跃期之后，正逐渐趋于发展平稳期，且部分科研院校及大中型企业在本领域一直处于较为活跃的研发状态，并表现出了较强的研发能力和知识产权保护意识，例如中科学院上海微系统所、旺宏电子、三星电子、中芯国际、复旦大学、IBM 等，这些科研院校及大中型企业主要集中在中国、美国、韩国、日本等国家或地区，另外，有部分中国台湾地区的企业通过专利联盟的方式在中国大陆进行了专利布局，这是值得其他企业及科研院校注意的地方；在相变随机存储器专利申请涉及的技术领域方面，较多的专利申请集中在有关相变随机存储器的存储单元及阵列结构、外围电路设计、相变材料选取及制备、器件制备等方面，由此可以看出该领域的研发热点及专利布局热点。

相变随机存储器不仅综合了目前半导体存储市场上主流的 DRAM、SRAM 和 FLASH 等存储器的优良特性，而且还具有微缩性能优越、非挥发性、循环寿命长、数据稳定性强、功耗低等诸多优势，被业界认为是继 FLASH 之后有望获得重大突破的存储技术，是下一代存储器有力的竞争技术之一。国外的少量企业例如三星电子和美光公司都先后宣布其实现了相变随机存储器的量产，并希望将相变随机存储器应用于部分市场产品中。我国对相变随机存储器技术的研发工作也非常重视，并将相变随机存储器相关课题“相变随机存储器存储材料及关键技术”列为国家“十一五”863 计划新材料领域的重点课题，该课题由中科院上海微系统所承担，且中科院上海微系统所也已经研制出容量为 8Mb 的相变随机存储器试验芯片，该成果入选了“十一五”国家重大科技成果，同时，我国对相变随机存储器技术的研发仍然在进行中，对相变随机存储器芯片的产业化工作也正在开展中。随着相变随机存储器的产业化进程的加快，其将有望在移动存储器、消费性电子产品、智能卡、汽车电子、物联网等领域获得广泛应用。

（二）对国内非易失性存储器行业的建议

1. 磁性随机存储器（MRAM）

从 MRAM 的专利布局现状和技术发展的总体趋势来看，在目前国内申请人关注的热点技术上作进一步的研究是可行的，目前的热点包括调整单元结构布局以减小器件面积，进而提高集成度以降低器件尺寸；通过磁存储单元的选型和布局优化实现较低的电流；等等。

对于国内专利申请人，可从 MRAM 器件和工艺两个方面切入。因为存储单元是 MRAM 系统的基础，系统的性能优化和提高很大程度上都依赖于存储单元技术，因此对于有研发实力的国内申请人，从存储单元入手是必要的，且对于自身专利布局具有长远意义。其中对于存储单元的切入，可尝试从 MTJ 入手，比如 MTJ 结构的改进、材料选型和参数配置等。

对于有信息功能材料研发基础的申请人，可尝试从磁存储单元材料的选型和改进入手。对于普通申请人，可尝试从磁存储系统中除存储阵列外的电路入手，以改善系统性能。因为将来随着 MRAM 芯片的量产和广泛应用，芯片的诸如热稳定性等问题将会变得突出，因此针对存储阵列外围电路进行研发并优化布局和结构，不失为一种前瞻性的策略。

在磁存储工艺方面有研发基础的申请人，可在器件研发基础上强化工艺技术，并进行全方位布局，构建自主专利保护体系。

2. 铁电随机存储器（FeRAM）

现阶段铁电存储器的发展中一个关键的技术点在于铁电薄膜的选择和制备，因为用于 FRAM 的理想薄膜应该具有较大的剩余极化、低的矫顽场，并且具有良好的抗疲劳特性，而且不能对其底部的 CMOS 电路存在明显或者潜在的损伤，而目前铁电存储器研制常用的铁电薄膜主要是 PZT 薄膜和 SBT 薄膜，二者各有优缺点，如何在上述常用铁电薄膜的基础上研发出特性更优良的铁电薄膜，是国内铁电存储技术领域一个重要的发展方向。与此同时，在制膜技术方面，薄膜的组分控制、台阶覆盖性，以及大面积均匀性方面也还有进一步改进和发展的空间。

目前国内的铁电存储器领域申请人集中在日本、德国、韩国的大型半导体生产制造企业，相比之下，尽管国内本土的专利申请人也开始崭露头角，但是国内本土的研究仍然集中在科研院所，其专利申请以学术成果为主，距离产业化的道路还很远。并且，虽然国内的专利布局中申请人较多，但是拥有绝对申请量的申请人并没有出现，专利集中度并不明显，这也说明国内铁电存储器的垄断程度不高。这也给我国的本土企业或科研机构提供了良好的发展机遇，因此，国内专利申请人需优先加强铁电材料的研发，以前瞻性的眼光开拓铁电存储器技术领域，占领铁电存储器的商业市场。

3. 电阻随机存储器（ReRAM）

虽然，ReRAM 的研究自 2000 年以来取得了突飞猛进的发展，然而，ReRAM 的研究现状就其产品化和量产化而言仍不容乐观，因此，以下几个方面或将成为 ReRAM 技术的突破点。

① 理论机制研究：不同具有电阻转变效应的材料，其具体的电阻转变机制不能用统一的理论解释清楚，深入研究电阻转变机制能为 ReRAM 器件的设计提供理论指导。

② 可靠性研究：尽管现有研究发现多种材料具有阻变特性，然而其存储性能大都存在不足，尤其是阻变现象的稳定性和均匀性有待提高，从而影响了 ReRAM 存储器的可靠性。

③ 高密度存储：依靠缩小存储单元尺寸来提高存储密度的方法没有更大的改善空间，研究 3D 集成的 ReRAM 以及具有多值存储能力的 ReRAM 是两个可能的发展方向。

④ 1D1R 结构的 ReRAM 具有高密度、易堆叠、串扰低、误读率低的优势，寻找具有高电流密度、大整流比以及低温工艺的整流二极管也是一个重要的研究方向。

此外，国家“863 计划”所确定的 ReRAM 领域的研究目标为：突破 CMOS 工艺兼容的 ReRAM 芯片涉及的共性关键技术，研制出居于国际先进水平的高速、高密度、低功耗、高擦写次数和高可靠性的 ReRAM 存储芯片，获得一批自主知识产权的前沿性成果，实现 ReRAM 在主流高端应用领域的示范应用，抢占下一代新型非易失存储技术的制高点。

“863 计划”还确定了以下几项主要研究内容：① 适合于大规模生产的 ReRAM 存储单元研究；② 存储阵列设计和优化；③ 大规模存储芯片设计相关的单元模型研究；④ 外围电路模块（包括读写电路、高速接口电路、高可靠性纠错电路、可测性设计）的共性设计技术；⑤ 嵌入式 ReRAM 存储器的应用验证研究；⑥ 独立式 ReRAM 存储器的应用验证研究。“863”计划立足高远，这无疑为国内研究人员指明了今后的研究方向和研究重点。

4. 相变随机存储器（PCM）

涉及相变随机存储器的国内专利申请中，与加热电极的制备相关的专利申请相对于其他方面的专利申请数量较少，这从一定程度上给出了启示，研发单位可以将一些研发力量投入到有关加热电极的制备的研究工作中，以期提高器件的加热效率、降低功耗、提高电极与相变薄膜层的黏结度等，从而达到更好地提高相变随机存储器的性能的目的。值得国内专利申请人注意的是，在相变随机存储器相关的研发工作中，存在着一定数量的研发单位进行联合研发的情况，这样的现象我国在部分台湾企业中尤为突出，这在一定程度上体现出了这些企业间的专利战略布局情况；另外，从大陆专利申请人的分布情况来看，较多的申请人都集中在科研院校，企业的数量并不多，因此，大陆企业还需要加强其在本领域的研发能力，并提高知识产权保护意识。

五、结束语

综上，新型非易失性存储器技术凭借读写速度快、存储密度高、使用寿命长等优点，将会在未来存储器市场中占据一席之地。而国外申请人在过去的十余年中已在中国申请了大量的专利，形成较为全面的专利布局。国内的研究机构应当结合自身优势，加大该领域存储器件和工艺技术的研究深度，构建较为完整的专利保护网络，在未来的存储市场中拥有更多的技术优势。由于新型非易失性存储器技术仍处于发展的初期，这给我国在该领域的科研创新发展和专利布局提供了广阔的发展空间和良好的机遇！

参考文献

［1］高宗义．一种新型存储器件——磁电存储器［J］．安徽电子信息职业技术学院学报，2005，4（19）：73～74.

［2］韩秀峰．物理和器件设计原理的研究进展［J］．物理，2008（6）：392～399.

［3］斯坦·吉布里斯科．图解电子学辞典［M］．张宝玲，等，译．北京：科学出版社，2004.

［4］左青云，刘明，等．阻变存储器及其集成技术研究进展［J］．微电子学，2009（4）.

［5］王源，贾嵩，等．新一代存储技术：阻变存储器［J］．北京大学学报：自然科学版，2011（3）.

［6］李颖弢，等．电阻转变型非挥发性存储器概述［J］．科学通报，2011（24）.

［7］陈燕，黄迎燕，等．专利信息采集与分析［M］．北京：清华大学出版社，2006.

［8］夏吉林．相变存储器存储单元设计与关键制备工艺［D］．上海：中国科学院研究生院（上海微系统与信息技术研究所），2006.

［9］马良．铁电存储器工作原理和器件结构［J］．电子与封装，2008（8）.

［10］李建军，王耘波，等．铁电存储器的基本单元及其工作模式［J］．计算机与数字工程，2006，34（1）.

［11］Nishi Y，Jameson J R.："Recent Process in Resistance Change Memory"，IEEE International Device Research Conference. Santa Barbara，2008.

［12］Spin-Transfer Torque MRAM（STT-MRAM）：Challenges and Prospects，Yiming Huai，http：//www. cospa. ntu. edu. tw/aappsbulletin/data/18-6/33spin. pdf，pp. 33 - 40.

数字音视频接口专利技术现状及发展趋势

魏　玮　郭晓宇　严佳琳　李　靖
顾莹莹　马　辉　飞　雁　王　旸❶

（国家知识产权局专利局通信发明审查部）

一、引言

在通信数据传输中，接口是数据通信中影响整个系统传输质量的重要部分。尤其随着数字化的普及，消费者对音频和视频的播放提出了更高的要求。由于在数字环境中使用模拟接口会影响最终的图像质量，所以维持设备到设备间的完整数字信号是提供最高质量数字多媒体播放体验的关键。

随着高清数字视频时代的到来，显示技术的发展也促进了信号接口标准的更新换代。机顶盒、平板电视、显示器、电脑、DVD、播放器以及其他各种各样的多媒体电子设备之间的互联互通，使得对高兼容性和优秀传输质量接口的需求更加迫切。此外，对数据源和播放终端的要求也日益增长，从而也促使对接口标准的各项性能要求的提高。

为此，不管是消费电子厂商，还是 IT 厂商，都在大力发展数字视频接口技术，各种视频接口技术的标准被纷纷推出。这些标准的相关专利申请目前也处于多元化发展的上升期，不同国家以及不同年代的申请所涉及技术内容也有所不同并在不断的发展变化中。本文就涉及数字音视频接口的专利申请进行了统计分析，介绍了该技术领域专利发展的现状，并对其未来发展趋势做出预测，以便对业内人士有所帮助。

二、数字音视频接口的发展现状和相关标准

（一）数字音视频接口定义

接口是一套规范，满足这个规范的设备，便可以被组装到一起，从而实现各设备的功能，而数字音视频接口是用于连接数字音视频源设备和数字显示设备，以数字方式传输视频数据的接口。

（二）数字音视频接口简介及发展历史

早期使用最广泛的视频接口是复合视频信号接口，就是通常所称的 RCA 接口；

---

❶ 郭晓宇、严佳琳、李靖、顾莹莹、马辉所作贡献与第一作者相同。

伴随着S-VHS摄录像机、VCD等激光视盘产品的应用，出现了将亮度信号Y和色度信号C分离的S接口；接着伴随着DVD、卫星数字电视机顶盒的应用，出现了模拟分量视频信号接口；而在PC通信领域，出现了VGA接口。这些接口曾广泛应用于模拟显示器CRT。但CRT在经历了20世纪90年代的飞速发展后，于2002—2006年间市场份额急速下降，取而代之的是市场占有率不断上涨的LCD等其他种类的平板数字显示器。从2004年至2009年，中国液晶电视市场规模连续6年都保持了50%以上的增长速度，特别是2009年超过100%的大幅增长。随着2010年LED电视和网络电视的新兴和发展以及3D电视技术的产业化，目前PC类和消费类电子的显示设备的数字化已成为主流。

早期的VGA等接口是以模拟信号传送视频数据为标准，并未使用数字化的离散信号。当LCD等数字化的显示设备实用化之后，模拟视频信号传送至数字显示设备时，该显示设备必须以特定频率将该模拟信号取样再转换回数字格式。此时若取样出现误差就会使得画面品质劣化，这会使得用户体验度降低。因此，随着数字显示器市场占有份额的提高，相应的数字接口种类也不断出现并迅速占领接口市场。

从1999年开始，相应的数字音视频接口标准不断涌现。图1示出了国际上常用的消费类电子设备的四种标准DVI、HDMI、DisplayPort和DiiVA的发布时序。

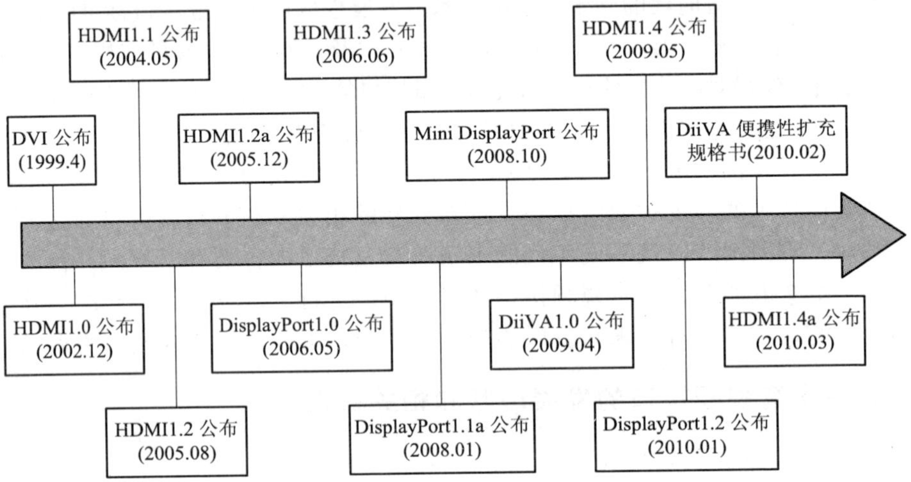

图1　数字音视频接口标准的发布时序

以下部分将对上述四种数字音视频接口标准进行简要介绍：

1. DVI接口标准

英特尔、晶像、HP、IBM、NEC、Compaq和富士通七家厂商于1999年4月发起成立了DDWG（Digital Display Working Group，数字显示工作组）。该工作组于1999年制定了DVI（Digital Visual Interface，数字视频接口）接口标准，并使用至今。

（1）DVI 接口标准概述

DVI 接口标准是一种高速传输数字信号的技术，采用了 TMDS（Transition Minimized Differential Signaling，最小化传输差分信号）编码方式；实现并串/串并转换；工作频率为 165MHz；单一 10 位的 TMDS 传输通道可提供 1.65Gb 带宽；数字信号传输有单连接/双连接两种方式；应用在数字电视上时，DVI 接口遵从 EDID（Extended Display Identification Data，扩展显示识别数据）规范和 HDCP（High-bandwidth Digital Content protection，高带宽数字内容保护）功能。其中 HDCP 是在发送设备和接收设备之间保护数字信号正常合法传输、防止非法接收的一种加密系统。

DVI 接口根据实用功能分为三种类型：仅传送数字信号的 DVI-D、仅传送类比信号的 DVI-A、可传送数字及类比信号的 DVI-I。

其中 TMDS 是把 8bit 数据（R、G、B 中的每路基色信号）通过最小转换编码为 10bit 数据（包含行场同步信息、时钟信息、数据 DE、纠错等），经过 DC 平衡后，采用差分信号传输数据。TMDS 技术的连接传输结构如图 2 所示。

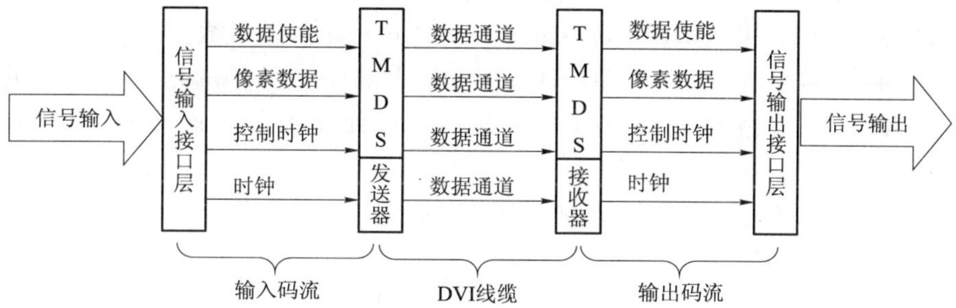

图 2 TMDS 连接传输结构

（2）DVI 接口标准的发展

1999 年 4 月，由 DDWG 推出了数字显示接口标准 DVI，该接口标准设计的目标是通过数字化的传送来强化 PC 显示器的画面品质，目前也广泛应用于 LCD、数字投影机等消费类电子显示设备上。DVI 接口标准基于晶像公司的 PanelLink 接口技术，采用 TMDS 技术，可以传送未压缩的数字视频数据到显示设备。DVI 接口标准支持单像素 RGB 的 24bit 数据，传输的数字信号没有经过压缩，单连接的传输速率可达 4.9Gbps，对数据传输速率是 1.78Gbps 的 1080i 数字高清晰电视也可以达到一定的保真度。2007 年，13%的台式 PC、28%的台式 PC 显示器、16%的 LCD 笔记本电脑显示器以及所有零售市场上的图形卡都带有 DVI 接口。

DVI 有 DVI 1.0 和 DVI 2.0 两种标准，其中 DVI 1.0 仅用了其中的一组信号传输通道，传输图像的最高像素时钟为 165M（1600RGB×1200@60Hz，UXGA），通道中的最高信号传输码流为 1.65Gbps。DVI 2.0 则用了全部的两组信号传输通道，传输图像的最高像素时钟为 330M，每组通道中的最高信号传输码流也为 1.65Gbps。

由于 DVI 接口标准的提出和市场迅速扩大，苹果公司在 2003 年 1 月推出的 PowerBook G4 上采用了 Mini－DVI 接口来代替 DVI 接口，为提升竞争力，Mini－DVI 接口也用在 Intel-based iMac、MacBook Intel-based 笔记本以及 Intel-based Xserve 上；接着，苹果公司又推出了另一种比 Mini－DVI 接口构型更小的接口 Micro－DVI，并将 Micro－DVI 接口用于 2009 年以前的 MacBook Air。苹果公司推出的这两种接口可以减少设备的物理尺寸大小，但上述两种接口不支持双通道连接，因此也不支持高于 1920×1200@60Hz 的分辨率。

2. HDMI 接口标准

日立、松下、索尼、皇家飞利浦、汤姆逊、东芝、晶像于 2002 年制定了 HDMI（High Definition Multimedia Interface，高清多媒体接口）接口标准。

（1）HDMI 接口标准概述

HDMI 采用同一条电缆同时传送无压缩的音频及视频信号；HDMI 接口中音频、视频数据在传输时可以使用三条 S 数据通道；采用了 TMDS 编码方式；防拷机制采用 HDCP 加密处理；采用 DDC（Display Data Channel，显示数据通道），需单向获知接收端（显示器）的能力；CEC（Consumer Electronics Control，消费型电子控制）通道传送工业规格的 AV Link 协定讯号，以便支援单一遥控器操作多台 AV 机器。

HDMI 接口标准的连接传输结构如图 3 所示。

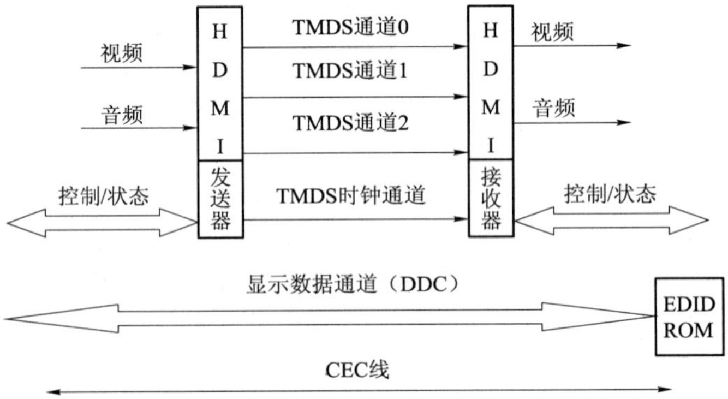

图 3 HDMI 连接传输结构

（2）HDMI 接口标准的发展

紧随着 DVI 的发展脚步，并基于 DVI 接口标准，高清多媒体接口标准 HDMI 于 2002 年制定完成。HDMI 接口是一种支持单线缆、无压缩传输全数字高清晰度、多声道音频和智能格式与控制命令数据的数字接口，并可以兼容 DVI 标准。

至今，HDMI 接口已公布过数个版本：2002 年 12 月公布最初的接口标准 HDMI1.0，2004 年 5 月公布 HDMI 1.1，2005 年 8 月公布 HDMI 1.2，2005 年 12 月公布 HDMI 1.2a，2006 年 6 月 22 日公布 HDMI 1.3，2009 年 5 月 28 日公布 HDMI 1.4，2010 年 3 月 4 日公布 HDMI 1.4a。

其中 2006 年 6 月公布的 HDMI 1.3 标准已经广泛应用于投影机、电视、播放器等多种媒体设备，且带宽高达 340MHz，传输速率为 10.2Gbps，最高可以满足 1440P/WAXGA 分辨率的要求。

2009 年 5 月推出的 HDMI 1.4 接口标准新增了以下功能：HDMI 以太网通道，允许基于互联网的 HDMI 设备和其他 HDMI 设备共享互联网接入；音频回传通道，让高清电视通过 HDMI 线把音频直接传送到 A/V 功放接收机上；HDMI 3D 功能，将为 HDMI 设备定义通用 3D 格式和分辨率；支持更高分辨率，达到四倍于目前的 1080p 的 4K×2K；拓展支持色彩空间，包括 sYCC601、Adobe RGB 和 AdobeYCC601；Micro HDMI 迷你接口，比现在的 19 针的普通接口小 50%左右，为便携设备带来最高 1080p 的分辨率支持；汽车连接系统。

2010 年 3 月公布的 HDMI 1.4a 是 HDMI 1.4 的 3D 立体补充标准文档。由于 HDMI 1.4 公布时，对于家庭影音系统的 3D 技术发展方向尚未明晰，而之后一年时间内，3D 技术和产品迅速成为市场焦点。为适应市场需求，相应地公布了 HDMI 1.4a。

HDMI 1.4a 对于设备厂商的强制性格式标准包括：电影内容：画面集合（Frame Packing）1080p@23.98/24Hz；游戏内容：画面集合（Frame Packing）720p@50 或 59.94/60Hz。HDMI 1.4a 为广播内容提供的强制性 3D 画面传输格式包括：Side-by-Side Horizontal（并行水平）1080i@50 或 59.94/60Hz；Top-and-Bottom（上下）720p@50 或 59.94/60Hz 1080p@23.97/24Hz。

随着 HDMI 1.4 标准的发布，全新规格的五种 HDMI 线缆也一并被推出，用户必须配备相应的 HDMI 线来使用不同的功能。这五种 HDMI 线缆分别为：（1）标准 HDMI 线：数据传输率最高支持 1080i/60Hz；（2）高速 HDMI 线，超越 1080p，包括 HDMI 1.4 标准里的深色和所有 3D 格式；（3）标准以太网 HDMI 线，支持以太网连接；（4）高速以太网 HDMI 线，支持以太网连接；（5）汽车 HDMI 线，用于连接外置 HDMI 设备和车载 HDMI 设备。

2003 年，HDMI 消费类电子产品的销售量为 25 万台，在 2004 年增长至 600 万台以上，并且其增速一直持续。2004 年，消费电子行业开始在 DVD 播放器、有线电视/卫星电视机顶盒上添加 HDMI 接口。此外，HDMI 接口还开始逐渐出现在数字电视及 LCD/等离子显示器上。到 2004 年年底，HDMI 被广泛应用在电视和显示器上。截至 2006 年 6 月，全球有超过 400 家消费电子和 PC 产品制造商已采用 HDMI 接口。2005 年年底在中国成立了 HDMI 授权测试中心，为中国消费电子厂商提供本土化的测试服务，并加大了 HDMI 接口产品在中国的生产制造和研发进程。到 2008

年，中国大陆授权 HDMI 的企业有 236 家，2008 年 HDMI 接口在近 1/4 的笔记本电脑上得到了应用；IPTV 机顶盒在所有付费电视机顶盒中采用 HDMI 接口的比例最高，增长率达到 85%。

另外，按照 DVD 拷贝管制协会（CCA）的规定，只有配置了 DVI - HDCP 或 HDMI - HDCP 输出接口的 DVD 机，才可以播放 CSS 保护内容并且画质高于 480p/576p。此外，美国的 FCC 要求在 2005 年 7 月以后销售的所有具有数字有线功能的电视，均必须具有这两个输入接口。2005 年 1 月 19 日，代表欧洲信息通信技术与消费电子产业的组织 EICTA 也宣布：任何显示设备只有通过 HDMI 或 DVI 数字接口接收高分辨率内容的传输，而且其 HDMI 或 DVI 输入接口必须支持 HDCP 才可以贴有“HDReady”标志。HDMI 接口如今已广泛应用于高清数字电视机机顶盒、电子游戏机、液晶显示器、数码摄像机、家庭影院、投影仪、DVD 播放机、数码相机、笔记本电脑、台式 PC 等设备中。

3. DisplayPort 接口标准

DisplayPort 由 VESA（Video Electronic Standard Association，视频电子标准协会）于 2006 年 5 月制定。

(1) DisplayPort 接口标准概述

DisplayPort 的数据通道主体由三部分组成，分别为主通道、辅助通道和热插拔信号检测通道。

主通道由 4 对差分线组成，用于传输无压缩的时钟同步视频、音频流，采用 ANXI 8B/10B 编码，微封包架构传输方案，所有的视频、音频数据流都被打包为微封包，时钟信号从数据流中提取。

辅助通道是由一对交流耦合差分线组成的双向、半双工通道，用于连接管理和设备控制以传输状态信息、控制命令等。

热插拔信号实现终端设备中断请求；内容保护方面支持 128 - bit 高级加密标准（Advanced Encryption Standard，AES）的 DisplayPort 内容保护（DisplayPort Configuration Data，DISPLAYPORTCP），版本 1.1 更支持 40 - bit HDCP；同时支持内部与外部链接。

DisplayPort 接口标准的连接传输结构如图 4 所示。

图 4　DisplayPort 连接传输结构

DisplayPort 接口传输的数字信号可直接输出，不需要转换电路。该技术基于128位高速加密引擎，采用标准密钥交换方法，支持标准的 RSA 认证，提供 2048 位的密钥长度，此外，制造厂商也可根据需要选择其他内容保护协议。DisplayPort 的外接型接头有两种：一种是标准型，类似 USB、HDMI 等接头；另一种是低矮型，主要针对连接面积有限的应用，比如超薄笔记本电脑。

（2）DisplayPort 接口标准的发展

在 DVI 接口和 HDMI 接口产业化的迅速发展中，2006 年 5 月，VESA 也正式发布了一种针对所有显示设备（包括内部和外部接口）的开放标准——DisplayPort 接口标准。DisplayPort 接口标准在传输视频信号的同时支持传输高清音频信号，同时支持更高的分辨率和刷新率。并且 DisplayPort 除了作为外部接口来连接设备与设备，还可用作设备内部的接口。

VESA 在 2006 年 5 月发布了 DisplayPort 1.0 标准版本，可提供 10.8Gb/s 的带宽；除了四条主传输通道，还提供了一条传输带宽为 1Mbps，最高延迟为 500μs 的辅助通道，该辅助通道可以作为音视频等数据的传输通道以及游戏控制功能通道。

2007 年 4 月 VESA 将 DisplayPort 从 1.0 版升级为 1.1 版，主要增加了内容保护功能，以实现对 HDCP 1.3 版权保护标准的兼容性。2010 年 1 月 VESA 正式对外公布了目前最新的 1.2 版，在向下兼容的基础上，DisplayPort 1.2 的主要新特性有：每个通道速率为 5.4Gbps，总带宽最高为 21.6Gbps，支持全高清 120Hz 3D 立体显示、3840×2160×30bpp 分辨率、4K×2K 四倍全高清分辨率；用一根数据线传输多个独立的未压缩视频和音频流，可配置为单链式或者中央式；支持高速双向数据传输，可在标准 DisplayPort 数据线内传输 USB 2.0 或者以太网数据；支持 Mini DisplayPort 接口，适合 I/O 空间狭窄的超轻薄便携设备；增强音频技术和全高清 3D 立体显示技术。

近年来，DisplayPort 在计算设备市场越来越多地得到采纳，用于移动 PC、台式 PC、显卡、平板监视器和商用投影仪。DisplayPort 的衍生品也已问世，如 iDISPLAYPORT（内部 DisplayPort）和 eDISPLAYPORT（嵌入式 DisplayPort）。

Mini DisplayPort 由苹果公司于 2008 年 10 月 14 日发布，最高支持 2560×1600 分辨率的显示器，现应用于 MacBook、MacBook Air 与 MacBook Pro 笔记本电脑中，亦应用于 24 寸的 LED Cinema Display。苹果公司于 2008 年 11 月 27 日免费公开授权其他厂商开发 Mini DisplayPort 的有关产品。

从 2010 年至今，DisplayPort 接口在全球液晶 PC 显示器中的普及率陆续增长。与此同时，英特尔、AMD、NVIDIA 等都计划逐渐淘汰 LVDS、SDVO、VGA 等接口标准。支持 DisplayPort 技术的厂商主要有 ATI Technologies、Dell、英特尔、LG、联想、国家半导体、创世纪微芯片、HP、莫列斯、NVIDIA、皇家飞利浦、三星和泰科。并且由于 DisplayPort 不需要交纳使用授权费，许多厂商同时把 DisplayPort 与 HDMI 纳入支持。某些同时支持 HDMI 标准和 DisplayPort 接口标准的厂商，如创世纪微芯片及 Analogix 等，已推出同时支持 DisplayPort 与 HDMI 的芯片产品。其中，创世纪微芯片推出包含 DisplayPort 接口的产品以领导市场；莫列斯也开发了符合 DisplayPort 1.0 标准所有需求的外部 DisplayPort 互联系统，以支持更高的音频和显示分辨率；此外，英特尔公司和 AMD 公司也在它们的最新处理器芯片组中同时支持 DisplayPort 和 HDMI。

4. DiiVA 接口标准

DiiVA（Digital Interactive Interface for Video and Audio）由 LG、三星、索尼、凌旭和 TCL 等部分国内厂商推出。

（1）DiiVA 接口标准概述

采用菊花链的连接方式传输数据，连接在 DiiVA 网络中的每个设备可以分级级联；其支持非压缩的音视频数据流，以及 USB 2.0 和 Ethernet 的数据传送协议；采用电源管理技术 POD（Power on DiiVA），实现远程控制网络中设备；视频用 Video Link 进行传输；用 Hybrid Link（混合通道或称为 Data channel）实现高速双向混合数据通道；混合通道由双向音频子通道、命令子通道和批量数据子通道三个子通道共享；在混合通道中传输的数据包有 USB/Ether/Command 以及按照不同协议封包的 MPEG4 或 RMVB 格式的数据报文。

（2）DiiVA 接口标准的发展

2008 年 4 月，DiiVA 推广组织成立，并于 2009 年 4 月正式发布 DiiVA 规格 1.0 版，其支持视频宽到 13.5Gbps，混合通道频宽合计 2Gbps 以上，可做双向资料和音频传输，可同时支持 HDCP 2.0 与 DTCP - IP 内容保护以及其他内容保护系统。

在 2011 年 1 月 6 日，DiiVA 推出了首款 DiiVA 电视；2011 年 6 月 20 日，LG 电子 42LW6600 型号电视通过 DiiVA 一致性测试认证；2011 年 10 月 31 日，DiiVA 联盟宣布 DiiVA 便携性扩充规格书；2011 年 11 月 22 日，国内厂家中的 TCL 推出了 DiiVA 电视。

三、数字音视频接口的专利技术现状分析

（一）样本的构成

为全面分析目前数字音视频接口技术领域的现状，本文的检索结果涵盖了 2012 年 4 月 30 日以前的 WPI 和 CPRSABS 数据库中的专利申请。

通过前文中对数字音视频接口标准的介绍，可以知道数字音视频接口技术不仅涉及采用的编码及传输方式，还涉及接口引脚等硬件方面的设计。因此，在检索时选用了接口、连接器、端口、TMDS，HDCP、内容保护、合法、封包等关键词，并将时间限定在 2000 年之后，在 CPRSABS 和 WPI 中进行检索。最后，在 CPRSABS 中获得已公开的专利申请 2450 件，在 DWPI 中获得已公开的专利申请 2727 件。

（二）专利申请中总体数量情况分析

图 5 和表 1 中显示了 2000 年以来历年涉及数字音视频接口的在中国申请的专利

总量的年代分布，以及在此期间国外和国内申请人申请量的变化趋势。需要说明的是，专利申请存在两年失真期，本文以下图中 2010 年以后的数据并不能准确反映当年情况。

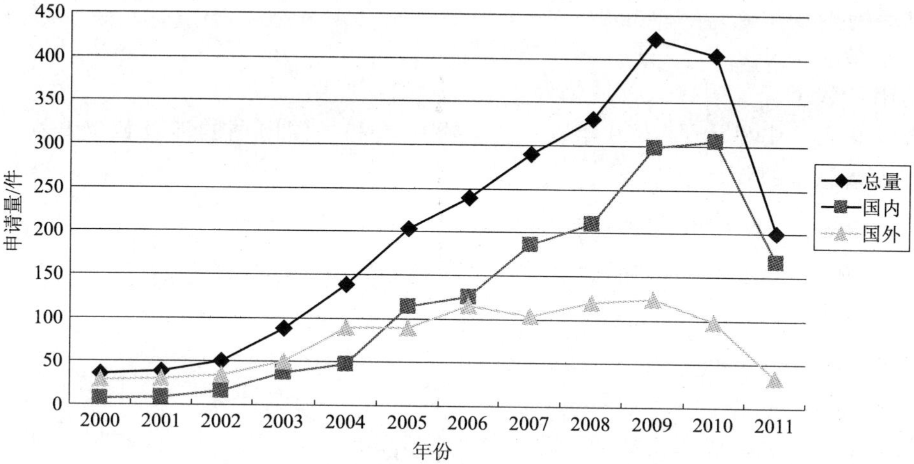

图 5　数字音视频接口专利申请量逐年变化图（1）

表 1　数字音视频接口专利申请量逐年变化表（1）

年份	总量/件	国内/件	国外/件
2000	36	7	29
2001	39	8	31
2002	51	16	35
2003	88	37	51
2004	138	48	90
2005	204	114	90
2006	240	125	115
2007	290	186	104
2008	330	210	120
2009	422	298	124
2010	404	306	98
2011	201	167	34

从图 5 中可以看出，涉及数字音视频接口技术的申请呈逐年上升趋势，特别是在 2005 年，其增速达到了 47.8%，且国内申请人的申请量一举超越国外申请人的申请量，并且持续快速增长。这主要是因为 2005 年国内数字音视频接口技术和市场快速发展。在 2004 年

以前，由于价格原因，平板电视未能成为市场主流产品，从2005年开始，国内彩电市场中，各大终端制造商全力推出多种高清数字电视，并且全力推动数字电视的普及，使得数字电视市场高速增长，从而带动了与之相关的数字视频接口技术的发展。

在之后的几年中，国外申请人的申请量保持相对稳定，国内申请量持续蓬勃发展，尤其是在2009—2010年，每年的总申请量达到了400件以上。从上述图表中可以判断出，数字音视频接口领域仍处于上升期和发展期。

图6和表2中显示了2000年以来历年在中国和外国申请的涉及数字音视频接口的专利申请总量的年代分布。

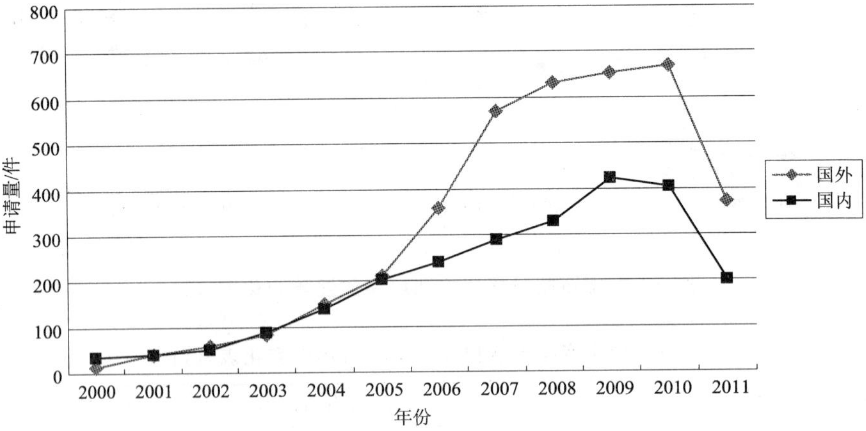

图6 数字音视频接口专利申请量逐年变化图（2）

表2 数字音视频接口专利申请量逐年变化表（2）

年份	国外专利申请量/件	国内专利申请量/件
2000	14	36
2001	39	39
2002	58	51
2003	82	88
2004	150	138
2005	212	204
2006	359	240
2007	569	290
2008	631	330
2009	653	422
2010	669	404
2011	372	201

从图 6 中可以看出，2005 年之前向中国以及外国申请的相关专利申请量的增长曲线几乎重合，即每年的专利申请数量与增长趋势均相当。2006—2007 年，国外专利申请量出现了大幅度增长，年增长率分别达到了 69.3%和 58.5%，而同期的国内专利申请量的年增长率仅为 17.6%和 20.8%。在此后的几年，国外专利申请量的增长开始放缓，增长率基本与国内专利申请量的增长率相当，但数量远超过同期的国内专利申请量，如 2008 年国外专利申请量为 631 件，而国内专利申请量为 330 件。

2006 年国外专利申请量的大幅增长也与高清电视的发展密切相关。近年来，高清电视加速在全球蔓延，尤其是美、日等国高清电视的快速发展对欧洲产生了很大的影响。2006 年世界杯足球赛在德国举办，这给高清电视的蓬勃发展提供了一个良好的契机，各大公司都越来越重视高清电视产品和服务，而高清电视的蓬勃发展带动了与之相关的数字视频接口的发展，从而带来了申请量的大幅度上升。

2008 年之后，国内外专利申请量没有更大幅度的提升，说明这一领域的发展在世界范围内已经进入平稳期，有待出现新兴技术及突破。

（三）专利申请的分类号分布情况分析

1. 总体分类号分布

对样本中的专利申请按照《国际专利分类表》（第 8 版）（IPC）分类号进行统计，结果如图 7、表 3 所示，相关 IPC 分类号分布较为分散，相对集中在 H04N5/765 和 H04N7/26。主要的 IPC 分类号包括：H04N5/765：在用于记录的装置和另一装置之间的接口电路；H04N7/26：利用带宽降低；H04N5/44：接收机电路；H04N7/24：利用脉冲编码调制传输电视信号的系统。

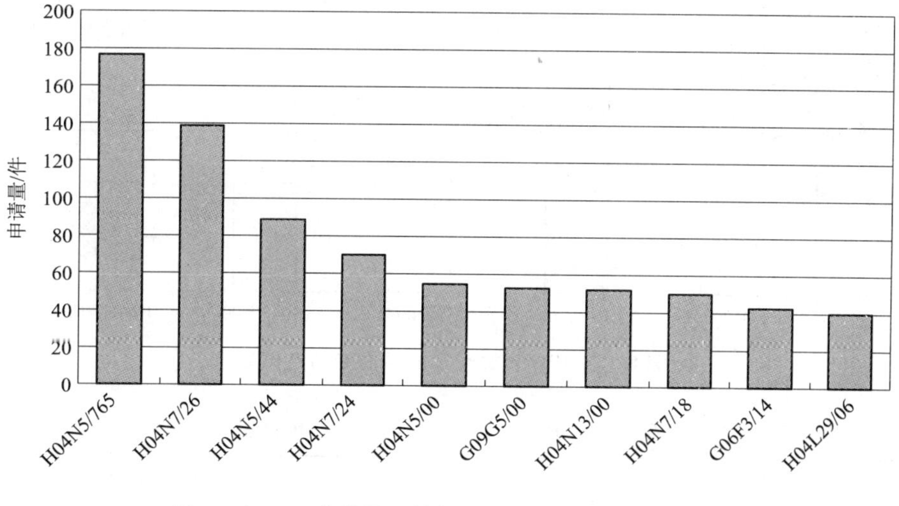

图 7 各 IPC 分类号下的数字音视频接口专利申请量

表 3　各 IPC 分类号下的数字音视频接口专利申请量

IPC 分类号	专利申请数量/件
H04N5/765	177
H04N7/26	139
H04N5/44	89
H04N7/24	70
H04N5/00	55
G09G5/00	53
H04N13/00	52
H04N7/18	50
G06F3/14	43
H04L29/06	40

从图 7、表 3 中可以看到，H04N5/765 和 H04N7/26 分类号下的专利申请数量明显多于其他分类号，其他申请量较多的分类号包括 H04N5/44 和 H04N7/24。

2. 国内外申请分类号分布对比

为了分析国内和国外市场在技术上的关注点存在哪些异同，对样本中的国内申请和国外申请分别统计其 IPC 分类号（见图 8、表 4 和图 9、表 5）。

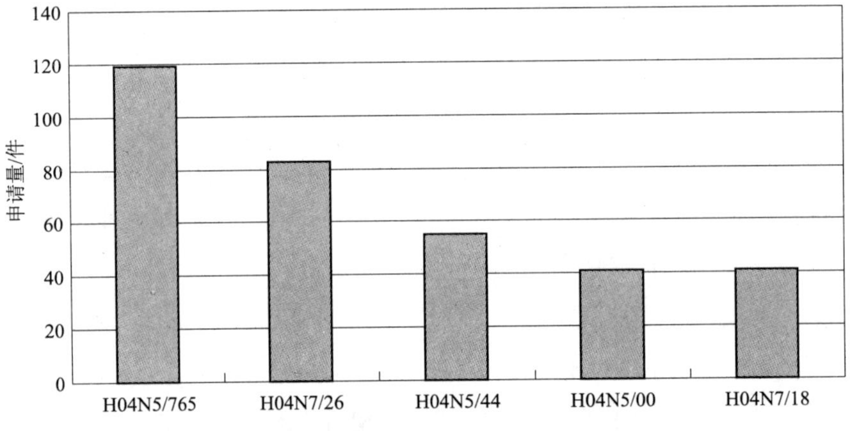

图 8　各 IPC 分类号下的国内专利申请量

表 4　各 IPC 分类号下的国内专利申请量

IPC 分类号	专利申请数量/件
H04N5/765	119
H04N7/26	83

续表

IPC 分类号	专利申请数量/件
H04N5/44	55
H04N5/00	41
H04N7/18	41

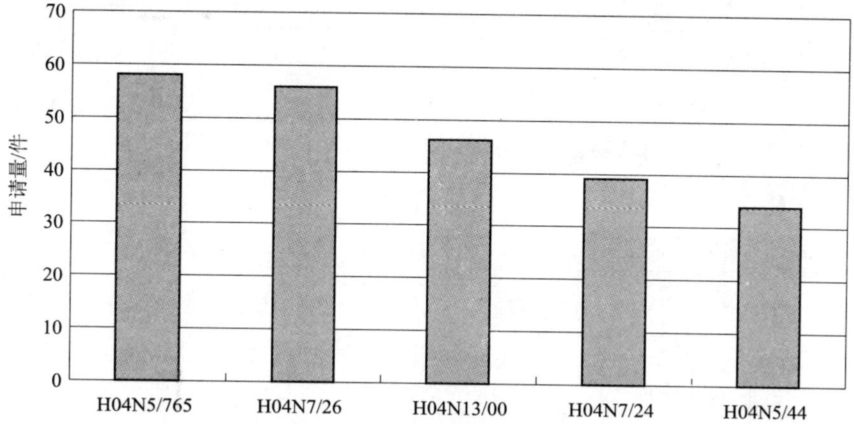

图 9　各 IPC 分类号下的国外专利申请量

表 5　各 IPC 分类号下的国外专利申请量

IPC 分类号	专利申请数量/件
H04N5/765	58
H04N7/26	56
H04N13/00	46
H04N7/24	39
H04N5/44	34

可见，国内和国外专利申请的前两位分类号都是 H04N5/765 和 H04N7/26，而在其后的排序中，国内在 H04N5/44 分类号下专利申请数量较多，国外在 H04N13/00 分类号下申请数量较多。

对以上几个分类号下专利申请的技术内容进行分析，发现 H04N5/765 下的申请主要包括数字音视频接口功能结构的发明，涉及接口功能改进的音视频装置；H04N7/26 下申请主要是关于数字音视频接口传输信号的编解码技术；H04N5/44 下申请主要涉及数字音视频接口技术改进的接收电路的发明，例如接口电路与接收机电路的连接方式等；H04N13/00 下申请主要涉及 3D 音视频信号的传输。

（四）国内外申请人的专利申请情况分析

根据中、外数据库的检索结果，表 6 列出了在该领域相关专利申请较为积极的 15 家国外申请人及申请量。

表 6　数字接口专利技术国外申请人

申请人名称	申请量/件
索尼株式会社	237
三星电子株式会社	201
LG 电子株式会社	158
松下电器产业株式会社	92
夏普株式会社	79
皇家飞利浦电子股份有限公司	68
佳能株式会社	62
英特尔公司	33
株式会社东芝	30
高通股份有限公司	29
美国博通公司	26
晶像股份有限公司	21
株式会社日立制作所	14
创世纪微芯片公司	12
NEC	12

从表 6 中可以得出，在 15 家申请人中，日本公司有 7 家共 526 件、韩国公司有 2 家共 359 件、美国公司有 5 家共 121 件、欧洲公司有 1 家 68 件。从专利申请的数量上来看，日本公司遥遥领先，其在数字接口技术上的强大研发能力可见一斑，相关专利申请所占的优势不可小觑；申请数量跟随在日本之后的韩、美两国也保持着较为强劲的发展势头；而欧洲企业随着科技力量在大洲之间的转移、经济形势的全球巨变、企业主导研发方向的改变等原因，在数字接口技术甚至整个电子通信类的专利申请优势已明显不如从前，但其在基础、核心技术上的前期投入仍使其保持着业界分羹的牢固地位和优势。

随着数字电视、高清视频等先进技术的推广应用，数字接口技术得到了迅猛发展，这些国外巨头视频厂商纷纷将视线瞄准了中国，中国日益增长的经济实力、庞大的消费群体市场、相对孱弱的国内厂商等因素，使得国外厂商在对中国市场和产业的大规模占领上显得轻而易举。它们一方面着手于在中国专利申请和专利布局，从知识产权上加紧对国内市场的瓜分以及对国内企业的限制；另一方面加大产量和投资力度，不断吸引着国内消费群体的目光，并冲击着国内企业的生产销售。

根据中、外数据库的检索结果，表 7 列出了在该领域相关专利申请较为积极的 17 家国内申请人及申请量。

表 7 数字接口专利技术国内申请人

申请人名称	申请量/件
富士康（昆山）电脑接插件有限公司、 鸿富锦精密工业（深圳）有限公司、 鸿海精密工业股份有限公司	150
青岛海信电器股份有限公司	39
康佳集团股份有限公司	30
张乃千	26
瑞昱半导体股份有限公司	25
联想（北京）有限公司	23
中兴通讯股份有限公司	20
四川长虹电器股份有限公司	19
东莞长安乌沙联基电业制品厂	14
东莞市日新电线实业有限公司	13
深圳市安普宝光电子有限公司	12
深圳 TCL 新技术有限公司	12
广州视源电子科技有限公司	11
广迎工业股份有限公司	11
连展科技（深圳）有限公司	10
东莞市泰康电子科技有限公司	10
北京华纬讯电信技术有限公司	10

表 7 列出的国内申请人排名，其中鸿海精密工业股份有限公司、富士康（昆山）电脑接插件有限公司、鸿富锦精密工业（深圳）有限公司的申请量最多。并且业界悉知的，富士康和鸿富锦是台湾鸿海集团在大陆和香港的子公司。以集团级别层面做统计，鸿海在国内外的申请数量已达 150 件，占据上述专利申请最为活跃的国内企业总和的三分之一强，是在数字接口技术中的国内领军企业。

国内涉及电器接插件生产制造的企业，如鸿海、联基、日新等，也在着力于数字接口专利技术的研发。同时，位居前列的公司中，也有以电视、电脑、手机等消费类电子产品整机制造、销售产业为主的公司，如康佳、海信、联想、长虹等，这说明数字接口专利技术在电视、电脑、手机等领域的广泛应用和广阔发展前景已引起了相应生产厂家的极高关注，并引发它们相继在这一领域投入更多的人力物力进行研究开发。

这些掌握着生产线的企业在生产的同时，也在大力投入研发，以便使科研成果的产出和转化得到更好的衔接。在数字接口技术越来越普及的趋势下，中国消费类电子产品企业和电器配件企业正通过自主研发、科技成果转化等方式努力掌握核心技术和关键器件的生产技术，在数字接口技术为国外公司强势占先和近乎垄断的形势下，见缝插针、百折不挠地寻求着一线生机。

四、数字音视频接口的发展趋势的预测

由于消费者对视频播放的要求越来越高，诸如高清视频、3D 视频等高质量的视频播放形式正成为市场主流，各个视频接口标准也大力发展顺应市场要求的高清视频和 3D 视频接口。而且，由于数字内容出版商对数字内容保护的力度日渐增高，许多主流视频接口都强制增加了数字内容保护部分。

进一步地，随着消费电子设备的普及，诸如 DVD、数字平板电视、机顶盒、数字功放和音响等视听设备在家庭中的广泛使用，导致遥控器也越来越多。然而一部遥控仅能控制一个设备，给消费者同时使用多个设备带来不便。因此消费者对于使用单个遥控器就能控制多个设备的 CEC 技术的需求也日渐增高。

此外，由于较长时间内多种数字音视频接口仍将共存，因此许多厂商也把提高数字接口的兼容性作为技术发展的方向之一。

以下就数字音视频接口领域最为活跃的国内外五家公司——索尼株式会社、三星电子株式会社、晶像公司、皇家飞利浦公司以及鸿海精密工业股份有限公司的相关申请进行分析，并对数字音视频接口领域今后专利技术发展的主要方向作出趋势分析。

（一）索尼株式会社

2001 年以前，索尼株式会社涉及接口技术的专利申请主要集中在 IEEE 1394 接口。2002 年后随着 HDMI 标准的提出，索尼株式会社作为 HDMI 初始专利的申请人、HDMI 组织的创始公司，申请了大量与 HDMI 技术有关的专利，以下主要针对索尼株式会社涉及 HDMI 的专利申请进行分析。

HDMI 最早相关专利是由索尼株式会社与松下公司共同申请的，包括于 2002 年 1 月 28 日和 29 日先后申请的 WO02062063A1 和 WO02062064A1，以及 2002 年 3 月 25 日申请的 WO2002078336A1，其申请的主要内容构成了 HDMI 标准的细节。

索尼株式会社作为 HDMI 标准发展的主要推动者，其申请相关专利的数量以及

增长速度，与 HDMI 一系列标准推出的时间和频率有很大关联。2002—2005 年，HDMI 标准仅涉及些许小幅度的调整、修订，索尼株式会社有关 HDMI 接口专利的申请量也不多。2005 年随着 DisplayPort 标准的异军突起，其诸多功效皆针对 DVI/HDMI 的弱处而来，使 HDMI 标准面临前所未有的竞争，DVI/HDMI 阵营开始积极强化 HDMI 技术。作为阵营一员，索尼株式会社也增加了研发投入，自 2006 年后开始大量申请专利，以 2007 年和 2008 年申请有关 HDMI 接口的专利最多。考虑到尚未公开的申请，从已知数据上看索尼株式会社应该会继续保持较高的申请势头。

从索尼株式会社申请专利的技术内容分析，主要集中在基于 CEC 传送各种控制命令并在各连接设备之间实现关联功能，建立 HDMI 以太网络通道和音频回传通道，以及实现 HDMI 的 3D 数据传输，其专利申请涉及 HDMI 技术的源设备（发送）、宿设备（接收）、传输等各个方面，以下就其主要申请的热点技术进行分析说明。

1. CEC 技术

2005 年推出的 HDMI 1.2a 版完全确立了 CEC 通道的功能、指令集，此后几乎每个版本的 HDMI 标准都涉及 CEC 的改进与增加。众多产品制造公司也都充分开发其功能价值以实践各种显性功能，例如关联（link）功能（或称遥控通行功能）和唇形同步功能（自动音视频同步）。

索尼株式会社作为消费电子产品巨头，其对关联功能的研发投入非常大，特别是 2007 年至 2008 年申请了大量基于 CEC 实现关联功能的专利，并大规模实现产业化，例如应用于索尼电视机的 BRAVIA Sync 功能。相关专利包括：

申请日为 2007 年 11 月 7 日的 WO2008056707A1 允许从宿装置（例如 TV）快速控制源装置（例如 DVD 播放器）的操作状态。

申请日为 2008 年 9 月 28 日的 CN101404745A 用一根 HDMI 电缆连接发送装置和显示装置，并利用传输路径中规定 CEC 线进行双向通信，可实现一个遥控器在与电视机连接的多个周边设备中兼用。

申请日为 2008 年 9 月 26 日的 WO2009041669A1 利用 CEC 执行双向通信，在个人计算机上有效使用电视接收机等广播接收部件（调谐器）。

申请日为 2008 年 12 月 15 日的 CN101459775A 中，当以实现相互设备控制功能的状态来连接视频输出设备和外部显示设备时，可从外部显示设备直接操作和控制该视频输出设备；以及用于可显示关于该外部显示设备的控制屏幕的视频输出设备的 OSD 强制显示方法。

申请日为 2010 年 11 月 26 日的 CN102088586A 能够使用 CEC 控制技术对通过网络连接的被控设备进行控制。

同时，由于 CEC 功能在不同厂商产品间的互联性不够彻底，以及基于 CEC 的关联操作存在的其他相关问题，索尼株式会社也持续申请了 CEC 关联控制功能改进的专利。相关专利包括：

申请日为2007年8月15日的CN101127865A提出CEC控制方法中，可自动确定连接的设备是否是可控连接，从而改善操作性。

申请日为2007年12月21日的JP2009153004A经由CEC线通过简单的操作实现变换图像分辨率等信号的格式的变换处理。

申请日为2011年7月22日的CN102348087A针对CEC组合功能（关联功能）可能引起的一些不便（例如在对源设备进行控制时导致对宿设备的误操作），允许在可组合状态下相互连接的设备之间的组合功能工作，提供便利。

HDMI 1.3系列版本内置有自动唇形同步时差补偿功能，其利用CEC控制音视频信号的同步，索尼株式会社在这方面申请了相关专利，此外索尼株式会社还申请了基于CEC功能提升音频播放质量的专利。相关专利包括：

申请日为2004年7月16日的JP2006033436A描述了利用CEC控制实现的唇同步功能，而申请日为2007年11月7日的CN101573975A对唇同步功能进行改进，通过计算显示图像相对于发送音频信号的延迟时间并发送，从而利于音频输出相对于所显示图像的同步。

申请日为2009年4月17日的CN101562689A通过CEC线从音频信号输出装置接收种类信息，将对应于种类信息的声场特性给予选择的音频输入的音频信号，从而给予声场特性的有利的处理。

申请日为2010年12月21日的CN102111659A和申请日为2010年1月4日的CN102118597A通过接收CEC线传输的类型信息，能够根据要观看的AV内容的类型来设置再现声场。

2. HDMI以太网络通道和音频回传通道

HDMI 1.4版标准增加了HEAC（HDMI Ethernet Audio Control，以太网和音频回传通道）。HEAC功能提供高速双向通信，同时提供由HDMI线缆回传音频。

在HEAC提出前，但索尼株式会社就一直致力于突破HDMI仅能单向传输音频数据的瓶颈。索尼株式会社申请日为2008年7月23日的CN101785327A通过采用IEEE 1394作为辅助传输路径允许从显示设备（信宿）向音频放大设备（信宿）的音频信号传送。但这样需要额外增加线路，显然不能简化设备间的连接，其后，索尼株式会社使用HDMI线缆中的"一对线"作为传输路径提供数据的双向传输，所谓"一对线"即HDMI电缆的保留线（或基于1.4版标准的接口类型中的设施线Utility）和HPD（Hot Plug Detect，热插拔检测）线。

2008年至2010年索尼株式会社申请了不少有关使用HDMI的"一对线"进行双向数据传输的专利。相关的专利申请包括：

申请日为2009年3月5日的WO2009110561A1提出HDMI宿设备使用HDMI电缆的保留线和HPD线作为发送路径与源设备进行通信，从而允许宿设备发送信号到源设备。

申请日为 2009 年 4 月 10 日的 JP2010246057A 将与信号处理有关的图像质量调整信息经由一对差分传输线从显示装置发送到外部设备，从而在外部设备中能够基于图像质量调整信息自动改变对要发送到显示装置的视频信号的处理，减少用户在设置时的时间和努力。

申请日为 2009 年 5 月 12 日的 WO2009139386A1 利用 HDMI 的“一对线”执行以太网信号的双向传输和 SPDIF（索尼皇家飞利浦数字接口）音频信号的双向传输，实现了使用 SPDIF 的单向传输接口实现双向传输的效果。

申请日为 2010 年 12 月 7 日的 CN102098473A 基于 HDMI1.4 标准的线缆所包括的音频回传声道，输出控制设备能够通过协同操作输出多声道音频数据的多个输出控制设备，来输出其声道数目大于与一个输出控制设备对应的声道数目的多声道音频数据。

基于 HDMI 1.4 版的音频回传技术，索尼株式会社同时关注提升从宿设备（如电视机）回传到源设备（如音频装置）的音频数据的再现质量。由于声音质量对解码音频数据的标准时钟的质量非常敏感，在广播内容的音频再现中，即使源设备具有非常高质量的时钟发生器仍然较难获得高质量的音频再现。为此申请日为 2011 年 2 月 15 日的 CN102164261A 通过一对线在回传音频数据信号的同时，建立时钟信号的双向通信，使宿设备可选择使用高质量的时钟信号来解码音频数据。

3. 3D 数据传输

面对日益盛行的 3D 显示热潮，HDMI 1.4 版率先提出支持全高清 3D 显示功能，并于 2010 年 3 月 4 日推出增加了 3D“强制性”规格的 1.4a 版本，以让未来的 3D 视频源与显示设备都能够相互搭配。虽然 HDMI 标准中引入 3D 功能的时间较晚，但是索尼株式会社早在 2006 年就申请了相关专利，其后在 3D 功能纳入 HDMI 标准前后，相关专利申请显著增加，而 2009 年后，3D 更是索尼株式会社申请有关 HDMI 专利的技术重点。早年索尼株式会社申请的有关 3D 数据传输的专利包括：

申请日为 2007 年 5 月 16 日的 CN101076130A 涉及利用 HDMI 标准来传送 3D 显示的视频数据，左眼的视频数据和右眼的视频数据中的一个被加到另一个上。

申请日为 2009 年 7 月 15 日的 WO2010008012A1 涉及以有利的方式在各设备之间执行 3D 图像数据的传输。

申请日为 2010 年 8 月 16 日的 CN101998132A 经由最优传输路径在设备之间传输关于 3D 图像和 2D 图像的信息，从而最优地显示 3D 图像和 2D 图像。通过 HDMI 电缆的 TMDS 通道＃0、＃1、＃2 传输视频和与视频数据的 3D 显示和 2D 显示之一有关的显示信息到电视接收机，通过 CEC 线传输显示信息到电视接收机。

在 HDMI 1.4 版推出后，HDMI 支持全高清 3D 方式信号的非压缩传输，还可通过相连机器间 3D 功能的互相识别认证，进行 2D 或 3D 信号的自动识别切换，从而建立容易的 3D 重放环境，索尼株式会社在这些方面申请的专利包括：

申请日为2010年6月22日的CN102172034A将数字接口单元的状态以预定定时从不能处理3D图像数据的状态改变到能够处理3D图像数据的状态，并且可以顺利地处理经由数字接口的3D图像数据的传输。

申请日为2011年8月2日的CN102377990A能够通过选择信号的路径来支持具有多种格式的信号，当视频格式为2D或3D时，选择不同的总线。

在传输3D画面的同时还需要传输附加信息，例如字幕、菜单或者OSD，如果直接在3D画面上叠加上述附加信息会引起画面校正或画面增强的质量下降，此外在进行3D显示时也希望以3D透视的方式显示重叠信息（例如菜单和节目表）。为解决相应的技术问题，索尼株式会社提出一种TMDS传输数据格式。在以往传输3D画面的方法中，左眼画面和右眼画面之间包括用于定时调整的活动间隔区域，该间隔并未用于传输任何数据。而索尼株式会社提出的TDMS传输数据格式中，在TMDS的活动视频时间段中的活动视频区域传输3D画面数据的同时，利用上述活动间隔区域传输附加信息或用于调整叠加信息透视性的视差集信息，从而实现在3D图像中附加信息的叠加以及获得期望的显示效果，相关专利包括：

申请日为2009年9月30日的JP2011077785A将画面数据分配给TMDS的活动视频时间段的主视频区域，而将与画面数据有关的附加信息分配给TMDS的活动视频时间段的辅助视频区域。

申请日为2010年6月22日的CN102210155A在数据传输时，在TMDS的主要视频区域中安排图像数据并在TMDS的辅助视频区域中安排所述图像数据的视差信息集，可以将已经根据图像中的各个对象的透视进行了视差调整的信息用作重叠信息（如菜单和节目表）。由此可以在重叠信息的显示中保持图像中的各个对象之间的透视一致性。申请日为2010年6月22日的CN102369735A也涉及了相关内容。

4. 其他重要专利申请

HDMI由于需要考虑与DVI的兼容性，其带宽窄于DisplayPort接口，为进一步增加HDMI的带宽，提供更高分辨率的显示，索尼株式会社对相关技术进行了研究，例如申请日为2011年5月18日的CN102263575A提出一种增加HDMI传输带宽的方法，既可以传输预加重信号，也可以传输正常信号。其中，预加重指的是一种预先加重可能因传输而损耗的信号的边缘分量的方法，在增加HDMI的带宽的各种方法中，预加重的应用是其中的一种。预加重信号是通过预先向将加以传输的信号添加用于补偿所述信号的高频分量的信号获得的，而正常信号不向其添加这样的补偿的信号。

为解决HDMI标准不利于便携装置的问题，引入了MHL（Mobile High-definition Link，移动高清连接）标准，在HDMI中实现支持MHL（1.4a版本）从而基于两种接口标准传输数据，索尼株式会社的相关申请包括申请日为2011年5月16日的CN102256091A。

通过前面对索尼株式会社所申请的专利的技术分析，可以从以下几个角度展望索尼株式会社在HDMI接口技术方面的未来研发方向。

一是结合HDMI标准最新版本提出的功能分析索尼株式会社未来的研发重点。首先，索尼株式会社已经申请了不少涉及HDMI支持3D功能技术的专利，随着3D技术发展日益壮大，全高清3D图像逐渐普及，以HDMI传输3D图像也将面临越来越多的问题，例如如何确保数据传输的带宽，优化3D图像显示效果等，相信索尼株式会社会继续大量申请相关专利。其次，以太网通道使HDMI在家庭网络中具备了竞争优势，HDMI通过整合高清视频、高清音频，实现了高速数据传输，今后会更着力拓展以太网通道的应用，在电视范围内增加全面的网络功能，例如通过以太网通道来实现家庭网络中多设备的无缝连接，并建立互操作性网络。另外，音频回传通道虽然简化了设备之间的连接，但还须解决通过音频回传的音频数据的同步问题和提升音频再现质量的问题。

二是结合HDMI接口技术的缺陷探索索尼株式会社未来可能的研发方向。HDMI接口自消费性电子领域成长以来，逐渐成为跨越消费性电子和电脑的接口，同时还要面临移动通信技术的挑战。首先，从索尼株式会社申请的专利来看，其已经意识到HDMI接口在移动便携设备上应用的局限性，为保证HDMI的市场占有率，对HDMI的性能和尺寸的改进将更加顺应移动便携设备的需要。其次，HDMI目前已经拥有10.2GHz的频宽，但是为更多、更快地传输数据，还须进一步扩大频宽，晶像公司已经决定投资60GHz，相信索尼株式会社也会有相应的技术贡献。另外，目前HDMI传输线最长支持15米，但无论在家庭还是公共场所，多种高清设备的使用需要更长的传输线，这也是需要解决的问题。

（二）三星电子株式会社

三星电子株式会社的相关专利申请，从申请时间上看，在2000年左右，三星电子株式会社有多件关于1394接口的专利申请，表明其主要集中于对1394接口的研发。此后，于2005年开始，在数字多媒体接口方面的专利申请开始有所增长。

三星电子株式会社于2005年开始提出数字多媒体接口方面的专利申请，于2007年达到峰值。其中2009年和2011年没有提交专利申请。自2005年起，总体呈现下降趋势。可以看出，三星电子株式会社对于数字多媒体技术研发的投入逐年下降。

随着DisplayPort接口技术的推出以及相应标准的不断完善，以及不存在版权费用的优势，三星电子株式会社也正式宣布支持DisplayPort接口标准。可以预见，在今后的一段时间内，三星电子株式会社对接口技术的研发将会继续降温。

从申请内容上分析，三星电子株式会社所提交的关于数字多媒体接口的专利申请，主要集中在DVI接口、HDMI接口以及DiiVA接口技术上。三星电子株式会社的数字多媒体接口技术专利申请主要集中于HDMI接口技术。而DVI接口技术和DiiVA接口技术非常少。

其中，接口技术主要集中在三方面：第一，利用CEC通道的HDMI技术；第二，利用 HDCP 的 HDMI 技术；第三，硬件设备中检测和适配 HDMI 接口的技术。

1. 利用 CEC 通道的 HDMI 技术

申请日为 2008 年 2 月 3 日的 CN101312386A 通过在能够根据无线 HDMI CEC 条件利用单个通道发送和接收 AV 包和控制包的环境中产生包括知识包类型的字段的包，从而使得接收者能够获得接收的包的类型。

申请日为 2007 年 7 月 13 日的 US2008151113A1 通过在 CEC 通道中发送基准时间，从而当所接收到的时间信息与所发送的基准时间信息不同时，可以重新发送基准时间，以便于通过 HDMI 接口对外部设备进行时间同步。

申请日为 2010 年 3 月 12 日的 CN101841682A 通过检测 CEC 控制线的电平来减少“HOT-PLUG”和“RESN”信号暂态所产生的系统负载，从而改善了 HDMI 的兼容性。

2. 利用 HDCP 的 HDMI 技术

申请日为 2008 年 5 月 16 日的 CN101355641A 通过利用 HPD 信号和检测 EDID 来判断视频格式并且执行 HDCP 认证，从而确定错误发生的原因，并进行错误处理，以输出正确的音视频。

申请日为 2006 年 9 月 5 日的 US2007055876A1 通过由 HDCP 引擎周期性地计算并生成连接验证数据，通过接口发送连接验证数据，以确定对外部媒体的验证是否错误，以便于进行新的验证。

3. 硬件设备中检测和适配 HDMI 接口的技术

申请日为 2007 年 8 月 24 日的 CN101174400A 通过检测热插检测器（HPD）信号来确定 HDMI 接口是否异常，从而确定是否进行强制检测。

申请日为 2007 年 7 月 25 日的 CN101170668A 通过对 HDMI 电缆的管脚连接情况的检测来确定显示分辨率。

4. 涉及 DVI 接口技术的申请

例如，申请日为 2005 年 3 月 9 日的 CN1677542A 通过数字可视接口将 DVD 上的标清数据转换为遵循 DVI 标准的高清数字数据，并且进一步进行输出显示。

5. 涉及 DiiVA 接口技术的申请

例如，申请日为 2010 年 11 月 26 日的 CN202142279U 通过在具有 HDMI 接口的显示器上新增加 DiiVA 接口，以进行不同接口类型的选择。

由上述分析可知，三星电子株式会社主要致力于对 HDMI 技术的研发，并且其研发方向集中在利用 CEC 通道的 HDMI 技术和利用 HDCP 的 HDMI 技术上。而对 DVI 和 DiiVA 的研发，仅仅涉及上述接口技术与硬件设备的整合与适配上，对上述接口技术本身并没有进行大规模的投入研发。

（三）晶像公司

通过对晶像公司（Silicon Image，矽映）申请的关于数字音视频接口专利逐一进行分析，可以看出晶像公司的有关申请主要集中在 TMDS 数据编码和传输、HDMI 接口、HDCP 认证、端口倍增器等方面。

1. TMDS

TMDS 技术由晶像公司于 20 世纪 90 年代晚期开发，并通过采用面板连接、DVI 和 HDMI 的形式向显示行业推广其所有权标准。

申请日为 2006 年 6 月 23 日的 CN1901674A 描述了通过串行链路传输 N 比特视频数据的方法和系统，以及系统中的发射机和接收机；该串行链路为 TMDS 链路或为具有部分而非全部 TMDS 链路特征的链路；发射机被配置成将 N 比特视频字的序列打包成 K 比特片段的序列，对这些片段进行编码，并发送编码后的片段。

申请日为 2007 年 2 月 26 日的 JP2007228606A 描述了用于串行数据链接编码视频数据的通信的并行接口总线；并行 TMDS 信源用于向总线提供包括视频信号的并行信号组，其中总线具有多个分支，分支数少于用于表示像素的信号数，因此像素被多于一个的并行组所表示；并行 TMDS 信宿用于从总线接收并行信号组，其中并行信宿包括用于将信号组的至少一部分分离成多通道的信号提取器，以及用于对已分离信号进行编码和串行化的编码器和串行器电路。

使用 TMDS 的 DVI 和 HDMI 技术已成功推向相应领域市场，但是，TMDS 并没有因此成为广泛使用的面板接口标准，反而，与 TMDS 十分类似的 LVDS，因为无专利问题，远较 TMDS 普及。因此，在晶像公司后期的申请中，对 TMDS 的深入研究投入并不多，TMDS 仅在涉及 DVI 和 HDMI 技术的相应申请中，作为一种背景技术介绍而有所提及。

2. HDMI

晶像公司在 HDMI 上拥有核心技术和相关专利，并在 HDMI 已有基础上研发了主要适用于移动多媒体设备的 HDMI－M、MHL 等技术。

（1）双向通信

申请日为 2008 年 7 月 1 日的 CN101772955A 提供双向通信的媒体接口。通过媒体接口将第一设备连接于第二设备，该媒体接口包括用于单向数据传输的通信通道，该媒体接口遵循媒体协议。该方法还提供配置第一设备和第二设备以实现双向数据传输，该双向数据传输是根据网络协议进行的，并通过媒体接口在第一设备和第二设备之间发送双向数据。

（2）HDMI－M 移动式高清晰多媒体接口

申请日为 2008 年 12 月 2 日的 WO2009088593A1 描述了用以产生及实现移动式高清晰多媒体接口的方法、装置及系统，将多个高清晰接口通道合并为一个单一通道以产生一个移动式高清晰接口的发送器，此移动式高清晰接口被设置用来在移动式装置中实现承载高清晰媒体内容。

（3）控制总线

申请日为2008年12月2日的CN101911000A描述了用于连接电子装置的控制总线，一条双向、单线的控制总线连接在发送装置和接收装置之间，发送装置或接收装置获取控制总线的控制权，其中取得控制权的装置成为发起方，另一个装置成为跟随方，一个或多个各自表示多个不同类型的控制信号被转换为一个或多个数据包，通过控制总线从发起方发送到跟随方。简化装置间的连接，避免了增设过多接口使用可能会对移动或手持装置物理尺寸的影响。

申请日为2008年12月15日的WO2009088656A1描述了使用控制总线发现电子装置的方法，接收装置连接到包含控制总线的缆线上，如果该接收装置处于断开状态并在控制总线上检测到来自一种发送装置的信号，装置被转换为用于第一类型的发送装置的一种状态。解决了不同类型移动式装置需要交换数据，传送或接收数据的装置将需要识别数据传输所涉及的不同于标准装置的连接类型的问题。

（4）MHL标准接口

MHL标准接口是一种连接便携式消费电子装置的影音标准接口。MHL通过标准HDMI输入接口将手机和其他便携设备直接连至HDTV和显示器上。晶像利用MHL技术将管脚数量从HDMI的19个减少到MHL的5个，并使设备具有处理高清多媒体接口所需要的全部格式的能力。

申请日为2009年10月23日的WO2010062531A1使用单端共模信令的方法与装置，可沿正向、反向及/或者两方向通过现存的差分对连接而无须附加其他线路传输附加数据。一种发送器，包含：第一信号生成电路，用以生成第一数据信号，其经由差分电压对信号通过线路传送第一数据流；以及第二信号生成电路，用以生成第二数据信号，其经由共模电压信号传送第二数据流，其中所述线路对同时传送所述共模电压信号与差分对信号。

申请日为2009年10月27日的CN102203851A利用标准接口将第一设备连接于第二设备，所述接口包括多个引脚；并检测第二设备是工作在标准模式还是可选模式下。如果第二设备工作在可选模式下，则针对可选模式切换标准接口的一个或多个引脚并经由标准接口的多个引脚发送或接收针对可选模式的信号。

晶像公司关于HDMI接口的申请，多涉及具有HDMI的设备“即插即用”信号源和显示设备之间自动“协商”、总线控制的问题。随着多媒体音视频资源在移动设备上的广泛应用，用于设备之间交换传输数据的接口也在不断向更方便快捷连接、适配性更强的方向演进。晶像公司近年的专利已从对普通HDMI接口的研究转向用于移动设备HDMI接口的研究，进而演进为对MHL技术的研究，包括对数据传输速度、与其他外设接口的互操作性和兼容性等。可预见的是，应用于移动设备与HDTV连接便捷性和数据传输高效化的接口技术将是晶像公司今后的重点研究方向之一。

3. HDCP

HDCP通过数字接口DVI-D或新型HDMI实现。HDMI接口内嵌了HDCP协议，带有HDMI接口的显示器都支持HDCP协议。

申请日为2009年2月26日的CN101960839A描述了用于数据流的预先验证和处理方法，识别出协助一个传输装置与一个接收装置之间的媒体内容通信的一个活动端口，该活动端口与第一HDCP引擎相关联；识别处于闲置模式的多个不活动端口作为该活动端口的备用端口，这些不活动端口与第二HDCP引擎相关联；对不活动端口进行预先验证，如果执行端口切换，这些经过预先验证的不活动端口可随后替代该活动端口，缩短验证时间。

申请日为2009年12月30日的WO2010080681A1揭露了一种预先认证及维持认证的方法、装置及系统，其利用一比例的解密处理引擎（如HDCP引擎）关联至多个端口以提供内容保护端口系统；第一HDCP引擎关联于第一数据路径的第一端口，且此第一HDCP引擎耦接于第二HDCP引擎；第二HDCP引擎关联于第二数据路径的多个端口，且每一所述多个端口关联一内存管道，此内存管道具有对应于每一所述多个端口的状态信息，所述状态信息可预先认证所述接收装置。

在HDTV设备使用中，当选定新的HDMI源，数字电视和源设备通常需要执行常规的HDCP授权，这一过程有时要持续4～7秒。晶像公司以InstaPort技术命名的上述专利申请解决了源切换延时问题，缩短了验证时间。通常，当原设备连接电视时，选择的信号源呈现在高清电视上后，HDCP才会启动，然而，使用InstaPort技术后，只要一连接设备，支持InstaPort技术的高清电视就会立刻操纵HDCP认证指令。然后当用户选择信号源后，电视机就会迅速显示信息，无须等待HDCP指令。减少了HDMI端口的切换时间后，InstaPort技术可以快速连接信息。当用户切换连接在高清电视上的源设备时，也不再会出现长时间黑屏的现象。InstaPort技术专为配置了多个HDMI接口的DTV、A/V接收机及HDMI转换器而设计。目前，很多可用的DTV面板上都设置了3～7个HDMI接口，随着便携式多媒体播放设备以及智能电话等HDMI设备的普及，这些源设备成为了DVD/蓝光影碟机和有线机顶盒等普通设备的主流辅助设备，DTV和A/V接收机还将提供更多的HDMI接口。InstaPort技术将会成为计划使用多个HDMI接口的DTV购买者必须考虑的因素之一，它为消费者灵活、快速地存取并欣赏各个不同设备上的内容提供了更为便捷的方式。

综上所述，晶像公司的主要数字接口技术包括早期的DVI、HDMI接口及在接口中使用的数字认证HDCP，以及近年来的针对手机等手持装置的影像输出方案MHL、预先验证InstaPort技术。

HDMI接口被越来越多地应用在家庭视频设备上，并被看做是未来产品必备的组件。不过，随着制造商与设备种类的增多，不同设备之间的HDMI互操作性问题逐渐凸显出来，而导致这些问题的主要原因大多数来自于 HDCP 认证失败，转发器和信号源中继交换是最易发生 HDMI 互操作性问题的两个地方。

晶像公司为具有 HDMI 标识的高清设备提供兼容性检测，其提供的 Simplay 测试主要包括 HDCP 测试和互操作性测试两部分内容。

随着终端设备可移动性增强、功能增多、个性化的提高，晶像公司的研究方向已逐步过渡到 MHL、InstaPort 等技术方面，并将进一步在移动设备操作连接便捷性、信号源切换顺利性等方面深入。

（四）皇家飞利浦公司

通过对荷兰皇家飞利浦公司专利进行分析，该公司在数字多媒体接口方面的申请具有以下特点。

皇家飞利浦公司从 2001 年开始在中国提出关于数字多媒体接口技术的专利申请，并且申请数量总体上呈现出上升趋势，可见皇家飞利浦在增加数字多媒体接口技术方面的研究。

在皇家飞利浦所申请的专利中，涉及 1394 接口技术、HDMI 接口技术、DVI 接口技术以及 DisplayPort 技术。其中没有单独关于 DVI 接口技术的申请，该项技术仅仅被包含在涉及多种接口兼容技术的申请中。并且，皇家飞利浦的申请，涉及 HDMI 接口技术方面的数量最多，在 1394 接口技术方面的申请位居次席，然后是涉及多种接口技术兼容的申请，而涉及 DisplayPort 接口技术的申请数量最少。

1. 涉及 1394 接口技术的申请

主要涉及 1394 接口与电视或者终端的适配方面。例如申请日为 2002 年 2 月 27 日的 CN1459192A 通过具有调谐器和芯片的电视接口模块用于接收和分配图像和声音信号。

2. 涉及 HDMI 接口技术的申请

主要集中在以下四方面：第一，利用 HDMI 接口技术传输 3D 图像数据；第二，利用 CEC 通道的 HDMI 技术（HDMI - CEC）；第三，HDMI 内部使用的 LVDS（Low-Voltage Differential Signaling，低压差分信号）技术和 TMDS 技术；第四，利用 HDMI 接口进行参数分析。

（1）利用 HDMI 接口技术传输 3D 图像数据

申请日为 2010 年 1 月 14 日的 CN102292996A 利用 HDMI 接口来输入和输出 3D 图像数据，其中该接口中传输的 3D 显示信号包括依据 3D 视频格式构成的数据帧，所述数据格式包括期间活动视频的像素被传输的视频数据周期以及期间音频和辅助数据使用一系列分组来传送的数据岛周期，这些分组包括信息帧分组。

申请日为 2010 年 1 月 13 日的 WO2010084437A 利用 HDMI 接口来输入和输出 3D 图像数据，其中该接口中传输的 3D 显示信号包括依据 3D 视频格式构成的数据帧，其中 3D 视频包括主视频以及通过对应帧类型而传输的至少一个附加视频层，帧类型同步指示符包括主帧类型指示符和附加层类型指示符，该同步指示符用于产生使

3D数据接口同步的控制信号。

申请日为2010年1月13日的CN102292994A利用HDMI接口来输入和输出3D图像数据，其中在HDMI接口上发送的分量在144Hz的接口频率上，在时间交错的24Hz分量上被发送到显示器。

申请日为2010年9月6日的CN102055994A利用HDMI接口来传输3D视频数据给平板电视，而利用DVI接口来传输3D视频数据给PC显示器。

申请日为2008年12月15日的CN101904175A利用HDMI接口来传输3D图像数据，其中3D图像数据的分量被复用并且插入到图像数据携带元素中；识别或者解码3D图像数据的信令信息被携带在辅助数据携带元素中，3D图像数据可以分布在图像数据携带数据元与辅助数据携带数据元之间；辅助数据携带元素可以在水平或者垂直的消隐周期内被传输，并且可以包括HDMI数据岛分组。

(2) 利用CEC通道的HDMI技术

申请日为2006年8月18日的WO2007023437A通过检测在HDMI接口上的TMDS线、时钟线或CEC线中的任意一个的活动，如果在预定时间间隔中没有检测到活动，就将功率源的功率状态确定为处于待机状态或者关闭状态，否则确定为开启状态。

申请日为2007年8月14日的WO2008020401A通过在利用去耦连接传输单个消息所需的时帧内生成可靠应答以满足CEC协议的实时要求。

(3) 涉及HDMI内部使用的LVDS技术和TMDS技术

申请日为2003年1月28日的CN1625899A通过将接收到的TMDS格式的数字视频信号转换为第二信令格式，并且进行缓存，从而产生多个基本相同的数据，并且将上述数据转换回TMDS格式，进而可以将多个TMDS数据传输给多个接口。

申请日为2003年10月29日的CN1512474A在接口内部采用LVDS发送器和接收器来接收控制信号和驱动器施加的TTL电平的R、G、B颜色信号，以及申请日为2002年2月1日的CN1457548A属于一种可用于差分信号的接口电路。

(4) 利用HDMI接口进行参数分析

利用HDMI接口进行参数分析主要是通过HDMI接口接收相应的控制参数来对显示装置的参数进行分析。

申请日为2008年2月7日的CN101611622A利用HDMI分析器来分析数据中包含的根据HDMI标准中特定描述符描述的显示器的参数，并且利用HDMI接口传输符合上述参数的多媒体数据。

3. 多种兼容技术

主要包括DVI接口和HDMI接口的兼容以及DVI、HDMI和DisplayPort接口的兼容。

申请日为2005年12月16日的CN101088244A利用异步超采样技术，例如通过保持采样时钟信号与数据信号的传输相位和/或传输频率无关，来接收和恢复高速顺序数字数据信号，其可同时用于 DVI 标准接口和 HDMI 标准接口。

申请日为 2007 年 10 月 9 日的 WO2008048825A，通过对接组件将便携式存储回放装置与显示装置耦合，而该对接组件内具有微处理器以及视频处理器，将视频信号处理为适合 DVI 接口、HDMI 接口以及 DisplayPort 接口的信号，同时对接组件包括 DVI 接口、HDMI 接口以及 DisplayPort 接口。

4. DisplayPort 接口

涉及 DisplayPort 接口技术的专利申请主要涉及接口检测技术。

申请日为 2009 年 5 月 20 日的 CN102047677A 中，发射机和接收机通过第二通道进行接口，以便于在操作模式中进行接收器的热插拔检测，从而不影响操作模式中的 DisplayPort 功能。

通过上述分析可知，皇家飞利浦在数字多媒体接口技术方面的专利申请主要集中在 HDMI 技术方面，这与其参与 HDMI 标准的制定有很大关系。该公司对 HDMI 接口技术的研发，除了 HDMI 技术本身，还涉及对 HDMI 与其他标准接口的兼容技术。在对 HDMI 技术的研发上，早期主要集中在对该接口内部技术的研发，至 2006 年后则开始侧重于对 CEC 通道技术的研究，从 2008 年起开始重点研发利用 HDMI 接口传输 3D 图像数据的技术。这符合目前 3D 图像显示技术高速发展的大趋势。并且可以预测，今后一段时间内，皇家飞利浦还将致力于利用 HDMI 接口传输 3D 图像数据技术的研发。

（五）鸿海精密工业股份有限公司

鸿海精密工业股份有限公司自 1999 年起开始涉足数字音视频接口方面的专利申请，不同于国外大公司的是，其申请主要集中于电连接器、电子转接器等接口的外围结构方面的改进。

电连接器为接口的具体表现形式，通常包括绝缘本体、若干导电端子以及遮罩在本体上的遮蔽壳体，用于传输信号。

2006 年前，该公司的申请均为 DVI 电连接器或是一端为 DVI 电连接器的电子转接器，具体涉及以下几个方面：

设置屏蔽件、吸磁材料或是金属壳体以减小相互间的干扰，提高电磁防护性能，如申请日为 1999 年 11 月 11 日的 CN2405341Y、申请日为 2002 年 12 月 24 日的 CN2596622Y，以及申请日为 2005 年 9 月 30 日的 CN2840406Y；

设置定位装置以提高装配效率，降低装配成本，如申请日为 1999 年 12 月 7 日的 CN2406377Y、申请日为 2001 年 12 月 19 日的 CN2520007Y；

合理设置导电端子的位置及排列以实现小型化，简化设计，如申请日为 2003 年 7 月 31 日的 CN2651994Y、申请日为 2005 年 9 月 22 日的 CN2874811Y；

合理设置固定、锁定装置以方便操作，防止脱落，如申请日为 2000 年 10 月 10

日的 CN2458788Y、申请日为 2005 年 11 月 14 日的 CN2850039Y。

从 2006 年开始，该公司涉足的接口标准从单一的 DVI 扩展到 HDMI、UDI、DisplayPort 和 DiiVA。下面根据该公司的专利申请情况对其研发方向进行分析。

1. 外围结构改进

在原有的电连接器或电子转接器结构的基础上增设各种部件，或对已有部件进行结构方面的变动，以改善性能，这样的改进仅涉及外围结构，可适用于各种接口标准。

（1）为了改善电连接器的连接

申请日为 2007 年 7 月 26 日的 US2008139005A1、申请日为 2008 年 5 月 27 日的 US2009215283A1 采用了设置磁性吸附件的方式；申请日为 2009 年 11 月 30 日的 US2010136831A1、申请日为 2009 年 12 月 26 日的 CN201608308U 通过设置弹片、卡扣部、凹凸部、阻挡装置来提高结构的稳定性；申请日为 2010 年 6 月 8 日的 CN201829725U、申请日为 2010 年 8 月 10 日的 CN201868639U 也分别采用不同的方式来增加结构强度，如设置支撑臂、绝缘本体、凸缘等。

（2）涉及电连接器壳体方面的改进

为了降低电磁干扰，申请日为 2008 年 12 月 11 日的 CN201323333Y 设置了包围于电路板外的金属壳体；申请日为 2008 年 11 月 28 日的 CN201336459Y 具有与第一壳体抵接并包覆于架体及第一连接器外围的外遮蔽壳体；申请日为 2009 年 3 月 13 日的 CN101834357A 设置了遮盖本体的金属遮蔽壳体；申请日为 2010 年 9 月 9 日的 US2011059646A1 的线缆连接器组件在金属壳体后端的线缆卡环通过抽引成型的方式而成，使金属壳体在延伸出线缆的位置具有较佳的屏蔽效果。

申请日为 2008 年 8 月 18 日的 CN101656376A 通过在防尘盖上设置一对配合机构，以将防尘盖固持，防止丢失；申请日为 2008 年 12 月 10 日的 CN101752739A 通过遮蔽壳体形成对接框用以同时收容数个对接连接器，在其基础上，申请日为 2009 年 8 月 28 日的 US2010062653A1 通过隔离部将对接框分成数个不同界面的对接口，用以连接具有不同对接部的同一对接连接器或数个连接器插接；申请日为 2008 年 10 月 14 日的 CN201323329Y 通过支撑件设有固持于对接框上的主体部及向外延伸的焊接部，可加强对接框的强度；申请日为 2009 年 1 月 18 日的 CN201355687Y 具有改进的金属壳体，能增大电连接器焊接区域的空间并提高结构强度；申请日为 2008 年 12 月 11 日的 CN201323359Y 的电子转接器包括一套收容于金属外壳内的筒式绝缘外壳，工艺简单且有良好的散热效果；申请日为 2009 年 6 月 30 日的 CN201440537U 的电连接器的后盖自遮蔽壳体一体延伸，利用遮蔽壳体本身的材料，节省了成本；申请日为 2010 年 2 月 8 日的 CN102148462A 借由防呆结构的设置简化遮蔽壳体的制造，改善从遮蔽壳体延伸出的焊接脚的正位度。

2. 涉及电连接器导电端子的改进

（1）用于HDMI电连接器

申请日为2008年7月21日的CN201252274Y增加一组包括静端子和动端子的侦测开关，只有当对接部件完全与电连接器配合后，两者才能接触，解决了没有完全与电连接器配合侦测开关就传递错误侦测结果的问题；

申请日为2008年9月16日的CN201323327Y的差分对端子以卷压方式固定对应的导线可保障信号传输的质量，接地端子采用焊接的方式连接对应的导线可减小端子的间距，有利于减小连接器的尺寸；

申请日为2008年12月11日的CN201336416Y的电连接器在绝缘本体上端子的一侧设置凸点，而使端子与收容槽之间形成更大的空气间隙，降低相邻端子间介质的介电常数，进而提高阻抗值；

申请日为2009年5月14日的CN201440479U和申请日为2009年3月26日的CN201498686U通过改进端子尾部的排列方式，方便焊接且能有效降低信号传输时的串扰；

申请日为2010年2月4日的CN201639000U端子尾部直接刺入线缆芯线内并形成电性连接，制造简单，对环境无污染；

申请日为2010年2月9日的CN201699158U通过压块将线缆压弯固定于隔板中，端子尾部通过刺破的方式与线缆电性连接，避免了焊接的工艺步骤；

申请日为2010年12月25日的CN202004177U增加用于连接电路板上的电阻的电阻端子，使得电连接器的阻抗达到较佳值，提高了信号传输品质。

（2）用于DiiVA电连接器

申请日为2010年12月29日的US2011159745A1和申请日为2009年12月30日的CN201639086U，其差分信号端子与接地端子相邻设置，成对的差分信号端子的两焊接部排布在不同行中，改善了导电端子焊接部的排布方式，降低了导电端子之间的信号串扰，提高了电连接器的高频信号传输品质。

（3）适用于各种接口标准的电连接器

申请日为2008年7月1日的JP2009043713A的堆叠式电连接器在原有的若干弹性端子的基础上增加若干第一附加端子，提高传输速率，简化结构；

申请日为2009年4月27日的CN201430255Y的导电端子包括接触部、焊接部以及连接部，焊接部的宽度大于或等于接触部的宽度，保证特性阻抗的连贯性，使得高频性能变好；

申请日为2010年8月10日的CN201868619U的导电端子组具有切除料带后形成的断面，断面沿垂直接触部的方向排列成一排，被绝缘本体覆盖，避免断面暴露于空气中被氧化或腐蚀。

(4) 适用多种不同插头连接器的电连接器

申请日为2011年6月21日的JP2012004124A和申请日为2010年6月21日的CN201741958U通过调节中间端子以适应两种不同插头连接器的不同端子数量，从而达到一种电连接器适用两种不同插头连接器的目的；

申请日为2010年6月21日的CN201741836U形成与两种插头连接器的外轮廓相对应的插接口，具有很好的定位和防呆效果，第一插接口与第二插接口部分共用，体积小。

3. 设置光纤装置的连接器或转接器

申请日为2010年9月1日的CN201828685U、申请日为2010年11月1日的CN201867517U和CN201926774U、申请日为2010年12月29日的CN201965262U的导电端子符合DiiVA传输标准，通过设置传输光信号的光纤，由于光信号具有较高的传输速度，从而提高传输速度；

申请日为2010年10月26日的CN201887230U可同时进行光电信号传输，通过在绝缘本体上增设光学模块，提高信号传输速率，其导电端子整体与光学模块分别位于绝缘本体的下侧及上侧，防止光信号传输与电信号传输相互交叉干扰，提高稳定性，适用于USB、SATA、HDMI、SAS和Displayport等多种标准。

总之，该公司的专利申请主要是围绕电连接器或电子转接器的外围结构方面的改进展开的，其涉及各种接口标准，如DVI、HDMI、UDI、DisplayPort和DiiVA。为了改善连接、降低电磁干扰、提高传输速度而在壳体、导电端子的构造、线缆的连接等方面做了一系列的改进，可以预见该公司未来的申请方向仍将围绕这些方面，力争进一步提高电连接器和电子转接器各方面的性能。

综上所述，尽管数字音视频接口的核心技术，例如内容保护、数据传输等方面并不属于鸿海精密工业股份有限公司的强项，但其近年来的研究方向紧跟国外大公司的技术发展方向，积极寻求改进和优化。国内的其他公司可以借鉴该公司的专利策略，在多方面寻求技术上的突破。

五、结束语

综上所述，数字音视频接口今后的专利技术发展方向包括以下几方面。

1. 适应3D技术的发展

随着全高清3D视频逐渐普及，在非压缩传输全高清3D视频时如何确保数据传输的带宽，如何优化3D图像显示效果，以及在3D画面上叠加附加信息时对于数据传输结构的改进等，这些技术方面目前正是市场开发热点；此外，在现今大多数视频源还是2D的情况下，使用各个接口标准时，对于2D到3D的转换、2D/3D的自动识别切换技术也需要不断改进。

2. CEC

CEC可在系统中增加许多指令和控制功能，还有允许厂商自定义的命令，通过

CEC 传送各种控制命令，用户能用一个控制器控制并在各连接设备之间实现关联功能。接口芯片制造商已经设计了一些发射/接收装置以便于把 CEC 功能也嵌入数字显示设备中，从而使用户对系统整体的操作性更为方便，因此利用 CEC 实现便捷的控制也是在目前阶段应当考虑的技术研发方向。

3. 移动便携设备上的应用

随着手机、数码相机、数字摄影机和便携式多媒体播放器功能增强，如何将完整的媒体内容直接传输到电视上且不损伤影片的高分辨率已成为人们追求的重点。晶像公司已经提出 MHL 作为连接便携式消费电子装置的影音标准接口，并且能够传输多种格式。可见以高分辨率、小尺寸及低功耗的方式来实现连接便携设备和显示终端的功能，也是顺应市场需求的发展方向。

4. 硬件上的改进

尽管最早的数字视频接口技术 DVI 在 1999 年就提出了，但数字音视频接口领域的核心技术（如信号传输结构、数字内容保护等）及其相关专利一直由国外企业把持。国内企业尤其是内地企业一直游移在该领域技术外围。

而通过对鸿海精密工业股份有限公司近年来专利申请的分析可以得到启示：即便数字音视频接口的核心技术不是国内企业的技术强项，国内企业的研发方向仍可以在多方面寻求技术上的突破，例如对于硬件上的改进，例如尺寸小型化、简化结构等；并且国内企业的研发方向要密切关注国外大公司的技术发展方向，尽可能参与到多种标准的发展中。

最后，由于此次分析对于数字音视频接口技术涉及的相关领域，检索所得的数据有限，不能覆盖全部相关专利申请，所作分析中不当之处还请批评指正。

参考文献

[1] 王玉．DVI 接口在数字电视中的应用研究 [J]．今日电子，2006（1）.

[2] 任苙萍．UDI 携手 HDMI 捍卫 TMDS 阵营 迎战志在一统显示接口标准的 DisplayPort [J]．电子与电脑，2006（5）.

[3] 马一丁．高清视频接口迈向更高带宽各大标准谁主沉浮 [J]．中国电子商情（基础电子），2009（8）.

[4] 章文辉，柴剑平．数字高清接口 DisplayPort 和 HDMI 的比较 [J]．电视技术，2008（12）.

[5] 数字高清时代　全面解密 HDMI 接口技术 [EB/OL]．[2012 - 05 - 02] http：//www.eefocus.com/html/07 - 01/061002144495.shtml.

[6] 相接中国数字高清接口标准- DiiVA 标准 [EB/OL]．[2012 - 05 - 02] http：//www.lcdera.com/showinfo.php？＝id＝1228.

[7] 深入解析：新一代数字多媒体接口的架构及应用 [EB/OL]．[2012－05－02] http：//www.eefocus.com/html/07 - 02/120261002366021.shtml.

抗感染化学治疗药专利技术现状及其发展趋势

苗彦妮　程心旻　姜　晖　杨　帆　刘　梅
王国臻　王荣霞　孔佳音　刘　洋　李　毅

（国家知识产权局专利局医药生物发明审查部）

一、引言

用于治疗感染性疾病的药物统称为抗感染药物，包括用于治疗各种病原体（细菌、病毒、真菌、螺旋体、衣原体、支原体等）所致感染的各种药物。

自 1907 年 Gelmo 发明磺胺，开创了抗感染药物的新时代。1929 年 Alexander Fleming 发现了青霉素，揭开了抗生素时代新的一页，推动了微生物制药工业的发展。1944 年，链霉素的发现者 Waksman 首次提出抗生素的定义：微生物在代谢过程中产生的具有抑制他种微生物生长的化学物质称为"Antibiotic"。我国将其译为"抗生素"，而后考虑到其作用主要为抗细菌作用，因此改称为"抗菌素"。随着抗寄生虫药物和抗肿瘤抗生素的相继出现，抗生素的领域不断扩大，随着科学的不断发展，近年来修改了抗生素的定义："抗生素是在低浓度下能选择性地抑制或杀伤他种微生物或肿瘤细胞的微生物次级代谢产物和采用微生物学等方法制成的同类化合物与结构修饰物。"1981 年第四届全国抗生素学术会议上确定，摒弃抗菌素这一名称，改为抗生素。

广义的抗感染药物按其用途可以分为抗细菌药、抗病毒药、抗真菌药和抗寄生虫药。而狭义的抗感染药主要是指抗细菌药，即治疗细菌感染的药物。本文所指的抗感染药即指抗细菌感染的药物。

抗细菌药物主要包括抗生素、化学合成抗菌药两类。

（一）抗生素（antibiotics）

抗生素系指由细菌、真菌或其他微生物在生活过程中所产生的具有抗病原体或其他活性的一类物质，其主要分类有以下几种。

1. β-内酰胺类

β-内酰胺类是指分子中含有 β-内酰胺环的抗生素，青霉素和头孢菌素均属此类。还包括 β-内酰胺酶抑制剂、氧头孢类和碳青霉烯类等，本文就临床常用的青霉素类、头孢菌素类和碳青霉烯类作为代表进行分类统计，对β-内酰胺类抗生素的发展现状和趋势进行分析。

青霉素类：青霉素类是一类重要的β-内酰胺抗生素，它们可由发酵液提取或半合成制得。其能与细菌细胞膜上的青霉素结合蛋白结合而妨碍细菌细胞壁黏肽的合成，使之不能交联而造成细胞壁的缺损，致使细菌细胞破裂而死亡。

头孢菌素类：头孢菌素类是以冠头孢菌培养得到的天然头孢菌素C作为原料，经半合成改造其侧链而得到的一类抗生素。常用的约有30种，按其发明年代的先后和抗菌性能的不同而分为一、二、三、四代。

碳青霉烯类：包括亚胺培南、美罗培南、厄他培南和比阿培南等。

2. 氨基苷类

氨基苷类曾称氨基糖苷类，是由微生物产生或经半合成制取的一类由氨基糖（或中性糖）与氨基环醇以苷键相结合的易溶于水的碱性抗生素，如链霉素、庆大霉素、卡那霉素、小诺米星、阿司米星等。氨基苷类主要作用于细菌蛋白质合成过程，使合成异常的蛋白。阻碍已合成蛋白的释放，使细菌细胞膜通透性增加而导致一些重要生理物质的外漏，引起细菌的死亡。

3. 四环素类

四环素类是由链霉菌产生或经半合成制取的一类碱性的光谱抗生素。由链霉素直接产生的有四环素、土霉素、金霉素；半合成制取的有美他环素、多西环素、米诺环素等。本类药物间存在密切的交叉耐药性，由于四环素的广泛应用，近年来，细菌对四环素类的耐药状况较严重，因此限制了本类药物的应用。

4. 酰胺醇类

酰胺醇类抗生素主要有氯霉素及甲砜霉素。目前有些国家正在研究其含氟的化合物，以期得到透膜性能强、毒性小、对微生物更有效的药物。其系由委内瑞拉链霉素产生，现由合成法制造，也可制备成棕榈酯或琥珀酯应用。

5. 大环内酯类

大环内酯类是由链霉菌产生的一类弱碱性抗生素，因分子中含有一个内酯结构的十四元或十六元大环而得名。大环内酯类作用于细菌细胞核糖体50s亚单位，阻碍细胞蛋白质的合成，属于生长期抑菌剂。

6. 糖肽类

糖肽类由链霉菌或放线菌所产生，其结构为线性多肽。目前临床应用的该类药物有万古霉素、去甲万古霉素和替考拉宁。糖肽类抗生素作用机制通过作用于细菌细胞壁，与细胞壁黏肽合成中的D-丙氨酰-D-丙氨酸形成复合物，抑制了细胞壁的合成。其作用部位与β-内酰胺类不同，不与青霉素类竞争结合部位。此类抗生素的化学结构和作用机制独特，故与其他抗菌药无交叉耐药现象。

7. 其他主要抗细菌的抗生素

如林可霉素、克林霉素、磷霉素、多黏菌素等。

（二）化学合成类抗菌药

化学合成类抗细菌药包括以下几类。

1. 磺胺类

磺胺药为比较常用的一类药物，具有抗菌谱广、可以口服、吸收较迅速、有的能通过血脑屏障渗入脑脊液、较为稳定、不易变质等优点。磺胺药单独应用，微生物易产生耐药性，甲氧苄啶的出现加强了磺胺药的抗菌作用，使磺胺药的应用更为普遍。

2. 喹诺酮类

喹诺酮类又称吡酮酸类或吡啶酮酸类，是一类合成抗菌药。与其他抗菌药的作用点不同，它们以细菌的 DNA 为靶，妨碍 DNA 回旋酶，进一步造成染色体的不可逆损害，使细菌细胞不再分裂。它们对细菌显示选择性毒性。本类药物不受质粒传导耐药性的影响，因此本类药物与许多抗菌药物间无交叉耐药性。

3. 甲氧苄啶类

抗菌谱与磺胺药相近，有抑制二氢叶酸还原酶的作用，可阻碍四氢叶酸合成，磺胺药则竞争二氢叶酸合成酶，妨碍二氢叶酸合成，两者合用，可使细菌的叶酸代谢受到双重阻断，因此抗菌作用大幅提高。

4. 硝基呋喃类

硝基呋喃类是一类合成的抗菌药物，作用于微生物酶系统，抑制乙酰辅酶 A，干扰微生物糖类的代谢，从而起抑菌作用。

5. 硝咪唑类

常用的硝咪唑类有甲硝唑、替硝唑、奥硝唑等。

根据专利申请数据统计以及抗细菌药的临床使用情况，本文将抗细菌化学药分为β-内酰胺类、氨基糖苷类、四环素类、酰胺醇类、大环内酯类、糖肽类和喹诺酮类七大类进行统计分析，其中β-内酰胺类包括青霉素类、头孢菌素类、碳青霉烯类。

二、抗细菌化学药专利申请量态势分析

对抗细菌化学药专利申请总量态势进行分析，有助于从整体上把握抗细菌化学药的专利申请变化态势以及发展动向。本文将从全球和中国两个层级，对 1998—2011 年间的抗细菌化学药的总申请量、区域分布、年度申请量进行统计分析，并将其进一步细分为化合物、制剂和复方三种技术主题来进行申请量态势分析。

（一）检索的范围和时间段

本文在德温特世界专利索引数据库（WPI）和中国专利数据库（CPRS）中进行检索。检索用的中文关键词：抗菌、杀菌、抗细菌、抗生素、内酰胺、青霉素、头孢菌素、青霉烯、大环内酯、四环素、酰胺醇、氨基糖苷、糖肽、喹诺酮等；检索用英

文关键词：antiinfecti＋、infectiz＋、antibiotic、lactams、penicillin、cephalosporin、penem、macrolide、tetracycline、amphenicol、amino glycoside、glycopeptide、quinolone；检索用分类号：A61K31/00、A61K33/00、A61K9/00、C07C、C07D、C07H（IPC8版）。

本文检索针对的时间段为申请日在1989年1月1日至2011年12月31日的专利申请，分别针对不同主题类型进行分类检索，筛选出不同种类抗细菌药物的相关专利申请，并在此基础上进行了详细的统计分析；同时针对申请量较大的国内外重要申请人，也统计分析了其在不同药物领域的专利申请情况，以期了解各主要申请人目前的研发方向。需要指出的是本文所述的化学药不仅涉及药物产品及其相关剂型的产品发明，还涉及有关药物的应用方法、制备方法的发明。

（二）抗细菌化学药专利申请态势分析

1. 申请总量

1989—2011年间全球和中国的抗细菌化学药的专利申请总量如图1所示。

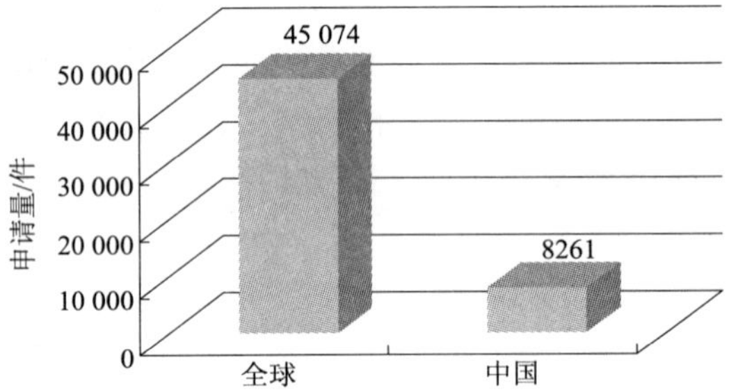

图1　抗细菌化学药专利申请量态势分析

从图1可以看出，1989—2011年全球抗细菌化学药总申请量为45 074件，中国申请总量为8261件，约占全球申请总量的18.3%。

2. 全球区域分布

抗细菌化学药的专利申请量在全球各个国家和地区间的分布不均衡，本小节将对全球抗细菌化学药的专利申请地区分布进行统计分析，以探求各国家和地区之间该技术领域的技术发展水平差异。

图2显示的是1989—2011年之间抗细菌化学药专利申请中，世界前八位的申请国家和地区的申请量和所占的百分比情况。其中，国际申请为16 130件，美国为优先权的申请量最多，为7608件，欧洲专利局、日本、中国分别以5056件、4584件、4370件位列第三、第四、第五位。韩国、俄罗斯和印度分别以1115件、691件和485件排名第六、第七、第八位。其中国际申请占全球抗细菌化学药申请总量的35.7%，美国的专利申请量占全球专利申请总量的16.8%，欧洲专利局的专利申请量占10.9%，日本为9.6%，中国为7.4%，德国所占比例为2.7%，韩国占全球总

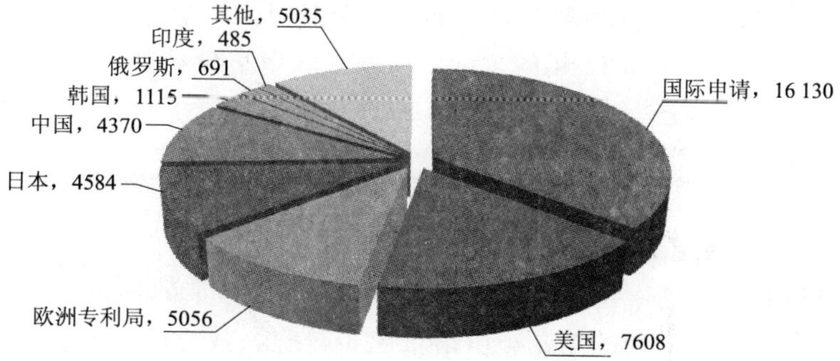

图 2　全球抗菌化学药区域分布（1989—2011）

申请量的 2.4%，印度占全球总申请量的 1.1%，其他国家和地区申请量占全球总申请量的 11.1%。

由此可见，抗细菌化学药的研究和专利申请在全球各个国家和地区的分布很不均衡，美国抗细菌化学药的研究占据全球领先地位，其次为欧洲专利局和日本专利局；而我国抗细菌化学药专利申请量位居第五，说明我国对抗细菌化学药的研究也比较重视。值得注意的是，韩国、俄罗斯和印度等国，虽然在化学药整体上不占优势，但是在该领域排名也很靠前，值得关注。

3. 全球和中国抗细菌化学药历年申请量

图 3 显示的是 1989—2011 年间全球和中国抗细菌化学药专利申请的年度分布情况，可以看出全球和中国抗细菌化学药在此 20 年间申请量的变化。全球抗细菌化学药物存在两个十分明显的专利申请高峰时期，即 1991—1995 年和 2000—2005 年，这两段时间的年申请量均达到了 2000 件左右，但是 1997 年，全球抗细菌化学药的专利

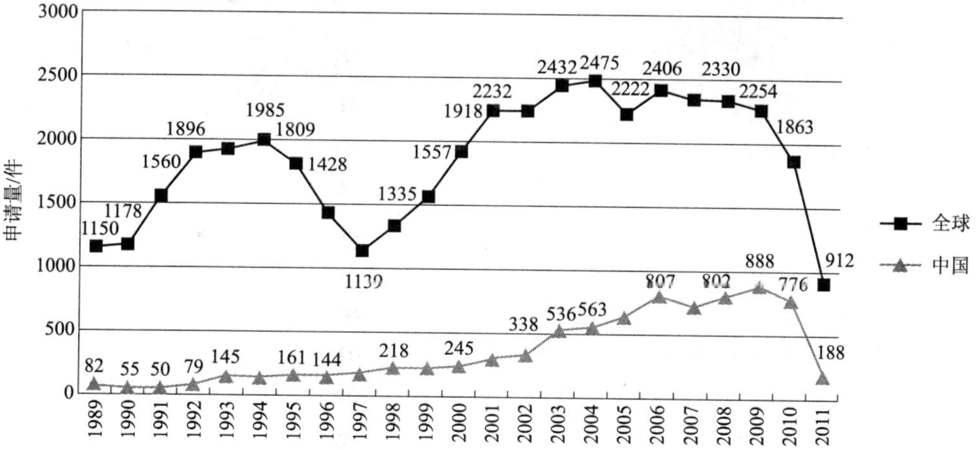

图 3　全球和中国抗细菌化学药专利申请历年申请量

申请达到了最低点，仅为1139件。受专利申请公开时限和PCT国际申请进入国家阶段时限的影响，2010年和2011年的统计数据比实际申请量偏低，随着专利申请的逐步公开上述数据将得到进一步完善，需要说明的是，下文所涉及的2010年及2011年统计数据均存在上述情况，均比实际申请量偏低。

然而，中国的抗细菌化学药的年专利申请量却是在1993年左右开始逐渐平稳地上升，到2003年后增长略为加快，达到500件左右，2006年后保持在平稳发展期，保持在800件左右。从图中可见这两组数据的历年专利申请的分布趋势存在明显的不同，其中中国抗细菌化学药的年专利申请量起步较晚。其可能的影响因素是1993年专利法修改后开始保护作为药物活性成分的化合物所致，使得1993年后抗感染化学药物在中国的申请开始增加；另外，由于我国的化学药以仿制为主，抗细菌化学药也不例外，这使得国内抗细菌化学药研发的高峰时期比全球的高峰时期有所延迟。这在一定程度上说明我国开发新的抗细菌化学药的技术能力较弱。

（三）技术主题分布

1. 抗细菌化学药不同技术主题申请总量（按化合物、制剂、复方分类）

图4、图5分别显示的是1989—2011年间全球、中国的抗细菌化学药按照化合物、复方和制剂分类的各类型专利申请的总量。

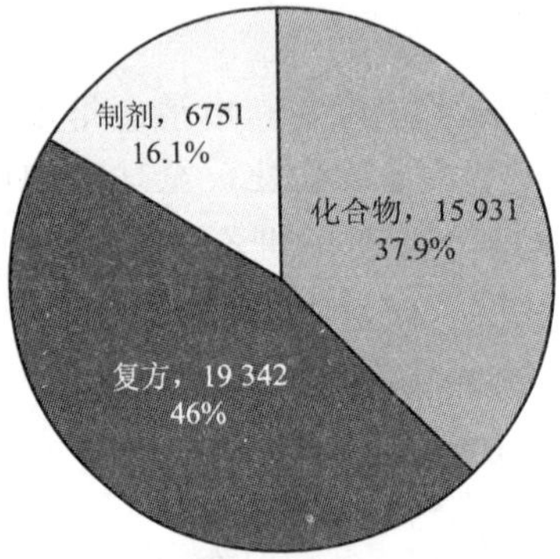

图4　全球抗细菌化学药不同技术主题专利申请分布

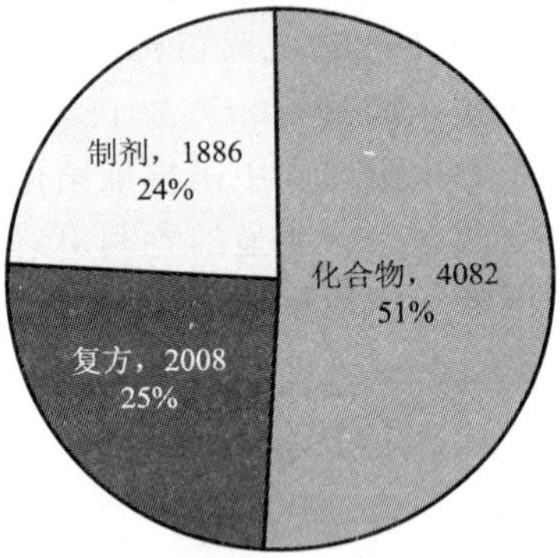

图5　中国抗细菌化学药不同技术主题专利申请分布

从图4、图5中可以看出，全球的化合物类抗细菌化学药发明申请量为15 931件，约为总申请量的37.9%；复方类为19 342件，约为总申请量的46%；制剂类为6751件，约为总申请量的16.1%。而中国的化合物类抗细菌药发明申请量为4082件，约为总申请量的51%；复方类为2008件，约为总申请量的25%；制剂类为1886件，约为总申请量的24%。

由于化合物类专利在化学药专利的构成中技术含量相对比较高，所以一般情况下，在某个化学药技术领域中化合物类专利含量高说明该技术领域发展较快，可能处在技术发展的上升期；而如果某个化学药技术领域中化合物类专利含量低说明该技术领域发展较慢，可能已经到了技术发展的成熟期/下降期。上述数据说明全球抗细菌化学药的技术已经发展到较为成熟的阶段，而中国专利申请中化合物类专利申请比例较大，说明中国在抗细菌药的研发方面具备一定的实力。

2. 抗细菌化学药不同技术主题历年申请量变化

抗细菌化学药的化合物、复方和制剂的历年申请量变化呈现出非常不同的特点。

(1) 抗细菌化学药化合物类历年申请量

图 6 显示的是 1989—2011 年间全球和中国抗细菌化学药化合物类专利申请量的年度变化趋势。

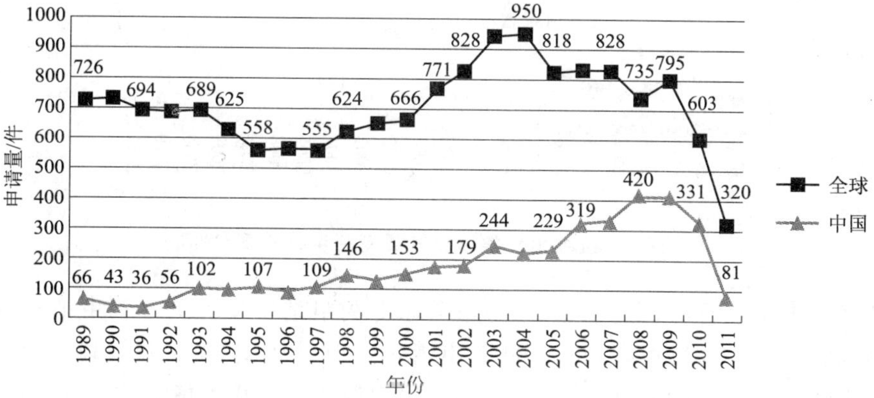

图 6 抗细菌化学药化合物类全球及中国专利申请年度分布

从图 6 中可以看出，全球抗细菌化学药化合物类专利申请有两个明显的高峰期，在 1993 年之前年申请量较高，之后此类专利申请量就开始下降，一直到 1998 年才开始有所回升，最高点到 2004 年，2005 年又开始下降，并且 1998—2004 年的化合物类专利年申请量比 1989—1993 年的要高。而中国的抗细菌化学药的年专利申请量却是在 1993 年左右开始逐渐平稳地上升，到 2003 年后增长略为加快，达到 200 件左右，2006 年后增长速度更快，呈现出直线上升的趋势。

从图 6 中可见这两组数据的历年专利申请的分布的趋势存在明显的不同。出现这种大的差异的原因可能是，全球的抗细菌药化合物类专利在 1998 年前以原创新化合物研究为主，而在 2000 年后除了少部分的新化合物，更多地将研发的重点放在已有化合物的制备工艺、晶型这些改进型的发明上，造成了全球抗细菌化合物专利申请的回升。由于中国的化学药以仿制为主，抗细菌化学药也不例外，这可能使中国国内抗细菌化学药研发的高峰时期有所延迟，并且与全球化合物的第二次的申请高峰期重叠，从中国专利申请的内容上分析，其专利的技术主题的分布也符合第二次的申请高峰时的特点。这也与中国对开发新的抗细菌药的技术能力较弱、以二次开发为主的情况是吻合的。

（2）抗细菌化学药复方类历年申请量

图 7 显示的是 1989—2011 年间全球和中国抗细菌化学药复方类专利申请量的年度变化趋势。

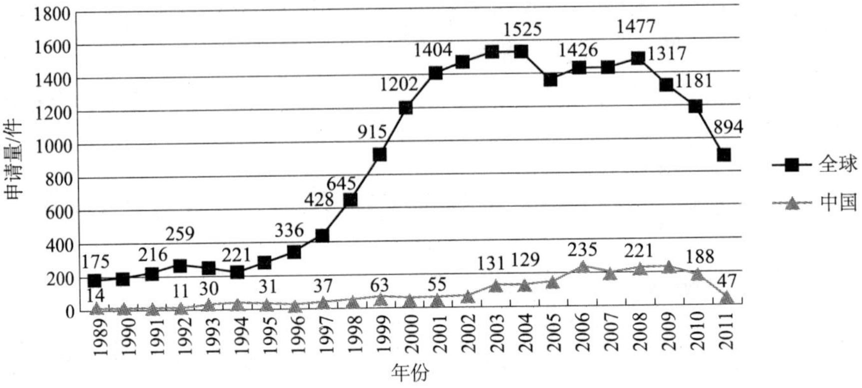

图 7　抗细菌化学药复方类专利申请年度分布

从图 7 中可以看出，到 1995 年为止全球专利申请中复方类专利申请一直处在比较平稳的状态，大约每年有 200 多件的申请量，但是从 1996 年开始到 2004 年左右，出现了申请量的大幅度上升，从 2005 年开始增势变缓，年申请量基本维持在 1400 件左右，而这种复方类专利申请的增加的时间与化合物类专利申请的下降的时间相一致。结合全球专利申请中复方类申请的比例来看，其在申请总量中所占的比例非常高，甚至超过了化合物类专利申请的比例。经过分析，出现这种情况的原因很可能是由于在 1995 年抗感染药物的发展高峰过后，开发新的药物越来越困难，而临床上由于细菌耐药性的问题越来越突出，导致现有药物不能满足临床上对耐药菌株杀灭的需要，因此研究者更多地将目光转向现有药物组成复方制剂以降低耐药性的产生，或杀死单一抗细菌药物不能杀灭的细菌，而这种需求促使该领域的复方专利申请量大幅度增加。因此在该领域，复方的研究占有很重要的地位。

图 7 中数据显示，中国的抗细菌化学药复方类专利申请的年度变化趋势与全球的相比，有很大的不同。中国的抗细菌化学药复方类专利申请在 2003 年开始较快增长，但是其数量和增长与全球相比差距都很大，这可能是由于目前中国在抗细菌化学药的研究重点仍然在化合物类的研究上，复方类并不是研究重点所导致的。

（3）抗细菌化学药制剂类历年申请量

图 8 显示的是 1989—2011 年间全球和中国的抗细菌化学药制剂类专利申请量的年度变化趋势。

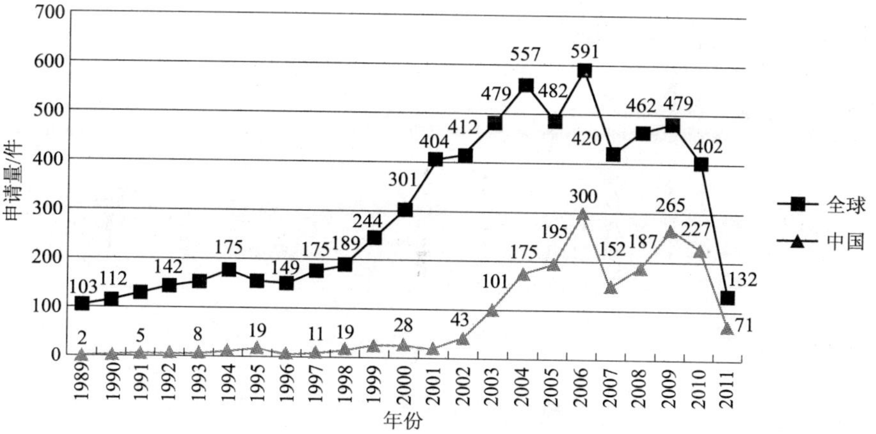

图 8　抗细菌化学药制剂类申请年度分布

从图 8 中可以看出，全球和中国的抗细菌化学药制剂类专利申请的变化趋势是一致的，都是在 2000 年之前缓慢上升，2000 年到 2006 年上升速度加快，2006 年到 2007 年有较大的下降。并且可以看出，尤其在 2003 年后，中国在该领域占全球的专利的申请量的比例不断加大，在 25%～50%之间变化，说明中国在抗细菌化学药制剂类的专利申请上有一定的优势。

（四）不同类型抗细菌化合物申请量情况

在抗细菌化学药这一大类专利申请中，化合物类的专利申请最能够体现出对抗细菌化学药研究的原创性贡献，反映出申请人对抗细菌化学药核心技术的掌握；而复方类、制剂类的发明，一般都是在化合物发明的基础上加以进一步的改进或完善，体现的是改进型的发明。因此，本文以下部分，如果没有特别的指明，均是对不同类型的抗细菌化合物专利申请量的分析，以更好地探求抗细菌化学药技术的发展研究状况。

1. 全球各类型抗细菌药化合物总申请量

图 9、图 10 分别显示的是 1989—2011 年期间全球、中国各类型抗细菌化合物的专利申请总量。

从图 9 中可以看出，在全球的数据中，β-内酰胺类在所有类别中申请量都是最高的，全球申请达到 4175 件，占抗细菌化合物总申请量的 40.8%，其中青霉素类化合物约占总抗细菌化合物申请总量的 13%，头孢菌素类约占 19.2%，碳青霉烯类约占 9.7%；申请量第二的是氨基糖苷类，全球申请达到 2899 件，占抗细菌化合物总申请量的 28.3%；第三是喹诺酮类，全球申请达到 1146 件，占抗细菌化合物总申请量的 11.2%；第四是大环内酯类，全球申请达到 1087 件，占抗细菌化合物总申请量的 10.6%；其余糖肽类、酰胺醇类和四环素类申请量相对较少，分别约占抗细菌化

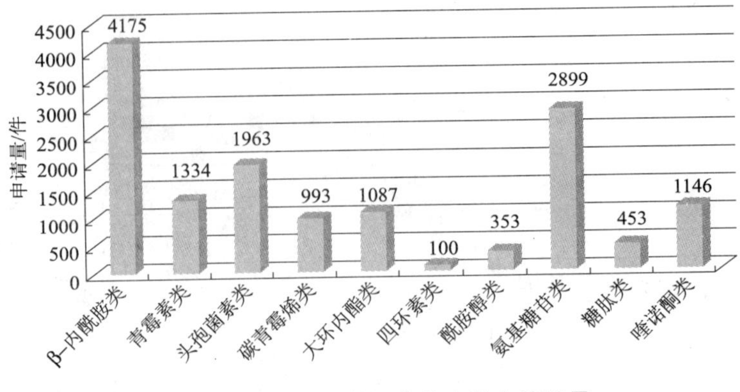

图 9　全球各类型抗细菌化合物申请总量

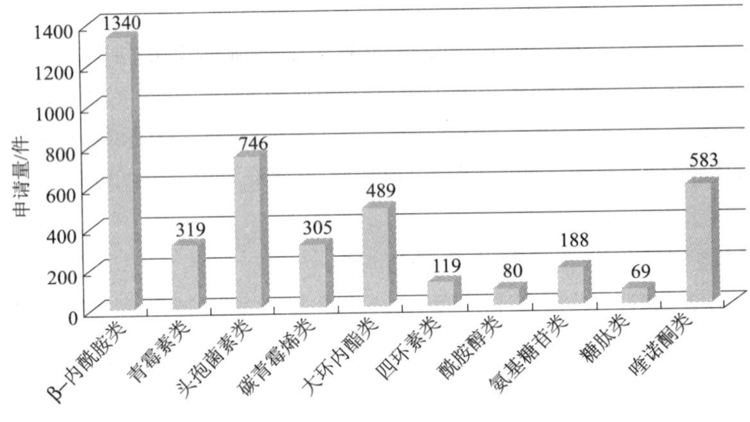

图 10　中国各类型抗细菌化合物申请总量

合物申请总量的 4.4%、3.4%和 0.9%。

在中国的数据中，β-内酰胺类同样在所有类别中申请量最高，达到 1340 件，约占中国抗细菌化合物专利申请总量的 46.7%，其中青霉素类约占中国抗细菌化合物专利申请总量的 11.1%，头孢菌素类约占 26%，碳青霉烯类约占 10.6%；第二是喹诺酮类，中国申请达到 583 件，约占中国抗细菌化合物专利申请总量的 20.3%；第三是大环内酯类，中国申请达到 489 件，约占中国抗细菌化合物专利申请总量的 17.1%；第四是氨基糖苷类，中国申请达到 188 件，约占中国抗细菌化合物专利申请总量的 6.5%；同样，四环素类、酰胺醇类和糖肽类申请量相对较少，分别占 4.1%、2.7%和 2.4%。

通过比较全球和中国的不同类别的抗细菌化合物可以发现，申请量最大的都是

β-内酰胺类，所占比例也大体相近，其中青霉素类的中国数据相比全球数据略低，但与全球相比，中国对头孢菌素类和碳青霉烯类化合物的研究比例略高。由于2008年中国申请人山东轩竹医药科技有限公司递交了多份关于头孢菌素类和碳青霉烯类化合物的研究的系列申请，如果扣除该申请人当年的申请，则这两类化合物的中国数据的百分比与全球数据很接近，因此可以认为，在该领域中国与全球研究水平相当。

然而，大环内酯类和喹诺酮类的化合物专利申请，中国的数据比全球数据高了近一倍，相差很大。这说明中国申请人在这两个领域的研究要更活跃，国外研究并不活跃，很可能是在中国市场上这两类抗感染化合物有比较好的市场，但是在中国国内却还存在一定的技术问题需要解决。

氨基糖苷类的化合物专利申请，中国数据的百分比与全球数据相差很大。这说明中国申请人在这个领域的研究不活跃，但是国外研究却很活跃，并且中国在该领域的研究水平大大落后于国外的研究水平。

2. 各类型抗细菌化合物申请量年度分布

为了更好地说明1989—2011年各类型抗细菌化合物的发展趋势，将各类型抗细菌化合物在这一时间段的发明专利申请数据按照年度分布进行统计，所得结果如下。

(1) β-内酰胺类化合物专利申请的年度分布

图11显示的是1989—2011年间全球、中国β-内酰胺类抗细菌化合物专利申请量的年度变化趋势。从图中可以看出，全球的β-内酰胺类抗生素的化合物专利申请量虽然有一些波动，但是从1989—2000年整体上来看专利申请量呈现缓慢下降的趋势，2001—2008年整体上呈现平稳发展的趋势。而中国的β-内酰胺类抗生素的化合物从1989—2007年呈缓慢上升的趋势，虽然2008年数据突然有所增高，这是因为山东轩竹医药科技有限公司在2008年申请了100多件相关专利，致使当年国内申请数据突然增高，如扣除该因素，则1989—2010年中国的β-内酰胺类抗感染化合物呈缓慢上升的趋势。β-内酰胺类化合物占了全球所有抗细菌化学药化合物的近40%，这

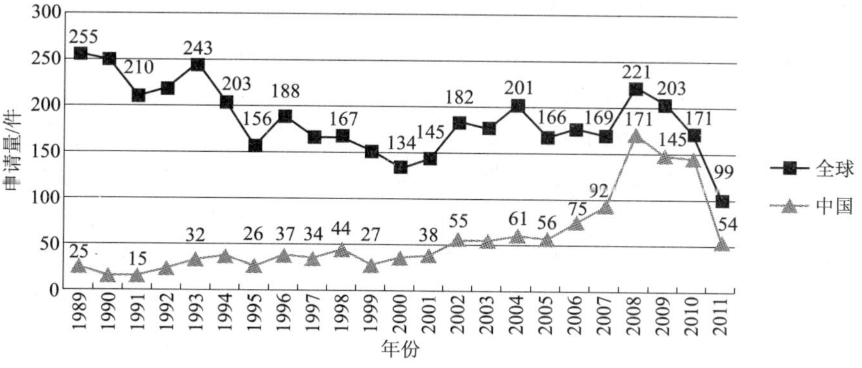

图11 β-内酰胺类化合物专利申请的年度分布

与此类药物在该领域的基础地位是一致的，在β-内酰胺类药物中青霉素类的国际和中国专利申请都很少，而且大多是中间体生产工艺的改进和已有化合物的制备工艺改进，2005年后没有新化合物出现，可见此类药物已经处在技术发展的衰退阶段，不是目前的研究重点。

（2）青霉素类化合物专利申请年度分布

图12显示的是1989—2011年间全球、中国青霉素类抗细菌化合物专利申请量的年度变化趋势。从图中可以看出，全球的青霉素类抗细菌化合物专利申请量从1990年到1994年整体上呈现缓慢下降的趋势，1994年到1999年整体上呈现上升发展的趋势，2000年以后虽然申请量波动比较频繁，但是整体稳定在年申请量50～70件之间。而中国的青霉素类化合物从1989年到2009年呈缓慢上升的趋势。但是通过阅读这些申请文件发现，近几年的相关专利申请大多是关于青霉素中间体或母核的制备方法的专利申请，没有新化合物。

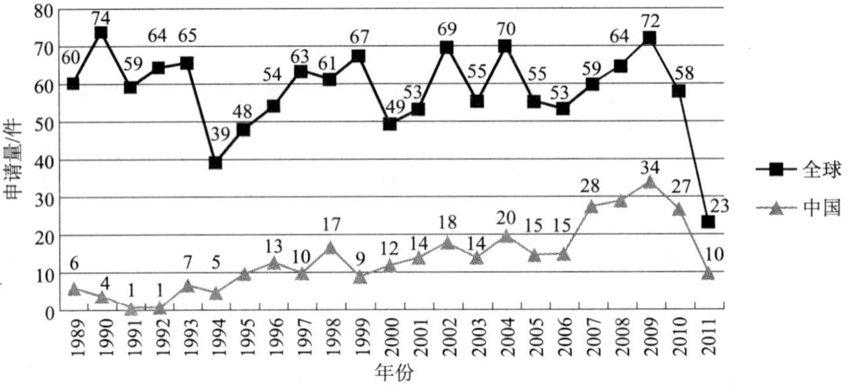

图12　青霉素类化合物专利申请年度分布

（3）头孢类化合物专利申请年度分布

图13显示的是1989—2011年间全球、中国的头孢菌素类抗细菌化合物专利申请量的年度变化趋势。从图中可以看出，虽然在1993年和1996年有局部的反弹，但是全球的头孢菌素类抗细菌化合物专利申请量从1989年到2000年整体上呈现缓慢下降的趋势，2000年申请量降至最低，仅为57件，之后申请量有所上升，但均维持在70～100件之间。而中国的头孢菌素类抗细菌化合物从1989年到2008年呈缓慢上升的趋势。头孢菌素类是全球β-内酰胺类化合物中申请量最大的，这与其在临床上的使用量一致，该领域在2005年之后申请量一直保持平稳，而中国在此领域的申请量在此之后却持续上升，在2008年与全球申请量接近，这是由于2008年山东轩竹医药有限公司申请了几十件相关专利，致使当年国内申请数据突然增高，如扣除该因素，则全球和中国的头孢菌素类抗细菌化合物从1989年到2008年发展趋势一致。2008

年之后，该领域的专利申请量都有所下降，这说明中国和其他国家和地区对此类药物的研究已经大大减少，已不是目前研究的重点。

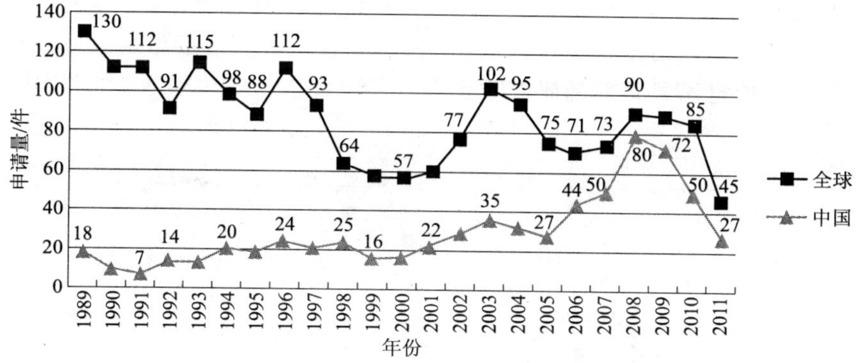

图 13　头孢菌素类化合物专利申请年度分布

（4）碳青霉烯类化合物专利申请年度分布

图 14 显示的是 1989—2011 年间全球、中国的碳青霉烯类抗细菌化合物专利申请量的年度变化趋势。从图中可以看出，全球的碳青霉烯类抗细菌化合物专利申请量在 1990—1993 年有一个申请的高峰，在 2000 年下降到最低点之后，2001—2002 年和 2005—2006 年都出现了申请量小幅的回升，但是整体稳定在年申请量 30～40 件之间。而与全球专利的申请变化相应，中国的碳青霉烯类化合物在这三个阶段也有类似的申请高峰的趋势，虽然 2008 年数据突然有所增高，这是因为山东轩竹医药科技有限公司在 2008 年申请了几十件相关专利，致使当年国内申请数据突然增高，如扣除该因素，则全球和中国的碳青霉烯类抗细菌化合物在 1989—2011 年发展趋势一致。说明该领域发展较为稳定，仍有一定的发展。

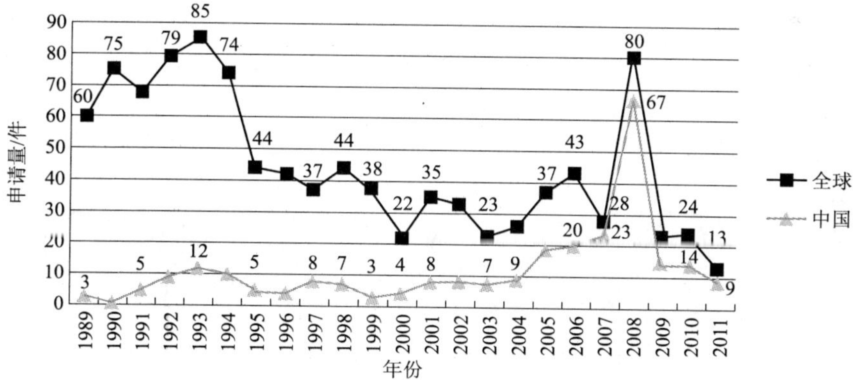

图 14　碳青霉烯类化合物专利申请年度分布

（5）大环内酯类化合物专利申请年度分布

图 15 显示的是 1989—2011 年间全球、中国的大环内酯类抗细菌化合物专利申请量的年度变化趋势。从图中可以看出，虽然发展缓慢，波动较频繁，但是全球和中国的此类化合物专利年申请量都在不断升高。2009 年专利申请量出现大幅下降，说明该领域的研究可能已不是目前的研究重点。

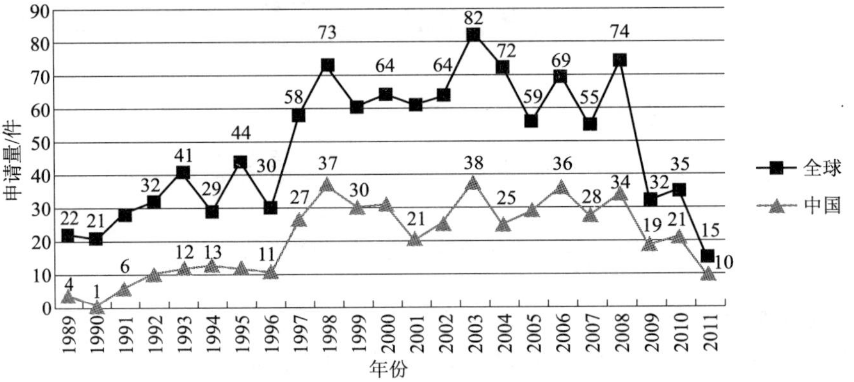

图 15　大环内酯类化合物专利申请年度分布

（6）四环素类化合物专利申请年度分布

图 16 显示的是 1989—2011 年间全球、中国的四环素类抗细菌化合物专利申请量的年度变化趋势。从图中可以看出，虽然发展缓慢，波动较频繁，但是全球和中国的此类化合物专利年申请量非常少，基本在 10 件左右，2007 年中国申请量突增，主要申请人为南京大学和黄振华（山东轩竹医药科技有限公司），扣除该因素从总体来看该领域已经停止发展。

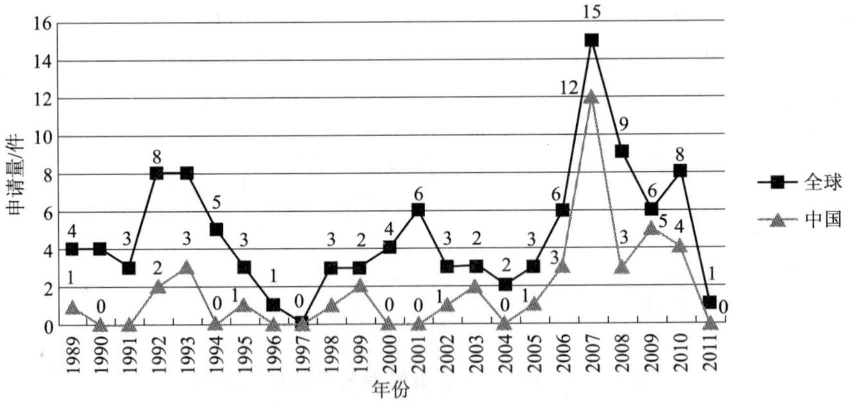

图 16　四环素类化合物专利申请年度分布

（7）酰胺醇类化合物专利申请历年分布

图 17 显示的是 1989—2011 年间全球、中国的酰胺醇类抗生素化合物专利申请量的年度变化趋势。从图中可以看出，其发展缓慢，波动较频繁，全球和中国的此类化合物专利年申请量非常少，基本在 10 件左右。2009 年全球和中国的专利申请量都有较大幅度的增加，经检索其多为相关化合物的合成方法发明，并没有新化合物出现，因此该领域的发展也近于停滞。

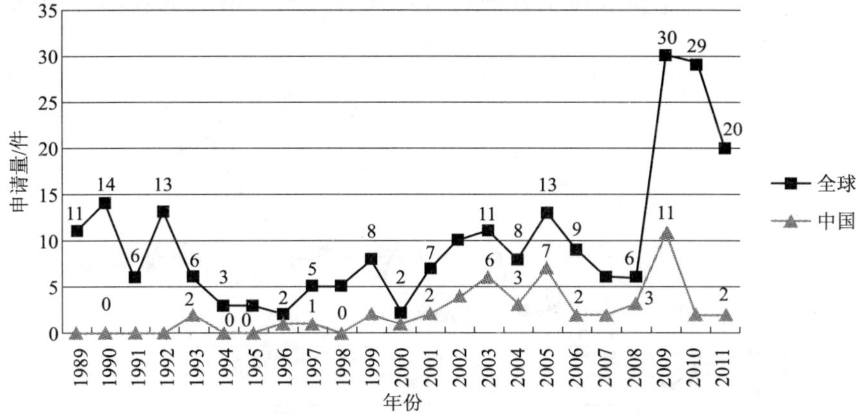

图 17　酰胺醇类化合物专利申请历年分布

（8）氨基糖苷类化合物专利申请历年分布

图 18 显示的是 1989—2011 年间全球、中国的氨基糖苷类抗细菌化合物专利申请量的年度变化趋势。从图中可以看出，全球的氨基糖苷类抗细菌化合物专利申请量在 1989—1998 年虽然申请量波动比较频繁，但是整体呈现缓慢下降的趋势，1998—2001 年整体上呈现上升的趋势，之后就稳定在 100～140 件之间，在 2010 年有小幅

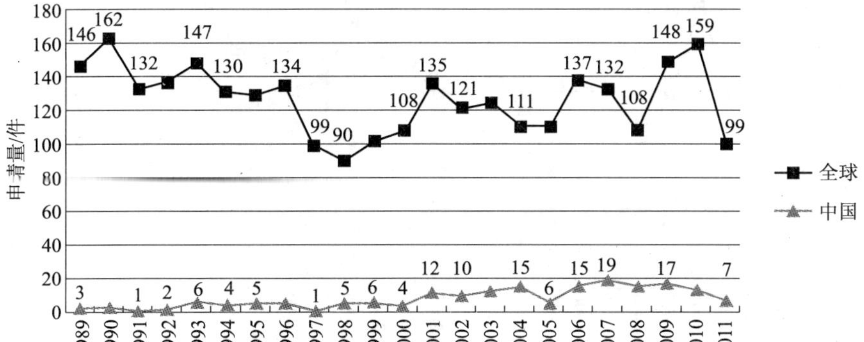

图 18　氨基糖苷类化合物专利申请历年分布

上升。而中国的氨基糖苷类化合物在 1989—2011 年没有特别大的进展，说明中国在该领域的研发较少，与全球申请量相比有较大差距。

（9）糖肽类专利申请年度分布

图 19 显示的是 1989—2011 年间全球、中国的糖肽类抗细菌化合物专利申请量的年度变化趋势。从图中可以看出，全球的糖肽类抗细菌化合物专利申请量在 1993—2010 年虽然波动比较频繁，但是整体上呈现上升的趋势。而中国的糖肽类化合物在 1989—2008 年呈缓慢上升的趋势，没有特别大的进展，2008 年之后申请量有所下降。

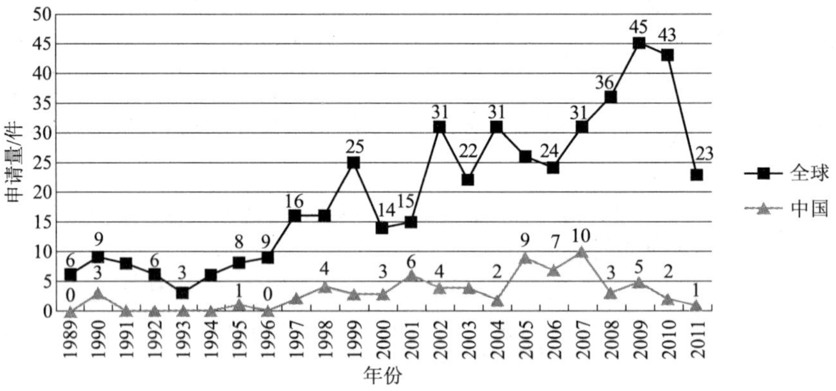

图 19 糖肽类专利申请年度分布

（10）喹诺酮类化合物年度分布

图 20 显示的是 1989—2011 年间全球、中国的喹诺酮类抗细菌化合物专利申请量的年度变化趋势。从图中可以看出，全球的喹诺酮类抗细菌化合物专利申请量在

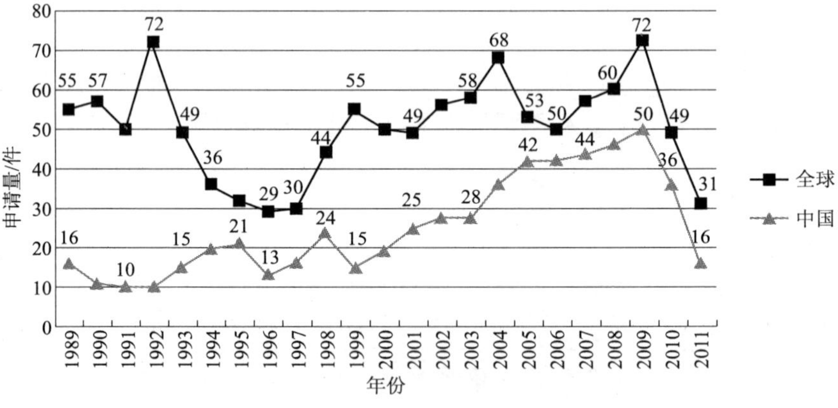

图 20 喹诺酮类化合物年度分布

1992—1997 年、2004—2006 年整体上呈现缓慢下降的趋势，其余时间整体稳定在年申请量 50～70 件之间。而中国的喹诺酮类化合物在 1989—2008 年呈缓慢上升的趋势，并且在 2006—2009 年，中国对喹诺酮类化合物的专利申请占全球相关领域的主体。2009 年之后，专利申请量有所下降。

通过以上对各类型抗细菌化合物 1989—2011 年间的专利申请情况分析，可以得出以下几点结论。

第一，从不同类型的抗细菌化学药的全球、中国的专利申请量态势和历年分析可以看出，全球各类型抗细菌化合物一般表现为伴随小幅波动的相对稳定，但其中各类型药物的申请量变化情况并不一致，而中国的各类型抗细菌化合物一般表现缓慢上升；表现出抗细菌化合物领域全球研究已经处在稳定/下降期，近 10 年没有大的增幅，而中国以仿制药为主，目前对该领域进行二次开发，仍有一定的研究热度。

第二，各类型抗细菌化合物之间发展情况极不均衡，个别类型抗细菌化合物不同地区之间发展情况也极不均衡。

β-内酰胺类抗生素的化合物专利申请，全球和中国发展趋势一致，处在稳定的状态。四环素类抗生素和酰胺醇类抗生素的化合物专利申请发展已经基本停止。大环内酯类抗生素的化合物专利申请，全球和中国发展趋势一致，处在缓慢上升的状态。氨基糖苷类抗生素的化合物专利申请，全球和中国发展相差较大，全球的申请量在各阶段大大高于中国，说明中国在该领域的研发能力大大落后于国外。喹诺酮类抗细菌化合物的化合物专利申请，在 1994—2006 年全球和中国发展趋势一致，在 2006—2008 年中国对喹诺酮类抗细菌化合物的专利申请占全球相关领域的主体。

（五）主要申请人分析

本部分内容中，为了体现主要申请人对本领域技术整体的掌握程度，分别给出了按照 1989—2011 年的抗细菌化学药专利申请数量以及化合物专利申请数量进行的全球、中国前十位申请人排名，并从中选取了在该领域技术上具有领先优势的申请人作为主要申请人。此外，为了能够更实质性地体现出主要申请人对抗细菌化学药核心技术的掌握程度，还分别分析了全球、中国的主要申请人的化合物专利申请量在 1989—2011 年的历年分布，以及这些申请人在各类型抗细菌化合物的专利申请量分布。

1. 全球和中国的前十位申请人

（1）全球

全球抗细菌化学药专利申请的前十位申请人是：默克（1213 件）、辉瑞（1018 件）、葛兰素史克（816 件）、拜耳（624 件）、藤泽株式会社（584 件）、雅培（491 件）、武田株式会社（452 件）、百时美施贵宝（403 件）、三共株式会社（388 件）、礼来（320 件）。

全球抗细菌化学药化合物专利申请的前十位申请人是：默克（642 件）、辉瑞

(441件)、葛兰素史克（370件)、拜耳（211件)、雅培（209件)、藤泽株式会社(166件)、三共株式会社（153件)、武田株式会社（150件)、礼来（146件)、百时美施贵宝（137件)。

全球抗细菌化学药前十位申请人与抗细菌化学药中化合物专利申请的前十位申请人排名相比，入选的申请人基本一致，其中默克、辉瑞、葛兰素史克、拜耳、藤泽株式会社、雅培、武田株式会社、百时美施贵宝、三共株式会社和礼来公司在全球抗细菌化学药前十位和抗细菌化学药化合物前十位中都存在。根据上述统计，本文将选取默克、辉瑞、葛兰素史克、拜耳、藤泽株式会社、雅培、武田株式会社、百时美施贵宝、三共株式会社和礼来公司作为全球抗细菌化合物的主要申请人进行统计分析。

(2) 中国

中国抗细菌化学药专利申请的前十位申请人是：山东轩竹医药科技有限公司(123件)、上海医药工业研究院（58件)、刘凤鸣（45件)、天津生机集团有限公司(42件)、天津市润拓生物技术有限公司（37件)、浙江大学（35件)、沈阳药科大学(35件)、海南美大制药有限公司（35件)、中山大学（31件)、浙江工业大学（29件)、四川大学（29件)。

中国抗细菌化学药化合物专利申请的前十位申请人是：山东轩竹医药科技有限公司（119件)、上海医药工业研究院（45件)、浙江工业大学（25件)、深圳市海滨制药有限公司（22件)、中国科学院上海药物研究所（20件)、浙江医药股份有限公司新昌制药厂（20件)、广州白云山制药股份有限公司（19件)、西南大学（18件)、天津药物研究院（16件)、中国科学院上海有机化学研究所（15件)。

通过比较可以发现，在中国的申请人中，在上述两组数据中，只有山东轩竹医药科技有限公司、上海医药工业研究院、浙江工业大学这三个申请人在抗细菌化学药前十名和抗细菌化学药化合物前十名中都存在，而其他七个抗细菌化学药的主要申请人都没有在中国抗细菌化学药化合物前十名中出现，这说明化学药总申请数量高的申请人并不一定化合物总申请数量高，有许多国内机构只进行化学药制剂和复方的研究，并没有进行化合物的研究开发，这从一定程度上反映了我国的医药企业和研发单位与全球主要申请人研发能力和策略上有很大的不同。而部分申请人虽然专利的绝对数目不多，但是化合物类的核心专利较多，因此整体专利的质量较高，如浙江工业大学、广州白云山制药股份有限公司、深圳海滨制药有限公司、中国科学院上海药物研究所、浙江医药股份有限公司新昌制药厂等。经过综合分析，选取山东轩竹医药科技有限公司、上海医药工业研究院、浙江工业大学、深圳市海滨制药有限公司、中国科学院上海药物研究所、浙江医药股份有限公司新昌制药厂、广州白云山制药股份有限公司、西南大学、天津药物研究院和中国科学院上海有机化学研究所作为中国主要申请人。

2. 主要申请人专利申请量的年度分布

本小节对上述的全球、中国的抗细菌化学药领域中的主要申请人的抗细菌化合物专利申请量年度分布进行统计分析，以了解各主要申请人的技术发展趋势。由于全球抗细菌化学药主要申请人每个申请人的申请量较多，因此各申请人单独分析；对于中国的主要申请人，由于每个申请人的申请量较少，单独分析统计意义不强，因此合并分析整体发展趋势。

(1) 全球抗细菌化合物主要申请人——默克

图 21 显示的是 1989—2011 年间默克公司抗细菌化合物专利申请量的分布情况。从图中可以看出该申请人抗细菌化合物专利的申请量在 1990—1994 年和 1998—1999 年较高，此后，年申请量稳定在 10 件左右的水平。1991 年的申请量为 43 件，1992 年的申请量为 42 件，为该公司的最高年申请量，2007 年之后申请量均降至 10 件以下，说明抗细菌化合物已经不是该公司目前的研发重点。

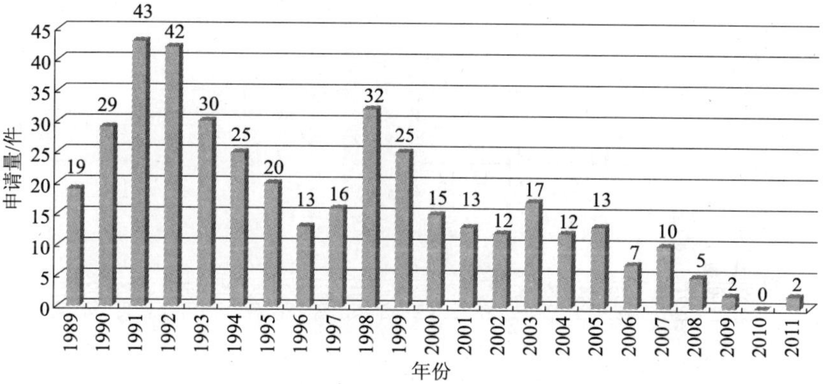

图 21 默克公司抗细菌化合物专利申请年度分布

(2) 全球抗细菌化合物主要申请人——辉瑞

图 22 显示的是 1989—2011 年间辉瑞公司抗细菌化合物专利申请量的分布情况。可以看出该申请人抗细菌化合物专利的申请量在 1990—1994 年和 1998—2005 年较高，此后，年申请量稳定在 10 件左右的水平。1992 年的申请量为 36 件，2003 年的申请量为 32 件，为该公司的最高年申请量，2006 年之后申请量均在 10 件左右。说明抗细菌化合物已经不是目前该公司的研发重点，其专利申请量近年来大幅下降。

(3) 全球抗细菌化合物主要申请人——葛兰素史克

图 23 显示的是 1989—2011 年间葛兰素公司抗细菌化合物专利申请量的分布情况。从图中可以看出该申请人抗细菌化合物专利的申请量在 1993—1994 年和 1999—2005 年较高，此后，年申请量稳定在 10 件左右的水平。2001 年的申请量为 39 件，2003 年的申请量为 36 件，为该公司的最高年申请量，2008 年之后申请量降至 10 件以下。

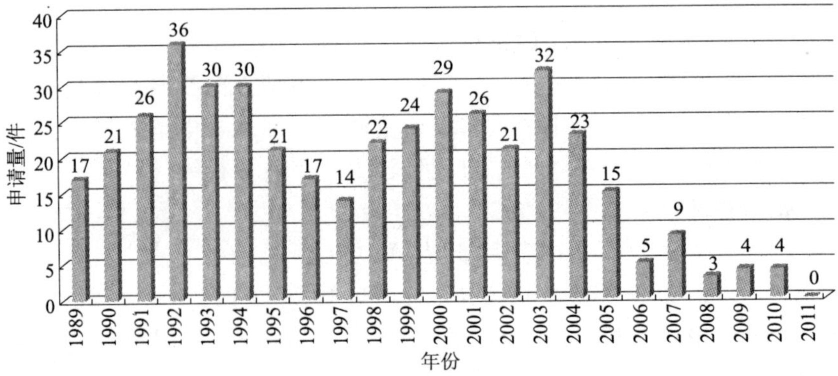

图 22　辉瑞公司抗细菌化合物专利申请年度分布

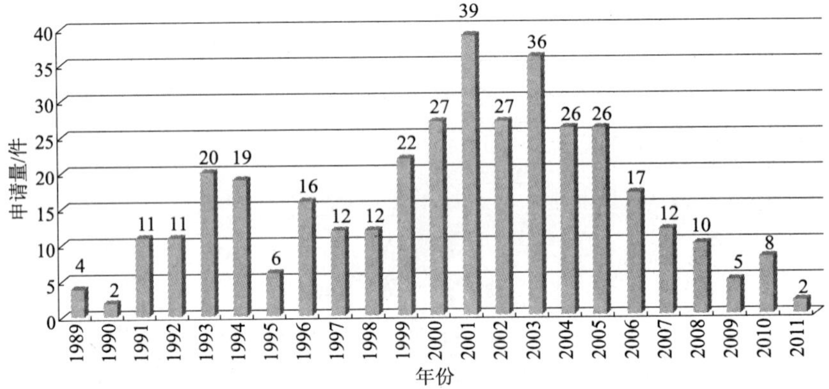

图 23　葛兰素史克抗细菌化合物历年申请

（4）全球抗细菌化合物主要申请人——拜耳

图 24 显示的是 1989—2011 年间拜耳公司抗细菌化合物专利申请量的分布情况。从图中可以看出该申请人抗细菌化合物专利的年申请量稳定在 10 件左右的水平。1990 年的申请量为 16 件，1996 年和 2002 年的申请量为 17 件，为该公司的最高年申请量，2005 年之后申请量均维持在 10 件以下，说明其近年来对于抗细菌化合物领域的研发较少。

（5）全球抗细菌化合物主要申请人——藤泽株式会社

图 25 显示的是 1989—2011 年间藤泽株式会社抗细菌化合物专利申请量的分布情况。从图中可以看出该申请人抗细菌化合物专利的申请量在 1989—1993 年较高，此后，年申请量稳定在 5 件左右的水平。1990 年的申请量为 31 件，1993 年的申请量为 25 件，为该公司的最高年申请量，2005 年之后均没有相关申请。

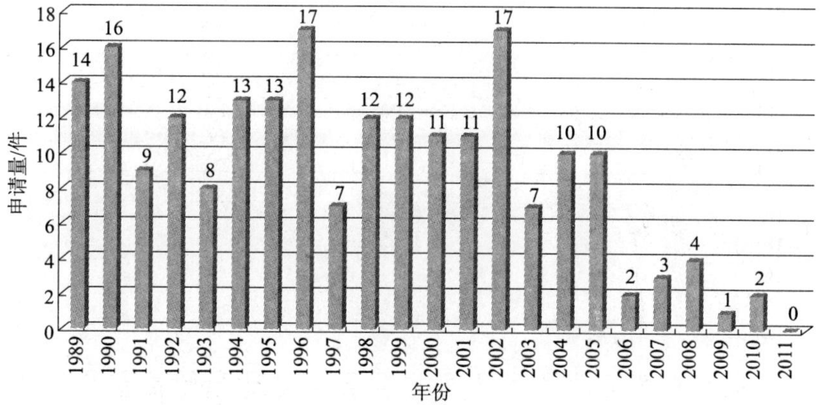

图 24　拜耳公司抗细菌化合物历年申请

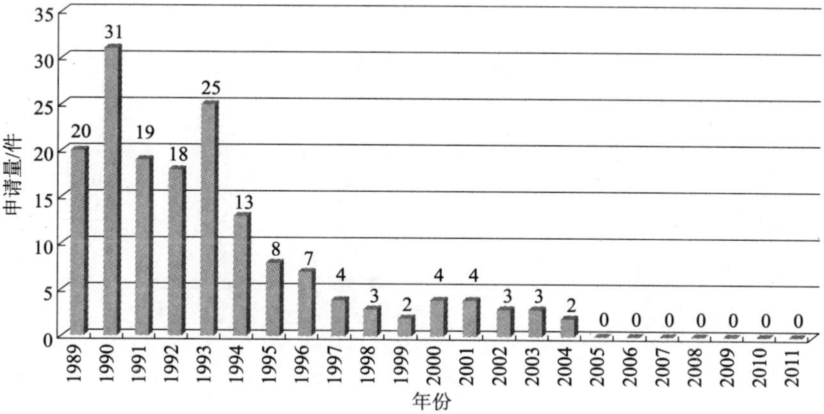

图 25　藤泽株式会社抗细菌化合物历年申请

（6）全球抗细菌化合物主要申请人——雅培

图 26 显示的是 1989—2011 年间雅培公司抗细菌化合物专利申请量的分布情况。从图中可以看出该申请人抗细菌化合物专利的申请量在 1997—1998 年、2003 年、2006—2007 年较高，此后，年申请量稳定在 10 件左右的水平。1997 年的申请量为 20 件，2003 年的申请量为 19 件，为该公司的最高年申请量，2008 年之后申请量降至 10 件以下。

（7）全球抗细菌化合物主要申请人——武田株式会社

图 27 显示的是 1989—2011 年间武田株式会社抗细菌化合物专利申请量的分布情况。从图中可以看出该申请人抗细菌化合物专利的申请量在 1992—1996 年和 2001 年较高，此后，年申请量稳定在 10 件左右的水平，2009—2011 年来均没有相关专利申

请。1996 年的申请量为 18 件，为该公司的最高年申请量。

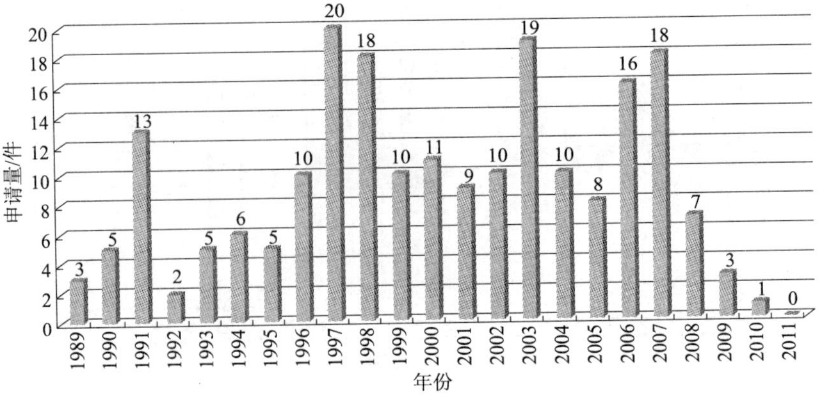

图 26　雅培公司抗细菌化合物历年申请

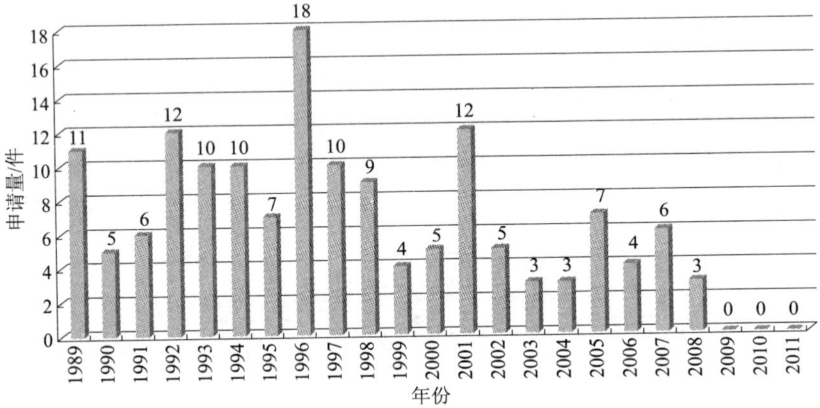

图 27　武田株式会社抗细菌化合物历年申请

(8) 全球抗细菌化合物主要申请人——百时美施贵宝

图 28 显示的是 1989—2011 年间百时美施贵宝抗细菌化合物专利申请量的分布情况。从图中可以看出该申请人抗细菌化合物专利的申请量在 1990—1991 年和 2003—2004 年较高，此后，年申请量稳定在 10 件以下。1990 年的申请量为 19 件，为该公司的最高年申请量，2008 年之后无相关申请。

(9) 全球抗细菌化合物主要申请人——三共株式会社

图 29 显示的是 1989—2011 年间三共株式会社抗细菌化合物专利申请量的分布情况。从图中可以看出该申请人抗细菌化合物专利的申请量在 1993—1995 年和 2000—2001 年较高，此后，年申请量稳定在 10 件左右的水平。1995、2001 年的申请量为 14 件，为该公司的最高年申请量。

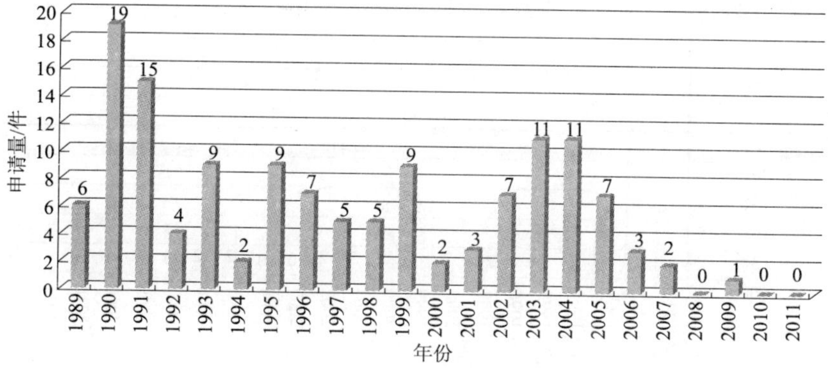

图 28　百时美施贵宝抗细菌化合物历年申请

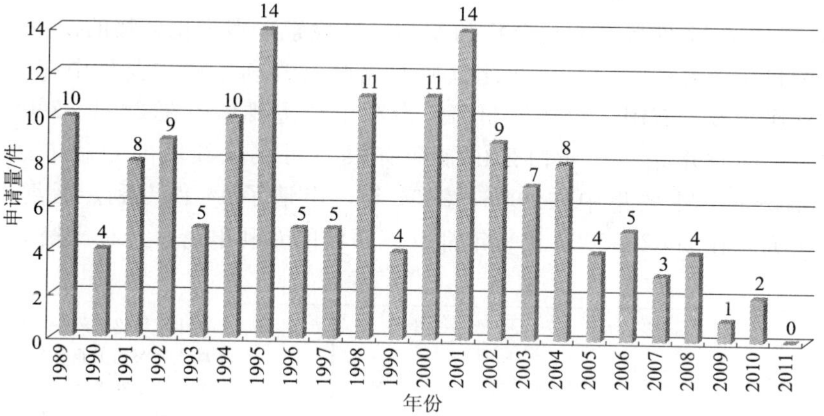

图 29　三共株式会社抗细菌化合物历年申请

（10）全球抗细菌化合物主要申请人——礼来

图 30 显示的是 1989—2011 年间礼来公司抗细菌化合物专利申请量的分布情况。从图中可以看出该申请人抗细菌化合物专利申请量在 1990—2000 年较高，在 1990 年申请量最高达到 42 件，之后逐年下降。2000 年之后该公司在抗细菌化合物领域的专利申请量很少，说明抗细菌化合物已经不是其主要研发方向。

（11）中国抗细菌化合物主要申请人历年申请分布

图 31 显示的是 1989—2011 年间中国抗细菌化合物专利申请主要申请人的历年分布情况。从图中可以看出，山东轩竹医药科技有限公司在该领域的专利申请数量上占有绝对优势，但其申请集中在 2006—2011 年间，并且绝大部分集中在 2008 年，其间共申请了 78 件。上海医药工业研究院在该领域专利申请从 2001 年到 2010 年每年都有，主要集中在 2005—2009 年，申请了 37 件专利。浙江工业大学在此领域的申请主

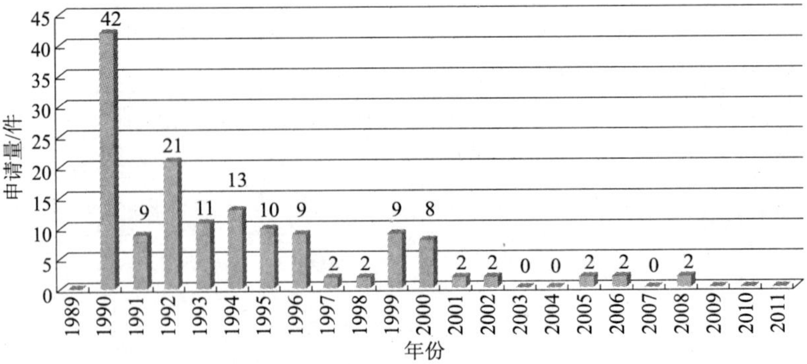

图 30　礼来抗细菌化合物历年申请

要集中在 2002—2004 年以及 2007—2010 年间。而深圳海滨制药有限公司异军突起，在 2010 年申请了 17 件抗细菌化合物的专利，经检索，多为化合物的制备方法发明专利申请。中科院上海药物研究所在此领域的化合物专利申请主要集中在 2003—2009 年间。浙江医药股份有限公司新昌制药厂专利申请主要集中在 2003—2008 年，尤其是 2007 年有 12 件申请。广州白云山制药有限公司在该领域的专利申请在 2002—2007 年均有分布，主要集中在 2003—2004 年，申请了 14 件专利，后继专利较少。天津药物研究院在 2002—2008 年每年都有该领域的专利申请，分布比较平均。

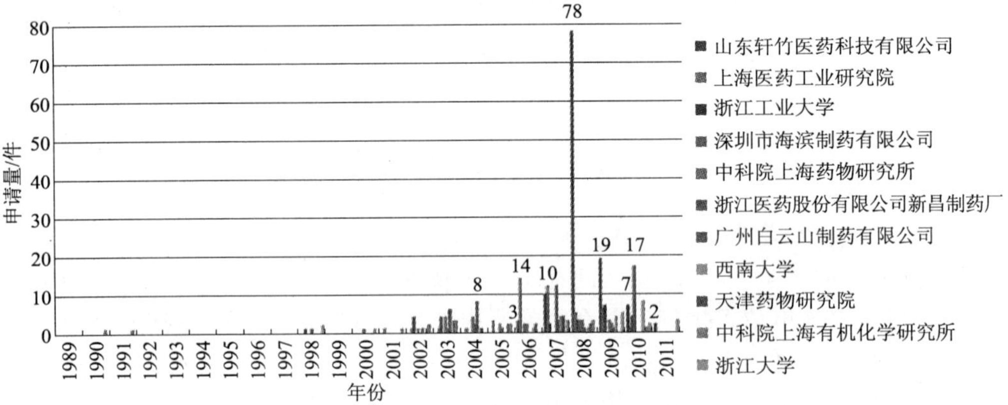

图 31　中国抗细菌化合物主要申请人历年申请分布

（六）主要申请人的专利技术分布

根据上文所选取的全球抗细菌化合物主要申请人：默克、辉瑞、葛兰素史克、拜耳、藤泽株式会社、雅培、武田株式会社、百时美施贵宝、三共株式会社和礼来，本部分将进一步深入分析各主要申请人的专利技术分布，主要从各主要申请人在特定化合物领域的专利申请历年分布以及各主要申请人在不同化合物领域的历年申请分布两个角度进行统计分析，以期了解各主要申请人目前在抗细菌化合物领域的发展现状和趋势。

1. 全球抗细菌化学药主要申请人在不同化合物领域的专利申请分布

（1）全球主要申请人β-内酰胺类抗细菌化合物专利申请量分布

图 32 显示的是 1998—2008 年间全球抗细菌化学药领域的主要申请人β-内酰胺类抗细菌化合物专利申请的分布情况。从图中可以看出 2000 年之前，全球各主要申请人在β-内酰胺类抗生素领域的专利申请相对较多，其中申请量较多的是德国默克公司。2000 年以后，各主要申请人在β-内酰胺类化合物领域的申请均有所减少，其中默克、辉瑞和三共株式会社的申请量较多，但申请量也在逐年减少，这与抗生素研究领域的发展是密切相关的，1990—1995 年间是β-内酰胺类化合物研发的热潮。

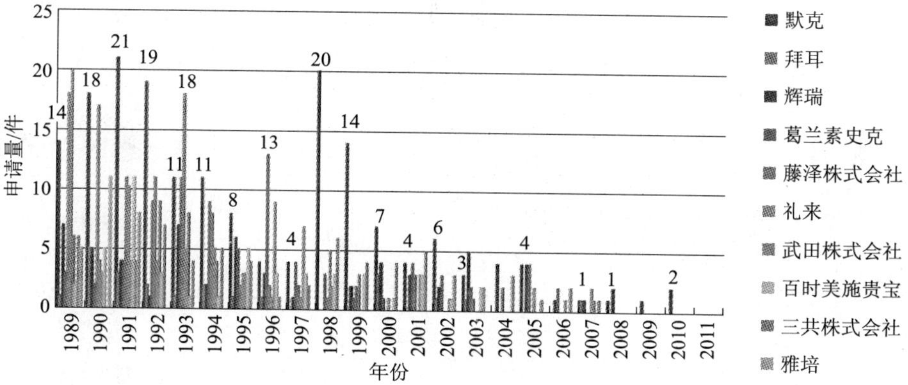

图 32 全球抗细菌化学药主要申请人β-内酰胺类化合物专利申请情况分析

（2）全球主要申请人青霉素类化合物专利申请量分布

图 33 显示的是 1989—2008 年间全球抗细菌化学药主要申请人青霉素化合物的专利申请分布情况。从图中可以看出青霉素类化合物的专利申请也主要集中在 2000 年之前，这与图 32 中β-内酰胺类化合物的专利申请分布趋势是一致的，说明 1990—2000 年是青霉素的主要研发年，其中以德国默克公司的专利申请为最多，其 1998—2000 年在青霉素类化合物领域的申请总量远超出了其他各公司，其后依次为葛兰素史克和辉瑞公司。

（3）全球主要申请人头孢菌素类化合物专利申请量分布

图 34 显示为 1989—2011 年间全球抗细菌化学药主要申请人头孢菌素类化合物的专利申请分布情况。从图中可以看出，头孢菌素类化合物专利申请主要集中在 1989—1995 年，这与图 32 中β-内酰胺类化合物的专利申请分布趋势是一致的，说明这一期间是抗细菌化合物头孢菌素的研发热点时期，按申请总数统计，以日本藤泽株式会社、美国礼来公司、日本武田株式会社的申请较多，分别为 63 件、53 件和 38 件。

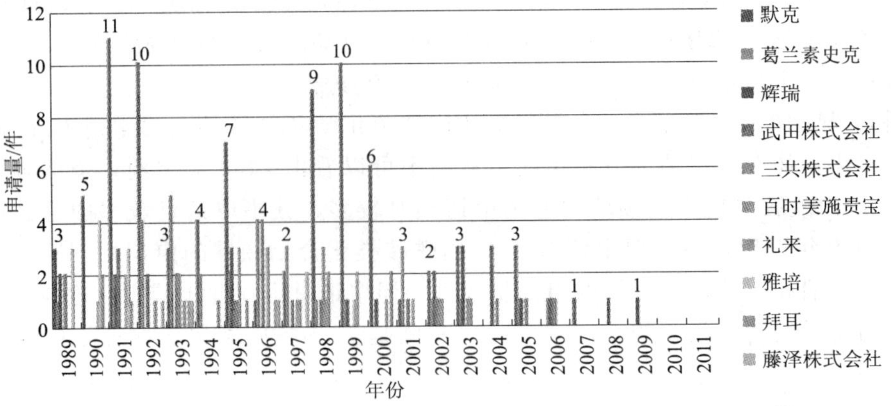

图 33　全球抗细菌化学药主要申请人青霉素类化合物专利申请分布

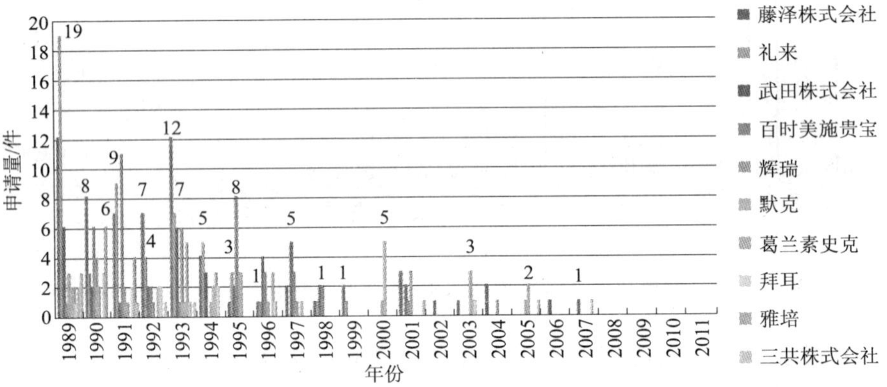

图 34　全球抗细菌化学药主要申请人头孢菌素类化合物专利申请情况分布

(4) 全球主要申请人碳青霉烯类化合物专利申请量分布

图 35 显示的是 1989—2011 年间全球抗细菌化学药主要申请人碳青霉烯类化合物的主要申请分布情况。如图 35 所示，碳青霉烯类化合物的主要申请集中在 1989—1999 年间，其中以德国默克公司、日本三共株式会社、日本藤泽株式会社和武田株式会社的申请为多，而且默克公司的申请量远超出其他公司，说明其在碳青霉烯类化合物研发领域具有较强的实力。而 2000 年之后，各公司在碳青霉烯化合物领域的专利申请量均显示出下滑趋势，这说明碳青霉烯类化合物的研发主要集中在 2000 年之前。

(5) 全球主要申请人大环内酯类化合物专利申请分布

图 36 显示的是 1989—2011 年间全球抗细菌化学药主要申请人大环内酯类化合物的专利申请分布情况，其中以美国辉瑞公司、葛兰素史克和德国默克公司的申请量居多，2000 年之前，辉瑞公司的申请量居多，而 2000 年之后，葛兰素史克在此领域的

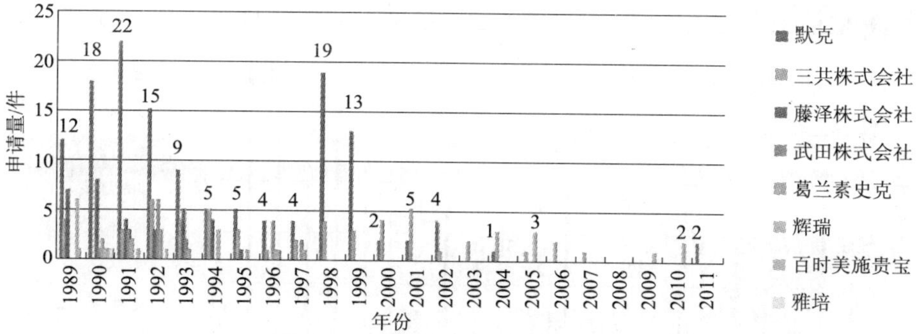

图 35　全球抗细菌化学药主要申请人碳青霉烯类化合物专利申请量分布

申请逐渐增多，呈急剧上升的趋势，说明葛兰素史克近十年间在大环内酯类化合物研究领域的研发能力较强，而德国默克公司和辉瑞公司 2000 年之后在大环内酯类领域的申请量逐渐减少。另在抗细菌化学药领域专利申请较多的三共株式会社、百时美施贵宝在大环内酯类领域的专利申请较少，据统计，其未出现在大环内酯类化合物申请量前三十位的申请人中，因此未列入图 36 中。

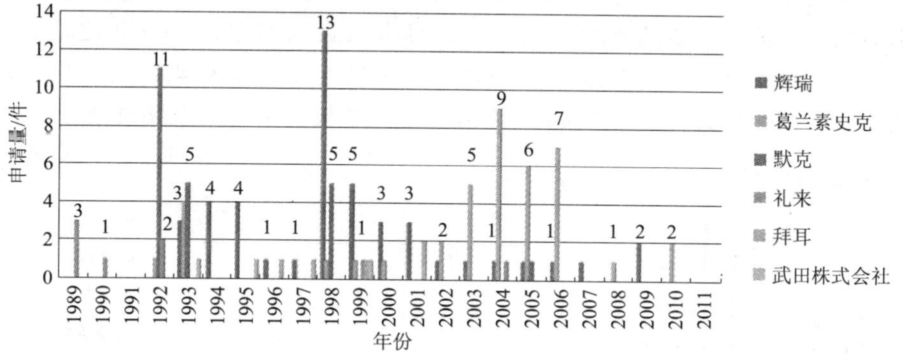

图 36　全球抗细菌化学药主要申请人大环内酯类化合物专利申请分布

（6）全球主要申请人氨基糖苷类化合物专利申请分布

图 37 显示的是 1989—2011 年间全球抗细菌化学药主要申请人氨基糖苷类化合物主要专利申请分布情况。由图中可以看出，在氨基糖苷类化合物领域，雅培、葛兰素史克、百时美施贵宝公司的专利申请量居多，其中雅培的主要申请量集中在 2006—2010 年间，申请总量为 42 件；而葛兰素史克和百时美施贵宝公司专利申请主要集中在 1990—2005 年间，期间发展趋势较为平稳；2005 年之后，该领域的专利申请量有大幅下降。说明目前在氨基糖苷类化合物领域雅培公司的研发能力较强；另外，三共株式会社、藤泽株式会社在此领域的专利申请量很少，未出现在此类化合物前三十位申请人中，因此未将其列入图 37 中。

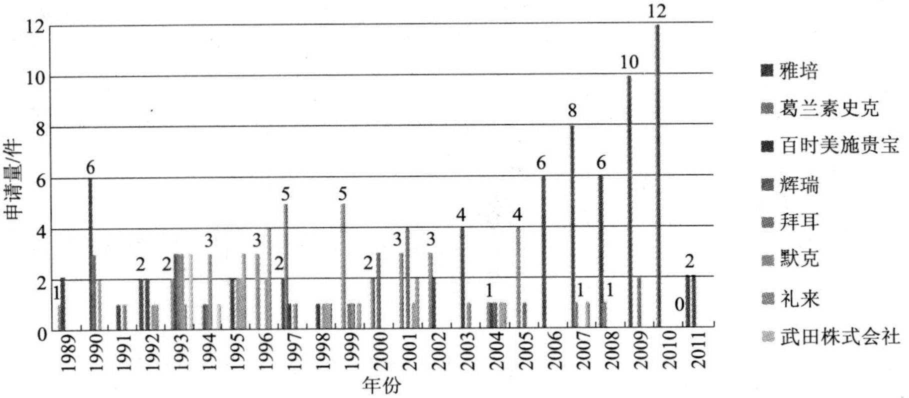

图 37　全球抗细菌化学药主要申请人氨基糖苷类化合物专利申请分布

（7）全球主要申请人喹诺酮类化合物专利申请分布

图 38 显示的是 1989—2011 年间全球抗细菌化学药主要申请人喹诺酮类化合物的专利申请分布情况。由图 38 可以看出，其中德国拜耳公司在此领域的专利申请总量较多，突出表现在 2000 年之前，说明其在 2000 年之前，在抗细菌化合物研发领域，喹诺酮类化合物是其主要的研发方向之一，具有较强的实力。2000 年之后，德国拜耳公司、三共株式会社、葛兰素史克公司在此领域的申请量相当，没有出现较大差距，说明喹诺酮领域的研发在 2000 年之后处于一个较为平缓的发展时期。

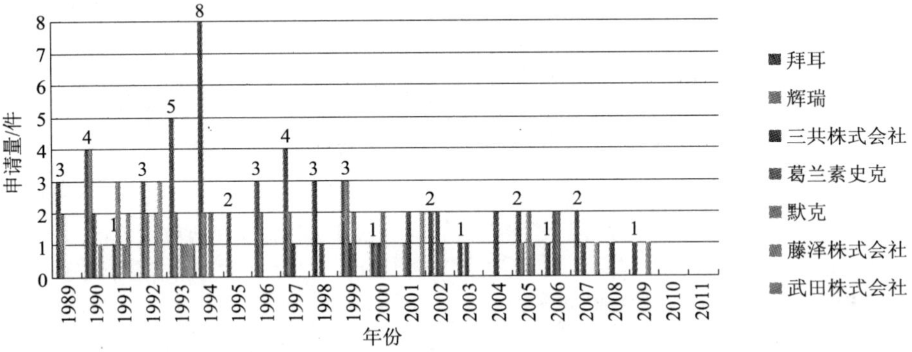

图 38　全球抗细菌化学药主要申请人喹诺酮类化合物专利申请分布

2. 全球抗细菌化合物主要申请人不同化合物的历年申请分布

（1）默克公司 1989—2011 年间在各化合物领域的专利申请分布

图 39 显示的是默克公司在各类抗细菌化合物领域的历年专利申请分布情况。从图中可以看出，默克公司抗细菌化合物的专利申请主要集中在 1998—2003 年间，其中 1991 年和 1998 年申请总量分别达到一个峰值，说明此期间属于其在抗细菌化合物领域

的技术活跃年。2003 年之后在该领域的专利申请逐年下滑，也从另一个方面说明抗细菌化合物的研发已经发展到了一个比较成熟的时期。另从图中可以看出 β-内酰胺的碳青霉烯类化合物的专利申请量较多，是其研发的主要方向，然后为青霉素类化合物，而该公司在大环内酯类、氨基糖苷类和喹诺酮类化合物领域的专利申请较少。

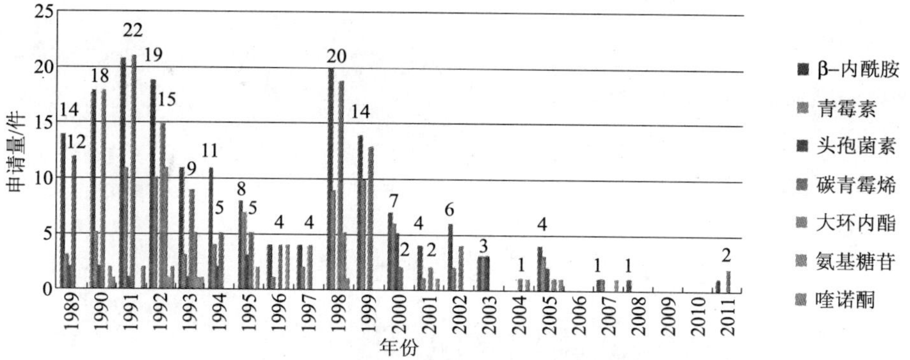

图 39　默克公司各类抗细菌化合物的专利申请分布

（2）辉瑞公司 1989—2011 年间在各化合物领域的专利申请分布

图 40 显示的是辉瑞公司在各类抗细菌化合物领域的历年专利申请分布情况。从图中可以看出，该公司 β-内酰胺类和大环内酯类化合物的申请量占据主导地位，而 β-内酰胺类化合物的专利申请在 1989—1997 年、1999—2006 年间均有分布，说明 β-内酰胺类化合物是其研发的一个主要方向；另大环内酯类化合物的专利申请在 1998 年达到一个峰值，说明 1998 年其主要研发方向转向了大环内酯类化合物，但之后申请量就急剧下降，研发较少。其他各类化合物也均有涉及，数量较少。

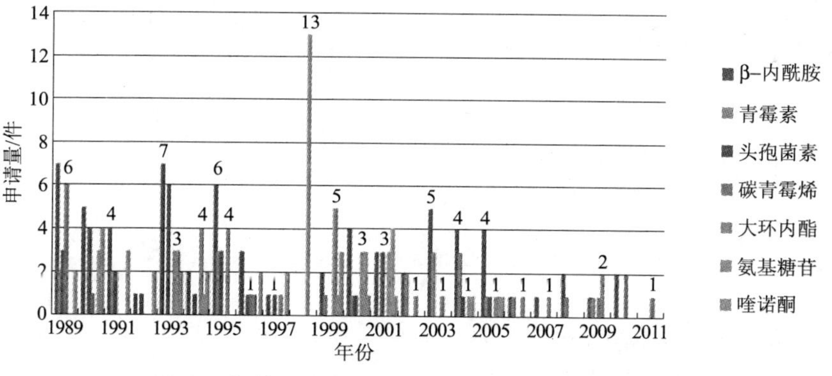

图 40　辉瑞公司各类抗细菌化合物专利申请分布

（3）葛兰素史克公司 1989—2011 年间在各化合物领域的专利申请分布

图 41 显示的是葛兰素史克公司在各类抗细菌化合物领域的历年专利申请分布情

况。从图中可以看出，葛兰素史克公司在β-内酰胺类和大环内酯类化合物领域的申请量占据主导地位，1999年之前，其β-内酰胺类化合物专利申请数量远超出其他化合物，说明这是其主要的研发方向；而2000年之后，其主要研发方向转入了大环内酯类化合物；近年来，其在抗细菌化合物领域的专利申请数量急剧下滑，说明抗细菌化合物已不属于其主要的研发领域。

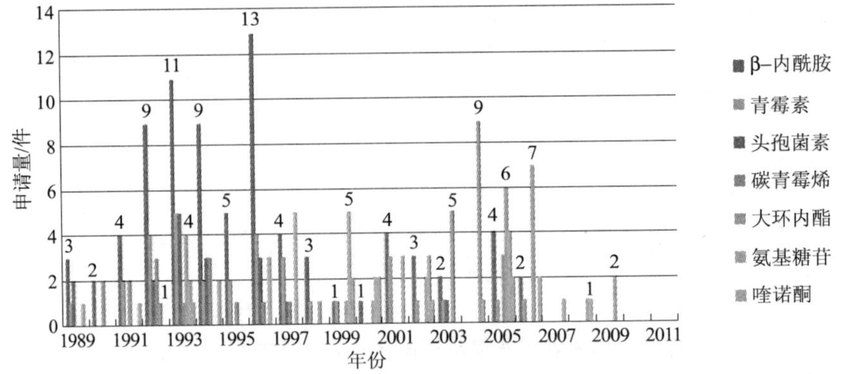

图41　葛兰素史克公司抗细菌化合物的专利申请分布

（4）拜耳公司1989—2011年间在各化合物领域的专利申请分布

图42显示的是拜耳公司在各类抗细菌化合物领域的历年专利申请分布情况。从图中可以看出，2000年之前拜耳公司在抗细菌化合物领域的专利申请量较多，其中尤以喹诺酮、β-内酰胺类的专利申请居多，1993年之后β-内酰胺类化合物专利申请量逐渐减少，而氨基糖苷类化合物的专利申请有所增加，说明这三类化合物是其研发主要方向，而2000年之后，其在抗细菌化合物领域的专利申请急剧下滑，说明抗细菌化合物已经不属于其主要研发领域。

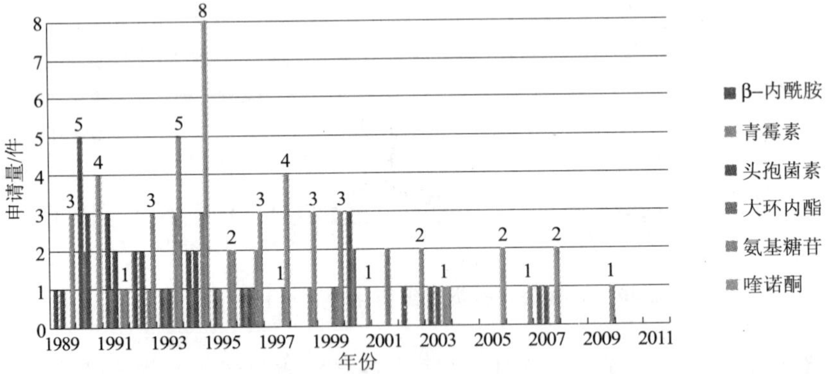

图42　拜耳公司各类抗细菌化合物专利申请分布

(5) 藤泽株式会社 1989—2011 年间在各化合物领域的专利申请分布

图 43 显示的是藤泽株式会社在各类抗细菌化合物领域的历年专利申请分布情况。从图中可以看出，1994 年之前藤泽株式会社在抗细菌化合物领域的专利申请量较多，其中尤以 β-内酰胺类的头孢菌素和碳青霉烯类专利申请居多，1994 年之后，其在抗细菌化合物领域的专利申请急剧下滑，说明抗细菌化合物已经不属于其主要研发领域。

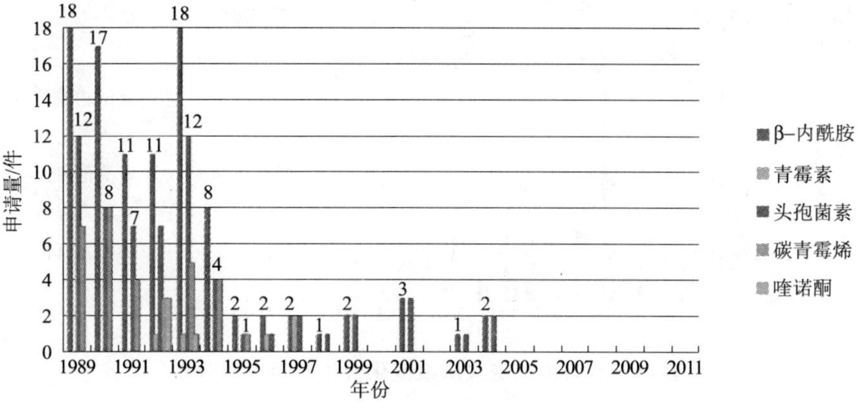

图 43　藤泽株式会社各类抗细菌化合物专申请分布

(6) 武田株式会社 1989—2011 年间在各化合物领域的专利申请分布

图 44 显示的是武田株式会社在各类抗细菌化合物领域的历年专利申请分布情况。从图中可以看出，1998 年之前武田株式会社在抗细菌化合物领域的专利申请量较多，其中尤以 β-内酰胺类的头孢菌素和碳青霉烯类专利申请居多，1998 年之后，其在抗细菌化合物领域的专利申请急剧下滑，说明抗细菌化合物已经不属于其主要研发领域。

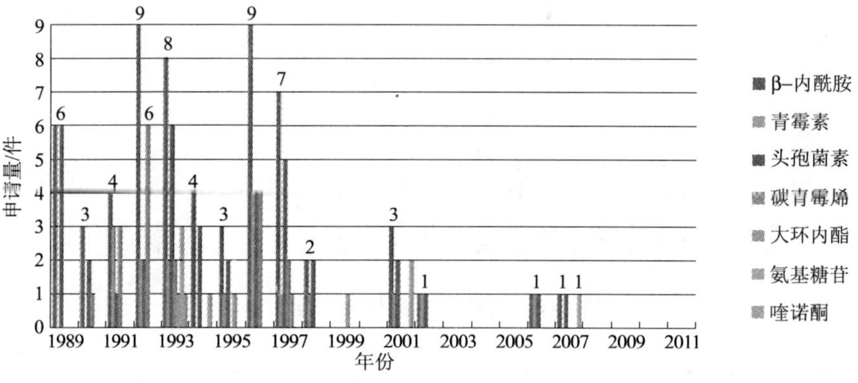

图 44　武田株式会社抗细菌化合物申请分布

（7）百时美施贵宝1989—2011年间在各化合物领域的专利申请分布

图45显示的是百时美施贵宝在各类抗细菌化合物领域的历年专利申请分布情况。从图中可以看出，2003年之前百时美施贵宝在抗细菌化合物领域的专利申请量较多，其中尤以氨基糖苷类和β-内酰胺类的头孢菌素类专利申请居多，2003年之后，其在抗细菌化合物领域的专利申请急剧下滑，说明抗细菌化合物已经不属于其主要研发领域。

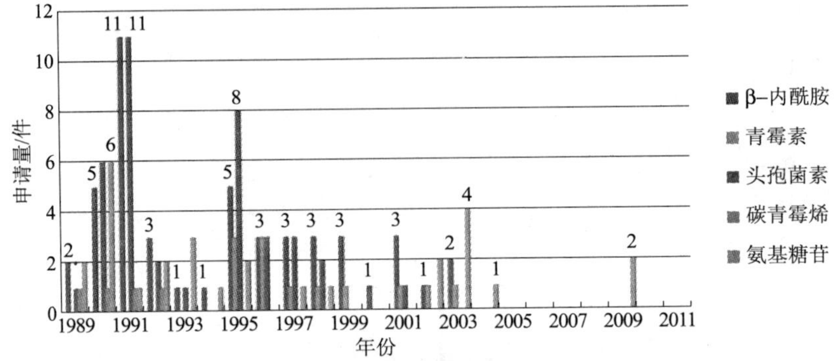

图45 百时美施贵宝抗细菌化合物专利申请分布

（8）三共株式会社1989—2011年间在各化合物领域的专利申请分布

图46显示的是三共株式会社在各类抗细菌化合物领域的历年专利申请分布情况。从图中可以看出，三共株式会社在抗细菌化合物领域的专利申请量较多，其中尤以喹诺酮和β-内酰胺类的碳青霉烯类专利申请居多，2003年之后，其在抗感染化合物领域的专利申请有所下降，但还比较平稳。

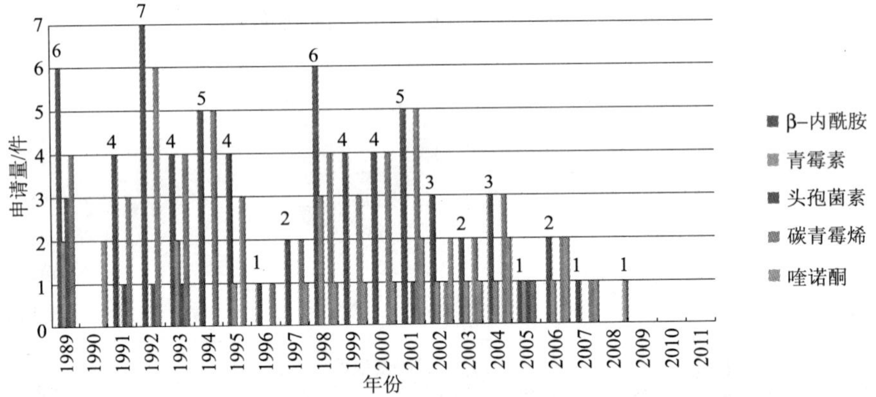

图46 三共株式会社抗细菌化合物专利申请分布

（9）雅培公司1989—2011年间在各化合物领域的专利申请分布

图47显示的是雅培公司在各类抗细菌化合物领域的历年专利申请分布情况。从

图中可以看出，雅培公司在抗细菌化合物领域的专利申请主要集中在大环内酯类、氨基糖苷类和喹诺酮类化合物领域，其中尤以大环内酯类化合物的专利申请数量居多，主要集中在1989—2003年间，而2003年之后其研发方向转入了氨基糖苷类化合物领域，2009年和2010年其在氨基糖苷类化合物领域的专利申请数量大幅增加，分别为10件和12件。

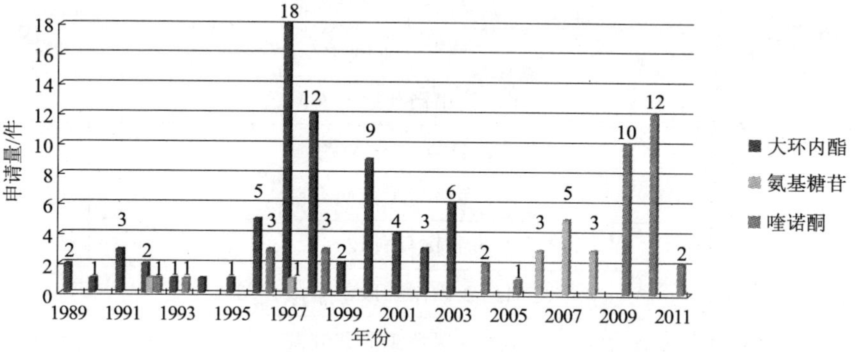

图47　雅培公司各类抗细菌化合物专利申请分布

（10）礼来公司1989—2011年间抗细菌化合物专利申请分布

图48显示的是礼来公司在各类抗细菌化合物领域的历年专利申请分布情况。从图中可以看出，礼来公司在抗细菌化合物领域的专利申请主要集中在β-内酰胺类、青霉素类、头孢菌素类、大环内酯类和氨基糖苷类化合物领域，其中尤以β-内酰胺类（头孢菌素类为主）化合物的专利申请数量居多，主要集中在1989—1995年间，在1995—2001年间开始涉及氨基糖苷类化合物领域，但申请数量均较少，2001年之后仅在2004年有1件、2005年和2007年分别有2件相关专利，可见抗细菌化合物已经不是其研究的主要领域。

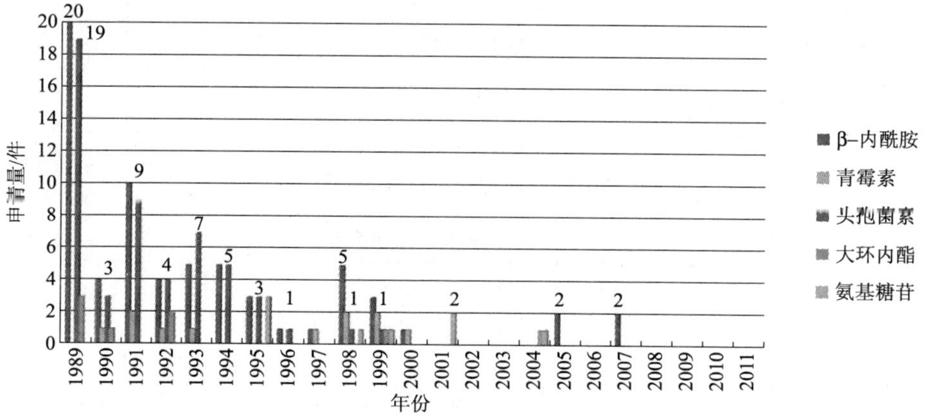

图48　礼来公司抗细菌化合物专利申请分布

2. 中国抗细菌化合物主要申请人技术分布

表 1　中国抗细菌化合物主要申请人申请总量

类别	申请人	申请量/件
β-内酰胺类	山东轩竹医药科技有限公司	101
	上海医药工业研究院	23
	浙江工业大学	19
	广州白云山制药股份有限公司	19
青霉素类	浙江工业大学	9
	上海医药工业研究院	6
头孢菌素类	山东轩竹医药科技有限公司	39
	广州白云山制药股份有限公司	23
	上海医药工业研究院	6
碳青霉烯类	山东轩竹医药科技有限公司	62
	上海医药工业研究院	18
大环内酯类	上海医药工业研究院	7
	山东大学	7
	浙江大学	3
四环素类	山东轩竹医药科技有限公司	8
	南京大学	5
	浙江医药股份有限公司新昌制药厂	3
氨基糖苷类	山东轩竹医药科技有限公司	9
	常州方圆制药有限公司	6
	浙江医药股份有限公司新昌制药厂	3
喹诺酮类	浙江医药股份有限公司新昌制药厂	12
	山东轩竹医药科技有限公司	9
	上海医药工业研究院	8
糖肽类	浙江医药股份有限公司新昌制药厂	7
	上海医药工业研究院	2
酰胺醇类	中科院上海有机化学研究所	3

从表中可以看出，中国抗细菌化合物领域的主要申请人中，山东轩竹医药科技有限公司和上海医药工业研究院所涉及的研究领域最广，其中山东轩竹医药科技有限公司涉及β-内酰胺类、头孢菌素类、碳青霉烯类、四环素类、氨基糖苷类、喹诺酮类，上海医药工业研究院涉及β-内酰胺类、青霉素类、头孢菌素类、碳青霉烯类、大环内酯类、喹诺酮类和糖肽类，不仅品种多而且申请量较大，说明其在国内主要申请人中研究实力较强，并且其专利申请年度分布较广，说明其研发是一个持续的过程。其他的主要申请人的技术分布都有很强的倾向性，浙江医药股份有限公司新昌制药厂的申请集中在喹诺酮类和糖肽类，广州白云山制药股份有限公司的申请集中在头孢菌素类，主要都是企业自身生产产品的制备工艺改进，实用性较强。这些申请人的申请主要集中在2002—2010年，说明整体研发起步较晚。

三、小结

通过前文分析，可以得出如下结论：

（1）从抗细菌化学药专利的全球、中国申请量态势分析可以看出，我国与全球的抗细菌化学药专利申请量不仅数量上有较大差距，而且增长趋势并不一致。通过将全球、中国的抗细菌化学药专利分解为化合物、复方、制剂三个技术主题，并分析其不同技术主题专利申请量和历年申请量的变化，可以看出全球抗细菌化学药中关于化合物的申请的历年的申请量的变化与化学药整体的变化趋势大体一致。而中国该领域的化合物的专利申请在2000年后尤其是在2005年后却出现了持续的快速增长，在整体的申请中所占的比重加大。中国在该领域的制剂的专利申请上占一定优势，但在复方的专利申请上不占优势。

（2）通过对各类型抗细菌化合物的专利申请情况分析，可以看出，全球各类型抗细菌化合物一般表现为伴随小幅波动的逐年下降，但其中各类型药物的申请量变化情况并不一致，而中国的各类型抗细菌化合物一般表现为缓慢上升，表现出抗细菌化合物领域全球研究已经处在稳定/下降期，近10年没有大的增幅，而中国抗细菌化合物整体研发起步较晚。各类型抗细菌化合物之间发展情况极不均衡，个别类型抗细菌化合物不同地区之间发展情况也极不均衡。

（3）在全球主要申请人中，不同申请人的专利年度分布各有特点，欧美制药公司抗细菌药物专利申请均呈现出在1991—1995年和1998—2004年出现专利申请的高峰，之后专利申请量开始下降；而日本制药公司抗细菌药物专利申请绝大多数出现在1991—1995年，之后除三共株式会社之外该领域的专利申请就非常少。这说明绝大多数的全球主要申请人在1991—1995年是该领域的快速发展期，欧美在1998—2004年由于耐药性等问题曾经重新对该领域进行新一轮的研发，而日本制药公司却没有再对该领域投入研究，目前抗感染药已经不再是其研发重点。

（4）根据抗细菌药物的类型划分，全球主要申请人的优势类型如下：三共株式会社、武田株式会社、藤泽株式会社和默克在碳青霉烯类研究实力较强，葛兰素史克和辉瑞在大环内酯类研究实力较强，百时美施贵宝、武田株式会社、藤泽株式会社、拜耳、辉瑞、葛兰素史克和礼来在头孢菌素类研究实力较强，三共株式会社和拜耳在喹诺酮类研究实力较强，雅培、百时美施贵宝和拜耳在氨基糖苷类的研究实力较强。其中拜耳在多个抗细菌药物领域均有较强的研发实力，具有主导地位。

中国抗细菌化合物领域的主要申请人中，山东轩竹医药科技有限公司和上海医药工业研究院所涉及的研究领域最广，包括了青霉素类、头孢菌素类、碳青霉烯类、大环内酯类、喹诺酮类、糖肽类和氨基糖苷类等领域，不仅申请数量多而且品种全，研究实力最强，并且其专利申请年度分布较广，说明其研发是一个持续的过程，在中国的研究者中居于领先地位。其他的主要申请人的技术分布都有很强的倾向性，浙江医药股份有限公司新昌制药厂的申请集中在喹诺酮类和糖肽类，广州白云山制药股份有限公司的申请集中在头孢菌素类，主要都是企业自身生产产品的制备工艺改进，实用性较强。国内主要申请人的相关申请主要集中在2002—2008年，说明整体研发起步较晚。

四、措施和建议

在全球范围内，随着人类对抗生素需求的持续增加，抗生素的市场值也在不断攀升。现阶段，中国已经成为全球抗生素生产的主要国家，尤其在一些原料的生产方面，中国拥有一定的优势。然而，由于中国的抗生素产业几乎是靠仿制为主，并且同质化严重，从而造成了产能过剩、环保压力大、低水平重复建设等诸多问题，缺乏核心竞争力。因此了解国内外抗生素产业的现状，加强自主创新能力，推动产业从“中国制造”向“中国智造”升级，已经成为当前中国抗生素行业的一项迫切要求。

（一）加强企业的自主创新，增强市场竞争能力

由于低水平、重复建设导致的抗生素低价竞争使国内抗生素制药企业整体盈利有限，大部分制药企业用于研发投入的资金占销售收入的比重不足3%；国内抗生素制药企业在高端品种和前沿技术方面的创新能力与发达国家相比仍有较大差距，甚至与印度制药企业在仿制药的创新方面也有一定距离。

对于国外医药市场增长较快的抗生素新药，如糖肽类、碳青霉烯类、大环内酯类等，国内制药企业在上述领域的研发起步较晚，因此需要加快技术引进，创新产业化，将自主创新战略作为企业的长期发展战略。国外医药企业大都把自主创新看作自立之本，对于本企业自主创新能力的培养非常重视。他们认为，一切新产品、新技术的源泉都来自于自主创新意识，创新是企业和行业不断前行的深层次动力。只有重视技术创新，企业才能获得长足发展。因此要想在国内市场做大做强，挤入世界一流药企行列，必须将自主创新作为企业的长期发展战略，鼓励和培育自主创新意识，储备技术力量。这种长期战略体现在对研发的持续投入。以辉瑞为例，近十年来其研发投入的比例均在销售利润的15%左右，而这种投入比例也仅处于全球大型制药企业研

发投入的中下位置。因此国内药企要把药物研发作为长期的规划战略，逐步增强自身的市场竞争能力。

（二）将追随型战略作为企业的重要发展战略

我国国内药企整体起步晚，发展滞后于国外大型制药企业巨头，技术力量薄弱；并且近年来国内外医药市场中为满足医保需求需要大量低价药品；首创或原创药物的成本高、风险高；大型跨国制药企业——诺华也涉足仿制药市场。以上种种现象都指向一个结果：仿制药在相当长的一段时间内仍然具有市场。

追随型战略是指企业通过对本企业和他人已采用的技术进行改进、完善，在原有的基础上创造出高质量、低成本的产品以控制和占领市场的一种专利技术研究、开发战略。就医药企业的技术创新而言，追随型战略包括两个层次。

第一个层次是简单仿制，即研制与原创药品成分一致、剂型一致、标准一致和有效性、安全性一致的仿制药。可以仿制的对象有：失效专利药品、国外药物没有在中国专利申请保护或者申请被驳回。但是，新我国《药品注册管理办法》对仿制药的注册提出了更高的要求，如改剂型必须采取新技术、提高技术含量，跟原剂型相比有明显优势，要求在提高药品质量和安全性方面下工夫，因此着眼于长远发展，国内药企应努力实施模仿创新战略，即追随型战略的高级阶段。

第二个层次即是模仿创新战略，在模仿创新战略中具体来说，又分为两种，一种是 me-too 药，另一种是 me-better。具体来说，me-too 药在药物研发中表现的更多是一种集成创新，主要是通过制备工艺的创新，包括发明能够绕开现有工艺专利的新工艺，突破某些制约产业化的关键技术，以及集成现有的技术、装备和材料，最终获得一条具有一定自主知识产权、制备成本低、产品质量优和环境优的工艺路线。me-better 类新药研发的创新活动中，主要特征和成功与否的关键是如何运用一些公知、成熟的理论和技术规避已有的专利保护去发明比母体新药更具治疗优势的新物质，从而形成专利新药。

国内企业可以根据自身的发展现状，调整转变发展战略，将追随型战略作为企业的重要发展战略。

（三）结合专利申请分析和市场调研，选择研发方向，丰富产品品种

结合上述专利申请分析，综合市场发展现状，目前在国内外抗生素市场，碳青霉烯类、大环内酯类和喹诺酮类抗生素虽然已经发展了很长一段时间，但近十年来此类药物在开发上又受到一定重视，这与现有药物中占主导的青霉素类和头孢发展已经遇到瓶颈很难再有较大突破有关，并且现有药物的耐药性越来越严重，而前两类药物的广谱抗感染性、耐药性良好，具有耐酶等优势，因此仍具有一定的发展空间。此外，糖肽类药物呈现出技术生长期的特点，相关化合物、衍生物研究较多，而且该类药物在国内市场上市品种较少，有很大的发展空间，目前抗细菌药物的研发重点在培南类药物上。国内企业可以根据自身发展需要，选择适宜的研发方向，逐步丰富产品品种。

（四）构建知识产权管理部门，强化职能管理

由于知识产权保护能为药企带来丰厚利润，因此各大药企竞争激烈的同时伴随着各种知识产权纠纷。恒瑞公司和法国的赛诺菲-安万特公司就“多西他赛”（恒瑞公司生产的紫杉醇类抗肿瘤药物）是否侵犯赛诺菲公司的紫杉醇类药物的专利权进行了多场诉讼，最后以恒瑞公司的获胜告终，多西他赛也成为恒瑞公司的重要盈利药物之一。从这个专利纠纷可以看出，虽然恒瑞公司并没对他们自己生产的多西他赛进行专利权申请和保护，但是知识产权战略仍然很成功，具体来说，就是突破了已有专利的包围，找到了可以生产该产品又不侵权的新途径。这也体现了药企构建专门的知识产权管理部门的重要性。

具体来说，药企知识产权管理部门应实现以下功能：（1）专利信息追踪：药企中应有专门工作人员持续关注各领域重要申请人的专利申请动向，并结合企业的自身情况，这样有利于确立研发方向。（2）专利信息分析：在确立研发方向后，对目标产品的专利进行全方面追踪调查和现有技术分析，帮助企业找出现有专利药没有获得保护的盲区或者可能规避的途径，帮助企业进行模仿创新。（3）挖掘专利申请，调整保护策略：知识产权部门应结合研发工作，重视日常工作中对一线研发材料的整理，从中发掘能提交专利申请的发明，撰写专利申请材料。根据发明的情况，选择和调整专利的申请和保护策略。即使是仿制药，也应进行专利申请的再次挖掘，从外围结网。

已有知识产权部门的制药企业，应注意对知识产权工作人员的多重提高培训：不仅要了解知识产权的相关法律和运营知识，还要了解制药技术、熟悉产业动态。尚未建立知识产权部门的制药企业在新构建知识产权管理部门时，应尽量实现部门功能细化到个人的方式，专事专人，提升工作效率。

（五）选择战略合作伙伴，增强企业实力

从近年来全球医药企业的发展模式来看，自身实力强的药企购买药品的专利权、兼并中型的研发型企业，甚至于大企业之间强强联合是重要的发展模式。目前各大药企均关注中国医药市场，例如诺华就在华收购了浙江天元的85％股权。在这种形势下，国内药企在市场竞争中可以选择发展战略合作伙伴，增强企业实力。

本文对抗细菌化学药专利申请的国内外主要申请人技术分布均进行了相关分析，国内药企可以根据自身已有的产品生产线和研发方向，与上述有研究实力的科研机构合作，这种合作模式有助于提高药企的技术储备和研究能力，增强自身在技术、管理和市场营销等方面的核心竞争力，同时快速转化知识产权成果。

参考文献

[1] 高历男，刘德军．抗感染药物应用手册［M］．北京：科学普及出版社，2004：1～2.

[2] 刘丽萍．抗菌药临床合理应用［M］．北京：人民军医出版社，2010：12.

[3] 陈新谦，金有豫，汤光．新编药物学［M］．17版．北京：人民卫生出版社，2011：34～105.

OLED发光材料专利技术现状及其发展趋势

张　丹　狄延鑫　刘桂明　黄明辉

王青华　李婉婷　陈　力

（国家知识产权局专利局化学发明专利审查部）

一、引言

信息技术的空前发展推动了社会结构和家庭生活的巨大变革，而作为其中重要一环的信息显示技术，在人们生活质量的提高以及更广阔知识的获取方面扮演了重要角色，因此人们对平板显示器件在质量方面的要求越来越高。在目前的显示技术中，阴极射线管（CRT）和液晶显示器（LCD）占据着重要位置，其中CRT具有诸多良好的显示性能，如亮度高、视角广、色饱和度高、寿命长等，但其同样也存在着自身难以克服的缺点，主要是面板厚度、重量、体积、功耗都很大，无法应用于便携式设备；而LCD虽然依靠自身重量轻、能耗小、无辐射等优点在便携显示器领域得到了广泛应用，但是其视角、亮度、对比度等方面的劣势仍难以克服。因此具有优良性能的有机发光二极管（OLED）应运而生，它具有自发光、视角广、高度和发光效率高、反应时间快、工作电压低、易于实现柔性显示等特点。

OLED通常具有夹层式“三明治”结构，基本结构就是在透明的铟锡氧化物（ITO）阳极和金属阴极之间夹着层状的有机材料，该有机材料形成的薄膜可以包括发光层、空穴传输层、电子传输层等。OLED的发光机理可以简单地用三个步骤进行描述，即在正向偏压的作用下，空穴和电子分别从阳极和阴极注入，分别进入空穴传输层的HOMO能级和电子传输层的LUMO能级；电荷在外部电场的驱动下，传递至空穴传输层和电子传输层的界面，形成电荷的累积；电子和空穴在发光材料内复合，形成激发态激子，该激发态在一般环境中不稳定，能量以光或热的形式释放出来而回到稳定的基态形成了电致发光现象，而光从透明的ITO阳极一侧透射出来。

有机电致发光材料的发展要晚于无机电致发光材料的发展，有机发光材料的研究始于20世纪60年代，最早是在1963年由Pope教授发现，以数百伏的偏压始于蒽（anthracene）晶体上，能观察到微弱的发光现象，但并未得到重视。直到1987年美国柯达公司的邓青云博士采用荧光效率高且具有电子传输特性的有机小分子8-羟基喹啉（Alq_3）铝制成了 OLED 器件，极大改善了其性能，才使有机电致发光材料的研究工作进入到一个崭新的时代。到 1990 年英国剑桥大学又成功将高分子应用于 OLED，开发出高分子型发光二极管 PLED，从而揭开了高分子平板显示研究的新领域。

有机电致发光材料主要分为小分子有机发光材料和高分子有机发光材料。有机小分子具有化学修饰性强、选择范围广、易于提纯、荧光效率高等特点，能够用真空蒸镀方法成膜，但是作为发光材料制备的器件，由于小分子的玻璃化转变温度低，器件工作时产生的焦耳热容易使小分子材料结晶而无法制备长寿命的器件。高分子材料具有较高的玻璃化转变温度，能够避免晶体的析出，并且来源广泛，可以通过分子设计得到特定功能的器件，通常采用旋涂或喷涂成膜。但是高分子材料在亮度和颜色方面不如小分子材料，并且纯度难以提高，因此两种材料之间各有优缺点，难以互相替代，目前对于小分子材料的研究相比于高分子材料要更加深入。

对于有机发光材料，当前研究的重点主要是解决其发光效率、亮度和寿命的问题。目前蓝色器件的色纯度、寿命、效率问题是一个瓶颈，特别是缺乏高效的深蓝色，因此彩色面板的发展受到限制，这也激发了世界各国的研究团队对蓝色磷光材料的相关研究。红色磷光材料在色纯度上优于红色荧光材料，但绿光和蓝光在色纯度上还有待进一步提高。对于 OLED 目前的主要目标是实现在塑料基板上的柔性产品，生产出大尺寸的可拼接的 OLED 面板，具有优异的红、绿、蓝和白光效率，并实现颜色可调和透明 OLED。本文主要针对 OLED 的重要组成部分有机电致发光材料发展情况进行研究分析，考察有机发光材料在世界各国或地区的研究发展和专利申请情况，重点分析主要公司及其热点产品的专利保护现状，为国内申请人及研究机构更好地进入该领域，并尽快占有一席之地提供一定的指导和借鉴作用。

二、专利技术发展现状分析

本文的研究对象主要是有机发光材料，以全球范围内的有机发光材料的专利作为数据源，分析有机发光材料的发展、国家区域分布、申请人、技术构成等。本文以德温特世界专利索引数据库（WPI）为基础，将检索限制在《国际专利分类表》（第 8 版）（IPC）中分类号为 C09K11/06 和 H01L 的条件下，检索日截止到 2012 年 4 月 20 日，共涉及专利申请 9403 件。

（一）专利技术发展概况

本文的 OLED 有机发光材料包含了空穴注入材料、空穴传输材料、发光层中的发光掺杂材料和主体材料、电子传输材料等 OLED 中的有机层材料，即第 8 版 IPC 分类号为 C09K11/06 和 H01L 的条件下的所有材料。从所得到的样本中，重点考察有机发光材料领域的发展趋势、专利申请在各国家和地区的分布、国内外重点申请人的研究成果和研究热点，以及该技术领域的重点技术研究发展情况。

截止到 2012 年 4 月 20 日，OLED 有机发光材料领域的申请量为 9403 件。世界主要国家在 OLED 领域都有较好的基础，但 OLED 有机发光材料的研究相对于 OLED 器件的研究要稍晚。有机发光材料的发展大致可以分为三个阶段，即缓慢增长期、发展期和爆发期（如图 1 所示）。第一个阶段在 1999 年之前，该领域的专利申请量相对较少，增长较缓慢；到了第二个阶段，即 1999—2002 年才逐渐有所增长，但也仅处于一个缓慢发展的时期；直到第三个阶段，从 2003 年开始，有机发光材料的专利申请才出现一个激增的态势，到 2008 年达到一个顶峰，申请量当年达到 1554 件。由此也可以看出，有机发光材料还属于一个相对较新的领域，发展远不如 OLED 器件成熟，还有较大的研究发展空间，这也给进入该领域相对较晚的中国企业和申请人提供了机会。

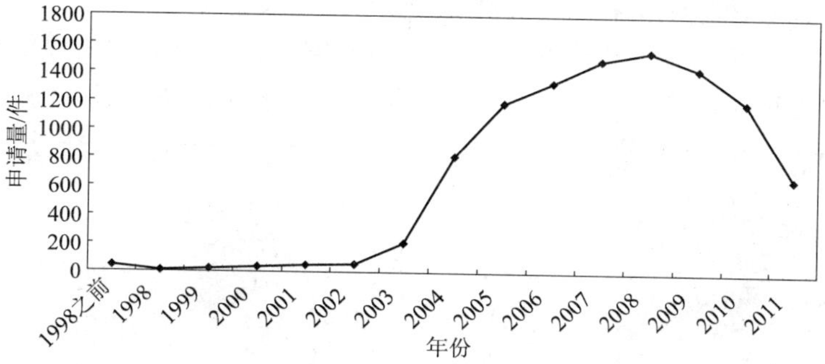

图 1　有机发光材料不同年份专利申请量

（二）专利技术区域分析

从各国有机发光材料领域的专利申请量来看，以日本、美国、韩国、中国（包括中国大陆和台湾地区）为优先权的专利申请量较多（如图 2 所示）。其中以日本为优先权的申请量高达 65.1%，在有机发光材料领域占有绝对的优势；其次美国为 11.2%、韩国为 7.7%、德国为 4.4%、中国为 4.2%（其中，中国大陆地区占到 3.2%，台湾地区占到 1.0%）和欧洲为 4.0%。日本、美国和韩国的申请人占据了该领域申请的绝大多数，占到申请总量的 84%。可以看出，上述国家和地区在有机发光材料领域的研究明显处于领先地位，也反映出了上述国家和地区在该领域具有较强大的技术实力。虽然中国的优先权申请量占到了 4.2%，但与日本、美国、韩国相比还存在很大的差距。

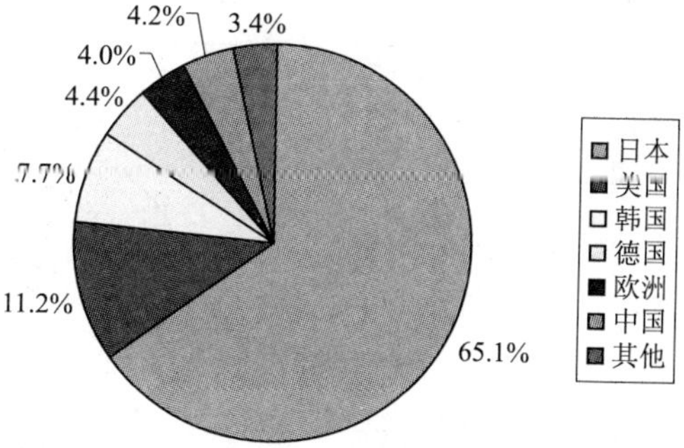

图 2　有机发光材料各国/地区优先权申请量分析

通过对日本、美国、韩国、欧洲、中国（仅中国大陆地区）五国/地区的申请量分析可知，日本申请的专利数量是最多的，占据五国申请量的40.6%；美国位居第二，占总申请量的21.4%；其次分别为韩国（占13.7%）、欧洲（占12.3%）、中国（占12.1%）。中国在该领域的专利申请量虽然能达到12.1%，但大多数为通过PCT进入中国的申请或国外对华申请，国内申请人的数量还是相当有限的，并且高校与科研院所居多，企业申请相当有限，这也为中国OLED产品开拓国内和国际市场增加了侵权风险和准入难度。

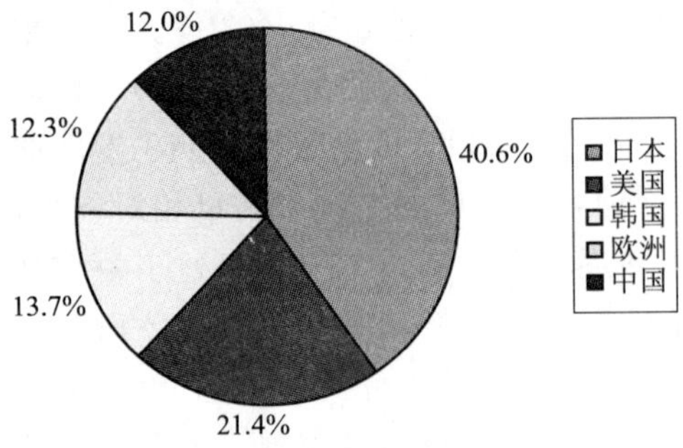

图3　五国/地区有机发光材料申请量

从有机发光材料的发展来看，该领域的申请基本都会同时在日本、美国、欧洲进行申请，这反映出世界主要专利国对国际上这些国家或地区的市场比较重视。在OLED技术领域占有绝对领导地位的日本除本国市场外，最重视的是美国市场，其次对韩国、

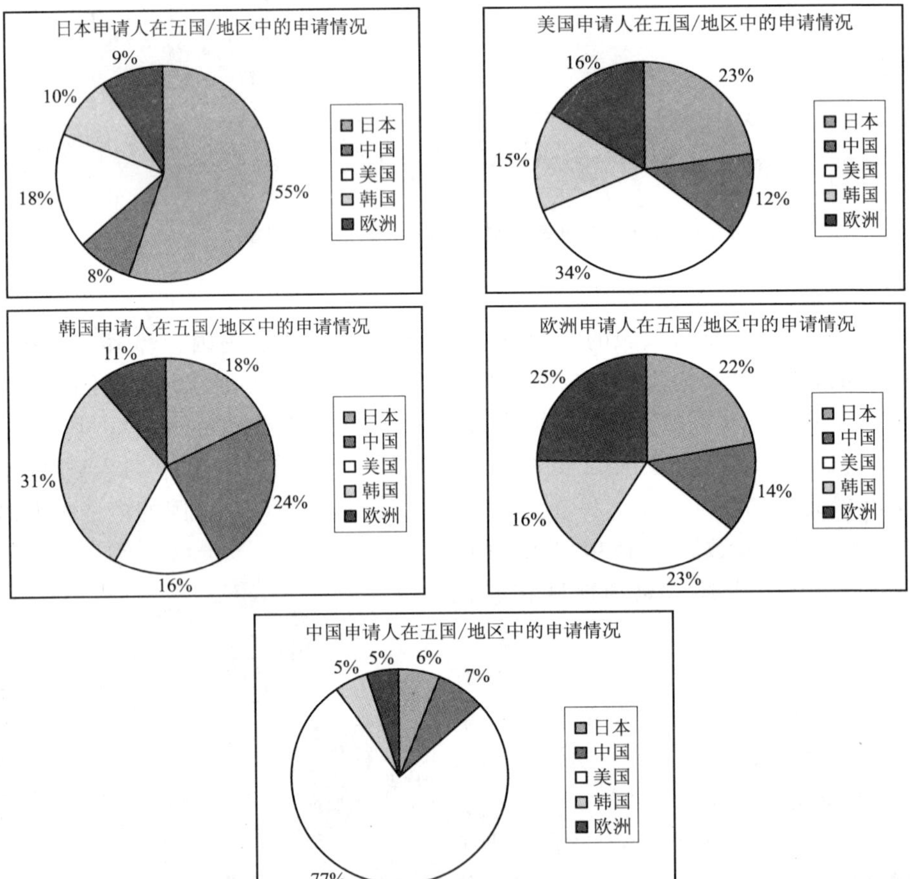

图4　各国/地区申请人在五国/地区的申请情况

欧洲和中国的市场也比较重视；美国除本国市场外，对日本、欧洲、韩国和中国市场也比较重视；韩国对美国、日本、中国和欧洲的市场也比较重视，其中对中国市场的重视程度已经超过了欧洲；而中国大陆地区主要针对本国市场，在国外很少有专利布局，少数的申请也主要是针对美国和日本，中国台湾地区则比较重视美国市场。这也反映出国际市场对日本、美国、韩国、欧洲和中国大陆地区市场的重视程度。

（三）重点专利技术分析

OLED与TFT-LCD（薄膜晶体管液晶显示器件）都属于新型显示产业。OLED是目前平板显示行业最超前的技术，其中日本的索尼公司和韩国的三星公司起到了推波助澜的作用。但是与TFT-LCD相比，OLED在技术成熟度和市场份额方面，目前都远不如TFT-LCD。2009年索尼最先宣布推出OLED彩电，但是之后三星仍然认为OLED不可能很快代替TFT-LCD。2010年日本东芝与美国苹果合作建立了一条TFT-LCD新线，专供iPhone与iPad的显示。虽然与毫秒级响应的TFT-LCD面板相比，OLED的响应时间是其几千分之一，不会出现拖尾和动态画面抖动的问题。但是如此优异的技术始终无法广泛应用到具有大尺寸的电视上，其原因是各大生产商在投产大尺寸OLED面板时的良品率极低（还不到30%），而TFT-LCD面板却可以达到90%以上。这也是大尺寸OLED面板目前难以实现量产的原因所在。但OLED是整个显示行业的发展趋势，依靠其优异的性能最终必然完全替代TFT-LCD，进入大尺寸OLED面板生产的时代。因此正是在国外大企业OLED面板技术还未过关的前提下，中国新型显示科研与产业加大研发资源与力度，赶超世界一流显示企业争取后来居上将成为可能。

有机发光材料属于OLED技术领域中的材料分支，处于整个技术领域的上游。OLED技术领域还包括结构技术、应用技术、封装技术及工艺和设备技术分支。2006—2009年，材料分支在中国的申请量保持了连续的增长趋势，这与此期间国内科研院所将材料分支作为研究重点有关，与此同时，工艺和设备分支在中国申请中所占的比重也较大。在日本和韩国申请的专利中，工艺和设备分支所占的比重都很大，特别是韩国，该分支所占比例远远高于其他分支，韩国以三星和LG为代表的申请人高度重视工艺和设备分支的发展，这也为三星成为OLED领域的领头羊地位奠定了基础。而在美国的专利申请，因OLED领域国外申请人主要为日本申请人，在日本主要申请人退出OLED领域后，受此影响各分支在美国的申请量在2004年之后都迅速下降。通过了解这些主要国家的专利技术布局，我们才能合理规避知识产权侵权的风险。由于目前无论是小分子器件还是高分子器件的核心专利都是国外公司拥有，虽然最主要的几个专利的保护期限已经快要结束，但是这些拥有专利的国外大公司在知识产权保护方面有着丰富的经验，要完全绕开他们所拥有的或正在不断申请的专利是非常困难的，因此我国OLED技术领域在面临机遇的同时还面临着巨大的挑战。

有机发光材料分为小分子有机发光材料和高分子有机发光材料。小分子有机发光材料从分子结构上又可分为纯有机小分子化合物和金属配合物两类。小分子有机发光材料的分子量为数百至数千，一般用真空热蒸发成膜。小分子有机发光材料具有化学修饰性强、选择范围广、易于提纯、发光效率高及容易彩色化的特点。高分子有机发光材料的分子量为数万至十万，一般采用旋涂或喷涂成膜。利用高分子有机发光材料制备的器件具有制备简单、成本低廉、器件结构简单及耐热性较好的特点，但在亮度和颜色方面不及小分子有机发光材料，并且高分子有机发光材料的纯度不易提高。另外按照发光性能可将有机荧光发光材料分为红、绿、蓝三种类型的发光材料。经过几十年的研究开发，在三基色荧光发光材料中，以绿光发光材料的发光效率最好，蓝光发光材料次之，红光发光材料相对较差。本文主要针对小分子有机发光材料、高分子有机发光材料和有机小分子荧光材料中的三基色发光材料进行分类研究。

1. 小分子有机发光材料

小分子材料按照其性能的不同还可以大致分为空穴传输材料、电子传输材料、荧光发光材料和磷光发光材料。其中研究较多的小分子材料主要包括蒽类衍生物、咔唑类衍生物、芳胺类衍生物、联苯类衍生物和以 Ir 或 Pt 为中心金属原子的配合物等。其中蒽类衍生物主要作为蓝光荧光材料使用，咔唑类、芳胺类衍生物主要是作为空穴传输材料使用，以 Ir 或 Pt 为中心金属原子的配合物是重要的磷光发光材料。

美国柯达公司是最早研发 OLED 的公司，是小分子有机发光材料领域的开创者。目前，小分子有机发光材料的专利主要掌握在其手中。在美国专利 US4769292A 中，首次使用了 8-羟基喹啉铝（Alq_3）作为 OLED 的主体发光材料。Alq_3 是绿色发光材料，具有发光材料必须满足的多种要求，是目前综合性能最好的绿色发光材料。Alq_3 易于提纯，荧光效率高，而且它的玻璃化转变温度在 175℃。该材料即使长时间使用也不容易结晶，有良好的热稳定性，同时又具有非常好的成膜性，形成的薄膜没有针孔。该专利在 1988 年 9 月 6 日就已经获得授权，现在该专利已经过了保护期。在 Alq_3 基础上，相继又出现了多种发光材料。如美国专利 US5151629A 中公开了 $(qAl)_4O$，将其应用于 OLED 也可得到绿色的发光器件。在美国专利 US5141671A、US5294870A 中，将 Alq_3 的三个喹啉配体之一替换为其他的芳香基团得到 $q_2Al-OAr$ 系列配合物，这些配合物的特性与 Alq_3 基本相当，并且稳定性更好。在绿色发光材料开发的基础上，由于实际需要，也出现了多种发出其他颜色的发光材料，如美国专利 US5935721A 中的芳基取代蒽类蓝光材料，这类材料的传输能力较强。随后，美国专利 US5908581A 公开了红光材料 DCJTB，是目前最有效的红光材料。此后，柯达公司针对上述材料陆续申请了一系列关于化合物自身及其类似物的制备方法及晶型专利，这使得柯达公司对应用于 OLED 的各种有机发光材料建立了比较完备的专利保护机制，在 OLED 领域具有举足轻重的地位。

其他公司也研制了多种有机发光材料，如出兴光产在美国专利 US5389444A 中，保护了二苯乙烯基芳基（DSA）类蓝色发光材料，这种材料具有很好的发光效率以及使用寿命。在美国专利US6534199A中，公开了蒽类化合物与DSA衍生物共同作为发光材料使用，使发光器件效率增加，驱动电压下降。

国内的企业如维信诺公司也合成了多种既能传输电子又能传输空穴的高性能材料。如在CN1785984A中保护了BDPNTD，它是以三苯乙烯为取代基的萘并噻二唑化合物，其电子和空穴传输率非常接近，并且电子传输率比常规的电子传输材料Alq_3还要高。这份专利中还公开了BBTPNTD，其采用平面性更好的苯基苯并噻唑代替三苯乙烯，使得电子和空穴传输率更高，从而提高了OLED器件的发光效率和稳定性。

2. 高分子有机发光材料

高分子有机发光材料也称为高分子聚合物发光材料，由英国剑桥大学首次将聚乙烯（PPV）作为发光层制成了聚合物电致发光器件。与小分子有机发光材料相比，高分子有机发光材料具有易合成、易加工、成本低、质轻、发光色彩丰富的优点。高分子有机发光材料一般是将荧光物质引入高分子骨架从而形成功能性高分子材料。

高分子按照结构又可分为三类：一类是在高分子聚合物的骨架上接入烯键或炔键，形成相连的共轭化合物，早期英国剑桥大学显示技术有限公司陆续开发了一系列PPV衍生物，并以专利的形式加以保护。美国专利US5328809A和US5399502A中使用了多种PPV系列的材料。这些材料具有发光效率高、传导能力强的特点，并且能发出从黄绿到橙红之间的各种颜色的光。这些PPV衍生物的最大缺点是得不到纯正的蓝色光。第二类是在高分子聚合物的骨架上接入芳香稠环结构，形成大的共轭结构，如为了克服早期高分子有机发光材料色纯度不够的缺点，后续出现了芴系的发光材料，其公开于国际专利WO0142331A1中，其中的聚芴系发光材料可以显示蓝色、绿色以及红色光，并且各色光的发光效率也较高。第三类是将金属配合物接入高分子聚合物的骨架，这类发光材料既具有小分子金属离子配合物良好的发光性能，可以得到高效磷光发射，又具有优良的机械性能和成膜性。

3. 绿、蓝、红有机荧光发光材料

（1）绿色有机荧光发光材料

8-羟基喹啉铝是柯达公司最早提出用作电致发光器件的绿色发光材料，几乎满足了有机电致发光对器件的所有要求，因此绿色发光材料多是致力于对该材料结构的修改与改进。另外还有一些比较典型且效果相对较好的绿色发光材料。其中香豆素类化合物是一类重要的绿色发光材料，柯达公司第一次将这类发光材料应用于OLED中，Coumarin 6可发出蓝绿色光，荧光量子效率几乎可达到100%，但如浓度过高则有淬灭现象。目前最好的香豆素类发光材料是C-545T，后续也陆续出现了一系列取代基修饰C-545T的化合物，如Lee将甲基引入C-545T中得到C-545P，这种化合物具有较高的低抗浓度淬灭的能力。喹吖啶酮也是一类重要的绿色荧光材料，其分散在固体薄膜中具有很强的荧光，常常用作OLED的掺杂发光材料，日本的先锋电子公司针对这类发光材料申请了一系列专利。

另外日本富士公司在专利CN1487778A中保护的芘类化合物，韩国LG公司的专利CN1771313A中保护的胺基取代的蒽类化合物，日本索尼公司在专利CN1902296A中保护的荧蒽化合物、在专利CN19066267A中保护的化合物，日本出光兴产公司在专利CN1953960A中保护的芳胺类化合物都是绿色荧光发光材料，而在CN1740267、CN101407717A、CN101531599A、CN101575259、CN101918512A等专利申请中也都涉及了具有发绿光性能的发光材料。

（2）蓝色有机荧光发光材料

蓝色发光材料一般具有较宽的能隙，还要考量分子的LUMO和HOMO能级是否与搭配使用的其他材料匹配。蓝色发光材料可以作为主体材料向其中掺杂其他发光材料制成红色或绿色发光器件。蓝色发光材料在分子设计上需要有一定程度的共轭，但分子的偶极距不能太大。蒽类化合物是一类重要的蓝光有机发光材料，现有技术中也存在大量的蒽类发光材料。1996年，Matsuura在专利US5516577中保护了乙烯基取代的芳烃，芳基乙烯基取代蒽可以形成较大的共轭结构，使得整个分子具有较强的空穴传输能力，可以作为空穴传输材料。1999年柯达公司在专利EP1009041中保护了芳基乙烯基蒽类化合物，其中典型的化合物是DPVAn，这类材料也可作为电子传输材料和红光器件的主体材料。Tao等人于2008年公开了多种蒽—三苯胺衍生物，其中衍生物PAA具有很强的蓝光发射性能，最大发光效率可达7.9 cd/A。另外一种重要的蓝光材料是二苯乙烯基芳基蓝光材料，也称为DSA系列相关衍生物，该类衍生物的专利权被日本的出光兴产公司拥有。如美国专利US5389444A，将引入芳胺基的二苯乙烯基芳基作为掺杂剂掺杂在二苯乙烯基芳基主体材料中，制成的器件在$100cd \cdot m^{-2}$下的流明效率超过$6lm \cdot W^{-1}$。该类材料被认为是目前在OLED的使用中最好的蓝色发光材料。芴类衍生物也是OLED领域里一类重要的蓝光材料。芴类主体发光材料的结构具有稳固的芴环结构，具有大的共轭体系和较好的刚性平面，且玻璃化温度高、热稳定性好，已用于制作大面积的器件。目前仍在不断尝试对芴进行修饰，以得到具有特定功能的蓝光材料。

如韩国三星公司在专利CN1275604A中保护的含芴支链的化合物、在专利CN1407053A中保护的化合物、在专利CN1483783A中保护的聚芳撑主链中含有吩噁嗪单元的聚合物、在专利CN1551694A中保护的在聚芳撑聚合物主链上含有吲哚并咔唑单元的聚合物，日本出光兴产公司在专利CN1388800A中保护苯乙烯基化合物、在专利CN1394195A中保护的芳基取代的蒽化合物、在专利CN1701111A以及CN1646456A中保护的化合物、在专利CN1711334A中保护的芳族胺类衍生物，以及专利CN1421470A中保护的含噁二唑的共聚物、CN1421469A中保护的含腈基苯撑乙烯的共聚物、专利CN1488707A中保护的具有二（咔唑基取代芳基苯乙烯）芳烃基本骨架的化合物也都是具有较好性质的发蓝光性能的发光材料。

(3) 红色有机荧光发光材料

红、绿、蓝三色荧光发光材料中，红色发光材料最为薄弱，其主要原因有：① 红色发光染料的最低激发态和基态之间的能级差较小，激发态染料分子的非辐射失活较强，导致大多数红色发光材料的荧光量子产率较低；② 一般红色发光材料属于客体材料，需要与主体材料真空共蒸而形成发光层，耗时且工艺重复性差；③ 在高浓度活固体薄膜状态下，染料分子之间的距离很小，分子间相互作用导致浓度淬灭效应严重，甚至不发光；④ 发光染料的 HOMO 与 LUMO 之间的能级差较小，致使红光材料同载流子传输层之间能级匹配困难，不能有效地使电子和空穴在发光层内复合；⑤ 人的眼睛对光的敏感度不同，对绿光最为敏感，红光最弱。DCM 类材料是最早使用的红光发光材料，具有较高的发光效率。但是 DCM 类化合物存在浓度淬灭的现象，高浓度掺杂下会造成器件效率下降。因此需要找到荧光量子产率高、半峰宽窄、色纯度高且浓度淬灭效应低的红光发光材料。红光材料 DCJTB 是由美国柯达公司开发的，并在美国专利 US5908581A 中进行了保护，是目前最有效的红光材料。

另外美国柯达公司在专利 CN1447633A 中，韩国 LG 公司在 CN1534076A、CN1796488A 中，日本索尼公司在 CN1564857A 中，日本出光兴产公司在 CN1943279A、CN1827733A 中以及国内申请人在 CN1283665A、CN1278548A、CN1324911A、CN1441028A、CN1557906A、CN1763149A、CN1900092A 等专利中也分别保护了一系列红色荧光发光材料。国内申请人在红色荧光发光材料方面的专利申请要多于蓝色或绿色荧光发光材料方面的专利申请，这主要是由于红色荧光发光材料的发展与绿色和蓝色荧光发光材料的发展相比相对滞后，有较大的研究空间，因此可以看出国内申请人有避开国外公司的专利壁垒的意识和进入该领域的积极性。

(四) 申请人分析

1. 国外主要申请人分析

在 OLED 有机发光材料领域，国外主要的申请人包括出光兴产、富士、柯尼卡、佳能、住友、三星、三菱、半导体能源、三井、默克专利、LG、伊斯曼柯达、杜邦等公司，图 5 比较了上述主要申请人在 OLED 有机发光材料领域和 OLED 领域的专利申请数量（此处的 OLED 领域是指将检索限制在《国际专利分类表》（第 8 版）(IPC) 分类号包括 H05B33、H01L27、H01L33、H01L51 下进行的）。其中日本公司在 OLED 有机发光材料领域占据了绝大多数份额，表现出日本申请人在该领域的整体实力。排名前十的申请人的申请量达到了该领域申请总量的 41.2%，排名第一的日本出光兴产公司也仅占到 6.6%，因此该领域申请人的实力相对均衡。

从图 5 反映出的专利申请数量也可以看出不同公司其研发、投入的侧重点不同，以及对 OLED 领域的重视程度也不同。例如日本的出光兴产公司，专利申请主要是集中在材料方面，对器件的结构方面也有比较深入的研究；对于发光层材料特别是其中的小分子荧光材料，掌握着多项重要专利技术；对空穴传输材料也有比较深入的研

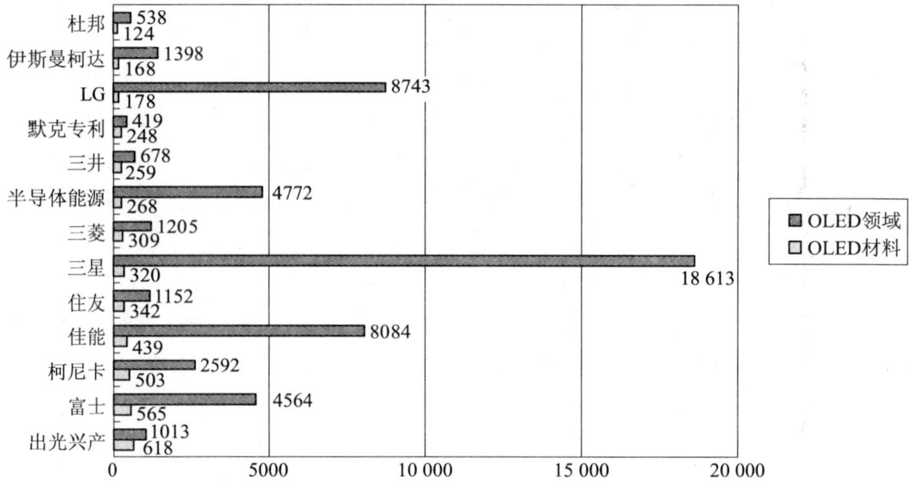

图 5　国外主要申请人在 OLED 材料及 OLED 领域专利申请量

究；对于器件结构方面，主要的研究方向包括发光层结构、TFT、空穴传输层结构等。日本的半导体能源公司在材料、器件的结构和应用方面都有比较深入的研究，材料方面的申请主要集中在空穴注入层材料、电子传输层材料和作为发光层材料的小分子荧光材料、磷光材料；器件结构上面主要是 TFT 和辅助电极结构方面的申请。可以看出，日本申请人在材料领域的申请比例是最高的，在器件结构方面也有相当数量的申请。韩国的三星公司在 OLED 的材料方面的申请量相对于器件结构领域的申请量较少，但是对于材料方面的申请几乎涉及了有机发光材料中全部内容，即空穴注入层材料、空穴传输层材料、电子传输层材料、小分子荧光发光层材料、磷光发光层材料和高分子荧光材料，因此韩国的三星公司在 OLED 领域一直保持着难以撼动的领头羊地位。

（1）出光兴产公司

该公司创业于 1911 年的出光兴产株式会社，为日本四大石化工业巨头之一，1985 年开始投入 OLED 材料研发，2002 年 4 月正式成立电子材料室，全力投入 OLED 材料发展。其拥有目前世界上寿命最长的 OLED 蓝光与绿光材料及色变换（Color Changing Media，CCM）法全彩 OLED 显示器技术，其研发方向是小分子有机发光材料，并且是 OLED 制造厂商的材料供货商，其持有大量涉及 OLED 材料和制造工艺的专利。

出光兴产的专利申请主要是针对日本本土，另外对美国、欧洲、中国和韩国也比较重视。在材料方面对于发光层材料和空穴、电子注入材料以及空穴、电子传输材料等辅助层材料都有较多的专利申请。

出光兴产公司的蓝光系统是目前被认为最好的蓝光系列之一，在器件稳定性、光色纯度和发光效率等方面均有上乘表现。出光兴产公司最主要的蓝光材料以DSA系列的相关衍生物为主，涉及该蓝光发光材料的专利也作为出光兴产公司的核心专利之一US5389444A（1995），该专利中涉及的DSA苯二烯衍生物已经成为业界OLED中最好的蓝光材料；在该核心技术的后续发展中，出光兴产公司还运用分子设计的方式，将DSA中乙烯键采用三芳基取代，以此构造出更加稳定的DPVB衍生物。出光兴产公司在OLED的制造方面也有众多研究成功，对于OLED全彩色化技术，出光兴产公司首次将传统的蓝光光源改成了具有长波长光谱成分的白色光源，使颜色转换效率提高20%以上。

2003年，出光兴产公司在上述核心专利的基础上后续研发，申请了一项美国专利US6534199B1。其中以含有氮的苯乙烯衍生物和蒽的衍生物以1∶99至99∶1的范围共蒸镀形成有机发光层，根据先前所研究的DSA衍生物具有良好空穴传输能力以及蒽衍生物具有良好电子传输能力，以适当比例调整两者后可以使载流子平衡，最终达到使器件发光效率增加、工作电压下降、半衰期增长的效果。其后，出光兴产公司在以DSA系列衍生物为基础的研发中，加入新型空穴输送层，开发了以浅蓝色光为主的器件，进一步改进了器件的稳定性。

2004年国际显示器信息年会中，出光兴产公司发表了一新型绿光荧光掺杂物搭配其一蓝光主体发光体（BH-140）的报道，指出该器件发光效率可高达19cd/A，具有长久工作稳定性，在初始亮度1000cd/m^2下达26 000小时，此器件的工作稳定性是传统的C-545T为掺杂物与Alq_3主发光体器件的5倍。另外当该新型绿光荧光掺杂物搭配一新型蓝光主发光体（BH-215）时，器件工作稳定性更可长达40 000小时，但是由于出光兴产公司对外不公布其结构式，因此该结果无法验证。出光兴产公司在“Green Device 2009”上，展出了采用该公司OLED材料的白色OLED照明面板试制品。此次试制品中色温较高的面板，在红色和绿色中采用了磷光材料，在蓝色中采用了荧光材料，磷光材料各色光发光效率均比荧光材料高出近2倍，有助于降低OLED照明的耗电量，由此出光兴产公司成为NEDO（新能源产业技术综合开发机构）2007年度委托业务“采用有机发光结构的高效照明技术的开发”的受托企业之一。

与三星公司的本国研发为主、国外市场开拓发展思路不同，日本出光兴产公司着重发展与国内和海外具有竞争关系的对手进行联合开发，强强联手形成产业联盟和技术联盟，与LG Display、索尼和TDK（东京电气化学工业株式会社）都存在着专利交叉。2011年3月，出光兴产与松下电工共同宣布设立以照明用OLED面板开发、制造和销售为目的的公司，两公司共同开发的OLED照明面板已接近实用化的最后阶段。此前，出光兴产公司主要与索尼公司合作，致力于开发蓝光材料，并已发表了一种被证实内量子效率为28.5%且发光寿命为3万小时以上的蓝色发光材料，并以此制造OLED元件，获得比NTSC标准值（0.14，0.08）更深的蓝光，由这一结果，将有望降低此前红、绿、蓝三色OLED组件中功耗最大的蓝色OLED组件的功耗，并有望实现OLED电视的中、大型化。出光兴产公司也与东芝（Toshiba）100%持股子公司Toshiba Mobile Display于可携式机器用OLED领域进行技术研发合作；还通过与韩国LG显示器的战略合作，与面板厂商建立起了合作关系。出光兴产公司目前与日本三井化学及美国环宇显示技术进行OLED材料的共同开发。2012年2月，出光兴产公司与友达光电就在OLED领域展开战略性合作达成了基本共识，合作内容包括在高性能显示屏开发方面进行技术合作，合作期间出光兴产不仅向友达提供OLED原材料，还提供元件结构方案，以促进双方加快发展智能手机及平板终端使用的中小型有机EL显示屏以及电视用大型有机EL显示屏业务。

表1显示了近年来出光兴产公司在OLED发光材料领域专利技术演进路线。

表1　近年来出光兴产公司在OLED发光材料领域专利技术演进路线

年代	2000年前（起步期）	2000—2003年前（初步发展期）	2004—2010年前（迅速发展期）	2010年以后（近年发展）
发光材料	US5389444（1995）（DSA苯二烯衍生物）	JP200006402(2000)（苯乙烯基衍生物和蒽）	WO2004/080975(2004)（苯并咪唑衍生物） WO2004/110968(2004)（螺二芴衍生物）	JP2010/001266（亚甲基吡咯硼配位化合物）
	JP1999001873（1999）（迫位萘环酮噁二唑衍生物喹喔啉衍生物）	JP200006658(2000)（荧蒽衍生物）	JP2004/009689(2004)（金属络合物）	JP2010/007363（苝衍生物）
	JP199904794（1999）（苯二胺衍生物）	WO0123496（2001）（并五苯骨架衍生物）	JP2004/018111（2004）（不对称单蒽衍生物）	WO2011/132684（双咔唑衍生物）
		JP2000009227（2000）（荧蒽并五苯骨架衍生物）	JP2004/014017（2004）（芳胺衍生物）	WO2011/086935（含氮杂环衍生物）
		JP2001002454（2001）（咔唑衍生物磷光掺杂剂）	WO2005/123634(2005)（芴衍生物）	
		JP2001002587（2001）（苯基或二苯基蒽衍生物）	JP2005/011105(2005)（二苯基氮基衍生物）	
			JP2005/001802（2005）（三重态发光物质）	
			JP2005/008494（2005）（不对称芘化合物）	
			CN1939884（2006）（蒽骨架和不对称分子）	
			CN1962583（2006）（苯基蒽衍生物）	

续表

年代	2000年前（起步期）	2000—2003年前（初步发展期）	2004—2010年前（迅速发展期）	2010年以后（近年发展）
发光材料		JP2001007729（2001）（芳香胺衍生物） US6534199B1（2003）（苯乙烯衍生物和蒽衍生物） JP2003/010071（2004）（低聚亚芳基衍生物）	JP2006/300642（2006）（双蒽衍生物） JP2006/303548（2006）（二齿配位化合物） JP2006/305983（2006）（蒽基芳撑衍生物） JP2006/313427（2006）（聚芳基胺） JP2006/315643（2006）（非对称芴化合物） JP2007/053294（2007）（并四苯衍生物） WO2007/116828（2007）（联蒽衍生物） JP2008/071583（2008）（氮杂茚并芴二酮衍生物） JP2009/059980（2009）（卤素化合物、多环系化合物） WO2009/148062（2009）（多环化合物）	
发光器件	JP1990210790（1990）有机发光装置	JP2001002455（2001）（真空蒸发沉积制造薄膜） JP2002/004427（2002）（有机电致发光器件） JP2003/009525（2003）（白色发光器件）	WO2005/081587（2005）（白光发光系统配色方案）	JP2011/000174（发光元件）

（2）三星公司

三星公司是一家肩负韩国21%出口总额的韩国产业支柱型企业，虽然在韩国本土并没有较广的消费能力和技术研发能力，但拥有国民支持和庞大的国外消费市场。虽然韩国在OLED材料的研发中起步较晚，但拥有较为完整的专利技术系统，并且在各技术领域分布均衡，均拥有大量专利申请，主要海外市场为美国、中国和日本。众所周知，OLED制程工艺包括背板和显示器的制造、有机发光层材料开发、封装技术三大重要部分。在OLED市场中，与柯达公司致力于发展OLED发光材料的方向有所不同，三星公司主要研发市场在于OLED显示器的方向上。在当今国际市场中，三星公司由于其拥有硬件垂直整合能力、软硬件整合能力，与苹果公司在高端显示器制造市场中平分天下。

在小尺寸OLED方面，三星公司是目前量产主导厂商，全球市场份额占到90%以上。三星公司采用的是LTPS（低温多晶硅）方式，目前量产线以此技术路线为主。由于中大尺寸OLED尚没有进入量产，但Oxide技术作为中大尺寸OLED背板技术较LTPS更有优势。鉴于此，三星公司致力于研发大尺寸OLED面板，欲将OLED技术的应用范围从智能手机、平板电脑领域延伸到电视领域。三星公司在显示器的制造上主要采用RGB技术，该技术优势在于色彩和亮度，目前大部分企业在生产OLED产品时会采用RGB技术，虽然白光技术和RGB技术各具优势，但长远来看，RGB技术更有发展前景。

近年来，三星公司新的技术研发点着眼于可弯曲式（挠性）OLED结构，其力求突破传统ITO材料无法卷曲的瓶颈，通过开发取代传统ITO的新感测材料克服量产阻碍，目前产业界拟以二氧化锡（SnO_2）、纳米碳管（CNT）等材料制作透明导电层，取代传统的ITO材料，然而尚未有最终定案。

在专利保护措施上，虽然三星公司着重开发OLED显示器和面板制造工艺，但也涉及多种具有重要应用价值的发光层材料，其中包括高分子材料、小分子荧光材料和磷光材料。高分子发光材料，其中最著名的是以二苯并杂芳基为主体结构的单体聚合而成的高分子发光材料，如专利US2007152537、EP2308911A、US20100133992，以及苯乙烯基的聚合物主体材料US6403238；涉及小分子主体发光材料主要贡献于吡啶并咪唑基衍生物，如专利US20070108893、CN101186608、US7622584、US2011240968、KR20110055250，以及小分子化合物苯并噻吩衍生物，如专利US2007/0072002、KR20070034430、CN101153036，对于配合物的开发主要享有专利DE10351822，涉及蓝色掺杂材料的专利享有EP2204862。

国际上的OLED主要生产商在知识产权保护方面，经常采用专利诉讼的方式获得利益。采用专利诉讼的目的是多方面的，部分厂商是出于维护自身产品独占权的目的，以充分占有市场；也有厂商是出于震慑竞争对手的目的。三星公司作为OLED领域掌握众多关键技术的重点公司，同样重视利用专利诉讼保护自身专利产品。

以三星公司在美国关于 OLED 专利的专利诉讼为视角，不难看出三星公司在 OLED 工业中的发展特点。表 2 中列举了三件联邦诉讼案件，争辩双方围绕专利相互诉讼。

表 2 三星公司与 OLED 相关的在美诉讼专利概览

序号	专利号	专利权人	争辩双方	涉及产品
1	US5091339、US5173442	Samsung Electronics Co., Ltd.	Samsung Electronics Co., Ltd. 与 Matsushita Electric Industrial Co., Ltd.	有机 OLED 薄膜
2	US6900463、US7215402、US7394516、US7413937	Semiconductor Energy Laboratory Co., Ltd.	Semiconductor Energy Laboratory Co., Ltd. 与 Samsung Electronics America, Inc., and Samsung Telecommunications America, LLC	半导体装置、显示装置、特殊导电层
3	US3698947、US5315132、US7333160、US7474376	Semiconductor Energy Laboratory Co., Ltd.	Semiconductor Energy Laboratory Co., Ltd. 与 Samsung Electronics America, Inc., and Samsung Telecommunications America, LLC	薄膜晶体管

表 2 中涉及三星公司在美国有关 OLED 制造的诉讼主要集中在显示器的制造方法和 OLED 的封装涂膜的工艺上，可见与其他公司对于 OLED 用发光材料的研发相比，三星公司更注重发展 OLED 面板的制造和产业化。由表 2 可见，在此领域，三星公司与美国、日本生产制造商的市场竞争较为激烈。值得注意的是，这些侵权诉讼案的背后也反映了美国企业对 OLED 面板制备工艺的重视程度。

（3）株式会社半导体能源研究所

半导体能源研究所同样在 OLED 材料方面进行了大量的研究并申请了专利，其主要专利申请国是美国、中国和韩国，其中以小分子材料为主要专利对象，包含了空穴注入材料、传输材料、小分子荧光材料、磷光材料。

半导体能源研究所主要致力于 OLED 材料提高反复氧化还原耐受性方面的研究以及努力寻找宽带隙材料，其中主要涉及的化合物类型包括蒽衍生物（如 CN101090887A、CN101253150A、CN101432259A、CN101124202A 等）、咔唑衍生物及其他唑类化合物（如 CN101039909A、CN101103001A、CN101111948A、CN101841000A 等）、芳胺衍生物（如 CN101073164A、CN101111947A、CN10124038A 等）等。

此外，半导体能源研究所还对磷光材料有机金属配合物有相当的研究，对于磷光材料的研究也不仅限于 Ir 配合物，对第 9、10 族金属络合物也进行了较多的研究，例如 CN101321773A、CN101151270A、CN101270133A、CN101163711A 等，另外还尝试了多种过渡金属络合物。

除小分子材料外，半导体能源研究所在聚合物材料方面也有一定的研究，主要是单一主体结构方向材料的研究，如 CN1732201A、CN101167196A。

（4）柯达公司

美国柯达公司是小分子 OLED 的领导厂商，最早以真空蒸镀法制成多层式结构的 OLED，从而开启了 OLED 时代。柯达公司拥有小分子有机发光显示原始技术的专利权，是小分子 OLED 材料和器件设计原始技术的专利的拥有者。目前应用最广泛的绿色发光材料 8-羟基喹啉铝（Alq_3）和最有效的红光材料 DCJTB 都是柯达公司的专利产品，除此之外还保护了多种在此基础上改进的结构，形成了比较完善的专利保护体制，可以说柯达公司掌握了大部分 OLED 材料和器件设计的核心技术。

但是柯达公司在专利授权方面的态度并不是十分积极，甚至可以说在专利授权对象的挑选上非常严格，迄今只有二十多家公司得到了柯达公司的专利授权。从授权的地域上看，柯达公司的专利许可对象开始是以日本厂商为主，之后逐步转向中国台湾，而并没有将欧洲和美国的厂商作为重点合作对象。柯达公司 OLED 专利许可的厂商大多具有 LCD 产业背景，因为这些厂商在产品开发和市场渠道方面具有相当的优势，此举很好地促进了小分子 OLED 技术的发展，目前小分子 OLED 已经进入市场化阶段，技术上比高分子 OLED 更加成熟。

目前广泛使用的多种有机小分子材料都是最先由柯达公司开发的，如目前广泛使用的空穴注入材料酞菁铜、发绿光并兼具电子传输功能的 8-羟基喹啉铝（Alq_3）、红光材料 DCM 系列衍生物，其中 8-羟基喹啉铝几乎满足了有机发光器件对材料的所有要求。因此人们一直努力在 8-羟基喹啉铝的基础上进行进一步修饰和改进，而 DCM 系列中的 DCJTB 仍被认为是目前最有效的红光材料。另外苝、香豆素染料 Coumarin 6 都是柯达公司首次分别将它们作为蓝光材料和绿光材料使用的。

8-羟基喹啉铝是在美国专利 US4759292A 中首次进行了专利保护，并于 1988 年获得授权，成为柯达公司的核心专利。鉴于该材料的优异性能，柯达公司又在该专利的基础上，延伸出众多专利，例如美国专利 US5141671A、US5405709A、US5484922A、US5151629A，分别用其他配体替换 8-羟基喹啉铝中的一个或两个 8-羟基喹啉结构，或形成 $(q_2Al)_2O$ 的对称结构。在被引用次数较多的柯达公司的美国专利 US5151629A、US5684365A、US4720432A 等文献中也都引用美国专利 US4759292A，足可见该化合物在有机发光材料中的地位。

目前柯达公司已经将 OLED 业务出售给 LG，LG 为取得柯达公司的 OLED 相关专利，在美国设立了子公司 GOT，而日本的出光兴产公司又取得了 GOT 32.73%的股权。

(5) 英国 CDT 公司

英国的 CDT 公司是高分子 OLED 的领导厂商，也是高分子 OLED 产业化的积极推动者，由英国剑桥大学成立。1990 年 CDT 成功地开发出以旋转涂布方式将高分子应用于 OLED，开发出高分子型发光二极管。英国 CDT 公司拥有高分子 OLED 原始技术和专利，高分子有机发光材料的专利主要掌握在其手中。

US5247190A 是 CDT 公司的核心专利，报道了高分子聚对苯乙烯撑的电致发光，并用作发光层制备电致发光器件，该类材料具有良好的化学物理特性，也是 20 年来研究最多的高分子电致发光材料之一。之后 CDT 公司又研究出聚芴系列的发光材料，这是目前常见的一类蓝光材料。

CDT 在高分子 OLED 研究中取得的另一个重要的革新是采用喷墨印刷（ink-jet print）的方式，将发射出光的聚合物印刷在玻璃或塑料上来制成 PLED（高分子型发光二极管）显示器。这一革新提供了一种低成本的彩色显示器制作方法，不但为 PLED 的产业化提供了可能，还使得它可以以柔软的塑料作为基底层，甚至可以是在一个不平整的表面上。相关专利如 CN1233929A。

在专利授权方面，CDT 公司作为一个高校办企业，自身缺乏配套资金，因此采取了开放的姿态，专利授权的态度要比柯达公司积极，希望以此来推动和加速高分子 OLED 的产业化。CDT 公司认为高分子 OLED 显示器具有广视角、高亮度及低功率消耗等特性，在显示器领域具备更佳的竞争优势。在专利许可方面其许可的对象主要以欧美厂商为主，日本厂商则远少于小分子阵营，其许可的对象不仅包括 OLED 面板和器件制造商，还包括了一些 OLED 材料供应商。通过这样的合作，加强了与 OLED 供应链上游厂商的联系，推动了高分子 OLED 技术的发展。例如 1996 年 Uniax 公司与 CDT 公司达成专利协议，获得 CDT 公司的 PLED 专利授权；同年，其专利权授权给荷兰 Philips 公司，并获得 Philips Components B. V. 与 Hoechest AG 公司的技术合作，建立第一条 PLED 量产线。

2. 国内主要申请人分析

随着 OLED 领域研究的升温，国内申请人也逐步加入到该领域的研究中来，申请量自 2000 年之后呈逐年增加的趋势。这其中，以维信诺为代表的中国内地企业，以清华大学、中国科学院长春应用化学研究所、南京邮电大学等高校与研究机构和以友达光电为代表的中国台湾企业的申请人开始申请了大量中国专利，占据了国内申请的半壁江山。图 6 显示了国内主要申请在 OLED 材料及 OLED 领域的专利申请数量（此处的 OLED 领域是指将检索限制在第 8 版 IPC 分类号包括 H05B33、H01L27、H01L33、H01L51 下进行的）。

例如清华大学、维信诺的研究重点主要是第 8 版 IPC 分类号的 H01L 和 C09K11/06 领域，即涉及光发射器件、组件和发光材料，对于材料的研究也主要是集中于普通小分子。可以看出清华大学、维信诺的研究主要是集中于器件方面的发明

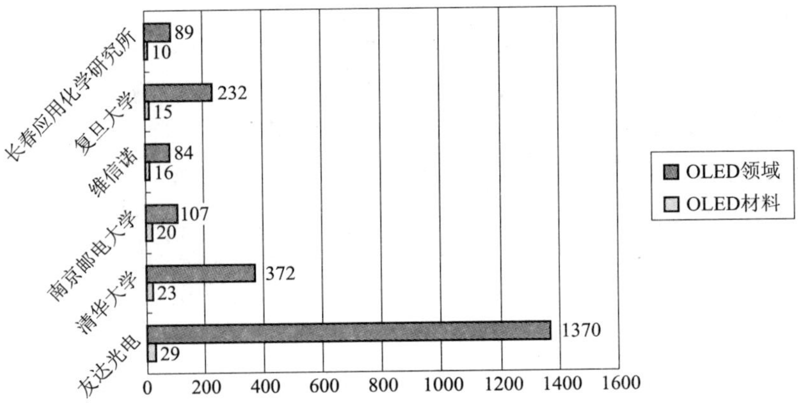

图 6　国内主要申请人在 OLED 材料及 OLED 领域申请量

和改进，近年来也加强了 OLED 材料的研发与保护，与器件的发展相比，材料仍有相当大的发展空间，这与国际上对 OLED 的研究趋势也是相同的；而以高校和研究机构为申请人的专利申请，对于材料方面的研究占据了绝对优势，也就是说，我国的大部分 OLED 专利技术还仅仅处于实验室阶段，距离市场化还有很大距离；而中国台湾友达光电的申请，主要是集中在应用和器件结构方面，例如 TFT、空穴注入层结构、辅助电极结构等，对材料的研究相对少一些，主要是集中在电子传输层材料。总的来说，国内申请人的申请还主要是集中在 OLED 领域的上游，下游专利申请有待进一步加强，这与全球 OLED 专利技术的分布有很大不同。

（1）维信诺

维信诺 1996 年创立于北京，其前身是清华大学 OLED 项目组。2001 年，北京维信诺科技有限公司正式成立，2002 年维信诺公司建成了国内第一条 OLED 中试生产线，2003 年完成了 OLED 生产工艺技术的集成，实现了 OLED 屏及模块的小批量生产和销售。2008 年维信诺在中国的江苏昆山建成了我国第一条 OLED 大规模生产线，也是中国目前唯一一家拥有 OLED 大规模生产线、能够批量生产 OLED 产品的公司。

维信诺公司非常重视在前沿热点领域的布局与发展，在 OLED 柔性显示、透明显示、双面显示、大尺寸显示、照明等领域开展了系统研究工作并取得了一系列成果。在 OLED 柔软显示方面，清华大学和维信诺公司是国际上为数不多的可以制备柔性 OLED 显示器件和柔性照明器件的单位，制备了基于塑料基板的柔性 OLED 显示器件及照明器件、基于不锈钢基板的红、绿、蓝柔性 OLED 器件；2009 年 6 月，维信诺公司的透明显示产品已经开始进入市场，双面显示产品也随之推出；2010 年，维信诺公司与江苏昆山工研院联合成立的昆山平板显示中心建成了国内首条 AMOLED 中试生产线，最大可生产 17 英寸的 OLED 显示屏；在 OLED 照明领域，维信诺也取得了多项技术突破，开发的 OLED 白光照明器件在 1000cd/m^2 初始亮度下，寿命超过10万小时，是国际最高水平之一；2009年在国内率先推出了OLED照明灯具，成为国际上继欧司朗光电半导体公司后推出OLED照明灯具的单位之一，其自主研发的OLED照明产品已经可以小批量供应市场。

维信诺的专利申请基本都是和清华大学作为共同申请人，国内申请量超过200件，其中涉及材料、结构、工艺、设备等多个分支领域。维信诺的专利主要集中在器件方面，但是自2005年之后在材料方面也有颇佳的表现。其在中国涉及材料的申请达到23件，位列国内申请人前五位，主要涉及小分子化合物。除在国内进行专利布局外，维信诺在国外也进行了一定的专利保护，申请以美国和日本为主，目前在美国的申请为9件，日本为8件，主要涉及器件，这样的发展思路是值得国内申请人学习和借鉴的。

维信诺在电子注入层上拥有自己的核心专利。申请号为200510000284.5（已授权，该申请在美国和日本的同族专利也已授权）和申请号为200510117296.6（已授权，该申请在美国和日本的同族专利也已授权）的中国申请中公开了一种电子注入材料为$LiCoO_2$：Al或Li_3N：Al的发光器件，其区别于目前广泛使用的基于LiF/Al的双层阴极结构的电子注入层，且较之在效率和寿命上提高了10%。该专利是维信诺公司在电子注入层技术上的突破，冲出了由外国公司编制的密集的专利网，对于中国OLED技术发展具有重要意义；另外维信诺在材料方面也有不错的研究成果，例如在专利CN1785984A中公开的化合物BDPNTD，具有比常规电子传输材料8-羟基喹啉铝Alq_3更好的电子传输率。

尽管维信诺在国外申请了一定数量的专利，但是数量仍较少，专利布局并不十分有效，另外由于维信诺申请专利最多的技术领域与韩国的三星相同，因此在进入美国市场时，还应重视三星的专利壁垒，尽量避免专利侵权的风险。

（2）中科院长春应用化学研究所

中科院长春应用化学研究所在有机高分子发光材料与器件的基础研究等方面具有很好的积累，研究主要是围绕提高发光效率、调控发光颜色、改善传输特性、提高热稳定性、实现溶液加工等关键性能指标方面。目前在有机高分子发光材料体系、溶液可加工磷光材料体系、界面修饰材料体系和新型发光器件等方面取得了一定的研究进展。从2002年至2010年申请了44件材料方面的专利申请，居国内申请人的前五位。其研究主要集中在发光材料，侧重点为高分子荧光材料，在高分子荧光材料中具有较强实力，主要申请集中在聚芴类高分子材料（如CN1637112ACN、CN1800297A、CN1903906A等）、聚对苯撑乙烯类高分子材料（如CN1454961A、CN1454962A、CN1693415A等）和白光高分子材料（如CN1903906A、CN1800297A、CN101113326A、CN101113327等），其次磷光材料也是其主要研究方向。

中科院长春应用化学研究所对于高分子发光材料提出了“掺杂剂/主体材料构造分子分散型高分子发光材料”的概念，围绕单层高分子发光器件组装，并提出了“传输单元/发光单元一体化”的分子设计概念，形成了具有自主知识产权的材料体系。2006年，中科院长春应用化学研究所突破外国专利保护，开发出国际上第一个以磷酸酯作为醇溶性致溶基团的聚芴类高分子发光材料，实现了铝电极替代钙电极的高效蓝光和白光器件组装。同时，采用叠层器件结构和染料共掺杂方法制备出具有国际最高效率的稀土红光器件。近两年，该研究所在OLED发光材料方面进一步加大开发力度，开展了磷光材料及空穴传输材料的研究工作，建立了千克级有机光电材料制备与纯化的平台，同时在有机高分子发光材料研究方面获得重要进展。

中科院长春应用化学研究所属下的高分子物理与化学国家重点实验室以“有机高分子发光材料及其器件应用”作为核心主题，在“单一高分子白光材料”、“分子分散型三基色高分子材料”、“溶液加工型非掺杂磷光材料”等方面作出具有系统性和创新性的研究工作，产生重要影响，带动了国内外十余个研究小组的跟踪研究和体系拓展。它们提出的“通过部分能量转移和电荷限制实现单一高分子发射白光”的学术思想，以及在“单一高分子双色白光体系”和“单一高分子三色白光体系”方面取得突破性研究进展，为发展白光高分子体系开辟出新方向。中科院长春应用化学研究所应该是国内研究院所中在OLED领域具有较好研究传统、成绩比较突出的研究机构。

（3）友达光电

友达光电作为中国台湾地区企业，是目前全球第四大液晶显示面板（TFT-LCD）专业设计、研发、制造及行销公司。主营生产制造，技术研发次之。从其专利申请可见，友达光电最早的专利申请见于20世纪90年代末期，2001年后开始大量申请，在2004—2006年间，也是OLED发展最为迅猛的时期，友达光电的专利申请量增长较快，达到一个高峰，后来随着OLED产业进入瓶颈，其专利申请也逐步减少，2009年申请量又开始有少量回升。目前，在材料领域，受其主营性质和研发能力的影响，友达光电的专利申请量较少，仅为29件。

从其申请的针对国来看，中国是友达光电专利申请的主要的国家，另外日本和美国也是其专利重点部署地。材料方面，友达光电在美国专利申请量为最多，达到25件，其次为中国14件、日本9件，而在韩国和欧洲的申请则没有涉及材料方面的，足可见其发展重点是在OLED前景较好的中国，以及在显示面板方面有较好发展传统的美国和日本。

友达光电在材料方面的专利申请量不大，但是涉及广泛，小分子和高分子均有涉及，但以小分子为主，包括芳香衍生物（CN1583691A、CN1587268A、CN1673312A、CN1687302A、CN1758459A、CN102447078A）、金属配合物（CN1624070A、CN1650830A、CN1687301A、CN1696243A、CN1743410、CN1772840A、CN1772758A、CN1840536A）以及其他结构的小分子化合物，例如含硅的小分子化合物（CN1620210A、CN1657588A、CN1649458A、CN1743333A）。小分子材料占到了友达光电材料领域专利申请的85%以上。2012年2月，友达光电宣布了其和目前材料研发领军企业出光兴产的合作，这势必对其在材料领域的研发带来深远的影响。

友达光电在专利权的运用和保护中，利用了专利合作、专利诉讼等多种方式为自己争取最大的利益。最为典型的就是其与三星公司之间的专利许可与诉讼。专利交叉许可是指技术和实力比较接近的企业之间互相签订许可合同，互相可以使用对方的专利成果。而专利诉讼是公司之间为了防止主要竞争对手侵权，影响自己的专利产品在市场的占有率；或防止竞争对手二次开发等而采取的一种对抗行为。通常认为存在专利交叉许可的盟友公司之间应该不能存在专利诉讼的情况，但是友达光电与三星之间恰恰是既存在着专利交叉许可，也存在着专利诉讼，这是与企业的自身利益相关的。2006年友达光电已经与韩国三星公司签署了广泛的专利交叉许可，涵盖TFT-LCD和OLED专利技术。这些举措必将增加其市场竞争力，并给其他技术实力落后的企业带来冲击。但在2011年6月，中国台湾友达光电在美国北加州、德拉威州及美国国际贸易委员会（ITC）三处同步提出指控，指控三星公司及其客户AT&T、Bestbuy、BrandsMart侵犯友达光电的面板及OLED等10项专利。从上述事件可以看出大公司之间在知识产权保护方面的一些策略，即在一些技术上存在合作，可以进行交叉许可，但在另外一些关键技术上还要防止对方侵权情况的发生。

三、OLED发光材料行业发展建议

由于我国在CTR和LCD的发展早期没有能够及时进入，因此核心专利少，技术欠缺，缺乏竞争力，使我国显示面板产业的发展错失了良机。但是我国的OLED技术无论是在研发还是在产业化方面都基本与国际同步，这为我国OLED产业的发展提供了前所未有的机遇。总的来看，我国是目前全球最大的OLED应用市场，OLED面板在我国多家公司建立了生产线，说明我国在这一领域的产业化进程是在不断推进的，OLED具有良好的应用前景，且未来主要是在柔性显示和照明方面的研究，OLED市场竞争对手相对较少，目前全球只有少量几家企业实现了大规模量产，具有较大的市场空间，因此我国完全有可能超过国外企业。乐观估计，OLED有可能改变我国只有下游终端制造、没有核心技术的传统显示产业的商业模式。因此针对我国OLED技术领域的现状，提出如下建议。

（一）尽早介入，抢占制高点

一旦技术的产业化可行性得到证明，越早介入该产业，就越容易形成技术路线、标准锁定和拥有排他性的知识产权，从而占领制高点。OLED技术还处于其发展的初期，研究和发展还未深入，高质量、低成本的技术还需要进一步开发，这给国内申请人提供了发挥的空间和机会，目前我国已经实现了小尺寸OLED的大规模产业化，应加速推进大尺寸前沿领域的产业化进程。另外，目前OLED材料的研究也存在瓶颈，国内企业通过加大技术投入，有可能突破国外公司的技术封锁，形成自己的核心技术。

（二）多层面发展 OLED 技术

如何尽早介入 OLED 产业是摆在我们面前的一个不可回避的问题。首先可以考虑从 OLED 产业的上游产品有机发光材料入手。有机发光材料研发所需费用相对于 OLED 产业的其他技术相对较低，因此降低了企业的商业风险和进入成本。目前我国在发光材料领域拥有的核心专利较少，原材料主要是依靠从日本、韩国进口，但是有机发光材料的性能还有较大的改善空间，目前常用的一些发光材料自身仍存在一定的缺陷，例如由于饱和的发红光材料不易设计，红色发光材料的进展明显落后于绿色和蓝色发光材料，即使是目前最有效的红光材料 DCJTB 也难以避免浓度淬灭的问题，随着发光材料构效关系理论的不断发展成熟，通过对材料的分子结构进行合理设计，得到具有优异性能的产品是完全有可能的。另外，随着上游产品的不断发展完善，将研发重点逐渐延伸到 OLED 中下游领域，才能最终使 OLED 大规模产业化生产成为现实。

（三）走产学研相结合的发展道路

目前我国一些主要厂商的做法是与高校或研究单位合作，跟踪研究 OLED 技术，但是这种合作并不深入，应加强高校与企业的横向联系，充分发挥企业、科研院所和政府的作用，即通过产学研加之政府支持，实现创新成果的转化，抢占 OLED 市场，维信诺—清华大学就给出了企业高校合作的典范。

（四）加强专利布局，合理规避知识产权风险

国内申请人虽然在国内申请了大量专利，但是在国外申请的专利很少，而中国企业的申请又是少之又少。国外大公司已经把中国作为 OLED 的重点市场，在中国有大量的专利布局，因此国内公司在立项前，应进行充分有效的专利检索，避免产品的重复开发，规避知识产权风险，同时还能对已有的技术进行合理利用。另外，国内企业还应在产品研发的同时制定出合理有效的专利保护策略，在保护核心专利的同时，还应加强外围专利的保护，以防止其他公司很容易地避开申请人的核心专利；同时还应加强后续专利的保护，使专利保护具有延续性，这样才能使整个保护体系完整起来。再一方面，熟悉欧美等其他国家和地区以及国际知识产权方面的法律法规也是必要的，可以帮助国内申请人了解国外公司的专利保护策略和技巧，在将来面对可能遭遇的知识产权诉讼时，能够有信心应对。

目前 OLED 的国外大公司之间大多形成了专利交叉许可协议，也就是在不同企业之间互相签订许可合同，这些公司之间的技术实力都比较接近，这种联盟形成了市场垄断，限制了其他竞争对手，特别是一些小公司的发展。我国企业应借鉴和关注这种行业趋势，积极加强国外专利分布，采取必要措施，争取能够与国外大公司进行专利交叉许可，来抵御跨国公司的这些限制，并加强企业合作，尽量避开大公司的这些专利壁垒，找出一条合理的发展之路。

（五）培养具有国际竞争力的领军企业

目前我国还缺乏OLED领域配套能力较强的龙头企业，虽然国家给予了一定的支持，但是还没有作为战略性产业给予重视。目前OLED产业的竞争已不单是企业间的竞争，更体现为国家间的竞争，政府应加大OLED产业的支持力度，增加产业资金投入，重点加强有机发光材料、装备及面板制备工艺等环节核心技术研究和自主创新，积极参与全球OLED标准的制定，从而为我国在OLED这一新型技术领域抢占一席之地。

四、结束语

OLED作为一个新兴的产业，它的发展趋势在中国，中国企业在积极投入研发积累核心技术的同时，还应重视知识产权保护在该行业发展中的重要作用，树立知识产权风险防范意识，提高专利的运用和保护能力。在国内外进行合理的专利布局，合理规避知识产权侵权风险，积极应对可能产生的国际诉讼，积累解决与国外公司发生知识产权纠纷的经验，尽快在OLED的激烈竞争中占据一席之地。

参考文献

[1] 陈金鑫，黄孝文．OLED有机电致发光材料与器件［M］．北京：清华大学出版社，2007：23.

[2] 黄春辉，李富友，黄维．有机电致发光材料与器件导论［M］．上海：复旦大学出版社，2005：270.

[3] 杨铁军．产业专利分析报告［M］．北京：知识产权出版社，2012：9～178.

[4] 狄延鑫，刘桂明．有机发光材料领域专利分析研究与中国企业的应对策略［J］．中国发明与专利，2011（4）.

[5] 杨飞，梁海龙．OLED行业专利分析［J］．中国集成电路，2010（135）.

[6] 胡玉才．小分子有机电致发光材料研究进展［J］．科技导报，2010，28（17）.

卫生用高吸水性树脂专利技术现状及其发展趋势

王进锋　肖　刚　张　倩　翟晓晓　谭　磊　陈　力[1]

（国家知识产权局专利局化学发明审查部）

一、引言

高吸水性树脂（Super Absorbent Resin，SAR）是指吸水能力特别强的高分子物质，可以吸收自身质量几百倍甚至上千倍的水，具有带亲水基团的轻度交联的三维网络结构。高吸水性树脂不溶于水，但可以大量吸水膨胀形成高含水凝胶，其主要性能是具有吸水性和保水性，且吸水速度快、保水性能好、膨胀力大、凝胶化力大、增稠增黏性强。要具有这种特性，其分子中必须含有强吸水性基团和一定的网络结构，即具有一定的交联度。

20 世纪 50 年代，科学家 Flory 通过大量的实验研究，建立了吸水性高分子的吸水理论，称为 Flory 吸水理论，为吸水性高分子的发展奠定了理论基础。1961 年美国农业部北方研究所 C. R. Rissell 等从淀粉接枝丙烯腈开始研究高吸水性树脂。G. F. Fanta 等在此基础上研究，并于 1966 年指出"淀粉衍生物的吸水性材料具有优越的吸水能力，吸水后形成的膨润凝胶体保水性很强，即使加压也不与水分离，这些特性都超过以往的高分子材料"。高吸水性树脂最初在亨克尔股份公司（Henkel corporation）工业化成功，其商品名为 SGP（Starch Graft Polymer）。

20 世纪 60 年代末至 70 年代，美国 Grain Processing、Hercules、National Starch、General Mills Chemical，日本住友化学、花王石碱、三洋化成公司等公司相继开发了高吸水性树脂。此后，德国、法国等世界各国也都开始了相应的研究工作。

由于高吸水性树脂的优良性能，其在农林园艺、生理卫生产品、医药医疗、密封材料、敏感性材料等领域都取得了广泛的应用。目前，发达国家高吸水性树脂的 91.5% 用于卫生用品领域，8.5%用于其他领域（其中 3.8%用于农业，1%用于建筑业，3.7%用于其他领域）。由此可见，卫生用品已经成为高吸水性树脂市场最大的应用领域。

---

[1] 来自专利复审委员会。

高吸水性树脂因为具有超强的吸收和保留水分功能而广泛应用于制造纸尿布和卫生用品方面，超薄型卫生用品及成人失禁用品对高吸水性树脂的需求更刺激了其迅速发展，而且成人尿布需求增长速度比婴儿尿布增速更大。在日本、西欧和美国等发达国家和地区，卫生用品行业对高吸水性树脂的需求近年来年均增速约为5%，而其在中国、印度、巴西等发展中国家的需求也在增长。据统计，2010年世界高吸水性树脂市场消费量已超过160万吨，预计到2014年将达到200万吨。

目前，国内高吸水性树脂生产企业约有近20家，2010年产量约为12.7万吨，近几年国内吸水树脂企业发展迅速，济南昊月吸水材料有限公司、河北海明生态科技有限公司、唐山博亚科技发展有限公司等产能均已突破1万吨/年。但由于国内高吸水性树脂性能欠佳，应用领域局限在农业、林业，国内90%以上的卫生用品行业仍然依赖外资企业生产的高吸水性树脂。

随着人们生活水平的不断提高，国内高吸水性树脂的消费数量逐年增加。由于一次性尿布及成人卫生用品的普及水平不断提高，国内高吸水性树脂的消费量每年以10%～15%的速度增长。

目前高吸水性树脂发展很快，品种繁多，根据现有品种及其发展存在多种分类方式，而按原料来源分类是目前最常用的一种分类方式。而按照原料来源而言，高吸水性树脂主要分为天然高分子类和合成高分子类，天然高分子类又可以分为淀粉类、纤维素类和其他天然高分子类，合成高分子类又可以分为聚丙烯酸类、聚丙烯酰胺、聚乙酸乙烯酯类和聚乙烯醇类等。各种高吸水性树脂具有各自不同的特点，都取得了较大的发展和应用。本文会对高吸水性树脂总体和各类高吸水性树脂分别作出相应的分析，以期找到该领域目前的研究热点和重点发展方向。

鉴于目前国内企业在高吸水性树脂领域的劣势地位，特别是在卫生用品用高吸水性树脂上落后的局面，本文试图通过对卫生用品领域高吸水性树脂相关专利数据的收集、整理、比较和分析，总结国内外卫生用品用高吸水性树脂的现状和发展趋势，了解目前该领域的专利技术现状；对几类重要的高吸水性树脂的专利现状进行分析；分析我国在卫生用品用高吸水性树脂领域取得的成绩和存在的不足；同时，对高吸水性树脂领域几个重要申请人的研究方向和热点进行了分析，以期找到其研究热点和发展方向；从而为我国高吸水性树脂行业的进一步发展提供情报支持和指导，进而使相关企业能够从整体上了解行业的技术发展脉络，希望能为我国相关行业确立专利技术研究方向提供帮助和支持。

二、专利技术整体状况分析

（一）样本构成

1. 数据库的选择

为了能够全面、准确地反映出卫生用品用高吸水性树脂的专利技术现状及其发展趋势，本文选择了德温特世界专利索引数据库（WPI）和中国专利文摘数据库（CNABS）作为文献数据来源。

WPI数据库收录全面，是目前广泛使用的检索数据库之一，由于其以同族专利信息方式记录同一申请，避免了对同一申请的重复统计；同时，该数据库还对收录文献重新编写摘要，使得关键词检索的准确性大大增加，因此，检索时采用了分类号结合关键词的方式进行检索。检索文献始于WPI数据库最早收录的文献，止于2012年5月14日公开的专利文献。

CNABS是中国专利检索数据库，收录了全部公开的中国专利文献，在其中采用了分类号结合关键词进行检索。检索文献始于CNABS最早收录的文献，止于2012年5月14日公开的专利文献。

2. 检索手段

在第8版IPC分类中，A61L15主要涉及绷带、敷料或吸收垫的化学方面；或者绷带、敷料或吸收垫的材料应用，其中A61L15/16主要涉及用于生理液体（如尿或血）的绷带、敷料或吸收垫，例如卫生巾、棉塞，因此，检索集中在A61L15下进行，主要涉及A61L15/16。同时，由于主要是分析涉及的高吸水性树脂，其必然同时含有C08F、C08L、C08K、C08B、C08J的高分子材料相关的分类号，因此主要采用两类分类号以及与吸收相关的关键词组合检索确定全部分析样本。然后，根据高吸水性树脂的分类，采用分类号和关键词结合的方式确定出每类材料的样本，并采取了关键词“去噪”的方式对检索结果进行了处理。

3. 检索结果说明

由于发明专利申请通常是自申请日起18个月后被公开，在笔者进行检索时，还有部分2010、2011年申请的专利因为未公开而没有统计在内，其对2010年的数据影响较小，对2011年的数据影响较大。

按照前述检索手段获得的检索结果：WPI中总共获得结果2213篇，其中有中国公开号的710篇，而在CNABS中检索到的结果共有808篇。

（二）高吸水性树脂总体专利申请数据统计

1. 世界范围内高吸水性树脂专利申请状况分析

从图1可以看出，从1966年起已经开始出现了相关的专利申请，此时的专利申请人和申请量都是1；此后的5年处于起步阶段，申请量变化不大，但也有一定量的发展，申请人数量也随着申请量的增加而增加；随后的20年间专利申请量稳定发展，一直处于稳定增长阶段，尽管在个别年也出现过小幅的波动，但总体趋势呈稳定增长的态势，该阶段申请人数量与申请量基本呈现相同的发展趋势，即随着申请量的增加，申请人数量同样也在增加，到1990年专利申请量已经达到45件/年，申请人数量也达到了33人；从1990年开始，申请量进入快速发展阶段，表明随着基础理论研究的逐步完善以及应用领域的不断扩展，特别是发现高吸水性树脂主要的用途卫生用品之后，世界各国都日益意识到高吸水性树脂的重要性，各大企业都开始下大力气进行相关的技术研究，同时加大对相关行业进行专利布局，到 2001 年达到最高的 119 件/年，在该阶段申请人数量有一定的增加，但变化不大，没有申请量的增速快，这也说明该领域技术日益集中在少数公司手中，各大公司的申请量日益增加；2001—2006 年进入平台阶段，年申请量大概维持在 100～120 件/年，在该阶段申请人的数量开始出现下滑，由 2001 年最多的 69 人下降到 2006 年的 64 人，期间最低的 2003 年只有 37 个申请人，说明经过多年的技术积累，高吸水性树脂领域的核心技术和基础理论研究已经成熟，各大企业也从原理性的基础专利向纵向和横向转移，行业竞争进入白热化阶段，越来越多的小公司被淘汰出该行业，该行业的技术日益被各大公司所垄断；2006 年后专利申请量有小幅下滑，但每年申请量还能维持在 70～80 件/年，申请人数量也随之略有降低，说明此时该领域已经进入技术成熟期，专利申请量日益稳定，行业洗牌基本完成。

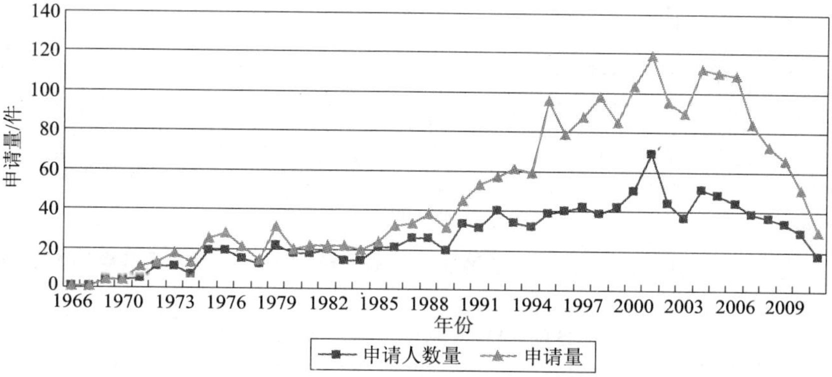

图 1　世界范围内 SAR 专利申请量和申请人数量年度变化

专利申请量增长的同时，高吸水性树脂的产能也开始迅速扩张。1978 年日本三洋化成公司开始工业化生产高吸水性石油树脂，随后美国的凯姆代尔（Chemtall）、陶氏化学（Dow Chemical），日本的住友精化（Sumitomo）、触媒化学公司（Nippon Shokubai）等数十家公司先后投产。1980 年世界高吸水性树脂产能不足 0.5 万吨/年，1989 年升至 21 万吨/年，1998 年发展到 85 万吨/年，现已达到 175 万吨/年以上。

从图 2 可以看出，美国和日本是该领域当之无愧的霸主，其申请量分别达到了 857 件和 600 件，所占比重也分别占到了 39%和 27%，这也与高吸水性树脂领域产能现状基本相符。目前高吸水性树脂的年产能为 175 万吨/年以上，其中日本总产能达到 81 万吨/年，约占全球总产能的 50%；其中斯托克豪森、巴斯夫公司等也占据了较大的比重。同时，由于美国是高吸水性树脂的起源国，其在早期基础专利上占据了较大比重，也是其能够在专利申请量上占据第一位的重要原因。而我国的申请量为

59件，占总申请量的3%，也基本与我国目前高吸水性树脂的生产能力相符，目前国内高吸水性树脂的产能大约为20万吨/年。但国产的高吸水性树脂性能欠佳，应用领域局限在农业、林业，我国90%以上的卫生用品行业仍然需要依赖外资企业生产的高吸水性树脂。目前我国高吸水性树脂的产能也主要集中在触媒化学、圣地亚聚合物等外资企业在中国的分公司手中，中国唯一较大规模的企业是来自中国台湾的台湾塑胶，这也使得我国企业在高吸水性树脂领域所占的比重相对很低，其专利技术水平相对较低，这也与我国专利申请量在世界范围内所占比重相符，也正说明我国企业非常需要在该领域加大科研投入，争取能够尽早实现高吸水性树脂的国产化，降低对外资企业和国外公司的依赖度。

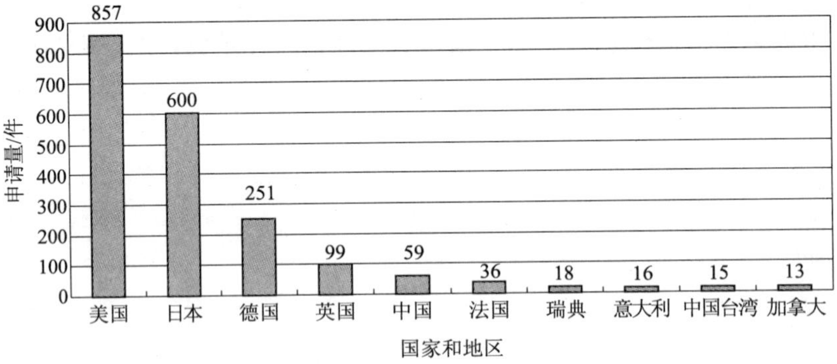

图2　世界范围内SAR专利申请量排名前十位的国家和地区及其申请数量

表1　各国SAR专利申请在各大局授权数量　　单位：件

国家	美国授权	欧洲授权	日本授权	中国授权	韩国授权
德国	138	114	51	53	9
美国	615	261	119	120	83
日本	220	148	217	98	50
中国	—	—	1	27	—

从表1中可以看出，美国在五大局获得的总授权量最多，这也与前面分析的其申请量最大的结果相符，特别是其在美国本土和欧洲获得的授权量甚至已经超过了其他各大国申请量的总和，这也从一定程度上验证了美国在该领域不可撼动的霸主地位，同时也可以说明美国非常重视在其本土和欧洲的市场，在这两个地区的申请量和授权量都遥遥领先于其他国家；日本是仅次于美国的国家，其在日本本土获得的专利授权量已经超过了美国；而对比美国和日本申请人在各局获得的授权量情况可以看出，美国申请人相对更加重视美国本土和欧洲市场，而日本申请人更加重视包括日本在内的

亚洲市场，这也与两国所处的地理位置和历史原因密不可分，随着亚洲市场的逐渐崛起，日本在该领域所占据的地位会随之有一定的提高，当然美国申请人也会日益重视成长中的亚洲市场，其必将日益增大对亚洲的专利布局和市场控制。

从表 1 中可以看出，我国申请人目前基本只在我国获得了专利保护，只有一件专利在日本获得了授权，在美国、欧洲和韩国没有一件专利获得授权。这一方面可以说明我国企业目前向外申请专利保护的意识太弱，缺乏全球性的战略眼光；另一方面也可以说明我国的技术相对落后，所申请专利的技术含量不高，没能获得技术发达国家的认可。

想要改变目前我国在该领域所处的劣势地位，我国相关企业和科研机构就必须下大力气进行相关技术的研发工作，而从表 1 的数据中可以看出，有相当大的外国申请并没有在我国获得专利权，比如美国申请人在美国总共获得了 615 件授权专利，而在我国却只有 120 件，那些没有在我国授权的专利是我国申请人可以免费使用的现有技术，我国申请人在研发初期大可充分考虑和借鉴这些技术，来完成自己的原始技术积累，少走一些技术弯路，并尽快迈过基础研究阶段，争取快速研发出属于自己的技术。

从图 3 中可以看出，在 2003 年之前美国的专利申请量一直处于领先的地位，日本和德国紧随其后，而我国在 2000 年之前只出现过两件相关专利申请，2000—2004 年间每年也只有一件，2005 年开始进入了快速发展期，在 2009 年的专利申请量甚至已经与日本持平，这也说明我国企业在 2005 年后开始认识到高吸水性树脂的重要性，日益重视高吸水性树脂领域的技术研究，加大相关的科研投入力度，目前至少在国内申请量上已经可以与发达国家抗衡，当然其真正的技术积累和沉淀应该还远远落后于世界发达国家，但能看到我国企业开始日益重视相关专利技术的研究和申请，也使得笔者对我国高吸水性树脂行业的前景持较乐观的态度。

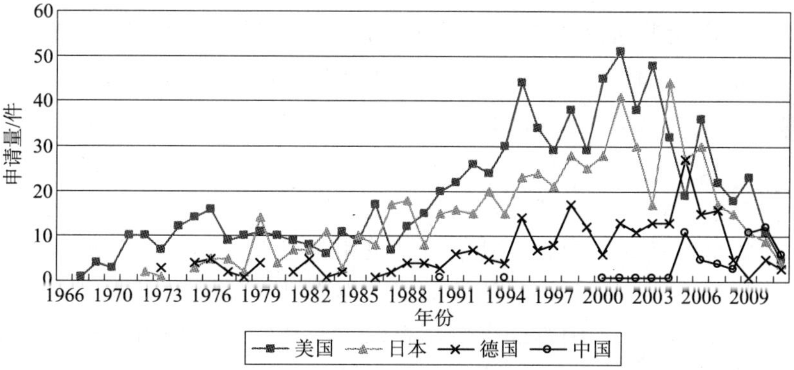

图 3　主要国家和中国在世界范围 SAR 专利申请量年度变化

从图 4 中可以看出，目前高吸水性树脂领域主要的核心技术还是掌握在几大跨国公司手中，如巴斯夫（BADI）、宝洁公司（PROC）、触媒化学（JAPC）、金佰利

(KIMB)、斯托克豪森（CHFS）等公司，这也是它们目前在世界范围内市场占有率的真实体现。而我国企业在申请量排行榜中甚至都排不进前 20 名，这也充分说明我国企业目前在高吸水性树脂领域的技术欠缺，我国企业想要在该领域有所作为，不再受制于人，就必须加大科研投入力度，争取在竞争激烈的局面下，努力创出一片属于自己的天地。当然，鉴于目前该领域技术饱和度已经相对较高、国外大公司基本已经完成了自己的专利技术布局的局面，如果我国企业想要进入该领域，是需要相当大的精力和相当长的时间的，这也是我国想要进军该领域的企业必须要考虑的。

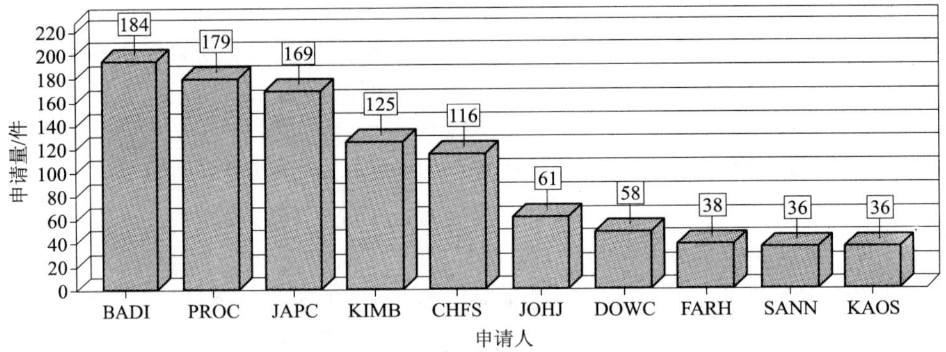

图 4　SAR 申请量排名前 10 位的申请人及其申请量

SANN 和 KAOS 申请量相同，并列排在第 9 位。

从图 5 中可以看出，世界范围内高吸水性树脂领域专利申请人绝大多数都是企业，高校和个人各只占到申请量的 2.5%，而其余 95%的专利申请都归企业所有，这也充分说明世界范围内各大企业对高吸水性树脂的技术非常重视，其核心技术和主要的专利也都掌握在公司手中，而高校等科研机构的申请量相对较低，这也可以说明该领域的技术还是以企业研究为主，高校进行的应该也只是机理方面的基础研究，而由于各大企业对该领域技术的垄断地位，高校等科研机构要进行研究也应该主要是与企业联合进行的，自身进行的研究相对较少；而对于个人申请人而言，由于该行业的技术和产能都被各大企业所控制，个人想进入该领域存在较大困难，其申请量也相对很低，这也充分说明想要在各大企业控制的情况下，再度进入该领域并有一番作为是件非常困难的事情。企业在专利申请领域占据绝对优势的情况也再度表明，该行业现在已经比较成熟，高校等科研机构进行的机理性基础研究相对较少，该行业目前的利润也应该非常可观，这也促使各大企业非常重视其技术研究和专利布局，这也对我国企业在高吸水性树脂领域的发展形成了

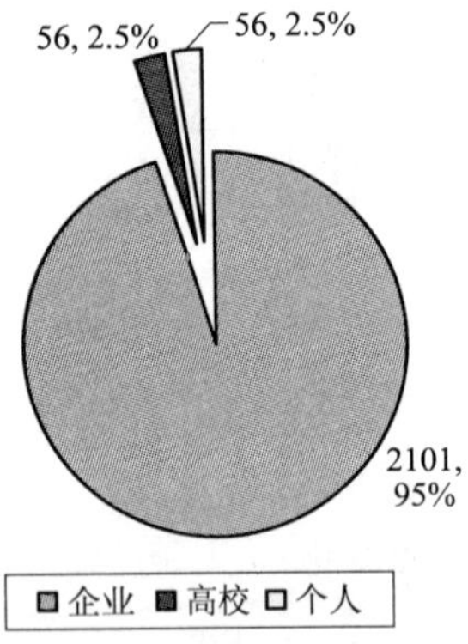

图 5　世界范围 SAR 专利申请人类型分析

较强的制约。但这也会导致目前大多数的研究者都集中在合成和开放新产品上，对理论方面的研究重视不够，这也是我国企业可以参考的地方，如果想要进军该行业，可以与高校等科研机构合作先进行理论研究，在此基础上再进行合成和应用研究，必然可以在该领域取得一番成就。

小结：

（1）高吸水树脂技术目前已经进入稳定期，年度申请量维持在一定数量，说明该领域技术已经发展比较成熟，行业分布相对比较稳定。

（2）美国是该领域申请量和授权量最大的国家，但美国企业相对而言更加重视美洲和欧洲市场，其在亚洲国家的申请量和授权量相对都有一定程度的下降；日本是该领域申请量第二的国家，但其在亚洲的申请量和授权量都比较大，在日本本土甚至已经接近或超过美国。

（3）目前高吸水性树脂领域主要的核心技术还是掌握在几大跨国公司手中，我国企业目前的技术水平还比较低，基本都没有在国外获得授权的专利，这也与目前我国企业在该领域的产能现状相符。

（4）目前该领域的申请人还是以企业为主，占了95%，高校和个人申请都很少，这也说明各大公司对该领域的技术处于垄断地位，各大企业也非常重视其技术研究和专利布局，这也对我国企业在高吸水性树脂领域的发展形成了较强的制约。我国企业想要进军高吸水性树脂领域，可以加大对理论方面的研究，应该可以取得一些成就。

2. 我国高吸水性树脂专利申请状况分析

从图6我国高吸水性树脂领域专利申请的年度变化可以看出，由于我国从1984年才开始受理专利申请，在当年已经有1件相关专利申请，当年申请人数量也为1；随后直至1995年期间年申请量都在10件以下，申请人数量也都在5人以下，说明该期间仍处在技术萌芽发展期，申请量和申请人数量都比较低。而从1995年开始进入快速发展阶段，申请量快速增加，申请人数量增长相对较慢，说明各大公司的申请量日益增大，该领域技术日益集中掌握在少数公司手中，在2006年申请量达到最高值

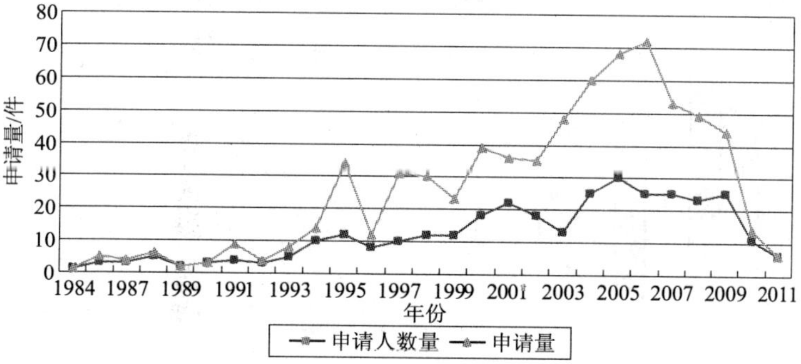

图6 我国SAR专利申请量和申请人数量年度变化

72件/年；随后申请量有小幅下滑，申请人数量也略有下降，基本与世界专利申请发展趋势相符。图6中显示2010年和2011年的专利申请量下降很快，这只是因为这两年申请的一些专利还没有公开，并没有实际的分析意义。

而世界专利申请从1990年起就已进入高速发展阶段，我国直到1995年才进入快速发展阶段，这也说明开始的时候国际大公司并不太重视在我国的专利技术保护，其精力主要还是放在发达国家的专利布局上。而在1995年之后，随着我国经济的快速发展和人们消费水平的日益提高，特别是一次性尿布及成人卫生用品的普及水平不断提高，各大公司日益重视我国市场，都开始加大对我国市场的专利布局，使得之后的专利申请量进入快速发展阶段。2006年之后专利申请量的小幅下滑，这与世界专利申请量年度变化趋势是相符的，这也说明我国目前相关专利申请也大部分掌握在国外大公司手中，其对我国市场的重视程度基本决定了我国相关专利申请的变化趋势，而我国本土企业的专利占有率相对还比较低。

从图7中可以看出，美国、日本、德国同样也是在我国相关专利申请排名前三位的国家，它们牢牢控制着相关领域的专利技术，申请量分别占到了在我国申请量的39％、21％和18％，它们同时也是世界范围内申请量和专利占有率排名前三位的国家，这也充分说明这些国家的企业目前已经充分重视在我国的专利布局，其主要核心专利在我国和世界范围内都进行了专利申请，已经基本完成了在我国的专利布局。而我国企业想要进入高吸水性树脂行业必须设法避开它们预先设计好的重重专利壁垒，在技术上存在较大的困难。而参看我国专利申请所占比重可以发现，在世界范围内，我国专利申请只占3％，而在我国的专利申请则占到了8％，这说明国外申请人有一部分专利申请并没有进入我国，并且目前我国申请人也有一批专利只是在我国提交了专利申请，而没有进入其他国家。这一方面可以认为是我国企业专利技术保护意识不强，只在我国要求保护，而忽视了对国外市场的考虑，这也是我国大部分企业目前的现状，它们手中拥有很好的技术，也开始注意要申请专利保护自己，却不注意在国外

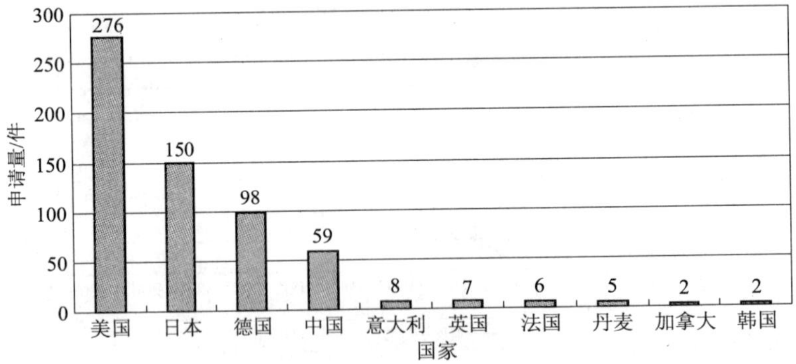

图7　在我国SAR专利申请排名前十位的国家及申请量

申请专利，导致相关技术在国外沦为公共技术，而得不到相关的保护，这也是我国企业发展壮大、走进世界所必经的阶段，也希望借此能唤起我国企业对在国外申请专利进而保护自己的重视程度；从另一方面来看，也可以说其中有一部分专利的技术水平不高，其申请的目的仅仅只是由于我国相关政策的刺激作用，为了申请“高新技术企业”等才来申请，其技术水平还不足以在国外获得相应的专利保护，而这也是我国想要发展壮大专利事业所必须经历的，政策的刺激虽然也促生了一些“垃圾专利”，但其在鼓励技术创新方面所起到的作用是不容忽视的。

从图 8 可以看出，美国和日本非常重视在我国的专利布局，从我国专利制度起始时，美国和日本就开始了在我国的专利申请，1993 年之前我国高吸水性树脂领域的专利基本就掌握在这两个国家手中；随后德国也开始加大在我国的专利申请，其申请量甚至在 2005 年一度超过日本和美国，成为当年在华申请量第一的国家，这也说明德国在华专利布局虽然起步较晚，但其发展速度很快，目前也占有了较大的市场比重。而我国的专利申请量直到 2005 年才进入快速发展期，但其申请量与美、日、德相比还有较大的差距；而在 2009 年专利申请量已经超过日本和德国，仅次于美国，这也说明我国企业目前非常重视相关的科技研发和专利保护工作，这也使得笔者对我国企业在高吸水性树脂领域的前景持乐观态度，希望我国企业能继续加大科研的投入，争取早日获得相关的核心技术，改变我国目前绝大部分卫生用高吸水性树脂依赖进口的局面。

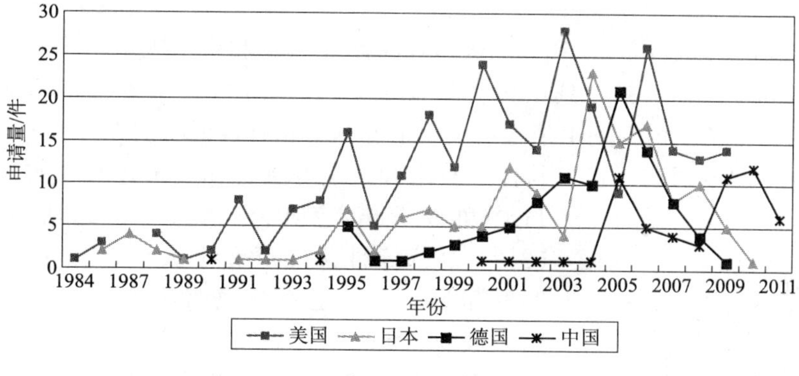

图 8　世界主要国家在我国 SAR 专利申请的年度趋势

从图 9 可以看出，在我国目前高吸水性树脂领域的专利申请同样主要掌握在几大跨国公司手中，如巴斯夫（BADI）、宝洁公司（PROC）、触媒化学（JAPC）、斯托克豪森（CHFS）、金佰利（KIMB）等，这也与它们在世界专利申请的排名基本相符。唯一进入前十位的中国企业是台湾塑胶（TAPL－N），这也说明我国企业目前在高吸水性树脂领域的技术还处于相对比较落后的地位，核心技术和重要专利都掌握在国外大公司手中，这对我国高吸水性树脂行业的发展存在较大的制约，也是我国目前亟待解决的问题。而从前面的分析可以看出，我国申请人在国内的专利申请量占到了总申请量的8%，但是却没有一个申请人可以排进申请量的前十名的位置，这也说明我国目前相关企业规模都相对较小，技术水平相对较低，申请人也可能主要以高校、科研机构为主，目前还没有形成大规模的企业，这也表明我国目前在高吸水性树脂领域的现状并不乐观，高技术含量的卫生用品用高吸水性树脂主要依赖进口的局面可能还要持续多年，而我国相关企业也要积极与高校和科研院所合作，争取早日获得相关核心技术，努力提高自己的技术水平，尽快摆脱目前高端高吸水性树脂主要依赖进口的现状。

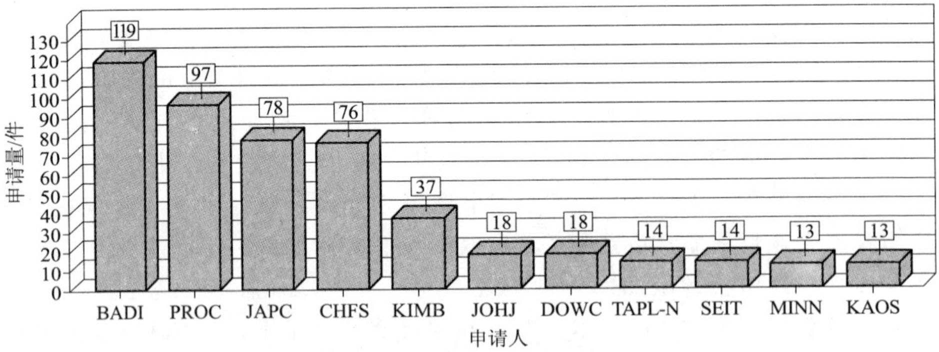

图9　在我国SAR专利申请排名前十位的申请人及其申请量

从图10中可以看出，在我国高吸水性树脂领域专利申请人绝大多数还是以公司为主，高校和个人分别只占到申请量的3%和2%，而95%的专利申请都归公司所有，这也与世界范围内专利申请人的类型情况基本相符，说明世界各大公司都非常重视在我国的专利申请和保护，其核心技术和重点专利也在我国进行了布局。而从图11中可以看出，我国申请人中公司所占比重只占52%，高校等科研院所和个人申请比重分别达到了29%和19%，这也充分说明我国企业在高吸水性树脂领域的技术占有率很低，我国对高吸水性树脂领域的研究还有很大一部分集中在高校和个人手中，这也从一个方面说明我国在该行业的技术研究还处于起步阶段，由于国际大公司的打压和技术垄断，使得我国企业很难进入该行业，更难获得非常关键的技术和专利，这也导致我国目前绝大多数卫生用高吸水性树脂依赖进口。而我国目前也只能先主要由高校等研究机构进行基础技术研究，期待能够取得较好的技术成果，进而推动整个行业的大幅发展；而各企业也可以

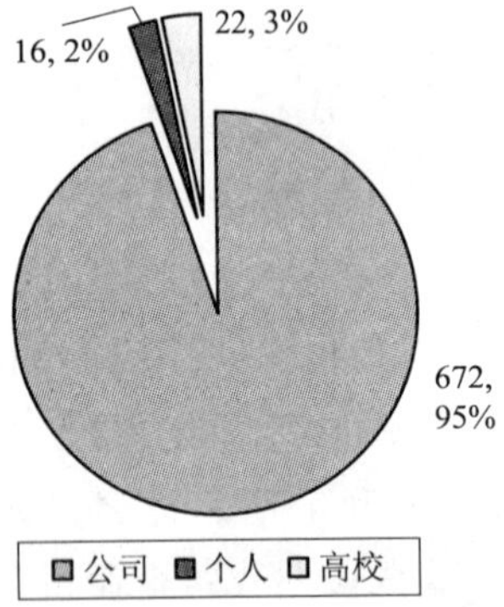

图10　我国SAR专利申请申请人类型分析

进行一些应用和改进等方面的研究，并加大与高校等研究机构合作，以期能够获得一些成果，进而扩大自己在该领域的影响力。

小结：

（1）我国高吸水性树脂申请量的年度趋势与世界范围基本相同，随着我国经济的快速发展和人们消费水平的日益提高，特别是一次性尿布及成人卫生用品的普及水平不断提高，各大企业也都日益重视在我国的专利技术保护。

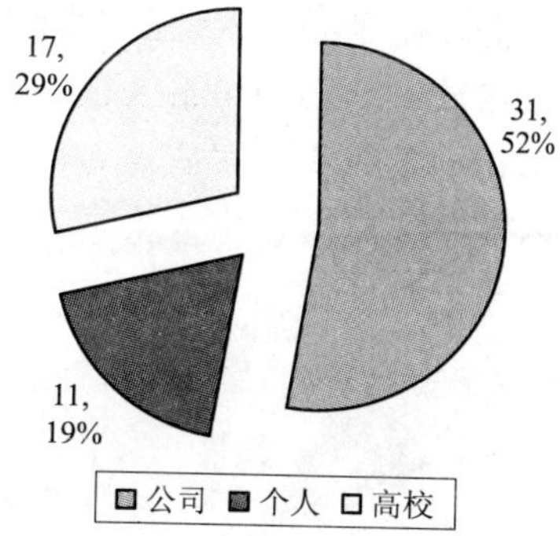

图 11 我国 SAR 专利申请人中的中国申请人的类型分析

（2）美国、日本、德国同样也是在我国相关专利申请排名前三位的国家，它们基本控制了该领域的核心技术，我国申请人的专利申请所占比重很低，我国在该领域技术比较落后。

（3）该领域的申请人以公司为主，这也说明该领域的技术独占性很强，大部分技术都掌握在各大公司手中；而我国相关申请人中高校和个人所占比重相对大很多，说明我国目前相关企业规模都相对较小，技术水平相对较低，并没有在该领域已经形成规模的大型企业；目前我国企业应该加强与高校等研究机构的合作，加强基础理论研究，同时努力开发自己的新技术和产品，争取早日形成真正属于自己的核心技术和产品。

3. 高吸水性树脂专利申请的技术分析

在引言部分已经提到，目前高吸水性树脂主要分为天然高分子类和合成高分子类，而天然高分子类又可以分为淀粉类、纤维素类和其他多糖类，合成高分子类又主要分为聚丙烯酸类、聚丙烯酰胺类、聚乙酸乙烯类和聚乙烯醇类。下面就按照该分类体系对高吸水树脂各类别下的申请量进行分析。

从图 12 中可以看出，高吸水性树脂在世界范围的专利申请中，聚丙烯酸类和纤维素类是其中申请量最多的两类，分别占到了总申请量的 35％和 21％；而对于合成高分子类和天然高分子类的两大类而言，天然高分子类（包括淀粉、纤维素和其他多糖）占到总申请量的 47％，而合成高分子类占到了 53％，两者申请量基本相当，这就说明目前世界范围内合成高分子类和天然高分子类高吸水性树脂所受到的重视程度基本一致，两者性能各有优劣，在目前的市场上也应该都占有相当大的比重。而从图 13 中可以看出，高吸水性树脂在我国的专利申请中，聚丙烯酸类所占的比重最大，已达到惊人的比重（41％），而对于合成高分子类和天然高分子类两大类而言，天然高分子类所占比重为 39％，较世界范围的数据明显下降，这也说明我国目前相关的专利申请中，合成高分子类所占比重明显更大，在我国合成高分子类高吸水性树脂更受重视，也给我国相关企业和研究单位一个启示：国际公司的天然高分子类高吸水性树脂在我国的专利布局相对较弱，而把更大的精力都投放在了合成高分子类树脂上，特别是聚丙烯酸类合成高分子树脂上，我国的相关企业和研究机构可以把研究重点放在国际公司不太重视的天然高分子领域，这样就可以避敌锋芒，在国际公司尚未在该领域成功完成技术研究和专利布局之前，快速进军该领域，加大相应的研发投入，会更容易作出成果来。

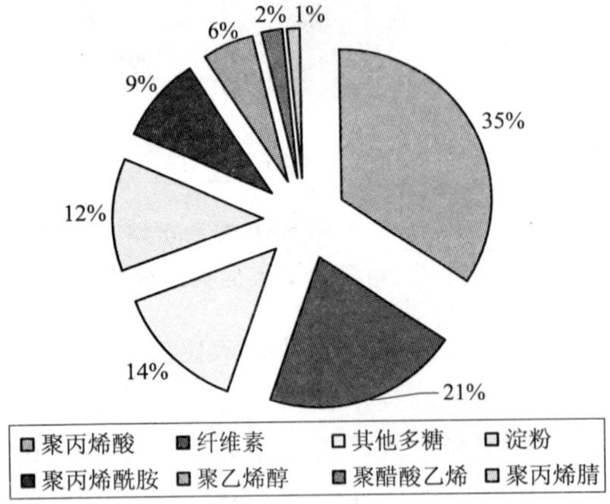

图 12　世界各类 SAR 专利申请量分析

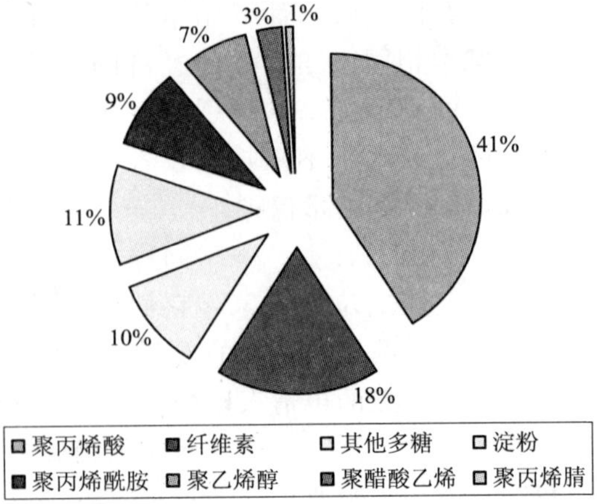

图 13　我国各类 SAR 专利申请量分析

三、主要类别高吸水性树脂的专利现状

根据前面的分析可知，目前高吸水性树脂领域中最重要也是申请量最大的几类为：聚丙烯酸类、淀粉类和纤维素类等，下面就针对这几类高吸水性树脂的专利分布状况进行具体的分析。

（一）聚丙烯酸类

1. 聚丙烯酸类高吸水性树脂专利申请的年度分析

从图 14 中可以看出，最早在 1970 年就已经出现了 1 件聚丙烯酸类高吸水性树脂的专利申请，随后直到 1984 年一直处于该技术的萌芽阶段，专利申请量一直较低，年申请量都在 10 件以下；该阶段以基础研究为主，研究主要集中在聚合机理和吸水机理上，此时出现的专利虽然数量不多，但都为该领域的核心技术，是之后该技术得到快速发展的基础。而在 1984 年至 2001 年间专利申请量开始增加，每年的申请量也都在 10～30 件，说明大家开始日益重视聚丙烯酸类高吸水性树脂，在该领域日益加大投入，专利申请量日益增加，该领域的基础研究日益完成；大家日益发现该领域的巨大市场潜力，开始加大对该领域的研发和专利布局。从 2001 年起，聚丙烯酸类高吸水性树脂迎来了快速发展阶段，至 2005 年专利申请量已经由 2001 年的 31 件猛增至 61 件，该阶段聚丙烯酸类高吸水性树脂得到了空前的发展，奠定了其在高吸水性树脂领域申请量第一的位置。对照而言，我国从 1985 年开始出现相关专利申请，直至1994年都处在萌芽阶段，专利申请量非常少，对应世界范围来看，此时应该属于该领域技术稳定发展阶段，我国专利申请数量相对较少可能是由当时我国《专利法》相关规定引起的；而从1995年后的国内发展趋势基本与国外保持一致，这也说明自1995年起，世界各大公司也都开始日益重视在我国的专利申请和保护，日益完成了在我国的专利布局，目前聚丙烯酸类高吸水性树脂领域的技术研究已经相对比较成熟。

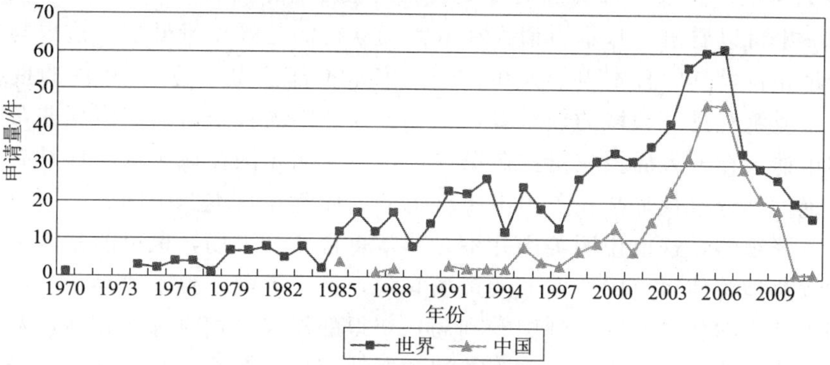

图14 世界和我国聚丙烯酸类SAR专利申请年度变化

2. 聚丙烯酸类高吸水性树脂专利申请的国别分析

从图15可以看出，在世界范围内，日本和美国是申请量最大的两个国家，其专利申请量分别占到了世界总申请量的34%和30%，其次为德国，这也是高吸水性树脂领域在世界范围内申请量排名前三的国家。但相对而言，美国的专利申请量所占比重有一定程度的下降（由39%下降到30%），而日本所占比重有所上升（由27%上升至34%），从而使得日本一跃成为该领域专利申请所占比重最大的国家，这也可以说明这两国在高吸水性树脂领域的研究方向和重点并不相同，日本相对更重视聚丙烯酸类高吸水性树脂的研究，而美国应该在其他领域更强；而德国所占比重也相比总体高吸水性树脂领域有所上升，这也证明德国也比较重视该领域的研究，其在聚丙烯酸类高吸水性树脂领域应该也有自己独特的技术。

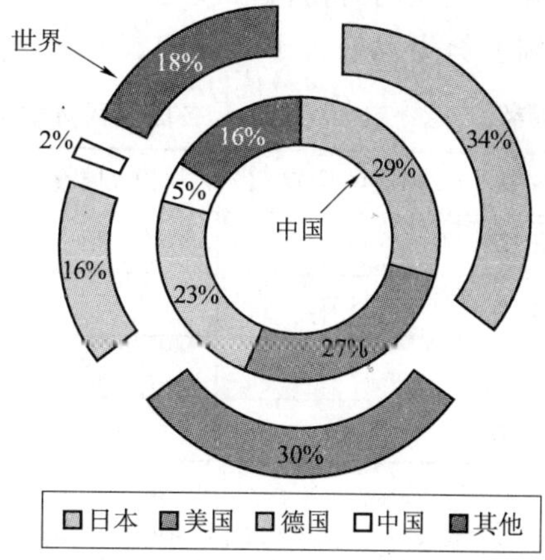

图15 聚丙烯酸类SAR在我国和世界主要申请国家申请量比重

而对比在我国和世界主要申请国家申请量的比重可以看出，在聚丙烯酸类高吸水性树脂领域，美国和日本的专利申请量都有一定程度的下降，而德国所占比重却大幅增长（由 16%升至 23%），这也说明相对于日本和美国，德国非常重视我国的市场，更重视在我国的专利布局，这也从一定程度上可以说明德国相关企业进入我国市场的愿望非常强烈，它们也非常愿意在我国投入精力和技术，更看好我国市场的潜力和发展愿景，在我国以后聚丙烯酸类高吸水性树脂领域，德国企业必将成为一支不容忽视的重要力量。

3. 聚丙烯酸类高吸水性树脂的专利授权状况分析

从表 2 中可以看出，日本申请人在五大局获得的总授权量最多，这也与其排名第一的申请量相符，其中日本申请人在各个国家基本都获得了超过 50 件的授权，这也说明日本企业绝对是该领域的领军者，其在世界范围内各个市场都占据非常重要的地位；美国申请人在五大局授权量排名第二，这也说明美国在该领域同样具有较强的实力，但其绝大部分授权都是在美国本土获得的，而其在日本、中国、韩国等亚洲国家的授权量下降很多，这也说明美国并不是非常重视亚洲市场，也可能是因为日本在亚洲市场的优势地位使得美国在亚洲的市场有限，使得美国不得不放弃了一部分亚洲市场；德国申请人在各局（除了韩国专利局）获得的授权量相对都比较高，数量也比较均衡，这也说明德国申请人非常重视美洲和亚洲市场，在美国和亚洲都积极进行了专利技术的申请和保护。就各国申请人在我国的授权情况来看，各国申请人在我国的授权量相对其本土和美国而言下降幅度大，这可能是由于我国市场现在还不够强大，各国申请人只是在进行前期的专利布局，在我国市场目前投入的精力并不是特别大，同时也可能与我国专利制度开始较晚有关，早期申请的专利都无法进入中国。而我国申请人也应该从中看到自身的机遇，由于美国、日本和德国申请人都有相当多的专利在我国没有获得授权，相应的技术在我国就属于可以直接利用的现有技术，我国申请人在开始研发的时候就可以充分借鉴这些技术，借此来完成自己原始的技术积累，在此基础上努力发展属于自己的技术。

表 2 各国聚丙烯酸类 SAR 专利申请在各大局授权数量 单位：件

国家	美国授权	欧洲授权	日本授权	中国授权	韩国授权
德国	65	63	32	37	4
美国	151	65	22	35	16
日本	118	79	105	59	35
中国	—	—	—	12	—

从表 2 中可以看出，我国申请人目前只在我国获得了专利保护，这也与前面分析的高吸水性树脂总体授权情况相符，说明我国企业目前所处的形势非常不乐观，本领域核心技术都掌握在国外申请人手中，我国申请人在该领域步履维艰，只能在我国本

土申请很少的专利。我国申请人一定要正视差距的存在，奋力进取，争取能够早日获得属于自己的核心技术和专利。

4. 聚丙烯酸类高吸水性树脂的专利申请人分析

从表3中可以看出，在世界范围内，聚丙烯酸类SAR的专利申请主要集中在巴斯夫、触媒化学、斯托克豪森、宝洁公司、金佰利等公司手中，而与高吸水性树脂总体申请量前十位企业进行对比我们会发现，其中触媒化学排名由第三位提高到第二位，而斯托克豪森的排名提高了两位，这也充分说明巴斯夫、触媒化学、斯托克豪森等企业在该领域占有绝对的领先地位，而触媒化学和斯托克豪森的专利主要的研究方向也都集中在聚丙烯酸类高吸水性树脂领域。而对比世界和我国聚丙烯酸类高吸水性树脂专利申请前十位的申请人可以看出，前五名变化不大，而前六至十名变化很大，在我国申请量第六至十名的企业中出现了中国台湾的台湾塑胶（TAPL－N）和阿托（AQOR）等在世界排名前十位的申请人中没有出现过的企业，中国台湾的台湾塑胶也是进入该榜单的唯一一家来自中国的企业（来自中国台湾），但还是没有出现来自大陆的企业。这也充分说明中国台湾的台湾塑胶和阿托等公司相对更重视在我国的专利保护，也更重视我国的市场，它们在我国的专利布局情况甚至超过了其在国外的重视程度，这些公司也是我国企业在以后的发展中需要重点关注的。

表3 世界和我国聚丙烯酸类SAR专利申请前十的申请人

排名	世界		中国	
	申请人	申请量/件	申请人	申请量/件
1	巴斯夫	129	巴斯夫	84
2	触媒化学	107	触媒化学	52
3	斯托克豪森	75	斯托克豪森	49
4	宝洁公司	44	宝洁公司	17
5	金佰利	23	台湾塑胶	10
6	住友精化	19	住友精化	10
7	3M	17	陶氏化学	8
8	陶氏化学	15	3M	7
9	强生	15	阿托	4
10	花王	12	花王*	4

* 共有阿托、花王、金佰利、强生等多家企业均有4件相关专利申请，并列排在第九位。

从图16可以看出，在世界和我国有关聚丙烯酸类高吸水性树脂的申请人类型分析中，企业都占到了超过98%的绝对优势地位，这也说明该领域相关企业在技术上占据绝对统治地位，核心技术和专利都掌握在各大企业手中，相关技术也相对比较成

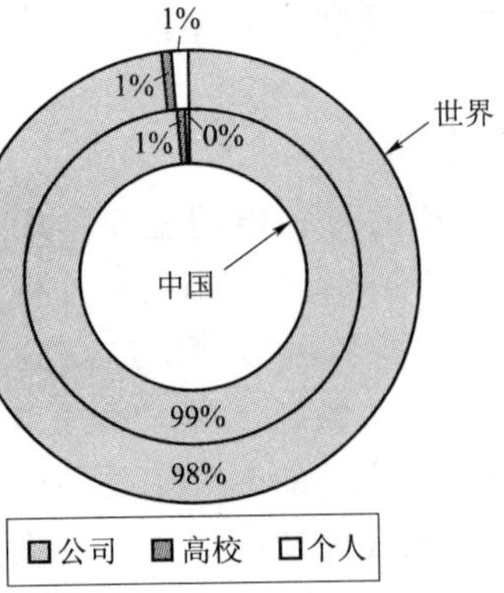

图 16　世界和我国聚丙烯酸类 SAR 申请人类型统计

熟；高校等科研院所对该领域进行的基础理论和机理性研究并不多，也充分说明该领域的基础理论和机理已经相对明确，目前的研发重点也是集中在产业化上，并且聚丙烯酸类高吸水性树脂也是目前市场占有率最大的一块，其专利申请量也在各类高吸水性树脂中排名第一，这也充分说明该领域是目前研究的热点，是各大公司争夺的重点所在；这也导致了目前该领域的技术的独占性很强，绝大多数技术都掌握在少数大企业手中，我国企业想要挤入竞争激烈的聚丙烯酸类高吸水性树脂领域是非常困难的。

我国申请人在聚丙烯酸类高吸水性树脂领域的专利申请只有 14 件，其中有 10 件的申请人为中国台湾台湾塑胶集团、永备电池有限公司 1 件、上海华谊丙烯酸有限公司 1 件、华侨大学和厦门大学各 1 件，这也充分说明我国企业在聚丙烯酸类高吸水性树脂领域涉足很少，唯一申请量较大的是中国台湾的台湾塑胶集团，而本土企业和科研单位在该领域都没有掌握关键的技术，相关专利申请非常少。而根据上述的分析可以看出，聚丙烯酸类高吸水性树脂是高吸水性树脂领域所占比重最大的一类，也是目前高吸水性树脂产能最大的一部分，而我国目前在该行业所处的地位太低，而如果要想改变目前我国卫生用高吸水性树脂主要依赖进口的局面，我国的企业和科研单位必须在聚丙烯酸类高吸水性树脂上加大科研投入力度，争取能够早日获得属于自己的技术，进而改变目前的现状。

（二）纤维素类

1. 纤维素类高吸水性树脂的专利申请年度数量分析

从图 17 中可以看出，最早在 1966 年就出现了 1 件纤维素类高吸水性树脂的专利申请，之后 1973—1976 年间进入了第一个发展时期。这一期间世界各国刚刚发现该种类型的材料，都投入了巨大的精力来进行研究，而 1977 年起开始进入稳定的萌芽期，其申请量一直维持在 10 件以下，说明各国对该技术初步的研究热情已经过去，受制于基础理论的研究进展和应用的开发，各国只能在原来的基础上进一步进行性能和应用的研究，而由于一直没有发现其最突出的优点和用途，其申请量也就一直维持在 10 件左右；直至 1995 年开始，该技术进入了快速发展阶段，此时也正是各国开始把高吸水性树脂应用到卫生领域的阶段，卫生领域对高吸水性树脂的需求也推动了各国对该领域进行大量的研究，申请量也快速增长，至 2001 年达到了最高的 29 件，随后专利申请量开始有一定程度的下滑，但基本还稳定在年申请量 15 件左右，说明此时该技术进入了稳定期，大企业日益控制了该领域的主要核心技术，淘汰了一大批小型企业，使得该领域技术进入了稳定阶段。

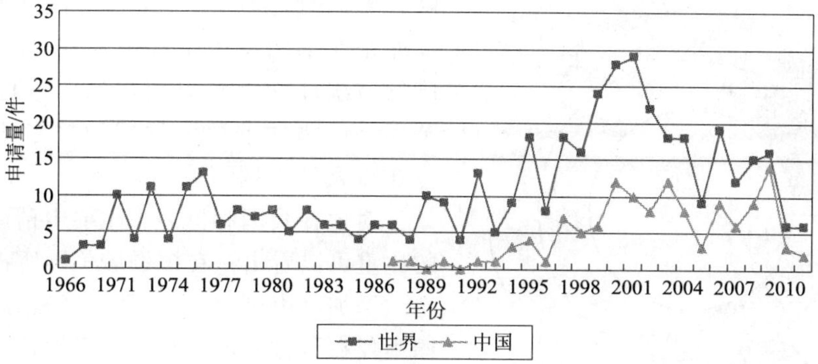

图 17 世界和我国纤维素类 SAR 专利申请年度变化

对照而言，我国从 1987 年开始出现相关专利申请，直至 1996 年都处在萌芽阶段，专利申请量非常少，从 1997 年起该领域技术进入稳定发展阶段，对应世界范围来看，在该领域我国专利申请基本没有出现过快速增长阶段，这也可能是因为该领域的专利技术主要还是掌握在国外大企业手中，在我国相关专利申请的数量主要是由申请人在我国提交专利保护的积极性决定的，这也说明自 1995 年起，世界各大企业都开始日益重视在我国的专利申请和保护；自 2005 年起国外企业在中国的专利申请数量与世界范围的专利申请数量差距越来越小，这也说明国外各大企业都已经日益完成了在我国的专利布局，企业都非常重视该技术在我国的专利保护，把我国市场放在世界非常重要的位置。当然，国外各大企业对我国市场的重视也会给我国想要进军该行业的企业设立了更大的障碍，因为国外各大企业都已经日益完成了在该领域的专利技术布局，我国企业想要在该领域分得一杯羹就更是难上加难了，这就需要我国企业积极把握该领域的研究热点，努力开发自己的核心技术，争取能够获得一些最新技术，才可能在该领域获得一席之地。

2. 纤维素类高吸水性树脂专利申请的国别分析

从图 18 可以看出，在世界范围内，美国牢牢占据了纤维素类高吸水性树脂领域申请的头把交椅，这也充分说明美国在该领域占据绝对的优势地位，其申请量已经接近世界总申请量的 50%；日本在该领域的申请量只占世界总申请量的 13%，这也说明日本在该领域并不具有明显的优势，日本企业更重视其他领域高吸水性树脂的研究（比如前述分析过的日本在聚丙烯酸类高吸水性树脂领域申请量占据第一位），而相对忽略对纤维素类高吸水性树脂的研究和开发；德国处于第三位，其申请量已经接近日本，对比其他类高吸水树脂领域数据也可以看出，德国在其他高吸水树脂领域的专利申请量更大，比如德国在总体高吸水性树脂专利申请量中占到 14%，在聚丙烯酸类高吸水性树脂领域更是占到了 16%，这说明德国企业虽然相对而言还是比较重视该领域的研究，但相对聚丙烯酸等其他高吸水性树脂而言，其相对投入的精力还略有下

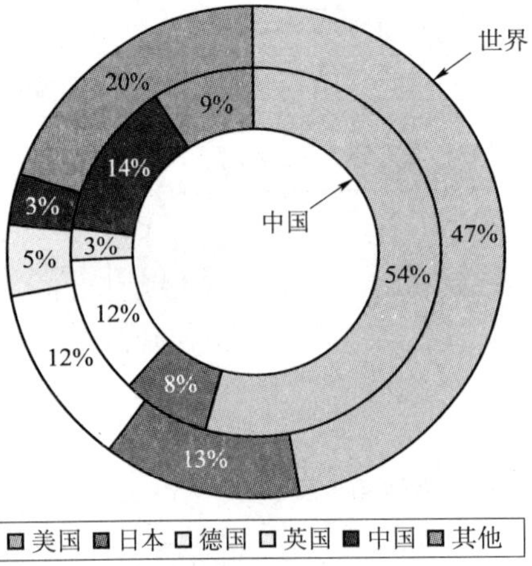

图 18 纤维素类 SAR 在我国和世界主要申请国家申请量比重

降；英国列第四位，虽然所占比重并不大，但能排在第四位也是在上述其他类高吸水树脂领域统计中没有出现过的，这也充分说明英国企业非常重视该领域的技术研究，英国也在该领域占据了一席之地。

对比在我国和世界上主要申请国家申请量的比重可以看出，在该领域美国所占比重有一定的增加（由 47%增加到 54%），这也说明美国不仅在该行业占据绝对领先地位，其也非常重视我国的市场，把我国作为其主要保护和发展的市场；日本所占比重有大幅下降（由 13%降至 8%），这也说明日本相关企业不太重视我国市场，其所进行的研究也都是一般性应用等，并不太需要扩展到我国进行专利保护；德国和英国所占比重变化不大，这也说明这两国企业相对还是比较重视我国市场的；而我国所占比重增长很大（由 3%增至 14%），当然这并不能说明我国企业的申请量有多大提高，而只是因为国外有大批专利并没有进入我国，导致我国申请人的申请量所占比重提高。

综合来看，美国在该领域占据绝对的优势，美国也非常重视我国市场，基本核心专利都在我国提交了申请，其目前已经完成了在该领域的专利布局。我国企业一定要充分认识到这一点，在以后的发展和研究中充分考虑到美国相关企业的专利技术壁垒，尽量要避开它们预先设下的技术“陷阱”。当然，由于美国企业的领先地位，想要做到这些非常困难，但这绝对是我国企业想要进军该领域的唯一道路。另外，日本对该领域不太重视，我国企业可以借此多借鉴日本企业的相关技术，在此基础上努力发展壮大自己。

3. 纤维素类高吸水性树脂的专利授权状况分析

从表 4 中可以看出，美国申请人目前在各大局获得的专利授权量都是最多的，这也与其在申请量上所占据的绝对优势地位相符，但美国申请人在我国获得授权的专利数量只有 24 件，只占到其在美国授权专利数量的 15%，这也说明有相当大一部分在美国获得授权的专利并没有在我国获得授权，我国申请人可以认真研究一下这部分没有在我国授权的专利，好好利用这些现有技术来进行自己的开发研究。同时，也可以看到对于美国、德国、日本、英国申请人获得的专利授权量而言，其在美国获得的专利授权量都是最大的，也充分说明美国是目前纤维素类高吸水性树脂领域最大的生产国和消费国，各国申请人都非常重视其技术在美国获得的保护，目前美国对该领域的保护力度也是最大的；而各国申请人在我国获得的授权专利数量都相对较低，也可以说明我国目前还不是各国申请人主要竞争的市场，虽然目前我国市场已经日益扩大，市场增长速度也位居世界前列，但目前在世界上还处于比较弱势的地位，而我国企业也可以借机尽快进入该领域，好好利用各国申请人没有进入我国的专利技术完成技术的初步积累，快速打进市场，以期获得相对较好的地位。

表 4　各国纤维素类 SAR 专利申请在各大局授权数量　　单位：件

国家	美国授权	欧洲授权	日本授权	中国授权	韩国授权
德国	33	20	13	11	3
美国	158	54	21	24	23
日本	22	14	15	5	4
英国	11	9	3	2	1
中国	—	—	1	6	—

从表 4 我国申请人获得的专利授权量可以看出，虽然我国申请人目前基本只在我国申请专利保护，但也已经有 1 件申请在日本获得了授权，这也说明我国企业在该领域已经有了一定的技术积累和沉淀，已经有技术可以走出国门，获得世界同行的承认，但这毕竟只是我国高吸水性树脂行业走向强大的第一步，期待以后有更多的技术能够在世界范围内获得授权和保护，进而提高我国在该行业的整体水平。

4. 纤维素类高吸水性树脂专利申请人分析

从表 5 中可以看出，在世界范围内，纤维素类高吸水性树脂的专利申请主要集中在金佰利、宝洁公司、斯托克豪森、强生、SCA 卫生用品公司（SCAD）等企业手中，而与高吸水性树脂总体申请量前十位企业进行对比会发现，排名第一的巴斯夫已经下降到第六位，而排名第三的触媒化学已经跌出前十位，这也说明这两个企业的研究和开发重点不在该领域；而金佰利则由第四位升至第一位，这也说明该公司在纤维素类高吸水性树脂领域投入非常大，该领域也是金佰利公司的研发重点。对比上述对聚丙烯酸类高吸水性树脂的研究结果也可以看出，巴斯夫和触媒化学都非常重视聚丙烯酸类高吸水性树脂的研究，这也说明这两个企业的核心产品和技术都集中在聚丙烯酸类高吸水性树脂上，而纤维素类高吸水树脂则主要是金佰利和宝洁等公司的研究方向和热点。

表 5　世界和我国纤维素类 SAR 专利申请前十的申请人

排名	世　界		中　国	
	申请人	申请量/件	申请人	申请量/件
1	金佰利	46	宝洁公司	21
2	宝洁公司	32	斯托克豪森	14
3	斯托克豪森	24	金佰利	13
4	强生	20	陶氏化学	8

续表

排名	世界		中国	
	申请人	申请量/件	申请人	申请量/件
5	SCA卫生用品	15	惠好公司	7
6	巴斯夫	14	巴斯夫	7
7	赫司特集团	13	强生	5
8	惠好公司	11	伊西康	4
9	阿克佐诺贝尔	11	触媒化学	2
10	陶氏化学	8	东华大学*	2

* 共有触媒化学、东华大学、格利达、科洛普拉斯特、阿彻-丹尼尔斯-米德兰德等多家申请人均有2件相关专利申请，并列排在第九位。

对比世界和我国聚丙烯酸类高吸水性树脂专利申请前十名的申请人可以看出，金佰利和宝洁公司的位置发生了互换，这也说明宝洁公司相对更加重视我国市场，而金佰利公司虽然在世界范围内专利申请量最大，但其在我国申请专利数量并不大，其中必然有很多技术并没有在我国申请保护，这也是我国企业在研发初期可以借鉴和利用的。强生公司的位置也由第四位下降到第七位，其申请量也大幅下降（由20件下降到5件），这也说明强生公司在该领域并不太重视我国市场，这与强生公司最近在我国的发展战略并不相符，这可能是由于强生公司目前还没有充分重视该领域在我国市场的发展，在我国暂时还没有开始大规模投产该类产品，也没有进行认真的专利布局，这也给了我国企业可乘之机，在发展初期可以借鉴和利用其部分现有技术。

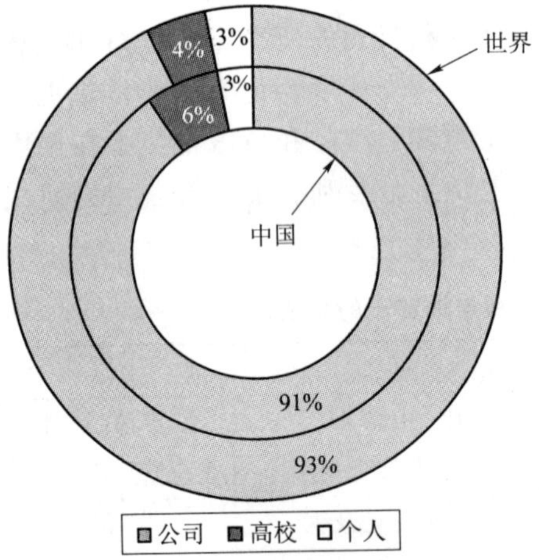

图19 世界和我国纤维素类SAR申请人类型统计

从图19可以看出，在世界和我国有关纤维素类高吸水性树脂的申请人类型分析中，公司都占到了超过90%的优势地位，这也说明该领域相关企业在技术上占据了绝对统治地位，核心技术和专利都掌握在各大公司手中，相关技术也已经相对比较成熟，高校等科研院所对该领域进行的基础理论和机理性研究并不多，也充分说明该领域的基础理论和机理可能已经相对明确，各国目前的研发重点也是集中在产业化上，但对比高吸水性树脂总体申请人类型和聚丙烯酸类高吸水性树脂申请人类型分析可以看出，纤维素类高吸水性树脂申请人类型中企业所占比重略有下降，高校申请所占比重略有上升，这也可以从一定程度上说明该领域的技术独占性相对稍低，目前还有相当数量的高校等科研院所在进行基础研究，该领域虽然已经发展多年，但基础研究可能还存在一定的问题，目前还有一些机理性问题没有得到解决。这也说明我国企业和科研单位可以借机进入该市场，努力进行机理等基础研究，争取早日发现其反应和吸水等机理性内容，进而能够快速进军该领域，争取获得较大的市场和技术份额，改变我国企业在该领域严重落后的局面。

我国申请人在纤维素类高吸水性树脂的专利申请有 16 件，其中公司申请有 8 件，高校申请 6 件，个人申请 2 件，其中东华大学和沈阳鑫盛生物技术有限公司各有 2 件，其他申请人包括大连永兴医用材料有限公司、山东大学、东华大学、北京理工大学等。这也说明我国目前属于刚刚进入该领域，研究非常分散，申请人数量比较多，说明我国申请人的研究热情很高，纷纷努力想要进入该领域，但由于国外大公司对该领域技术的垄断，导致其研究进展缓慢，专利申请量也很低，每个申请人的申请量都不超过 2 件，也可以看出我国申请人目前的技术研究进展并不算好，应该还没有形成真正核心的技术，在该领域也没有形成自己的竞争力。但有研发的热情就是好事，可以参考前面给出的分析，研发时重点考虑美国的专利布局情况，借鉴一些日本、德国申请人在我国没有要求专利保护的现有技术，在此基础上努力开发属于自己的技术。

（三）淀粉类

1. 淀粉类高吸水性树脂专利申请年度数量分析

从图 20 中可以看出，最早在 1971 年已经出现了 1 件淀粉类高吸水性树脂的专利申请，之后 1973 年至 1979 年间进入了第一个发展时期。这一期间世界各国刚刚发现该种类型的材料，都投入了巨大的精力来进行研究，其中 1977 年起开始进入萌芽期，其申请量一直维持在 10 件以下，说明各国初步的研究热情已经过去，受制于基础理论的研究进展和市场开发情况，各国只能在原来的基础上开始进一步的性能和应用研究，而由于一直没有发现其最突出的优点和用途，其申请量也就一直维持在 10 件左

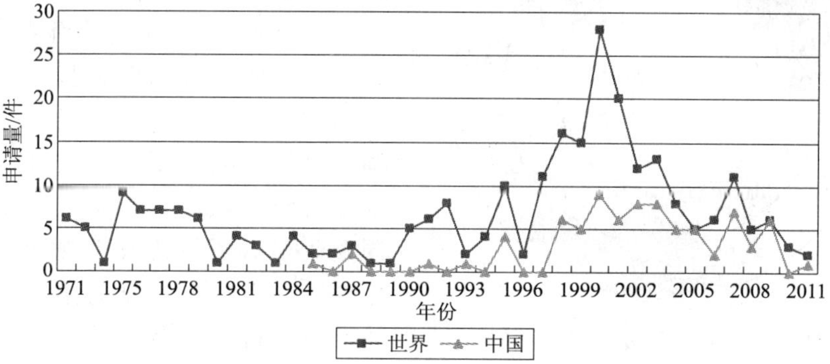

图 20 世界和我国淀粉类 SAR 专利申请年度变化

右；直至1997年开始，该技术进入了快速发展阶段，此时也正是各国开始把高吸水性树脂应用到卫生领域的阶段，卫生领域对高吸水性树脂的大量需求推动了各国对该领域进行研究的热情，申请量也快速增长，至2000年达到了最高的28件，随后专利申请量开始有一定程度的下滑，说明各国可能在研发时发现淀粉类高吸水性树脂材料在应用时还存在一些无法解决的技术问题，其应用受到了较大制约，而该问题至今没有得到有效解决，导致其申请量开始下降。总体而言，淀粉类高吸水性树脂并没有得到足够的发展，其专利申请量经过一个波峰后又归于低谷，说明其应用或机理研究上可能存在一些问题，也导致其一直没有发展达到纤维素类和聚丙烯酸类高吸水性树脂同等的高度。

对照而言，我国从1985年开始出现相关专利申请，直至1997年都处在萌芽阶段，专利申请量非常少，从1998年起该领域技术进入稳定发展阶段，对应世界范围来看，我国专利申请数量虽然在此后也稳定增加，但始终没有出现世界范围内在2000年附近出现的大波峰，这也说明此时进行研究的应该都是国外的申请人，大部分应该都是机理或合成方面的研究，离最后的应用可能还有一段距离，导致此时大量的专利技术都没有在中国提交申请；而自2005年起中国专利申请的数量与世界范围的专利申请数量差距越来越小，这也说明各大公司都已经日益完成了在我国的专利布局，各大公司也都非常重视该技术在我国的专利保护，都把我国市场放在世界范围非常重要的位置。

2. 淀粉类高吸水性树脂专利申请的国别分析

从图21可以看出，在世界范围内，美国牢牢占据了淀粉类高吸水性树脂领域申请的头把交椅，这也充分说明美国在该领域占据绝对的优势地位，其申请量已经接近世界总申请量的50%；而德国已经排到了申请量的第二位，较其在其他高吸水性树脂领域排名有所提升，这也说明德国非常重视淀粉类高吸水性树脂的研发工作，但对比其申请量所占比重来看，德国在总体高吸水性树脂专利申请量可占到14%，在聚丙烯酸类高吸水性树脂领域更是占到了16%，在纤维素类高吸水性树脂领域占到12%，可以看出，德国企业相对还是比较重视淀粉类高吸水性树脂；而日本只排名第三位，比起总体申请量排名下降了一位，这也说明日本企业相对并不重视淀粉类高吸水性树脂的研发，而其所占比重也只有12%，

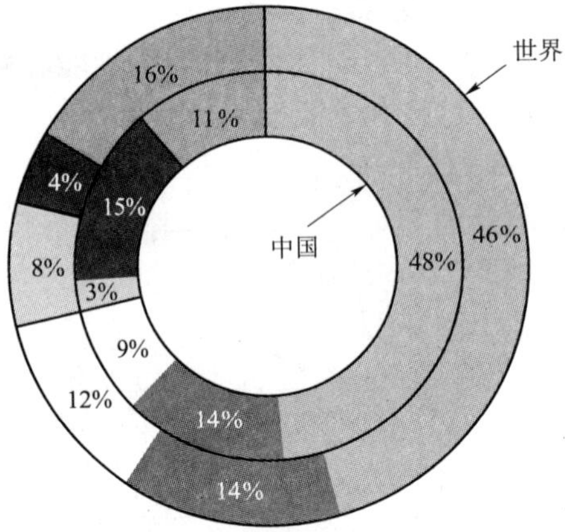

图21 主要申请国家在淀粉类SAR在我国和世界申请量比重

比较而言其在总体高吸水性树脂专利申请量可占到21%，在聚丙烯酸类高吸水性树脂领域更是占到了34%，在纤维素类高吸水性树脂领域占到13%，从中也可以看出，日本的研发重点都集中在了合成类高吸水性树脂上（如聚丙烯酸类），而相对忽视了天然高分子类高吸水性树脂的开发，原因可能是日本作为一个岛国，其生物资源并不丰富，只能把主要的研发精力放在不太需要生物资源的合成高分子上。

而对比在我国和世界上主要申请国家申请量比重可以看出，在该领域美国所占比重有一定的增加（由46%增加到48%），这也说明美国不仅在该行业占据绝对领先地位，其也非常重视我国的市场，把我国作为其主要进行保护和发展的市场；日本和英国所占比重有所下降，说明这两国相关企业并不十分重视我国市场，其所进行的研究可能也都是些一般性研究，并不太需要扩展到我国进行专利保护；德国所占比重变化不大，这也说明该国企业相对还是比较重视中国市场的；而我国所占比重增长很大（由4%增至15%），这说明我国企业非常重视在我国进行专利保护，但这也从另一个角度说明我国企业大部分申请都只是停留在国内，并没有到其他国家请求专利保护，其所占比重的增加也只是因为国外有大批专利并没有进入我国所致。

综合来看，美国在该领域占据绝对的优势，美国也非常重视我国市场，其申请量占到了我国相关专利申请的近一半，也充分说明美国在该领域的统治性地位；同时，考虑到其在我国和世界所占比重差别不大，其重点专利应该都已经在我国进行了专利申请，目前应该已经基本完成了在该领域的专利布局，我国企业一定要充分认识到这一点，在以后的发展和研究中充分考虑到美国相关企业的专利技术壁垒，尽量要避开它们预先设下的技术“陷阱”。此外，日本对该领域并不太重视，其申请所占比重也大幅下降，应该有大量日本的专利技术并没有在我国提出专利申请，我国企业可以多借鉴日本企业的相关技术，在此基础上努力发展壮大自己。

3. 淀粉类高吸水性树脂专利授权状况分析

从表6中可以看出，美国申请人目前在各大局获得的专利授权量都是最多的，这也与其在申请量上所占据的绝对优势地位相符，但也可以从中看出，美国申请人在我国获得授权的专利数量只有13件，而其在美国本土获得的专利授权量为89件，这也说明有相当大一部分在美国获得授权的专利并没有在我国获得授权，我国申请人可以认真研究一下这部分没有在我国授权的专利，好好利用这些现有技术来进行自己的开发研究。同时，也可以看到对于美国、德国、日本、英国申请人获得的专利授权量而言，其在美国获得的专利授权量都比在其他局获得的授权量大，甚至比各国申请人在自己国家获得的授权量都要大，这也充分说明美国是目前淀粉类高吸水性树脂领域最大的生产国和消费国，各国申请人都非常重视其技术在美国获得的保护，目前美国对该领域的保护力度也是最大的；德国和英国获得的专利授权量都比日本要多，这也从一定程度上说明日本在该领域的地位较低，日本企业并不重视淀粉类高吸水性树脂的研究，而是把重点都放在了聚丙烯酸类合成高吸水性树脂上，相对而言德国和英国等欧洲国家就更加重视该领域，也在该领域占据一定的地位。而各国申请人在我国获得的授权专利数量都相对较低，也可以说明我国目前还不是各国申请人主要竞争的市场，虽然目前我国市场已经日益扩大，市场增长速度也位居世界前列，但目前在世界上还处于比较弱势的地位，而我国企业也可以借机尽快进入该领域，好好利用各国申请人没有进入我国的专利技术完成技术的初步积累，快速打进市场，以期获得相对较好的地位。而我国申请人在发展的时候需要时刻紧盯美国企业的发展和前进方向，努力与其保持一致，同时要时刻关注德国、英国的专利技术申请，而可以较少关注日本企业。

表 6　各国淀粉类 SAR 专利申请在各大局授权数量　　单位：件

国家	美国授权	欧洲授权	日本授权	中国授权	韩国授权
德国	23	18	4	8	3
美国	89	30	17	13	11
日本	9	3	7	3	2
英国	12	7	4	1	
中国	—	—	—	5	—

从表 6 我国申请人获得的专利授权量可以看出，我国申请人目前基本只在我国申请专利保护，且目前也只有 5 件专利获得了授权，说明我国目前在该领域还处于起步阶段，与其他国家相比还有较大的差距；并且我国企业目前还非常不重视在国外申请专利，还没有意识到在国外获得保护的重要性和价值，这也需要中国专利局以后加大力气宣传，争取使我国企业尽快认识到在国外申请专利的必要性，多在国外申请专利，改变我国目前在该领域的劣势地位。

4. 淀粉类高吸水性树脂专利申请人分析

由于淀粉类高吸水性树脂领域的专利申请量相对减少，同时申请人也比较分散，在世界范围内申请量超过 10 件的企业也只有 5 家，因此，只统计了在世界和我国专利申请量排名前五位的申请人。从表 7 的数据可以看出，淀粉类高吸水性树脂的专利申请主要集中在巴斯夫、斯托克豪森、金佰利、宝洁公司和阿彻-丹尼尔斯-米德兰德公司手中，而其中巴斯夫、宝洁公司、金佰利、斯托克豪森同样也是总体高吸水性树脂领域申请量排名前五的企业，只有总申请量排名第三位的触媒化学在该榜单中没有出现，取而代之的是阿彻-丹尼尔斯-米德兰德公司，而阿彻-丹尼尔斯-米德兰德公司在总申请量排名中都没有排进前十位。这也可以看出，日本企业（如触媒化学）并不重视淀粉类高吸水性树脂的开发，其研究的重点还是集中在聚丙烯酸类合成高吸水性树脂上，而巴斯夫、斯托克豪森、金佰利和宝洁公司相对都比较重视淀粉类高吸水性树脂的研发。对比前面对纤维素类高吸水性树脂的分析来看，金佰利和宝洁公司在纤维素类和淀粉类高吸水性树脂专利申请量上排名都非常靠前，这也说明这两家公司非常重视天然高分子类高吸水性树脂的研究，而触媒化学把主要的研究精力都放在了聚丙烯酸类合成高分子类高吸水性树脂上，巴斯夫公司相对也比较重视天然高分子类高吸水性树脂的研发，但其重点是在淀粉类高吸水性树脂上，对纤维素类高吸水性树脂涉及的相对较少。

表 7　世界和我国淀粉类 SAR 专利申请前 5 位的申请人

排名	世界		中国	
	申请人	申请量/件	申请人	申请量/件
1	巴斯夫	28	斯托克豪森	14
2	斯托克豪森	22	巴斯夫	13
3	金佰利	17	宝洁公司	7
4	宝洁公司	14	陶氏化学	7
5	阿彻-丹尼尔斯-米德兰德公司	11	金佰利 & 台湾塑胶	4

对比世界和我国聚丙烯酸类高吸水性树脂专利申请前五位的申请人可以看出，巴斯夫和斯托克豪森的位置发生了互换，这也说明斯托克豪森相对更加重视我国市场，而巴斯夫虽然在世界范围内专利申请量最大，但其在我国申请专利数量并不大，其中必然有很多技术并没有在我国申请保护，这也是我国企业在研发初期可以借鉴和利用的。而阿彻-丹尼尔斯-米德兰德公司则已经排到五位开外，取而代之的是陶氏化学（DOWC）和中国台湾的台湾塑胶，这也说明阿彻-丹尼尔斯-米德兰德公司也相对不太重视在我国的专利技术保护，而陶氏化学和中国台湾的台湾塑胶则更加重视我国市场，我国企业在研发的时候要注意避开斯托克豪森和陶氏化学的已有专利技术，可以借鉴一些阿彻-丹尼尔斯-米德兰德公司等在我国没有提出专利申请的技术。

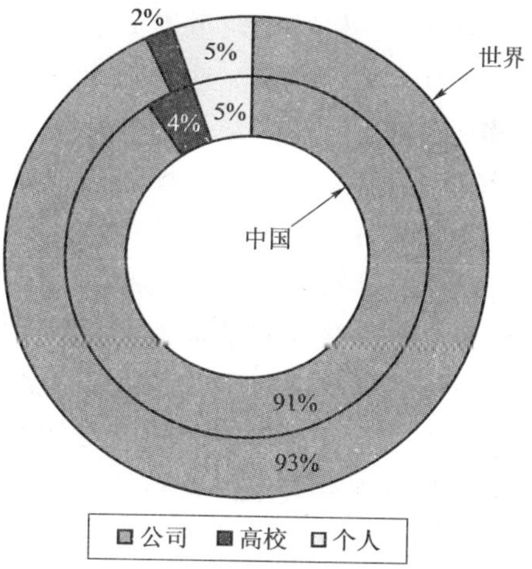

图 22　世界和我国淀粉类 SAR 申请人类型分析

从图 22 可以看出，在世界和我国有关淀粉类高吸水性树脂的申请人类型分析中，公司都占到了超过 90%的优势地位，这说明在该领域相关企业在技术上占据了绝对统治地位，核心技术和专利都掌握在各大企业手中，相关技术也已经相对比较成熟；高校等科研院所对该领域进行的基础理论和机理性研究并不多，也充分说明该领域的基础理论和机理已经相对明确，目前的研发重点集中在产业化上，但对比高吸水性树脂总体申请人类型和聚丙烯酸类高吸水性树脂申请人类型分析可以看出，淀粉类高吸水性树脂申请人类型中企业所占比重略有下降，个人申请所占比重略有上升，这也可以从一定程度上说明该领域的技术独占性相对稍低，入门门槛相对较低，有相当一部分个人进入该领域进行研究。这也说明我国企业如果想要进军高吸水性树脂领域，淀粉类高吸水性树脂由于其门槛低，必然会成为首选，但同时也应该明白，门槛低并不代表谁都可以做得很好，与国外大公司已经研发这么多年相比，我国企业起步太晚，想要达到或超过其技术水平，还需要非常长的路要走。

中国台湾的我国申请人在淀粉类高吸水性树脂的专利申请有 12 件，其中中国台湾的台湾塑胶集团有 4 件，山东大学、江南大学和中科院长春应用化学所各有一件，其余为个人申请，这也说明我国企业在淀粉类高吸水性树脂方面还没有形成自己特有的技术，唯一的企业申请人还是来自中国台湾的台湾橡塑集团；而我国目前淀粉类高吸水性树脂的研发者还是以高校和个人为主，相关企业可以加强与高校和个人申请人的联系，争取共同合作，努力开发出属于自己的新技术，提高自己的竞争力。

（四）小结

由于其他高吸水性树脂的专利申请量相对较少，也受篇幅所限，本文只选择了聚丙烯酸类、纤维素类和淀粉类高吸水性树脂数值进行较详尽的分析，从中也可以看出一些高吸水性树脂的趋势和启示。

（1）日本企业相对更加重视聚丙烯酸类合成高分子类高吸水性树脂的研发，日本企业在该领域也占有绝对的优势地位，美国在该领域的申请量与日本相差不大，但授权量就差了一些，这也说明日本企业在该行业具有明显的优势地位；美国在淀粉类和纤维素类高吸水性树脂方面具有明显的优势，其申请量基本占到全部申请量的一半，德国和英国也相对比较重视淀粉类和纤维类高吸水性树脂领域的研发，而日本在该领域申请量就相对较少。这是因为各国企业的研发重点不同，也是由各国技术能力和经济现状等各种因素综合作用的结果。

（2）巴斯夫是高吸水性树脂领域专利申请量最大的公司，其在聚丙烯酸类和淀粉类高吸水性树脂领域的专利申请量都是最大的，但在纤维素类高吸水性树脂方面投入相对较少；触媒化学主要的研发重点就是聚丙烯酸类高吸水树脂，其在天然高分子类高吸水性树脂领域涉猎较少；金佰利和宝洁公司的研发重点都是纤维素类和淀粉类天然高分子高吸水性树脂，各大公司都有自己的研发重点和核心技术。

（3）目前日本和德国相对更加重视在我国的专利申请和保护，美国在我国获得的专利授权量相对其他国家有较大程度下降，这也给我国企业进军该领域提供了一条捷径：借鉴美国及其他国家没有在我国获得专利保护的技术，努力发展壮大自己。

（4）我国申请人目前基本都只在我国本土申请专利，这一方面需要中国专利局大力宣传，提高“走出去”的认识；另一方面也说明我国技术水平确实相对较低，要想摆脱对进口高吸水性树脂的依赖还有很长的路要走。

（5）在高吸水性树脂领域，申请人都是以企业为主，高校和个人所占比重非常小，这也说明该领域已经发展比较成熟，高校等对其进行基础研究的比较少，同时各大公司牢牢控制了该领域的核心技术，别的企业想要进来是非常困难的事情；只有在淀粉类高吸水性树脂领域的高校和个人申请相对多一些，这也应该成为我国企业以后发展的重点。

四、重点申请人的技术热点和发展方向分析

下面主要针对在我国高吸水性树脂专利申请量排名前列的几位申请人近几年在我国的专利申请进行分析，希望能借此找到相关申请人目前的研发热点和发展方向。同时，对我国目前在各领域的专利申请进行技术分析，希望借此能够发现目前我国企业的强项和不足，进而让我国企业找到自己的不足和努力方向。

从表 8 中可以看出，我国高吸水性树脂领域专利申请量排名靠前的公司依次为巴斯夫、宝洁、触媒化学、斯托克豪森、金佰利等，中国台湾的申请人台湾塑胶也以 14 件申请量排名第八位。下面就针对这些申请人和国内申请人在聚丙烯酸类、纤维素类和淀粉类高吸水性树脂领域的专利技术现状进行分析，以期找到其在各方面的技术热点和发展方向。

表 8　我国高吸水性树脂领域重要申请人的各类 SAR 申请量分析　　单位：件

SAR 类型 / 申请人	SAR 总量	聚丙烯酸类 SAR	纤维素类 SAR	淀粉类 SAR
巴斯夫	119	84	7	13
触媒化学	79	52	2	3
斯托克豪森	76	49	14	14
金佰利	37	4	13	4
宝洁	97	17	21	7
中国台湾的台湾塑胶	14	10	0	4
国内申请人	45	4	16	8

（一）巴斯夫

从表 8 的数据中可以看出，巴斯夫在我国高吸水性树脂领域专利申请量排名第一，共有 119 件相关专利申请，同时可以看出，巴斯夫的专利申请主要集中在聚丙烯酸类高吸水性树脂方面（有 84 件），对纤维素类和淀粉类高吸水性树脂的研究相对较少，特别是在纤维素类高吸水性树脂领域，其申请量只能排在第五位（仅有 7 件），

说明纤维素类并不是巴斯夫的研究热点。下面就对巴斯夫公司在聚丙烯酸类和淀粉类高吸水性树脂上的研究热点进行分析。

1. 聚丙烯酸类高吸水性树脂

分析巴斯夫公司近年来在聚丙烯酸类高吸水性树脂领域的专利申请，可以看出，巴斯夫公司目前在该领域的研究主要集中在以下几个方面。

（1）降低超吸收剂的残余单体含量。主要手段有：将一种无机酸的脲盐在聚合之前或聚合期间加入单体混合物中，或在聚合之后、但在聚合后的热处理之前加入聚合物中；或者通过在围绕单体溶液液滴的气相中聚合单体溶液液滴，其中在产生液滴之前 0.5～60 秒钟将引发剂加入单体溶液中；或者通过在围绕着液滴的气相中聚合液滴制备吸水性聚合物颗粒，液滴通过将第一单体溶液用第二单体溶液包封而获得，其中第二单体溶液聚合产生比第一单体溶液更高度交联的聚合物；或者通过在围绕的气相中聚合单体溶液的液滴来生产吸水性聚合物颗粒，所得聚合物颗粒的含水量为至少 5 重量%并在至少 60℃的温度下在蒸汽存在下在流化态中热后处理。

（2）用螯合剂和单宁涂覆聚合物颗粒来进行树脂的除臭。

（3）提高血液吸收量。在环境气相中聚合单体溶液液滴，单体溶液中含有一种表面活性剂。

（4）降低吸水性聚合粒子的粒度分布、残余溶剂含量并提高离心保留能力。通过在疏水性溶剂再循环下悬浮聚合而制备吸水性聚合粒子的方法，其中疏水性溶剂含有支化饱和脂族烃。

（5）提高吸水性聚合物的吸收容量和渗透性。单体溶液聚合后，用如下组分后处理所得聚合物：① 至少一种后交联剂，其不为多元醇；② 至少一种多价阳离子。

2. 淀粉类高吸水性树脂

目前巴斯夫在淀粉类高吸水性树脂领域的研究主要集中在：通过省略或替换现有技术中的过硫酸盐引发体系，并对聚合后的 SAR 进行低剂量的紫外线辐射，克服变色的问题；将黏土加入到 SAR 中，改进流体吸取速率和流体穿过溶胀 SAR -黏土颗粒的渗透性；将酸性吸水树脂和碱性吸水树脂复配使用，获得改进的对电解质液体的好的吸水和保留能力，克服盐毒害。

（二）触媒化学

从表 8 的数据可以看出，触媒化学在我国高吸水性树脂领域专利申请量排名第 3，总共有 79 件相关专利申请，其中涉及聚丙烯酸类的有 52 件，纤维素类和淀粉类分别只有 2 件和 3 件，可以看出，聚丙烯酸类高吸水性树脂是触媒化学的绝对研究热点，其相对并不重视纤维素类和淀粉类等天然高吸水性树脂的研发，下面就针对触媒化学在聚丙烯酸类高吸水性树脂的研究热点进行分析。

分析触媒化学近年来在聚丙烯酸类高吸水性树脂领域的专利申请，可以看出，触媒化学目前在该领域的研究主要集中在以下几个方面。

（1）解决树脂中细粉多的问题。将热引发剂加入到吸水树脂生产步骤中产生的细粉中得到凝聚凝胶，在凝聚凝胶和聚合物凝胶共存的情况下进行干燥，或者通过高温聚合，以及交联聚合含有固体的单体水溶液，或者将吸水性树脂颗粒与水溶性多价金属盐和含氮的酮化合物进行混合，以及改动两种内部交联剂的类型和数量来粉碎软凝胶状态下的交联聚合物水凝胶的方式来减少树脂中细粉的产生。

（2）解决树脂中残余单体和单聚物多的问题。在对丙烯酸水凝胶聚合物进行切割前、切割的同时或切割后，用粘着防止剂对聚合物表面进行覆盖，随后进行干燥，或者在表面交联工序中使用过氧化物和有机交联剂降低吸水性树脂中的残余单体和单聚物的量。

（3）提高树脂的吸力和渗透性。在聚合后向水凝胶交联聚合物中加入 α-羟基羧酸（盐），或者确定颗粒尺寸并向组合物中加入水不溶性的有机或无机颗粒，获得吸水剂组合物，或者将吸水树脂与水溶性聚合引发剂混合，随后用活性能量射线照射所得混合，得到吸水性树脂，提高树脂的吸水能力以及渗透性。

（三）斯托克豪森

从表 8 的数据中可以看出，斯托克豪森在我国高吸水树脂领域专利申请量排名第四，共有 76 件相关专利申请，其中涉及聚丙烯酸类、纤维素类和淀粉类的高吸水性树脂领域专利申请量分别有 49 件、14 件和 14 件，说明斯托克豪森在高吸水性树脂的三个领域都进行了相当的研究，在各领域都有自己的核心技术，三个领域都可以称作斯托克豪森的研发热点。下面就分别对斯托克豪森在聚丙烯酸类、纤维素和淀粉类高吸水性树脂上的研究热点进行分析。

1. 聚丙烯酸类高吸水性树脂

分析斯托克豪森近年来在聚丙烯酸类高吸水性树脂领域的专利申请，可以看出，斯托克豪森目前在该领域的研究主要集中在以下几个方面。

（1）提高吸水性组合物的气味结合性能。吸水性组合物含有吸水性聚合物结构，其表面含有至少一种单宁部分。

（2）提高吸水性聚合物结构体的颜色稳定性。加入含有磺酸化物、磺酸化物盐或磺酸化物和磺酸化物盐的混合物的还原剂。

（3）提高吸水聚合物结构体的吸收率和保持力，尤其是渗透性能。将吸水聚合物结构体表面与包括聚阳离子和至少一个阴离子的化合物接触。

2. 纤维素类高吸水性树脂

目前，斯托克豪森在纤维素类高吸水性树脂领域的研究主要集中在：专注于吸水性树脂的结构和组成及吸水能力，并在此基础上重点关注了树脂吸水渗透性、吸收速率、机械稳定性（加工性）、抗压性、可降解性（环保），并提供现有技术的替代方案，针对纤维素原料使用多种其他组分进行改性，以实现上述性能。

3. 淀粉类高吸水性树脂

目前，斯托克豪森在淀粉类高吸水树脂领域的研究主要集中在：通过在吸水性聚合物中引入银络离子，吸收恶臭等异味；使用可再生原料多糖、淀粉等单独或与合成的吸水性聚合物结合，制备的吸水性聚合物组合物可生物降解，环境友好。

（四）宝洁公司

从表8的数据中可以看出，宝洁公司在我国高吸水性树脂领域专利申请量排名第二，共有97件相关专利申请，其中涉及聚丙烯酸类、纤维素类和淀粉类高吸水性树脂申请的分别有17件、21件和7件，说明宝洁公司的研发热点不在我们进行分析的聚丙烯酸类和淀粉类高吸水性树脂领域，而是主要集中在纤维素类高吸水性树脂领域，下面对宝洁公司在纤维素类高吸水树脂领域的研究热点进行分析。

目前，宝洁公司在纤维素类高吸水性树脂领域的研究主要集中在：在确保组合物高吸水性的同时，为解决高吸水性树脂制品的加工性、透明性、高拉伸性以及人体使用舒适性等问题，通过改性组合物的其他组分，降低颗粒粒径，调节增塑剂种类等技术手段，实现了降低制品厚度，提高流体吸收性、高拉伸性能，使得制品更薄，使用更舒适，黏度好，更容易加工。

（五）金佰利

从表8的数据中可以看出，金佰利公司在我国高吸水性树脂领域专利申请量排名第五，共有37件相关专利申请，其中涉及聚丙烯酸类、纤维素类和淀粉类高吸水性树脂申请分别有4件、13件和4件，说明金佰利公司的研发热点不在我们进行分析的聚丙烯酸类和淀粉类高吸水性树脂领域，而是主要集中在纤维素类高吸水性树脂领域，下面对金佰利公司在纤维素类高吸水树脂领域的研究热点进行分析。

目前，金佰利公司在纤维素类高吸水性树脂的研究主要集中在：使用纤维素作为高吸水性树脂原料时，注重高吸水性，同时重点在于树脂颗粒的稳定性，通过使用表面交联、表面缔合、流体涂覆等多种方式提高吸水性，降低颗粒粒径，提高颗粒稳定性，以实现树脂颗粒以及制品的耐划伤性、材料完整性、低气味、均匀分布以及热加工性，重点在于表面交联改性导致的颗粒更小，加工性能更优异。

（六）中国台湾的台湾塑胶

从表8的数据中可以看出，中国台湾的台湾塑胶在我国高吸水树脂领域专利申请量排名第八，共有14件相关专利申请，在聚丙烯酸类和淀粉类高吸水树脂领域分别有10件和4件专利申请，没有纤维素类高吸水性树脂相关的专利申请，作为中国唯一一家排进高吸水性树脂领域申请量前十位的企业，对其在聚丙烯酸类和淀粉类高吸水性树脂领域的所有专利申请进行分析，进而确定了其在这两个领域的研究热点。

1. 聚丙烯酸类高吸水性树脂

目前，台湾塑胶在聚丙烯酸类高吸水树脂领域的研究主要集中在以下几个方面。

（1）聚合反应均匀度不够的问题。在聚合前将含交联剂的单体与聚合引发剂在双螺杆挤出机或混合机中滞留，或者将含酸基单体水溶液与引发剂预聚合，然后再与环氧化化合物聚合得到凝胶，降低高吸水树脂中可溶份，提高聚合反应的均匀度。

（2）高吸水树脂中可溶分高、残余单体多的问题。在含酸单体水溶液中加入交联剂后通入惰性气体除去氧气，或者在不饱和单体中加入过渡金属离子含量小于100ppm的中和剂，或者在含酸基单体中添加环戊二烯化合物进行聚合降低吸水性树脂中的残余单体量。

（3）高吸水性树脂在吸湿后易结块的问题。在高吸水树脂中添加无机盐，再添加表面活性剂或具有黏度的化合物，在搅拌机内搅拌并滞留一段时间使得高吸水性树脂吸湿后不易结块。

2. 淀粉类高吸水性树脂

目前，中国台湾的台湾塑胶在淀粉类高吸水性树脂领域的研究主要集中在：通过对制造方法的改变来提高反应均匀性，避免材料发生黄化，并降低树脂内部的残留单体，核心在于聚合方法的改进。

（七）国内申请人

从表8的数据中可以看出，国内申请人在聚丙烯酸类、纤维素类和淀粉类高吸水性树脂领域的专利申请量分别为4件、16件和8件，其中相关申请比较分散，并没有出现申请量比较大的申请人，下面就针对我国申请人在各领域的研究热点进行分析。

1. 聚丙烯酸类高吸水性树脂

厦门大学通过在聚合过程中添加亲水性聚合物和无机填料进行有机化改性，提高吸水性树脂强度和对液体的渗透性，以及吸水性树脂微球初期的亲水性能。

上海华谊丙烯酸有限公司采用了复配的氧化—还原引发体系和复配交联体系，反应温和，容易控制。

2. 纤维素类高吸水性树脂

东华大学、惠州华阳医疗器械有限公司和威高集团有限公司主要研究材料的止血和吸收能力的平衡；山东大学主要研究各种材料的复合来改善其性能；北京理工大学主要改善其聚合方法，解决其制备过程中的各种问题。

3. 淀粉类高吸水性树脂

江南大学主要研究多种材料复配来提高产品的安全性。

（八）小结

从上述的分析可以看出，虽然高吸水性树脂已经经过了40多年的发展，其应用也越来越广泛，但在卫生领域使用时还是存在一些问题，比如存在异味、耐盐性不足、加工性能和各种性能的平衡较差、聚合过程中残留单体和细粉较多、颜色稳定性较差等，而这些也都是目前高吸水性树脂领域的研发热点。

我国研究者的重点目前主要集中在通过各种材料复配来改善材料的性能，同时也对聚合方法的改进做了一定的研究，但我国企业对聚合过程中残留单体和细分较多等聚合方面出现的问题进行的研究较少，这也是因为我国企业目前在该领域技术比较落后，还没有企业能自主进行卫生用高吸水性树脂的生产和开发，这也导致我国研究者的研究都集中在后处理和复配改性上，而想要在该领域有所作为，则需要我国企业迎头赶上，必须在聚合和制备领域加大研究投入，努力开发出自己的技术。而上述的分析中也介绍了各大企业目前的研发热点和发展方向，我国企业如果能在对方的研发热点上取得较大突破，也可以借机进入该行业，不失为一种有效途径。

五、对我国发展卫生用高吸水性树脂的建议

从本文的分析可以看出，目前高吸水性树脂的主要技术都掌握在美国、日本等国家手中，我国相关专利申请数量非常低，相关企业的规模还比较小，发展也相对较慢，没有出现具有较大产能和专利申请量的企业，这也与我国目前卫生用高吸水性树脂主要依赖进口的现状相符。对我国企业而言，由于目前该领域的技术已经比较成熟，主要市场和技术都已经被几家国外大公司所垄断，生存空间较小，但为了改变对国外公司的依赖，提高我国的自主性，我们还必须加大科研投入力度，争取早日在该领域占据自己的一席之地。

我国企业如果想在该领域有所发展，可以重点从以下几个方面入手。

1. 生产工艺的改善

高吸水性树脂的生产工艺比较复杂，生产成本较高，相对于国外大公司而言，我国的生产工艺比较落后，目前甚至都没有开发出卫生领域可以使用的高吸水性树脂，因此，改善高吸水性树脂的合成工艺是目前国内的研发重点之一，主要包括开发新的交联剂、分散剂等助剂，采用新技术改善高吸水性树脂的内部结构，采用反相悬浮聚合技术、喷雾聚合技术、共混复合法等。根据本文的分析，国外大企业在生产工艺上的研发热点主要有：降低残留单体和细粉、提高产品耐盐性和各种性能的平衡等，这也应该成为我国企业目前研发的热点，如果国内相关企业能在相关领域取得突破，则可以获得与国外大企业谈判的资本，进而可以通过“交叉许可”等手段进入该领域。

2. 借鉴国外先进技术，完成自身技术积累

由本文的分析可以看出，有很多在国外授权的专利在我国并没有请求专利保护，这些技术限制已经属于本领域的“共有技术”，我国企业在研发初期，可以大力借鉴这些现有技术，在此基础上完成自己的原始技术积累，省去前期的摸索和走弯路的时间。当然，在借鉴国外相关技术的同时，一定要时刻警惕对方的“专利陷阱”，提高自己的知识产权意识。

3. 找准自己的研发重点

由本文的分析可以看出，聚丙烯酸类合成高分子高吸水性树脂目前的专利独占性更强，绝大部分技术都被各大企业控制，这也是各大企业重点实施专利布局的领域，

该领域的高校和个人申请人非常少；而淀粉类和纤维素类天然高分子高吸水性树脂领域的发展相对合成类高吸水性树脂稍差，目前该领域的高校和个人申请人也相对较多，说明该领域的技术并没有完全成熟，我国企业的机会会相对多一些。同时，随着大家环保意识的增强，天然高分子高吸水性树脂也是以后发展的热点，因此，我国企业大可尽量加大在该领域的研发力度，争取早日开发出属于自己的新技术和产品。

4. 加强基础理论研究

目前，高吸水性树脂的研究主要集中在合成和应用开发上，涉及吸水机理、结构和性能关系以及高吸水性树脂的溶胀和凝胶的传质过程等方面的研究相对较少，这种现象也导致了理论研究相对滞后，给产品的研发带来了很大的随意性和盲目性。而目前国外已经日益重视对基础理论的研究，但还没有获得重大的突破，我国申请人此时也应该积极介入该领域，努力在基础理论研究上加大投入，一定可以获得理想的效果。而如果在理论研究上取得突破，必然会带来产品合成、应用上新的成就，也可以彻底改变我国目前对国外产品的绝对依赖。

5. 加大高吸水性树脂的复合化研究

鉴于我国目前在该领域的落后地位，想要在传统领域赶超对手已经是非常困难的事情了，这也就需要我国企业在研发时另辟蹊径，争取走出属于自己的道路。而目前比较热门的是将高吸水性树脂与无机凝胶、其他高分子材料、无机物和有机物等复合来改善其凝胶的网络结构，提高其各方面性能，同时降低生产成本，这对高吸水性树脂基础技术的需求比较少，需要多加尝试和复配，所需技术门槛较低，而这也是该领域以后重点的发展方向，我国企业大可在该领域大展手脚，努力开创出属于自己的一片天地。

6. 增强企业的专利保护意识

从本文的分析可以看出，我国企业目前的专利保护意识不强，专利申请量相对较低，科技含量也普遍不高，更是很少有企业在国外申请专利保护，专利保护意识明显落后于国外企业。而随着我国专利保护力度的不断增加，专利对企业的发展也越来越重要，特别是对于想要走出国门的企业来说，其在国外申请专利保护也变得日益重要，但是目前企业申请专利大都还只是因为政策刺激的影响，基本都没有专门的知识产权部门来根据自身特点设置专利战略，也没有详尽的知识产权保护规划，这就需要我们国家继续加强专利保护力度，加大宣传力度，努力提高企业的知识产权意识，使得企业的技术都能得到应有的保护。

六、结束语

高吸水性树脂已经经过了40多年的发展历史，由于其高吸水性和高保水性等特性，在生产生活中得到了越来越广泛的应用，而卫生用品领域是其最重要的应用领域。目前随着人们生活水平的不断提高，卫生用品（婴儿尿布、成人失禁垫、妇女卫生巾等）的普及率不断提高，高吸水性树脂在国内外正面临着良好的发展机遇，市场前景广阔。但是目前卫生用高吸水性树脂的市场主要由国外大公司控制，我国企业相关产品的性能尚不能满足卫生用品的需求，面对如此大的市场需求，我国企业必须要抓住发展的大好机遇，加大对卫生用高吸水性树脂的研发进程，努力开发出属于自己的新技术和产品，改变我国目前在该领域的劣势地位。

参考文献

[1] 李建颖．高吸水与高吸油性树脂［M］．北京：化学工业出版社，2005：1～30．

[2] 毛金生，冯小兵，陈燕．专利分析和预警操作实务［M］．北京：清华大学出版社，2009．

[3] 董雪英．高吸水性树脂的生产和市场前景［J］．江苏化工，2008（4）．

[4] 才英杰，徐家凯．卫生用高吸水性树脂的生产及市场前景［J］．弹性体，2011（10）．

[5] 纪忠斌，杨丽杰．聚丙烯酸盐系高吸水性树脂的生产与发展前景［J］．化学工业，2009（6）．

平板显示器用彩色滤光片的专利技术现状及其发展趋势

李剑韬　李　慧　马美娟　崔尚科[1]

（国家知识产权局专利局光电技术发明审查部）

一、引言

进入21世纪以来，平板显示技术迅速发展，以液晶显示器（LCD）、等离子显示器（PDP）、有机电致发光显示器（OLED）等为代表的平板显示器逐渐取代传统阴极射线管显示器（CRT），占领了显示器市场的统治地位。平板显示器的彩色化是平板显示器在竞争中取胜的重要条件之一，中高档显示器都要求彩色显示。以液晶显示器为例，彩色滤光片是液晶显示器彩色化的关键组件，大尺寸彩色滤光片用于生产大尺寸液晶显示面板，主要应用于笔记本电脑和液晶电视等；小尺寸彩色滤光片用于生产小尺寸液晶面板，主要应用于手机、数码相机及平板电脑等。彩色滤光片利用滤光的原理产生各种各样的色彩，其性能直接影响显示器的对比度、亮度以及视角宽度等性能，因此彩色滤光片占液晶面板成本的比重相当高，占到了成本的1/10～1/8，市场调研机构DisplaySearch预计全球彩色滤光片产值将超过97.5亿美元。然而，我国液晶显示技术中的彩色滤光片技术尚受制于人，其专业生产商主要为日本企业、韩国企业及中国台湾地区的一些企业，制造彩色滤光片的关键原材料也多被日本厂商掌控，如精工爱普生、大日本印刷、住友化学、富士胶片等，中国大陆液晶面板厂商大都只能依靠购买技术和原料来生产彩色滤光片。

本文旨在通过对平板显示器用彩色滤光片技术领域的专利申请数据进行统计、整理及分析，总结平板显示器用彩色滤光片专利技术特点、现状以及发展趋势，并对关键技术的专利信息进行综合分析和归纳，得出国内外企业的专利（申请）的技术现状，并进行比较研究，进一步得出彩色滤光片领域新兴的技术点和专利申请量增长点，以及国外企业在彩色滤光片技术方面的专利布局情况，从而为我国专利权（申请）人今后的重点研发方向提出指导性意见。

---

[1] 后三位作者所作贡献与第一作者等同。

二、平板显示器用彩色滤光片技术概况

平板显示器用彩色滤光片的结构通常包含玻璃基板、黑矩阵、彩色层、保护层及ITO导电膜，其中玻璃基板为彩色滤光片的载体，在其上制作黑矩阵作为遮光层，再依序制作彩色层，如红（R）、绿（G）及蓝（B）三色图案，然后在彩色层上涂布一层平滑的保护层，最后镀上透明的ITO导电膜。彩色滤光片利用滤光的原理，产生R、G、B三种颜色，根据驱动IC控制电压的不同，三种颜色依据不同比例混合而产生各式各样的色彩。

依据滤色原理不同，彩色滤光片可以分为透射型彩色滤光片、半反半透型彩色滤光片及反射型彩色滤光片。

透射型彩色滤光片是最常用的一种彩色滤光片，广泛应用于液晶电视、手机等电子设备。高色纯度和高透过率是高画质图像所必备的性能指标。构成彩色层的颜料是影响色纯度和透过率的决定性因素，应尽可能选择谱峰比较尖锐的颜料，滤掉不必要的波长的光。透射型彩色滤光片的透射光谱应适中，透射波长范围不能太窄，否则彩色层的光透过率太低，也不能太宽，否则不同颜色的透射光谱将发生重叠，使彩色滤光片的彩色还原能力变差，因此，颜料及颜料光阻的合理选型很重要。

半反半透型彩色滤光片一般应用于手机等户外移动产品液晶彩屏上，具有其独特的优点。在较暗的室内环境下，背光源的白光透过彩色滤光片获得明亮彩色图像，在明亮的室外环境下，太阳光射入彩色滤光片并经反射膜反射也能获得较明亮的彩色图像。为了在明暗两种环境下都能获得高质量彩色图像，半反半透型彩色滤光片必须兼顾其反射性能和透射性能，两方面性能都要求尽可能高的亮度和色彩饱和度。然而对于给定的R、G、B彩色光阻材料，亮度和色彩饱和度的提高是相互矛盾的：增加彩色层的膜厚，能够提高色彩饱和度，但由于吸收增加而导致亮度下降；减少彩色层的膜厚，能够提高亮度，却导致色彩饱和度下降。因此合理平衡亮度和色彩饱和度，成了彩色滤光片厂商的主要任务。

反射式彩色滤光片是一类非常有前景的光学元器件，在显示器领域中反射彩色滤光片正在引起越来越多的关注，这主要是由于反射滤光片在彩色滤光的处理中不吸收光，因此，反射滤光片的效率可能比吸收彩色滤光片的效率高许多。此外，相较于透射型彩色滤光片，其主要是利用反射板将显示面板外部的光线予以反射，因此省去了采用背光时的大量耗电，在节电型平板显示、新型印刷等领域有广泛的应用。在光学性能方面，反射型彩色滤光片也要求有高反射效率和合适的反射带宽。

目前主要的商业化彩色滤光片制作方法包括染色法、蚀刻法、颜料分散法、电着法、印刷法、喷墨法及干膜转写法等。

在彩色滤光片传统制作方法中，染色法及蚀刻法是较早采用的方法，其以染料为主要滤光材料，染料具有种类多、色相均匀、染色力高、色彩饱和度高及穿透度高的

优点，但耐旋光性和耐热性不佳，因而这两种方法逐渐被以颜料为主要滤光材料的颜料分散法及电着法所取代。

颜料分散法通常用于制造中小尺寸的彩色滤光片，具体包括：在玻璃基板上形成黑矩阵，在形成黑矩阵的玻璃基板上涂布一层光阻原料，经掩膜版掩膜、曝光、显影、刻蚀、剥离等工艺后形成彩色光阻图形，例如可以首先形成红色光阻图形，重复执行上述形成彩色光阻图形的步骤，即可再形成绿色光阻图形和蓝色光阻图形，再经过固化彩色光阻图形及制备保护层等操作形成彩色滤光片。其中，颜料分散法中使用的光阻材料的主要成分包括光固化树脂、光引发剂、颜料、有机溶剂及添加剂等。

电着法是利用机能性分散剂及颜料分散液与ITO成膜的导电线框方式进行电极、阳极导通，加入直流电压，让颜料粒子附着在ITO的线框内形成颜料膜，再经水洗、干燥、RGB各色的成膜等，依上述步骤反复操作，最后再将颜料膜硬化、定型即完成。电着法的优点在于设备投资少、设备占地面积小及颜料使用量少，因此成本较低，但其操作人员要具备高熟练度和专业能力，此外，ITO线框的设计也容易影响到彩色滤光片品质的稳定性。

印刷法是将油墨以网印、平版、凸版或凹版等方式，直接印在玻璃基板上。与颜料分散法相比较，印刷法较颜料分散法少了需用对位曝光机及精密显影设备的光阻微影制程，明显地降低了设备成本，仅需彩色涂料，转印版及自动印刷装置，所以采用印刷法制作彩色滤光片成本较低。然而该方法受到解板度不佳、机械精准度不高以及涂膜不均匀的限制，仅仅适用于大像素及小尺寸的彩色滤光片制作。

喷墨法是使用喷墨装置将R、G、B彩色墨水同时喷射于一基板上的黑矩阵内，彩色墨水固化后于该基板上形成着色的R、G、B颜色层图案，然后在其上面制备一层保护层，最后制作公共电极。使用喷墨法能够一次形成R、G、B颜色层，因此使得制备过程简化，成本大幅降低。喷墨方法适用于大尺寸的彩色滤光片制作，同时也在柔性彩色滤光片制备方面具有技术优势。

干膜转写法的主要原理来源于照相技术，其工艺包括在玻璃基板上贴光敏转移材料，然后经过曝光、显影、定影等照相工艺。采用该工艺可使彩色滤光片的制程省去涂敷工艺，减少了工艺步骤，同时产品的质量稳定性也较高，然而光敏材料的成本较高，因此增加了制造成本。

三、平板显示器用彩色滤光片专利技术现状分析

（一）专利技术分析样本构成

1. 检索范围

分析样本来自德温特世界专利数据库（WPI）和中国专利申请数据库（CNPAT），对上述数据库从最早收录日期至2012年3月28日的专利文献进行检索。

2. 检索策略

采用分类号、关键词以及分类号与关键词相结合的方式进行检索，并对检索到的某些重要申请人或专利文献进行追踪检索，彩色滤光片技术领域所涉及的《国际专利分类表》（第8版）（IPC）中的专利分类主要为G02B5/20～G02B5/28，通过上述分类号进行检索，然后再利用关键词及扩展领域的分类号进行补充检索，最终得到检索结果。所使用的关键词主要包括滤色、滤光、色阻、显示、液晶、电致发光、场致发光、等离子、电泳、电子墨水、电子纸、电色、电致变色、类纸、colour、filter＋、block、resist＋、LC、liquid crystal、electrochrom ＋、electrolumin ＋、electrofluor＋、plasma、electrophoresis ＋、electronic paper、EPD等；所使用的IPC分类号主要包括G02B、G02F、H05B、H01J等。通过对CNPAT数据库中检索结果的人工标引，最终得到1535篇专利样本；通过对WPI数据库中检索结果的去重去噪，最终得到18 198篇专利样本。

（二）平板显示器用彩色滤光片专利技术统计分析

1. 世界范围内彩色滤光片专利申请状况分析

（1）专利申请的年代分布

从图1中可以看出，在1980年之前，彩色滤光片的专利技术一直处于起步阶段，每年的申请量不超过10件，申请量很少，增长较为缓慢；从1981年开始，专利申请量逐渐增长，至1993年，年申请量接近200件；从1994年至2000年，彩色滤光片专利年申请量稳定在400～600件的水平，处于技术积累阶段；从2001年开始，在液晶显示技术开始逐步走上成熟并迅速占领市场的大背景下，世界各国逐渐意识到彩色滤光片作为其核心部件的重要性，各国开始积极研发新技术，彩色滤光片技术也不断向前发展，其专利年申请量进入急剧增长阶段；在2006年其专利申请量达到顶峰后，虽有所下降，但仍然保持较高的数量，表明该领域进入技术发展期。需要特别说明的是，由于专利公布的18个月期限，专利从申请到公开具有滞后性，2011年及2012年有相当数量的专利申请并未完全公开或结案，导致统计数据与其实际数据误差较大，因此2011年及2012年的专利申请仅在涉及技术分析时予以考虑，而未列入本文涉及申请量年度趋势的数据工作表统计范畴。

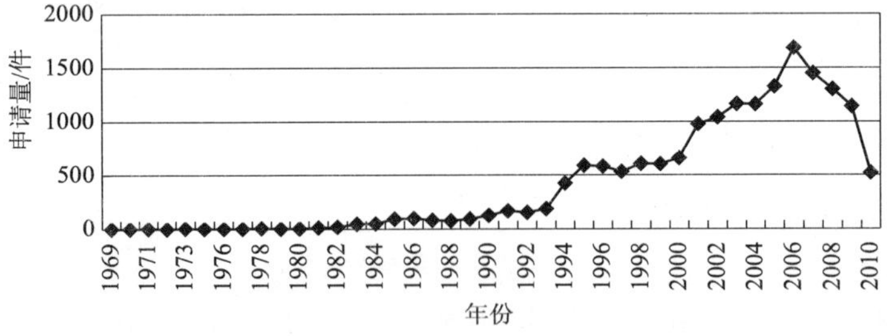

图1　世界范围年代申请量分布

（2）国家和地区分布

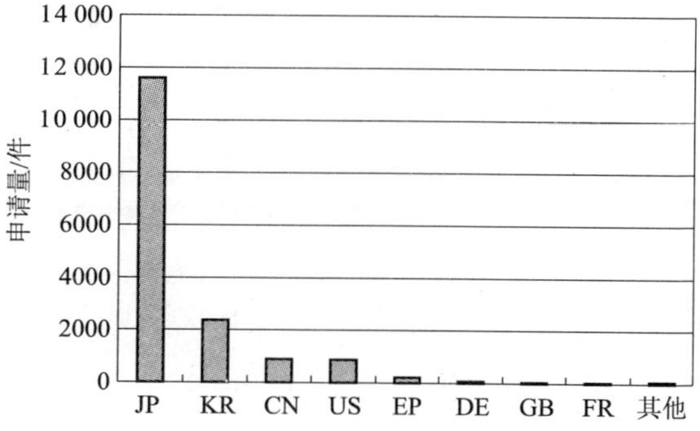

图 2　世界各国、地区或组织申请量数据

图 2 所示为世界范围内彩色滤光片领域专利申请的国家和地区分布情况。从图 2 中可以看出，作为显示技术领域的强国，日本的彩色滤光片专利申请量远远大于其他国家，其申请量占到了世界总申请量的七成以上，处于世界领先地位。中国的申请量虽然排名第三，然而不可忽略的是，其中相当部分的专利申请为实用新型，发明专利申请所占比重不高，这也从一个侧面反映了我国在彩色滤光片领域与传统技术强国日本存在较大差距。因此，我国需要加大研发力度，寻求技术创新，争取早日缩小与先进国家之间的差距。

图 3 所示为专利申请量总量前三位的日本、韩国以及中国的专利申请量趋势对比图。从图 3 可以看出，20 世纪 90 年代初期之前，虽然日本每年有一定的专利申请量，但韩国在彩色滤光片领域的专利申请并不多，而中国在该领域几乎没有申请，表明了中、日、韩三国对显示器领域彩色滤光片的重视程度较低，研发和创新投入的力度不够；进入 20 世纪 90 年代中期以后，随着液晶显示技术的产业化，彩色滤光片的需求急速增加，出于抢占时机、提前进行专利布局的考虑，日本加大了彩色滤光片的研发力度，其专利申请量得到了快速增长，而中国与韩国在该领域依然处于起步阶段，专利申请量虽有缓慢增长，但总量依旧较低；2000 年以后，世界范围内彩色滤光片技术迅猛发展，新技术层出，中国、日本及韩国都进入了申请量的快速增长期，并于 2006 年前后到达顶峰，之后申请量一直保持在较高水平。

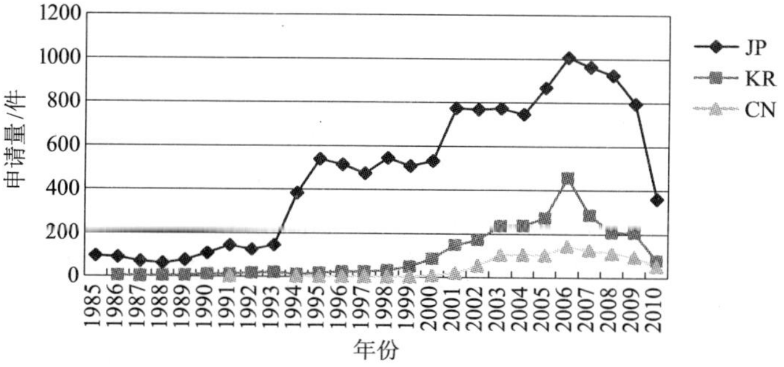

图 3　中国、韩国及日本专利申请量趋势对比图

（3）主要申请人专利申请量对比

从图 4 中可以看出，申请量排名前二十位的公司中，日本公司占据了绝大多数，无论从专利申请总量上还是从排名前二十的申请人数量上，日本都遥遥领先于其他国家和地区，再一次证明了日本在平板显示器用彩色滤光片领域的技术实力；韩国虽然在排名前二十的申请人中，仅仅由三星与 LG 占据了两个席位，但排名却比较靠前，都位居前五，也反映了韩国公司在该领域具有相当的技术实力；反观我国公司，仅有友达与奇美进入排行榜，且均未进入前十名，说明我国在该领域与日本、韩国还存在较大的差距，缺乏进入国际行列的重点申请人，在技术上远落后于日本、韩国等先进国家。

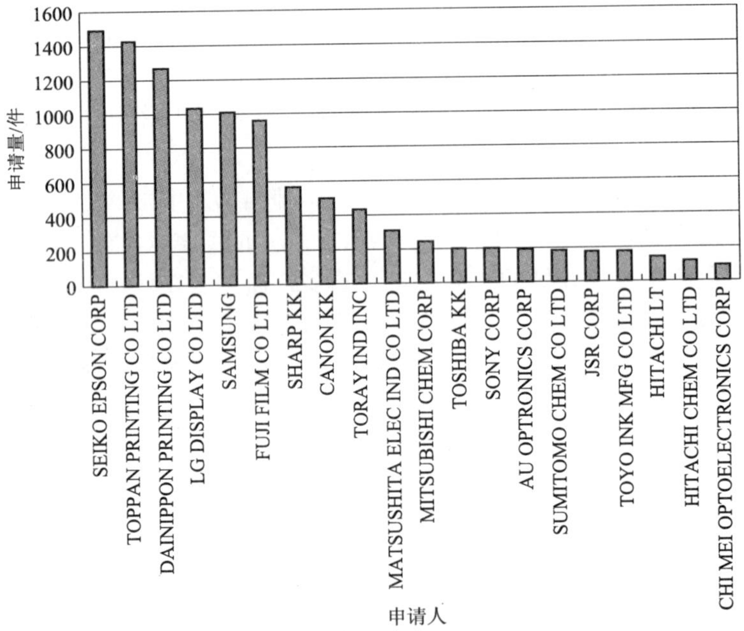

图 4　前二十位申请人申请量

2. 在华彩色滤光片专利申请统计分析

（1）在华专利申请的年代分布

图 5 所示为在华彩色滤光片专利申请的年代分布。从图中可以看出，在华专利总申请量在 2000 年以前并不多，每年不超过 10 件，属于起步阶段，这一方面表明国内申请人在彩色滤光片方面很薄弱，几乎是空白；另一方面，相较世界范围内彩色滤光片专利申请在 1994 年至 2000 年间的年申请量稳定在 400～600 件的水平，也表明国外申请人在此阶段并不重视中国市场，很少在华进行申请。从 2000 年开始在华专利总申请量开始进入高增长时期，申请量呈指数趋势上升，到 2005 年达到最大值 236

件，这与世界范围内彩色滤光片专利申请的总的趋势是一致的，但是在总申请量上仅占世界范围内彩色滤光片专利申请总量的不到20%，考虑到国内申请人一般都会在国内申请的情况，表明国内申请人相较外国申请人在彩色滤光片技术方面依然比较薄弱，而且总申请量仍然偏少。2005年之后在华申请量每年都稳定在一定数量之上，可见目前进入技术稳定发展期。

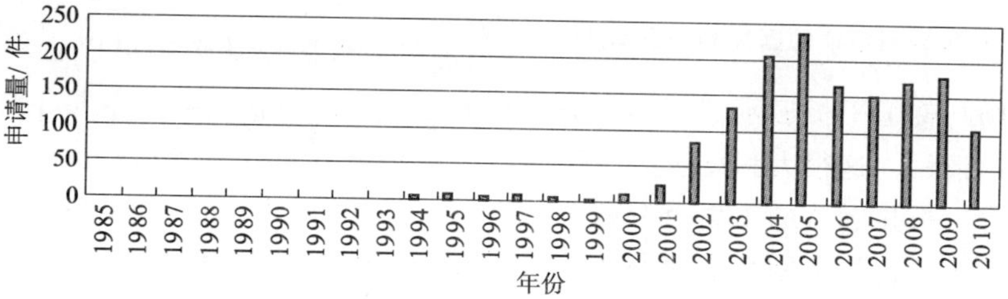

图5　在华专利申请年代分布图

图6所示为在华彩色滤光片专利申请按类别的年代分布。从图中可以看出，发明专利申请从2000年的10件开始快速增长到2005年的220件，其后在150件左右波动，到2010年的103件后开始有所下降，考虑到2010和2011年均有部分申请尚未公开，目前发明申请基本呈平稳波动态势。实用新型专利申请在2001年以前的申请量为0，在2001年以后，实用新型专利申请量有了一定的增长，但最多也不超过40件，相比发明专利申请的申请量要少得多。由此可见，申请人更愿意申请保护期限长的发明专利申请，说明彩色滤光片具有技术生命周期长的特点。

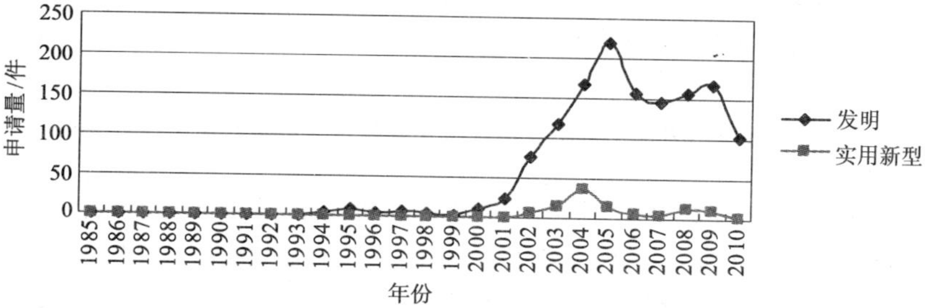

图6　在华专利申请按类别的年代分布图

(2) 国内/国外在华专利申请趋势对比

图7所示为在华彩色滤光片专利的申请人国家/地区的分布状况。经过统计分析，在华专利申请中，国内申请人提出的专利申请量与日本申请人提出的专利申请量占比相当，分别为42%与44%，排名第三的韩国为10%，美国等其他国家专利申请量不到总量的5%，这从一个侧面反映出国内申请人对平板显示器领域前景的乐观，对彩

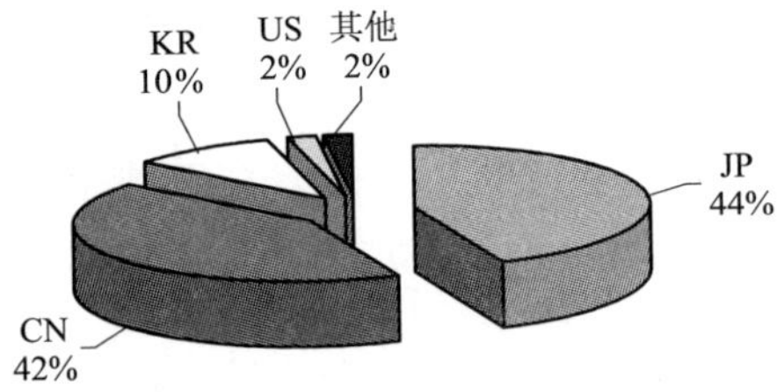

图7 在华专利申请的国家和地区分布

色滤光片的研发力度较大，专利保护意识较强。然而需要指出的是，尽管我国的专利申请在数量上与日本相当，甚至领先于韩国等国家，但其中有很大一部分为实用新型，因此技术上并不具有领先优势。

图8为中国、日本及韩国在华专利申请趋势对比图。从图中可以看出，2000年之前，中国与韩国平板显示器用彩色滤光片的专利申请量很少，日本每年也仅维持在个位数的申请量，这很大程度上与平板显示器市场占有率低、普及程度较差、对于液晶显示器等平板显示器的市场重视程度低有关。随着液晶显示器等平板显示器迅速打开市场，出于抢占技术制高点进行专利布局的客观需要，2000年以后，平板显示器用彩色滤光片的专利申请量快速增长，日本仰仗其技术优势，快速进行专利布局，而中国由于台湾地区几家平板显示器制造企业的崛起以及大陆液晶面板厂商的投产，专利申请量也开始急速增加。至2006年前后，中国、日本及韩国的专利申请量达到高峰，之后一直保持一个较高的数量，这表明了日本与韩国公司对中国市场的重视，同时也说明我国企业进入21世纪后也一直在加大技术研发投入。

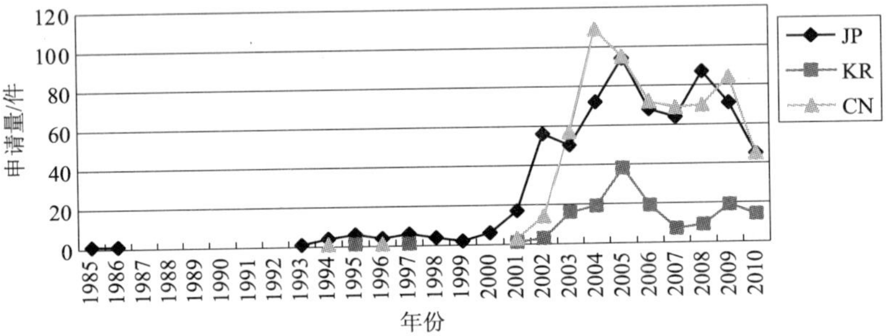

图8 中国、日本及韩国在华专利申请趋势对比图

鉴于2006年以后的发明专利申请中还有不少没有结案，只选取1985—2005年的发明专利申请进行分析。从图9中可以看出，国外在华发明专利申请的总申请量约为国内在华发明专利申请的1.5倍，国外在华发明专利申请的总授权量约为国内在华发明专利申请的2.4倍，由此可见，国外在华发明专利申请无论是申请量还是授权量都远远高于国内在华发明专利申请。其中，从发明专利申请的授权率来看，国外在华发明专利申请的授权率为80.6%，国内在华发明专利申请的授权率为65.6%，这表明国外在彩色滤光片技术领域研发能力很强，质量也很高，而国内在华发明专利申请的质量低于国外同行业水平，表明国内在彩色滤光片方面有很大的提升空间。

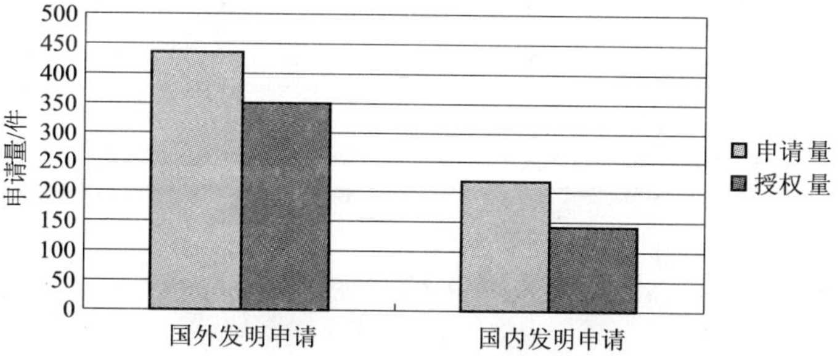

图 9 国内/国外在华发明专利申请的申请量与授权量对比图

从图 10 中可以看出，国外申请人很少申请实用新型，总共只有 8 件，不到其在华总申请量的 1%，国内申请人则申请了一定数量的实用新型，共计 110 件，约占其总申请量的 17%。可见无论是国内还是国外申请人在彩色滤光片领域发明申请都占了较大的比重，说明对彩色滤光片都很重视，申请专利权稳定性高、保护周期长的发明来进行保护。另外，国内申请人申请了一些授权时间短的实用新型来进行保护，这也说明国内申请人由于在彩色滤光片领域研发时间短，积累不足，迫切需要先拿到一些专利权来保护自己的权益。

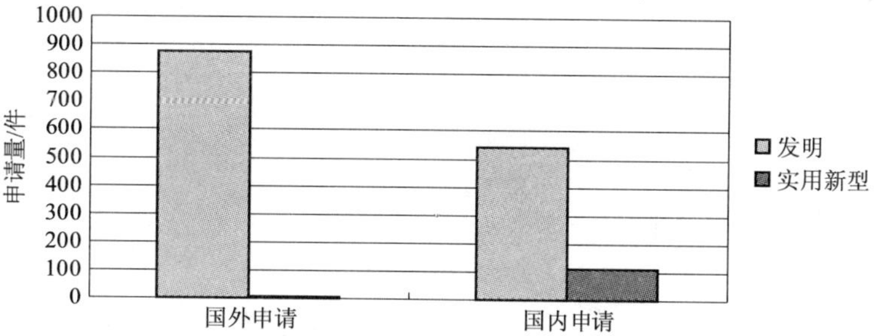

图 10 国内/国外在华专利申请不同专利类型申请量对比图

(3) 国内申请人地区分布及主要申请人申请量统计

图 11 所示为提出专利申请的国内申请人所在地区的分布，其中台湾地区的申请量占据了一半以上，其次为广东省深圳市。值得注意的是，虽然深圳的申请量排名第二，但主要由于台湾地区的厂商陆续到中国大陆投资生产，将竞争力不断地转移到大陆市场所致。

图 12 所示为在华专利申请量排名前十位的申请人。在华专利申请量排名前十位的申请人无一例外均为国际、国内的大型企业，其中大多数为平板显示器的生产厂商，表明彩色滤光片作为平板显示器的核心部件，其在平板显示器制造中占据重要地位。排名前五位的公司中，有三家日本公司，分别为精工爱普生株式会社、富士胶片

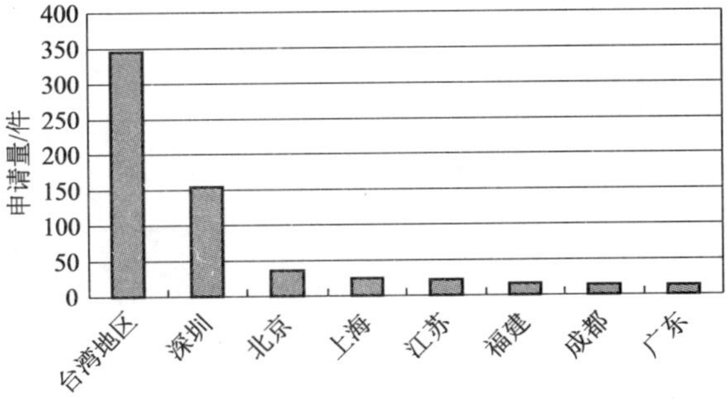

图 11　国内专利申请地区分布图

株式会社以及夏普株式会社；另有两家中国公司，分别为申请量排名第二的友达光电股份有限公司以及排名第四的鸿富锦精密工业（深圳）有限公司，需要特别指出的是，上述两家公司的母公司均为台湾企业，这表明中国大陆本土平板显示器的生产企业与日本、中国台湾地区的大型企业相比仍有巨大差距，短时期内很难超越，需要不断地加大技术研发力度。

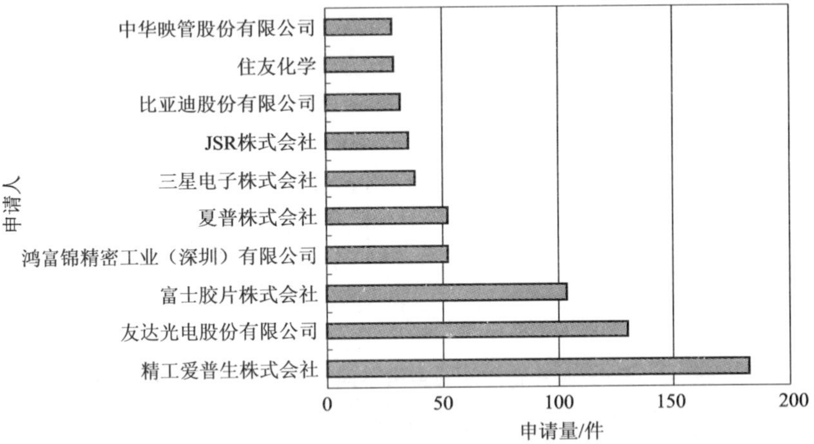

图 12　专利申请量排名前十位申请人、申请量分布图

(4) 按照不同的技术主题进行统计分析

图 13 所示为彩色滤光片所应用的平板显示器类型的分布图。从图中可以看出，液晶显示器作为平板显示器市场上的主流产品，以及其本身不发光的特性，因此彩色滤光片是其必需部件。与液晶显示器用彩色滤光片相关的申请量占据了彩色滤光片申请总量的 77%，其他类型的平板显示器用彩色滤光片仅仅占两成多一点，由此可以预见，在液晶显示器占据平板显示器主流市场的当前，液晶显示器用彩色滤光片仍然是平板显示器用彩色滤光片的主要研发对象。

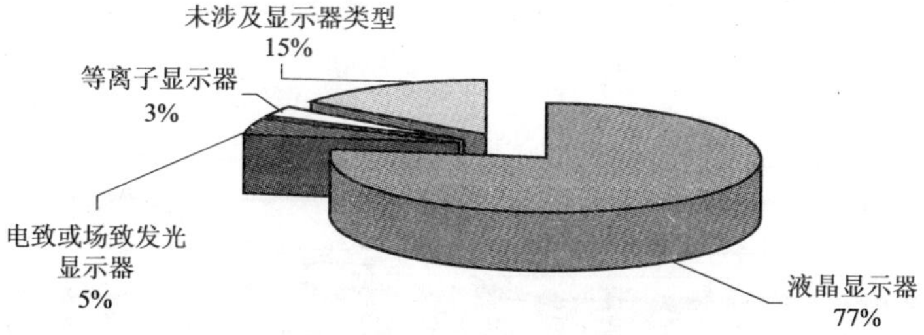

图 13 彩色滤光片应用的显示器类型分布

截至 2012 年 3 月 28 日已经公开的专利申请中，涉及彩色滤光片制造方法的数量分布如图 14 所示。其中，采用喷墨法的专利申请量最大，占制造方法总量的 64%，超过了其他制造方法数量的总和；其次是采用颜料分散法的专利申请，为 20%；采用干膜转印法的量最少，仅为 8 件，占制造方法总量的 2%。

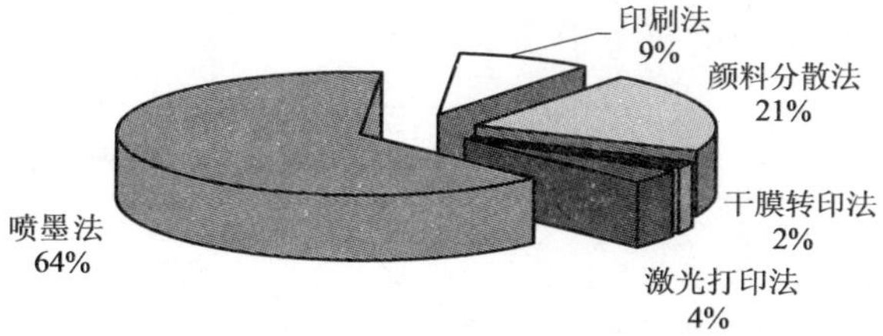

图 14 彩色滤光片制造方法专利申请量分布

如图 15 所示，早在 1994 年就提出了喷墨法的专利申请，但在 1994—2000 年之间喷墨法的数量增幅并不大，直到 2000 年申请量大增，于 2007 年达到顶点，此后数量虽有下降，但依然超过其他制造方法。喷墨法作为一种持续使用的制造方法，不仅专利申请量多，而且持续时间久，并且在近几年的申请量也远远超过其他制造方法，其主流制造方法的地位始终未被撼动。虽然早在 1994 就已经有了干膜转印法的专利申请，但此后其申请量时断时续，并未被大规模使用，而从 2005 年开始也未再有干膜转印法的申请。从 2000 年开始出现印刷法专利申请，此后印刷法专利申请的数量维持小幅增长，但在 2006—2008 年出现了回落，2009 年后又有少量增长。颜料分散法自 1999 年提出申请后，其数量也一直维持在很低的水平，在 2008 年申请量达到顶值后迅速下降，在 2007—2008 年的申请中，富士胶片株式会社的申请占据了绝大部分，由此可以看出颜料分散法基本被富士胶片株式会社使用。激光打印法由杜邦（Dupont）公司开发，通过激光定向加热 Donor film 层，使 Donor film 层中的颜料层脱落并转印在基板上，从而得到所需的彩色光阻，虽然首个申请出现在 2001 年，但此后激光打印法的申请量一直很小，在 2006—2009 年更是出现了空白，也就是说，对于激光打印法，虽然有公司试图开发该项技术，但应用范围较小，并未得到大规模的使用，甚至可以说，目前已经基本不再使用该项技术。

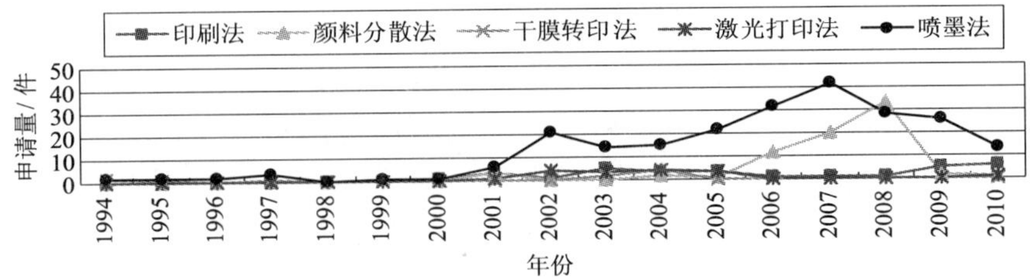

图 15 彩色滤光片制造方法专利申请量的年份变化

涉及彩色滤光片结构细节改进的发明包括对滤色片自身的结构及滤色片的色阻和黑矩阵的位置关系的改进。从图 16 中可以看出，2000 年以前，涉及结构细节的申请量较少，从 2001 年开始大幅增加，并在 2004 年之后稳定地保持在一定数量。可以预见，在近期，关于结构细节的技术仍然会是各个公司的发展方向之一。

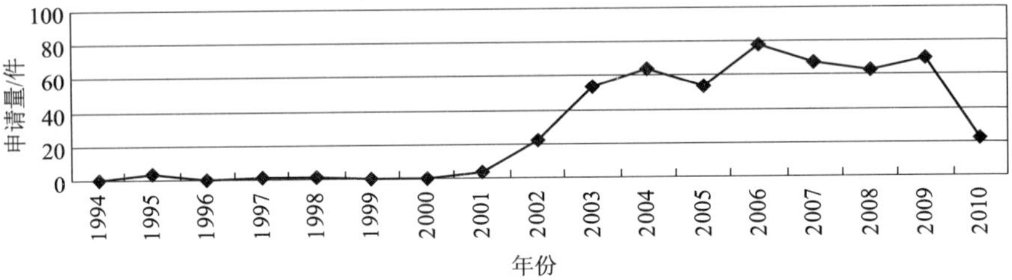

图 16 涉及彩色滤光片细节改进的专利申请趋势图

彩色滤光片主要是通过彩色的颜料而进行色彩显示，其中颜料光阻的成本占彩色滤光片成本的 27%左右，并且对于材料的要求较高，所使用的无机材料和有机材料的范围较广，因而彩色滤光片化学组分的有关专利申请也是彩色滤光片专利申请的重要内容。图 17 给出了化学组分专利申请国家的数据情况，列出了申请涉及化学组分的国家的申请量。从图中可以看出，在化学组分领域申请的国家中，日本的专利申请量占据明显优势，占申请总量的 73.6%；中国和韩国的占比均超过了 8%；美国、瑞士、德国和荷兰的申请量均为个位数，占很小的比重。中国虽然在数量方面比较靠前，但与第一名的日本申请量差距非常大。

图 18 给出了彩色滤光片化学组分在中国申请的专利申请量排名前十六位的申请人的申请量情况。首先，排名前十六位的所有申请人都是公司；其次，前十六位申请人中，日本有 9 家公司，且前六名均是日本公司；韩国有 3 家公司，中国有 3 家公司，另有一家瑞士公司。由此可见，日本公司在彩色滤光片的上游材料市场中占据着绝对优势。

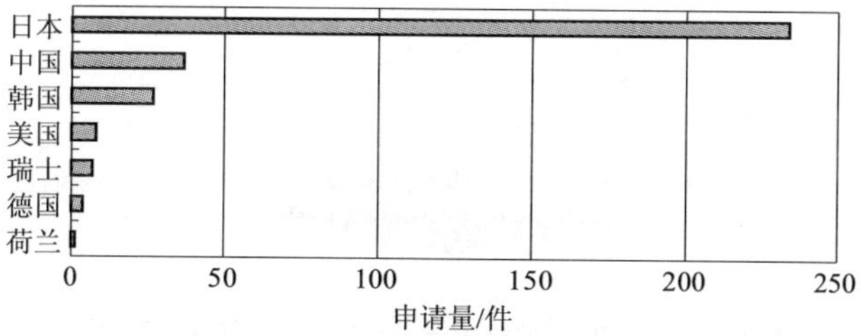

图 17　彩色滤光片化学组分专利申请国家分布

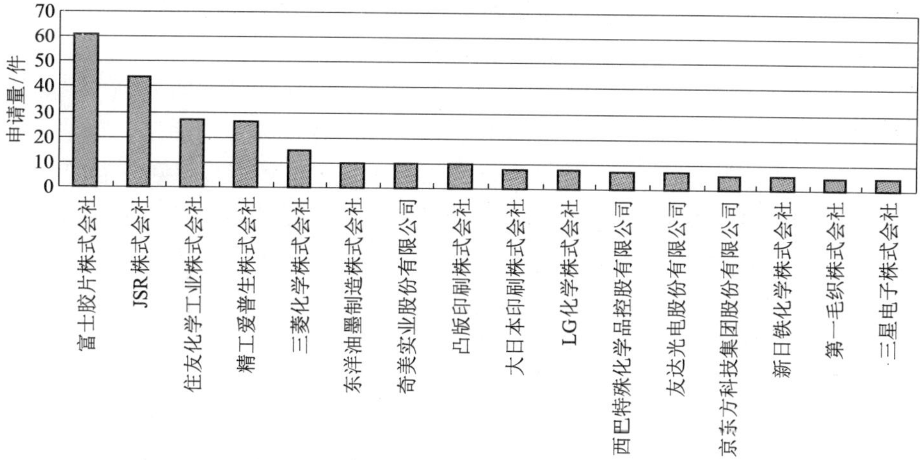

图 18　彩色滤光片化学组分前十六位申请人申请量

（三）主要申请人及重点专利技术分析

通过对 CNPAT 和 WPI 数据库的检索，参考主要申请人申请量的统计结果，结合目前彩色滤光片领域的市场状况，我们分别选取国内外具有代表性的重点公司进行分析，以利于把握该领域专利技术现状。

1. 国外主要申请人及重点专利技术分析

（1）精工爱普生株式会社

从专利申请量来看，无论是在世界范围内，还是在中国国内，精工爱普生株式会社的申请量都排名第 ，其申请领域主要集中在喷墨法制造彩色滤光片以及制造彩色滤光片所采用的油墨材料上，其中关于喷墨法的专利申请量占到了其总量的 72%。2007 年以前，其申请主要为采用喷墨方法制造彩色滤光片以及喷墨装置本身。到了 2008 年，关于制造彩色滤光片所需的油墨材料的申请量猛增。因此该公司的关键技术集中在喷墨法与喷墨装置，以及制造彩色滤光片所需的油墨材料。

佳能公司最早提出了利用喷墨打印技术制造彩色滤光片的想法，然而到了 2001

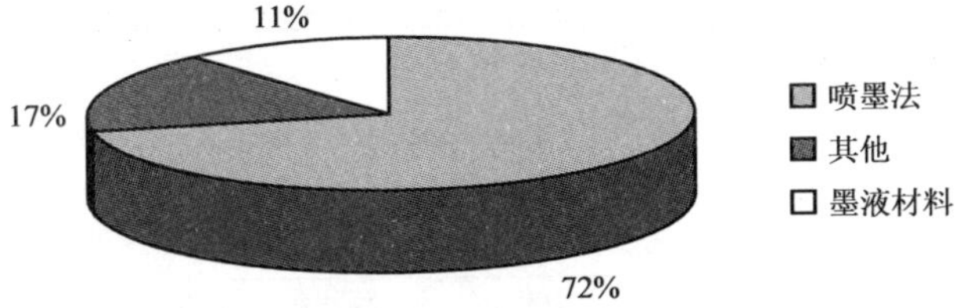

图 19 精工爱普生株式会社专利申请领域分布图

年前后，精工爱普生株式会社在该领域迅速崛起，有关喷墨法制造彩色滤光片的专利申请量迅速超越佳能公司，并在该领域占据垄断地位，而佳能公司在 2001 年以后几乎很少有关于采用喷墨打印技术制造彩色滤光片的专利申请。CN1206471A 是精工爱普生株式会社最早在中国提交的有关喷墨法制造彩色滤光片的发明专利申请，包括向母盘上形成的规定排列的油墨充填用凹部中充填预先设定颜色的油墨，形成着色图案层。CN1291289A 提出了一种彩色滤光片，其中在彩色过滤器的基板上由堰分隔围绕的开口部内具有油墨形成的着色的油墨膜，所述堰具有在基板上的金属膜和感光性有机薄膜的堆积叠层结构。针对喷墨法中在彩色滤光片基板上形成的填充油墨所需的围堰，精工爱普生株式会社做了一系列的后续改进，类似的申请有 CN1595208A、CN1595209A、CN1651939A、CN1808190A、CN1920597A 等。CN1358626 提出了一种喷墨装置，其中多个喷嘴分割成多个组，在使喷墨头沿 Y 方向副扫描一段距离的同时，多次反复进行主扫描，以实现这些喷嘴组对基板的同一部分的重复扫描。CN1475345A 涉及一种一边使液滴喷出头相对工件进行移动，一边有选择地喷出液滴的液滴喷出装置，即喷墨装置，用于制造彩色滤光片。CN1475346A 提出了液滴喷出头及所述工件在上下方向上进行相对的移动，由此来调整工件间隙的间隙调整装置。类似通过控制喷嘴与基板之间的相对移动路线来达到喷墨均匀的发明专利申请还有 CN1422746A、CN1422747A、CN1425560A、CN1448267A、CN1612671A、CN101034173A、CN102189056A 等。针对喷墨装置的喷嘴设置，精工爱普生株式会社提出了一系列的改进发明，用于解决涂布不均的问题。CN1601344A 提出了一种使被喷出部上的涂布不均减少的喷墨方法，通过设置不同喷头的喷嘴之间偏移坐标的关系，以使单位面积上喷头喷出的油墨量均匀。涉及通过改进喷墨装置的喷嘴而使喷墨均匀的发明专利申请还包括 CN1611356A、CN1657287A、CN1657289A、CN1695945A、CN1721087A、CN1755403A、CN1755405A 等。

从图 20 中可以看出，2008 年以前，精工爱普生株式会社关于制造彩色滤光片所需的油墨材料的专利申请量很少。CN1281151A 是其有关油墨材料的树脂组合物方面较早的申请。CN1487341A 涉及一种用于制造彩色滤光片基板的着色层材料，包括树脂，以及在上述树脂中以 5%～10%的比率分散的、粒径为 0.01～0.1μm 的红色用颜料，采用上述材料制造的彩色滤光片红色再现性良好。直到 2008 年，精工爱普生株式会社关于滤色器油墨材料的申请量骤增。CN101265378A 涉及一种制造彩色滤光片的油墨，采用此材料不仅可以使彩色滤光片的颜色不均匀性与浓度不均匀性得到显著抑制，同时还可以降低由高黏度的油墨材料对喷墨装置喷头造成的快速劣化，与其类似的一系列发明专利申请还包括 CN101270242A、CN101270243A、CN101270244A。CN101344606A 涉及一种通过调整溶液的沸点，从而提高彩色滤光片的颜色与浓度均匀性的油墨材料。此外，还有一系列通过调整油墨中的化合物组分来提高彩色滤光片的均匀性及色再现性等性能的发明专利申请。CN101493538A 涉及一种彩色滤光片用墨液，含有颜料、溶剂和固化性树脂，主颜料含有被卤化的酞菁的锌配位化合物，副颜料含有被磺化的颜料衍生物。类似的发明专利申请还包括 CN101393291A、CN101393292A、CN101445685A、CN101691463A、CN101445686A、CN101691459A、CN101463205A、CN101463211A、CN101486855A 等。

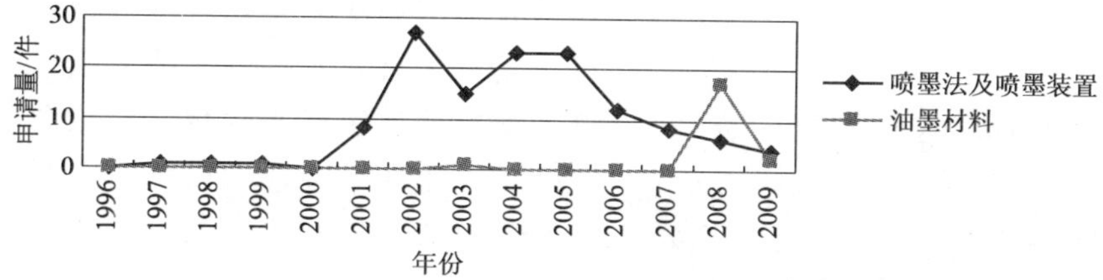

图 20 精工爱普生株式会社主要技术领域专利申请量趋势图

(2) 住友化学工业株式会社

住友化学工业株式会社在世界范围和在华的有关彩色滤光片的申请量都不算多，世界范围内不到 200 件，在华仅有 30 件。但是住友化学是重要的彩色滤光片专业生产商之一，其具有在日本的子公司，在韩国的子公司东友 Fine-chem，以及在台湾地区的子公司住华科技，这些子公司主要为液晶面板制造商如三星、友达等提供外购的彩色滤光片。

住友化学工业株式会社的 30 件在华申请均为发明专利申请，其中尚未结案 19 件，已结案 11 件；结案的 11 件申请中，已授权 10 件，驳回或视撤 1 件。从结案的情况来看，住友化学工业株式会社在彩色滤光片方面申请的授权率高达 91%，这表明其申请的技术原创性很高。

如图 21 所示，自 1997 年起，开始有两件申请，然后直到 2003 年又有申请；之后 2004 年、2009 年和 2010 年是申请高峰期，均接近 10 件；考虑到 2011 年申请大部分尚未公开，2010 年部分尚未公开，由此可见，住友化学工业株式会社近几年加大了在华申请的力度。

住友化学工业株式会社在华申请专利的 90% 涉及彩色滤光片的化学组分，10% 涉及其他发明。而在化学组分发明中主要涉及彩色滤光片的彩色光阻材料的组分。

住友化学工业株式会社在 1997 年提出的两件申请 CN1164563A 和 CN1165957A

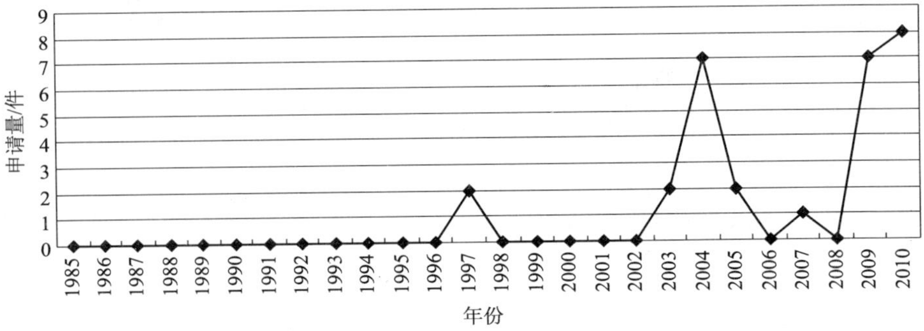

图21 住友化学工业株式会社专利申请趋势图

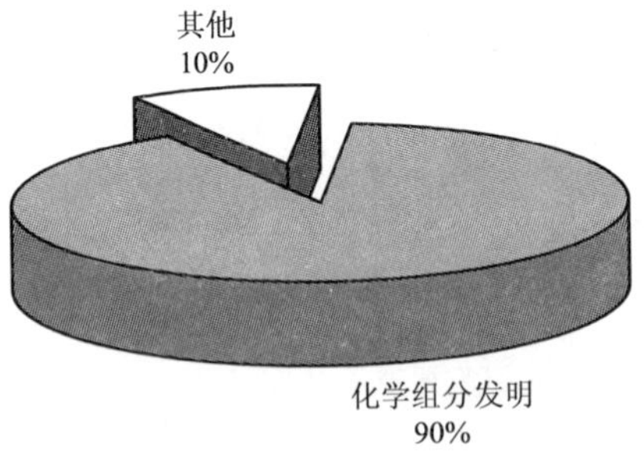

图22 住友化学工业株式会社专利申请领域分布图

都涉及电沉积法制备彩色滤光片；但在其后的申请中，只有4件涉及喷墨法，其余都是涉及颜料分散法感光性树脂组成物，可见住友化学工业株式会社的研发重点目前集中在颜料分散法的树脂组成物组分的改进上，电沉积法已不再进行研究，而喷墨法也不是其研究重心。

在喷墨法的申请中，CN101655572A中将喷墨印刷用油墨填充在隔壁内之后，进行预加热处理以减少容量，从而提高着色剂的浓度，因此提供可以使用着色剂的浓度低的喷墨印刷用油墨来均匀形成着色剂浓度高的涂膜的滤色器。CN101592862A和CN101598897A中分别实现了耐溶剂性优异和高亮度的喷墨法使用的着色固化性组合物。CN101793991A中将固体成分浓度30重量%以上，且屈服值0.01MPa以下的交联性油墨，在交联性油墨的相对于遮光性隔壁的接触角为25°以下的状态下，填充至前述开口部的交联性油墨填充工序，因此可在色像素层的平坦性优异的同时，防止邻接色像素层间因异色油墨的混入而发生的混色。由此可见，住友化学在喷墨法方面的研究比较全面，既涉及墨水的组分，又涉及具体的制造工艺。

颜料分散法方面，住友化学工业株式会社早期申请的CN1504777A中涉及保存稳定性好的着色感光性树脂组合物，CN1517795A涉及显影除去部的残渣残留少的树脂组合物，CN1577089A涉及涂膜均一性好的着色感光性树脂组合物；而2010年申请的CN101840154A涉及平坦性和光亮度好的着色感光性树脂组合物，CN101851434A涉及具有更高对比度的着色感光性树脂组合物，CN101806999A、CN102033428A、CN102053494A都涉及耐热性优异的着色感光性树脂组合物，CN102093514A涉及涂布性良好、斑点少的树脂组合物。由此可见，住友化学工业株式会社在颜料分散法的树脂组成物组分的改进方面的研究在持续进行，而且涉及广泛，具有相当的技术实力。

（3）富士胶片株式会社

富士胶片株式会社是彩色滤光片中的彩色光阻的主要制造商之一，其在华申请量很大，共计114篇，均为发明专利申请，其中未结案79件，已结案35件，在已结案的案件中，已授权25件，驳回或视撤10件。从结案的情况来看，富士胶片的申请的授权率只有71%，申请的技术原创性低于住友化学工业株式会社。

富士胶片株式会社在华申请的年度分布如图23所示，自2002年起，有1件申请，然后开始快速增长；2006—2009年是申请高峰期，4年共申请了89件，2009年一年申请了27件，2010年申请了9件，考虑到2011年申请大部分尚未公开，2010年部分尚未公开，由此可见，富士胶片株式会社近些年在华申请的力度很大。2007年富士胶片株式会社与上广电合作成立上海广电富士光电材料有限公司，是中国大陆首家彩色滤光片生产商，而该公司成立时间恰好也是富士胶片株式会社在华申请量增长的时期，可见富士胶片株式会社为了更好地进入中国大陆市场，非常重视在华申请，其申请的目的性很强。

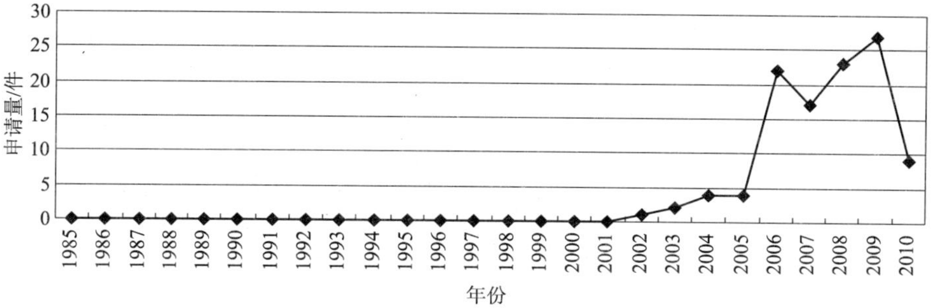

图23 富士胶片株式会社专利申请趋势图

富士胶片株式会社的申请中，约60%的申请涉及彩色滤光片的化学组分，可见其研发重点集中在彩色滤光片的化学组分改进上。进一步讲，其主要集中在颜料分散法的感光性树脂组合物和喷墨法的墨水化学组分的改进上。值得注意的是，富士胶片株式会社另有10%的专利申请涉及黑矩阵的材料的化学组分改进。2004年提出的CN1651992A中提供一种金属微粒的分散良好的显示装置用遮光膜，其含有高分子黏结剂、被分散在该高分子黏结剂中的金属微粒及具有一个以上硫原子和/或氮原子的化合物，该遮光膜中金属微粒的分散性良好，而且获得所需光学浓度用的膜薄，以及色调优良的遮光膜。2006年提出的CN101268151A中遮光层包括含有具有银锡合金部的金属粒子，对应每1μm干燥膜厚的膜形成后的光密度为3.5以上，优选所述具有银锡合金部的金属粒子的固体成分中的体积分率为0.05～0.7。2006年提出的

CN101291989A 中遮光层包括含微粒组合物，其至少含有金属微粒及/或金属化合物微粒、具有至少一个硫醚基的高分子化合物和利用热或光固化的化合物。针对上述含金属微粒的黑矩阵在外来的变动下可能产生凹凸或针孔的情况，富士胶片株式会社于2007 年提出 CN101135851A，以至少含有选自金属粒子或具有金属的粒子、树脂及其前驱体的至少一种、具有乙炔骨架的化合物或甜菜碱型的含全氟烷基化合物之中的至少一种为特征的树脂组合物，可避免凹凸或针孔的出现。由此可见，富士胶片株式会社在技术研发上具有连续性。

富士胶片株式会社在彩色滤光片的生产上具有独有的转印技术。2002 年提出的CN1602434A，涉及将彩色图像转印到玻璃基板上的滤色片的形成方法，先准备形成在 PET 支持体上的具有含聚酰亚胺树脂的光热转换层和红色图像形成层的激光热敏转印纸，以及在 PET 支持体上的具有含聚酰亚胺树脂的光热转换层和绿色图像形成层的激光热敏转印纸，在 PET 支持体上的具有含聚酰亚胺树脂的光热转换层和蓝色图像形成层的激光热敏转印纸，以及在 PET 支持体上的热塑性树脂层，含聚乙烯醇PVA 的氧屏蔽层，含黑色颜料、光聚合引发剂、光聚合单体及黏合剂的感光性树脂层的湿式显影转印纸；之后，在用硅烷耦合处理剂实施了表面处理的玻璃基板上，重叠上述激光热敏转印纸，将图像形成层转印的工序，将激光照射到图像上，剥离转印纸形成滤色片图像的工序，从而形成三色的滤色片图像，在其上方粘贴湿式显影转印纸，从背面进行紫外线曝光，形成黑矩阵。2006 年提出的 CN1831646A，涉及转印法形成黑矩阵，在形成该遮光图像的层中，含有形状各向异性金属微粒的光吸收层以及反射光吸收层两层组成的转印材料形成在临时支撑体上，再转印到基板上，对该转印材料层进行图案曝光，曝光后进行显影并除去未曝光部分，进而形成黑矩阵。

此外，富士胶片株式会社也涉及喷墨法制造彩色滤光片的申请。如 2003 年提出的 CN1496197A，将多个颜色的油墨分别涂敷到薄膜上并干燥，生产几种在其表面上形成有有色油墨层的单色薄膜，然后将单色薄膜叠加到基质上，并通过在其表面上形成由给定图像的凸面部分的压制元件将叠加基质和单色薄膜压制，从而将有色油墨层的对应于凸面部分的图像的部分转移到基质上，以相当于多个颜色的数量的频率重复上述操作在基质上形成由给定图像的多个颜色的有色油墨层组成的多色图像。

由此可见，富士胶片株式会社在喷墨法和颜料分散法的化学组分以及工艺都有深入研究，而且还具有独有的转印技术，具有很强的技术实力。

(4) 凸版印刷株式会社和大日本印刷株式会社

凸版印刷株式会社和大日本印刷株式会社是世界上最大的彩色滤光片专业生产商，分别在 1985 年和 1988 年量产彩色滤光片，很多液晶面板厂商的彩色滤光片内制技术都来自这两家公司。凸版印刷株式会社和大日本印刷株式会社在世界范围内彩色滤光片专利申请数量分居第二和第三位，都有 1000 多件。凸版印刷株式会社在华有19 件申请，大日本印刷株式会社在华有 22 件申请，数量并不多，其在华申请量与世界范围内的申请量严重不符。这可能是因为凸版印刷株式会社和大日本印刷株式会社的彩色滤光片业务并未进入中国市场，因此并不重视在华申请。

凸版印刷株式会社的在华申请中，CN101040200A 涉及用于横向场方法的液晶显示装置中的滤色器，该滤色器包括透明基板和设置于透明基板上的多种颜色的彩色层的像素，不在所述像素上设置涂覆层，且在处于 10～100Hz 的范围内的频率下将至少一个彩色层的介质损耗角正切（tanδ）限制为不高于 0.03，因此可减少制造工艺，降低成本。CN101236267A 涉及滤色器用着色组合物，其含有透明树脂、分散在该透明树脂中的有机颜料和由具有增加延迟功能的化合物构成的延迟调整剂。因此从斜向方向观察也没有着色，可见性良好。CN102216815A 涉及彩色滤光片生产线，构成彩色滤光片生产线的着色图案形成生产线具备在光刻法的各个制造工序并列地设置的多台处理装置（清洗装置到烘烤装置）和连接各个处理装置的多台搬运装置。各个处理装置可切换地进行既定的两种颜色的着色图案形成。着色图案形成生产线通过控制各个搬运装置的搬运目的地，使基板重复循环到在从搬入装置所投入的基板上形成全部 4 种颜色的着色图案为止，并向搬出装置排出已形成全部 4 种颜色的着色图案的基板。通过在形成两种颜色的着色图案时共用各个处理装置，可减少所需装置的台数及专有面积。

大日本印刷的申请中，CN101410734A 涉及利用喷墨方式形成滤色片的制造方法，包括如下工序：准备含有颜料、颜料分散剂、黏合剂形成体系、溶剂的滤色片用喷墨墨液的工序（A），该溶剂以相对于溶剂总量为 60 重量%以上的比例含有沸点为 180℃～260℃且常温下的蒸汽压为 0.5mmHg 以下的溶剂成分作为主溶剂，颜料的重量和颜料分散剂与黏合剂形成体系的重量之和的比，在形成 R 像素时为 0.5～1.0，在形成 G 像素时为 0.5～1.2，在形成 B 像素时为 0.3～0.5，且所述墨液总质量中固体成分的浓度相对于墨液总重量为 15 重量%～25 重量%；工序（B），其用喷墨方式使所述工序（A）中得到的 R 像素形成用墨液、G 像素形成用墨液以及 B 像素形成用墨液选择性地附着于透明基板上的规定区域，分别形成 R 墨液层、G 墨液层和 B 墨液层；以及工序（C），其将所述各墨液层固化，分别形成平均膜厚在 1.5～2.5μm、膜厚分布在 1.0～3.0μm 的范围且每一像素中膜厚为 1.5μm 以下且 2.5μm 以上的区域的面积的总比例在 5%以下的 R 像素、G 像素和 B 像素。该滤色片能确保与利用旋转涂布法得到的、具有可得到充分色特性的平均膜厚的像素的滤色片具有同等或几乎同等的滤色特性和亮度。CN1875297A 涉及对贮存、运输有利的滤色器基板的叠层体，在滤色器基板的着色层侧的面上设置包含胶黏膜或涂覆层的可去除的保护层，一边使纸或树脂膜等的分隔体介于中间以避免滤色器基板彼此黏附，一边叠层多片在着色层侧的面设置了保护层的滤色器基板。因此可保护在液晶显示装置等中使用的滤色器基板以免受到擦伤、破损。

由此可见，凸版印刷株式会社和大日本印刷株式会社的在华申请既涉及彩色滤光片的化学组分，又涉及彩色滤光片的结构，彩色滤光片的制造工艺，甚至彩色滤光片生产线的改进，非常全面。

2. 国内主要申请人及重点专利技术分析

(1) 京东方科技集团股份有限公司

京东方科技集团股份有限公司主要从事液晶显示面板的生产，2006 年以后开始对彩色滤光片进行专利申请，其中发明专利申请占总申请量的 66%，实用新型专利申请占总申请量的 34%，如图 24 所示。其技术领域主要涉及以下两个方面。

第一是彩色滤光片结构的改进。CN101135744A 公开了一种彩色滤光片结构，彩色膜层之间有多个暴露出该基板的格点，黑矩阵设置在所述的格点位置处，并与所述彩色膜层存在交叠，减小了彩色膜层和黑矩阵的段差，提高了像素开口区面积并改善了视角效果。CN101113174A 公开了一种彩色滤光片结构，其中金属导电增强层形成在黑矩阵对应区域透明导电膜层的上方或/和下方，在不影响像素区域透过率的情况下，能够有效地减小公共电极的电阻，提高大尺寸液晶显示器件的亮度均匀性。CN1987533A 涉及一种彩色滤光片结构，包括一透明膜层，与黑矩阵在图形上呈互补关系，且与彩色膜层大小相当，能够有效改善摩擦工艺造成的液晶取向不一致现象，从而提高对比度。此外，涉及彩色滤光片结构的发明专利申请还包括 CN101435991A、CN101216570A、CN101770050A 等。

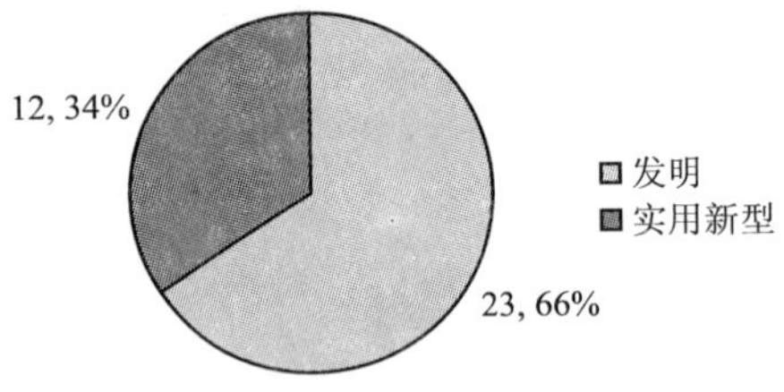

图 24 京东方科技集团股份有限公司申请类别分布

第二是涉及彩色滤光片的化学组分。CN101644892A 公开了一种着色感光树脂组合物，无须光固化树脂预聚合制备光固化树脂的前期工序，可在彩色滤光片的生产中制得成膜平整度高、耐热、耐化学腐蚀性强的彩色滤光片产品，并且该着色感光树脂组合物在成膜过程中具有工艺周期短、反应迅速等优点。CN101659813A 公开了一种颜料分散体，其粒度小，粒度分布范围窄，且具有较高的存储稳定性，因此具有此颜料分散体的颜料光阻制备的彩色滤光片色彩饱和度高。此外，涉及彩色滤光片的化学组分的发明专利申请还包括 CN101029185A、CN101323708A、CN101750886A、CN101928489A、CN101655664A 等。

(2) 友达光电股份有限公司

图 25 所示为友达光电股份有限公司的年代申请及授权分布图。可以看出，从 2003 年开始，友达光电股份有限公司的申请量逐步上升，2007 年到达顶点，从 2009 年开始申请量存在下降趋势。与此同时，授权量的走势与申请量几乎相同，2005 年的申请授权量最高，占当年申请量的 87.5%，且在 2003—2009 年，每一年的授权率均超过了 50%，总授权率达到 63.4%。在友达光电股份有限公司提交的申请中，仅有 1 件实用新型专利申请，其他均为发明专利申请。

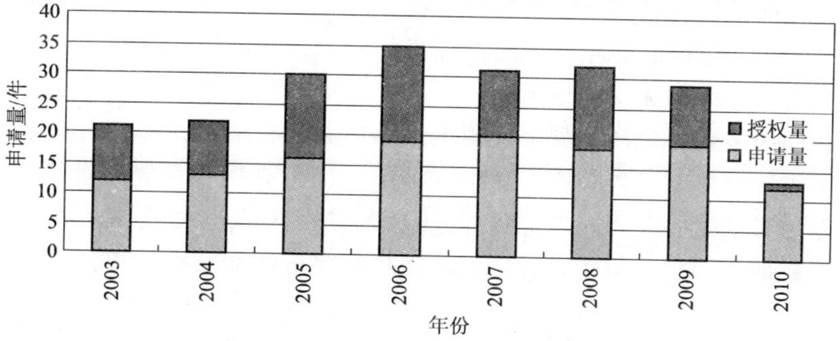

图 25 友达光电股份有限公司的年代申请及授权分布

友达光电股份有限公司的申请以涉及彩色滤光片的结构为主，占全部申请的61.9%，关于喷墨打印法的申请占全部申请的12.7%，多元色的申请占全部申请的6%，其他方面的申请占全部申请的19.4%。申请的彩色滤光片应用于液晶显示器的，占全部申请的75.4%，应用于电致发光显示器的，占全部申请的3.7%，另有1件申请是应用于电泳显示器的。从中可以看出，申请大部分的彩色滤光片均应用于液晶显示器。

友达光电股份有限公司的申请主要涉及以下几个方面的内容。

对间隙物位置的改进：如CN1529199A提出了在彩色光阻层的开口中配置间隙物，以改善当液晶显示面板遭到外界施力时彩色滤光基板上彩色光阻层比间隙物提早产生破坏，而造成液晶面板的晶穴间距无法均一的问题；CN1558269A提出了配置于支撑层与基板之间的光阻间隙物，可增强光阻间隙物与基板间的固着力，避免光阻间隙物因外力而带动基板产生侧向位移。

对半透半反式液晶显示器的色度问题的改善：如CN1523436A提出了在半透半反式液晶显示器中，透射区和反射区的彩色滤光片具有不同的厚度区的制作工艺，以解决色饱和度的问题；CN1632666A提出了介电层于蓝色像素区、绿色像素区与红色像素区具有不同厚度，由此使液晶分子层于蓝色像素区具有一第一厚度，于绿色像素区具有一第二厚度，于红色像素区具有一第三厚度，以解决色饱和度的问题；CN1719312A提出了每个彩色子像素分为主要子像素和附属子像素，主要子像素包括一半透射区和一反射区，附属子像素可为完全透射式、完全反射式或部分透射式和反射式，以解决色饱和度的问题；CN1743907A提出利用第二共享电极部分覆盖彩色滤光膜层，以改善半透半反式液晶显示器的显示品质；CN101329468A利用彩色滤光图案与遮光层的侧表面以及部分的底表面接触，以提升半透半反式液晶显示器的光学表现品质。在显示色饱和度的改善方面，CN1540412A还提出了利用具有光散射图案或光散射粒子的偏光片或具有光散射粒子的彩色滤光基板，以减小因视角改变所造成的颜色差异和色饱和度不足的问题。

解决漏光问题：CN1556421A 提出了在邻接于显示区边缘处的非显示区的黑矩阵上形成一遮光层，以改善显示区的边缘漏光的问题。CN1790130A 提出了两个相邻的彩色图案层局部重叠构成一光遮蔽区；一开口，横向跨设于该多个彩色图案层上，并于各该两相邻的多个彩色图案层上呈现出一第一纵向孔距及一第二纵向孔距，且该第一纵向孔距小于该第二纵向孔距；其中，该第一纵向孔距于该光遮蔽区的位置附近，逐渐递增至该第二纵向孔距，以避免漏光。CN1963636A 将彩色滤光片中相邻的颜色部分重叠于数据线的相对位置，且彩色滤光片在穿透区部分重叠的重叠宽度大于反射区部分重叠的重叠宽度，可有效遮挡穿透区所造成的漏光。

对黑色矩阵和遮光层做出的改进：CN101013224A 提出黑色矩阵，形成于基底上，由多个区块组成，且部分区块的两端具有不同的厚度；多个色阻，设置于基底上，且每一色阻形成于两相邻的区块间，并分别覆盖上述两相邻区块的至少一端；其中，每一区块的两端分别被不同的色阻所覆盖，从而保证色阻的高度一致。CN101315481A 提出黑色矩阵具有一与基板接触的底表面以及一面积等于底表面的顶表面，以改善黑矩阵与彩色滤光膜之间的黏附性。CN1811495A 提出了一种在遮光层上具有辨识标记的彩色滤光器基板，以辨识彩色滤光器基板的来源。

涉及多元色的有以下专利申请：CN1881018A 提出红色子像素、绿色子像素以及蓝色子像素和一无色子区段；CN1949357A 和 CN101477789A 均提出了红色子像素、绿色子像素、蓝色子像素和白色子像素；CN102062971A 提出了红色子像素、绿色子像素、蓝色子像素及黄色子像素且各子像素的面积不等，以改进显示面板的显色品质。

友达光电股份有限公司有关喷墨打印法的申请均在 2006 年及之后提出，可以看出友达光电股份有限公司在喷墨打印法方面起步较晚，且大部分申请是涉及防止填入彩色颜料时混色或填入彩色颜料不完全的问题：CN101008733A 提出在透光基板上形成黑色矩阵以在透光基板上定义多个像素区域，在黑色矩阵上涂布感光材料并将其图案化以形成隔离层，分别在这多个像素区域中以喷墨方式填入彩色颜料后，干燥彩色颜料，以形成多个彩色滤光单元，可再次图案化隔离层形成为柱状间隙物结构，隔离层可用作屏障，因此制作彩色滤光片时，彩色颜料不易在喷墨工序中因溢出黑色矩阵而造成混色。CN101008686A 提出一种挡墙分隔滤光片，且挡墙的侧壁与基板的夹角介于 60°～90°，利用上述挡墙可有效避免色材混色的问题。CN101034177A 提出在至少一像素区域中滴入阻抗材料；进行等离子处理，将黑矩阵的顶表面改变为具有疏墨性质；去除阻抗材料，以暴露出基板；在至少一像素区域中滴入色料；以及固化色料，以产生平坦的色料薄膜，通过在像素区域中滴入阻抗材料，能有效避免在疏墨性等离子处理时降低底部的亲墨性，进而改善色料在像素区域的填满状况，而使得色料覆盖完全、均匀。CN101344607A 提出基板具有多个底切轮廓的凹槽，黑色矩阵层配置于两相邻凹槽之间的基板上，且黑色矩阵层自凹槽的边缘延伸至凹槽上方形成和凹槽间的底切轮廓，彩色滤光层制作于每一凹槽之中，形成多个彼此分离的滤光薄膜，防止填入不完全。CN101710216A 提出一种包括一亲墨材料层以及一疏墨材料层的修补结构，其中亲墨材料层配置于基板上，且亲墨材料层与相邻的彩色滤光薄膜接触，疏墨材料层堆叠于亲墨材料层上，防止填入不完全导致的漏光。

（3）鸿海集团

鸿海集团又称鸿海精密集团，包括鸿海精密工业股份有限公司，富士康科技集团是台湾鸿海精密工业股份有限公司在大陆投资兴办的企业，鸿富锦精密工业（深圳）有限公司是富士康科技集团在大陆的全资子公司，群创光电股份有限公司是由鸿海集团创立的 TFT-LCD 面板专业制造公司，群康科技（深圳）有限公司是群创光电股份有限公司投资在大陆建设的公司。因此本文在统计分析时，将鸿海精密工业股份有限公司、鸿富锦精密工业（深圳）有限公司、群创光电股份有限公司、群康科技（深圳）有限公司均视为鸿海集团。

鸿海集团的突出特点是在中国申请的实用新型专利量很大，如图 26 所示，实用新型专利申请占总申请量的 40%，且实用新型专利申请主要集中在 2004 年和 2005 年，占全部实用新型专利申请的 94.3%。

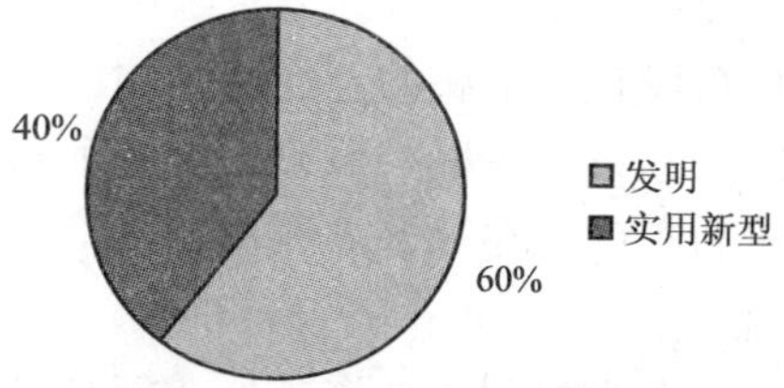

图 26　鸿海集团实用新型专利申请与发明专利申请分布

图 27 所示为鸿海集团申请的年代分布及发明专利授权分布图。可以看出，从 2003 年首次提出申请开始，鸿海集团的申请量迅速上升，2004 年到达顶点，随后逐渐下降，2009 年甚至出现空白。与此同时，发明专利的授权率仅有 2003 年超过 80%，发明专利的总授权率为 60.4%。

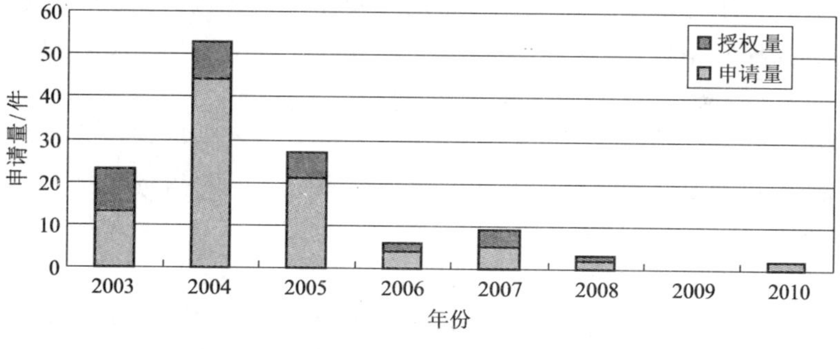

图 27　鸿海集团专利申请的年份及授权分布

以发明专利申请来看，鸿海集团的申请同样以涉及彩色滤光片的结构为主，占全部申请的 32.3%，关于制造方法的申请占全部申请的 11.3%。在彩色滤光片的类型方面，提出了 2 件干涉型滤光片的申请。申请的彩色滤光片应用于液晶显示器的，占全部申请的 94.6%，应用于电致发光显示器和电泳显示器的分别有 1 件。说明鸿海集团申请的绝大部分彩色滤光片专利均应用于液晶显示器。而在授权的发明专利中，涉及彩色滤光片的结构的专利占全部授权量的 56.3%，涉及制造方法的专利占全部授权量的 12.5%，另外分别有 1 件多元色、1 件干涉型滤光片、1 件化学组分的申请获得授权。而在涉及彩色滤光片的结构的专利申请中，授权的专利占彩色滤光片的结构总申请量的 60%。由此可见，涉及彩色滤光片的结构的专利不仅是鸿海集团技术的主要方向，也是其专利权的主要来源。

在彩色滤光片的结构方面，CN1532567A、CN1532606A、CN1538194A、CN1540366A 和 CN1540371A 均与着色层和黑矩阵的位置设置有关，其中 CN1532567A 提出着色层和黑色矩阵在基层上交替设置，着色层覆盖遮光层表面；CN1532606A 提出黑色矩阵包括一第一抗反射层、一遮光层和一第二抗反射层；CN1538194A 提出抗反射层至少由两层折射率不同的材料制成，遮光层形成于抗反射层表面；在基层表面形成的着色层与黑色矩阵在基层交替分布，并且该着色层的一部分延伸至该遮光层整个表面；CN1540366A 提出黑色矩阵包括堆叠的至少两相同的抗反射层，各抗反射层均包括两层折射率不同的第一膜层和第二膜层，该第一膜层和第二膜层层叠设置；CN1540371A 提出着色层与黑色树脂矩阵层在一基层交替分布，而且着色层的一部分延伸至黑色树脂矩阵层整个表面。

另有提出利用半透半反式液晶显示器中彩色滤光片的厚度不同来改善半透半反式显示品质的申请。CN1549009A 提出每一着色单元具有间隔设置的穿透区和反射区，穿透区的厚度为反射区厚度的两倍；CN1553256A 提出每一着色单元包括一反射区和一穿透区，穿透区的厚度大于反射区的厚度。

在对半透半反式液晶显示器的改进中，CN101165564A 还提出彩色滤光片基板包括一玻璃基底、一半穿透半反射膜和一彩色滤光片，半穿透半反射膜设置在该玻璃基底的邻近薄膜晶体管基板一侧，该彩色滤光片设置在该半穿透半反射膜的邻近薄膜晶体管基板一侧，以获得较佳显示效果。

还有对黑矩阵设置的改进，CN101295090A 提出黑矩阵具有导电性，且与导电层电性连接，使基板的电阻显著减小，可显著改善液晶显示装置的串扰。

（4）奇美集团

奇美电子股份有限公司于 1998 年由奇美实业股份有限公司投资创立，1999 年自行开发出台湾第一片大尺寸 TFT-LCD 面板，并拥有自建的彩色滤光片厂。因此本文所称的“奇美集团”包括奇美电子股份有限公司和奇美实业股份有限公司。又因为 2010 年 3 月，奇美电子、群创光电和统宝光电合并更名为奇美电子，所以本文所称的“奇美集团”不包括 2010 年 3 月以后由奇美电子提出的申请。

图 28 所示为奇美集团的年代申请及发明专利授权分布图。可以看出，奇美集团提出首件申请的时间在 2001 年，早于友达光电和鸿海集团，但 2002 年出现申请的空白；2003 年申请量迅速上升，2008 年到达顶点；虽然 2006 年申请量有所下降，但

2007年、2008年再攀高峰。与此同时，在奇美集团的专利申请中，均为发明专利申请。在发明专利的授权率方面，2001、2003、2004、2005、2006年的授权率均达到了100%。由此可见，奇美集团在2001—2006年专利申请质量非常高，确实非常具有创新力。2007、2008年和2010年的授权率较低，主要是因为有处于未决状态的申请，2007年的申请有75%为未决状态，2008年的申请有80%为未决状态，2010年的申请均处于未决状态。

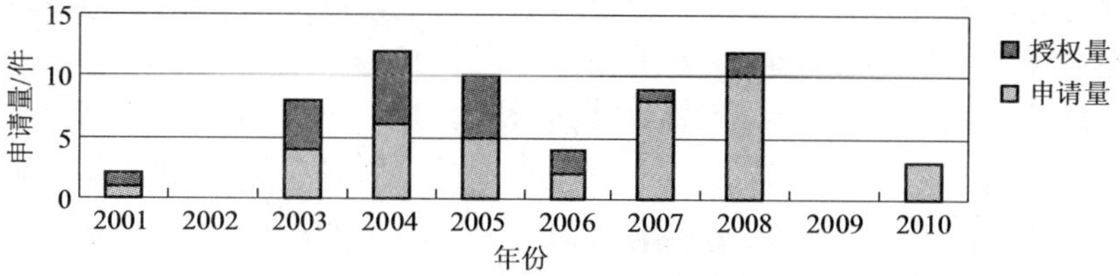

图28 奇美集团专利申请的年份和授权分布

图29为奇美集团专利申请领域分布图。从图中可以看出，奇美集团的申请主要涉及彩色滤光片结构方面的改进，占总申请量的54%；化学组分的申请占总申请量的26%，制造方法的申请占总申请量的10%，其他方面的申请占总申请量的10%。与其他中国企业相比，奇美集团在彩色滤光片的化学组分的申请比例相对较高，且化学组分的申请授权率也达到了70%。在彩色滤光片应用的显示器类型方面，92.3%的申请应用于液晶显示器，另有1件申请应用于电致发光显示器。由此可见，应用的显示器类型较少，液晶显示器占据主导地位。

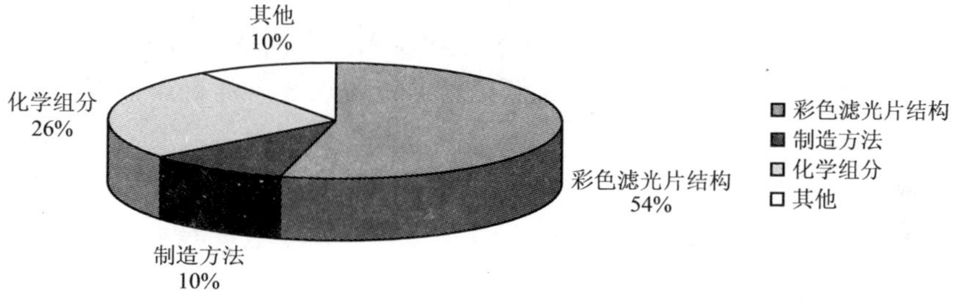

图29 奇美集团专利申请领域分布

在彩色滤光片结构方面，CN1731245A提出一种任意两相邻的像素区可共享至少一个滤色薄膜的滤光片结构以提高整体的解析度；CN1797109A提出具有一高介电常数的彩色滤光膜，使液晶层具有足够的跨压，从而可以提高液晶显示面板的画面显示的对比度；CN1888957A提出两相邻的彩色光阻图案以部分交叠的方式完全覆盖第二黑色树脂膜，遮光层配置于第一黑色树脂膜，且大致上覆盖第一黑色树脂膜，以有效改善边框漏光问题，且能提高整片基板膜层的平坦度，避免液晶配向异常；

CN101349829A 提出一种彩色滤光片，具有多个开口的阻障层，于阻障层上形成彩色滤光层，彩色滤光层具有多个单元以及多个黑色矩阵结构，该多个黑色矩阵结构介于多个单元之间，多个开口的第一宽度及多个黑色矩阵结构的第二宽度基于阻障层的第一开口率及彩色滤光层的第二开口率而决定，从而降低彩色滤光片的电力消耗。由此可见，奇美集团在彩色滤光片结构方面的改进涉及多种技术问题的解决。

在喷墨制造方法的申请中，CN101398561A 提出一种彩色滤光片基板，黑色矩阵设置于底材上，具有一开口，绝缘层设置于底材之上，并具有至少一第一区域，第一区域覆盖黑色矩阵，彩色滤光片设置于开口处，并具有一第一表面特性，第一自组装单层设置于第一区域上，并具有一第二表面特性，第二表面特性异于第一表面特性，第二自组装单层设置于开口处，并位于彩色滤光片及底材之间，第二自组装层具有第一表面特性，通过该彩色滤光片基板的结构，解决喷墨制造方法中容易产生的混色和黑色矩阵外溢问题；CN101387715A 提出在基板上形成预设为高度较高的黑色矩阵与彩色膜，再对黑色矩阵与彩色膜进行研磨，以使彩色膜的形状或厚度能够一致，因此可以解决利用喷墨法来制作彩色膜时容易因为个别喷嘴的变异而造成的波纹问题。

在涉及彩色滤光片化学组分的申请中，CN1584637A、CN1529206A、CN1554959A、CN1570764A、CN1776466A、CN1713005A、CN101750892A、CN102236258A 均提出了新的彩色滤光片用感光性树脂组成物，CN101634807A 和 CN102200688A 提出了新的黑色矩阵用感光性树脂组成物，由此可见奇美集团在化学组分的申请中，对感光性树脂组成物的成分做了很多改进。

四、对平板显示器用彩色滤光片领域专利技术今后发展趋势的展望和建议

（一）对平板显示器用彩色滤光片领域专利技术今后发展趋势的展望

通过对平板显示器用彩色滤光片领域专利申请的现状以及重点申请人和重点技术的分析可以看出，日本仍然占据着彩色滤光片研发和应用的主导地位，其重点申请人与专利申请量长时期保持在全球首位，而中国和韩国虽然近年来不断加大在研发上的投入，但在专利申请量及核心技术数量上仍然与日本有着一定的差距，但是该差距正在逐渐缩小。

从制造方法看，涉及喷墨法和颜料分散法的申请量目前远远大于其他传统的制造方法，并且主要集中在少数几家日本企业手中，如精工爱普生株式会社、凸版印刷株式会社及大日本印刷株式会社等，该领域的大型企业设置了较高的专利壁垒，其他企业关于上述制造方法的专利技术很难绕过上述现有的专利技术，因此今后很长一段时间涉及此类生产方法的专利申请仍然会集中在上述少数几家大型企业中。但是，上述制造技术已经很成熟，因此上述几种制造方法的专利申请大多应该会集中在对上述制造方法的细微改进上。颜料分散法中彩色光阻也必须经过多道涂布、曝光、显影制程，最后形成彩色滤光片，长期以来有着制程复杂以及设备成本高的缺点，且其平坦

性和均匀性不易控制。因此如何减少掩膜工艺，减少曝光工艺，节省制造时间及成本，并且制造具有高平坦性和均匀性的大型化彩色滤光片将是本领域今后着重解决的技术问题。在以喷墨方式制造彩色滤光片的过程中，一般喷射过的着色材料在已着色部分的周围会与相邻的其他颜色的着色材料发生颜色的相互混合，从而可能存在鲜明色再现困难的问题，因此使用此喷墨方式的彩色滤光片的液晶显示装置中存在彩色影像的色再现性差及显示品质低下的问题。如何提高喷墨法制造彩色滤光片的精度，将是各大公司着力解决的技术问题。由于已有的彩色滤光片的各种制造方法其专利技术成熟度已经较高，在现有技术基础上不太容易取得突破性进展，关于现有的制造方法的专利申请仅仅涉及相关技术的微小改进，因此可以预见，各大公司必将对新型的制造方法加大研发力度，从而在专利布局上抢占先机。

从图 13 可以看出，涉及液晶显示器的专利申请占到了总量的 77%，由于液晶显示器目前占据了平板显示器领域较高的市场份额，而生产大尺寸液晶显示面板的高世代生产线成为面板厂的建设重点，因此与液晶显示面板一比一搭配的彩色滤光片的高世代生产线的研发已经并将在今后较长时间内成为彩色滤光片生产线的重点研发对象。虽然液晶显示器一直在平板显示器领域占据主要市场份额，然而，近几年来，随着有机电致发光显示器（OLED）技术的逐渐成熟，OLED 越来越受到消费者的青睐。与液晶显示器相比，OLED 具有色彩鲜艳、耗电量低等优点。由于 OLED 属于自发光显示器，可以发出不同颜色的光，因此大多数 OLED 显示器不需要配置彩色滤光片，关于 OLED 的彩色滤光片的专利申请量较少。然而，OLED 厂商多由液晶面板厂商转产而来，采用白光 OLED 加彩色滤光片的方式可以最大限度地利用现有设备和资源，技术难度和成本都比较低，因此随着 OLED 技术的不断发展，使白光 OLED 进行彩色显示的彩色滤光片必然也越来越得到平板显示器厂商的重视，应用于白光 OLED 的彩色滤光片有可能会成为今后该领域的一个专利增长点。

此外，涉及彩色滤光片结构的专利申请也占有相当大的比例，主要是通过对其结构细节进行微小的改进，从而达到宽视角、高透过率、高对比度、高色再现性等效果。由于彩色滤光片的主体结构已经成型，短期内不太可能出现全新的结构，因此通过改进彩色滤光片细微结构从而提高彩色滤光片显示品质的相关外围发明，在今后一段时期内仍然会占有一定的比例。

另外，涉及黑色矩阵和 RGB 彩色光阻的材料研究也是现阶段以及今后很长一段时间内彩色滤光片材料研究的重点。

目前常用真空溅射 Cr 膜作为黑色矩阵，Cr 膜的优点在于膜薄而质密，因此较薄的膜也可获得好的遮光效果，但其生产成本较高，反射率高，在外部强光下显示对比度低，且具有对环境负担大的缺点。因此，已开发出替代 Cr 膜，将含有炭黑的感光性树脂组合物涂布形成黑色矩阵的技术，其优点在于反射率低，但是只有较大的膜厚才能获得需要的遮光效果，有可能在其中产生气泡等缺陷而难以变得均匀。因此，目前还开发出包含金属粒子和树脂组合物的复合材料，能在薄的膜厚下达到高遮光效果。近些年，还出现一些包含黑色颜料的有机脂组合物作为黑色矩阵的工艺，其光泽性好、表面粗糙性低且具有高遮光性，如包含一种Cardo类黏合剂和一种丙烯酰类黏合剂的碱溶性黏合剂树脂的黑矩阵光敏树脂组合物。另外，在喷墨法制备彩色滤光片的工艺中，还需要挡墙来将RGB彩色墨水隔开，Cr膜作为黑色矩阵的工艺需要在Cr膜上再形成挡墙，而目前已开发出使用有机树脂组合物来形成黑色矩阵的单层结构，其能达成传统黑矩阵与挡墙双层结构的效果，省去了制作挡墙的步骤。由此可见，有机树脂组合物材料的研发应是今后黑色矩阵材料研究的重点。

RGB彩色光阻材料的特性和工艺直接决定了彩色滤光片的特性。目前，颜料分散法使用的RGB彩色光阻材料主要包括碱可溶性树脂、光固化树脂、光引发剂、颜料、有机溶剂以及其他添加剂。从专利申请方面来看，研发重点朝向透过性、对比度、耐光、耐热性、耐化学腐蚀、保存稳定性、涂布性等方面做持续改进。

喷墨法使用的RGB彩色墨水中的主要成分包括溶剂、着色剂、高分子树脂以及其他组分，其中溶剂的比例约占墨水的90%以上，对成膜均匀性和稳定性有重要影响；选用颜料作为着色剂时，颗粒度必须尽可能小，否则会影响RGB彩色光阻材料的透明性；高分子树脂能提高着色剂的稳定分散性和成膜性能。从专利申请方面来看，墨水的浓度、均匀性、颜料粒径的细化是研发重点。

（二）对我国平板显示器用彩色滤光片领域专利技术发展的建议

通过之前的统计分析可以看出，日本在平板显示器用彩色滤光片领域的研发投入很大，多家日本企业在该领域具有技术垄断地位，反观我国，虽然近年来专利申请数量有了显著提高，但其中实用新型专利申请仍占有较高的比例，且国内企业所拥有的重量级的核心专利较少，鉴于现状，对我国平板显示器用彩色滤光片领域专利技术发展提出以下几点建议。

1. 加大对现有专利技术研究

目前，彩色滤光片领域的制造设备、方法及上游原材料等相关领域的核心技术专利绝大多数被日本企业垄断，国内企业较难进入现有的技术领域申请核心专利。因此，应当加大对现有专利技术的研究，一方面从外围寻求国外专利壁垒的突破口，申请相关领域的外围专利，如相关彩色滤光片结构细节的改进、制造方法中制程的简化等，对现有的国外企业的专利技术壁垒进行外部包围，给国外企业对现有专利技术进行延伸性申请时造成障碍。另一方面，企业也可以从自身生产实践中遇到的问题出发，积极探索解决问题的途径，在现有技术的基础上进行尝试性的改进，同时对技术改进点进行相关的专利申请。

2. 着力发掘新的专利技术增长点，提前进行专利布局

由于彩色滤光片相关现有专利技术已较为完备，国外企业的相关专利壁垒较高，国内企业如果仅仅着眼于对现有技术进行细节的改进，难免会受制于相关领域已经提前进行专利布局的外国企业。因此，国内企业应当加大对新技术的研究力度，增加对开创性技术的研发投入，发掘新的技术突破口，积极探索本领域的开拓性的技术，并且围绕其核心技术，提前进行专利布局，例如在前文提到的今后可能成为新的专利增长点的白光OLED用彩色滤光片的研发等。

此外，还可以从现有专利技术中寻找技术启示，积极研发现有技术的替代方案，并加快申请相关技术的专利，如彩色滤光片上游原材料的替代品，从而摆脱国外企业相关技术的束缚，降低生产成本。

3. 培养适合企业的专利人才

技术的竞争是高新技术型企业之间的竞争核心，而在竞争中取得优势乃至胜利的关键是知己知彼，因此具有独特“嗅觉”的复合型专利人才对企业而言越来越重要。企业在做新产品研发前的相关调研时，适合企业需要的专利人才应当至少具备以下素质：在搜集相关领域的专利情报的基础上，通过对现有情报的分析总结，结合企业自身技术状况，找出专利壁垒的突破口；在取得科研成果后，对已研发出的技术方案合理地界定出其专利的保护范围，并且在符合相关法律规定的前提下，争取最大可能的专利保护范围。

对于彩色滤光片，其技术涵盖有机高分子合成、颜料分散、光化学、涂料制造与光刻等专业领域，从技术上对专业的要求非常高。然而目前国内的专利代理人虽然对法律的理解和运用比企业内单纯的技术人员要好很多，但是对于技术的把握不够准确，而企业的技术人员虽然专业技术较强，但是对相关法律法规的理解和运用能力等方面却显得较为薄弱，这就造成了企业在技术与专利法规结合方面的脱节，导致其研发的成果不能得到有效的专利保护。常常是申请人虽然对现有技术做了一定程度的改变，这种改变导致了其申请与现有技术相比具有不同之处，然而由于相关人员对技术的理解不透彻，在申请专利时未能有效地规避现有技术，仍然落入了其他专利权人的专利保护范围内。涉及彩色滤光片的相关细节改进的申请尤其明显。专利撰写不规范也是国内申请人常见的问题，经常因为撰写问题导致申请文件无法进行有效的修改，导致申请不能被授权。这也是国内企业专利申请的授权率远低于国外企业的重要原因。因此，培养精通技术与相关法律的复合型人才是今后企业人力资源工作的重要方向之一。

4. 加强产学研结合

通过之前的统计分析可以看出，平板显示器用彩色滤光片领域的国内申请人主要集中在企业，而高校或科研院所在该领域的申请量非常少。一方面表明高校与科研院所对彩色滤光片领域的研发热情不高，另一方面也说明国内企业与高校、科研院所在该领域的交流合作较少，高校与科研院所未能及时了解到国内企业的实际需要。彩色滤光片是一个多学科交叉融合的技术，并且目前国外企业在该领域有较强的技术优势，因此国内企业更应当加强与相关领域的高校及科研院所合作，利用高校及科研院所的科研实力，结合企业自身需求，进行专业研发。高校与科研院所通过与企业之间的交流合作，也可以更加直接地了解到企业和市场的实际需求，从而开展更有针对性的研究工作。

五、结束语

彩色滤光片在平板显示技术中占据核心地位，近年来彩色滤光片技术飞速发展。虽然我国近几年在彩色滤光片领域的专利申请量快速增长，但是受到国外特别是日本企业的技术制约，国内企业目前在该领域科技含量较高的产品并不多，核心专利的申请量也较低。然而，我国在平板显示器领域所占的国际市场份额逐年增长，特别是我国目前已是世界最大的液晶电视生产国。国家发展和改革委《关于2010年继续组织实施彩电产业战略转型产业化专项的通知》中提出：重点支持平板显示关键配套材料研发及产业化，如TFT-LCD液晶面板配套的彩色滤光片（含彩色光阻）等。科技部也在2011年7月发布的《国家“十二五”科学和技术发展规划》中，提出要实现“新型显示”的关键原材料和显示屏的国产化，形成产业集群，促进我国显示产业升级转型。因此，国内企业应当抓住这一历史机遇，克服重重障碍，加快核心技术与产品的研发力度，摆脱对国外技术的依赖，开辟出属于中国企业的彩色天空。

参考文献

[1] 汪敏，凌安海，万异，谷至华．TFT-LCD彩色滤光片技术及其产业发展现状［J］．现在显示，2009（106）．

[2] 李宏彦，王大巍，李邓根．LCD彩色滤光片技术发展［J］．现在显示，2005（55）．

[3] 徐玉娟．彩色滤光片产业最新发展趋势［J］．电子与电脑，2005（4）．

[4] 王红光，郑建国，王群．彩色滤光片新产品开发管理的研究［J］．机械管理开发，2010（118）．

[5] 高鸿锦，董友梅．液晶与平板显示技术［M］．北京：北京邮电大学出版社，2007．

投影显示专利技术现状及其发展趋势

谭晓波　王新安

（国家知识产权局专利局光电技术发明审查部）

一、引言

投影显示（Projection Display）是显示领域里的一个历史悠久而持续发展的重要分支。中国古老的皮影和17、18世纪欧洲魔术师们使用的幻灯机都是投影显示的启蒙应用。从早期只能投影静止图像的简单幻灯机到可连续放映图像的电影胶片放映机，从20世纪40年代出现的大屏电视系统Eidophor和50年代出现的阴极射线管（Cathode Ray Tube，CRT）投影机到现在嵌入手机、MP4等手持终端的微型投影仪，投影显示技术不断为大众生活添光加彩。世人都不会忘记2008年北京奥运会开幕式上那令人惊叹炫目的华丽光彩世界，这正是现代投影显示技术的杰作。

由于液晶显示（Liquid Crystal Display，LCD）技术、半导体制造技术和计算机技术的不断发展，投影显示技术在20世纪最后十年取得了飞速发展，适应数字化和高清显示市场需求的新型投影显示技术迅速取代了传统体积巨大的CRT投影显示技术。目前最具代表性的投影显示技术有3LCD投影显示技术、数字光处理（Digital Light Processing，DLP）投影显示技术和硅基液晶（Liquid Crystal on Silicon，LCOS）投影显示技术。最近两年，在微型投影仪领域，MLP（Miniaturized Laser-diode Projector）投影显示技术也已经走向成熟。在这些新型的投影显示技术中，最早成熟的3LCD和DLP是目前投影显示技术的主流。根据日本富士总研（Fuji Chimera Research Institute）的调查报告，在2010年全球投影显示器件市场中，LCD与DLP几乎平分秋色，DLP约占51.5%，LCD约占48.2%，二者总共占比超过99%，LCOS只占约0.3%。

新型投影显示技术从其在实验室中产生，再到成熟应用到教育培训、商务交流、会议展览、影院、家庭娱乐等各个领域形成产业化，世界范围内很多显示产业领域的大公司和研究机构投入了大量的资金和技术力量，解决了从投影显示器芯片制造、分辨率、亮度、色彩、对比度、清晰度、图像梯形畸变、光源利用效率、冷却散热、人机交互等很多难题，产生了大量的专利技术。

我国《国家中长期科技发展规划纲要 2006—2020》将投影显示技术纳入优先发展的主题，指出应“重点发展高清晰度大屏幕平板显示，开发有机发光显示、场致发射显示、激光显示等各种平板和投影显示技术”。通过对投影显示领域专利技术进行统计分析，可以帮助国内相关企业、研究机构和产业政策制定部门更好地了解投影显示技术的发展历程，客观分析企业自身发展所面临的专利技术现状，更准确地判断技术发展的趋势和把握技术发展的市场前景，从而为相关机构制定发展规划提供参考。

二、现代投影显示主要技术介绍

从实现投影显示的架构来说，可以使用基于显示板的方式，即对对应整个屏幕的显示板进行图像光编码调制；也可以使用基于扫描镜的方式，即利用扫描镜对显示板进行扫描，将光源偏转到屏幕特定像素位置。目前主流的投影显示技术都是基于显示板的投影显示方式。

1. 3LCD 投影显示技术

3LCD 投影显示技术是最早成熟并投放市场的现代投影显示技术，其核心部件是高温多晶硅（High Temperature Poly-Silicon，HTPS）LCD 面板，3LCD 投影机的一般结构是由高亮度卤素灯穿透照射分别负责红、绿、蓝三基色的三片 HTPS 面板后由十字合光棱镜合光，再由投影透镜组放大投射成像。HTPS 是有源矩阵驱动方式的透过型薄膜晶体管（Thin Film Transistor，TFT）LCD 面板，相较于其他 LCD 面板具有耐高温、更小型、高分辨率、高对比度、可内置驱动器等特点，非常适合用作投影机光阀。3LCD 投影显示技术最早由精工爱普生（Seiko Epson Corporation）和夏普（Sharp Corporation）研发，目前，核心技术主要掌握在精工爱普生和索尼（Sony Corporation）手中，基本上只有精工爱普生对外提供面板。

凭借对 HTPS 的持续投入和将其应用于投影显示的不断努力，1989 年 1 月，精工爱普生推出了全球第一台液晶投影机 VJP-700，其采用 3 块 1.3 英寸 HTPS-TFT 面板。此后不久，夏普也于 1989 年 6 月 5 日推出了其第一台投影机 XV-100Z，其采用 3 块 3 英寸 TFT 面板。随后，精工爱普生制定目标在四个方面对 LCD 投影机进行改进：在室内照明灯亮的状态下投影图像清晰可见、可显示 VGA（640×480）分辨率图像以与当时的 PC 机兼容、轻便化、合理的价格，经过大量研发，最终在 1994 年推出的 3LCD 投影机 ELP3000 上全部实现了上述目标，自此 3LCD 取代传统的三枪 CRT 投影机而开创了投影机的新时代。

此后，HTPS 经过多家 LCD 企业特别是精工爱普生和索尼的不断研发改进，在影响光源利用率和图像亮度的液晶开口率、影响对比度的液晶漏光现象、影响图像动态显示能力的液晶响应速度等方面得到很大提高。

2. DLP投影显示技术

DLP投影显示技术几乎与3LCD投影显示技术同时起步，但技术成熟时间晚于3LCD投影显示技术。DLP投影显示技术的核心部件是数字微镜装置（Digital Micromirror Device，DMD），DMD是基于微机电系统（Micro Electromechanical System，MEMS）的微反射镜阵列，DLP投影机通过偏转DMD的微反射镜而将光源投射到屏幕，在光学引擎架构上，既可以采用单片DMD，也可以采用三片DMD。单片式DLP投影机一般采用滤色器件，例如色轮（color wheel），按时序方式将光源分光为所需各基色光后照射DMD，再由DMD的微反射镜阵列反射后由投影透镜投射到屏幕，由于DMD的微反射镜可高速偏转成对投影光的“开”或“关”状态，因而可以形成数字灰度等级和彩色图像。单片式DLP由于颜色被时序投射而造成显示图像的颜色分离，形成所谓的“彩虹效应”（rainbow effect），另外，时序式显示方式也易使人产生眩晕感，通过提高色轮转速和增加色轮色段数可以改善上述缺陷。三片式DLP投影机的每一个DMD对应一种基色光，各基色光通过微反射镜反射后再合光，然后通过投影透镜投射形成彩色图像，一般用于较高端的系统。DLP投影显示技术的核心专利独家掌握在美国德州仪器手中。

1977年，德州仪器开始探索利用器件的反射来操纵光，1987年推出DMD芯片，1994年推出DLP原型机，1996年正式向市场供应DLP系统。其后，通过改进微镜偏转角度（由最初的10°改进为12°）和间距、改变芯片金属基底颜色等一系列改进措施。与LCD投影机相比，DLP投影机获得了超乎寻常的高清晰、高对比度等优势，此外，由于可以以非常高的速度控制DMD的微反射镜的偏转，因而DLP投影机具有较高的图像动态显示能力，加上单片式DLP投影机的光学系统可以设计得相对简单，适合小型化，以及反射式芯片相对于透射式微显示器与生俱来的高亮度、高寿命，DLP投影显示技术获得了市场的广泛认同，富可视（InFocus Corporation）、明基（BenQ Corporation）、巴可（Barco Inc.）、夏普、三菱电机（Mitsubishi Electric Corporation）、优派（ViewSonic Corporation）、三星电子（Samsung Electronics Co.，Ltd.）、惠普（Hewlett-Packard Development Company，L.P.）、奥图码（Optoma Corporation）等众多知名企业加入DLP阵营，到2006年1月，采用DLP技术的投影机全球市场份额首超50%，超过LCD投影机。

3. LCOS投影显示技术

LCOS投影显示技术的核心部件是LCOS微显示器面板。LCOS微显示器面板是反射式电控液晶光阀阵列，是LCD与CMOS集成电路的有机结合，最早由美国的国际商业机器公司（International Business Machines Corporation）、英特尔公司（Intel Corporation）和休斯公司（Hughes Aircraft Co.，Inc.）投资研发。LCOS实质是CMOS工艺，进入门槛相对较低，Aurora Systems（Aurora Systems Inc.）、索尼、JVC（Victor Company of Japan）、奇景光电（Himax Technologies Ltd.）、中芯国际

（Semiconductor Manufacturing International（Shanghai）Co.，Ltd.）等众多厂家都参与设计和/或生产，技术分散，例如索尼的 SXRD（Silicon X-tal Reflective Display）技术，JVC 的 DILA（Direct-Drive Image Light Amplification）技术，佳能的 AISYS（Aspectual Illumination System）技术等，但由于芯片生产良率不够高以及技术分散，市场占有率目前还比较低。

在光学引擎架构上，与 DLP 投影机类似，单片式 LCOS 和三片式 LCOS 投影机都很常见。

三、专利技术分析样本构成

1. 数据库选择

分析样本来自德温特世界专利数据库（WPI）和中国专利文摘数据库（CNABS）。选择 WPI 数据库的原因在于 WPI 专利收录虽然不是特别全面（目前收录 8 国 2 组织在内的 47 个国家和组织的专利文献），但其收录的专利是相对比较重要的专利，并且引入了专利族的概念，将巴黎公约中定义的等同专利视为一个专利族，从而可以避免专利分析中出现大量重复专利的情况。CNABS 数据库收录了从 1985 年以来全部公开的中国专利文献的文摘信息，由于采用以一个专利申请为一条数据记录的形式，因此可以避免获得授权的申请因具有申请公开和专利授权两种类型的文献所导致的重复统计。

2. 检索领域和关键词

投影显示涉及的技术领域比较广泛，根据《国际专利分类表》（第 8 版）（IPC），首先考虑了 G03B21/00 这一大组以下的所有文献，并特别统计了其中表示投影机整体的 G03B21/00、G03B21/14 下除用于冷却外的零部件、用于冷却的 G03B21/16、用于屏幕的 G03B21/56 - 21/62，此外，还考虑了用于光机引擎的 H04N5/74、H04N9/31 和 G02B27/18。由于涉及芯片制造和光源方面的专利文献与投影显示领域的关联度难以明确确定，考虑这些领域的相关专利文献时结合了比较典型的关键词，这些关键词包括：投影显示、投射显示、投影机、投影仪、三维投影、3D 投影、微镜、DMD、DLP、硅基液晶、硅上液晶、LCOS，并且由于使用这些典型关键词后检索到的相关文献量会明显偏低，因此只将这些文献考虑到整体文献之内，但没有针对光源、微显示器芯片制造、3D 投影等这些与其他领域交叉的细分领域进行统计分析，只在分析专利技术发展趋势时做了技术发展介绍。

3. 检索范围的时间界限

根据法定安排，一般申请需要满 18 个月才公开，因此，截止检索时间（2012 年 5 月），2010 年还有极少数申请没有公开，2011 年还有比较多的申请没有公开，为了不致产生明显的趋势误判，本文在对申请的年代分布情况进行分析统计时，没有给出其 2011 年及以后的统计数据。

四、投影显示领域专利技术现状

1. 世界范围内投影显示领域专利技术统计分析

(1) WPI 中投影显示领域专利申请的年代分布情况

图 1 是 1974 年以来本领域在 WPI 中收录的专利申请量变化情况。选择从 1974 年开始统计是因为虽然 WPI 最早收录的专利文献可以追溯到 1948 年，但早期收录的技术领域非常有限。具体来说，有关药物的专利是从 1963 年开始收录，有关农业的专利是从 1965 年开始收录，有关塑料和聚合物的专利是从 1966 年开始收录，一般化学是从 1970 年开始收录，而其他各技术领域是从 1974 年才开始收录。

从图 1 可以看出，投影显示领域专利申请在 1990 年左右逐渐进入活跃期，此时正是 LCD 投影显示技术走向成熟的时候。随后，在 1997 年达到一个小高峰，此时，正是 DLP 投影显示技术成熟而广泛投向市场的时候。再之后，随着投影机进入家庭娱乐等众多领域，特别是 2006 年前后背投电视一度被认为可能成为电视机中的主流产品，投影显示技术受到许多电视机厂商的关注，因而在这段时期形成了投影显示技术领域专利申请量的最高峰。然而，背投电视在电视机市场仅仅是昙花一现，完全不敌平板电视而基本上退出了电视机市场，失去这一大众消费市场的投影显示技术其专利申请量因而也在 2007 年后呈逐渐下降趋势。

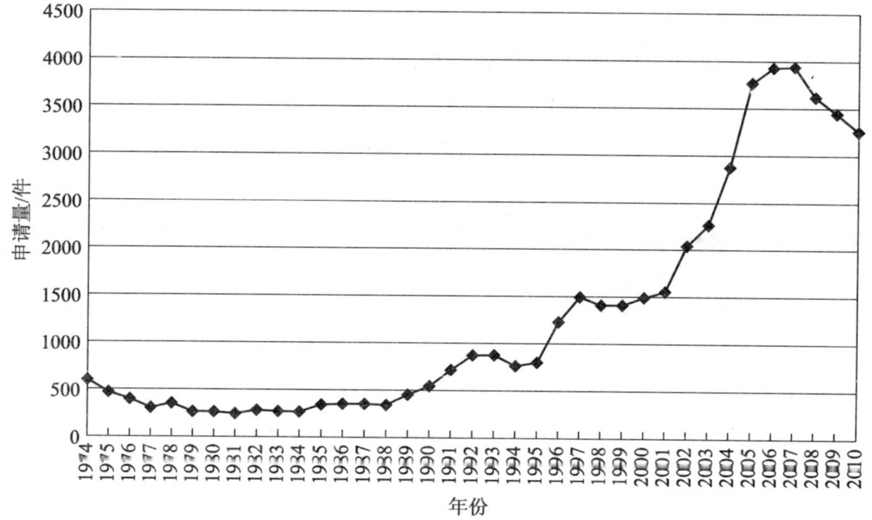

图 1　1974 年以来 WPI 中投影显示领域专利申请的年代分布情况

(2) WPI 中投影显示领域专利申请的分类号分布情况

由图 2 可知，首先，投影显示各子领域的申请量都在 2004—2007 年间达到一个相对的高峰期，并且光机或光学引擎方面的申请量在该高峰期及以前一直明显大于其他子领域的申请量。这是因为，光机或光学引擎是投影显示的关键部件和结构，与投影图像的显示性能最为密切相关，一直是投影显示领域重点突破的方向。

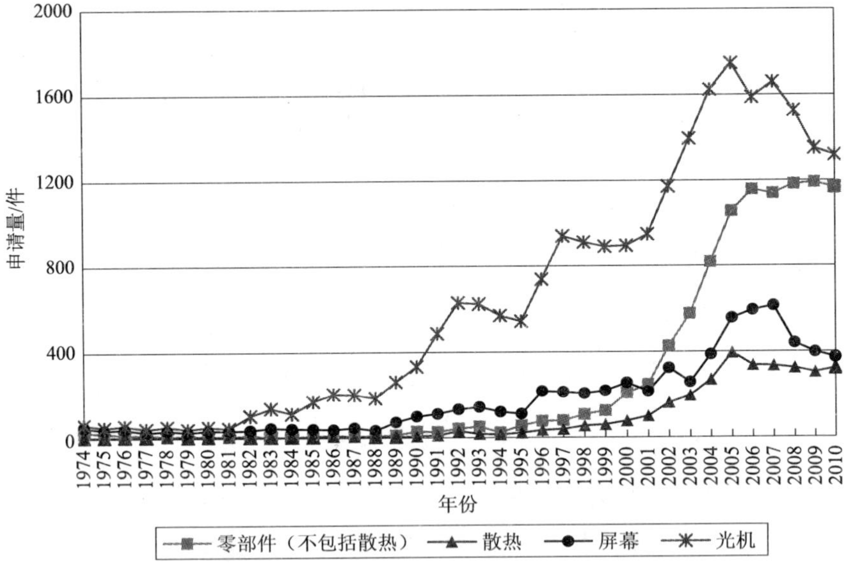

图 2　WPI 中投影显示领域专利申请的分类号分布情况

其次，2004—2007 年的高峰期之后，除了与散热和其他零部件相关的申请量整体还较平稳外，与光机和屏幕相关的申请量出现了一定程度的下降。究其原因，一是近年来作为重大创新的光机或光学引擎方面的改进已经放缓，二是背投电视热的消退导致屏幕方面的专利申请量也明显下降。

整体看，投影显示领域的技术发展已经进入相对平稳的发展期，对于结构零部件方面的技术改进成为相对活跃的重点。

（3）WPI 中投影显示领域专利申请的申请人国家（地区或组织）分布情况

一般来说，专利申请的申请人所在地代表了创新技术的来源地，因此，某领域的专利申请的申请人国家（地区或组织）分布情况最能反映不同国家（地区或组织）在该领域的技术实力。

图 3 显示的是 WPI 中投影显示领域申请人按照国家、地区与组织分布的前十名情况。从图中可以看出，日本的申请量最大，是排名第二位的美国的申请量的大约三倍，这代表了日本在投影显示领域的技术处于绝对优势地位。美国紧随其后，中国大陆申请人的申请量居于第三。值得一提的是，中国大陆的专利制度 1984 年才开始建立，1985 年开始有本领域的第一件申请，近年来发展十分迅速，显示出中国大陆申请人的专利意识和技术实力正在迅速提高。

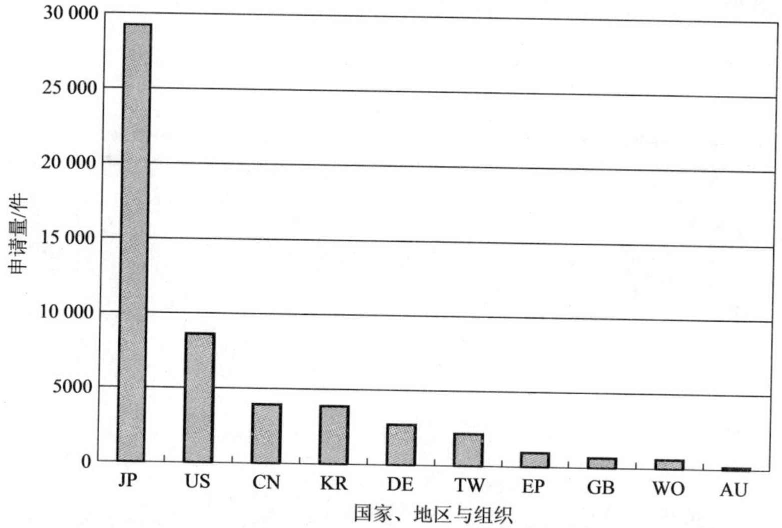

图 3 WPI 中投影显示领域申请人按照国家（地区或组织）分布前十名

图 4 显示的是 WPI 中投影显示领域申请国（地区或组织）按年份分布的情况。从图 4 中可以看出，老牌技术强国美国和德国的在 20 世纪 70 年代申请量处于领先地位，然而进入 20 世纪 80 年代以后，其技术优势逐渐被日本赶超，尤其是 20 世纪 90 年代以来，日本的申请量突飞猛进，逐渐获得了绝对优势地位；而美国在 2000 年之后在本领域的发展也十分迅速，但近年来有所放缓，特别是最近几年，有逐步被中国赶超的趋势。而韩国的申请人比较集中，主要是几家大的财团控制下的企业，专利的申请量变化较为剧烈，最近几年的申请量大幅下滑。

综合图 3 和图 4 可见，本领域的最大创新来源地是日本，技术大国美国居于第二位，而随着本领域制造产业向中国大陆的转移，中国大陆申请量的增长十分迅速，并且从总体来看，只有中国的申请量在持续上升，显示本领域中国申请人的自主创新能力正在逐渐增强。

（4）WPI 中投影显示领域专利申请对象国（地区或组织）分布情况

专利申请的对象国（地区或组织）分布情况首先也可以体现不同国家和地区的技术创新的活跃程度，因为大部分创新主体会将其专利在其所在国（地区或组织）申请专利，但专利申请的对象国（地区或组织）分布情况更主要的是还能一定程度体现各创新主体对各国（地区或组织）市场的重视程度，因为如果自己的产品不大量进入某个国家（地区或组织），除了少数比较核心的专利技术，一般企业并不愿意花费大量财力到该国（地区或组织）申请大量专利，专利申请的国家（地区或组织）分布情况还代表了产品的消费热点地区以及潜在看好的消费热点地区，可以体现不同国家（地区或组织）的经济发展情况。

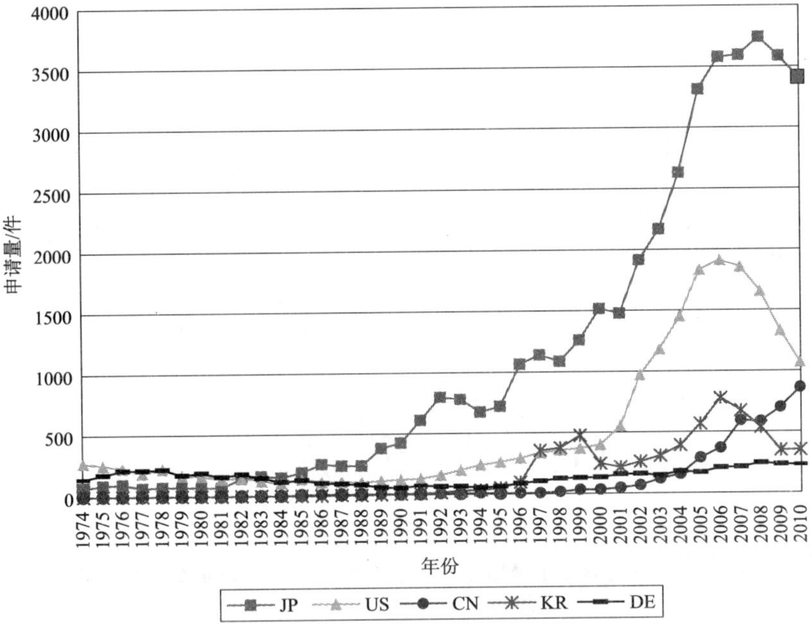

图 4　WPI 中投影显示领域申请国（地区或组织）按年份分布情况

图 5 是投影显示领域专利申请的国家（地区或组织）分布情况。从图 5 中可以看出，数量最高的是日本（JP），其次是美国（US）、中国（CN）、韩国（KR）、欧洲（EP）、德国（DE）、中国台湾（TW）、英国（GB）以及澳大利亚（AU）。这其中，日本、美国既是技术强国也是消费大国；中国首先是消费大国，目前技术进步也很快；韩国、中国台湾地区是投影显示技术的后起之秀。另外，图 5 中的 WO 代表向世界知识产权组织提交的 PCT 申请。

对于图 6 应该关注其中对中国的申请量的变化情况。从整体变化趋势看，对美国、日本、韩国三国申请量的变化情况基本上与本领域世界范围内申请量的变化趋势一致，而对中国的申请量变化情况却与世界趋势稍有不同。1985 年之前，中国还没有建立专利制度，因此在此之前对中国的专利申请量为零。但 1985 年之后的一段较长时间内对中国的申请增长依然非常缓慢，对中国的申请快速增长是从 2001 年左右开始的，这与中国经济快速成长、于 2001 年加入世界贸易组织并从此大力加强知识产权保护显然关系密切。此后，对中国的申请量在 2003 年超过对韩国的申请量，在 2010 年超过对美国的申请量，表明了中国经济、技术与知识产权保护方面的持续成长。另外，对美国、日本、韩国等国的申请于 2005—2007 年达到峰值，之后逐年下降，但这一趋势在对中国的申请量方面体现得没有那么明显，对中国的申请量整体上还是处于上升趋势，这多少体现了从 2008 年左右开始的世界经济危机对世界整体经济的影响，但其对中国的影响显然要比对其他国家的影响小得多。

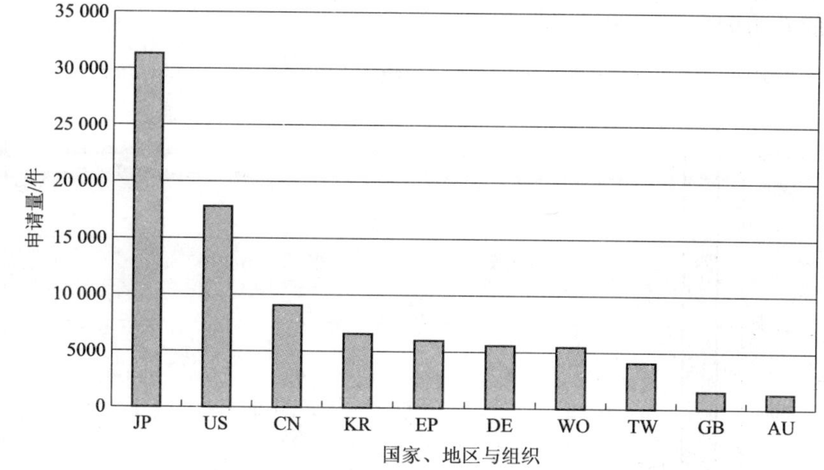

图 5 WPI 中投影显示领域专利申请对象国（地区或组织）分布情况

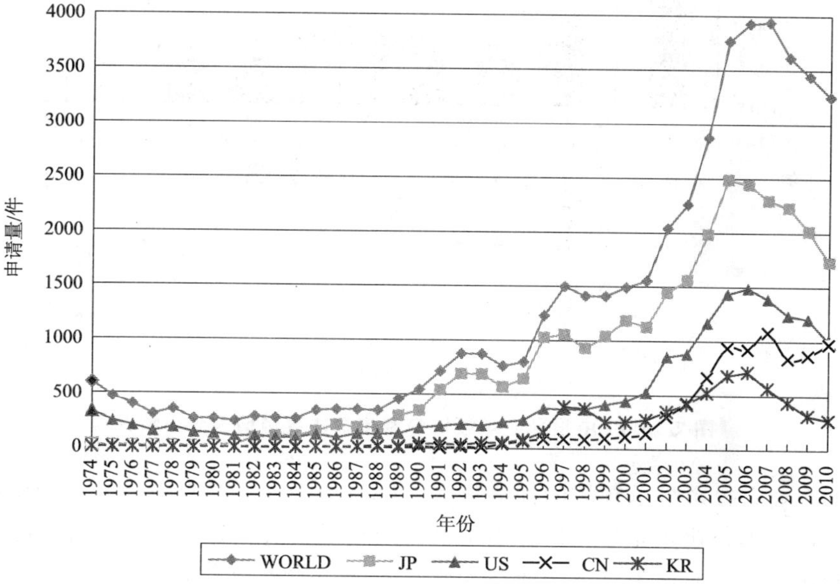

图 6 WPI 中投影显示领域专利申请对象国（地区或组织）按年份分布情况

(5) WPI 中投影显示领域专利申请的主要申请人情况

图 7 中列出了投影显示领域申请数量前二十位的申请人，除了两家韩国公司进入了前二十位外，其他 18 家公司均来自日本（其中柯尼卡飞利浦电子株式会社为合资），可见日本的众多公司在投影显示技术领域占据着绝对优势；其中又以精工爱普生株式会社的申请量最大，其在本领域的申请量（6111 件）是第二名索尼公司（2065 件）的近三倍，占有绝对优势，说明其不但技术实力最强，同时也注意用专利

保护自身的发明创造。

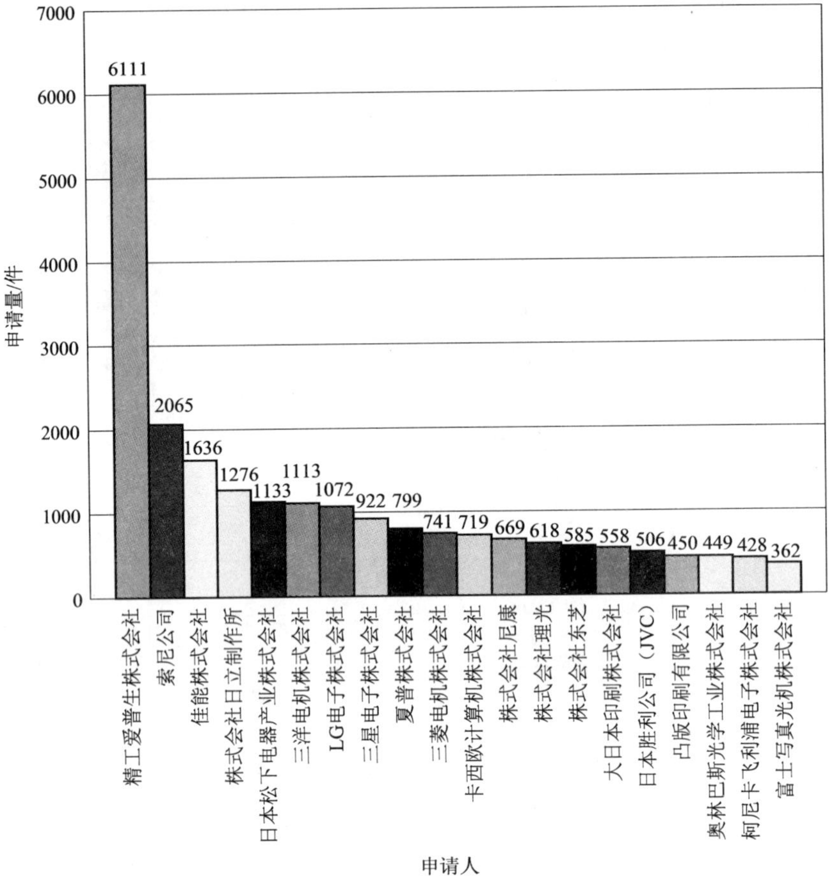

图 7　WPI 中投影显示领域专利申请主要申请人分布情况

日韩企业在投影显示领域的优势很大一部分原因在于其在液晶制造领域的领先技术，此外，日本企业在光学元件方面也具有突出的优势，这两大领域都是投影显示技术的基础领域，因而这为日本企业在投影显示领域取得领先地位奠定了坚实的基础。

2. 在中国申请的投影显示领域专利技术统计分析

(1) CNABS 中投影显示领域专利申请的年代分布情况

图 8 展示的是 1985 年以来 CNABS 中投影显示领域专利申请的年代分布情况。从图 8 可知，与世界投影显示领域的专利申请量变化趋势不同，在我国该领域的申请量近年来始终保持在高位。虽然 2008 年受经济危机的影响，申请量略有下降，但很快又恢复到了高峰状态。一方面，随着我国经济的发展，我国已经成了投影仪的最大消费市场，投影显示领域世界各国申请人的专利申请因而持续进入我国；另一方面，

该领域国内技术发展也逐渐升温，着眼于国内投影显示的巨大市场，一些国内公司正在积极进行研究开发，逐步在投影显示领域展示了实力，专利申请方兴未艾。

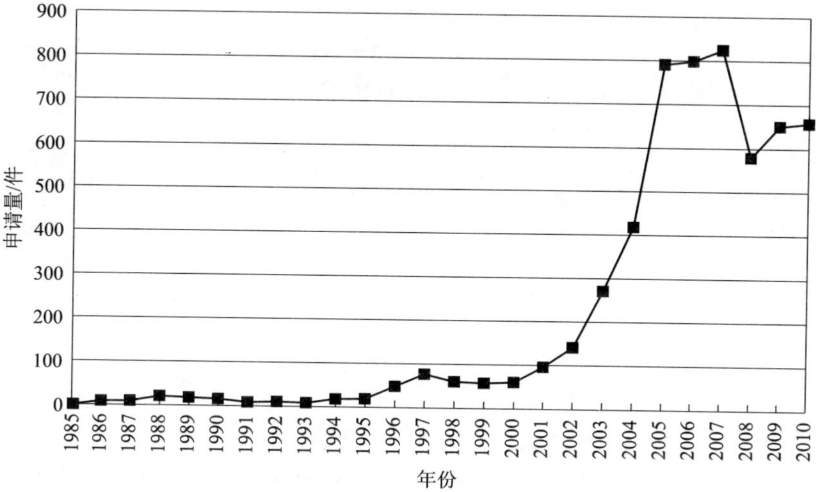

图 8　1985 年以来 CNABS 中投影显示领域专利申请的年代分布情况

(2) CNABS 中投影显示领域专利申请的来源国别分布情况

图 9 展示的是 CNABS 中投影显示领域专利申请的来源国别分布情况。从图 9 可以看出，随着近年我国技术的进步以及发明人对专利保护重视程度的提高，在投影显示领域，我国国内总的申请量已经大于国外申请人的总申请量，但优势不大。并且，还应该同时注意到，虽然我国国内申请人的总申请量已经大于国外申请人的总申请量，但数量毕竟还不是质量。国内申请人的申请量虽然持续上升，但国内申请中实用新型的比重还比较高，专利申请的总体质量还不强，基础原创性的专利申请还比较少，细微改进型的专利申请比较多。

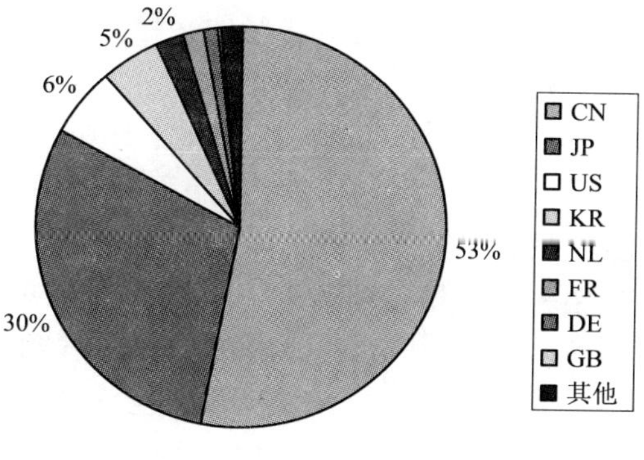

图 9　CNABS 中投影显示领域专利申请的来源国别分布情况

图 10 展示的是 CNABS 中投影显示领域专利申请来源国的年代分布情况。从图 10 可以看出，国内申请近年来方兴未艾，总的申请量已经超过本领域的第一大国日本，说明投影显示技术近年来已经成为我国的一个技术热点，这与投影显示设备的制造产业向我国转移，以及新的投影技术（如 LCOS 技术）的兴起逐渐打破日本大企业的技术垄断，使得众多中小企业可以加入投影显示领域有关。

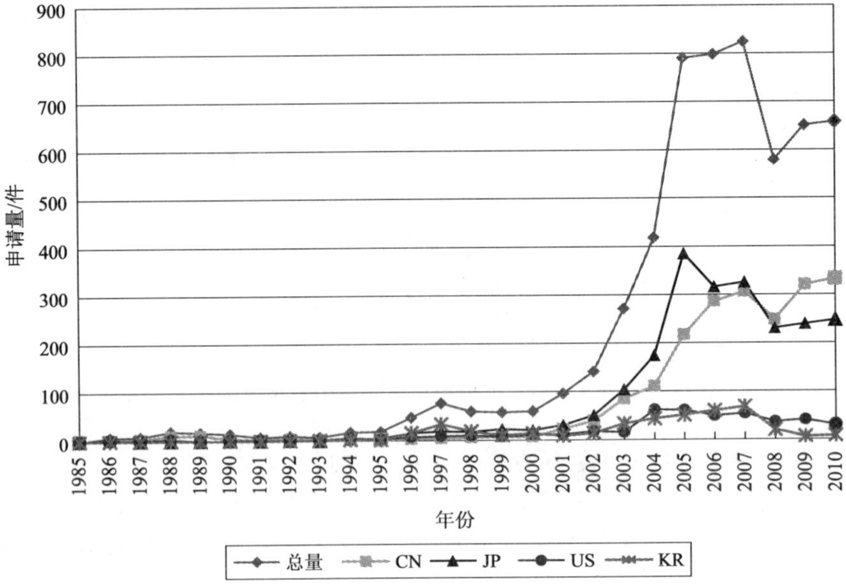

图 10　CNABS 中投影显示领域专利申请来源国的年代分布情况

（3）CNABS 中投影显示领域专利申请的分类号分布

图 11 展示的是 CNABS 中投影显示领域专利申请的分类号分布情况。与 WPI 中该领域的申请的分类号分布情况类似，投影显示技术领域近年来的发明改进主要在零部件领域，说明本领域的技术发展已经进入相对的平稳发展期，期待新的创新性的投影显示技术的出现。

（4）CNABS 中投影显示领域专利申请的申请人分布

图 12 展示的是 CNABS 中投影显示领域专利申请的申请人分布情况。虽然国内申请总量较大但申请人分布较为分散，因此，从总的申请量来看，精工爱普生株式会社的申请量仍然占据绝对领先，而排在国内申请人首位的是鸿海精密工业股份有限公司（184 件）。需要注意的是，有些申请人，出于专利战略或专利申请费用的考虑，特别是在中国大陆已经设有研发机构或生产工厂的情况下，可能采用不同的申请人名称进行申请，如鸿海精密工业股份有限公司（184 件）与鸿富锦精密工业（深圳）有限公司（169 件），佳世达科技股份有限公司（89 件）与苏州佳世达光电有限公司

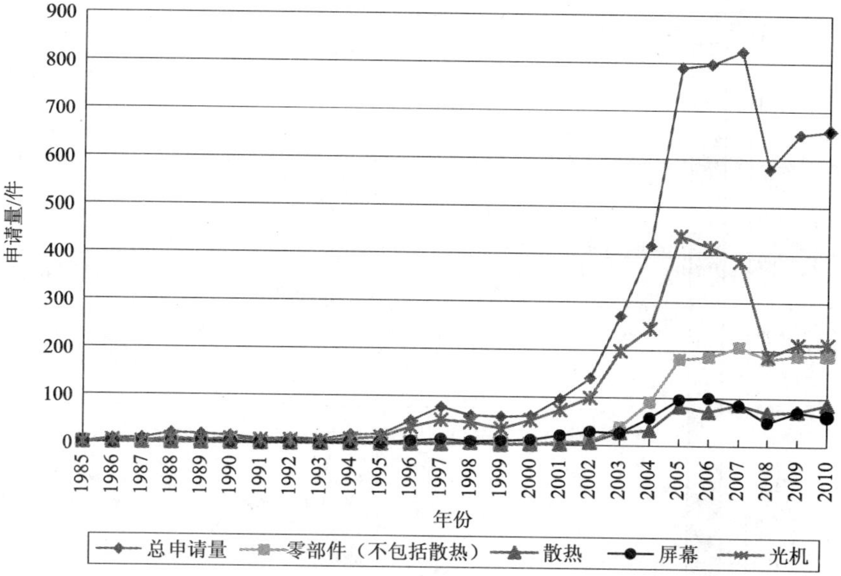

图 11　CNABS 中投影显示领域专利申请的分类号分布情况

（65 件）等，都是具有密切关联的申请人，如果将其申请量合并，则总的申请量也不容小觑。

图 13 展示的是 CNABS 中投影显示领域专利申请的国内地区分布情况。从图 13 可以看出，来自台湾省的国内申请的申请量占绝对优势，申请量是第二名上海市的两倍还要多，其他国内申请人主要分布在沿海经济相对发达的地区。

3. 主要公司介绍及其专利技术分析

（1）精工爱普生株式会社（Seiko Epson Corp.）

日本的精工爱普生是投影显示领域同时注重技术与市场的行业龙头企业，凭借其在精密加工工艺与技术上的深厚积淀，开创了投影显示技术的新时代。精工爱普生一直致力于技术产品的专利保护，从专利申请量来看，在世界范围内其专利申请在投影显示领域位居第一（6111 件），在中国国内，精工爱普生株式会社的申请量也排名第一（983 件）。此外，精工爱普生在专利撰写的严谨与规范上也堪称典范，其很多专利申请都成了世界各地各领域发明创造者撰写专利的范本。与其专利申请相适应，在全球投影机市场，精工爱普生也常年占据市场第一的位置。

早在 20 世纪 70～80 年代，日本的精工爱普生和夏普在逐步将 LCD 成功应用于手表、计算器、袖珍彩色电视机等电子产品后，都很快意识到 LCD 会对投影显示技术产生变革性影响。1982 年，精工爱普生推出可以收看电视的电视手表，但其清晰度有限，于是，精工爱普生努力提高 LCD 的清晰度，于 1984 年推出了采用 TFT 型 LCD 面板的袖珍彩色电视机 ET-10，这也成为了现代液晶电视领域的里程碑事件。

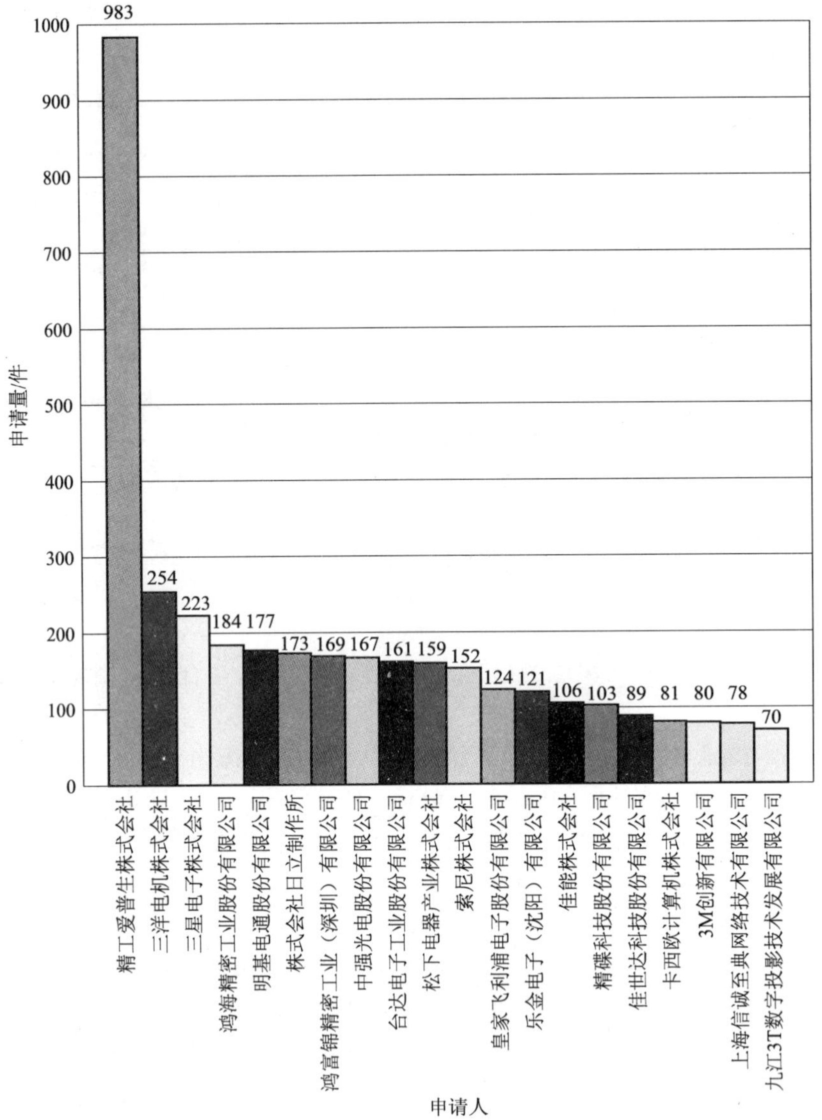

图 12　CNABS 中投影显示领域专利申请的申请人分布情况

然而，虽然 ET－10 的图像非常清晰，但其显示图像毕竟只有 2.5 英寸（对角线 5.2 厘米）大小，于是精工爱普生又致力于研发一种适合将该清晰小图像投影放大的新型 LCD 面板。终于，在 1989 年 1 月，精工爱普生推出了全球第一台液晶投影机 VJP－700。从此，精工爱普生一直将投影机作为其主要的业务之一，不断改进技术，成为 HTPS 面板和 LCD 投影机最主要的供应商。

正如前文提到的，精工爱普生早期致力于提高 3LCD 投影机投影图像的亮度以便可

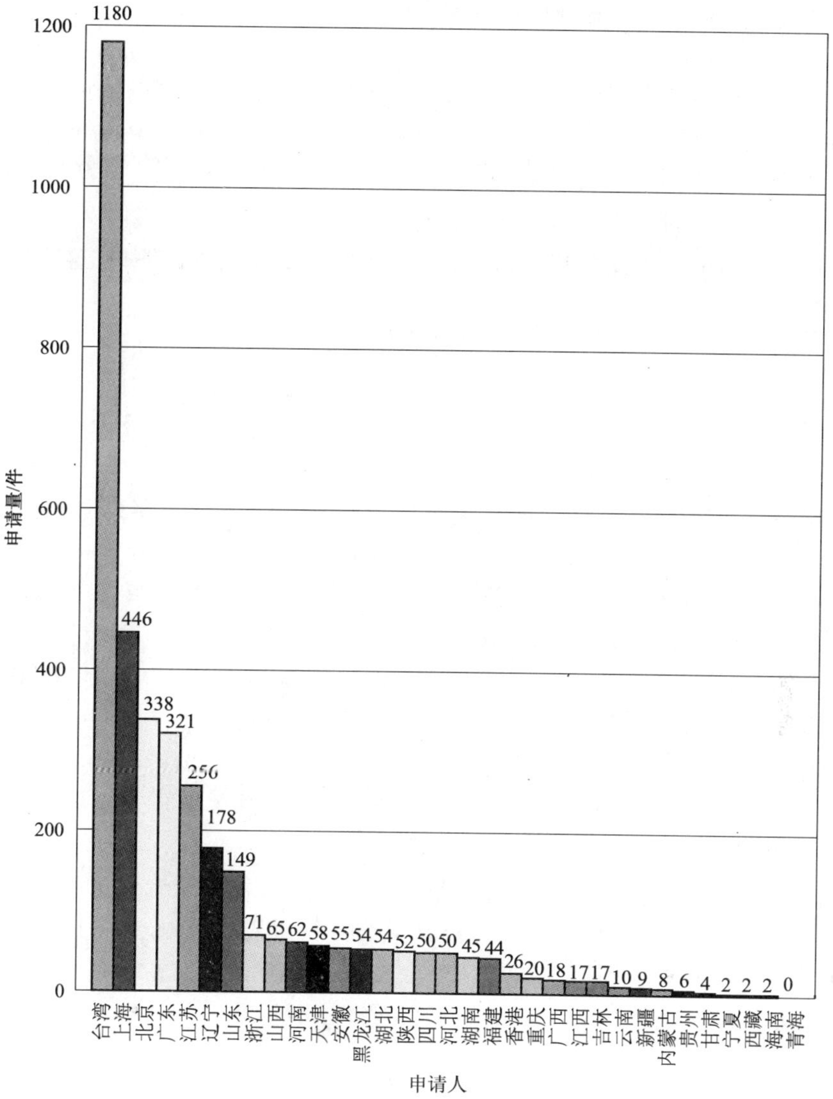

图 13 CNABS 中投影显示领域专利申请的国内地区分布情况

以在明亮的环境里正常观看投影图像，因此，早期进入中国的精工爱普生在投影显示领域的专利申请大部分涉及如何提高投影图像的亮度。CN1199470A 是精工爱普生在华的第一件关于投影仪的专利申请（优先权日为 1996 年 8 月 20 日），涉及采用多个光源但并不增大光源的成像面积，且两种偏振光分量都可以利用的偏光照明装置，以获得小型化且投影图像明亮的投影型显示装置。精工爱普生最早在华申请的其他几个投影显示领域的专利还有 CN1181815A、CN1188907A、CN1187634A。CN1181815A 涉及投影显示系统中的偏振光分离装置，通过将具有偏光分离层的玻璃板和具有反射层的玻璃板交替粘接形成玻璃板区块，然后斜对着粘接面切割玻璃板区块，提高了偏光分离效率，提高投影显示系统的亮度；CN1188907A 通过在与光轴相交的方向上调整光源与调制装置之间的第一及第二微透镜板中至少一个微透镜板的安装位置来减小在液晶光阀图像生成区周围形成的裕量以提高投影图像亮度，二者也都是着眼于提高投影图像亮度；而 CN1187634A 涉及在电源单元的内部设置通风路径，通过将外部冷却空气导入通风路径来提高电源单元的冷却效率，涉及的是投影显示领域中很重要的课题，即投影系统的冷却。

目前，精工爱普生除在投影图像亮度、对比度、高分辨率等投影显示系统的基础性性能指标方面持续改进以外，在投影显示领域的热点领域如 3D 投影、超短焦交互式投影、激光投影等领域也倾注了大量精力。例如，提出的公开号为 CN102346364A 的专利申请涉及一种光源助推驱动技术，通过采用交流驱动，并且通过变频变幅等方式增大在眼镜开口时间内的驱动电流大小以提高显示亮度并改善灯泡的寿命和稳定性。另一个申请 CN102378031A 通过改善眼镜液晶快门的驱动方式（将图像刷新率从 240Hz 提高到 480Hz）来尽可能延长眼镜的开口时间以实现明亮度的提高，采用此技术（精工爱普生称之为 Bright 3D Drive）的 3D 3LCD 投影机获得了比原有技术提高至少 1.5 倍的显示亮度，精工爱普生已于 2011 年 9 月 1 日正式发布采用该技术的 HTPS 面板。此外，也提出了采用 6LCD 的叠加 3D 技术来提高亮度和清晰度的方案，但这将导致系统的价格高而且体积大型化。后文在技术发展趋势部分还会提及的公开号为 CN102098522A 的专利申请，则是在 3D 投影显示原理方面具有代表性的专利申请。

从图 14 和图 15 可以看出，精工爱普生在投影显示领域的专利申请量不但数量很大，并且从 2004 年开始一直维持在高位，说明其持续将投影机作为其主要产业发展方向。另外，其各相关子领域下的申请量分布也较合理，例如在屏幕方面的申请量相对较少，这说明精工爱普生对市场的把握相对谨慎而精准，并没有在背投技术上过分投入。

（2）索尼株式会社（Sony Corp.）

日本的索尼、NEC（NEC Corporation）和比利时的巴可曾经是 CRT 投影机的世界三强，相对于在 LCD 投影显示领域起步较早的精工爱普生和夏普，索尼直到 1994 年才推出其第一台 LCD 投影机并逐步掌握 LCD 核心技术。但索尼一直以“开拓创新”作为企业的经营理念，非常重视技术研发和专利保护，在 LCOS 和 3LCD 领域均取得突破性的成绩。在 LCOS 领域，索尼通过将传统的液晶层水平排列改为了垂直排列，于 2003 年推出基于硅晶反射显示（Silicon X-tal Reflective Display，SXRD）的反射式投影机。在 3LCD 领域，索尼是全球第一家将无机配向膜技术成功应用在 HTPS 上的公司，于 2006 年首次发布基于该技术的 BrightEra 无机液晶面板

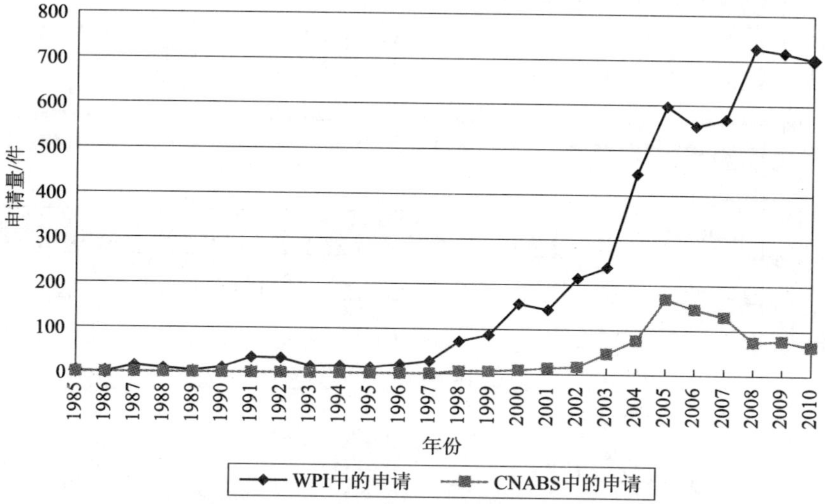

图 14　精工爱普生株式会社投影显示领域专利申请年代分布情况

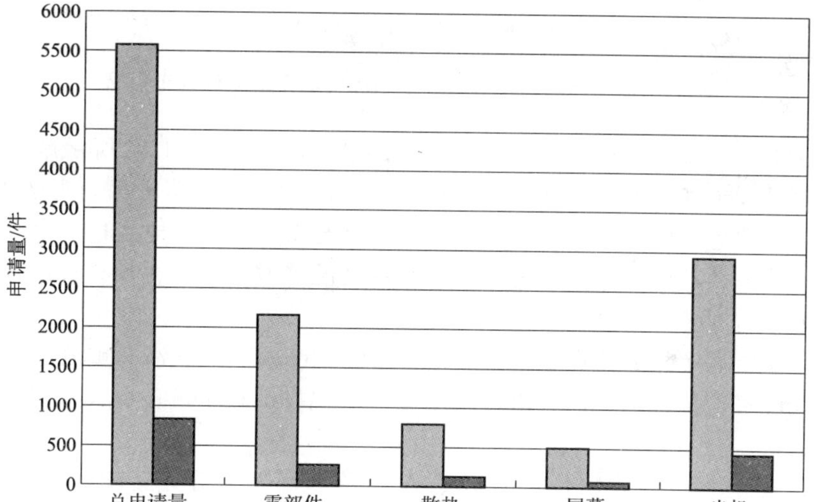

图 15　精工爱普生株式会社投影显示领域专利申请各子领域分布情况

技术，提高了液晶的耐光性、可靠性、寿命和亮度；然后，又推出无机偏光镜，进一步改善了液晶面板的上述性能，于 2009 年推出第二代无机液晶面板技术 BrightEra Long Lasting Optics，成为在 LCOS 和 3LCD 领域都具有自己核心技术的公司。

从图 16 中可以看出，索尼在投影显示领域的专利申请经过了一个时间较长的高峰期，说明索尼前期一直对投影显示技术非常重视，但在2008年后，其在世界范围内的申请量急剧下降，只是在中国的申请量还保持平稳，说明近年来索尼已经把其投影机市场重点放在了中国。

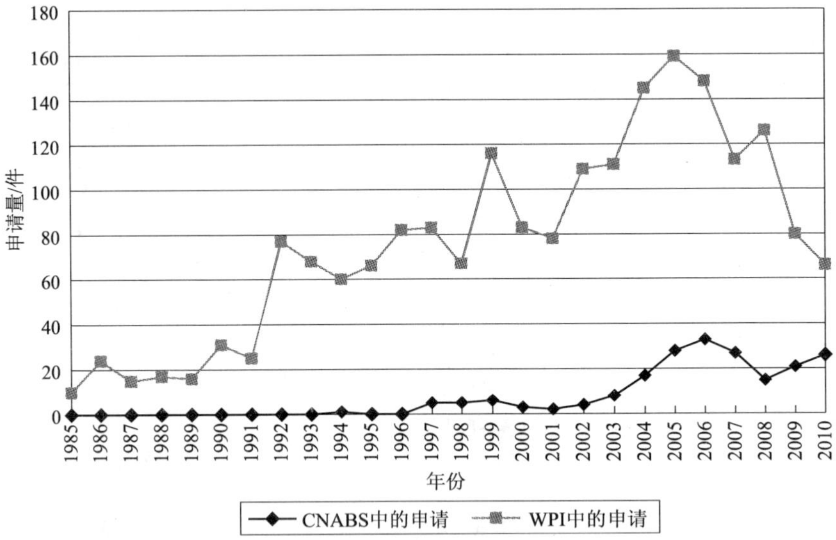

图16　索尼株式会社投影显示领域专利申请年代分布情况

索尼在LCOS和3LCD领域都具有自己的核心技术，如图17所示，其光机方面的申请量明显大于其他各子领域的申请量。另外，索尼在屏幕方面布局的专利不少，说明其一度非常重视背投屏幕的研发，当然，这与索尼曾经在电视这一大众消费领域领先全球不无关系，但从背投电视的现实发展情况来看，其是否具有长远效益还有待市场来验证。

索尼在投影显示领域的在华最早申请为CN1090065A，其涉及重放电影胶片的数字图形音轨设备，从这也可以看出，索尼更为重视投影显示设备在大众消费及娱乐等领域的应用。

在无机配向膜方面，CN101625513A涉及利用偏振分光镜使得红光和绿光进入的第一和第二偏振膜均由有机材料形成，而使得蓝光进入的第三偏振膜由无机材料形成，从而确保投影图像的高对比度并增加偏振膜的耐久度；而CN101807386A涉及的投影仪用液晶面板的像素中的每一个具有包括像素电极、第一取向膜、液晶层、第二取向膜和对向电极的叠层结构，液晶层包括具有垂直取向特性的液晶分子，其中，第一取向膜和第二取向膜是通过倾斜地沉积无机材料而形成的无机取向膜。

此外，在投影显示领域，近年索尼在防尘过滤、散热、激光与荧光材料组合光源等方面也有较大数量的专利申请。值得关注的是索尼近年陷入财务亏损，其创新能力

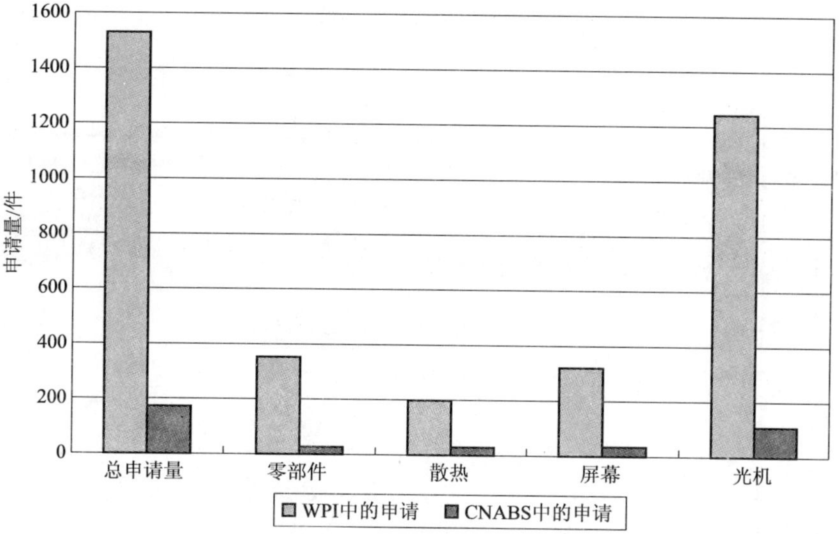

图 17 索尼株式会社投影显示领域专利申请各子领域分布情况

以及在专利申请方面是否会受到严重影响值得进一步关注。

（3）佳能株式会社（Canon KK.）

佳能是全球领先的生产影像与信息产品的综合集团。自 1937 年成立以来，经过多年不懈的努力，佳能已将自己的业务全球化并扩展到各个领域。目前，佳能的产品系列共分布于三大领域，即个人产品、办公设备和工业设备，主要产品包括照相机及镜头、数码相机、打印机、复印机、传真机、扫描仪、广播设备、医疗器材及半导体生产设备等。

图 18、图 19 分别为佳能在投影显示领域的专利申请年代分布和各子领域分布情况。

佳能在投影显示领域的专利技术主要在于其开发的 AISYS（Aspectual Illumination System）技术。AISYS 技术的最大优势在于其独特的光源系统，在传统 LCOS 投影机中，如果缩短灯泡和 LCOS 芯片间的距离来提高亮度，会让偏振分光镜和 LCOS 面板间呈现很大的角度，导致光渗，降低图像对比度。AISYS 技术通过透镜系统优化照射到 LCOS 面板的光线方向，使其成为近似远心光或者说是近乎以理想平行光的状态入射 LCOS 面板而解决了光渗的问题，因而使得使用较小体积的灯泡和照明光学系统实现光线以较大角度入射 LCOS 面板，从而在实现高亮度的同时获得高的对比度。此外，采用 AISYS 技术的投影机中的其他光学部件都按照偏振分光镜的偏振特性进行了优化设计，以提高光源的利用效率。

与 AISYS 技术有关的专利申请有：CN1591090A 涉及控制以角度 θ 入射设置在偏振光束分离器与液晶面板之间的 1/4 相位板的光线，由所述 1/4 相位板给予的相位

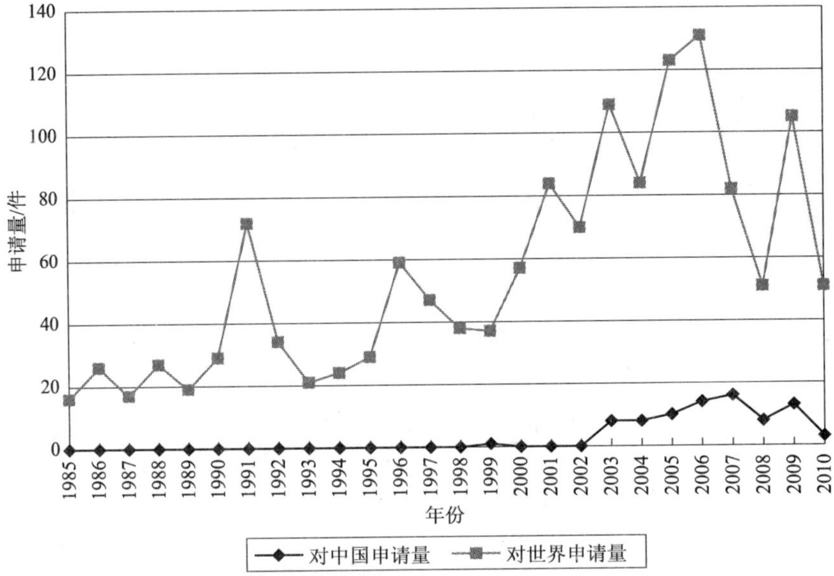

图 18　佳能株式会社投影显示领域专利申请年代分布情况

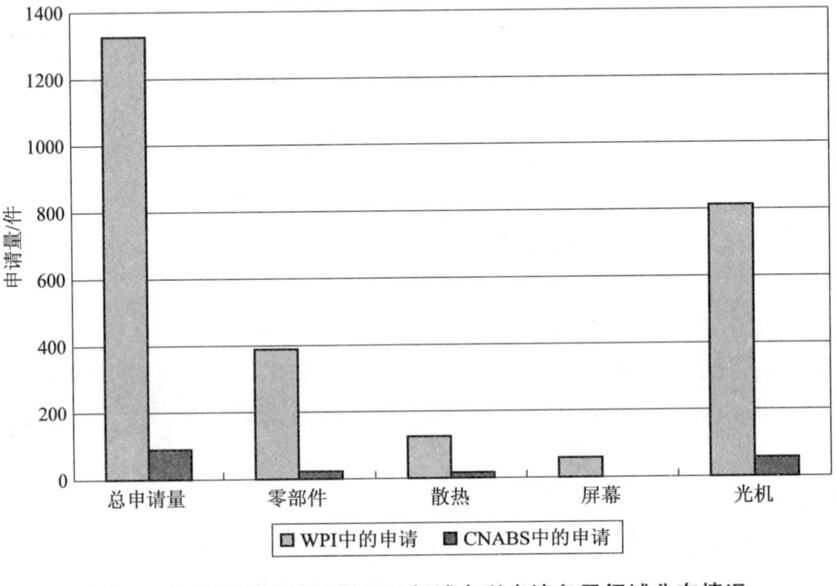

图 19　佳能株式会社投影显示领域专利申请各子领域分布情况

差 ϕ 满足关系式 $\pi/2\times0.8<\phi<\pi/2\times1.2$ 来获得高对比度；CN101939702A，涉及使集光光学系统的后主点比集光光学系统的前主点更接近光源的方式来实现高亮度和高对比度；CN1601326A，通过分别控制液晶面板入射一侧偏振片对于特定波长范围内

的光的透射率来获得高对比度；CN1441280A，通过在偏振光分束器与反射型液晶显示元件之间配置复折射性相位补偿元件来提高对比度。

(4) 德州仪器公司 (Texas Instruments Inc.，TI)

美国的德州仪器公司是全球知名的电子设备和半导体器件供应商，从创立之初的石油开采到20世纪50年代创立现代电子学，德州仪器一直将信号处理技术作为公司创新的基础，包括1954年推出了世界上第一个口袋型商业晶体管收音机，1958年研制出世界第一块集成电路，此后，德州仪器慢慢成长为全球最知名的集成电路尤其是数字信号处理芯片的供应商之一。1977年，德州仪器开始探索利用器件的反射来操纵光，经过10年的努力，于1987年推出了DMD芯片，此后，又经过多年努力才于1994年展示其采用DMD作为投影光阀的DLP原型机，并于1996年正式向市场供应DLP系统。正是由于德州仪器一直将信号处理技术作为公司的创新基础，其才能够另辟蹊径并最终成功开发出数字光处理技术DLP投影机。由于德州仪器只是专注于DLP投影显示技术核心部件的DLP模块的开发，因此在投影显示领域总的申请量并不大，这里也就不对其专利分布情况进行统计分析。

德州仪器较为基础和核心的专利是EP0391529B1和US5467146A。EP0391529B1利用控制元件个别且同时控制构成光调制器的阵列元件上的至少部分可控元件，以将光在第一和第二光路（或状态）之间转换以形成投影图像，而US5467146A则使用彩色滤光盘将光分解为基色光并将其分时投射到DMD元件反射形成投影图像。

五、技术发展趋势和相关专利技术介绍

投影显示用HTPS面板技术基本被精工爱普生和索尼垄断，DLP核心技术被德州仪器独家垄断，由于LCOS本质上是CMOS工艺，因此投产厂家相对较多，但LCOS在芯片生产良率等方面仍需提高。整体来说，虽然投影显示技术已经比较成熟，但是在画质、提升动态图像显示能力、显示分辨率、亮度、光源利用率、投影图像自动调整和校正等方面仍有提升空间。

3D (Three-Dimensional) 显示是近年市场的热点。3D显示分为眼镜方式和裸眼方式。眼镜方式目前主要包括XpanD为代表的主动型快门眼镜方式、IMAX和RealD为代表的被动型偏光眼镜模式和Dolby的基于补色原理的被动型分光眼镜模式。眼镜方式在影院等场所使用普遍，但由于受时间分割、镜片透光率、镜片分光等影响，目前需要大力提高显示的亮度。例如前文提到的精工爱普生提出的申请号为CN102346364A和CN102378031A的专利申请，都是涉及提高3D投影图像亮度的专利申请。另外，部分眼镜方式还需要进一步解决交调失真（左眼和右眼图像分别映入相反的眼中）等问题。裸眼3D目前主要有基于平行栅栏（Parallel Barrier）的屏障（Barrier）方式、基于柱状透镜的光栅透镜方式和基于光漫射屏（Light Diffusion Screen）的视窗（Viewing Window）方式。在3D投影显示方面，以基于光漫射屏的

视窗方式应用较多，例如精工爱普生提出的公开号为 CN102098522A 的专利申请采用递归性屏幕来实现裸眼视窗方式的投影显示，它能克服屏障方式或光栅透镜方式所存在的分辨率较低、“筛格效应”（Picket Fence Effect）、图像跳动（Flipping）等缺陷。但是，要获得真 3D 显示效果，很多基于光漫射屏的视窗方式往往都需要较大的投影机阵列以提供合适的水平视场角和 3D 深度，需要大型计算机进行图像渲染。整体来说，3D 投影显示还刚刚走入市场，还有很多需要改进的地方。

由于可观看文件和视频的手持式终端的普及，放大手持终端的图像变得越来越有市场需要，为方便移动商务交流也需要便携型投影机，因此，投影机的小型和微型化以及嵌入式投影显示模块也是近年投影机发展的一大趋势。微型投影机（Mini/Pico Projector）一般是指主机重量在 1500 克以下，体积在 2000 立方厘米以内的各型投影产品，因为 3LCD 难以小型化，微型投影机以 DLP 和 LCOS 技术为主，光源目前主要以 LED（Light Emitting Diode）光源为主。我国江西的手机企业盛泰科技在 2008 年天津国际手机展上推出了全球第一款内置微型投影仪的手机 E1000，其使用的是 LCOS 技术；国外第一款内置嵌入式投影机的手机是韩国三星于 2009 年 2 月推出的 W7900，其使用的是 DLP 技术。需要指出的是，在微型投影机领域，以色列 Maradin 公司（Maradin Ltd.）的 MLP（Miniaturized Laser-diode Projector）技术也已经成熟并将价格降低到了市场可以接受的程度。MLP 以电磁和静电驱动 2D（Two-Dimensional）MEMS 扫描镜组件偏转以实现对激光二极管（Laser Diode，LD）光源扫描而形成投影图像，相关的专利申请可以参考 WO2008/068735A2 和 WO2009/147654A1。总的来说，在小型化的同时，微型投影机光学系统的分辨率和亮度等方面的性能还有待提高。

传统的超高压水银灯虽然亮度不错，但灯泡寿命有限，色域不够广，难以小型化，废弃的水银对环境也有极大危害，为应对上述问题，投影显示用固体光源技术也一直是市场研究的热点方向，尤其是在微型投影机领域。固体光源方面，LED 光源的集光率（Etendue，其大小等于光源表面积乘以光的放射立体角，越小的集光率可以提高投影光学系统中光的利用率）较大，但通过与封装一体化形成的反射杯和聚光镜等结构，目前改善很大，但 LED 光源本身的亮度也还有限。目前，部分企业已经转向 LD 光源。LD 光源亮度高，集光率极小，但激光的相干性导致的图像斑点噪声难以彻底消除，克服该缺陷的代表性技术是采用振动漫射体来尽可能降低激光光源的相干性，例如专利申请 JP2006-63495A 和 CN101363967A 所揭示的解决方案。此外，较大功率的绿色激光器一直难以突破，在此方面，目前美国康宁（CORNING）和德国欧司朗（OSRAM）已取得了一些突破并开始向市场提供微型绿色激光器，但价格等方面还难以适用微型投影机市场的要求。另外，LD 光源也容易对眼睛造成伤害。因此，一些企业，例如我国深圳的绎立锐光（YLX）和日本的卡西欧（CASIO）都在积极尝试采用 LED 或 LD 结合荧光材料的光源模式，以克服激光光源尤其是绿色激光光源的不足。绎立锐光的系列专利申请 CN101750855A、CN101858496A、CN101893204A、CN101923223A 和卡西欧的系列专利申请 CN101581410A、CN101839463A、CN101846250A、CN101936505A、CN101937164A 等在提高光源和荧光材料的利用效率，延长荧光材料的使用寿命，防止意外情况以改善光源的安全性能，以及提高这种光源模式的各色光的颜色纯度，克服各色光的亮度差异等方面持续改进，促进了这种混合光源在投影显示领域走向成熟的应用。此外，光源的散热技术也还可以持续改进，尤其是在微型投影机领域，目前常用的散热方式都难以使固体光源工作在最适宜的温度。

配置超短焦光学系统的交互式投影机也是研究的热点之一，方向是要可以快速和准确地将书写笔或手指在投影画面上的书写结果投影出来，同时解释和执行操作手势命令。交互式投影机在教育领域市场广阔，也可应用于特殊的娱乐项目。在超短焦光学系统方面，目前主流的有以精工爱普生和三洋电机为代表的凹面镜光学系统，以加拿大的互动白板提供商 SMART 和日本日立、NEC 为代表凸面镜光学系统，相较于平面镜光学系统，凹面镜和凸面镜光学系统可以设计得更为紧凑。整体来看，交互式投影在反应速度、书写内容、命令和手势的识别、环境适应性等方面还需要极大提高，以交互式投影机构成的电子黑板真正达到传统黑板的效果的路还很长。

六、对我国发展投影显示专利技术的建议

投影显示技术涉及的领域众多，核心部件即微显示器方面涉及液晶面板制造、MEMS 加工、CMOS 芯片加工等技术；另外，精密光学元件、光源技术、散热技术、防尘技术、图像处理技术等均不可缺少，加上主流技术目前已比较成熟，因此，要全面拥有自己的投影显示专利技术非常困难。在投影显示领域，除了我国台湾地区的企业之外，目前我国没有实力突出的公司和研究机构，有一定技术和规模的企业如中芯国际、河南中光学、深圳雅图、上海信诚科技（包含 3T 科技）等都没有优势技术。从目前的主流技术来看，HTPS 面板主要掌握在精工爱普生和索尼手中，DLP 核心技术独家掌握在德州仪器手中，LCOS 核心专利技术较为分散，且 LCOS 的性能也具有使 LCOS 投影机成长为与 3LCD 和 DLP 投影机分庭抗礼的潜力，其他投影显示技术目前都没有真正走向成熟或获得市场的认同，因此，我们给出如下建议。

（1）中下游企业与上游企业应加强合作甚至垂直整合。如果核心部件方面长期依赖别人，则在产品更新换代时往往容易受制于人，导致技术更新跟不上市场发展的步伐，最终将难以与拥有核心技术的企业竞争。例如，目前上海中芯国际在代工制造 LCOS 方面已经具有一定技术积累，如果中下游企业可以加强科研合作，共同推出性能提升的芯片模块，以中国巨大的消费市场以及嵌入式微型投影显示模块巨大的市场前景，国内还是有望在 LCOS 投影显示市场出现一两家可以拥有自己核心技术、可以和其他投影机领先企业竞争的企业的。

（2）要注重对现有主流专利技术的改进创新并加强知识产权保护。首先，掌握足够的改进技术后，原专利申请人将不得不与这些先进的改进专利技术进行交叉许可，

实现专利共享，从而有可能使自身进入产业链效益高端的上游领域，提升自身进一步做大做强的技术实力。其次，可以在采用相同主流专利技术的企业间获得技术优势，从而占据更大的产品市场份额。例如我国台湾地区的中强光电（Coretronic Corporation）旗下的奥图码，通过垂直整合进而掌握关键专利与核心技术，先后推出三代融合人工智能的色彩影像调整技术 TrueVivid，2006 年首创 Gennum/Jepico 双核心影像芯片技术，从而在 DLP 投影机市场取得辉煌成绩，其 DLP 投影机多年占据全球 DLP 投影机销售冠军，2011 年奥图码投影机在家用投影机市场已经占据全球投影机第二的位置，在商用投影机领域也进入市场前列，直逼精工爱普生的地位；同时，奥图码也是 LCOS 芯片重要的提供商之一。奥图码显然为国内相关企业提供了一种值得借鉴的发展模式。

(3) 对于可能的技术发展方向，一旦看准，要敢于集中力量投入发展。就像 DLP 投影显示技术，德州仪器看准并突破了，从而确立了自身的核心地位。前文提到的在微型投影机领域中崭露头角的以色列 Maradin 公司的 MLP 技术也是敢于突破的好例子。另外，2002 年前后由索尼获得转让技术并发展而推出的激光栅状光阀（Grating Light Valve，GLV）投影显示技术，虽然目前没有成为投影显示的主流技术，但 GLV 器件却在印刷、通信等行业取得了意外成功的应用。在现代光电器件领域，很多器件并非只有单一的用途，往往在突破关键技术的途中会开发更多的应用领域并可能取得意想不到的效益。

参考文献

[1] 谭晓波．LCOS 投影显示技术专利现状 [J]. 现代显示，2011 (5)：50～54.

吸波涂料专利技术现状及其发展趋势

王　华　高蓓蓓　王新力[1]　陈　娇

（国家知识产权局专利局材料发明审查部）

一、引言

（一）吸波涂料行业现状及发展前景

吸波涂料是能够吸收投射到它表面的电磁波能量，并通过材料的损耗转变成其他形式的能量（如热能、机械能、电能等）的一类材料。最初，吸波涂料主要用于军事目的，对它的研究是军事隐身技术领域中的前沿课题之一，相对于结构吸收材料来说，其对目标的外形适应性强，对武器的机动火力性能影响小；现今，吸波涂料在民用产品上的应用也越来越广泛。电磁辐射是现代文明的产物，随着社会的进步和科学的发展，电子电气、信息技术的日益普及，电磁波充满了我们生活的各个角落，作为人类生存环境中不断增强的物理因素，电磁辐射正在改变人类生存环境的物理性质，人类暴露于电磁辐射的强度、时间和复杂性与日俱增。电磁波辐射产生的干扰（EMI）不仅会影响各种电子设备的正常运行，而且对身体健康也有危害，因此日常生活的电磁辐射防护也成了人们重点研究的课题。

吸波涂料一般主要由吸收剂和黏结剂组成。其中，具有特定电磁参数的吸收剂是吸波涂料的关键所在，决定了吸波涂料的吸波性能；黏结剂是涂料的成膜物质，是使涂层牢固黏附于被涂物表面上形成连续膜的主要物质。吸收剂可分为电损耗型和磁损耗型两大类。电损耗型吸收剂包括碳粉（如导电性石墨粉等）、陶瓷（如碳化硅粉末或纤维等）以及各种导电性高聚物（导电高分子材料），它们的主要特点是具有较高的介电损耗正切角，依靠介质的电子极化或界面极化衰减来吸收电磁波，这类电损耗型吸收剂的有效厚度与电磁频率有关，尺寸在厘米到分米级。磁损耗型吸收剂包括铁氧体粉、羰基铁粉、超细金属粉和纳米相材料等，具有较高的磁损耗正切角，依靠磁滞损耗、剩磁损耗、畴壁共振、涡流损耗及共振损耗等磁极化机制衰减，即电磁波能量的衰减主要来自磁损耗，这类磁损耗型吸收剂的厚度远远小于电损耗型，尺寸在

---

[1] 高蓓蓓、王新力所作贡献与第一作者王华相同，限于版面设计列为第二作者，但是等同第一作者。

毫米级。

根据吸收剂不同，吸波涂料一般可分为以下几种。

1. 铁氧体吸波涂料

铁氧体吸收剂是最早被应用的吸波材料之一，研究较多且比较成熟。由其构成的吸波涂料因为价格低廉，吸波效率高，吸波性能好，吸波层厚度远远小于电损耗型吸波材料，即使在低频、厚度薄的情况下仍有良好的吸波性能，在米波至厘米波范围内，可使反射能量衰减 17～20dB，从 20 世纪 50 年代至今仍被广泛应用。

铁氧体吸收剂的主要缺点是密度较大，温度稳定性较差。为此，各国研究人员期望通过调整材料本身的化学组成、粒径及其分布、粒子形貌及分散技术等来提高损耗特性和降低密度。

按微观结构的不同，铁氧体可分为六角晶系磁铅石型铁氧体、立方晶系尖晶石型铁氧体和稀土石榴石型铁氧体三类。

六角晶系磁铅石型铁氧体如锶铁氧体、钡铁氧体等，相比于尖晶石型铁氧体和稀土石榴石型铁氧体具有较好的吸波性能。因为六角晶系磁铅石型铁氧体具有片状结构，而片状结构是吸收剂的最佳形状；其次六角晶系磁铅石型铁氧体具有较高的磁性各向异性等效场，因而有较高的自然共振频率。

作为吸波材料应用最为广泛的是立方晶系尖晶石型铁氧体，由于立方晶系尖晶石型铁氧体的介电常数 ε' 和磁导率 μ' 比较低，用纯铁氧体难以满足高性能的雷达波吸收材料的要求，但是把铁氧体粉末分散到磁性粉末中而制成的复合铁氧体，则可以通过铁氧体粉末的粒径、铁氧体粉末与磁性粉末的混合比以及铁氧体粉末的组成来控制其电磁参数。

目前已研制并广泛应用的有 Ni－Zn、Li－Zn、Ni－Mg－Zn、Mn－Zn、Li－Cd、Ni－Cd、Co－Ni－Zn、Mg－Cu－Zn 等铁氧体。

2. 多晶铁纤维吸波涂料

羰基铁吸收剂是目前最为常用的雷达波吸收剂之一，它是一种典型的磁损耗型吸波材料，磁损耗角可达 40°左右，与高分子黏结剂复合成的吸波涂料具有吸收能力强、应用方便等优点。但是由于羰基铁吸收剂存在着比重大，在涂料中体积占空比一般都大于 40%，因此导致这种吸波涂料存在面密度大的缺点。采用以羰基铁单丝为主的多晶铁纤维作为吸收剂，单丝直径 1～5μm，长度为 50～500μm，纤维密度低，结构为各向异性，可在很宽的频带内实现高吸收率，由于这种吸收剂体积占空比为 25%，因此重量比一般吸波涂料可减轻 40%～60%，克服了大多数磁性吸收剂所存在的严重缺点。

多晶铁纤维在微波低频段的吸波性能也尤为突出。有资料报道，纤维含量仅为 10%（体积比）时，深层厚度为 3mm 的涂层在 1～2GHz 内吸收率大于 7dB，而当纤维含量增加到 20%时，测其吸收率高达 50dB。

可见，多晶铁纤维吸收材料不仅具有独特的形状各向异性，可在很宽的频带内实现高吸收，而且它是一种轻质的吸波材料。

3. 磁性粉末吸波涂料

磁性粉末吸波涂料一般是由金属超细粉末或金属氧化物磁性超细粉末与高分子黏结剂复合而成。由于作为吸收剂的金属超细粉末或金属氧化物磁性超细粉末的细化，使其组成粒子的原子数目大大减少，磁、电、光等物理性能发生质的变化，磁损耗较大。这种吸波涂料可以通过调节粉末的粒径、含量、混合比例等来调节吸波涂料的电磁参数，以使其达到较为理想的吸波效果。

羰基金属微粉吸波涂料的主体吸收剂为具有磁性的羰基金属微粉，主要包括羰基铁、羰基镍和羰基钴等，粒度一般为 0.5～20μm。这种吸波涂料的损耗机理主要为铁磁共振吸收，具有较大的磁损耗角，以涡流损耗、磁滞损耗、剩余损耗机制衰减和吸收雷达波。羰基金属微粉同时具有自由电子吸波和磁损耗，因而从理论上讲，比铁氧体具有更好的吸波性能，但是存在以下缺点：抗氧化、耐酸碱能力差，低频段吸收性能较差，密度较大，吸收剂体积占空比一般大于 50%。目前，主要使用的是微米级（1～10μm）的 Fe、Co、Ni 及其合金粉，例如法国巴黎大学研究了微米磁性 Ni、Co 粉末，在 1～8GHz 有强吸收。国内对金属超细颗粒的微波吸收特性进行了深入的理论分析，较多学者认为磁性金属粉吸波性能优于普通金属粉；而棒状、片状、针状的粒子的磁性能优于金属颗粒，因各向异性金属的矫顽力比较高，有利于雷达波的损耗。

4. 陶瓷吸波涂料

作为陶瓷吸波涂料的吸收剂主要有碳化硅、硼硅酸铝等，与铁氧体、复合金属粉末等吸波剂相比，密度低、吸波性能较好，还可以有效地减弱红外辐射信号的特点，并且相对于磁性吸波材料，陶瓷吸波材料耐高温、强度高、耐腐蚀、蠕变低、膨胀系数低、化学稳定性好。

碳化硅吸收剂具有密度小、耐高温、吸收频带宽的特点，是制作多波段（厘米、毫米、红外）吸波涂料的主要组分，有可能实现轻质、薄层、宽频带和多频段，很有应用前景。但常规制备的碳化硅的吸收效率不是很高，并不能作为吸收剂，必须对其作进一步处理（如提高碳化硅的纯度或对其进行有控制的掺杂），控制碳化硅的电导率，使其具有吸波性能。碳化硅的粒径、热处理时间等对其吸波性能影响非常大，碳化硅在不同处理温度和时间条件下，其电阻率变化范围为 100～104Ω·cm，通过控制工艺参数，可以对其显微结构和电磁参数进行控制，获得所希望的吸波效果。

5. 纳米吸波涂料

纳米材料是指材料组分的特征尺寸在纳米量级（1～100nm）的材料，它独特的结构使其自身具有量子尺寸效应、宏观量子隧道效应、小尺寸和界面效应，金属、金属氧化物和某些非金属材料的纳米级超微粉在细化过程中，处于表面的原子数越来越多，增大了纳米材料的活性，在电磁场的辐射下，原子、电子运动加剧，促使磁化，使电磁能转化为热能，从而增加了对电磁波的吸收效果。由于纳米材料在具有良好吸波特性的同时还具有频带宽、兼容性好、面密度低、涂层薄的特点，美、俄、法、德、日等国都把纳米材料作为新一代隐身材料加以研究和探索，这些纳米吸波剂包括：纳米金属和合金、纳米铁氧体、纳米碳化硅、纳米石墨、纳米金属膜、纳米氮化铁、纳米Si/C和Si/C/N/O吸收剂、纳米导电聚合物、碳纳米管，等等。

美国研制的被称作“超黑粉”纳米吸波材料，所吸收的雷达波可达99%。法国研制出一种宽频微波吸收涂层，这种吸收涂层由胶黏剂及纳米级微粒填充材料组成。这种由多层薄膜叠合而成的结构具有很好的磁导率，50MHz ～50GHz 具有良好的吸波性能。总之纳米吸波涂料是一种非常有发展前途的吸波涂料。

6. 导电高分子吸波涂料

导电高分子吸波涂料利用某些高聚物所具有共轭π电子的线形或平面形构型与高分子电荷转移给络合物的作用，设计高聚物的导电结构，实现在特定雷达波段的阻抗匹配和电磁损耗。导电高聚物具有比重轻、电磁参数可调、稳定性好等优点，通过改变高聚物吸收剂的主链结构、掺杂剂的性质与浓度，能够使其电导率在绝缘体、半导体和金属导体之间变化，电磁参量依赖于高聚物的主链结构、室温电导率、掺杂剂性质、微观形貌、涂层厚度、涂层结构等因素。

该技术研究的重点是视黄基席夫碱及其络合物，特别是芳香族的对苯二胺席夫碱和脂肪族的乙二胺席夫碱，吸收频带较宽。视黄基席夫碱盐是一种含有碳2氮双键结构的有机高分子聚合物，具有很强的极性，雷达波被这种盐吸收时，能量可迅速转变为热能耗散掉。某种特定类型的盐可吸收特定波长的雷达波，通过对不同的视黄基席夫碱盐进行改进和组合，可实现较宽频带的电磁波吸收。

目前，国外新研究方向有以碘经电化学或离子注入法掺杂的聚苯乙炔、聚乙炔和聚对苯撑2苯并双噻唑以及聚吡咯、聚苯胺、聚对亚苯、聚苯硫、聚噻吩等导电高聚物吸波涂料。

7. 稀土元素吸波涂料

稀土元素吸波涂料是新开发研制的一类吸波涂料，以稀土磁性材料为吸收剂。另外稀土元素常作为添加剂加在其他吸波涂料中，用以调节吸波涂料的电磁参数。由于单一的吸收剂一般很难满足吸波涂料对宽频带吸收的要求，因此，在实际应用中常通过对涂层进行设计，采用多种吸收剂以满足宽频带的吸波要求。

由于目前研制的吸波涂料大多只能在某一频带范围内起作用，并且还存在面密度高、柔韧性差、附着力低等问题，限制了吸波涂料的推广应用。因此，研究高性能、宽频带吸波涂料以展宽有效频带、实现多频谱隐身效果，这是吸波涂料未来发展的一个主要方向。同时，研究各种新的吸收剂，探讨新的吸波机理，以满足吸波涂层所追求的“薄、轻、宽、强”的目标。此外，提高吸波涂层的维修性、耐腐蚀性、耐高温性、透明性，增加可维护性和使用寿命，使涂层符合环保要求等，也是未来吸波涂层发展中需要解决的问题。

（二）本文的研究目的和意义

本文研究目的在于对吸波涂料的专利情报进行深入的分析、比较和研究，全面地反映吸波涂料技术的现状，客观描述拥有该专利技术的主要国家、主要研究机构或公司、产业界的实际水平，从而对其专利技术现状、热点技术和发展趋势做出总结和合理的预测，以期能够为提升该领域技术创新能力、促进科技资源优化配置、高效利用以及开放共享提供切实有效的支撑。

二、吸波涂料专利技术发展现状

（一）专利技术分析样本构成

1. 数据库

本文的分析样本取自多个专利文摘数据库及全文数据库，不仅涉及中国专利文献，而且涉及全球各个主要国家的专利文献。

其中中国专利文献检索的数据库包括：中国专利数据库（CPRS）、中国专利文摘数据库（CNABS）、中国专利全文文本代码化数据库（CNTXT），这些数据库涵盖了自 1985 年至今所有中国专利文摘或全文数据，并且包括多种著录项目及分类信息，通过一定的检索手段在这些数据库中相互配合检索，能够得到比较全面准确的中国专利检索结果，从而能够进一步分析技术发展情况、地域分布情况、技术领域、法律状态、申请人构成等多个方面。

全球专利文献检索的数据库包括德温特世界专利索引数据库（WPI），该数据库收录的国别为包括 8 国 2 组织在内的 47 个国家和组织，其数据涵盖生物、化学、电子等领域，提供包括美国（UC）、日本（FI、FT）、欧洲（EC）、德温特分类的信息，同时，也提供人工改写摘要信息。此外德温特专利数据还将其收入的专利按照一定的规则整理出具有德温特数据特色的同族数据，避免了大量重复数据，数据准确、有序、全面，通过对该数据库的检索结果分析，能够得到非常丰富的成果。

本文检索时限自相应数据库最早记录时间开始，截止到 2012 年 4 月 24 日，由于专利申请由提出到公开需要一段时间，因此 2010—2012 年申请的专利样本很可能出现不完整的问题，所以以下专利分析涉及上述时间范围的申请量异常减少的情况，一般归为该因素。

2. 技术分类领域

吸波涂料技术领域涉及军事隐身技术、雷达、涂料、电子电气、信息技术、通信技术、电磁屏蔽、化学合成等多个领域，在国际专利分类表涂料组合物小类下面没有完全对应的分类位置，只有与其相关的一些分类号；但是在美国专利商标局和日本特许厅各自的分类体系内都有比较相近的分类位置。

表1所示为各个分类体系中相关分类号。其中，IPC为国际专利分类第8版(2006)；EC为欧洲专利局的ECLA分类；UC为美国专利商标局的分类；FT为日本特许厅的分类。

表1　与吸波涂料相关的各国分类体系中的分类号

分类体系	分类号	分类号含义
IPC/EC	C09D5/24	导电涂料
	H05K9/00	设备或元件对电场或磁场的屏蔽
UC	342/1	雷达波吸收剂
	342/4	· 具有特殊几何构造的雷达波吸收剂
FT	5E321	用于屏蔽的设备或防止电磁场的元件
	5E321/AA21	· 通过涂层来屏蔽
	5E321/BB21	· 用于屏蔽的材料为层状体
	5E321/BB22	·· 该层状体不包含合成树脂层
	5E321/BB23	·· 通过电镀、气相沉积或在基材上的涂覆生产层状体
	5E321/BB24	·· 层状产品的内层是不规则的
	5E321/BB25	·· 用于屏蔽的多层
	5E321/BB31	· 用于屏蔽的基材和填料
	5E321/BB32	·· 基材由绝缘合成树脂组成
	5E321/BB33	··· 由绝缘合成树脂模塑的基体
	5E321/BB34	·· 填料是纤维
	5E321/BB35	·· 填料是电镀的、气相沉积的或涂覆的基体
	5E321/GG01	· 目的是静电屏蔽
	5E321/GG03	· 目的是电晕屏蔽
	5E321/GG05	· 目的是雷达或电磁波屏蔽或电磁屏蔽
	5E321/GG07	· 目的是磁屏蔽
	5E321/GG09	· 目的是屏蔽线路或电连接
	5E321/GG11	· 目的是吸收雷达波
	5E321/GG12	·· 通过配合来吸收雷达波

注：表中“·”表示在国际专利分类表中不同的类级，大组不带点，大组下面有一点组，一点组下面包含若干两点组，依次类推。

从表1可以看出，IPC和EC在吸波涂料、电磁屏蔽涂料或雷达波屏蔽涂料方面没有专门分类，在其相关的分类号下所包含的专利申请不仅包括本文需要研究的吸波涂料，还有大量噪声，例如电线、电缆、掩膜等，因此检索时这类分类号最好能与关键词结合来保证尽量查准；UC 分类号涉及的是吸收剂，即吸波涂料中使用的吸收材料，因此该分类号也应结合与“涂料”相关的关键词或分类号来检索；FT 分类号在吸波涂料方面的分类是最细致的，有专门的吸波涂层的分类位置，因而可以只用这些分类号来检索，这也从另一方面反映了日本在吸波涂料和电磁屏蔽涂层领域的发展水平，正因为其相应领域发展水平高，才会有这么细致的技术分类。

3. 检索策略和结果

(1) 中国专利检索

在 CNABS 数据库中，利用上一节所示的 IPC、EC、UC、FT 分类号以及关键词作为表示“吸波”的检索要素之一；在 CNTXT 数据库中利用关键词作为表示“吸波”的检索要素之一，之后转库检索到 CNABS 中；在 CNABS 数据库中利用关键词“涂”、“漆”作为表示“涂料”的检索要素。将以上不同检索要素结合，得到检索结果 373 篇，通过人工阅读来去除噪声。

本文研究人员发现的噪声分类号包括：G01N（用于检测、分析的设备）、G01B7/00（以采用电或磁的方法为特征的计量设备）、G12B（仪器的零部件）、A23L（食品处理）；噪声关键词包括：掩膜、微波加热、漆包线；噪声申请人包括：方世满、王宝根、刁书才、保定莱特整流器制造有限公司、西巴特殊化学品。利用这些噪声分类号、关键词、申请人批量去除这些噪声后，得到最终检索结果 255 篇。

(2) 全球专利检索

在 WPI 数据库中，利用上一节所示的 IPC、EC、UC、FT 分类号作为表示“吸波”的检索要素之一，利用关键词“radar-absorptive”、“antiradar”、“microwave absorb+”、“wave absorb+”、“radiation absorb+”、“electromagnetic interference”、“EMI”、“shield”作为表示“吸波”的检索要素之一，利用关键词“coat”、“paint”作为表示“涂料”的检索要素，将两种检索要素结合，得到检索结果 3209 篇，将前一节总结的作为噪声的分类号和关键词从该结果中除去，最后得到结果 3121 篇。

（二）吸波涂料专利技术发展特点

1. 吸波涂料领域全球专利技术的发展

通过对上述全球专利检索结果进行时间轴分析，可以看出吸波涂料专利技术历来发展的大致情况，具体结果如下。

图 1 是按年代统计的吸波涂料全球专利申请量。由图中可以看出，吸波涂料全球专利申请量随着时代演变，整体上呈上升趋势，但有明显的三个发展阶段，每个发展阶段的趋势不同。其中 20 世纪六七十年代是第一阶段，80 年代到 90 年代中期是第二阶段，90 年代后期到 21 世纪是第三阶段，尤其从 2005—2009 年的 5 年是专利申请量增长最快的时期。

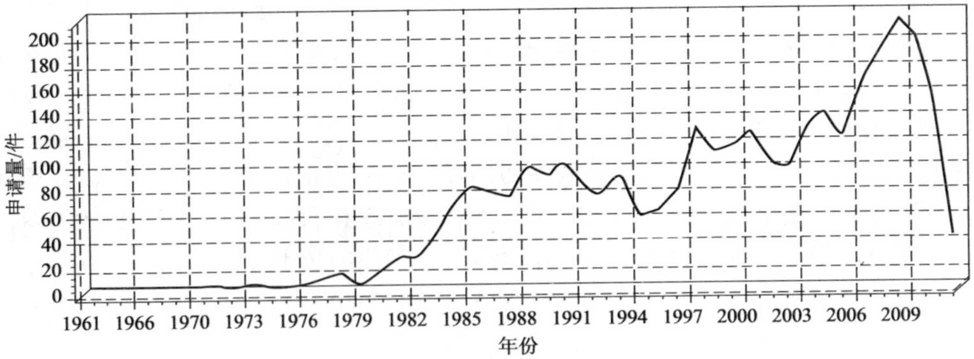

图 1　按年代统计的吸波涂料全球专利申请量

在第一阶段，专利申请量增长很少，每年基本持平，各年的申请量都不超过 20 件，甚至有的年份申请量只是个位数，与其他工业技术在初始阶段的表现相比，表面上看吸波涂料技术好像发展过于缓慢，不受行业重视，但是实际上并非如此。吸波涂料技术之所以在这一阶段的专利申请上呈现比较弱的态势，是因为最初吸波涂料技术是为军事用途而开发的，主要用于军事隐身技术，早期的隐形战斗机在 20 世纪 70 年代就已经广泛采用了吸波涂料技术，可见当时对吸波涂料的研究水平已经达到了相当高度。在 20 世纪六七十年代冷战的特殊时期，世界大国都在大力发展军事实力，美国尤其在雷达隐身技术上发展迅速，但这种专用于军事用途的技术的高度保密性使得从事这一专业生产的许多公司不愿意公开其技术，还有原因是受到一系列安全法的约束，以及出于商业需要而保密。20 世纪 60 年代初的很多相关美国专利申请都是属于美国军方的，而实际上关于吸波涂料的研究更早，可以追溯到第二次世界大战期间，起源在德国，发展在美国，然后扩展到英、法、俄、日等发达国家。在利用吸波涂料技术之前，许多用于屏蔽电磁波的专利涉及的是利用谐振原理制造的涂层，即当涂层厚度等于雷达波长的四分之一时，通过谐振作用减少雷达波的反射，但这种方法的缺点非常明显，只能适用特定波段的电磁波，而对其他波段的电磁波完全没有作用。为避免这些缺点，才发展出以吸收雷达波来降低反射的吸收型涂层，即吸波涂料层，并且之后吸波涂料就作为用于屏蔽电磁波的主要手段。

第二阶段，吸波涂料专利申请量整体的增长速率明显加快，年申请量达到几十到上百件。在这个阶段，许多过去常年为军事机构提供吸波涂料的公司开始开发民用产品，因而保密性也不像过去那么强了，其专利的申请有了很大的发展。

由图 2 可以看出，从第二阶段开始，日本的相关专利申请增长最为迅猛，已经超过了第一阶段尤其是初始时期占主要地位的美国。虽然在冷战时期，日本由于战败在军事及科技实力上无法与当时的美、苏两个超级大国抗衡，但经过 20 世纪六七十年代经济危机后其在经济上的恢复，尤其是教育和科技的快速发展，逐渐显示出其经济强国的实力，并终于在这一阶段爆发出来。而我国专利法制度是在这一阶段才建立起来的，因此从这一阶段开始才有了吸波涂料的相关专利申请。

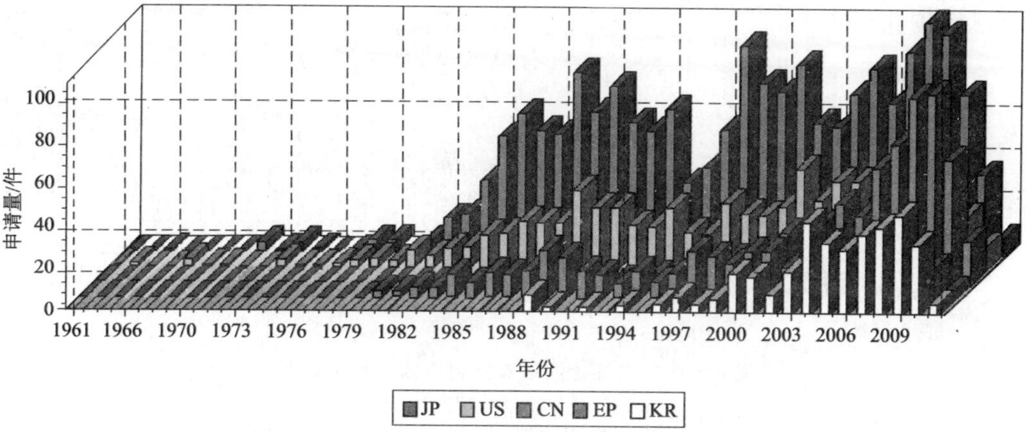

图 2 按年代统计日、美、中、欧、韩五局申请量

第三阶段，尤其是 2005—2009 年，吸波涂料专利申请量又迎来了一次增长高峰，究其原因在于，现代信息技术在进入 21 世纪后飞速发展，使得电磁污染问题日益突出，使得吸波涂料在民用产品上的应用越来越得到重视，进入这一领域的研究机构和企业也逐渐增多。同时在这个阶段，军事上武器隐身技术日益重要，也对吸波涂料的要求和发展起到极大促进作用。由图 2 可以看出，我国在吸波涂料领域的发展在这一阶段尤为突出，申请量超过美、欧、韩，仅次于日本，而在电子制造业领域发展也很快的韩国在这一阶段申请量迅速增长起来，反而是欧洲和美国的发展速度趋于平缓。日、中、韩三个亚洲国家都显示出对这一领域的强烈兴趣。

总体上来看，吸波涂料技术在全球范围内发展时间并不长，还处于技术发展的上升期，与之相关的军用隐身技术还是各国关心的热点，民用的电子电气和信息产业还属于朝阳产业，因此值得相关领域技术人员进一步投入研究。

2. 吸波涂料领域中国专利技术的发展

国内开展吸波涂料的研究工作是从“七五”开始的，即始于 1986 年，在国家政策引导下，尤其是“863”计划的实施，形成了以高校和地方研究院所的基础研究与国防研究所的应用研究相结合的科技格局，且现已进入了从原理基础材料的预研向装备应用过渡的新阶段。

由图 3 可以看出，经过初始阶段不稳定的发展，在进入 21 世纪后，吸波涂料技术的专利在我国的申请量稳步增长，这其中既包括由本国申请人提出的，也包括由外国和其他地区申请人提出的。其中，由本国申请人提出的专利申请为 185 件，由外国来华申请人提出的专利申请为 70 件。

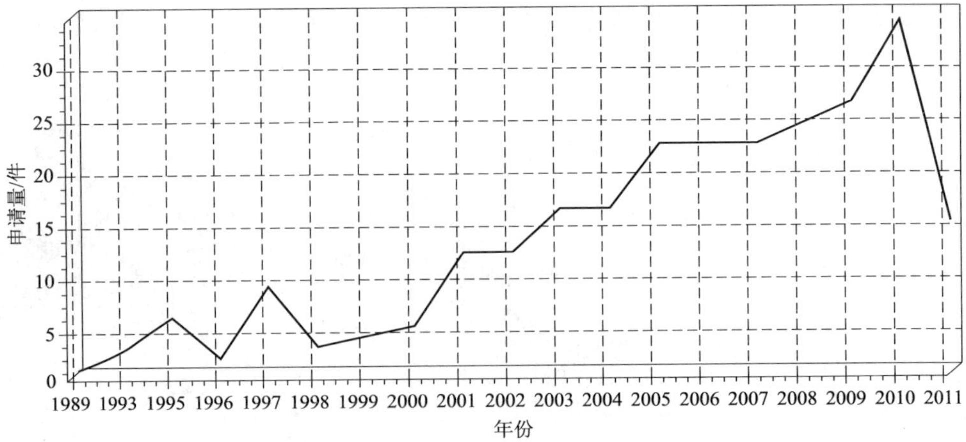

图 3　按年代统计的吸波涂料中国专利申请量

本国专利申请人的类型主要包括公司、高校/研究机构和个人，前两者是技术研究和发展的主力，它们做出的专利申请无论在数量还是质量上都明显高于个人申请，这从图 4 中可以看出。

因为专利审查需要一定周期，因而图 4 中 2006 年之后的专利申请有可能还在进行审查程序过程当中，因而这段时期计算的授权量和存活量并不准确。由 2001—2006 年的专利申请看，个人申请量虽然很大，但授权量与之相比并不高，且完全没有还在存活的专利，从中可以推断出这些专利申请的质量水平并不高；而这一期间公司申请量在三种申请人类型中最大，虽然授权量随时间变化没有一定规律，但这些已经授权的专利存活率高，基本都在 100%，这与公司的研发水平、对专利的重视程度、资金的投入程度有关；这一时期高校/研究机构的专利申请量仅次于公司，授权量比较多，可以看出作为国家科技人才主要汇集地的高校/研究机构确实具有较高的科研水平，但可能受技术转化为产业或研发资金投入的限制，存活量稍少于授权量，相信随着国家对专利扶持政策的不断开展和深入，这样的情况会得到改善。

除上述本国申请人外，外国来华专利申请占我国总专利申请量并不大，但由图 5 可以看出，进入 21 世纪后这部分申请量也在增长，并且授权量和存活量也随之增加。与上理由相同，2006 年以后（包括 2006 年）的申请有可能还在审查当中，因此授权量和存活量的数据不完整。

从以上分析可以看出，我国从政府到科研机构到企业都已开始重视吸波涂料技术的发展，与国外来华申请人相比，我国专利申请数量占有明显优势，并且由公司、高校/科研院所作出的专利申请质量也比较高，授权量和存活量与申请量相比都不低，由此侧面证明我国在此行业还是能够与发达国家竞争的。

（三）吸波涂料专利技术与相邻、相关领域技术的联系

如前所述，吸波涂料技术涉及多个应用领域，根据吸波涂料全球专利检索结果的

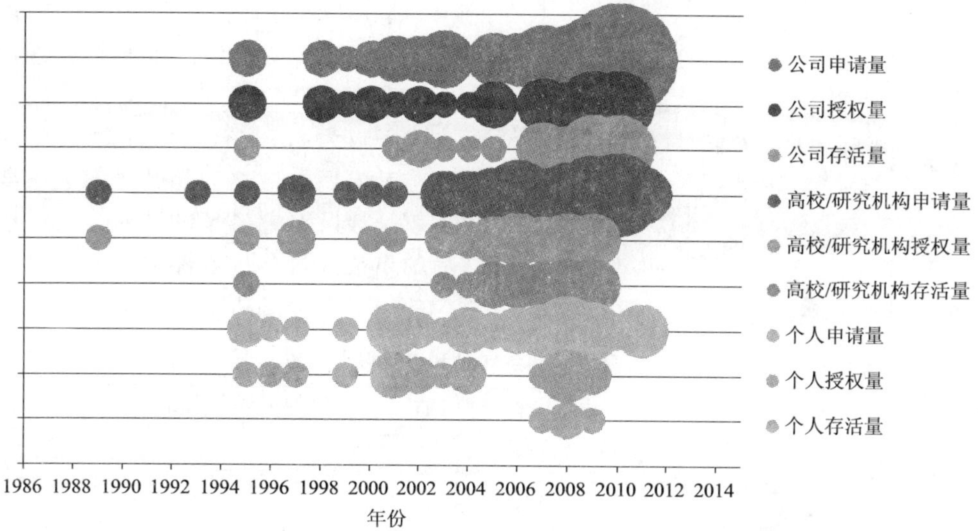

图 4　按年代统计不同类型国内申请人的专利数量和质量

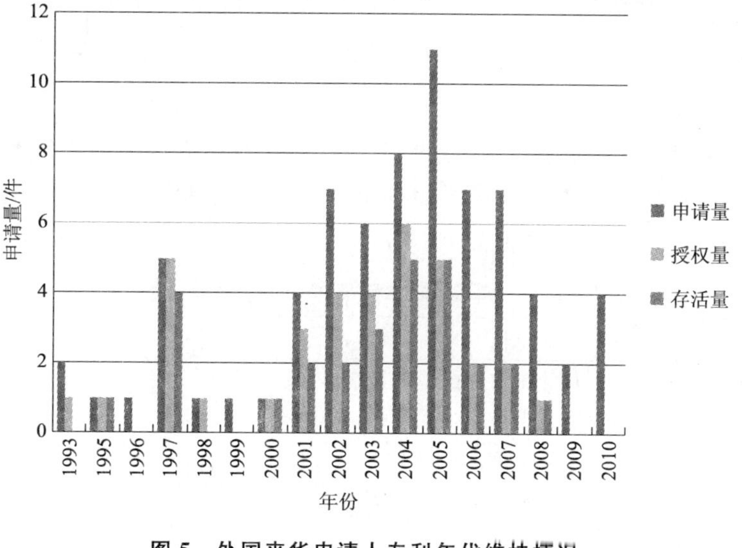

图 5　外国来华申请人专利年代维持情况

国际专利分类统计，H 部（电学）、C 部（化学）、B 部（作业）下包含的申请量占总量的很大比例。

图 6 显示占吸波涂料专利申请量的一半都属于电学领域，这也是吸波涂料技术应用最广泛的领域，也是现代发展速度最快的领域，从而决定了吸波涂料技术受到重视的程度。

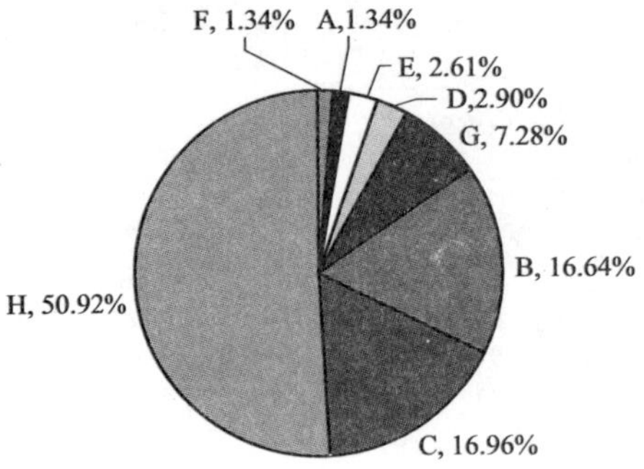

图 6　吸波涂料全球专利申请的分类份额

具体的，主分类号为 H05K9/00 的专利申请所占的比例最高，其次是 H01Q17/00，而涉及涂料的排名最靠前的分类号为 C09D5/32（吸收辐射的涂料），所占份额仅为 0.74%，可见这类申请主要还是与其应用领域更加相关，而最重要的应用就是涉及对电磁场的屏蔽。这一点在之后的申请人排名中也能看出来。排名前五位的 IPC 如表 2 所示。

表 2　吸波涂料全球专利申请重点领域

排名	IPC	技　术　主　题	申请量/件	份额
1	H05K9/00	设备或元件对电场或磁场的屏蔽	552	17.74%
2	H01Q17/00	吸收天线辐射波的装置；这种装置与有源天线单元或系统的组合	77	2.47%
3	B32B7/02	以薄层之间的连接为特征的层状产品	67	2.15%
4	H01F1/12	软磁材料的	46	1.48%
5	G09F9/00	采用选择或组合单个部件在支架上建立信息的可变信息的指示装置	42	1.35%

另外，因为 FT 分类号对于吸波涂料技术领域的分类非常细致，并且几乎包含了该领域内所有方面的技术改进点，因此通过对全球专利申请的 FT 分类号进行统计，可以看出该领域内的几个重点技术，申请量大的分类领域中一定包含有该领域技术人员关注的热点技术。排名前十位的 FT 如表 3 所示。

表 3　吸波涂料全球专利申请重点技术

排名	FT	技　术　主　题	申请量/件
1	5E321/GG05	目的是雷达或电磁波屏蔽或电磁屏蔽	1468
2	5E321/BB23	通过电镀、气相沉积或在基材上的涂覆生产层状体	1034
3	5E321	用于屏蔽的设备或防止电磁场的元件	729
4	5E321/BB44	用于屏蔽的柔韧的或弹性的原料	620
5	5E321/CC16	通过用黏性物质的方式衬垫的用于屏蔽方法	589
6	5E321/BB32	基材由绝缘合成树脂组成	538
7	5E321/BB41	用于屏蔽的具有织物原料、网或缝隙的片	528
8	5E321/GH01	除屏蔽外还是透明的	470
9	5E321/BB25	用于屏蔽的多层	411
10	5E321/BB21	用于屏蔽的材料为层状体	343

这些 FT 分类号中除排名第一位的 5E321/GG05 是涉及应用的，剩下的分类号都是与吸波或屏蔽技术本身相关的，同前所述，应用类的专利在这一领域占很大部分。除应用外，在吸波涂料本身技术改进的专利申请中，对涂覆方法的改进又占了很大一部分，剩余的有很多对原料（包括树脂和吸波材料）的改进，还包括多层涂覆技术。这些热点技术也同样意味着该行业今后的发展方向，与此相对应的行业重点技术的内容将在下文详细说明。

（四）吸波涂料专利技术的申请和保护状况

1. 吸波涂料专利技术在中国的申请和保护状况

通过对国内检索结果按原创国家/地区统计它们的申请量、授权量、授权率、存活量、存活率，能够看出吸波涂料专利技术在我国的申请和保护状况。

仅由图 7 的申请量、授权量和存活量状况看，吸波涂料技术在我国的情况还比较乐观，绝对量上都处于领先位置，即至少在我国还是自有知识产权的技术占大多数，这一点由之前对图 4、图 5 的分析也能够看出来。但这并不代表我们的技术水平就真的达到这样的高度，已经远远把美、日、欧等发达国家甩到身后。通过看图 7 的另外两组数据授权率和存活率可知，原创于我国的专利在授权率和存活率上与美、日、欧、韩等外国来华专利申请还有一定差距，尤其是存活率与发达国家差距较大，它们在我国的专利申请量不多，但质量很高。虽然原创于我国的专利申请总量大，但申请人水平确实存在参差不齐的情况，从而拉低了我国专利申请的总体质量水平。原创于我国的专利申请确实还存在质量不够高、权利不够稳定这些实际问题，这需要技术人员、知识产权相关人员相互合作，共同努力，需要政府部门在财力和政策上的大力支持，才能不仅在专利数量上排第一，还在专利质量上更为领先。

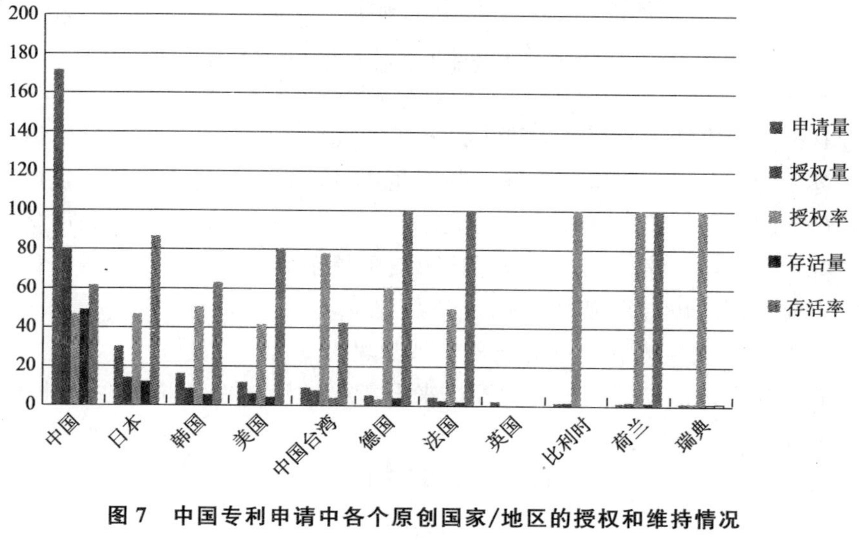

图 7 中国专利申请中各个原创国家/地区的授权和维持情况

同时，图 7 还说明我国吸波涂料市场还没有得到发达国家、跨国企业的重视，它们还没有开始大量在我国进行专利布局，给我国这一技术发展壮大留出了时间和空间。

如图 8 所示，在国内申请人中，按照申请人所在省市的申请量排名，可以看出处于我国经济较发达地区的沿海省份、直辖市的申请量较大；四川省有多所科技实力较强的高校和研究机构，申请量也比较多。一般来说，经济较发达的地区，对于专利的重视程度也更高，专利申请量也更大。吸波涂料技术作为与电子技术结合非常紧密的一个分支技术，在江苏、广东这些电子制造业发展最快速、企业众多的地区也一定是热点。而江苏省不仅申请量大，专利授权和存活量都最高，其中的申请人不仅包括多所高校，还包括多家高新技术企业，在专利质量上江苏省超过了广东省，排名全国第一。

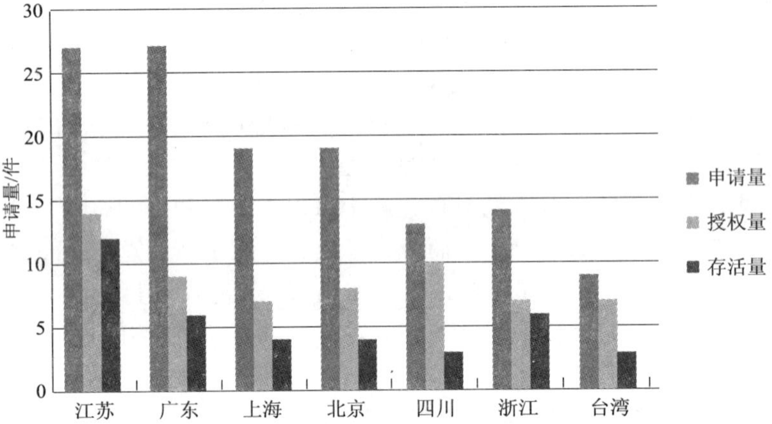

图 8　申请量排名靠前省份的专利授权维持情况

通过对比国内申请人与国外申请人以及不同地区国内申请人的专利申请授权和维持情况，可以看到我国的优势和劣势，既不能盲目乐观于数量上的领先，也不应妄自菲薄于质量上的差距。我国在吸波涂料技术上已经具备了一定的基础条件，技术储备和人才储备较完善，应该抓住现在市场还未被国外企业瓜分完毕的机遇，积极探索吸波涂料应用前景，尽快占领国内市场。

2. *吸波涂料专利技术在全球的申请和保护状况*

下面循序渐进地由申请、公开到授权来分析吸波涂料专利技术在全球主要国家/地区的申请和保护状况。

通过对全球检索结果的原创国别（国家或地区）进行统计，如图 9 所示，可以看出原创于日本的专利申请量最多，其次是美国，再次是中国。虽然中国专利申请数量与日本和美国相比差距还比较大，但作为从 20 世纪 80 年代才开始建立专利制度的发展中国家，与专利制度发展已经非常成熟的发达国家相比，能达到这样的程度，说明在吸波涂料这一领域，中国的发展是比较快的，且达到了一定高度，这与我们国家对吸波涂料技术的重视有着密不可分的关系。

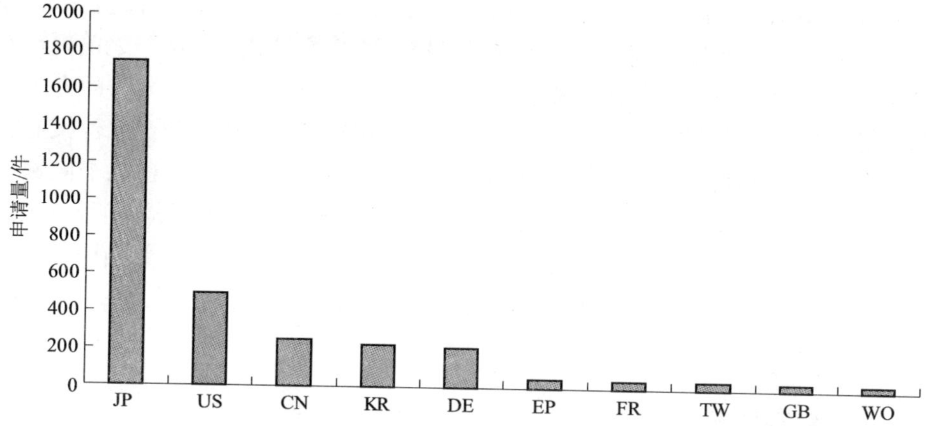

图 9　吸波涂料技术全球专利申请原创国别（国家或地区）统计

通过对专利国别（专利公开的国家或地区）进行统计，能够看出吸波涂料技术在哪些国家和地区比较活跃，哪些国家和地区是该技术领域人员比较重视的市场。图 10 显示出的国别顺序与图 9 的原创国别顺序略有差异，但前三名的排序是一致的，可以看出日本、美国、中国这三个国家既是对该技术比较重视的原创国家，也是该技术争夺的热点区域。

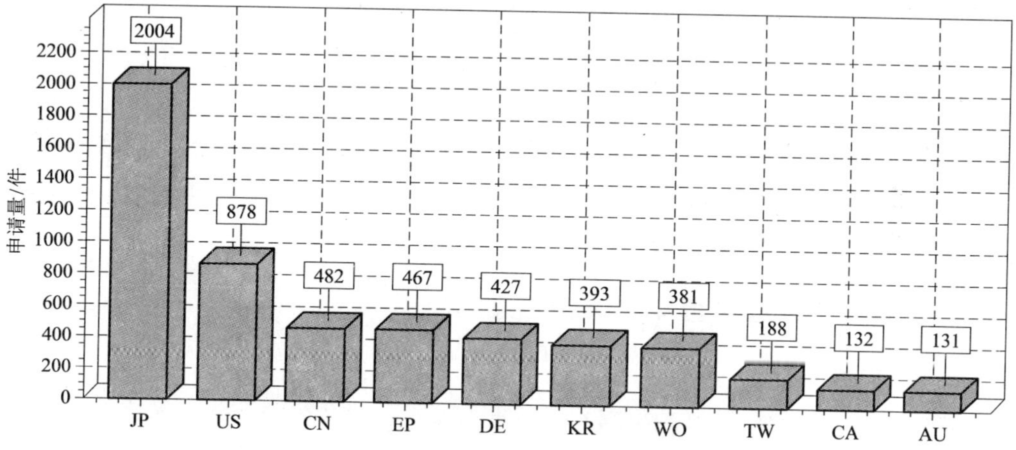

图 10　吸波涂料技术全球专利申请国别（国家和地区）

世界上公认的五个知识产权大国（包括地区）是美国、欧洲、日本、中国和韩国，下面通过分析吸波涂料专利申请在这五个区域的专利局授权的情况，作为典型代表来研究吸波涂料技术在全球的专利保护情况。

由图 11、图 12 可以看出，从授权量看，美国远高于其他国家和地区，尤其是在 20 世纪六七十年代，其他国家和地区基本没有该领域的授权专利；从 80 年代开始，欧洲、日本、韩国和中国才逐渐开始有相关专利被授权；在 80 年代末 90 年代初美国、欧洲、日本、韩国都显示出在授权量上的一次突破，这可能与冷战时期结束，之前仅在军事上应用的雷达隐身技术开始转向民用有关；而在 2005 年左右，这五个区域的专利授权量又呈现一次高峰期，尤其是中国、日本、韩国三国相比于前一次授权高峰都又有了极大提高，这与 21 世纪信息技术的快速发展密切相关，而且与之前图 2 这五个区域专利申请量情况相比，中国、日本、韩国三国在 2005 年之后申请量迎来一次前所未有的高潮，由于专利审查的滞后性，可以想到这之后的授权量也将继续提升，我们相信，在这一技术领域，亚洲国家，极有可能赶超欧美发达国家，达到世界领先水平。

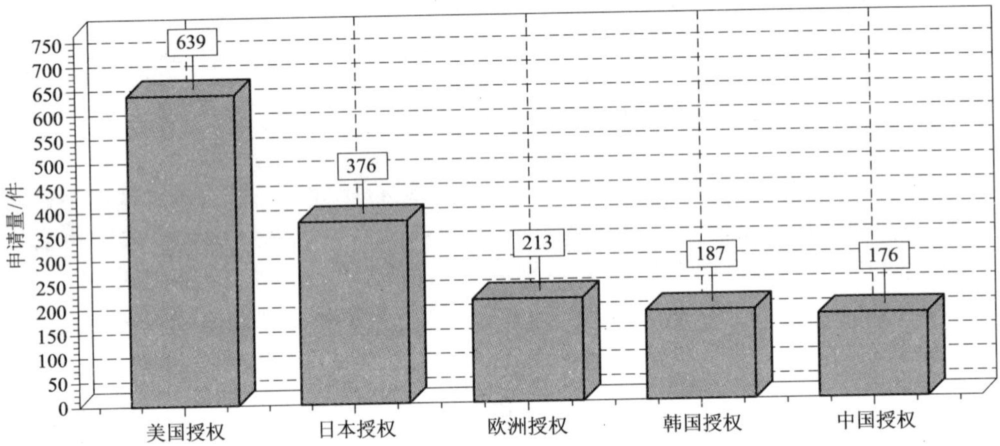

图 11　五个区域专利授权情况

可见，从全球范围来看，虽然在吸波涂料技术发展初期我国落后于其他国家，但从 20 世纪 80 年代已经开始大步追赶上来，与前面的结论相同，我国在吸波涂料技术领域的发展前景被看好。

三、重点技术或主要申请人分析

（一）重点技术

如前所述，吸波涂料技术领域有很多重点技术，涉及涂覆方法、涂覆原料（包括成膜树脂和吸波材料）、多层涂覆等。涂覆方法的改进主要能够改善涂层与基材的黏结性能，从而提高涂层的机械和化学性能；涂覆原料的研究涉及的方面较多，但最多的还是对吸波材料的选择、结构、复合、粒子状态等的改进，从而改善吸波涂层的屏蔽性能和其他多种性能；多层涂覆也是为了改善吸波涂层的屏蔽性能，包括更宽的频

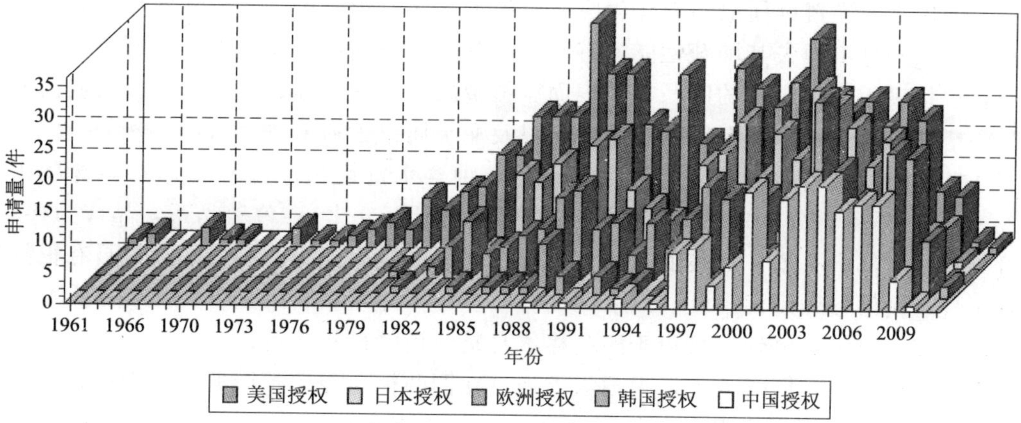

图 12 按年代统计五国专利授权情况

带和更高的屏蔽性。具体的，在对吸波材料的改进方面，热点的是导电高分子吸波材料、纳米相结构吸波材料、表面涂覆金属的填料等。下面选取几个重点技术进行介绍。

1. 导电高分子吸波材料用于吸波涂层的技术

传统的吸波涂料面临的技术问题之一是由于金属导电填料本身密度大而造成的吸波涂料所形成的涂层重量过大的问题，比较好的解决方法就是用导电高分子材料代替金属导电填料。导电高分子材料包括聚苯胺、聚吡咯、聚噻吩、聚对苯撑类、聚对苯乙烯类等，它们作为主要导电成分，以热塑性树脂为主要成膜物质形成吸波涂料，或者与金属填料复合作为主要吸波剂，形成吸波涂料，具有质轻、价廉、稳定性好、易贮存和施工方便等优点。

2. 纳米相结构吸波材料用于吸波涂层的技术

纳米材料在许多领域都有非常突出的表现，而在吸波涂料领域，由于纳米材料具有良好吸波特性，并且还具有频带宽、兼容性好、面密度低、涂层薄的特点，符合吸波涂料薄、轻、宽的要求，从而被大量利用。纳米相结构吸波材料包括四针状纳米氧化锌、纳米碳化硅、纳米石墨、纳米金属膜、纳米氮化铁、碳纳米管等。

3. 多层涂覆技术

多层涂覆技术是为了克服单层涂层的缺点而产生的，一般是将反射层与吸收层相互结合，共同提高电磁屏蔽性能；还可以在两层导电涂层中间涂覆一层绝缘夹层，可以增加电磁波经过涂层时的反射面，提高电磁屏蔽性能，比单纯使用多层导电涂层成本低。

4. 表面涂覆金属的填料技术

采用表面涂覆金属的填料作为吸波材料加入涂料中，可以大大降低吸波涂料的原料成本，并且不损失其屏蔽性能，有时还能赋予涂料其他有益性能。表面涂覆金属的填料包括表面涂覆金属的凹凸棒、表面涂覆金属的空心微球、表面涂覆金属或铁氧体的陶瓷纤维、表面涂覆金属的碳纳米管以及非金属镀银粉末等。

凹凸棒石又名坡缕石、绿坡缕石，是一种含水富镁硅酸盐黏土矿物；含氧化镁23.83%（质量百分比）、二氧化硅56.96%（质量百分比）；单斜晶系，晶体为棒状、纤维状，内部多孔道，比表面积巨大，具有强大的吸附能力，制成的涂料具有很好的耐水性、耐磨性和耐污染性，以前凹凸棒石多用于建筑涂料的制备，而表面涂覆金属的凹凸棒具有了导电性，且由于凹凸棒本身是浅色的矿物，可以获得浅色甚至白色的高性能导电涂料；同时也可以根据需求通过在凹凸棒上包覆不同氧化物来配置不同颜色的导电涂料，如可选用白色的氧化钛、红色的氧化铁等，以获得丰富色彩的导电涂料。

5. 吸波涂料的涂覆技术

作为吸波涂料最常用的涂覆方法，已知有：喷涂，用喷雾器将屏蔽金属溶液喷射、涂敷到被涂敷物上；非电解镀，将被涂敷物放入镀槽内，实施非电解镀。但是这些方法有下述各种问题。

第一，在通过上述喷涂和非电解镀方法来形成吸波涂层的情况下，一般都在空气中进行作业工艺，技术水平低劣，被涂敷物上涂敷的屏蔽膜的黏合力相当低，而且在涂敷的屏蔽膜的涂敷厚度及涂敷的粒子等的浓度不均匀的状态下进行涂敷，所提高的屏蔽效果很有限；

第二，几乎所有的作业都通过手工作业来进行，所以不可能有批量生产的再现性；

第三，不仅在作业者的喷涂作业时有招致安全事故的危险，而且非电解镀时使用的工业用水造成废水处理的费用增多。

因此，寻找更加环保、安全、效率高的涂覆方法，使得所得涂层与基材结合更紧密，各项性能更优异，是吸波涂料的重点技术之一。

6. 水性吸波涂料

近年来，环保意识越来越深入人心。而传统涂料技术由于使用大量有机溶剂会对施工人员身体造成极大损害，并对环境造成恶劣影响。吸波涂料一般采用喷涂方法，为了涂层快速固化，大部分都使用有机溶剂。为了改善工作环境，减少环境污染，许多研究人员致力于将吸波涂料改造为水性，同时又不影响其吸波性能。

通过人工阅读、标引中国专利检索得到的255篇专利信息样本，总结出其中的重点技术及其功效涉及的专利情况，如表4所示。

表 4 吸波涂料中国专利技术功效表

单位：件

专利数量 技术 / 功效	涂覆方法	水性涂料	纳米相结构	导电高分子	复合磁屏蔽材料	多层涂覆	其他组分	表面涂覆金属的填料（空心微球、凹凸棒、碳纳米管）	泡沫基体材料	填料粒度梯度分布	合计
环保	1	17					1				19
耐高温/散热				1	5	2		1			9
透明			6（触媒化成工业株式会社；住友大阪水泥株式会社）	2（气体产品与化学公司；欧明创有限公司）	3（旭硝子株式会社；三星 SDI 株式会社）	1（法国圣戈班玻璃厂）	1（旭硝子株式会社；触媒化成工业株式会社；株式会社东芝）				13
涂层机械或化学性能良好	1		3	1	2	1	4	1		2	15
宽频带或高屏蔽	1	1	18	5	30	16	1	4		2	60
储存稳定	1		1	3	1						6
轻、薄	1	1	1	3	3			1	1		11
降低成本		1	2	2	5	1		3			14
耐腐蚀			1	1	3		3				8
合计	5	20	14	18	52	21	10	10	1	4	

由表4可以看出，我国公开的专利申请中，在技术方面，涉及复合磁屏蔽材料的研究最多；在功效方面，用于改善宽频带或高屏蔽性能的研究最多。另外，水性涂料技术、多层涂覆技术、导电高分子技术、纳米相结构技术也是研究的热点，它们在涂料的环保以及各项性能（包括物理性能、电性能、化学性能）方面表现比较突出，从而受到研究人员的重视。

相反，在表4中出现专利量不多或者完全为零的地方，有可能是研究人员不重视的技术点，也有可能是需要去填补的技术空白点，这与吸波涂料专业技术息息相关，不是本文研究人员的水平能够达到的，因此仅仅将我们看到的内容罗列在此，希望能对相关领域的技术人员有所帮助。

另外，本文研究人员还发现表4中的一个特殊情况，在涉及“透明”功效的技术改进的专利中，完全没有国内申请人出现，所有13件申请都是国外申请人作出的，包括日本、美国、德国、法国、韩国的多位申请人，甚至日本申请人触媒化成工业株式会社在纳米相结构技术得到的透明吸波涂料方面的申请从2002年到2004年连续申请了5件（对于该公司的情况将在后面详细论述）。而我国在透明功效这一点上，明显存在技术空白，是值得本领域技术人员思考和注意的。

（二）国内主要申请人

1. 安泰科技股份有限公司

安泰科技股份有限公司是以中国钢研科技集团有限公司（原国家级大型科研院所钢铁研究总院）为主要发起人，联合清华紫光（集团）总公司等单位发起成立的高科技股份有限公司，该公司被国家授予“国家非晶微晶合金工程技术研究中心”，是国家科技部及中科院联合认定的国家高技术企业，也是被北京市科学技术委员会认定的骨干高新技术企业。

公司成立于1998年12月，注册地为中关村科技园区中心区。2000年5月，公司在深圳证交所完成了6000万A股股票的发行上市工作。经过送股和转增，截至2011年12月31日，公司注册资本为8.59亿元。

安泰科技以先进金属材料为主导产业，涉及包括非晶/纳米晶带材及制品、粉末材料及制品、磁性材料及制品等10个材料的先进产品。其中非晶/纳米晶带材及制品应用的一个重要领域就是表面工程领域，而该公司将其用于电磁屏蔽技术也是比较先进的。该公司在此领域的专利包括一种纳米晶合金涂层及其制备方法（公开号：CN101353775A，公开日：20090128）、一种非晶软磁合金涂层及其制备方法（公开号：CN101441915A，公开日：20090527）、一种非晶软磁合金涂层及其制备方法（公开号：CN101441914A，公开日：20090527）。在纳米晶合金涂层方面，提出了将纳米晶涂层的电磁屏蔽技术及应用的开发，并解决了纳米晶涂层制备工艺难度较大的问题。在非晶软磁合金涂层方面，解决了以下问题：（1）过去非晶软磁合金主要以带材、薄片、纤维或粉末形式使用，制备工艺复杂；（2）采用Co基非晶态合金制备热喷涂层复合板成本比较高，而且饱和磁感应强度比较低；（3）采用电镀或其他溅射沉积方法制备涂层存在污染环境或制备成本偏高的缺点，而且不适于大面积屏蔽时使用。

2. 泰州拓谷超细粉体材料有限公司

泰州拓谷超细粉体材料有限公司是专业从事微波吸收材料及其相关产品研发、生产、销售和服务的江苏省高科技企业。该公司与国内著名院所联合，在国家863项目、江苏省科技支撑项目、国家科技部科技型中小企业技术创新基金项目和中国航空科工集团项目的大力支持下，研发和生产微波吸收材料及相关产品。该公司根据国家战略要求，依托著名院所数十年的科技成果累积，聘请多位著名专家、教授，重点开展应用技术和工艺制备的研究，坚持强强联合和自主创新，申报国家发明专利5件和实用新型专利5件。其自主开发的微波吸收材料产品的综合性能指标处于国内领先水平，已在中国航空、中国航天、中国电子科技集团等单位得到推广应用。其涉及吸波涂料的专利为：

一种纤维金属基复合宽带轻质薄型雷达波隐身涂层的制备方法（授权公告号：CN101699564B，公告日：2011年8月24日），是将酒精稀释的偶联剂涂在金属板上，取多根直径为5～15μm、长度小于等于1cm，表面蘸有胶合剂的聚丙烯腈基碳纤维按纵向间距0.5～1.5cm、横向间距0.5～1.5cm均匀黏合在金属板板面上形成碳纤维层并干燥2～4h，在碳纤维层上分多次喷涂吸波涂料形成吸波涂层，再在60℃烘箱内固化5小时即可。该发明采用具有微波散射特性的碳纤维多列横向均匀排布，吸收频带宽，且吸波涂层面密度小，力学性能高，在8～18GHz频率范围内反射率小于−8dB，整体吸波性能强，隐身效果好，适用于多种对面密度要求高的武器装备和航空航天飞行器。

一种纤维金属基复合宽带轻质薄型雷达波隐身涂层（公告号：201530153U，公告日：2010年7月21日），主要包括金属板、碳纤维层、吸波涂层，由多根碳纤维经胶合剂呈多列横向均匀黏合在金属板上形成碳纤维层，碳纤维层上设有至少一层吸波涂层。该实用新型涂层的碳纤维层中碳纤维按多行多列均匀分布，吸收频率宽，且吸波涂层面密度小，面密度均匀，整体吸波性能高，力学性能高，制作成本低，适用于多种条件的武器装备和航空航天飞行器。

3. 北京航空航天大学

北京航空航天大学对雷达隐身技术、吸波材料进而吸波涂层的研究开展得较早，并且多与军工企业或国防研究所合作研发，便于研究成果应用和转化。曾在20世纪80年代承担了国家自然科学基金资助的相关项目。其下的材料科学与工程学院、电子信息工程学院都有人员从事该领域的研究，并且还设置有隐身与反隐身研究中心。

北京航空航天大学在吸波涂料领域的专利有：

一种以空心微球为填料的雷达波吸波涂料及其制备方法（公开号：

CN101294047A，公开日：20081029），该发明由于使用了密度小、耐高温、抗酸碱和氧化性强的空心微球，从而解决了传统吸波涂层存在的密度大、高温性能差、抗氧化和耐酸碱能力差等缺点，实现吸波材料“薄、轻、宽、强”的目标。

一种用于多孔墙板的水性导电高分子/金属复合纳米涂料及其制备方法（公开号：CN101781520A，公开日：20100721），该发明使用导电高分子包裹金属纳米颗粒形成核壳结构，防止金属纳米材料氧化，提高了涂料的稳定性，不仅在低频区表现出较好的屏蔽效果，并且在高频区也表现出好的屏蔽效果。

（三）全球重点技术或主要申请人

图 13 是吸波涂料技术在全球范围内申请量排名前十位的申请人公司代码，按照申请量高低顺序的公司分别是：株式会社普利司通、大日本印刷股份有限公司、三星 SDI 株式会社、东丽株式会社、日本电气株式会社、株式会社东芝、松下电器产业株式会社、日立化成工业株式会社、西门子公司、LG 电子有限公司，主要是日本和韩国从事电子电气制造的企业。这些公司的专利主要涉及如何将电磁屏蔽层用在电子电气装置等上，并且该增加的涂层不仅不会破坏该装置本身应该起到的作用，还能赋予其屏蔽电磁场的效果。典型的是在透明基材上的屏蔽涂层，例如用于显示器或等离子显示板上的屏蔽涂层，这时的涂层不仅要满足屏蔽电磁场的功能，还不能损害显示板本身的性能如透明性、抗（防）反射性等。

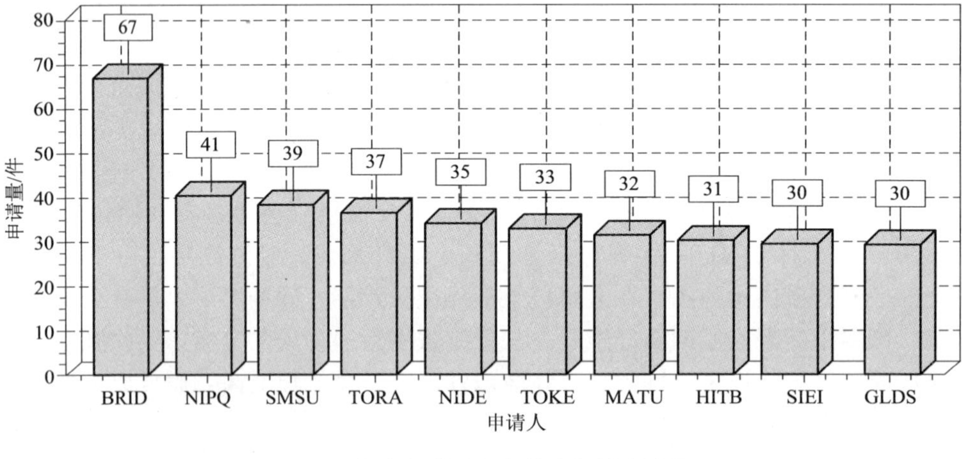

图 13　全球申请量排名前十位的申请人

而涉及吸波涂层其他方面技术及制造技术的专利并不是由这些大公司完成的，虽然数量上不及以上吸波涂层具体应用的专利多，但是它们具有自己的技术特点和技术领先地位，是这些应用专利的基础。这类主要申请人或重要专利如下。

1. 触媒化成工业株式会社

触媒化成工业株式会社是世界著名的催化剂制造公司，2008 年 7 月 1 日与 Nikki 化学公司合并为日挥触媒化成株式会社，主营业务是纳米技术，包括纳米颗粒制备技术、纳米颗粒分布技术、纳米孔控制技术和微米结构控制技术，涉及催化剂、精细化学品、环境/新能源等技术领域。它们的纳米吸波涂料可用于在透明底材表面形成保护该底材的透明导电膜，提高底材的耐刮痕性、膜的强度、膜的硬度、刮痕强度、铅笔强度、耐水性、化学物质耐受性等。如前所述基于这种纳米技术该公司从 2002 年到 2004 年连续在中国申请了 5 件专利，其中仅有 1 件视撤，另外 4 件专利还在存活期。

例如，中国专利 CN1278805C 提供能用于形成防带电性和电磁屏蔽性优良，且制造可靠性和成本也非常理想的透明导电性覆膜的铟系金属微粒及其分散溶胶。该铟系金属微粒的特征是，平均粒径在 2～200nm 的范围内。上述铟系金属微粒分散到水及/或有机溶剂而形成铟系金属微粒分散溶胶。该铟系金属微粒的制造方法的特征是，在含铟化合物及有机稳定剂、且溶剂中的醇含量在 40 重量％以上的混合醇溶液中加入还原剂。该发明通过控制涂布液中纳米颗粒的分布，保证了覆膜的透明性和厚度，使其具有良好的电磁波屏蔽性能和抗反射性能。

2. 株式会社神户制钢所

株式会社神户制钢所（简称 KOBELCO）是世界 500 强之一，是日本第三大钢铁联合企业。该公司创建于 1905 年，以钢铁制造业、锻造业起家，迄今其业务已成为涵盖钢铁、机械、工程、房地产等多个领域，并在电子和信息系统方面具有高科技业务。该公司的产品可用来屏蔽电磁波的高功能钢板以及磁性用铁粉是吸波涂料行业的基础或原料，并在此方面具有多个专利，例如：

日本特许公报 JP4202974B2 公开了一种具有优异的微波吸收性和可加工性的涂布树脂的金属片，例如用作外壳的构成材料，特别是在电子、电力和光学装置外壳的构成材料，所述涂布树脂含有占涂料组成物的 20～60 质量％的软磁性铁素体粉末，涂层厚度为 3～50μm，这样涂布的金属片在散热性、自冷却性、抗划痕性、抗指印性、导电性等特性方面有改进。

日本特许公报 JP4773278B2 公开了一种电磁波屏蔽性优异的树脂涂敷金属板，其通过提高树脂涂敷金属板的导电性而能够发挥优异的电磁波屏蔽性。树脂涂层的变形能越大（树脂皮膜越软），导电性越高。另外，与历来通用的电镀锌钢板相比，使用锌和铁通过熔融镀覆法而合金化的合金化熔融镀锌钢板也能提高导电性。

日本特许公报 JP2008238406A 提供一种导电性树脂涂敷金属板，是在金属板的表面被覆有含有导电性粒子的导电性树脂涂层，即使接触压力很小，其也能够发挥出充分的导电性，防止在加工时导电性粒子从涂层脱落，并落到电子设备的底座，造成电子设备的故障。所述导电性树脂涂敷金属板在金属板的表面被覆有含有导电性粒子的导电性树脂涂层，导电性粒子在导电性树脂涂层中以 20～65 质量％的范围含有，导电性树脂涂层中的树脂的 Tg 为 －10℃ ～ ＋30℃，导电性树脂涂层的厚度为 1.2～14μm。

3. 莱尔德技术股份有限公司

莱尔德技术股份有限公司是设计和制造电磁屏蔽材料等产品的世界著名公司，产品广泛用于电信、数据通信、手机、计算机、通用电子装置、网络设备、航空航天、国防、汽车以及医疗设备等领域。

该公司的中国专利CN1849726B公开了一种原位形成的微波吸收性涂料，是由标准的原位形成的配料设备分配的微波吸收性材料，它混有液体树脂体系与磁性或有损耗介电性填料，所述液体树脂体系是有机硅树脂体系，所述磁性填料是羰基铁粉末。将所述微波吸收性材料分配到电子设备的外壳中，即将所述材料分配到外壳的孔穴中，其在那里自动调平并熟化；或者，将所述材料分配到外壳的表面上，由于其触变特性的缘故，所述材料在那里保持其形状并在表面上形成熟化微波吸收性材料的垫料。该方法使得可以更简单方便的方式向电子设备的外壳提供微波吸收性材料。

4. 派克汉尼芬公司

派克汉尼芬公司是一家总部位于美国的世界一流的工业企业。自1918年Arthur L. Parker先生创立公司至今，派克汉尼芬公司已发展成为全球运动和控制领域最大、产品种类最完备的公司，在运动和控制方面分布于1000多个工业和航空领域。该公司从20世纪30年代涉足航空航天领域，并在20世纪90年代开始涉足通信和IT基础设施，密封及屏蔽技术是其一大产品类别。

该公司的美国专利US2009084600A1通过用含有传导纳米粒子的涂料或油墨涂覆弹性非传导核心垫片来制备电磁干扰（EMI）屏蔽垫片，该垫片包含弹性非传导核心垫片，其具有至少一个外表面；和屏蔽层，其覆盖所述核心垫片部件的所述外表面的至少一部分，所述屏蔽层包含导电和/或EMI吸收纳米粒子填充剂，所述纳米粒子的尺寸范围是20～100nm，其选自银、碳、蒙乃尔合金（Monel）、铜、钢、镍、锡、ITO、铁氧体和其组合。该发明可以10μm或更小的厚度施加涂料层以实现可与常规涂料相当的屏蔽水平，所述常规涂料通常比该发明涂料层厚一个数量级。

四、吸波涂料技术发展趋势预测

（一）吸波涂料技术今后的发展趋势预测

虽然吸波涂料技术应用于军事目的已经有将近百年的历史，但其在民用方面发展的历史并不长，并且随着电磁污染越来越严重，对它的研究也越来越多，成为涂料行业的一个热点。虽然在总量上，吸波涂料仅占涂料的很小一部分，但是其技术含量较高，对涂装的技术水平要求也较高，是电子电气等高新技术的配套，因而发展前景、市场前景良好。

图14是使用珀尔曲线模型预测吸波涂料技术中国专利申请数量，其中2011年和2012年的数据是通过该模型预测出来的，从中可以看出该技术在我国还处于上升趋势。

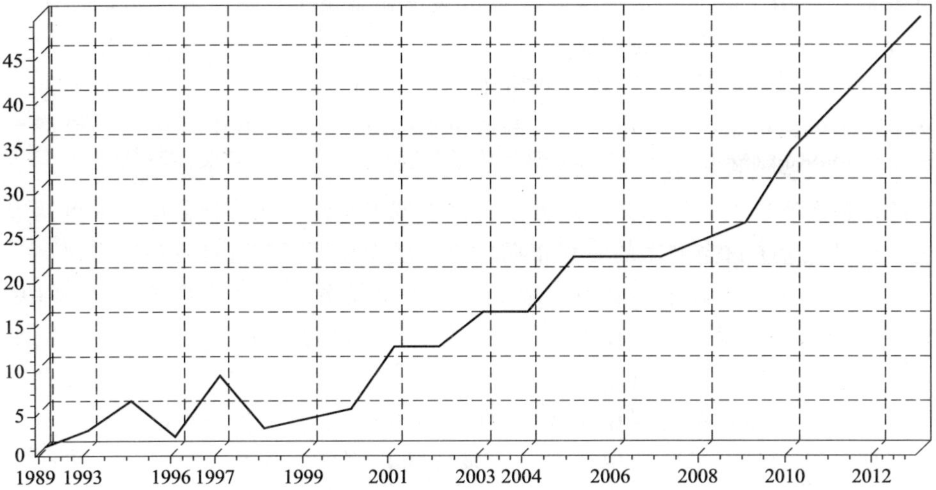

图 14 使用珀尔曲线模型预测吸波涂料技术中国专利申请数量

但是对全球申请量的数据利用上述模型分析，得到的趋势与我国的不同。

图 15 是使用珀尔曲线模型预测吸波涂料技术全球专利申请数量，其中 2011 年和 2012 年的数据是通过该模型预测出来的，基本与 2010 年的申请量持平，因为从 2009 年开始申请量有所下降，仅依靠 2009 年和 2010 年两年的数据无法估计出下降的规律，因此，很难对全球发展趋势进行预测，只能给出前述持平的保守估计。

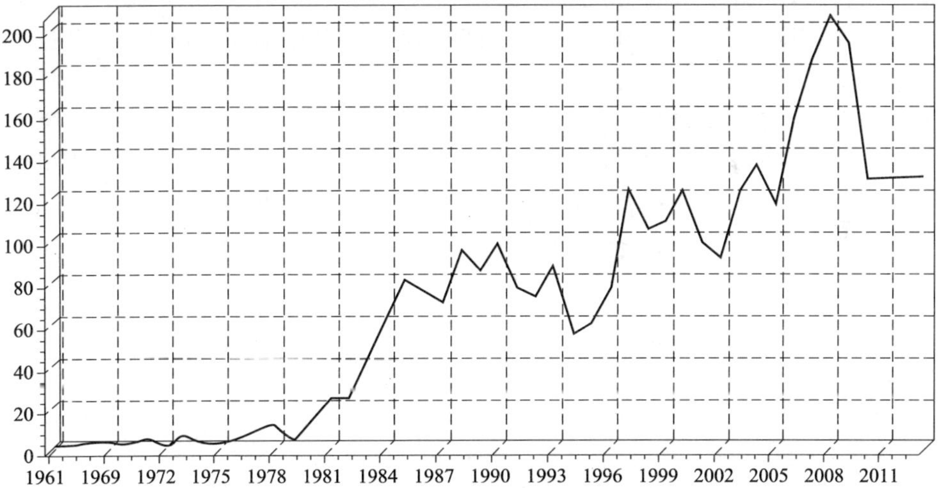

图 15 使用珀尔曲线模型预测吸波涂料技术全球专利申请数量

(二) 对我国吸波涂料行业发展的意见或建议

通过前面的分析研究，结合市场需求，对我国吸波涂料行业今后的发展提出了以下意见或建议。由于时间和水平有限，有可能不能满足本行业从业人员的需求，或者与本行业的实际状况不符，还请读者指证。

（1）我国吸波涂料技术发展水平并不低，但从前面对专利技术功效的分析和对重要专利申请人的分析来看，在电子电气制造技术中被广泛使用的且备受国外申请人重视的透明、耐划痕吸波涂层是我国在该领域技术上的空白点，而这个技术点的市场价值是非常高的，还需我国相关技术人员想方设法突破技术瓶颈，在跨国公司还未重视中国这片市场、还没有完成这个技术的专利布局之前，至少在我国拥有自主知识产权。

（2）我国吸波涂料技术在吸波材料上的改进比较多，但对涂覆方法、涂覆基材以及原料树脂的研究较少，这些技术是决定吸波涂层除吸波性能外的各种涂层性能的关键技术，也是吸波涂料生产效率提高、生产成本降低的原因之一，因此建议我国申请人能够拓宽研究思路，不局限在吸波材料改进这一点上，百花齐放，百家争鸣。

（3）吸波技术作为军民两用技术，应该鼓励共建共享技术创新平台，实现国防院所、军企和普通高校/科研院所深入合作，并鼓励吸波涂料企业与高校/科研院所合作，这样的合作是双赢的合作，同时又对整个产业的发展作出巨大贡献，所以应该积极鼓励。由前面分析可以看出，江苏省在这点上走在了全国其他地区前面，起到带头作用，其整体上专利技术水平、应用水平、产业化水平都较高。

五、结束语

由以上研究发现，吸波涂料技术在历史上是因为两个技术才发展壮大起来的，初期是雷达隐身技术，主要用于军事目的；中期和后期是电磁屏蔽技术，属于军民两用技术，而吸波涂料技术领域内专利的大量出现和增长是依靠中期和后期电磁屏蔽技术的发展壮大。我国的吸波涂料行业在发展中期，克服了技术基础薄弱的困难，依靠科技人员的聪明才智和辛勤劳动，逐渐追赶上国外的先进水平，与传统涂料行业相比，聚集的科技人才更多、科研实力更雄厚，在技术创新上更富有活力和生命力，希望这份报告能让本行业从业人员对其所从事工作充满信心，继续提升行业的整体技术水平。

本文中还有许多尚待解决的问题，由于作者时间、水平和精力有限，只能留给读者批评指正了。

参考文献

[1] 高焕方，等．吸波涂料的研究现状［J］．表面技术，2003（5）．

[2] 陶西才．吸波涂料在民用产品上的应用［J］．安全与电磁兼容，2003（1）．

[3] 崔升，等．电磁屏蔽和吸波材料的研究进展［J］．电子元件与材料，2005（1）．

[4] 张九渊．表面工程与失效分析［M］．杭州：浙江大学出版社，2005：293～297．

吸收式制冷专利技术现状及其发展趋势

周彦红　顾晓燕　闫　磊　杨　斐　李　红

（国家知识产权局专利局材料工程发明审查部）

一、引言

（一）吸收式制冷技术简介

吸收式制冷是利用某些具有特殊性质的工质对，通过一种物质对另一种物质的吸收和释放，产生物质的状态变化，从而伴随吸热和放热过程。吸收式制冷装置由发生器、冷凝器、蒸发器、吸收器、循环泵、节流阀等部件组成，工作介质包括制取冷量的制冷剂和吸收、解吸制冷剂的吸收剂，二者组成工质对。

吸收式制冷的基本原理一般包括以下五个步骤：

（1）利用工作热源（如水蒸气、热水及燃气等）在发生器中加热由溶液泵从吸收器输送来的具有一定浓度的溶液，并使溶液中的大部分低沸点制冷剂蒸发出来。

（2）制冷剂蒸汽进入冷凝器中，又被冷却介质冷凝成制冷剂液体，再经节流器降压到蒸发压力。

（3）制冷剂经节流进入蒸发器中，吸收被冷却系统中的热量而激化成蒸发压力下的制冷剂蒸汽。

（4）在发生器中经发生过程剩余的溶液（高沸点的吸收剂以及少量未蒸发的制冷剂）经吸收剂节流器降到蒸发压力进入吸收器中，与从蒸发器出来的低压制冷剂蒸汽相混合，并吸收低压制冷剂蒸汽并恢复到原来的浓度。

（5）吸收过程往往是一个放热过程，故需在吸收器中用冷却水来冷却混合溶液。在吸收器中恢复了浓度的溶液又经溶液泵升压后送入发生器中继续循环。

吸收式制冷以自然存在的水或氨等为制冷剂，对环境和大气臭氧层无害；以热能为驱动能源，除了利用锅炉蒸汽、燃料产生的热能外，还可以利用余热、废热、太阳能等低品位热能，在同一机组中还可以实现制冷和制热（采暖）的双重目的。整套装置除了泵和阀件外，绝大部分是换热器，运转安静，振动小。吸收式制冷已经成为制冷技术的主要发展方向之一，有着非常广阔的前景。

（二）吸收式制冷技术研究与发展概况

吸收式制冷技术最早可追溯到 1777 年，Nairne Edward Gerale 利用浓硫酸对空

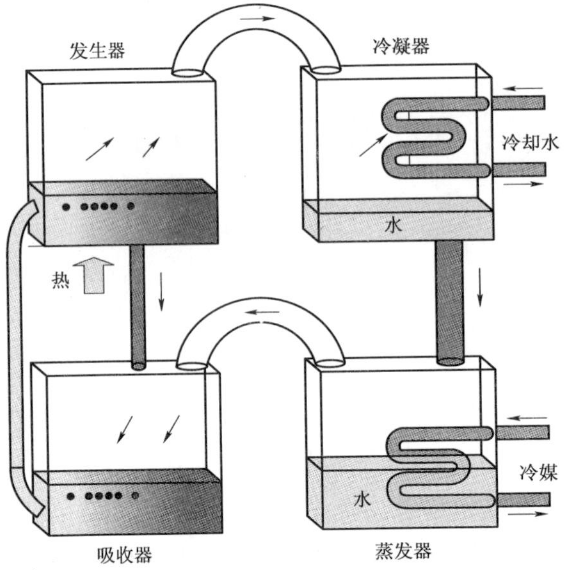

图 1　吸收式制冷原理图

气中的水分进行吸收，从而使未蒸发的水得到冷却，进而得到冰。基于此原理，1810 年 Scotsman John Leslie 制成硫酸-水（$H_2SO_4-H_2O$）吸收式制冷装置，并用此装置在实验室制取冰；1850 年法国人 Edmond Carre 制成了硫酸-水制冷机。1859 年 Eerdinand Carre 制成了氨水（NH_3-H_2O）吸收式制冷机，这是吸收制冷的重大突破，1886 年正式研制成功实用的氨水吸收式制冷机组。从此，氨水吸收式制冷正式成为吸收制冷的主力军。20 世纪初，德国 Borsig 公司首次研制出两级氨水吸收式制冷机组，其制冷温度达到－50℃。直燃式吸收制冷机由瑞典的 Carl Muniers 等人于 1925 年首次研制成功。以溴化锂溶液（$H_2O-LiBr$）为工质对的吸收式机组与氨-水吸收式机组相比，具有热效率高、工作压力低、不需要精馏、结构紧凑等优点。1945 年，美国的开利公司研制出蒸汽型单效溴化锂吸收式冷水机组，到了 1961 年研制成功了双效溴化锂吸收式制冷机。此后，以热能驱动的大容量吸收式冷水机组大量开发应用，开创了现代空调制冷系统利用多种能源的新局面。

1973 年的中东能源危机推动了能源利用技术的飞速发展，利用低品位热能的吸收式热泵技术、热电冷联产技术等吸收式冷热源设备研究进入实用化研究阶段。1987 年《关于消耗臭氧层物质的蒙特利尔协定书》签订后，由于吸收式制冷技术可采用对环境无破坏作用的天然制冷工质，它作为一种现实可行的替代制冷技术得到进一步发展。

目前世界范围内对吸收式制冷技术的研究主要集中在进一步提高传统的氨水和溴化锂吸收式制冷机组的性能、利用低品位能源（包括太阳能、废热、余热等）、提高系统部件的传热传质效率等方面；其他方面的技术，例如新工质对、小型化、热电冷联产技术、表面活性剂与缓蚀剂的研究等也取得了长足的进步。

我国在 20 世纪 60 年代开始进行溴化锂溶液物性、腐蚀性和传热性能的基础实验研究，并在 1966 年制成了蒸汽型单效溴化锂吸收式冷水机组。在此基础上，为了节约吸收式制冷机组的能耗，从 1982 年开始对蒸汽型双效溴化锂吸收式冷水机组进行商业化生产，从 1989 年开始热水型单效溴化锂吸收式冷水机组的商业化生产。我国吸收式制冷技术的研究和开发也有了很大的进展，1992 年制成采用高效传热管和微机控制的溴化锂吸收式制冷机、直燃型双效溴化锂吸收式冷热水机组，还研制出第二类溴化锂吸收式热泵工业样机。以 1994 年的第一届《全国溴化锂制冷机、空调热泵机组技术展览会》为标志，我国开始直燃型溴化锂冷热水机组的商业化生产，并在大型建筑和工业领域大规模推广应用。当前我国在溴化锂吸收式制冷机的生产和应用方面已居世界第二位。国内从事吸收式制冷研发的主要有江苏双良节能系统股份有限公司、大连三洋制冷有限公司等企业，以及清华大学、浙江大学等高校。虽然吸收式制冷方面的研究在我国起步较晚，但在我国新能源战略的影响下正呈现出强劲的发展势头。

二、吸收式制冷专利状况分析

（一）样本构成

1. 数据库的选择

为了解吸收式制冷的专利状况，我们通过检索德温特世界专利索引数据库（WPI）和中国专利申请数据库（CNPAT）来获得进行统计分析的专利样本。其中，WPI 数据库收录了约 40 个国家或者国际组织的专利，用词规范，文摘中技术内容信息丰富，都经过专业技术人员的重新撰写，能够提供比较准确的技术信息；CNPAT 数据库是中国专利局自行开发的中国专利数据库，收录了全部公开的中国专利文件，是权威的中国专利检索数据库。

2. 检索的时间范围

本次对 WPI 数据库的检索始于 WPI 数据库最早收录的文献，止于 2012 年 4 月 15 日公开的专利文献；对 CNPAT 数据库的检索始于中国专利数据库最早收录的文献，止于 2012 年 4 月 15 日公开的专利文献。考虑到 2011 年申请的大部分专利文献尚未公开，因此仅对 2010 年以前的数据进行了统计分析。然而，2010 年申请的部分专利文献截止检索终止日时还未公开，因此 2010 年的统计数据有可能是不完全的。此外需要说明的是，在列举重要专利文献时，考虑了 2010 年之后数据中较为新颖的专利样本。

3. 检索策略

吸收式制冷技术主要涉及制冷机组、空调、热泵等领域，覆盖范围较广，采用分类号结合关键词的基本策略进行检索，检索过程中再依据主要申请人、分类号和关键词的统计分析进行动态调整，以求尽可能准确地确定专利分析样本的构成。检索涉及的关键词包括：制冷、致冷、冷却、冷冻、冷藏、空调、热泵、制热；吸收、吸着；燃气、燃烧、直燃、烟气、余热、废热、尾气、太阳能、辐射、地热、低势能；双效、多效、级联、三效、并联；溴化锂、硝酸锂、氨、碘化锂、锂、甲醇、硫氰酸钠、工质、溶液、溶剂；传热管、热管、板式、吸收器、蒸发器、降膜；活性剂、异辛醇、正辛醇；增压、喷射、加压、引射；refrigera＋、freez＋、chill＋、cool＋、air conditioning、air conditioner、heat pump，heat ＋；sor ＋，absor ＋；combust ＋，burn＋，gas，fume，smoke，excess heat，residual heat，waste heat，surplus heat，used heat，offgas，off-gas，solar，sun，radiat ＋，geothermy，geothermal，earth，potential；dual，multiple，triple，cascade，parallel，series；lithium bromide，ammonia，hydrogen nitride，lithium nitrate，lithium，nitrate，methyl，sodium sulfocyanate，medium，substance，agent，solvent，solution；heat pipe，heat tube，thermotube，plate，absorber?，evaporator?，vaporator?，falling-film；active，activating，activator，isooctanol，isooctyl；pressurization，boost ＋，pressurized，jet＋，eject＋，inject＋等。检索涉及的第 8 版 IPC 分类表中的分类号包括：F25B15，F25B17，F25B25，F25B27，F25B29，F25B30，F25B33，F25B35，F25B37，F25B39，F25B49，F24J2，F24J3，B60H1，F24F5 等。

4. 检索结果

各数据库的具体检索结果如表 1 所示。

表 1　各数据库中检索结果统计

数据库	WPI	CNPAT
数据量/件	9336	2525

（二）世界范围内专利申请情况分析

1. 根据专利申请量的年代分布进行统计分析

如图 2 所示，20 世纪 60 年代，吸收式制冷技术开始萌芽，之后专利申请量开始逐步增长，1980 年达到第一个峰值为 191 件；1981—1993 年，专利申请量逐步回落，经历一个低谷后又逐步上升至 1993 年的 140 件；随着世界各国对于气候变暖问题的重视，1994 年吸收式制冷的专利申请量大幅度提高，达到 372 件，是 1993 年申请量的 2.6 倍，之后专利申请量一直保持较高水平，2002 年达到历史最高峰值，为 465 件；此后专利申请量开始回落，2005 年，专利申请量降至一个低点，为 236 件；在 2006—2009 年，专利申请量持续增长，并在 2009 年达到 463 件；2010 年的统计数据受到专利申请公开滞后的影响略有回缩，但也达到了 400 件以上。综上可知，吸收式制冷技术的专利申请量虽然随年份存在起伏变化，但总体上来看，专利年申请量呈现上升态势，这意味着吸收式制冷技术具有较为光明的应用前景。

2. 国家和地区分析

图 3 示出了排名靠前的国家或地区的申请量份额统计图。如图 3 所示，吸收式制冷领域专利申请量最多的是日本，共有 3462 件，占申请总量的 37.08%；其次是中国，有 1246 件，占申请总量的 13.35%；德国、美国位列第三和第四，分别为 1035

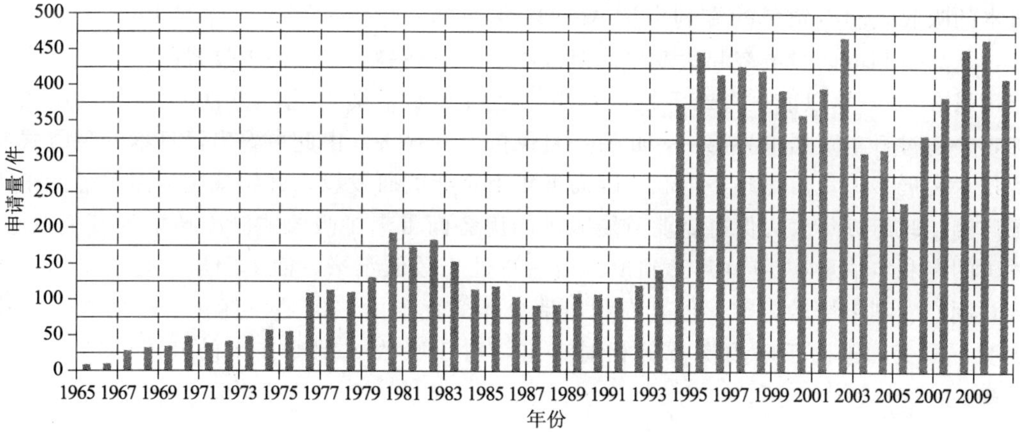

图 2 世界范围内专利申请量按年份统计图

件和 950 件，分别占申请总量的 11.09%和 10.18%；紧随其后的是世界各国向世界知识产权组织的申请以及韩国和俄罗斯申请，均占申请总量的 6%以上。从图中可以看出，世界各国对吸收式制冷技术均有所关注，其中日本在该领域的表现尤为突出，其申请量所占份额比位于第二位的中国多 1 倍以上，这一方面与日本本国能源稀少、更加注重开发节能省电技术的国情息息相关，另一方面也从侧面反映了日本对于知识产权的重视程度。中国的吸收式制冷领域专利申请量份额名列第二，反映出中国越来越重视节能减排、切实采取措施应对气候变化的现状，但不容忽视的是中国的吸收式制冷领域专利申请量仍然远远低于日本，这说明中国和日本在吸收式制冷的研发实力上仍存在较大差距，有必要继续加强对于吸收式制冷领域的研究和创新。

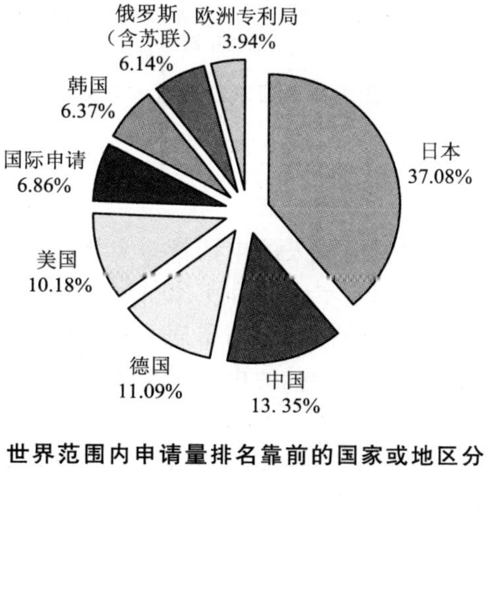

图 3 世界范围内申请量排名靠前的国家或地区分布图

图 4 是专利申请量排名居前四位的国家申请量随时间的分布图。从图中可以看出，日本的吸收式制冷领域的专利申请从 1993 年突然开始大幅增长，并在 1996 年达到顶峰，之后专利申请量虽有起伏变化，但总体呈下降趋势。中国的吸收式制冷领域的专利申请量在 2000 年以前一直处于较低水平，之后开始平缓上升，到 2006 年开始迅猛增加，并超过日本跃居世界第一，此后一直保持上升势头。由此可看出，日本的吸收式制冷技术发展多年，市场趋于饱和，因而近年来企业的研发投入开始减缓，而中国由于市场广阔、政府近年大力促进企业节能减排的优势而带来了吸收式制冷技术的发展热潮。德国的专利申请量在 1980 年达到顶峰后一直处于较低水平，而美国虽然是较早出现吸收式制冷专利申请的国家，但其专利申请总体变化不大，也是一直处于较低水平。这表明，欧美国家由于电力资源的相对丰富，对于吸收式制冷技术的开发热情度一直不高。

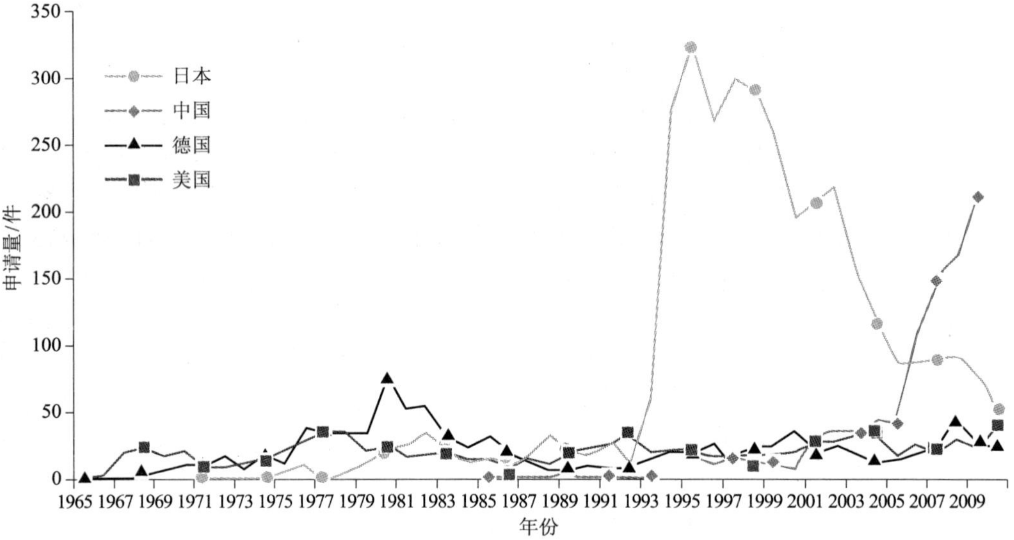

图 4　世界范围内主要国家或地区申请量年份变化图

3. 申请人分析

(1) 申请人的排名情况

图 5 显示了世界范围内主要申请人的申请量排名情况。如图 5 所示，在申请量居前十位的申请人中，包括了 9 家日本企业和 1 家韩国企业，充分显示了日本在吸收式制冷领域的绝对优势和对该技术的强势专利布局。在前十位的申请人中，日本的三洋电机株式会社和日立家用电器株式会社的申请量位列第一和第二，并且优势明显；日本的大阪瓦斯株式会社名列第三，唯一的 1 家韩国企业 LG 电子株式会社名列第六。该前十位的申请人均为企业申请人，说明该领域的技术难度较大，企业由于资金雄厚因而具有显著的研发优势。

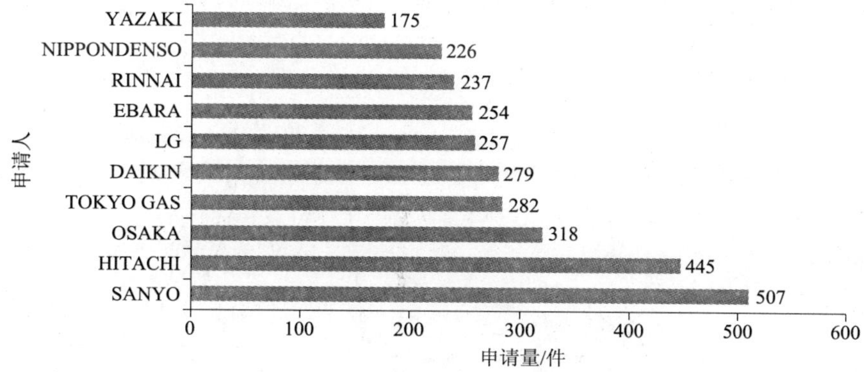

图 5 世界范围内主要申请人申请量排名

此外，还应注意，尽管目前中国在吸收式制冷领域的总申请量名列前茅，但中国申请人的申请量较低，没有中国企业或个人进入前十名，这说明中国申请人在吸收式制冷领域的研发实力与日本存在较大差距，尚未形成专利规模优势。

(2) 主要申请人的专利申请状况

下面具体分析排名居前五位的申请人的专利申请状况（见图 6）。

① 三洋电机株式会社（SANYO）。成立于 1950 年，现为日本松下电器旗下的电器公司，名列财富 500 强公司之一。该公司于 1955 年开始研发溴化锂吸收式制冷机，其生产的吸收式制冷机多次获得日本工业协会颁发的节能产品称号。三洋电机株式会社在吸收式制冷领域共申请了 507 件专利。从图 6 可以看出，该公司在吸收式制冷领域的专利申请最早始于 1974 年，从 1993 年开始专利申请量大幅增长，并在 1995 年和 1996 年保持峰值，随后逐步下降，至 2009 年开始有所回升。通过对该 507 件专利申请的分类号进行统计分析可知，三洋电机株式会社在吸收式制冷领域的专利申请主要涉及小组 F25B15、F25B49 等。对其专利技术内容进行分析可知，三洋电机株式会社在吸收式制冷领域的研究重点为溴化锂吸收式制冷机的控制、制冷循环的改进、零部件的优化设计等方面。例如：JP2009085446A 涉及在高温再生器的前端安装浮针阀来避免制冷剂蒸汽侵入换热器；JP2007255839A 的控制方法涉及当再生器的液面处于较低水平时避免过度燃烧来抑制吸收液的结晶。

② 日立家用电器株式会社（HITACHI）。成立于 1910 年，该公司于 1964 年生产出溴化锂吸收冷水机组 1 号机，拥有近 50 年的生产吸收式冷水机组的丰富经验。日立家用电器株式会社在吸收式制冷领域的专利申请量为 445 件。从图 6 可以看出，该公司在吸收式制冷领域的专利申请最早始于 1974 年，之后直至 1988 年该公司基本上一直保持领先地位，1999 年该公司的申请量达到峰值，随后开始迅速下降。通过对其专利申请涉及的分类号进行统计可知，日立家用电器株式会社在吸收式制冷领域的专利申请主要涉及小组 F25B15、F25B33、F25B37 等。对其专利技术内容进行分

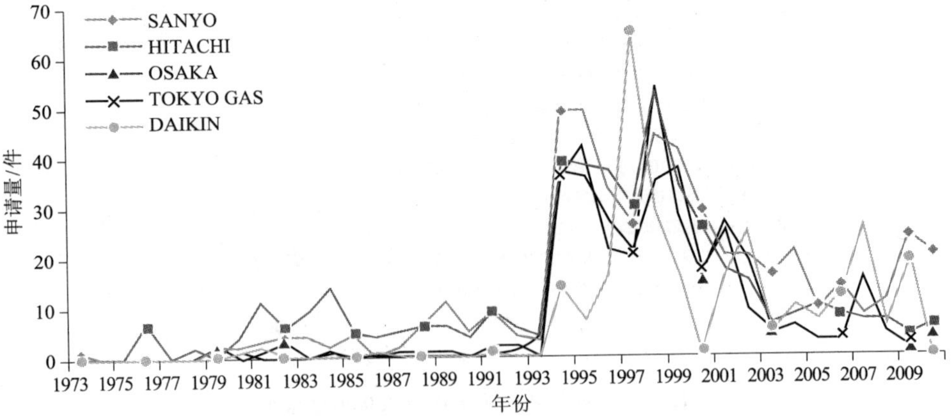

图 6　世界范围内主要申请人申请量年度分布图

析可知，日立家用电器株式会社的研发重点在于溴化锂吸收式制冷机循环的优化和控制、氨吸收式制冷机、零部件的优化设计等方面。例如：JP2006214597A 涉及一种氨吸收式制冷机的再生器；JP2006200852A 涉及一种具有吸收液分配管的吸收器。

③ 大阪瓦斯株式会社（OSAKA）。成立于 1905 年，是日本最大的天然气供应商之一，具有研发燃气空调、冷冻设备的先天优势。大阪瓦斯株式会社在吸收式制冷领域共申请了 318 件专利。从图 6 可以看出，该公司在 1993 年之前的申请一直处于较低水平，之后开始迅猛增长，1999 年达到峰值，随后开始波浪式下降。通过对其专利申请涉及的分类号进行统计可知，大阪瓦斯株式会社在吸收式制冷领域的专利申请主要涉及小组 F25B15、F25B33、F25B37 等。对其专利技术内容进行分析可知，大阪瓦斯株式会社的研发重点在于溴化锂吸收式制冷机循环的优化、氨吸收式制冷机、零部件的优化设计、余热废热利用等方面。

④ 东京瓦斯株式会社（TOKYO GAS）。成立于 1885 年，也是日本最大的天然气供应商之一，主要的业务领域包括区域制冷加热联动系统的供应与电力供应。东京瓦斯株式会社在吸收式制冷领域共申请了 282 件专利。从图 6 可以看出，该公司的申请量走势与大阪瓦斯株式会社的走势基本相似，不同之处在于东京瓦斯株式会社申请量达到峰值的时间是在 1996 年。通过对其专利申请涉及的分类号进行统计可知，东京瓦斯株式会社在吸收式制冷领域的专利申请主要涉及小组 F25B15、F25B27、F25B33 等，此外在小组 C09K5 下也有部分申请。对其专利技术内容进行分析可知，东京瓦斯株式会社的研发重点在于溴化锂吸收式制冷机循环的优化、余热废热利用、零部件的优化设计等方面，同时对于制冷工质也有涉猎。例如：JP9169972A 公开了一种用作工质的包含钼酸盐和碱性氢氧化物的高浓度溴化锂、碘化锂水溶液。

⑤ 大金工业株式会社（DAIKIN）。成立于 1924 年，是一家日本的跨国公司，其

家用空调在日本市场的占有率为12%，商用空调在日本市场的占有率更是高达40%。大金工业株式会社在吸收式制冷领域共申请了279件专利。从图6可以看出，在1993年之前，大金工业株式会社的申请量一直处于低于10件的较低水平，之后开始迅猛增长，甚至在1997年申请量升至排名第一，之后申请量的波动较为剧烈。大金工业株式会社在吸收式制冷领域的专利申请主要涉及小组F25B15、F25B37、F25B39、F25B33等。对其专利技术内容进行分析可知，大金工业株式会社的研发重点在于溴化锂吸收式制冷机循环的优化、零部件的优化设计等方面。

（三）中国专利申请情况分析

1. 按照申请年份进行统计分析

图7是中国吸收式制冷领域专利申请量按年份的分布图。从图7可以看出，在《专利法》颁布实施的初期，也即1985年至1994年期间，在中国关于吸收式制冷系统的专利申请量极少，每年的申请量只有寥寥几件或者十几件。1995年至2000年期间，申请量虽然依旧不多，均在50件上下浮动，但相对于1995年以前，有了明显的增加。2001年，申请量首次突破了100件，并且其后一直保持快速稳定的增长。

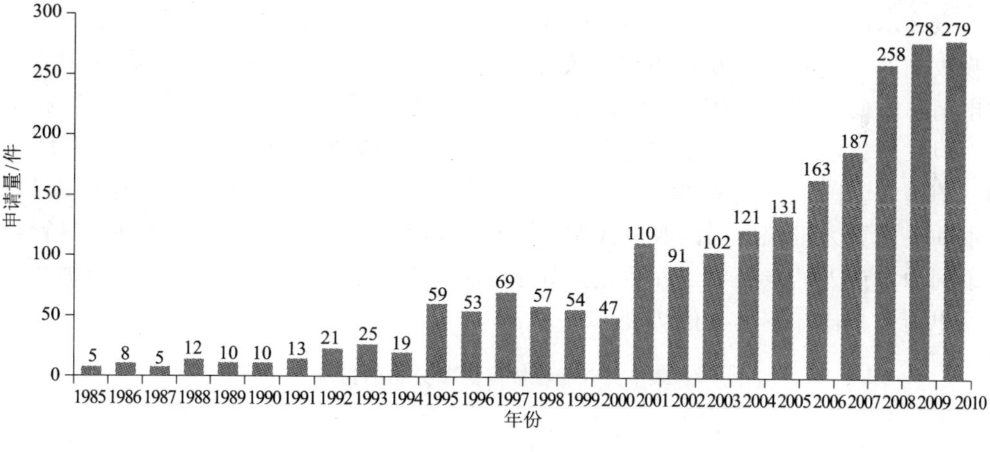

图7 中国专利申请量按年份分布图

图8显示的是中国吸收式制冷领域申请量的增长趋势。这个趋势与中国吸收式制冷技术的研究发展状况是一致的。20世纪80年代末90年代初，中国的吸收式制冷技术的研究并不活跃。20世纪90年代中期，根据蒙特利尔协定书，中国宣布在2006年前分期淘汰工商业制冷机使用的氟利昂制冷剂，此举限制了以氟利昂为主要制冷剂的传统电力制冷机的发展，因此作为替代，吸收式制冷技术得到了快速的扩张，自1994年开始至2000年，吸收式制冷领域的申请量有了一定的增长。自2000年之后，吸收式制冷技术逐步走向成熟，并且随着世界能源危机的影响，能够利用低品位热能驱动的吸收式制冷技术越来越受到重视，因此自2000年至今吸收式制冷领域的申请

量呈现快速增长的趋势。由此可以看出，吸收式制冷领域的专利申请将持续高涨，并且会进入平稳发展阶段。

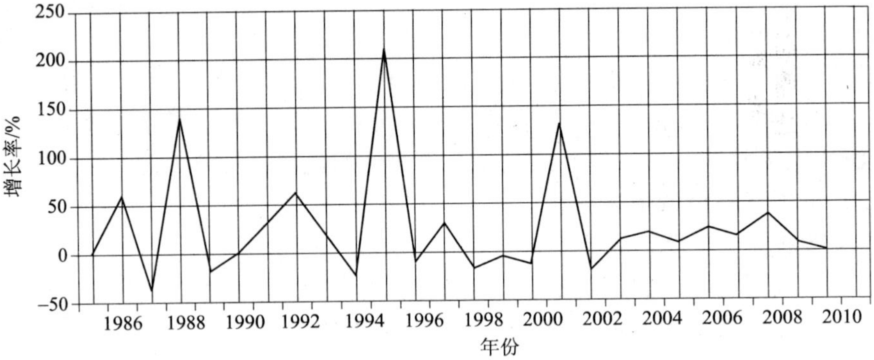

图 8　中国吸收式制冷领域专利申请增长趋势图

2. 申请量按照国家或地区分布情况

表 2 示出了吸收式制冷专利申请按申请人国家的分布情况。从表 2 可以看出，涉及吸收制冷领域的中国专利申请主要以来自中国申请人的专利为主，高达 1987 件，占申请总量的 82.96%，这说明中国在吸收式制冷领域的研究非常活跃，尽管起步较晚，但发展很迅速。其次是日本，为 204 件，占申请总量的 8.52%。以下依次是美国、德国和韩国，分别有 92 件、22 件和 16 件申请。可以看出，与其他国家相比，日本和美国更为重视中国的吸收式制冷市场和相关技术的专利布局。此外，尽管目前中国国内申请人的专利申请在数量上处于领先地位，但其技术高度和专利保护技巧与国外申请人相比却不具备优势。

表 2　申请量按照国家分布的情况

排名	国　　家	申请量/件	比重/%
1	中国（CN）	1987	82.96
2	日本（JP）	204	8.52
3	美国（US）	92	3.84
4	德国（DE）	22	0.92
5	韩国（KR）	16	0.67
6	法国（FR）	13	0.54
7	英国（GB）	9	0.38
8	瑞典（SE）	9	0.38
9	瑞士（CH）	8	0.33
10	澳大利亚（AU）	7	0.29
	其他	28	1.17

从表3中可以看出，国内各省份在吸收式制冷领域的专利申请量是不均匀的。其中江苏的申请量最高，为335件，占据国内专利申请总量的16.83%。其次是北京，为257件，占12.91%。第三位是山东，为235件，占11.80%。以下依次为上海、广东、湖南、浙江、辽宁、湖北和天津等。这10个省市的申请量占国内总申请量的77%。可以看出，排名靠前的省市多为经济发达的东部沿海省份或直辖市，这说明专利技术的发展与经济的发展程度息息相关。

表3　申请量按照省、自治区、直辖市的分布情况

排名	省/自治区/直辖市	申请量/件	比重/%
1	江苏	335	16.83
2	北京	257	12.91
3	山东	235	11.80
4	上海	168	8.44
5	广东	168	8.44
6	湖南	117	5.88
7	浙江	107	5.37
8	辽宁	76	3.82
9	湖北	71	3.57
10	天津	70	3.52
	其他	479	23.00

3. 申请人分析

(1) 申请人排名统计

表4列出的是吸收式制冷领域国内申请人排名前二十位的情况。从这个排名可以看出大学和研究所占据了前二十位中的10位，企业占据7位，这说明中国的吸收式制冷技术领域虽然已经开始了产业化进程，但是还没有完全脱离研发阶段，因此正处于一个由研发向产业化转换的过渡阶段，这主要是由于国内对于吸收式制冷的研究起步较晚造成的。在前二十位申请人中，企业、大学和研究所占据了大多数席位，而仅有的3个个人申请人也都有大学和企业背景（例如，李华玉的工作单位为中国石油大学），并且企业和国内大学的申请量也远大于个人的申请量，这与吸收式制冷设备规模较大、技术研发经费相对较高有很大关系。

表4　吸收式制冷领域的国内申请人排名

排名	申请人类型	申　请　人	申请量/件
1	企业	江苏双良空调设备股份有限公司	140
2	个人	李华玉	99

续表

排名	申请人类型	申　请　人	申请量/件
3	大学	清华大学	50
4	大学	浙江大学	38
5	大学	东南大学	26
6	个人	张跃	24
7	大学	上海交通大学	23
8	企业	大连三洋制冷有限公司	23
9	企业	乐金电子（天津）电器有限公司	22
10	大学	西安交通大学	21
11	大学	上海理工大学	18
12	个人	凌建军	18
13	大学	上海海事大学	17
14	企业	双良节能系统股份有限公司	15
15	大学	中国科学院工程热物理研究所	13
16	企业	浪达科技（深圳）有限公司	13
17	大学	大连海事大学	12
18	企业	北京环能瑞通科技发展有限公司	12
19	大学	中国科学院广州能源研究所	11
20	企业	清华同方股份有限公司	11

表 5 显示了国外在华申请人排名前 10 位的情况，在所有国外在华的申请人中，日本申请人所占比例最大，其次是美国和韩国。排名前 10 位的全部是企业，这说明在吸收式制冷技术领域日本、美国、韩国已经步入大规模的产业化阶段，并且充分利用专利抢占中国市场。其中日本三洋电机株式会社、株式会社荏原制作所、美国开利公司、韩国 LG 电子株式会社分列前四位，这些公司不但在吸收式制冷领域的专利技术方面具有很大的优势，同时在吸收式制冷设备的全球市场上也是占据了相当大的份额。

表 5　吸收式制冷领域的国外在华申请人排名

排名	申请人类型	申　请　人	申请量/件
1	企业	三洋电机株式会社	100
2	企业	株式会社荏原制作所	39
3	企业	开利公司	25
4	企业	LG 电子株式会社	12

续表

排名	申请人类型	申　请　人	申请量/件
5	企业	株式会社日立制作所	11
6	企业	本田技研工业株式会社	9
7	企业	帕洛马工业株式会社	8
8	企业	纳幕尔杜邦公司	7
9	企业	株式会社电装	6
10	企业	三菱化学株式会社	6

比较表 4、表 5，可以看出国内申请人的申请量和国外在华的申请量不分上下，这说明国内吸收式制冷领域的企业或大学对于专利保护以及专利抢占市场的意识已经不落后于国外企业，其通过专利来提升自身竞争能力的意识已经全面提升。

(2) 主要申请人的专利申请状况

图 9 显示了中国专利申请（合并了国内申请人以及国外在华申请人）的主要申请人（申请量大于 50 件的）专利申请量随时间变化情况。

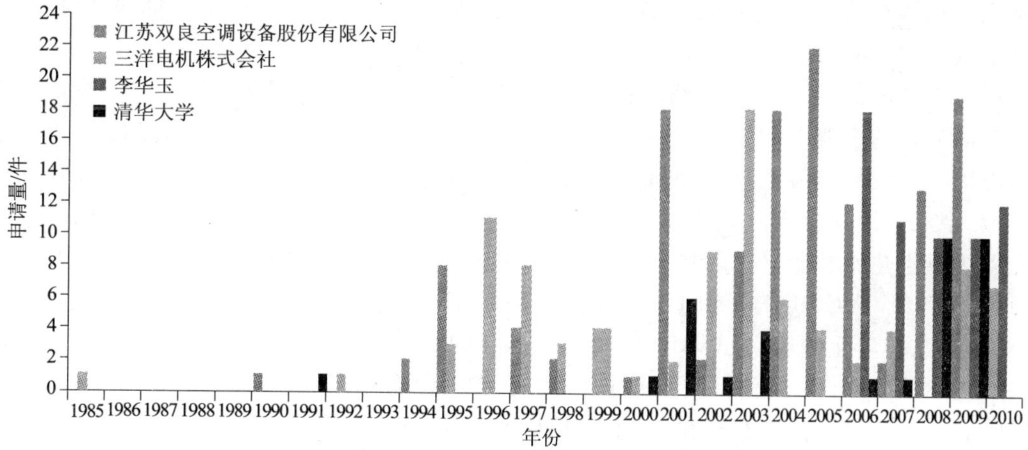

图 9　国内主要申请人申请量随年份变化图

从图 9 中可以看出，江苏双良空调设备股份有限公司、三洋电机株式会社、清华大学的申请量随着年份增长都呈现波浪式变化，例如 1995、2001、2005、2009 年是江苏双良空调设备股份有限公司的申请波峰，1996、2003、2010 年是三洋电机株式会社申请的波峰，2003、2008、2010 年是清华大学的申请波峰。这种波浪式的变化主要是由市场需求引起的，而市场需求主要受控于电力紧缺状况，燃气、燃油的价格波动以及国家政策引导。

① 江苏双良空调设备股份有限公司

江苏双良空调设备股份有限公司是国内吸收式制冷领域的主要企业之一，近几年来其国内市场占有率一直处于领先地位。公司于 1982 年成立于江苏江阴市，经过多年发展现已成为包括中央空调制造业在内的大型综合性企业集团，现拥有全球最大的溴化锂制冷机生产基地，并且是中国溴化锂吸收式机组国家及行业标准制定者。公司下设四大产业，分别为溴化锂吸收式制冷机及空调系统安装产业、空冷凝汽器产业、换热器产业、海水淡化产业，公司主要产品包括溴化锂吸收式冷热水机组（蒸汽型、直燃型、热水型、烟气型）、空冷凝汽器、高效换热器、海水淡化设备等。

本文的样本中江苏双良空调设备股份有限公司的中国专利申请共 140 件，最早的专利 CN2186381Y 申请于 1994 年，是涉及直燃型高压发生器的发明专利，之后相继申请了 10 件左右针对发生器改进的专利申请。该公司的技术重点在于利用余热溴化锂吸收式制冷机，例如 CN1544961A（余热型溴化锂吸收式冷水、冷热水机组用发生器）、CN2677832Y（余热型双效溴化锂吸收式冷热水机组）、CN101526283A（烟气热水单双效复合型溴化锂吸收式冷水、冷热水机组）、CN101793171A（吸收式热泵直接回收电站汽轮机排汽余热热电联供系统）、CN101793448A（直接以余气或废气为低温热源的第一类溴化锂吸收式热泵）、CN101793172A（吸收式热泵直接回收电站汽轮机排汽余热热电联供装置）、CN101832679A（双效第二类溴化锂吸收式热泵机组）、CN101832156A（电厂直接空冷机组冷凝热回收集中供热系统），这体现了该公司对于环境保护和能源节约的产品研发的重视以及在该技术领域的技术进步。另外，该公司的主要专利技术还包括双效、多效溴化锂吸收式机组、小型溴化锂吸收式制冷机、二段或多段式溴化锂机组以及直燃型溴化锂吸收式机组，例如 CN2667415Y（余热型双效溴化锂吸收式冷水、冷热水机组）、CN2765111Y（三效溴化锂吸收式制冷系统卫生热水装置）、CN101526282A（热水直燃单双效复合型溴化锂吸收式冷水、冷热水机组）、CN101539351A（直燃三效机排烟热量利用装置）、CN101832679A（双效第二类溴化锂吸收式热泵机组）、CN1737455A（小型溴化锂吸收式制冷机）、CN2811869Y（小型溴化锂吸收式制冷机）、CN1189598A（二段或多段式热水型溴化锂吸收式制冷装置）、CN1831451A（热水两级多段型溴化锂吸收式冷水机组）、CN2765112Y（直燃型溴化锂冷热水机组卫生热水装置）等。

② 三洋电机株式会社

三洋电机株式会社于 1979 年正式进入中国市场，是国外在华申请人中吸收式制冷领域专利申请量最多也是最具有代表性的企业。在进军中国市场后，其也开始申请相关专利，其在中国最早的吸收式制冷专利申请于 1985 年，即 CN85108423A（吸收式冷热水器），该专利是中国最早的吸收式制冷专利技术之一。该公司的专利技术主要涉及吸收式制冷装置的控制、吸收式制冷机结构、流程优化，相关的专利申请有 CN1240919A（吸收式热泵装置及其运转方法）、CN1268652A（吸收热泵及其控制方法）、CN101886854A（多年双效吸收式冷冻机）、CN14470182A（吸收式冷冻机及其控制方法）、CN101231043A（单双效吸收式制冷机及其操作控制方法）、CN203361779A（废气式吸收冷温水机的运转控制方法）等。

③ 李华玉

李华玉在吸收式制冷领域的专利申请量已高达近百件，因此其研究的吸收式制冷技术是不容忽视的一部分。其申请的吸收式制冷专利技术主要为复合式热泵，双效、多效吸收式热泵，多级吸收式热泵。最早的申请开始于 2006 年，之后一直延续。典型的专利申请包括 CN101093118A（单级复合吸收式制冷机）、CN101504216A（复合吸收—发生体系与高效吸收式机组）、CN101799221A（双效与多效及其基础上的第二类吸收式热泵）、CN101957091A（回热式第一类吸收式热泵）、CN1877227A（两级第一类吸收式热泵），CN1010043003A（两级与多级第一类吸收式热泵）等。

④ 清华大学

清华大学作为中国一流大学在各个学术领域的研究都走在全国的前列，并且其专利保护意识也同样走在前列。清华大学有关吸收式制冷的专利申请开始于 1991 年，但是 1992—2000 年是个空档期，这期间没有关于吸收式制冷的申请，从 2000 年开始至今持续申请有关吸收式制冷的专利。清华大学有关吸收式制冷的主要专利技术包括吸收式热泵热电联供系统、大温差吸收式热泵、余热吸收式热泵。主要申请为 CN1536293A（一种以燃气轮机为动力的双联热泵式热电联供系统）、CN1381701A（一种适于大温差、可充分利用能源的溴化锂吸收式制冷机）、CN2484530Y（适于大温差、可充分利用能源的溴化锂吸收式制冷机）、CN101852510A（一种能实现大温差的吸收机新型单元结构）、CN1421645A（回收燃气蒸汽循环热电厂烟气余热的吸收式热泵供暖装置、CN101799207A（一种利用吸收式热泵回收洗浴污水发热的系统和方法）等。

三、吸收式制冷专利技术分析

（一）技术主题分析

考虑到中国是近年吸收式制冷专利申请量最多的国家，且目前申请量仍呈上涨趋势，因此仅针对中国专利数据库检索的专利文献进行技术主题分析。

图 10 是中国吸收式制冷专利申请按分类号的分布图。从图 10 可以看出，吸收式制冷中国专利申请的技术主题最多分布在分类号 F25B15/06，之后分别是 F25B27/00、F25B49/04、F25B15/04、F25B33/00、F25B29/00、F24F5/00、F25B37/00 等。上述分类号表示的技术主题分别为：

F25B15/06：从盐溶液，例如溴化锂中气化水蒸气作制冷剂的能连续运转的吸着式机器、装置或系统，如吸收式。

F25B27/00：应用特定能源的制冷机器、装置或系统。

F25B49/04：用于吸着式制冷机器、装置或系统的控制或安全设备的配置或安装。

F25B15/04：从水溶液中气化氨作为制冷剂的能连续运转的吸着式机器、装置或系统，如吸收式。

F25B33/00：发生器；分析器；精馏器。

F25B29/00：加热和制冷组合系统，例如交替或同时运转的。

F24F5/00：不包含在 F24F1/00 或 F24F3/00 组中的空气调节系统或设备。

F25B37/00：吸收器；吸附器。

从以上分析可知，中国吸收式制冷专利申请最主要的技术侧重点为溴化锂吸收式制冷系统，包括制冷循环的改进等方面；其次是应用特定能源的吸收式制冷系统，包括利用太阳能、工业废热余热以及其他低品位能源的吸收式制冷系统；然后是吸收式制冷系统的控制，包括对于制冷温度的控制、结晶的控制等；此外，还有氨吸收式制冷系统、吸收式制冷系统零部件的优化和改进也是吸收式制冷领域专利技术的发展重点。

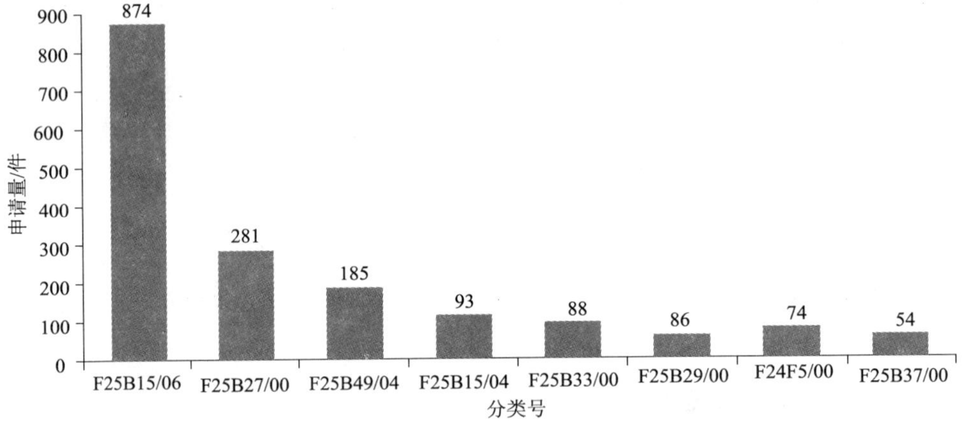

图 10　吸收式制冷专利申请技术主题分布图

（二）专利技术细化分析

为了具体了解中国吸收式制冷领域的专利技术现状，从而为中国相关行业的技术研发提供思路，下面将结合前面的技术主题分析对吸收式制冷领域的热点技术进行细化分析。

1. 溴化锂吸收式制冷系统的优化

（1）双效吸收式制冷系统

双效吸收式制冷系统与单效吸收式制冷系统相比，多了一个高压发生器、一个高温溶液热交换器和一个凝水换热器。与单效循环相比，产生同样制冷量所需的热源加热量减少，所以双效吸收式制冷系统的热效率比单效吸收式制冷系统高。与双效吸收式制冷系统相关的重要专利文献列举如下。

株式会社荏原制作所的 CN1214440A 提供了一种双效吸收冷或热水生成设备，包括一吸收器、一蒸发器、一高温发生器、一低温发生器、一冷凝器、一高温热交换器、一低温热交换器和一热水器；还包括一制冷循环中的一制冷液路径，包括一从所述高温发生器通过制冷液蒸汽被分支的一致冷液分支点、所述低温发生器的加热侧和所述冷凝器到所述蒸发器的路径；一热水循环中的一制冷液路径，包括一从所述制冷液分支点通过一热水控制阀到所述高温发生器和所述蒸发器的路径，和一用于循环所述蒸发器中的制冷液的路径；及在通过所述热水器加热热水的一热水路径中设置的一水冷器，所述水冷器被设置与所述热水器串联。

江苏双良空调设备股份有限公司的 CN101403547A 提供了一种带双效制冷功能的第一类溴化锂吸收式热泵机组，如图 11 所示，包括蒸汽高压发生器（1）、复合型发生器（10）、蒸发器（6）、吸收器（5）、冷凝器（9）、高温热交换器（2）、凝水溶液热交换器（3）、低温热交换器（4）、溶液换热器（20）、溶液泵（7）和冷剂泵（8），复合型发生器（10）是将蒸汽换热管束（14）和低发换热管束（12）放置到一个筒体内，在溶液换热器（20）出口增设一稀溶液进复合型发生器喷淋管（15）；在相应管路上增设稀溶液切换阀Ⅰ（17）、稀溶液切换阀Ⅱ（21）、浓溶液切换阀Ⅰ（18）、浓溶液切换阀Ⅱ（19）、工作蒸汽切换阀Ⅰ（23）、工作蒸汽切换阀Ⅱ（24）和冷剂水调节装置（22）。

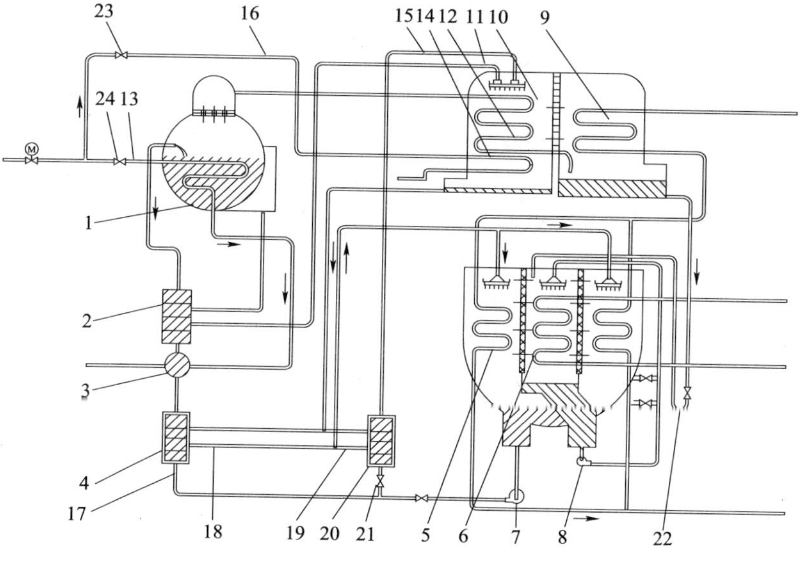

图 11 CN101403547A

浙江理工大学的CN102155811A专利提供了一种双温双效溴化锂吸收式制冷机组，如图12所示，包括均采用溴化锂溶液作为工质的高压发生器循环系统与低压发生器循环系统；高压发生器循环系统与低压发生器循环系统通过低压发生器（2）耦合；高压发生器循环系统包括高压发生器（1）、低压发生器（2）、冷凝器（3）、高温节流元件（4）、低温节流元件（9）、低温蒸发器（10）、低压吸收器（11）、低压吸收器溶液泵（12）和高温热交换器（13）；在低压发生器（2）内设有冷剂流通管道（20）；低压发生器循环系统包括低压发生器（2）、冷凝器（3）、高温节流元件（4）、高温蒸发器（5）、高压吸收器（6）、高压吸收器溶液泵（7）和低温热交换器（8）。

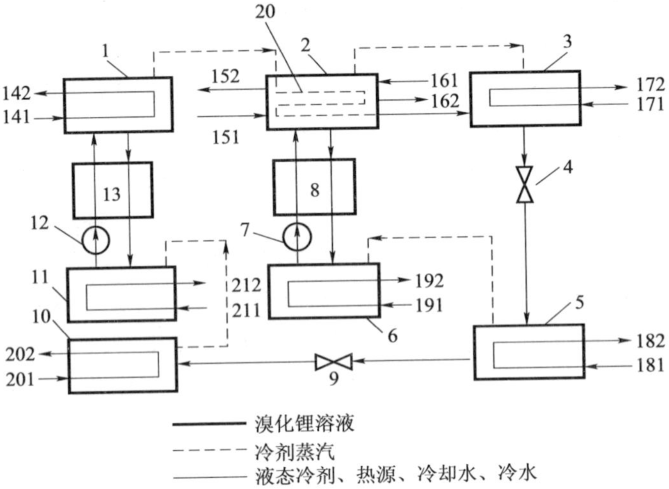

图12　CN102155811A

与双效吸收式制冷相关的其他重要专利文献还包括CN1131265A、CN1302990A、CN1302992A、CN1837716A、CN101403547A、CN101832679A、CN201672746U、CN102410660A、CN102135347A、CN102192618A、CN201926190U、CN201844607U、CN201844606U、CN102012128A、CN101968285A等。

（2）三效或多效吸收式制冷系统

三效或多效吸收式制冷系统是在双效吸收式制冷系统的基础上进一步扩展而来。与三效或多效吸收式制冷系统相关的重要专利文献列举如下。

罗基研究公司的CN1134746A提供了一种三效吸收式循环装置，它包括第一、第二和第三发生器（G↓［1］、G↓［2］、G↓［3］），每台发生器都充有一种吸收剂水溶液，各发生器的工作温度依次增高；工作温度依次增高并与上述发生器可供使用地相连的第一、第二和第三冷凝器（C↓［1］、C↓［2］、C↓［3］），在第三和第二发生器之间及第二冷凝器和第一发生器之间配合工作的第一热交换设备用于在它们之间传递能量；一台、两台或三台吸收器（A↓［1］、A↓［2］、A↓［3］）以及一条、两条或三条流体回路；该回路用于将吸收剂水溶液导入吸入器和第二热交换设备之间，以便在所述回路的吸入剂和溶液流中交换能量；一台、两台或三台蒸发器（E↓[1]、E↓[2]、E↓[3]）与上述吸入器可供使用地相连。

大金工业株式会社的CN1573259A提供了一种三重功用吸收式冷冻装置如图13所示，包括冷凝器（3），吸收器（2）和蒸发器（1），高温、中温、低温3台发生器（4、5、6）；和3台溶液热交换器（7、8、9），将来自上述吸收器（2）的吸收液通过溶液泵（26）至少供给上述高温发生器（4）和中温发生器（5），同时将在上述高温侧发生器（4、5）产生的制冷剂蒸汽依次导入低温侧发生器（5、6），用作该低温侧的各发生器（5、6）的加热源，在上述中温发生器（5）的稀溶液入口设置稀溶液流入量控制单元，使得能够独立控制上述中温发生器（5）的液面位置和上述高温发生器（4）的液面位置。

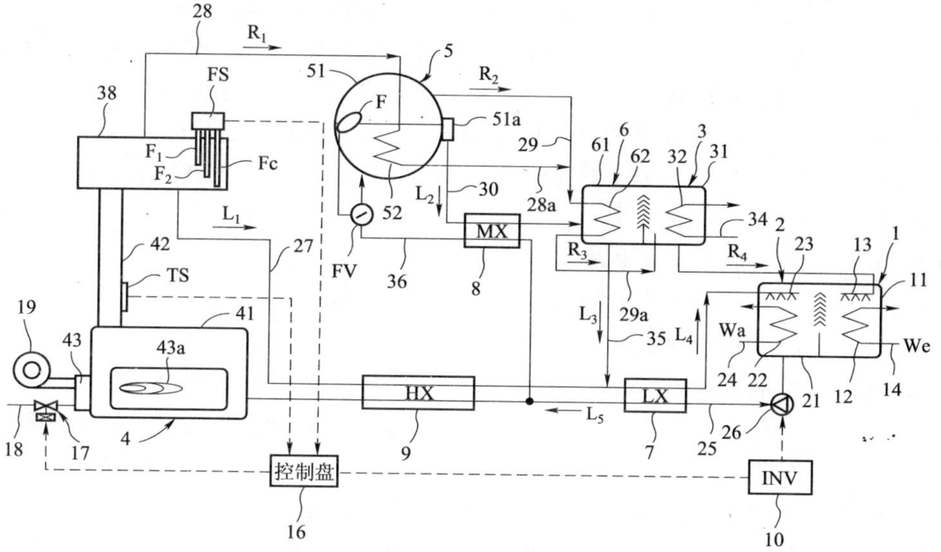

图13 CN1573259A

其他与三效或多效吸收式制冷系统相关的重要专利文献还包括CN1086006A、CN1235663A、CN2765111Y、CN1146802A、CN2343552Y、CN1353288A、CN1353289A、CN101206084A、CN101187510A、CN201141714Y、CN101349486A等。

2. 低品位能源的利用

吸收式制冷机组依靠热能驱动，而且可以在较大热源温差范围内工作，因此其与传统的压缩式制冷相比，最大的优势在于可以利用低品位能源，包括工业废热和余热、太阳能、生物质能、地源热能等，其中前两者的研究占大多数。

（1）利用工业废热和余热吸收式制冷系统

可利用的工业废热和余热包括工业排放的废热水、废气，汽车、船舶排放的废气等，在吸收式制冷系统中它们一般与发生器进行热交换。与利用工业废热和余热吸收式制冷系统相关的重要专利文献列举如下。

大连三洋制冷有限公司的 CN102155812A 提供了一种用于回收低温余热领域的溴化锂吸收式热泵机组，机组中增设高压蒸发器、高压吸收器和高温热交换器进行双段吸收、双段蒸发，低压吸收器与高压蒸发器之间增设内循环管路，管路上设置有内部循环水泵，机组内形成两种循环流程：流程一，热源水热量在低压蒸发器中被回收，内部循环温水在低压吸收器与高压蒸发器内部循环，温水依次进入高压吸收器、冷凝器；流程二，热源水依次进入高压蒸发器、低压蒸发器，温水依次进入低压吸收器、高压吸收器、冷凝器。

大连海事大学的 CN201212762Y 提供了一种采用船舶柴油机余热为驱动热源的吸收式制冰机，主要由柴油机排烟转换器、烟气式再生器、吸收器、附制冰器的蒸发器、冷凝器组成。烟气式再生器分别与吸收器和冷凝器相连接，吸收器和附制冰器的蒸发器相连接，柴油机排烟转换器与船舶柴油机烟囱或排烟管相连接。通过附制冰器的蒸发器利用冷剂蒸发所提供的冷量，将泵入的海水制成二元冰。

其他与利用工业废热和余热吸收式制冷系统相关的重要专利文献还包括 CN2667413Y、CN2667414Y、CN2733265Y、CN1419092A、CN1415922A、CN2769780Y、CN1587865A、CN101033898A、CN201362152Y 等。

（2）利用太阳能的吸收式制冷系统

该制冷系统即利用太阳能来加热吸收式制冷系统的发生器，与利用太阳能的吸收式制冷系统相关的重要专利文献列举如下。

陕西理工学院的 CN201412989Y 提供了一种太阳能相变蓄热吸收式制冷装置，包括由发生器、冷凝器、节流阀、蒸发器、蒸发泵、吸收器、吸收泵、发生泵和溶液热交换器构成的吸收式制冷机及由太阳能集热器、温控阀、蓄热水箱和热水泵组成的热源，发生器通过双向管路与吸收器相通，发生器、冷凝器、蒸发器和吸收器构成一循环管路，蒸发器通过管道与冷暖风机相连接，并且将制冷量送入需制冷的冷藏室。

北京时代博诚能源科技有限公司的 CN102252447A 提供了一种太阳能辅助直燃吸收式冷热水机组，如图 14 所示，包括直燃吸收式冷热水机组，该直燃吸收式冷热水机组包括高温再生器（6）、冷凝器（7）、蒸发器以及吸收器（5），还包括太阳能辅助加热回路，所述太阳能辅助加热回路包括太阳能集热器（1）、蓄热器（2）、第一输送泵（9）、冷凝盘管以及三通阀（8）；所述太阳能集热器（1）、蓄热器（2）、第一输送泵（9）和三通阀（8）借助于管道构成闭环回路；所述安装在第一输送泵（9）末端的管道借助于连通管和三通阀（8）连通；所述三通阀（8）和第一输送泵（9）之间的管道与所述冷凝盘管连通；所述冷凝盘管设于所述冷凝器（7）内。

其他与利用太阳能的吸收式制冷系统相关的重要专利文献还包括 CN1538129A、CN2867184Y、CN101266087A、CN202083061U、CN201964683U、CN102353178A、CN102141320A、CN201935474U、CN201706795U、CN101929765A 等。

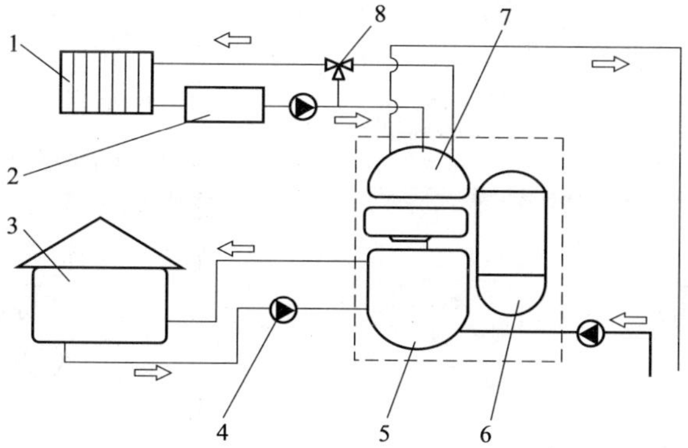

图 14 CN102252447A

3. 吸收式制冷系统的控制

(1) 吸收式制冷系统的结晶控制

在溴化锂吸收式制冷机中，由于溴化锂属于盐类，它在一定条件下会结晶析出。当制冷机组因故障或其他原因造成溴化锂溶液的浓度超过其在机组温度、压力下的饱和浓度时，溴化锂就会以晶体的形式从溴化锂溶液中析出。附着在管壁上的溴化锂晶体会影响溴化锂溶液的正常流动，严重时，甚至会堵塞管道，使制冷机组不能运行。因而，控制溴化锂溶液结晶对于制冷机组的意义重大。控制制冷机组中溴化锂溶液结晶的重要专利列举如下。

株式会社荏原制作所的 CN1332345A 提供了一种可以切实防止结晶、无故障的稳定的吸收式制冷制热机，它备有蒸发器、吸收器、高温溶液热交换器、低温溶液热交换器、低温再生器、冷凝器、高温再生器等，设有出口溶液温度传感器和入口溶液温度传感器，还设有控制装置，根据温度传感器的输出，计算出口溶液温度与入口溶液温度的温度差 Δt，当该计算值超出预定范围时，进行节制吸收冷温水机的热源量或发出警报或停止稀释之中的任一种或一种以上的控制。

三洋电机株式会社的 CN101545694A 提供了一种防止因供暖运转中的部分负载而导致浓吸收液结晶的吸收式热泵，如图 15 所示，在穿过蒸发器（4）内的传热管（17）的上游侧设置热源水泵（18），并且在下游侧设置流量检测机构（19），进而在蒸发器（4）的底部设置制冷液温度传感器（20）。当热源水的流量减少到设定值以下时，或热源水泵（18）停止时，不立刻停止运转而进行吸收液的稀释运转，从而防止浓吸收液结晶。另外，当热源水有可能冻结时，由制冷液温度传感器（20）计测在蒸发器（4）底部积存的制冷液的温度，当该制冷液的温度超过规定温度时，进行吸收液的稀释运转，当成为规定温度以下时停止运转。

大连三洋制冷有限公司的 CN201740305U 提供了一种带有防结晶功能的溴化锂吸收式冷/温水机组及热泵机组，涉及吸收器、热交换器或低温热交换器、再生器或

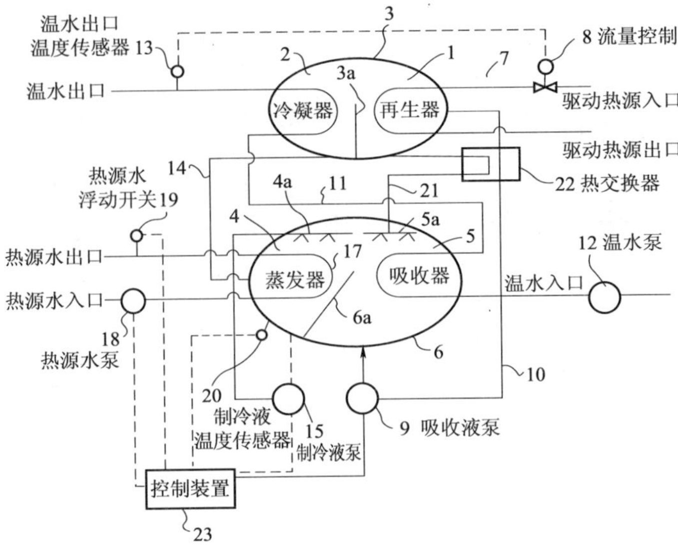

图 15　CN101545694A

低温再生器，在再生器或低温再生器与吸收器之间设置溢流管路。该实用新型根据各种机组易结晶部位研究分析，找出易结晶部位，采用旁通溢流原理，将结晶部位设置溢流管路，一方面防止浓液循环泵超载，避免浓液循环泵损坏；另一方面当热交换器发生结晶倾向或已经结晶时，由于流动阻力的变化，迫使大部分高温溶液通过溢流管路流入吸收器，与吸收器中的稀溶液混合，有效防止机组结晶的产生。

其他重要专利还包括 CN1179530A、CN1255192A、CN2453353Y、CN1129477A、CN1378063A、CN101918771A、CN101846415A、CN102141319A 等。

(2) 吸收式制冷系统的蒸发温度控制

吸收式制冷系统通过蒸发器吸收外界的热量，因而稳定的蒸发温度能够提高机组的舒适性。与蒸发温度控制相关的重要专利列举如下：

三洋电机株式会社的 CN1174974A 提供了一种吸收式制冷装置，它包括一个温度检测器，用于检测从一个蒸发器送来的冷水的出口温度和一个控制器。当该温度检测器的检测温度低于设定温度加上一个预先决定的温度时，该控制器将该检测温度与该设定温度比较，对燃烧器的燃烧量进行 PID 控制。当该检测温度等于或高于该设定温度加上该预先决定的温度时，该控制器将燃烧的燃烧量控制至比基于该 PID 控制所得出的燃烧量大的一个值。

三洋电机株式会社的 CN101900451A 提供一种吸收式冷冻装置，即便在冷水/热水流量相比额定值减小的状态下，也能够使冷水/热水温度稳定。如图 16 所示，该吸收式冷冻装置构成为具有高温再生器、低温再生器、冷凝器、蒸发器及吸收器，将它们配管连接而分别形成吸收液及制冷剂的循环流路，利用输入热量控制阀（10B）控制高温再生器的输入热量，其中，该吸收式冷冻装置具有：根据冷水/热水温度确定输入热量控制阀（10B）的开度的确定部（62）；基于冷水/热水流量，对由确定部（62）已确定的开度进行修正的修正部（63）。

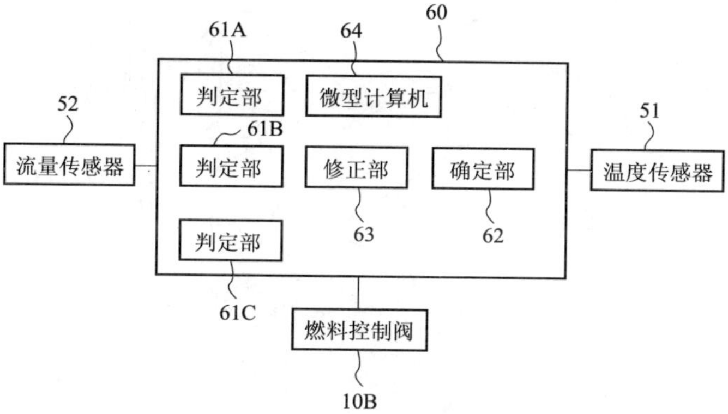

图 16　CN101900451A

其他与蒸发温度相关的重要专利还包括 CN1322931A、CN101893345A、CN1389695A、CN102261778A、CN102200357A、CN1525122A、CN1624400A、CN101231043A、CN101730825A 等。

（3）其他控制

除上述两种控制之外，吸收式制冷系统的控制还包括提高系统稳定性的控制，相关重要专利如 CN1447082A、CN1332350A、CN1360189A、CN201885500U、CN1723376A 等；防止机组结冰的控制，相关重要专利如 CN1635315A、CN2720359Y、CN1632421A、CN1632420A、CN2819132Y、CN101236033A 等；提高系统节能效果的控制，相关重要专利如 CN2826322Y、CN2826321、CN101871709A、CN101713597A、CN101988773A 等；防止溶液逆流的控制，相关重要专利如 CN101603744A、CN101886854A、CN1184922A 等。

4. 吸收式制冷系统零部件的优化

发生器和吸收器作为吸收式制冷系统与常规制冷系统不同的两大核心部件，结构更为复杂，因而与吸收式制冷系统零部件优化相关的专利技术也多是涉及这两大部件。

（1）发生器

在吸收式制冷系统中，发生器又叫再生器、再热器，它通过外界热量来提高稀溶液的浓度，从而推动整个系统的运转。与发生器改进相关的重要专利列举如下。

株式会社日立制作所的 CN1251163A 提供了一种高温再生器，如图 17 所示，该高温再生器至少备有燃烧器（4B）、燃烧室（11B）、溶液流通路、制冷剂蒸汽流出路（8）、气体排气路（13、14），通过将稀溶液浓缩而使制冷剂蒸汽分离，在外筒（1）

与内筒（2）之间构成保持溶液的液室，在内筒（2）内部备有加热溶液的燃烧室（11B）；其特征在于，在上述燃烧室（11B）内部配置多根连通内筒（2）的上下液室的溶液管（3），该溶液管（3）的沿燃烧气体流动方向的断面是扁平的，使燃烧器（4B）的火焰与上述扁平溶液管碰撞。

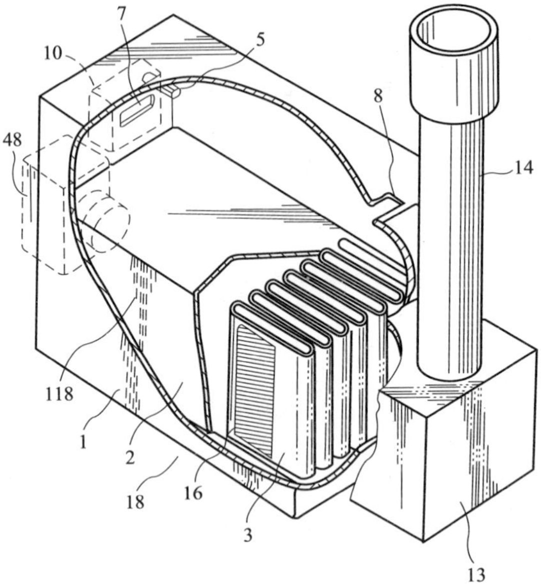

图 17 CN1251163A

株式会社荏原制作所的 CN1862149A 提供了一种用在吸收式制冷加热装置中的发生器，包括：上侧管板；下侧管板；竖直导热管组，其设在上述上侧管板与上述下侧管板之间，上述竖直导热管组包括用于使吸收溶液从中流过的多个导热管，而且一种用作热源的气体流经上述导热管的外侧；以及多个下导管，设在上述上侧管板与上述下侧管板之间，用于使上述吸收溶液从中向下流动。

江苏双良空调设备股份有限公司的 CN201155891Y 提供了一种排热利用型溴化锂吸收式制冷机用多管束补燃发生器，如图 18 所示，包括筒体（13），在同一筒体（13）内设置有炉筒（14）、燃烧器（15）、补燃烟气换热管束（12）和余热烟气换热管束，其特征在于所述余热烟气换热管束有多组。

其他与发生器相关的重要专利还包括 CN1164008A、CN1151501A、CN1164009A、CN1171528A、CN2811874Y、CN2903812Y、CN201535596U、CN201233135Y 等。

（2）吸收器

吸收器的作用是使浓溶液在其中吸收制冷剂蒸汽而成为稀溶液，与吸收器改进相关的重要专利列举如下：

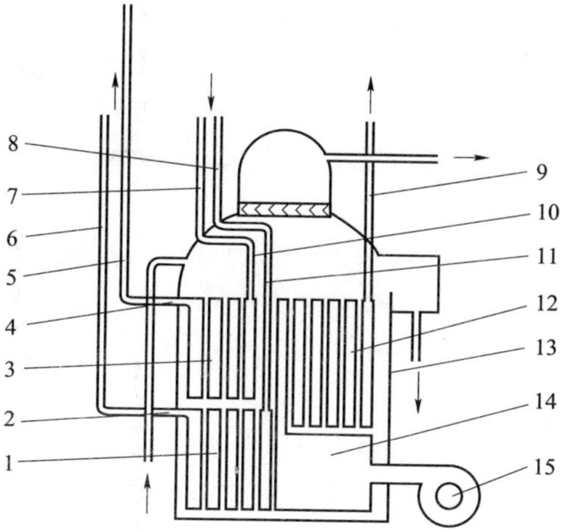

图 18 CN201155891Y

三洋电机株式会社的 CN101852518A 提供了一种吸收器，它具有散布浓吸收液的浓吸收液散布装置和设于其下方且具有与使冷却水从下方向上方流通的冷却水管连接而将浓吸收液从浓吸收液散布装置向管外表面散布的多个导热管的吸收器式热交换器，在使用翅片导热管和使用裸导热管作为导热管时，发现由下式算出的各自热通过率 K 相等的部位，在该部位上层侧设置翅片导热管，在该部位下层侧连结设置裸导热管。

$$K=Q/(A\times\Delta T)(\mathrm{kcal/m^2\cdot{}^\circ C\cdot hr})$$

Q 为在导热管内流动的冷却水的热交换量，A 为导热管导热面积，ΔT 为在导热管内流动的冷却水出入口温度和向导热管外表面散布的浓吸收液出入口温度的对数平均温差。该吸收器提高了吸收效率且降低成本。

上海理工大学的 CN201628422U 提供了一种可应用在吸收式制冷系统的风冷降膜吸收器，采用运动圆筒结构，筒外为冷却空气，筒内为吸收溶液，冷剂蒸汽及吸收溶液自圆筒轴线处的管道通入筒体内部，吸收过程中筒体以一定角速度旋转，使得筒内的吸收溶液处于高度的湍流状态，强化了换热。同时，在筒体的内壁形成不断变化的液膜，使吸收溶液和冷剂蒸汽得以充分接触，强化了传质过程，吸收效率有很大提高。此外在圆筒外部加设叶片，既可作为肋片强化换热，又可直接利用风能驱动旋转圆筒，节约了能源。

其他与吸收器相关的重要专利还包括 CN1251164A、CN101644510A、CN1185571A、CN1128331C、CN2769781Y 等。

5. 其他热点技术

(1) 氨吸收式制冷

包括氨水吸收式制冷系统的改进，如增压吸收的氨水吸收式制冷系统、带射流喷射装置的氨水吸收式制冷系统、精馏器的改进、微细颗粒强化氨水吸收式制冷溶液循环等，代表性专利文献有CN101059290A、CN1159547A、CN1446304A、CN101105348A、CN201081457Y、CN201043826Y、CN102353174A、CN201837140U、CN101915478A、CN102242985A等；氨与其他盐溶液的吸收式制冷系统，如以氨-硝酸锂为工质对的吸收式制冷系统、以硫氰酸钠-氨为工质对的吸收式制冷系统，代表性专利文献有CN201196509Y、CN101250394A、CN100489417C等；与氢气结合使用的氨吸收扩散式制冷系统，代表性专利文献有CN1389684A、CN1554915A、CN2709881Y、CN201652976U等。

（2）热电联供系统

包括以内燃机为动力的热电联供系统，代表性专利文献有CN1536296A、CN1536293A、CN1536294A、CN1536295A、CN2687355Y、CN1807860A、CN101140116A、CN101236034A、CN101285627A、CN101846416A、CN201652989U、CN102359739A等；与太阳能发电或风电联合的热电联供系统，代表性专利文献有CN102410592A、CN102410594A、CN102410595A等。

四、对吸收式制冷专利技术发展趋势的展望及建议

（一）对吸收式制冷专利技术发展趋势的展望

通过对全球及我国在吸收式制冷领域专利申请的分析可以看出，吸收式制冷的核心技术已趋成熟，主要市场也从日本转移到了中国。然而尽管近年来日本的吸收式制冷专利申请量下降较多，我国的吸收式制冷专利申请量增长很快，但从申请总量和技术水平上来说，日本仍然是吸收式制冷专利技术最为雄厚的国家。从具体申请人来看，在世界范围内，三洋电机株式会社、日立家用电器株式会社、大阪瓦斯株式会社、东京瓦斯株式会社以及大金工业株式会社等企业在未来一段时间内仍具有较强的优势；在中国范围内，江苏双良空调设备股份有限公司以及一部分高校的专利申请总量和质量近年也有了较大提高，正在逐渐缩小与日本企业的差距。

从对吸收式制冷专利技术的具体分析可以看出，溴化锂吸收式制冷仍然是目前主流的吸收式制冷方式，如何进一步提高溴化锂吸收式制冷系统的制冷效率是当前吸收式制冷技术发展的一大趋势。采用双效或多效的制冷流程、对吸收式制冷系统进行合理的控制均是提高系统效率的有效方式，在未来它们也将是吸收式制冷研发的重中之重。

利用低品位能源也是吸收式制冷技术发展的重要方向之一。无论是应用于家庭生活还是工业生产中，吸收式制冷系统在使用过程中均存在可以大量利用自然能源（例如太阳能、地热等）和工业废热、余热的场合。如何合理利用自然能源以及工业废热、余热，是吸收制冷领域减少能耗的重要方法，也是未来吸收式制冷技术发展的重要方向。

对于吸收式制冷系统的零部件，尤其是发生器和吸收器，仍然存在较大的改进空间，因而也是吸收式制冷未来技术发展的主要方向之一。此外，工质对与溴化锂吸收式系统不同的氨吸收式制冷系统以及能够有效提高能量利用效率的热电联供系统也是未来吸收式制冷发展的重要方向。

（二）对我国吸收式制冷专利技术发展的几点建议

虽然我国在吸收式制冷领域的发展和应用已经取得了一定成绩，但与吸收式制冷发展最为成熟的日本相比还存在较大差距，其中部分专利技术都属于实用新型，创新度不高，还有部分专利技术都停留在研发阶段，没有真正进入产业化，这些都无疑制约了我国吸收式制冷企业的进一步发展。现就如何提高我国吸收式制冷企业的自主创新能力提出以下若干建议。

(1) 结合自身特点，扩大已有优势

我国现阶段工业化进程飞速发展，因此工业企业众多，每年产生的余热废热也在迅速增长，另外我国幅员辽阔，太阳能等自然能源资源丰富，这为发展利用工业余热、太阳能的吸收式制冷提供了天然的优越条件，因此我国吸收式制冷企业应该把握住这种优势，进一步优化利用余热、太阳能的吸收式制冷机，并应该着力于研究如何进一步降低投资成本，从而扩大吸收式制冷的国内市场，并以此打开国际市场。

(2) 加大核心技术研发，赶超国外企业

我国企业对于吸收式制冷的研发主要停留在外围设备与吸收式制冷机的配合使用，例如吸收式制冷机与余热装置的配合等，对于吸收式制冷机本身的改进还处于劣势，而日本的主要吸收式制冷企业针对的都是吸收式制冷机本身的技术改革。吸收式制冷机本身的结构和流程的改进是发展吸收式制冷的根本所在，把基础和核心的技术做好了才是跨步发展的关键所在。因此我国的企业要加大吸收式制冷机结构、流程、控制优化的研发力度，在基本技术的专利领域要赶超国外主要企业，形成自主知识产权。

(3) 加强与科研机构的交流合作，建立产业转化平台

我国涉及吸收式制冷领域的高校和科研机构为数不少，然而这些高校和研究机构的专利申请多停留在研发阶段，没有真正进入产业化。企业应当加强与科研机构的交流合作，利用资金优势建立产研平台，充分利用研发资源，形成产业合力，促进专利技术向市场的转化。

(4) 重视专利申请管理，建立专利分析和预警制度

企业在加强研发的同时应重视自身的专利申请管理工作，制定与企业发展相适应的专利管理制度，采取适当的措施来激励和调动企业员工发明创造的积极性，并且提高稳定性更高的发明专利申请的比例。此外，还应建立专利分析和预警制度，增强对专利信息的利用，掌握相关领域的技术动态，协调整合现有资源来寻求关键技术的突破，避免重复劳动与专利风险，进一步提高专利技术的延续性。

五、结束语

综上所述，吸收式制冷由于耗电少、制冷工质环保的特点而成为替代氟利昂制冷的有效手段。我们相信，在目前世界能源和环境问题日趋严重的形势下，吸收式制冷技术在未来能够得到更大的发展，并且在各个领域中能够得到更广泛的应用。希望我国的企业、个人和科研机构能够抓住机遇，努力创新，推进吸收式制冷领域的技术进步，为全球的低碳经济作出贡献。

参考文献

[1] 戴永庆，耿慧彬，陆震，姚国琦，王禾．溴化锂吸收式制冷技术及应用 [M]. 北京：机械工业出版社，2001：1～11.

[2] 张琴．溴化锂吸收式制冷机蒸发器与吸收器强化传热传质的研究 [D]. 西安：长安大学硕士论文，2011：1～4.

[3] 王长庆．吸收式制冷技术的应用与发展 [J]. 能源技术，2000 (1).

[4] 李薇，程有凯，张芳，赵晶玮．吸收式制冷循环利用低品位热能的研究现状和发展趋势 [J]. 节能，2009 (11).